Military Functional Materials
军用功能材料

李明愉　暴丽霞　乔小晶 ◎ 编著

北京理工大学出版社
BEIJING INSTITUTE OF TECHNOLOGY PRESS

版权专有 侵权必究

图书在版编目(CIP)数据

军用功能材料 / 李明愉,暴丽霞,乔小晶编著. -- 北京：北京理工大学出版社,2024.1
ISBN 978-7-5763-3564-4

Ⅰ.①军… Ⅱ.①李… ②暴… ③乔… Ⅲ.①军用器材-功能材料 Ⅳ.①TB34

中国国家版本馆 CIP 数据核字(2024)第 048325 号

责任编辑：刘 派	**文案编辑**：李丁一
责任校对：周瑞红	**责任印制**：李志强

出版发行 /	北京理工大学出版社有限责任公司
社　　址 /	北京市丰台区四合庄路 6 号
邮　　编 /	100070
电　　话 /	(010) 68944439（学术售后服务热线）
网　　址 /	http://www.bitpress.com.cn

版 印 次 /	2024 年 1 月第 1 版第 1 次印刷
印　　刷 /	保定市中画美凯印刷有限公司
开　　本 /	787 mm × 1092 mm　1/16
印　　张 /	26
彩　　插 /	3
字　　数 /	613 千字
定　　价 /	78.00 元

图书出现印装质量问题，请拨打售后服务热线，负责调换

前言

本书主要面向"兵器科学与技术学科"的研究生，也可供相关专业研究人员学习参考。本学科相关研发往往与功能材料密不可分。例如，火工品中电雷管的镍铬、康铜合金桥丝，金属爆炸桥/箔起爆器涉及电性材料，半导体桥雷管的性能则与所用半导体的结构性能密切相关；陶瓷/玻璃电极塞等涉及电介质材料，以及相关的电介质击穿机理；引信物理电源中磁后坐发电机、撞击磁发电机、直线磁发电机等，以及压电发生器、温差发生器、热电装置，这些电源装置分别涉及磁性材料、压电材料、铁电材料和热电材料；新技术、装备微小型、高效率的发展趋势，如爆炸脉冲功率源、电磁炸弹、电磁发射、定向能武器等，更是需要深入挖掘利用这些功能材料的潜能，开发新材料。本书将围绕兵器学科常用的功能材料——电学材料、磁学材料、介电（压电、铁电、热电）材料，以及综合利用这些功能材料的隐身材料，阐述概念和基本原理；常用无机材料制备方法，结构与性能的关系；典型材料在兵器上的应用进行阐述。注意结合兵器装备所用功能材料的使用环境，如高温、高压条件下，阐述相关材料的组分、制备方法与特性，为研究新型材料满足武器装备的新需求奠定基础。

第1章介绍固体化学基础知识，固相反应类型及影响因素，固体化学与火工/烟火材料。第2章介绍典型无机材料的制备方法，包括沉淀反应、还原反应、自蔓延反应、溶胶–凝胶反应和化学镀等，以及火工/烟火药剂的磁控溅射、超声化学制备与处理。第3章介绍电性材料/导体和半导体的能带理论，分析影响电阻率/电导率的因素，交流下的电阻率及功率损耗，典型电性功能材料性能及应用，包括镍铬合金、半导体桥等。第4章介绍介电材料、电介质击穿机制，压电材料、铁电材料、热电材料特性，钛酸钡、钛酸铅、锆钛酸铅、热功率波等典型应用。第5章介绍基本磁学参量、磁性材料分类，静态与动态磁学特性，复数磁导率，典型磁性材料，包括铁氧体、钕铁硼、氮化铁。第6章介绍隐身材料，包括微波吸波材料，吸收衰减电磁波原理，中/远红外隐身、激光隐身原理、材料及其特点，传统和环保烟幕材料，如二氧化钛和碳化硼。

本书编写分工如下：暴丽霞编写第1章和第2章，李明愉编写第3章和第4章，乔小晶编写第5章和第6章并进行全书的统稿。

本书得到北京理工大学"特立"系列教材出版资助，并得到机电学院的大力支持；曾庆轩教授、周遵宁教授对本书提出了宝贵的意见和建议；刘朔和石邵美博士，贾启才、唐磊和刘卫南硕士为本书部分章节提供了素材，并整理了插图、公式以及参考文献，在此表示诚挚的谢意。

由于编者水平有限加之时间紧迫，书中存在不妥和疏漏之处在所难免，敬请读者予以指正。

编　者

2023 年 7 月

目 录
CONTENTS

第1章 固体化学 ... 001
1.1 固体化学基础知识 ... 001
1.1.1 固体化学概念 ... 001
1.1.2 固体化学研究内容 ... 001
1.1.3 固体化学与军事功能材料 ... 002
1.2 晶体学基础知识 ... 003
1.2.1 晶体简介 ... 003
1.2.2 晶体结构及对称性 ... 004
1.2.3 晶体缺陷 ... 007
1.2.4 常见军事功能材料的结构及用途 ... 007
1.3 材料常用表征方法 ... 014
1.3.1 扫描电子显微镜技术 ... 014
1.3.2 透射电子显微镜技术 ... 015
1.3.3 拉曼光谱技术在碳材料中的应用 ... 017
1.3.4 X射线光电子能谱仪技术 ... 020
1.3.5 X射线粉末衍射仪技术 ... 020
1.3.6 穆斯堡尔谱技术 ... 021
1.4 固相反应 ... 022
1.4.1 固相反应简介 ... 022
1.4.2 固相反应的影响因素 ... 023
1.4.3 固相反应与烟火药 ... 024
1.4.4 固相反应与延期药 ... 028
1.4.5 固相反应与SiC/金属复合材料 ... 030
习题 ... 031

第 2 章　典型无机材料的制备方法 ························· 032

2.1　沉淀反应 ························· 032
2.1.1　沉淀反应简介 ························· 033
2.1.2　沉淀反应在吸波材料制备方面的应用 ························· 034

2.2　水热/溶剂热反应 ························· 037
2.2.1　水热法 ························· 037
2.2.2　溶剂热法 ························· 037
2.2.3　水热/溶剂热法在隐身吸波材料制备方面的应用 ························· 038

2.3　还原反应 ························· 041
2.3.1　碳热还原反应 ························· 041
2.3.2　液相还原反应 ························· 044

2.4　高温反应 ························· 045
2.4.1　获得高温的设备 ························· 045
2.4.2　高温合成反应类型 ························· 046
2.4.3　高温合成法在吸波材料中的应用 ························· 048

2.5　自蔓延高温合成反应 ························· 050
2.5.1　自蔓延高温合成反应简介 ························· 050
2.5.2　自蔓延高温合成反应的原理 ························· 051
2.5.3　自蔓延的结构控制方法 ························· 053

2.6　溶胶-凝胶反应 ························· 055
2.6.1　溶胶-凝胶反应简介 ························· 055
2.6.2　溶胶-凝胶过程的主要反应 ························· 057
2.6.3　溶胶-凝胶法在吸波材料制备方面的应用 ························· 059
2.6.4　溶胶-凝胶法在TCO薄膜制备中的应用 ························· 061
2.6.5　溶胶-凝胶法在火工品制备中的应用 ························· 061

2.7　化学气相沉积法 ························· 062
2.7.1　CVD技术的特点及要求 ························· 062
2.7.2　CVD法的反应原理 ························· 063
2.7.3　CVD技术的热动力学原理 ························· 065
2.7.4　CVD技术在吸波材料方面的应用 ························· 066

2.8　物理气相沉积法 ························· 068
2.8.1　物理气相沉积的定义和特点 ························· 068
2.8.2　物理气相沉积的分类 ························· 068
2.8.3　磁控溅射 ························· 070
2.8.4　磁控溅射在吸波材料方面的应用 ························· 071
2.8.5　磁控溅射在火工品方面的应用 ························· 072

2.9　机械化学法 ························· 073
2.9.1　机械化学法的原理 ························· 073

  2.9.2 机械化学法的应用 ……………………………………………………… 074
 2.10 化学镀 ………………………………………………………………………… 075
  2.10.1 典型化学镀覆 …………………………………………………………… 076
  2.10.2 环保型化学镀铜 ………………………………………………………… 080
 2.11 超声辅助制备 ………………………………………………………………… 081
  2.11.1 超声波定义及超声效应 ………………………………………………… 081
  2.11.2 空化作用与空化阈值 …………………………………………………… 082
  2.11.3 声化学反应在吸波材料的制备及炸药废水处理方面的应用 ………… 083
 2.12 微纳制备方法 ………………………………………………………………… 087
  2.12.1 微机电技术 ……………………………………………………………… 087
  2.12.2 喷墨打印技术 …………………………………………………………… 092
  2.12.3 直写技术 ………………………………………………………………… 094
 2.13 爆轰、冲击制备方法 ………………………………………………………… 095
 习题 ………………………………………………………………………………… 097

第3章 电性材料/导体和半导体 ……………………………………………… 098

 3.1 能带理论 ……………………………………………………………………… 098
 3.2 影响金属电阻率/电导率的因素 …………………………………………… 099
  3.2.1 成分与结构 ……………………………………………………………… 100
  3.2.2 缺陷 ……………………………………………………………………… 108
  3.2.3 温度 ……………………………………………………………………… 116
  3.2.4 压力 ……………………………………………………………………… 119
 3.3 交流电阻率 …………………………………………………………………… 120
 3.4 典型导体材料的性能及应用 ………………………………………………… 123
  3.4.1 爆炸箔/桥 ………………………………………………………………… 123
  3.4.2 爆炸脉冲功率源 ………………………………………………………… 139
  3.4.3 镍铬合金 ………………………………………………………………… 143
 3.5 半导体 ………………………………………………………………………… 147
  3.5.1 本征半导体和杂质半导体的电学性能 ………………………………… 147
  3.5.2 温度对半导体电阻的影响 ……………………………………………… 151
  3.5.3 典型半导体器件 ………………………………………………………… 153
  3.5.4 半导体的击穿 …………………………………………………………… 156
  3.5.5 半导体在火工品中的应用 ……………………………………………… 162
 习题 ………………………………………………………………………………… 173

第4章 介电材料 ………………………………………………………………… 174

 4.1 电极化现象 …………………………………………………………………… 174
 4.2 极化效应和电极化率 ………………………………………………………… 174
 4.3 复介电常数与介电损耗 ……………………………………………………… 177

4.4 影响介电损耗的因素 ········· 181
  4.4.1 频率的影响 ········· 182
  4.4.2 温度的影响 ········· 183
  4.4.3 湿度的影响 ········· 183
  4.4.4 孔隙率的影响 ········· 184
4.5 材料的介电损耗 ········· 184
4.6 降低材料介质损耗的方法 ········· 185
4.7 电介质的击穿 ········· 185
  4.7.1 电击穿 ········· 185
  4.7.2 热击穿 ········· 187
  4.7.3 局部放电击穿 ········· 188
  4.7.4 其他击穿机制 ········· 188
  4.7.5 真空下击穿 ········· 189
4.8 压电材料 ········· 191
  4.8.1 压电效应与压电常数 ········· 191
  4.8.2 性能参数 ········· 192
4.9 铁电材料 ········· 193
  4.9.1 铁电畴 ········· 194
  4.9.2 电滞回线 ········· 194
  4.9.3 铁电体的性能 ········· 197
  4.9.4 反铁电体 ········· 198
4.10 典型压电和铁电材料性能及应用 ········· 199
  4.10.1 石英晶体 ········· 199
  4.10.2 钛酸钡 ········· 201
  4.10.3 锆钛酸铅 ········· 202
  4.10.4 聚偏氟乙烯 ········· 209
  4.10.5 无铅压电材料 ········· 214
4.11 热电与热释电晶体材料 ········· 215
  4.11.1 热电效应 ········· 216
  4.11.2 热电材料 ········· 217
  4.11.3 热电效应的应用 ········· 217
  4.11.4 热释电效应 ········· 221

习题 ········· 222

第5章 磁功能材料 ········· 223

5.1 基本磁学参量 ········· 223
  5.1.1 磁矩 ········· 223
  5.1.2 磁化强度、磁场强度及磁导率 ········· 225
5.2 磁性材料分类 ········· 226

5.2.1　顺磁性 …………………………………………………………………… 227
　　5.2.2　反铁磁性 ………………………………………………………………… 228
　　5.2.3　抗磁性 …………………………………………………………………… 228
　　5.2.4　亚铁磁性 ………………………………………………………………… 229
　　5.2.5　铁磁性 …………………………………………………………………… 229
5.3　静态磁学特性 …………………………………………………………………… 231
　　5.3.1　自发磁化和磁畴 ………………………………………………………… 231
　　5.3.2　磁化曲线与磁滞回线 …………………………………………………… 235
　　5.3.3　磁能积 …………………………………………………………………… 236
　　5.3.4　磁各向异性与磁致伸缩 ………………………………………………… 240
　　5.3.5　影响铁磁性的因素 ……………………………………………………… 242
5.4　动态磁学特性 …………………………………………………………………… 251
　　5.4.1　交流磁化过程与交流磁滞回线 ………………………………………… 251
　　5.4.2　复数磁导率 ……………………………………………………………… 252
　　5.4.3　变化磁场下的能量损耗 ………………………………………………… 253
5.5　磁效应 …………………………………………………………………………… 259
　　5.5.1　磁电效应 ………………………………………………………………… 259
　　5.5.2　磁致效应 ………………………………………………………………… 263
　　5.5.3　磁致热效应 ……………………………………………………………… 266
　　5.5.4　磁光效应 ………………………………………………………………… 266
5.6　典型磁功能材料的性能和应用 ………………………………………………… 267
　　5.6.1　铁氧体 …………………………………………………………………… 267
　　5.6.2　铁镍合金和铁钴合金 …………………………………………………… 270
　　5.6.3　硅铁合金 ………………………………………………………………… 272
　　5.6.4　稀土合金 ………………………………………………………………… 274
　　5.6.5　氮化铁 …………………………………………………………………… 281
　　5.6.6　包覆玻璃的双磁微丝 …………………………………………………… 290
习题 …………………………………………………………………………………… 291

第6章　隐身材料 …………………………………………………………… 292

6.1　吸收衰减电磁波机理 …………………………………………………………… 296
　　6.1.1　导电性损耗机理 ………………………………………………………… 296
　　6.1.2　介电损耗机理 …………………………………………………………… 297
　　6.1.3　磁损耗机理 ……………………………………………………………… 297
　　6.1.4　共振损耗机理 …………………………………………………………… 298
6.2　微波吸波材料 …………………………………………………………………… 299
　　6.2.1　涂覆型吸波材料 ………………………………………………………… 301
　　6.2.2　结构型吸波材料 ………………………………………………………… 303
　　6.2.3　超材料 …………………………………………………………………… 305

- 6.2.4 典型微波吸波材料 ... 307
- 6.2.5 新型微波吸波材料 ... 312
- 6.3 中/远红外隐身 ... 322
  - 6.3.1 红外隐身基本原理 ... 322
  - 6.3.2 低发射率涂料 ... 325
  - 6.3.3 薄膜型/网状 ... 331
  - 6.3.4 ITO薄膜 ... 339
  - 6.3.5 智能隐身 ... 342
- 6.4 激光隐身 ... 349
- 6.5 多波段兼容隐身 ... 352
- 6.6 光学隐身材料 ... 354
  - 6.6.1 单色迷彩 ... 355
  - 6.6.2 变形迷彩 ... 357
  - 6.6.3 变色迷彩 ... 357
  - 6.6.4 新型光学隐身材料 ... 358
- 6.7 烟幕材料 ... 359
  - 6.7.1 微波/毫米波烟幕剂 ... 360
  - 6.7.2 红外波段烟幕剂 ... 365
  - 6.7.3 可见光烟幕剂 ... 371
  - 6.7.4 多波段烟幕剂 ... 375
  - 6.7.5 环保型烟幕剂 ... 376
- 习题 ... 379

参考文献 ... 380

第1章
固体化学

固体化学是研究固体物质的制备、组成、结构和性质的化学分支学科。20 世纪 20 年代开始研究固态物质参加的化学反应,但是缺少探测固相内部微观结构的实验手段。现代科学技术提供了各种实验手段(如各种光谱、波谱、能谱等),从而能够深入认识固体的体相和表面的组成及结构,测试各种物理和化学性质,进而指导材料的合成、分析材料的各种物理和化学性质。

固体化学也是军用功能材料制备及发展的理论基础。本章主要讲述固体化学的基础知识,包括固体化学基础知识、晶体学基础知识、材料常用表征技术及固相反应,重点讲述固相反应及其在隐身、烟幕、火工品等功能材料方面的应用。

1.1 固体化学基础知识

1.1.1 固体化学概念

众所周知,自然界中有固态物质、液态物质、气态物质,而以固态物质最为常见,已建立起的化学理论体系基本上是化学家基于液态下和气态下的化学反应机理获得的,固态化学原理的应用却落后于固体化学技术的应用。

固体化学真正的发展是 20 世纪 40 年代随固态电子学和半导体技术发展而发展起来的,是研究固体物质的合成、反应、组成和性能及其相关现象、规律和原因的一门科学。

固体化学基于分子层面从化学的角度研究固体物质的化学反应、合成方法、晶体生长、化学组成和晶体结构、晶体结构缺陷及其对物质的物理及化学性质的影响,并试验探索固体物质作为材料实际应用的可能性。

1.1.2 固体化学研究内容

固体化学研究固体物质(单晶、多晶、玻璃、陶瓷、薄膜、超微粒)的合成、固体的组成与结构、固体中的缺陷、固体的表面化学、固相化学反应、固体的性质和新材料等。

1. 固体物质的合成

固体的制备方法很多,一些固体可用很多方法来制备,而另外一些,尤其是热力学上不稳定的固体,相对来说很难制备,需要一些特殊方法来制得,比如超高压、超低真空、超高温、超低温、失重、高能粒子轰击、爆炸冲击与强辐照等合成技术。采用哪种制备方法在一定程度上取决于产品所需要的形态,如晶态固体可以有以下几种形态。

(1) 尽可能除去内部缺陷的纯净单晶;

(2) 其结构因缺陷的生成(通常是加入特定杂质的结果)而已发生变化的单晶;

（3）粉末，即大量的小晶体；

（4）多晶固体件，如一粒小丸或一根陶瓷管，其中有大量不同取向的晶体；

（5）薄膜。

此外，非晶态、无定形或玻璃态也是一类重要的固体材料。非晶态固体也可制备成不同的形式，如管状、颗粒状或薄膜。对于一些形态，优化制备/合成过程是至关重要的。

常用的固体制备方法有传统的固相高温烧结陶瓷工艺、热压工艺和提拉、坩埚下降、水热、区熔或在熔盐中培养单晶生长以及蒸发与溅射制膜等方法，目前新发展起来的技术有外延制备薄膜技术、金属有机化学气相沉淀、LB（Langmuir Blodgett）膜等；溶胶－凝胶法和辉光放电法制备超细粉末和纳米粉体技术；制备高纯稀土金属的固态电解法技术；对于非晶态、无定形或玻璃态物质的急冷、化学气相沉积技术；还有近些年发展起来的绿色合成方法，如微波合成、低热固相合成、溶剂热合成等方法。本章将重点介绍固相反应的原理及制备方法。

2. 固体组成与结构

固体由晶态物质（晶体）或非晶态物质（非晶体）组成，其中晶体分为理想晶体（空间点阵结构）和非理想晶体（缺陷结构），非理想晶体才是实际存在的晶体。晶体是质点（离子、原子或分子）按格子构造成有规则的排列而成。

固体的微观结构包括原子结构、分子结构、晶体结构、缺陷结构、表面结构。固体化学重点研究的是晶体结构和缺陷结构等，固体结构的不同赋予了物质特有的物理性质（物性）和化学性质（反应性）。因此，对于晶体结构知识的学习是掌握物质物性和反应性的基础。

3. 固相反应研究内容

固体化学的研究重点是固相反应，固相反应是指那些有固态物质参加的反应，主要有以下几种。

（1）一种固态物质的反应，如固体的溶解、聚合；

（2）单一固体内部的缺陷平衡；

（3）固态和气态物质参加的反应；

（4）固态和液态物质之间的反应；

（5）固－固反应；

（6）固态物质在表面上的反应，如固相催化和电极反应等。

凡是有固体物质参与的反应均属于固相反应，主要包括固－固、固－液、固－气、固体表面催化反应等。

1.1.3 固体化学与军事功能材料

烟火药属于军事功能材料的一种，其研究紧密依赖于固体化学。烟火药多数是由数种固体粉末物质构成的固态混合物，如最初的烟火药——黑火药，它由粉状硝酸钾和木炭、硫磺混制而成。为了提高黑火药的燃速，人们早已发现将这些固体物质破碎得越细，燃速就会变得越快，混合得越均匀，反应性越好。这些现象的原因直到固体化学出现才在理论上得以解释，均匀性反映了固相反应物互相接触的程度，固相反应物互相接触越充分，反应性则越好，这是因为反应总是在粒子界面上进行，产物是通过界面扩散。

烟火化学反应离不开固相反应。烟火药的发火前最初反应，称为预点火反应

(preignition reaction，PIR)，它是一种炽热的、自传播的固-固放热化学反应。如果 PIR 放出的热少并且慢，热损失大于热积累，则 PIR 反应会中止。如果 PIR 放出的热大且快，热积累大于热损失，则出现固体自发热加热，此时反应速率加大，放热速率增快，炽热的、自传播固-固放热反应则是呈指数关系加速，从而导致药剂燃烧或爆炸。

有了固-固相反应的 PIR，就可以从化学热力学和动力学角度研究如何控制 PIR 的温度和反应速率，从而控制体系的反应性。鉴于 PIR 是固相反应，则控制其反应性的方法就是固态化学的方法。因此，在研究烟火时，只要能证明有 PIR 存在，即可依据固相反应理论，应用固体化学的原理和方法来解决反应过程中的反应性问题。

1.2 晶体学基础知识

固体虽然也有以原子、分子或离子的形式无序排列的非晶体，然而在多数情况下还是以晶体形式存在的。晶体中存在着晶格，即决定原子和离子排列规则性的最小单位，其在三维空间规则地重复排列着。在对结晶固体材料进行描述之前，首先应该了解晶体学的一些基本概念，本节主要介绍晶体的基本性质，晶体结构的对称性以及晶体的缺陷。

1.2.1 晶体简介

晶体是质点（原子、离子或分子）按格子构造有规则地排列而构成。晶体的特性是由晶体结构的周期性所决定的。

1.2.1.1 晶体

晶体是由原子、离子或分子在三维空间按照一定规律周期性排列所构成的固体物质，图 1-1 所示为自然界中存在的几种天然晶体。

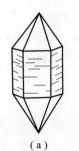 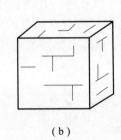 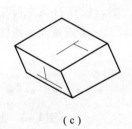 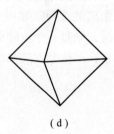

(a) (b) (c) (d)

图 1-1 自然界中存在的天然晶体

(a) 石英（水晶，SiO_2）；(b) 石盐（NaCl）；(c) 方解石（$CaCO_3$）；(d) 磁铁矿（Fe_3O_4）

1.2.1.2 晶体的基本特性

晶体与非晶体最本质的区别是，晶体其质点在三维空间作有规律的周期性排列，格子构造，且长程有序，而非晶体不能长程有序。图 1-2 所示为晶体（石英，SiO_2）与非晶体（玻璃）的质点平面结构示意图。由图可见，晶体（石英，SiO_2）的内部质点是有规则的排列，具有格子构造；而非晶体（玻璃）的内部质点结构是不规律的，不具有格子构造，不能长程有序。

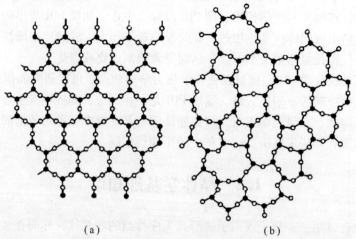

(a)　　　　　　　　　(b)

图1-2　晶体（石英，SiO$_2$）与非晶体（玻璃）质点平面结构

(a) 晶体（石英，SiO$_2$）；(b) 非晶体（玻璃）

（圆圈"○"代表氧，黑点"●"代表硅）

1.2.2　晶体结构及对称性

1.2.2.1　晶体的点阵结构

凡是晶体物质均具有点阵结构，晶体点阵结构中的阵点在空间作周期性的排列是晶体物质内部结构的普遍特征，晶体点阵结构中阵点在空间任意方向上都作周期性重复出现，若按连接其中任意两点的矢量进行平移后，必能重复。

1. 直线点阵（一维点阵）

阵点分布在同一直线上的点阵称为直线点阵，即一维点阵。直线点阵是一个无限的、等距离的点列。如图1-3所示，设在直线点阵中连接相邻两个点阵点的矢量为 a，当平移 a 时，则每一个点阵点都移动了一个矢量 a，并且每一个点阵点都同与它相邻的一个点阵点重合，即整个点阵都能复原。

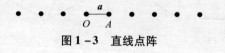

图1-3　直线点阵

2. 平面点阵（二维点阵）

阵点分布在同一平面上的点阵称为平面点阵，即二维点阵。平面点阵按确定的平行四边形划分后形成平面格子，点阵中所有点阵点都位于平行四边形的顶点处，四边形内部没有阵点。平面点阵也是无限的，如图1-4所示。

3. 空间点阵（三维点阵）

阵点分布在非同个一平面上的三维空间的点阵称为空间点阵，即三维点阵。

空间点阵是由不相平行的任意三个单位素矢量（a，b，c）划分成无数并置的平行六面体素单位所构成，如图1-5所示。

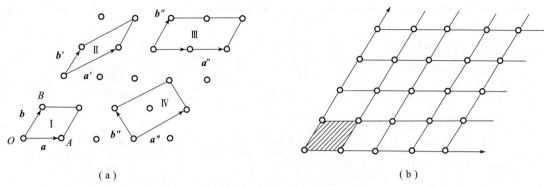

图 1-4 平面点阵和平面格子
(a) 平面点阵;(b) 平面格子

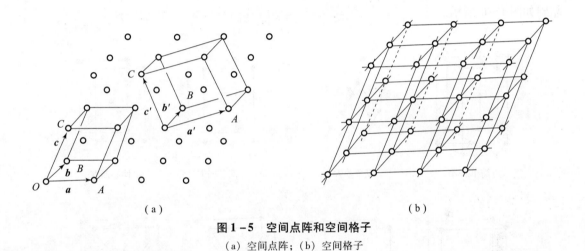

图 1-5 空间点阵和空间格子
(a) 空间点阵;(b) 空间格子

1.2.2.2 晶体的对称性

原子、离子、分子在空间的周期性排列是晶体和非晶体的一个判据,所以晶体结构的周期性是十分重要的。晶体中微粒的有规则的周期性排列,一方面表现为平移对称性;另一方面还表现为至少保持一点不动的所谓点对称性。按晶体的布拉维(Bravais)格子的对称性,可把所有晶体分为 7 个晶系,14 种布拉维格子。

虽然就晶体结构来说,共有 32 种点群和 230 种空间群,但是就布拉维格子来说则远没有这么多种。因为属于不同点群和空间群的晶体,它们虽然结构不同,但可以有相同的布拉维格子。

例如,金刚石结构、闪锌矿结构、氯化钠结构及面心立方的铜结构等晶体,它们的布拉维格子都是面心立方格子。理论分析表明,按点对称性来说,布拉维格子共有 7 种,每一种代表一个晶系,它们分别是三斜(triclinic)、单斜(monoclinic)、正交(orthorhombic)、菱方(rhombohedral)、四方(tetragonal)、六方(hexagonal)和立方(cubic),7 个晶系主要特征见表 1-1。

表 1-1 7 个晶系的特征

晶系	单胞基矢特性	角度
三斜（triclinic）	$a \neq b \neq c$	$\alpha \neq \beta \neq \gamma \neq 90°$
单斜（monoclinic）	$a \neq b \neq c$	$\alpha = \gamma = 90°$；$\beta \neq 90°$
正交（orthorhombic）	$a \neq b \neq c$	$\alpha = \beta = \gamma = 90°$
四方（tetragonal）	$a = b \neq c$	$\alpha = \beta = \gamma = 90°$
六方（hexagonal）	$a = b \neq c$	$\alpha = \beta = 90°$；$\gamma = 120°$
菱方（rhombohedral）	$a = b = c$	$\alpha = \beta = \gamma \neq 90°$
立方（cubic）	$a = b = c$	$\alpha = \beta = \gamma = 90°$

如果考虑到平移对称操作，则布拉维格子的对称类型共有 14 种，这 14 种布拉维格子的晶胞如图 1-6 所示。

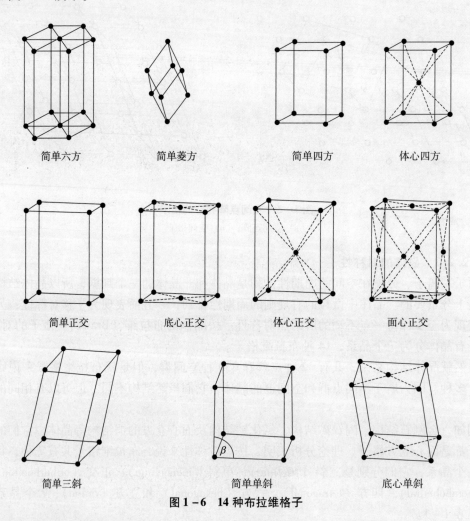

图 1-6 14 种布拉维格子

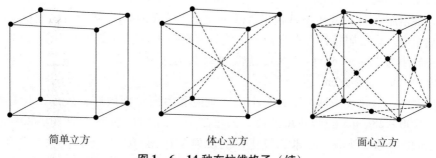

简单立方　　　　　　体心立方　　　　　　面心立方

图 1-6　14 种布拉维格子（续）

1.2.3　晶体缺陷

理论上晶体都是空间点阵式的结构，但实际上晶体的某些性能并不能完全用晶体的点阵结构来解释，根本原因是，实际晶体无论天然的还是合成的都存在缺陷。晶体缺陷存在的客观性，还体现在固体中物质的输送。固相间晶格的扩散和固相化学反应等之所以能够发生，其原因就在于缺陷的存在。

图 1-7 所示为晶体点缺陷示意图，其中图 1-7（a）为完整晶体，图 1-7（b）为替代杂质，图 1-7（c）为形成一个空位和一个间隙原子的弗伦克尔（Frenkel）缺陷。

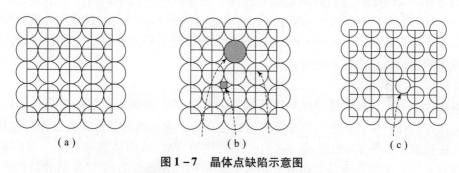

(a)　　　　　　　　　　(b)　　　　　　　　　　(c)

图 1-7　晶体点缺陷示意图
(a) 完整晶体；(b) 替代杂质；(c) 弗伦克尔缺陷

1.2.4　常见军事功能材料的结构及用途

1.2.4.1　二氧化硅

二氧化硅是硅原子与四个氧原子形成的四面体结构的原子晶体，整个晶体可看作一个巨大分子，SiO_2 是最简式，并不代表单个分子。四面体中心是一个硅原子，每 4 个氧原子近似共价键键合到硅原子，满足了硅的化合价外壳。如果每个氧原子是两个四面体的一部分，则氧的化合价也被满足，即二氧化硅的规则的晶体结构。二氧化硅的晶体结构如图 1-8 所示。

粉状无定形二氧化硅微球，又称白炭黑，多为多孔性

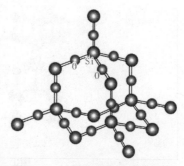

图 1-8　二氧化硅的四面体结构

物质，表面富含不同键合状态的羟基，可用 $SiO_2 \cdot nH_2O$ 表示其组成，呈三维网状结构，无味、无色，能溶解在苛性碱和氢氟酸中，不溶于水及有机溶剂。纳米二氧化硅具有优异的光、力、热、电、高磁阻特性，在高温下依然具有高强、高韧、稳定性好等特殊性能。球形二氧化硅热导率为 $38\sim48\ W/(m \cdot K)$，热膨胀系数为 $0.54 \times 10^{-6}/K$。无定形二氧化硅微球的典型密度为 $1.9\sim2.2\ g/cm^3$。

纳米尺度的二氧化硅微球由于具有小尺寸效应和表面界面效应，表现出特有的光学性能，在波长 $200\sim280\ nm$ 的紫外短波段，纳米二氧化硅的反射率为 $70\%\sim80\%$；在波长 $280\sim320\ nm$ 的紫外中波段，纳米二氧化硅的反射率达到 80% 以上；波长在 $300\sim800\ nm$ 时，纳米二氧化硅材料的光反射率达 85%；波长在 $800\sim1\ 300\ nm$ 时的近红外光反射率也达到 $70\%\sim80\%$。

纳米二氧化硅由于其良好的电绝缘、绝热性能，通常被用于各种材料的包覆以实现材料粒子或电子电气元件的绝缘改性和绝热改性。同时，许多材料比如铁磁材料、铁电材料等，由于本身的限制，需要利用纳米二氧化硅粒子进行分散性、化学惰性等方面的改性。Deng Yong-Hui 等通过在磁性纳米颗粒表面制备二氧化硅薄膜，屏蔽了磁性纳米颗粒之间的吸引力，使得材料更容易分散并保护它们在酸性环境下不被浸出，同时为其提供了一个化学惰性表面。

二氧化硅可用于单向透视烟幕剂。单向透视烟幕是一个全新的概念，其理念是指在使用干扰光源照射时，对方借助红外探测仪无法观察到我方，我方的前视效果不受影响，可以容易检测到对方。Schneider 等设计出遮蔽可见光，而在红外波段单向透视的复合型烟幕，研究结果表明分散粒子的粒径在 $5\sim50\ \mu m$ 内特别适合红外光的散射。封亚欧等进行单向烟幕材料及其干扰机理的探讨，提出 SiO_2 可以作为中远距离的单向透射红外烟幕材料，其衰减特性与粒子的粒径和形状有一定的关系。

1.2.4.2 二氧化钛

二氧化钛（TiO_2）是天然存在的钛氧化物，大约 95% 的钛矿石被加工成二氧化钛，这是使用最广泛的钛产品。它是一种简单的无机化合物，常见的晶体形式有三种，即锐钛矿、金红石、板钛矿，如图 1-9 所示，它们的构成均有 TiO_6 八面体基本单元，其区别在于，TiO_6 八面体是通过共顶点还是共边方式组成骨架结构。在金红石相 TiO_2 晶体结构中，TiO_6 八面体通过共顶点的方式连接，沿 C 轴方向成链状排列，并与其上下 TiO_6 八面体各有一条棱共用。在锐钛矿晶体中，TiO_6 八面体通过共顶点的方式结成一张网，八面体层之间再通过共边的方式构成三维结构。与锐钛矿和金红石不同，板钛矿晶体结构的 TiO_6 八面体单元

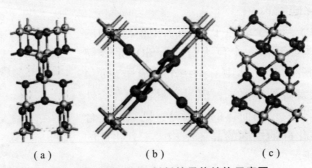

(a)　　　　　　(b)　　　　　　(c)

图 1-9　三种 TiO_2 材料的晶体结构示意图

(a) 锐钛矿；(b) 金红石；(c) 板钛矿

中各个Ti—O键的长度都不一样，因此板钛矿具有较为复杂的晶体结构。板钛矿中的TiO_6八面体单元通过扭曲的形式相互连接，每个TiO_6八面体单元与相邻的三个单元通过边共享的方式相互连接。另外，板钛矿晶体结构中每四个TiO_6八面体单元中有三个单元通过顶点共享互相连接。

在宏观尺度下，金红石是在环境压力和温度下最稳定的相，但是在纳米尺度下，锐钛矿则更稳定。金红石相对于锐钛矿的更紧凑的结构引起物理性质的重要差异。与锐钛矿相比，金红石具有更高的折射率，更高的比重和更高的化学稳定性。金红石在1 825 ℃熔化，而锐钛矿从约500 ℃开始不可逆地转变成金红石。板钛矿是罕见的天然存在的TiO_2形式，很难以纯净形式生产。板钛矿具有与金红石相同的颜色和光泽，它的硬度和密度几乎与金红石相同。

二氧化钛的功能性能基本上由其电子结构决定，它在电磁光谱的可见光和紫外线部分的特性很重要。在军事应用中，二氧化钛可用作烟幕剂。目前，美国陆军使用二氧化钛粉末作为M82和M106可见光烟幕弹中的遮蔽剂。二氧化钛以其在电磁光谱可见光波段的散射特性而闻名。二氧化钛衰减可见光的原因主要是由于其高折射率。二氧化钛在可见光波段的衰减特性强烈也取决于材料的粒径。基于Mie散射理论的理论计算预测，用于衰减紫外光（UV）、可见光的二氧化钛的最佳粒径约为0.20 μm。

白色二氧化钛在紫外光部分有吸收，但是对于可见光区域没有吸收。不少研究者通过掺杂的方式提高二氧化钛在可见光区域的吸收率，如Chen等对二氧化钛进行了掺杂C、N、S，所有掺杂的二氧化钛纳米材料均显示出黄色至浅黄色，表明具有吸收可见光的能力，图1-10显示了这些材料的漫反射光谱。虽然掺杂普通的元素能够使二氧化钛在可见光的吸收性能得以提升，但是提升的性能还是不足。直到Chen等制备出了黑色二氧化钛，他们报道了通过在约200 ℃的20.0 bar氢气氛下处理纯白色TiO_2纳米颗粒来制备黑色TiO_2纳米颗粒。图1-11显示了制备黑色TiO_2纳米材料的概念的示意图[图1-11（a）]，以及白色和黑色TiO_2纳米颗粒的图片[图1-11（b）]和高分辨率透射电子显微镜（HRTEM）图像[图1-11（c）和图1-11（d）]。这种黑色TiO_2纳米粒子具有良好的结晶晶格核，该晶核被氢化处理后的晶格无序的壳包围，该无序壳被认为具有可能的氢掺杂剂，形成Ti—H和O—H键，并导致黑色TiO_2纳米粒子的中间能隙状态降低。

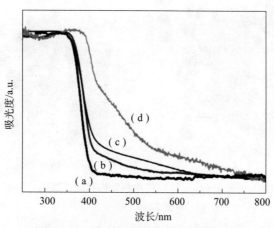

图1-10 掺杂前后TiO_2的漫反射光谱

(a) 纯TiO_2；(b) C-TiO_2；(c) S-TiO_2；(d) N-TiO_2

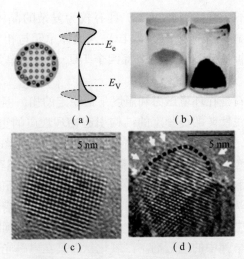

图1-11 黑色 TiO_2 的性能及特征

(a) 黑色 TiO_2 的结构与电子态 DOS；(b) 白色和黑色 TiO_2 照片；
(c) TiO_2 的高分辨 TEM 图片；(d) 无序黑色 TiO2 的高分辨 TEM 图片

1.2.4.3 二氧化钒

二氧化钒（VO_2）为深蓝色晶体粉末，单斜晶系结构，相对分子质量为82.94，密度为 4.260 g/cm^3，熔点为1 545 ℃，不溶于水，易溶于酸和碱中。溶于酸时不能生成四价离子，而生成正二价的钒氧离子。在干的氢气流中加热至赤热时被还原成三氧化二钒，也可被空气或硝酸氧化生成五氧化二钒。溶于碱中生成亚钒酸盐。可由碳、一氧化碳或草酸还原五氧化二钒得到。

VO_2 是一种具有相变性质的金属氧化物，其相变温度为68 ℃。发生相变的两个晶相分别是 $M-VO_2$ 和 $R-VO_2$，这两种晶相分别对应不同的晶体结构。$M-VO_2$ 对应的晶相为单斜晶相，$R-VO_2$ 对应的晶相则为四方晶相，如图1-12所示。

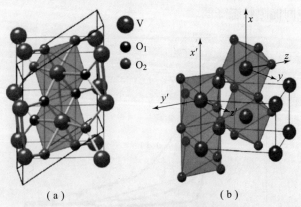

图1-12 VO_2 的单斜结构和四方结构

(a) 单斜结构；(b) 四方结构

单斜晶相 VO_2（M）结构的晶胞参数为：$a = 5.75$ Å，$b = 4.53$ Å，$c = 5.38$ Å，$\beta = 122.60°$。这种结构的独特之处是沿 a 轴的 $V^{4+}-V^{4+}$ 配对，V^{4+} 间距不等，按2.65 Å 和3.12 Å

交替排列。高温金红石结构 VO$_2$（R）的晶胞参数为 $a=4.55$ Å 和 $c=2.86$ Å，V^{4+} 位于由 O^{2-} 构成的稍有变形的八面体中心及晶胞中的 8 个顶角，在 VO$_2$ 八面体中共边链的钒距离相等，为 2.86 Å。通过相变，单斜平面中的（100）平面平行于（001）平面偏移了 0.43 Å。

二氧化钒的室温稳定晶相为绝缘单斜晶相，原子与原子之间是靠强化学键紧密结合在一起。它是一种热致变色材料，在电子器件、光转换器、气敏器件、锂电池材料等方面有重要应用。在半导体材料中，二氧化钒由于本身具有高的负电阻温度系数，因此非常适合作红外探测器的热敏材料。

二氧化钒也可应用于红外隐身技术中。它是一种典型的智能红外伪装隐身材料，在约 68 ℃时发生由低温单斜结构向高温四方结构的可逆转变，同时伴随着光学、电学、磁学等物理性能的突变。二氧化钒在温度升高时可以主动降低其红外发射率，控制自身红外辐射强度，具有自适应特性，是一种能够作为调控红外发射率的理想材料，广泛应用于自适应红外伪装隐身技术中。

哈佛大学 Kats 等开发出一种能够在红外热像仪前掩饰自己实际温度的、可以主动伪装的负微分发射率二氧化钒材料，其红外发射率或辐射温度呈现出随实际温度升高而降低的奇异现象。二氧化钒这种负微分发射率特性在红外伪装、热管理等领域具有非常大的应用前景。中国空间技术研究院 Xiao 等将二氧化钒与石墨烯/碳纳米管薄膜材料结合，制备出具有负微分发射率的复合薄膜，此薄膜可通过电流加热的方式降低红外辐射强度，使其与背景的红外辐射强度相似，从而达到红外隐身的目的。

1.2.4.4 石墨烯

石墨烯（Graphene）是由碳原子构成的只有一层原子厚度的二维晶体。石墨烯材料是一种二维碳材料，是单层石墨烯、双层石墨烯和多层石墨烯的统称。石墨烯具有完美的二维晶体结构，碳原子以 sp^2 杂化轨道的方式连接，形成类似蜂窝形的平面结构。碳原子之间通过 σ 键相连，其相邻的原子间距为 0.142 nm，如图 1-13（a）和图 1-13（b）所示。在与石墨烯平面垂直的方向上，未成键的 π 电子形成离域的共轭 π 键。石墨烯的晶体结构使其片层厚度仅有 0.335 nm，这是已知材料中的最小厚度。但是由于石墨烯表面存在一定的微观褶皱，因此实验观测到的石墨烯的厚度约为 0.8 nm，如图 1-13（c）和图 1-13（d）所示。

石墨烯独特的单原子层结构，决定了其拥有许多优异的物理性质。石墨烯中的每个碳原子都有一个未成键的 π 电子，这些电子形成与平面垂直的 π 轨道，π 电子可在这种长程 π 轨道中自由移动，具有超高的载流子迁移率，并且几乎不会受温度影响。石墨烯的碳原子之间以较强的 σ 键相连接，既具有刚性又具有柔性。在受到外力作用时，石墨烯片层会产生形变来适应外力。

Hone 首次通过纳米探针压痕技术，在硅基衬底上测得单层石墨烯的强度，其断裂强度和杨氏模量分别为（130±10）GPa 和（1.0±0.1）TPa。石墨烯是目前测到的强度最高的材料，比钢铁高 100 多倍。

量子理论计算结果表明，石墨烯片层的透光率仅由其本身的精细结构常数决定，石墨烯独特的结构使其单层的吸光率仅有 2.3%。经实验证实，单层石墨烯可吸光（2.3±0.1）%，且吸光值和波长无关。石墨烯片层的层数每增加一层，吸光率就会增加 2.3%，但吸光强度超过阈值就会达到饱和。

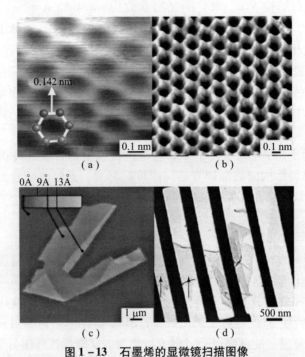

图 1-13 石墨烯的显微镜扫描图像
（a）扫描隧道显微镜（STM）；（b）扫描探针显微镜（SPM）；
（c）原子力显微镜（AFM）；（d）透射电子显微镜（TEM）表征石墨烯结构

石墨烯提供了新的视角来控制从可见光到微波频率的非常宽的光谱范围内的电磁辐射。由于泡利阻挡，可以通过静电选通来调节石墨烯的光吸收。尽管石墨烯的光学响应已被广泛研究，但是由于中红外区域的光学吸收小（小于2%），石墨烯用于动态控制热辐射的用途在 2018 年始由 Omer Salihoglu 等进行探索，使用多层石墨烯开发了新的活性热表面，在红外区域产生显著的可调光学吸收。他们采用化学气相沉积法在镍箔上合成多层石墨烯，并将它们转移到聚乙烯膜上，通过可逆插入非挥发性离子液体来电调制多层石墨烯的红外吸收率和发射率。他们所展示的装置轻（30 g/m²）、薄（小于 50 μm），且超柔软，可以适应环境。通过将活动热表面与反馈机制相结合，展示了自适应热伪装系统的实现，该系统可以重新配置热外观并在几秒钟内将其自身与变化的热背景融合。此外，研究表明，这些设备可以将热物体伪装成热成像系统中的冷物体，将冷物体伪装成热物体。该装置的活动热表面图如图 1-14 所示。

石墨烯具有密度小、比表面积大、导电性能好、介电常数高等优点。此外，石墨烯边缘的悬空化学键在电场作用下能够产生极化，从而衰减电磁波。通过氧化-还原等化学方法制备的石墨烯表面具有大量含氧官能团和缺陷，这些官能团和缺陷不仅降低了石墨烯的电导率，增加了阻抗匹配性，而且在电场下能够产生费米能级的局域化态，进而衰减电磁波。虽然石墨烯具有许多优点，但是其单独作为吸波材料使用时，高电导率使其阻抗匹配性差，电磁波容易被反射而难以进入材料内部。石墨烯和其他材料复合，既能提高材料的匹配性，又能增加对电磁波的损坏机制，从而提高材料的吸波性能。

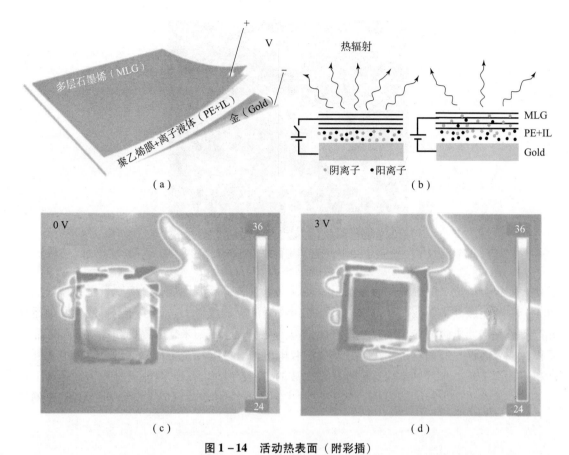

图 1-14　活动热表面（附彩插）

（a）由多层石墨烯电极，浸有 RTIL 的多孔聚乙烯膜和涂覆在耐热尼龙上的背面金电极组成的活性热表面的示意图；

（b）主动热表面工作原理的示意图，通过将阴离子嵌入石墨烯层中来抑制表面的发射率；

（c），（d）分别在 0 和 3V 的偏置电压放置在手上的器件的热像仪图像

1.2.4.5　碳纳米管

石墨烯这种紧密堆积的蜂窝状结构是构造其他碳材料的基本单元，单原子层的石墨烯可以包裹形成零维的富勒烯，单层或者多层的石墨烯可以卷曲形成单壁或者多壁的碳纳米管，如图 1-15 所示。

碳纳米管的管壁由碳的六元环构成，相邻碳原子之间以 sp^2 杂化轨道相互重叠形成 C—C 键，每一个六元环以 sp^2 杂化为主，混有少量 sp^3 杂化，主杂化轨道的变化使其形成介于 sp^2 和 sp^3 之间的杂化结构。而每一个碳原子中存在一个剩余的 p 轨道，上面的电子形成离域化大的 π 键。碳纳米管是中空的管体结构，管壁的层片之间存在一定夹角，多壁碳纳米管最内层的直径一般为 2~20 nm，其相邻层与层之间的距离固定为 0.34 nm 左右。单根碳纳米管的直径一般在几纳米到几十纳米，而其长度可达几十纳米至微米，超长碳纳米管长度可达几毫米，因此碳纳米管具有很长的长径比，属于一种特殊结构的一维量子材料。根据管壁层数分，碳纳米管可分为单壁碳纳米管、双壁碳纳米管和多壁碳纳米管。

碳纳米管的结构性质以及尺寸效应、表面效应和宏观量子隧道效应等对碳纳米管吸波性能产生重大影响，主要有以下三个方面：①碳纳米管表面的悬挂键使界面容易产生极化，高

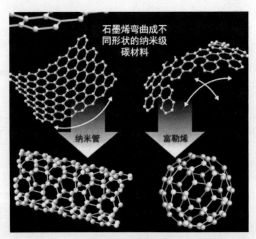

图 1-15　石墨烯弯曲成碳材料示意图

的比表面积会造成对电磁波的多重散射，使碳纳米管具有吸波性能；②宏观量子隧道效应使电子分裂的能级处于微波能量范围内，此能级在微波场的辐射下，原子和电子产生剧烈运动并产生磁化，使电磁波转化成其他形式能量被消耗掉；③碳纳米管较高的介电性使其依靠电子极化或界面极化等损耗机制进行衰减、吸收电磁波。以上三个方面为碳纳米管的电损耗吸波机理，由于碳纳米管基本没有磁性，电磁波的磁损耗基本为 0，因此通过在碳纳米管上包覆或填充如铁氧体、镍、铜等磁性粒子的方式制备复合材料，可以改善材料对电磁波的磁损耗。

1.3　材料常用表征方法

1.3.1　扫描电子显微镜技术

扫描电子显微镜（SEM）是一种用于高分辨率微观形貌分析的大型仪器，其利用聚焦的很窄的高能电子束来扫描样品，通过光束与物质的相互作用，激发各种物理信息，对这些信息收集、放大、再成像以达到对物质微观形貌表征的目的。该技术是一种几乎不损伤和污染原始样品的表征方法，与能谱仪、电子背散射衍射仪等附件配合，可以同时获得形貌、结构、成分和结晶学等信息，是材料表征中应用最广泛的技术。

美国能源部（DoE）的核武器采用颗粒状烟火盘热电池，需要烟火加热芯块。经过多年研究，最终选择 $Fe/KClO_4$ 作为 DoE 核武器的颗粒状烟火药的化学成分。其中，铁粉的首选材料为辉瑞（Pfizer）公司生产的 NX-1000 铁粉，它满足 Sandia 实验室对热电池用铁粉的规范。在对该铁粉的性能进行详细表征方面曾花费了大量精力。通过扫描电子显微镜的表征（图 1-16）发现，该铁粉独特的海绵形态和高比表面积是其在 $Fe/KClO_4$ 烟火混合物中作为燃料具有优异性能的主要原因。

同时，由于热电池必须承受恶劣的环境条件（如冲击、撞击、旋转和极端加速等），热颗粒不得在这些刺激下分解，因此需要高的机械强度。而热粒料中的海绵形铁粉可以确保颗粒之间的良好互锁，以实现这种高的机械完整性。

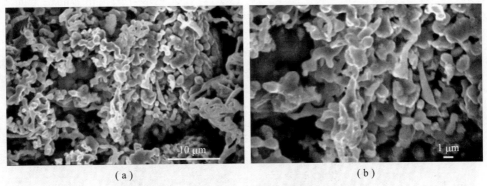

图 1-16 辉瑞 NX-1000 铁粉的 SEM 图片

(a) 低放大倍率；(b) 高放大倍率

1.3.2 透射电子显微镜技术

透射电子显微镜（TEM）技术是纳米材料常用的表征技术，不仅可以分析材料的形貌，也可以根据高分辨透射电镜图片以及选区电子衍射来分析材料的晶体结构，同时，还可以分析材料的表面缺陷状态。

透射电子显微镜下可以清楚地看到材料的空心结构，图 1-17 所示为黑色介孔空心二氧化钛的透射电子显微镜图片，从图中可以明显地看到空心结构，同时，从图 1-17 (b) 中的插图中也可以看到材料的介孔结构。

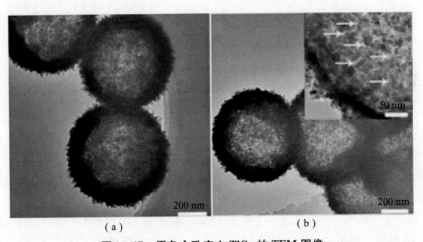

图 1-17 黑色介孔空心 TiO_2 的 TEM 图像

(a) TEM 图像；(b) 带高倍 TEM 插图的 TEM 图像

如图 1-18 所示，Xia 等用 HRTEM 和线分析解释了黑色 TiO_2 的表面缺陷。根据 HRTEM 图像 [图 1-18 (a)]，白色二氧化钛是完全结晶的，具有明确的晶格条纹，并且发现晶格条纹距离为 3.536 Å，这是锐钛矿相的特征，并且在整个纳米晶体中是均匀的。从线性分析 [图 1-18 (c)] 中可以明显看出这种说法，而黑色的二氧化钛纳米晶体具有晶体核和无定形壳结构 [图 1-18 (b)]。核心显示清晰分辨的 (101) 锐钛矿晶格面，晶格条纹距离为 3.515 Å，与线分析图一致[图 1-18（d）]。在无定形外层，相邻晶格平面之间的距离高度扭曲，如 2.983 Å、4.203 Å 和 6.747 Å[图 1-18（d）]。

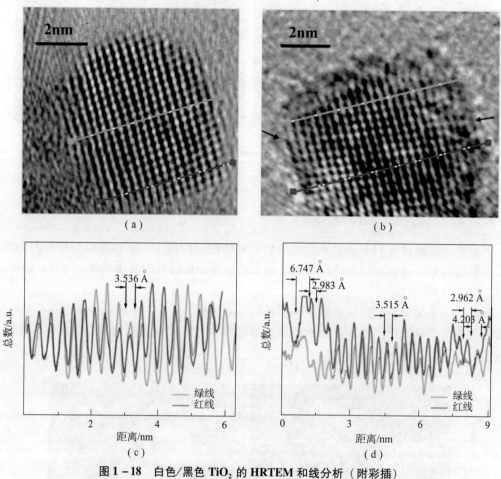

图 1-18　白色/黑色 TiO_2 的 HRTEM 和线分析（附彩插）
(a) 白色 TiO_2 的 HRTEM 图像；(b) 黑色 TiO_2 的 HRTEM 图像；
(c) 白色 TiO_2 的线分析；(d) 黑色 TiO_2 的线分析

万翔等用水热法制备了由单晶 Fe_3O_4 纳米棒组成的方形铁氧体/碳复合材料，并用透射电子显微镜分析了 750 ℃ 和 930 ℃ 焙烧产物的形貌和晶体结构。

图 1-19（a）显示了 750 ℃ 退火后从前驱体获得的样品的 TEM 图像，图 1-19（b）中的高分辨率透射电子显微镜（JEM2100F）显示了清晰的晶格条纹，证实了它们良好的晶体结构。0.485 nm 的典型晶格间距对应于 Fe_3O_4 的（111）面。铁氧体纳米棒的模糊层被认为是葡萄糖分解产生的非晶碳的痕迹，这与拉曼光谱数据一致。图 1-19（b）中的插入选区电子（SAED）图案确认纳米棒为 Fe_3O_4。SAED 图中的反射对应于 0.485 nm、0.295 nm 和 0.253 nm 的晶格间距，分别与 Fe_3O_4（111）、（220）和（311）相匹配。

图 1-20（a）显示了 930 ℃ 焙烧后样品的 TEM 图像。图 1-20（b）中的 SAED 图像分别反映了 0.297 nm、0.171 nm 的晶格间距与 Fe_3O_4（220）、Fe_3O_4（422）晶面的匹配。SAED 结果表明，块状结构主要由面心立方反尖晶石结构（空间群：FdN3 m）Fe_3O_4

（JCPDS no. 82 – 1533）组成。由于块状粒子的厚度，很难显示清晰的晶格条纹。

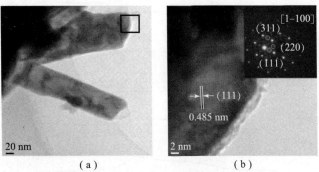

图 1 – 19　样品的 TEM 和 HRTEM 图像
（HRTEM 图像中内置图片是单晶 Fe_3O_4 的选区衍射图，晶带轴是 [1 – 100]）
(a) TEM 图像；(b) HRTEM 图像

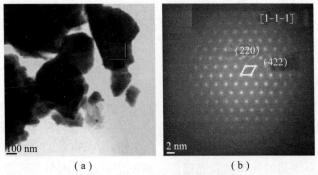

图 1 – 20　样品的 TEM 图像和 SAED 图像（(b) 是单晶 Fe_3O_4 沿 [1 – 1 – 1] 晶带轴方向的选区衍射）
(a) TEM 图像；(b) SAED 图像

1.3.3　拉曼光谱技术在碳材料中的应用

拉曼（Raman）光谱是一种快速无损地表征材料晶体结构、电子能带结构、声子能量色散和电子 – 声子耦合的重要的技术手段，具有较高的分辨率，是富勒烯、碳纳米管、金刚石研究中应用最广泛的表征技术之一，在碳材料的发展历程中起到了至关重要的作用。

1.3.3.1　拉曼光谱表征碳材料的石墨化程度

拉曼光谱研究表明，碳质材料的拉曼光谱由四个缺陷带（D1、D2、D3 和 D4）组成，分别位于约 1 350 cm^{-1}、1 620 cm^{-1}、1 500 cm^{-1} 和 1 200 cm^{-1} 处，一阶光谱的石墨带（G）位于 1 580 cm^{-1} 处。D1 与 G 带的积分面积比（I_{D1}/I_G）表示碳结构有序程度，也称为石墨化程度。万翔等利用水热法，并在 750 ℃、800 ℃、850 ℃ 和 930 ℃ 下进行后处理制备了方形铁氧体/碳复合材料，利用拉曼光谱揭示了焙烧温度对石墨化的影响，如图 1 – 21 所示分别为 A～E 曲线。当退火温度从 750 ℃ 上升到 930 ℃ 时，铁氧体/碳转变成铁合金/石墨烯，随着 D1 – G 带积分面积比（I_{D1}/I_G）从 2.83 降低到 1.59，石墨化程度增加。而 D1 和 G 带半高宽的变窄趋势表明随着焙烧温度升高，非晶碳逐渐减少。

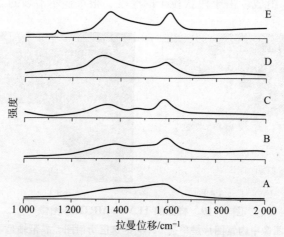

图1-21 不同焙烧温度下产物的拉曼光谱

1.3.3.2 拉曼光谱表征石墨烯

自石墨烯被发现以来,拉曼光谱技术成为石墨烯研究领域中一项最重要的表征手段,可以分析石墨烯的结构缺陷(D峰)、sp^2碳原子的面内振动(G峰)和碳原子的层间堆垛方式(G'峰)等。

(1) 拉曼光谱表征石墨烯的层数

拉曼光谱在石墨烯的层数表征方面具有独特的优势,完美的单洛伦兹峰型的二阶拉曼峰(G'峰)是判定单层石墨烯简单而有效的方法,而多层石墨烯由于电子能带结构发生裂分使其G'峰可以拟合为多个洛伦兹峰的叠加。图1-22所示为SiO_2(300 nm)/Si基底上532 nm激光激发下1~4层石墨烯的典型拉曼光谱图。从图中可以看出单层石墨烯的G'峰强度大于G峰,并且具有完美的单洛伦兹峰型,随着层数的增加,G'峰半峰宽增大且向高波数位移(蓝移)。G'峰产生于一个双声子双共振过程,与石墨烯的能带结构紧密相关。对于AB堆垛的双层石墨烯,电子能带结构发生裂分,导带和价带均由两支抛物线组成,存在四种可能的

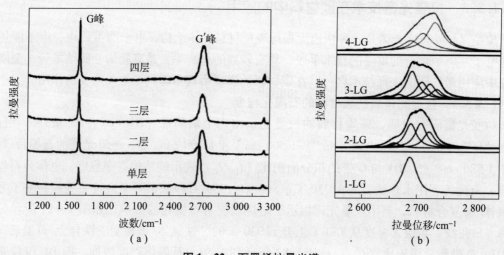

图1-22 石墨烯拉曼光谱
(a) 1~4层石墨烯的拉曼光谱;(b) 1~4层石墨烯的拉曼G'峰

双共振散射过程,因此双层石墨烯的 G' 峰可以拟合为四个洛伦兹峰;同样,三层石墨烯峰的 G' 峰可以用 6 个洛伦兹峰来拟合[图 1 - 22(b)]。不同层数石墨烯的拉曼光谱除了 G' 峰的差异,G 峰的强度也随着层数的增加而近似线性增加,这是由于在多层石墨烯中会有更多的碳原子被检测到。因此,G 峰、G 峰与 G' 峰的强度比以及 G' 峰的峰型常被用来作为石墨烯层数的判断依据。拉曼光谱用来测定石墨烯的层数具有一定的优越性,其给出的是石墨烯的本征信息,而不依赖于所用的基底。

(2) 拉曼光谱分析石墨烯缺陷类型和缺陷密度

石墨烯是一种零带隙的二维原子晶体材料,人们发展了一系列方法来打开石墨烯的带隙,比如,在石墨烯上打孔、用硼或氮掺杂石墨烯和化学修饰石墨烯等。这样会给石墨烯引入缺陷,带有缺陷的石墨烯在 1 350 cm^{-1} 附近会有拉曼 D 峰,因此检测 D 峰的强度就可以对缺陷密度等做一些定量的分析。

D 峰与 G 峰的强度比通常被用作表征石墨烯中缺陷密度的重要参数。假设石墨烯中的缺陷为一个零维的点缺陷,两点之间的平均距离为 L_D,通过计算拉曼光谱 D 峰和 G 峰的强度比 I_D/I_G 就可以对 L_D 进行定量,从而可以估算出石墨烯中的缺陷密度。如图 1 - 23 所示,I_D/I_G 随着 L_D 的减小而增大,在 $L_D \approx 3$ nm 时达到最大,在这个过程中 I_D 正比于激光斑点下缺陷的数量,I_G 正比于激光斑点下的面积,因此有关系:$I_D/I_G \propto 1/L_D^2$。当两个缺陷之间的距离小于声子发生散射前电子-空穴对的平均运动距离时,这些缺陷对 D 峰的贡献不再独立,这一距离为 $v_F/v_D \approx 3$ nm,v_F 为 K 点附近石墨烯的费米速度。当 $L_D < 3$ nm 时,sp^2 碳区域将会变得很小,直至六元环打开,此时 G 峰强度急剧减小。对于一个给定的 L_D,I_D/I_G 随激光能量的增加而减小。

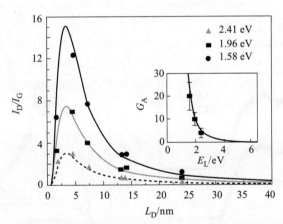

图 1 - 23 三个不同能量的激光作用下 I_D/I_G 随 L_D 的变化关系

含有缺陷的石墨烯,还会在 1 620 cm^{-1} 附近出现 D'峰。D 峰和 D'峰分别产生于谷间和谷内散射过程,其强度比 $I_D/I_{D'}$ 与石墨烯表面缺陷的类型密切相关。当缺陷浓度较低时,D 峰和 D'峰强度均随着缺陷密度的增加而增强,与缺陷密度成正比;当缺陷浓度增加到一定程度时,D 峰强度达到最大,然后开始减弱,而 D'峰则保持不变。研究表明,对于 sp^3 杂化产生的缺陷,$I_D/I_{D'}$ 最大,约为 13;对于空穴类型的缺陷,这一比值约为 7;而对于石墨烯边缘类型的缺陷,这一比值最小,仅约为 3.5。因此,拉曼光谱是一种判断石墨烯缺陷类型和缺陷密度的非常有效的手段。

1.3.4 X射线光电子能谱仪技术

X射线光电子能谱是一种光谱技术,能够根据入射光子能量探测 1~10 nm 的表面深度范围。电子的结合能可以通过测量逃逸光电子的动能,并从入射的 X 射线光电子能量中减去它,然后根据表面和仪器的功函数进行校正来测定。只要感兴趣的化学键在能量上是可区分的,XPS 就能够检测特定的化学键。

原始二氧化钛和氢化二氧化钛具有几乎相似的光电子能谱(Ti 2p 和 O 1s)。Ti 2p 中心在 458.5 eV 和 464.3 eV(Ti2p 3/2 和 Ti2p 1/2),这是二氧化钛的 Ti^{4+} – O 键的典型特征,在 457.1 eV 还观察到一个额外的宽峰,这归因于表面钛氢键。光致发光光谱显示氢化二氧化钛的光致发光强度与原始二氧化钛相比显著降低,这也证实了氢结合到二氧化钛的晶格中,如图 1 – 24 所示。

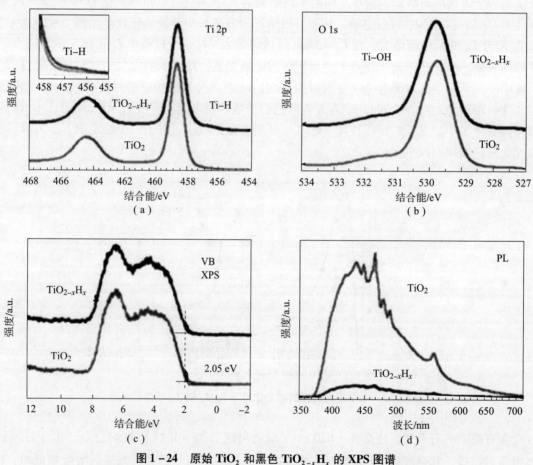

图 1 – 24 原始 TiO_2 和黑色 $TiO_{2-x}H_x$ 的 XPS 图谱

(a) XPS 谱图中的 Ti2p;(b) XPS 谱图中 O1s;(c) VB XPS;(d) 光致发光(PL)谱

1.3.5 X射线粉末衍射仪技术

X射线粉末衍射仪是利用衍射原理精确测定物质的晶体结构、织构及应力的一种仪器。

X 射线粉末衍射技术对物质进行物相分析、定性分析、定量分析,广泛应用于冶金、石油、化工、科研、航空航天、教学、材料生产等领域。

XRD 可以描述二氧化钛的晶相和一定程度的结晶度。从 XRD 可以看出元素在晶格中的结合。Periyat 等的研究表明,Mn^{2+} 还原后,XRD 峰向更高的 2θ 方向移动,在所有存在的平面中出现了峰纹理以及新的锐钛矿峰(图 1-25),显示了 Mn^{2+} 的相纯化活性。这是由于控制晶体成核的热力学和动力学因素的协同作用。此外,Mn^{2+} 修饰倾向于特别降低高指数锐钛矿(105)取向的吉布斯(Gibbs)自由能,从而稳定沿(105)晶面独特的原子构型。

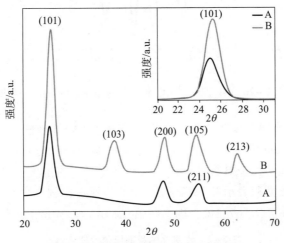

图 1-25　锐钛矿 TiO_2 的 XRD 图谱

A. 黄色锐钛矿二氧化钛;B. 黑色锐钛矿二氧化钛的 XRD 图谱

1.3.6　穆斯堡尔谱技术

穆斯堡尔效应是指 γ 射线的无反冲共振发射和吸收现象,已发展成为一种较成熟的谱学技术。目前为止,仅 ^{57}Fe(14.4 keV 跃迁)和 ^{119}Sn(23.8 keV)由于无反冲分数大,穆斯堡尔效应显著,得到了广泛的应用。穆斯堡尔谱技术在物质微观结构分析方面得以应用,被很多学者认为是继 X 射线衍射和电子显微技术之后的又一个重大发现。穆斯堡尔谱仪由波形发生器、电磁振动器、γ 射线探测、负反馈放大器及记录体系组成。穆斯堡尔谱仪测试样品在无反冲作用下的共振吸收效应,能得到关于测试样品的内部环境。测试原理是由放射源发射出 γ 射线,发射出的 γ 射线被样品中的穆斯堡尔谱核吸收,发生共振,形成衍射峰。用多道分析仪的道数作横坐标,γ 光子的数量作纵坐标,即可得到穆斯堡尔谱图。

耿焕娜等利用传统的机械氧化法制备了 NiZn 的尖晶石铁氧体,使用高分辨穆斯堡尔谱测试仪研究了铁氧体的微观结构。NiZn 铁氧体的穆斯堡尔谱拟合结果如图 1-26 所示。

对于尖晶石 NiZn 铁氧体,Zn^{2+} 主要占据 A 位,而 Ni^{2+} 主要占据 B 位。在表 1-2 铁氧体穆斯堡尔谱拟合参数中,B 位与 A 位的 ISO 的值不同,说明 Fe^{3+} 离子 s 电子层的电荷环境不同,则 Fe^{3+} 既分布在 A 位,又分布在 B 位,因此 NiZn 铁氧体为混合型尖晶石铁氧体。对铁氧体穆斯堡尔谱拟合时,采用两套六线峰和一个双线峰。两套六线峰表示 A、B 位的铁磁相,出现顺磁双重峰是由于四面体 A 位 Zn^{2+} 离子围绕 B 位的 Fe^{3+} 离子,Zn^{2+} 是没有磁性

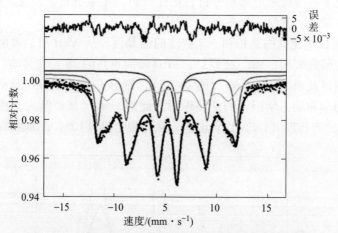

图1-26 $Ni_{0.4}Zn_{0.6}Fe_2O_4$铁氧体的穆斯堡尔谱拟合结果

的。A-B之间的超交换耦合减弱,造成B位Fe^{3+}离子的磁性弛豫,故出现顺磁双重峰。由表1-2可知,A位的ISO值小于B位,因为A位的Fe-O的键长小于B位的Fe-O键长,则A位形成共价键的趋势大于B位的,造成A位的电子云密度大于B位,所以B位的同质异能移大于A位。吸收面积表示Fe^{3+}离子在A、B位所占比例,表1-2中的$Ni_{0.4}Zn_{0.6}Fe_2O_4$ A、B位面积分别是22.7%、67.2%,即Fe^{3+}在A、B位的比例。

表1-2 铁氧体的穆斯堡尔谱拟合参数

试样	点位	Bhf/T	ISO/(mm·s^{-1})	QS/(mm·s^{-1})	面积/%
$Ni_{0.4}Zn_{0.6}Fe_2O_4$	B	41.3	0.23	-0.006	67.2
	A	28.5	0.16	0.01	22.7
	A和B	—	0.23	1.37	10

代明珠利用热分解法制备了Fe_3O_4/MWNT复合材料,并用穆斯堡尔谱研究了样品的微观组成及相关磁性。测量温度从室温300 K到15 K。样品在300 K时谱线由一条顺磁性的单线谱和一个四极分裂的双线谱叠加而成,在温度低于70 K时,穆斯堡尔谱出现超精细分裂谱,由两条六线峰叠加而成。随着温度的降低,自旋点阵弛豫时间增大,平均超精细场增大,磁分裂谱变宽。而且纳米粒子的粒径大小不均一,也会使得磁分裂谱展宽。

1.4 固相反应

1.4.1 固相反应简介

一般来说,反应产物之一必须是固态物质的反应,才能称为固相反应。在固相反应中,物质和能量的传递是通过晶格振动、缺陷运动和离子与电子的迁移来进行的。因此,决定固相反应的因素是固态反应物质的晶体结构、内部的缺陷、形貌(粒度、孔隙度、表面状况)以及组分的能量状态等。在这些因素中,有些是内在的因素,如晶体的结构和缺陷、物质的化学反应活性和能量等;另外,有一些是外部因素,如反应温度、参与反应的气相物质的分压、电化学反应中电极上的外加电压、射线的辐照、机械处理等。有时，外部因素也可能影响到甚至改变内在的因素。例如，对固体进行某些预处理时，如辐照、掺杂、机械粉粹、压团、加热、在真空或在某种气氛中反应等，均能改变固态物质内部的结构和缺陷的状况，从而改变其能量状态。

研究固相反应，可以认识固相反应的机理，了解影响反应速度的因素，控制固相反应方向和进行程度，进而更好地指导烟火药、隐身材料、火工品等军事功能材料的制备及性能研究。火箭发动机用的固体推进剂、固相催化剂的反应等，希望固体物质的反应活性越高越好，但是烟火用的延期药、金属材料的锈蚀和氧化等，需要研究的是尽可能降低固体物质的反应活性，减慢其反应速度。

1.4.2 固相反应的影响因素

由于固相反应过程涉及相界面的化学反应和相内部或外部的物质传输等若干环节，因此，除了像均相反应那样的反应物的化学组成、特性和结构状态以及温度、压力等因素会对反应产生影响外，凡是可能活化晶格，促进物质的内外传输作用的因素均会对反应产生一定的影响。

1.4.2.1 反应物的化学组成与结构

反应物的化学组成与结构是影响固相反应的内因，是决定反应方向和反应速率的重要因素。从热力学角度看，在一定温度、压力条件下，反应可能进行的方向是自由能 ΔG 减少的方向，而且 ΔG 越小，反应的热力学推动力就越大。从结构的观点看，反应物的结构状态、质点间的化学键性质以及各种缺陷的多少都将对反应速率产生影响。事实上，同组成反应物，其结晶状态、晶型因热历史的不同，易出现较大的差别，从而影响到这种物质的反应活性。

在同一反应体系中，固相反应产物类型、反应速率还与各反应物相的含量有关。改变反应物的比例会影响反应物表面积和反应截面积的大小，从而改变产物层厚度，影响反应速率。

1.4.2.2 反应温度

温度是影响固相反应速率的重要外部条件之一。一般认为，温度升高有利于固相反应进行，这是由于温度升高，固体结构中质点的热振动动能增大，反应能力和扩散能力均得到增强所致。反应温度对反应速率的这种影响在扩散控制的固相反应的抛物线速率方程可以明显看出，如下式所示：

$$X^2 = 2K_2Dt \tag{1-1}$$

固相扩散是固相反应过程中的一个重要的现象，固相扩散也可以看成是一种特殊形式的固相反应，固相扩散系数与稳定 T 之间也具有与阿伦尼乌斯（Arrhennius）方程类似的关系，如下式所示：

$$D = D_0 \exp\left(\frac{-E}{RT}\right) \tag{1-2}$$

式中：E 为扩散激活能。

因此，无论是扩散控制或化学反应控制的固相反应，温度的升高都将提高扩散系数或反应速率常数，而且由于扩散活化能 E 通常比反应活化能 Q 小，因而温度的变化对化学反应的影响远大于对扩散的影响。

1.4.2.3 压力与气氛

压力是影响固相反应的另一外部因素。对于纯固相反应,压力的提高可显著改善反应物之间的接触状态,提高接触面积,从而提高固相反应速率。

气氛对固相反应也有重要的影响,可以通过改善固体吸收特性而影响其反应活性。对于一系列形成非化学计量的化合物,如ZnO、CuO等,气氛可直接影响晶体表面缺陷的浓度,影响扩散机制与反应速率。

另外,对于粉末体系而言,反应物的颗粒形状、尺寸及分布,以及是否加入矿化剂都会对固相反应产生影响。

宋可琪等以纳米ZrO_2粉末和纳米非晶SiO_2粉末为原料,通过固相反应合成$ZrSiO_4$,研究了在空气气氛下该反应发生的最低温度和$ZrSiO_4$合成量最高的温度,反应气氛(真空和空气)对$ZrSiO_4$合成以及$ZrSiO_4$的微观组织结构的影响。研究结果表明:①以纳米ZrO_2粉末和SiO_2粉末为原料,在空气气氛下通过固相反应法合成$ZrSiO_4$。反应时间为4 h时,$ZrSiO_4$的最低合成温度为1 225 ℃。随温度升高至1 500~1 550 ℃时,$ZrSiO_4$的含量达到峰值。②气氛通过作用于SiO_2的晶化过程而对$ZrSiO_4$的合成产生影响。在空气气氛下,随温度升高,SiO_2在1 300 ℃以上结晶严重,促进$ZrSiO_4$产率显著增加,且$ZrSiO_4$晶粒尺寸相比于真空气氛下合成的样品随温度长大明显;而在真空气氛下,随反应温度升高,$ZrSiO_4$产率缓慢增加,这是由于真空环境抑制SiO_2结晶。并且非晶SiO_2包裹在ZrO_2颗粒表面,有利于抑制$ZrSiO_4$晶粒长大,得到细小的$ZrSiO_4$晶粒。

1.4.3 固相反应与烟火药

1.4.3.1 烟火药固体反应性

烟火药是指燃烧时产生光、声、烟、色、热和气体等烟火效应的混合物,也称为烟火剂,常由氧化剂、助燃剂及其他附加剂组成。烟火药多属于爆炸能力很低的炸药,但在实际使用时是利用其燃烧效应。烟火药最重要的示性数是燃速,它与装药密度及很多其他因素有关。军事上用于装填特种弹药和器材,利用不同的烟火效应以实现不同的目的。

用于烟火技术的无机氧化还原体系的反应以固-固、固-液或固-气态反应发生。大多数固体在本质上是结晶的,即它们具有均匀的结构,其中组成原子以规则重复的模式排列,这些重复单元以不同的方式连接在一起,主要有共价键、离子键、金属键,有时还有氢键和范德华键。固体的物理性质在很大程度上取决于结合力和特定的晶体结构,烟火药的形态也起着很大的作用。然而,固体的反应性在很大程度上取决于缺陷的存在,如大块固体中的晶格缺陷。在固体反应中起主要作用的晶格缺陷包括:①固有缺陷,如分别与晶格中的空隙和空位有关的弗伦克尔(Frenkel)缺陷和肖特基(Schottky)缺陷;②由于一些阳离子空位的存在,如$Fe_{1-x}O$,导致非化学计量数缺陷;③晶体位错。据观察液体与晶体的反应通常始于键被削弱的缺陷位置。

1. 固-固反应

在固-固反应过程中,会发生不同的步骤,如成核、生长和物质跨相界的转移(通过扩散)。除了缺陷热力学,扩散理论构成了解释固-固反应的基础。金属和非金属之间的反应通过两种可能的机制进行:非金属通过产物层迁移到金属界面,或者金属以相反的方向迁移。

Tribelhorn 等研究了锌/高锰酸钾混合物的燃烧行为，150 MPa 的压力压药，锌的重量组成范围为 30%~75%，燃烧速率为 2~74 mm/s。含锌低于 55% 的混合物的燃烧速率缓慢且可重复，但在更富可燃剂的组合物中反应更快且呈气态。在较高的压实压力下，这种快速反应的速率降低，表明可能存在两种反应机制：在低锌含量的组合物中的扩散型反应，以及在富可燃剂组合中涉及锌蒸气的更主要的反应。该体系的热分析研究表明，锌扩散到高锰酸钾分解第一阶段形成的固体残渣中，观察到从 520 ℃开始的反应放热，这归因于锌与 K_2MnO_4 残基的反应。

Drennan 和 Brown 研究了 Mn/BaO_2、Mo/BaO_2、Mn/SrO_2 和 Mo/SrO_2 体系的燃烧，Tribelhorn 等研究了 Fe/BaO_2 和 Fe/SrO_2 混合物。考虑到参与燃烧的不同金属原子和离子种类的相应半径，通过氧化剂结构中的阳离子空位扩散应该在 SrO_2 晶格中有利。然而，对于可比较的氧化态，基于几何形状的锰和钼行为之间的差异应该很小。以上的研究结果可以得出结论，即扩散效应几乎总是影响固体中的反应速率。因此，在模拟烟火成分的固态反应时，应考虑扩散效应。

2. 固-液反应

Howlett 和 May 的研究表明，对于 $B-K_2Cr_2O_7$ 体系，点火过程取决于物质通过液相的传输。燃烧区随后作为熔融峰传播，因此低共熔氧化物组合已被用于增加燃烧波阵面的速度，它们可能通过增加反应物之间的界面接触面积来改善反应动力学。在这些体系中，反应动力学是与液相的表面张力相关的，因为它决定了粒装反应物的润湿性。

3. 固-气反应

松散和固结（压制或压实）粉末的燃烧行为存在明显差异。在一个装满松散烟火成分的容器，由于填充物的堆积密度、燃烧产物（气体、液体和热辐射）的对流以及通过空隙的热空气，在反应开始时会发生不受控制的反应。由于容器的限制，这可能最终会导致爆炸。相比之下，在压制样品中，燃烧产物通过固体柱的对流传输受到强烈阻碍。因此，燃烧被限制在一个相对较薄的传播区，称为"燃烧前沿"。

烟火体系对压实的敏感度不同。在 Fe/BaO_2 体系中，燃烧速率最初随压实压力的增加而增加。压实压力的增加增大了颗粒间的接触面积，有助于固-固反应。在较高的压实压力下，燃烧速度再次降低，这表明燃烧前沿的气体输送也很重要。事实上，得出的结论是，在这个铁体系中的燃烧波之前是氧化剂分解产生的氧气流。在其他体系中，如 $Zn/KMnO_4$，燃烧速率因压实而降低。这种行为表明，在这种情况下，反应速率是由气固反应决定：氧化剂如 SrO_2 和 $KMnO_4$ 在不熔化的情况下分解，产生氧气和固体残留物。压实的增加可能会减少氧气可到达的表面，或者可能会将气体截留在封闭的孔隙中。在松散的粉末中，氧气流动不受阻，燃烧迅速。$Sb/KMnO_4$ 体系中的燃烧也通过气体中间体发生。在这种情况下，氧气来自氧化剂的分解，甚至可能来自挥发性 Sb_2O_3 反应产物。Zn/Pb_3O_4 体系甚至更复杂，这里的气相含有锌和铅蒸汽以及氧化剂分解产生的氧气。

固体的化学反应性受晶格振动程度的影响。随着温度的升高，晶体原子或离子围绕其在晶格中的平均位置振动的幅度越来越大，这可以认为是将固体结合在一起的键"松开"，扩散得到加强，原子可以交换位置。在足够高的温度下，会导致熔化。但是，在较低的温度下，这可能引起相变。Tamman 使用固体温度 T 与其熔点 T_m 的比率作为晶格松动的粗略度量。离子表面迁移率在 $T/T_m \approx 0.3$ 时变得有效,而晶格扩散需要在 $T/T_m \approx 0.5$。

Mclain 列出影响固体反应性的重要因素,包括:①偏离物质的正常晶体学或无定形结构;②遗传结构形式的晶格缺陷;③不完美结构的形成,如热分解时从一种修饰转变为另一种修饰;④晶格中存在客体实体;⑤不同表面结晶形成的差异;⑥腐蚀;⑦吸附和催化;⑧被可吸收波长辐射;⑨材料的磁性状态或电性状态的变化。

遗传结构形式、样品的历史、材料的制备或结晶方式、杂质和缺陷含量都会影响其进一步的行为。例如,尽管硫酸盐衍生氧化物 Fe_2O_3 比草酸铁衍生的 Fe_2O_3 的平均粒径更大,但是前者比后者更具活性。X 射线粉末衍射图显示硫酸化的 Fe_2O_3 结晶性更差。Bogdan 等通过不同途径,包括雾化、羰基铁分解、电解和二价铁化合物还原,获得的铁粉的反应性差别巨大,活化能以下列顺序增加:FeK(通过羰基铁分解获得)、FeR(通过铁(Ⅱ)化合物还原获得)、FeE(通过电解制备),这是由于铁粉表面存在的氧化物相的定量和定性组成造成的。

(1)机械化学活化。碾磨、粉碎、雾化和研磨是在材料与另外一种反应物结合使用前尽可能多地分解原子键的方法,可以断裂宏观晶体,产生新的表面、边缘和角落,而这些地方原子的结合不如内部原子强,反应活性增强。研磨可以通过引入晶格缺陷和扭曲的方式来提高反应性。机械化学制备方法使得材料具有独特的点火性能并影响其反应机理。

(2)掺杂和共晶。用 $Cu(ClO_3)_2$ 掺杂 $KClO_3$ 使其变得超敏感到与硫的混合物能够自发高阶爆轰的程度,同样,NiO 掺杂 LiO_2 和 Cr_2O_3 对 NiO 的反应有积极的影响。通过在盐的酸性溶液中生长 $CuSO_4 \cdot FeSO_4 \cdot xH_2O$ 或 $NiSO_4 \cdot FeSO_4 \cdot xH_2O$ 晶体来实现共结晶,实现 Fe_2O_3 更具反应性,这也提高了 50:50 Fe_2O_3 – Ti 混合物的热值。

(3)钝化的氧化物表层。大多数金属和硅颗粒的表面被一层钝化氧化层覆盖,该层厚度,尤其是纳米颗粒的相对厚度,对点火行为有重要的影响,适用于可燃剂颗粒的包覆层,可以保护它们免受氧化。然而,这种方法可能是一把双刃刀,因为一些化学包覆层会与下面的金属发生反应,特别是当包覆层被施加到还没有足够具有钝化特性的氧化层的颗粒上时。就铝而言,全氟聚醚的表面涂层可以促进表面活性。

(4)水的存在。水蒸气在烟火反应中作为催化剂和促进剂的作用是众所周知的。烟火药成分的燃烧速度和颜色明显取决于水分含量的微小变化,极少量的水分(0.1%)似乎就是最有效的,超过这个比例,就有抑制作用。此外,众所周知,水蒸气的存在对氧化物的烧结、结构重排和晶体粗化具有显著的影响。这些现象归因于水蒸气在氧化物表面和界面上的化学吸附,这导致离子表面和粒子边界迁移率增加。

(5)腐蚀抑制。保护粉末免受大气湿气腐蚀或与水接触的化学处理也是一种抑制形式,这种方法确实可以延长铝、锌和镁等反应性更强的材料的寿命。化学处理也用来防止在组合物的湿混合过程中可燃剂中氢气的释放。

(6)根据烟火药反应的固体反应性,可以依据固相反应的原理解决烟火药的安全性,并且为烟火药的反应性提供技术支持。根据固相反应理论,对于敏感的烟火药采取表面包覆、遮盖裂纹、抑制气体吸收层等措施,提高其安全性。相反,采取晶格松弛、晶格变形、机械破碎增加晶格缺陷、掺杂等均可提高某些药剂的反应性。

1.4.3.2 烟火药氧化 – 还原反应的影响因素

在烟火的无机氧化 – 还原体系的反应过程中,会发生各种现象(反应效应)。例如,各种发光、声音、不同的燃烧速率、不同的反应热和反应产物。烟火反应主要是固 – 固、固 – 液或固-气状态的反应。为了预测烟火组合物的反应行为,不能或只能部分地应用基于溶液中的氧化-还原反应的无机化学理论。烟火反应是高温氧化-还原反应,发生在 1 500~4 000 ℃ 的温度范围内。因此,根据经典化学理论预测的烟火氧化-还原反应的产物在大多数情况下与预期的不同。同时,在固相反应中,颗粒大小、可燃剂表面的杂质和氧化层等因素也会显著影响反应行为。

影响烟火氧化-还原反应的因素很多,主要有化学物质的类型、氧平衡、颗粒尺寸/活性表面、黏合剂类型/含量以及混合过程等。

(1) 烟火组合物中物质的类型会影响烟火反应的反应热、反应速率和反应温度。用含有各种氧化剂和硼或锆作为还原剂的反应热来证明,氧化剂的种类包括高氯酸钾、硝酸钾、过氧化锶、硝酸钡和四氧化三铅。由于生成焓不同,以硼作还原剂时,氧化剂的变化导致反应热在 7 330 J/g(硼/硝酸钾)和 1 360 J/g(硼/四氧化三铅)之间。用锆代替硼作还原剂,测得的反应热在 4 470 J/g(锆/硝酸钾)和 1 710 J/g(锆/四氧化三铅)之间。以硼或锆与各种氧化剂混合后,最大测量反应速率在几毫米每秒至 290 m/s 的范围内变化。反应温度也分别受所选还原剂和氧化剂的影响,分别用硼、钛和锆与高氯酸钾氧化剂反应,反应温度最大值在 3 000~3 700 ℃;若以钛为还原剂,分别与氧化剂 $KClO_4/Fe_2O_3/MnO_2$ 反应,温度最大值在 3 050~3 500 ℃范围内。

(2) 颗粒的粒度和比表面积也显著影响烟火组合物的反应速率。以氧化-还原体系钛/高氯酸钾的不同反应速率为例说明这种效应。烟火氧化-还原反应受还原剂类型以及颗粒大小和活性表面的影响。根据还原剂的不同,平均粒径减小 1/2 会导致反应速率升高 4~5 倍,这主要是因为粒径的减小导致还原剂的比表面积增加。颗粒大小和比表面积会影响氧化-还原反应的动力学。但是,还原剂的粒度大小不影响反应热,这从图 1-27 中也可以看出。

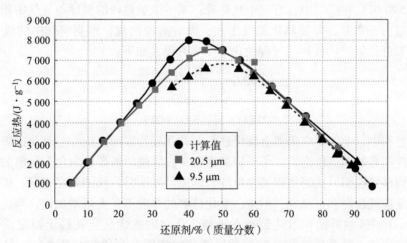

图 1-27 不同粒径的钛和高氯酸钾的氧化-还原体系的反应热

烟火反应非常重要的参数是反应速率和反应热,通过改变烟火氧化-还原反应的氧平衡,可以在很大范围内改变反应热和反应速率。假设并且可以通过实验证明,具有平衡氧平衡的烟火体系的组成显示最高的反应热,但不是最高的反应速率。这是因为烟火反应通常是固相反应。

黏合剂的类型和黏合剂含量是影响烟火氧化-还原反应的两个主要参数,但是黏合剂对反应热的影响比它对反应速率的影响要小得多。

对于给定的烟火成分，均匀性是最大化反应速率的最大影响因素。为了节约成本，烟火组合物通常是在干燥状态下混合，使组合物几次通过具有规定筛孔尺寸的筛子。由于许多烟火反应是固相反应，任何增加高能混合物中粒子的紧密程度的操作都会导致反应性的增强。

1.4.4 固相反应与延期药

1.4.4.1 硅系延期药贮存秒量漂移

铅丹－硅系延期药的基本组分为氧化剂铅丹（氧化铅或过氧化铅）、还原剂硅粉、燃速调整剂硫化锑，有时在上述三种组分中加硒粉、硅藻土等，首先经过机械混合，然后用少量的黏合剂造粒而成。在铅丹－硅系延期药的贮存和燃烧过程中，都会有二氧化硅的生成。王志新等研究了硅系延期药贮存时硅粉表面的稳定性，提出硅系延期药贮存秒量漂移的原因是延期药中的可燃剂在贮存过程中生成氧化膜，导致延期时间增长。铅丹－硅系延期药燃烧时的放热曲线如图 1－28 所示。

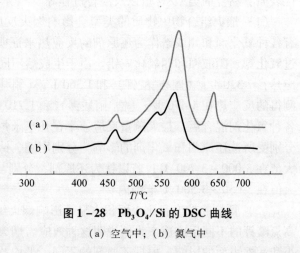

图 1－28 Pb_3O_4/Si 的 DSC 曲线

(a) 空气中；(b) 氮气中

从图 1－28 可以看出，延期药组分首先在氮气中，420 ℃偏离基线，476 ℃有一个放热峰；然后出现一段缓慢的放热过程，在 550 ℃有一个肩峰；最后曲线很快上升到最高峰，其峰值温度为 590 ℃。在空气中，有三个放热峰：第一个放热峰的温度与氮气中相同；第二个放热峰的峰温为 590 ℃，但放热比氮气中大，没有肩峰出现，说明空气中的氧气参与了反应；在 625 ℃开始第三次放热。过程的化学反应方程式如下：

$$2Pb_3O_4 \xrightarrow{550℃} 6PbO + O_2 \uparrow$$

$$Si + O_2 \rightarrow SiO_2$$

$$2PbO + Si \rightarrow SiO_2 + 2Pb$$

在贮存过程中，上述反应仍然会缓慢进行，并在硅粉表面生成一层氧化硅膜，这层膜的生长会影响延期药的燃烧稳定性。由于膜的存在，在燃烧时需要将氧化剂分解的氧通过扩散的方式传递到硅粉表面，从而使得燃烧继续。显而易见的是，膜的厚度越厚，扩散所需时间越长，燃烧反应就越慢和不稳定。但是，氧化硅膜的厚度不是无限增加的，当达到一定厚度后，Si 与 Pb_3O_4 的接触界面扩散达到动态平衡，此时的燃烧反应就趋于稳定，燃速波动较小。因此解决铅丹－硅系延期药的贮存秒量漂移的常用办法通常有两个：一是控制硅粉粒径，提高延期精度；二是高温加速陈化，使氧化硅膜尽早达到稳定厚度，提高贮存稳定性。

1.4.4.2 抑制水性硅粉分散体析氢

硅粉已经广泛用作烟火组合物中的可燃剂，特别是用在雷管延时组合物中。目前，通过将烟火组合物压入铝管中来制造延迟元件。自动填充和压制过程要求粉末具有良好的自由流动性能，浆液的喷雾干燥是获得此类自由流动的颗粒的合适方法，因为它会形成几乎完美的球形颗粒团聚体。除了可以接受的流动性外，该方法还可以从含有不同粉末的分散体中产生充分混合的组合物，并可以控制附聚物的粒度分布。喷雾干燥过程中需要硅可燃剂和其他组分在水中浆化，由于含氧的水与硅发生解离反应而形成 SiO_2 和 H_2，反应方程式如下：

$$Si + \frac{1}{2}O_2 + H_2O \rightarrow SiO_2 + H_2 \uparrow$$

反应产生的氢气在生产过程中存在爆炸危险。Tichapondwa 和 Shepherd 研究了热处理对商用硅粉在水中以及在烟火药成分中的反应性的影响。研究团队首先将 40 g 纯硅或热处理后的硅粉放入 250 mL 的烧瓶中，浸泡在温度保持在 (30 ± 1) ℃ 的超声水浴中，进行析氢；然后通过氢气的析出量计算不同热处理后硅粉的稳定性。当超声搅拌时，每千克纯硅在 1 h 内产生 (13.7 ± 1.0) mmol H_2，根据预处理温度，对硅进行热处理会对其与水的反应性产生不同的影响，图 1-29 显示了两步抑制作用，第一步降低是硅在 75 ℃ 加热后，产气量降至 (9.3 ± 0.4) mmol H_2/kg Si，当硅的加热温度从 75 ℃ 升高到 300 ℃ 时，产气量进一步降低；加热至 300 ℃ 时硅放出的气体为 (5.6 ± 0.4) mmol H_2/kg Si，H_2 释放速率的第二步下降发生在 300~350 ℃，并且气体逸出量进一步下降至 (2.1 ± 0.2) mmol H_2/kg Si。与对照相比表明释放出的氢气减少了 85%，热处理温度的进一步提高对放出 H_2 气量没有显著影响。

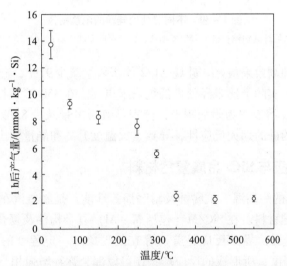

图 1-29 不同热处理后的硅粉在蒸馏水中浸泡 1 h 的产气量

化学反应性和活性取决于 DTA 起始温度以及 20%（质量分数）硅和 80%（质量分数）铬酸铅烟火组合物释放的反应热。通过研究发现，硅表面的氧化程度随着热处理温度而变化。空气中硅氧化的起始温度为 350 ℃，对于热处理温度高于 70 ℃ 但低于 300 ℃ 的样品，观察到氢气释放量也有中度下降。主要归因于表面钝化，部分原因是表面硅醇基团脱水，在较高温度下进行的热处理（从 350~550 ℃，持续 4 h）导致表面氧化层逐渐增厚，从图 1-30 FIB（聚焦离子束）- SEM 的照片也可以看出粒子底部边缘的浅色氧化层正在逐渐生长，增大的氧化物层厚度表示更大的传质阻力。因为它限制了氧化剂扩散穿过该氧化物层的速率，因此减少了产生的氢气。将氧化温度增加到超过 350 ℃，对析出氢气的量影响很小。但是，差热分析结果表明，过量的硅表面氧化物增加了硅-铬酸铅烟火成分的点火温度，减少了热量释放，反应热的降低与高温处理导致的硅含量降低有关。

Tichapondwa 等通过受控的硅表面氧化抑制水性硅粉分散体析氢的方法进行了全面比较，

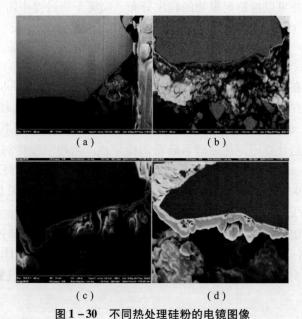

图1-30 不同热处理硅粉的电镜图像
(a) 研磨后纯硅颗粒；(b) 150 ℃加热；(c) 450 ℃加热后；(d) 550 ℃加热后

结果表明硅烷涂层的抑制效果最好。硅烷 A172 使析氢量减少97%，硅和 $PbCrO_4$ 的硅烷涂层也提高了烟火反应性，实际上比未经处理的纯粉末更高。在350 ℃下控制硅被空气氧化和引入 0.04 mol/L 的 $CuCl_2$ 溶液作为附加阴极，分别导致析氢量减少85%和80%。然而，这两种方法降低了处理过的硅的烟火反应性，导致点火温度升高和能量输出降低。

1.4.5 固相反应与 SiC/金属复合材料

SiC 陶瓷具有优异的耐高温、抗腐蚀及耐磨损等性能，是制造汽车和航天器发动机零部件等高温结构件的关键材料。在 SiC/M（包括 M-Al）复合构件及复合材料的高温制造和工作条件下，SiC/M（金属）界面反应是普遍存在的现象。一定程度的界面反应有助于提高 SiC/M-Al 界面结合强度，所形成的反应产物还可以部分弥补增强相与基体热膨胀系数的不匹配，但反应层的过量生长显然是不利的。界面反应特性及程度取决于反应物间的化学相容性及反应动力学，并对复合构件及复合材料的力学性能（屈服、断裂、疲劳以及裂纹扩展行为）及使用性能产生影响。

SiC/金属界面固相反应的研究是材料科学领域内一个极重要的理论研究课题。SiC/金属界面固相反应及界面状态决定着 SiC/金属基复合材料、SiC/金属复合构件、SiC/金属固相扩散焊接件的力学性能和使用性能。对 SiC/金属界面固相反应进行了分类，就 SiC/金属界面固相反应研究在反应热力学，反应区的组成、结构和性能，反应动力学及反应微观机制等方面取得的成果进行了综述。下面归纳总结了几种类型的 SiC/金属界面固相反应控制的方法。

1. 设置扩散障碍层

在 SiC/金属界面设置涂层，以阻止或延迟 SiC/金属界面固相反应过程中反应物原子的相互扩散，因此该类涂层也称为扩散阻碍层，这种方法被认为是适用范围最广、最为有效的抑制 SiC/金属界面固相反应的方法。

2. 研制低活性的基体

合金化对 SiC/金属界面固相反应有不同的作用方式，其中以溶质参与界面固相反应的类型对反应速率的影响最大。合理地对金属基体进行合金化处理是抑制 SiC/金属界面固相反应的一个十分有效的途径。研究表明，SiC/Ti 体系经 900 ℃、3 h 的高温处理，反应区厚度为 1.5 μm；而相同条件下，SiC 与 Ti-6Al-4V 和 Ti-11Cr-3Al 的反应区厚度依次降为 0.8 μm 和 0.5 μm。在热处理过程中，合金元素 Cr、V、Al 参与了与 SiC 的反应，在抑制 SiC/Ti 界面固相反应方面效果十分明显。Tang 等研究了 SiC/Fe-Cr 合金界面固相反应过程。同样，合金元素 Cr 也参与了与 SiC 的反应，形成（Cr，Fe）$_7$C$_3$ 结构的金属反应区（Cr 占绝大多数）在 SiC 反应区和 Fe-Cr 合金之间形成屏障，增加了 Fe 原子通过它向 SiC 反应区扩散的阻力，抑制 Fe 原子向 SiC 反应区的扩散，降低反应速率，能有效地抑制 SiC/Fe 界面固相反应，而当 Fe-Cr 合金中的 Cr 含量在 0~20%（摩尔分数）范围内增加，合金化对反应抑制作用增强，反应速率进一步降低。

3. 适用于 SiC/金属基复合材料界面反应控制的技术

高速工艺是 Schmitz 和 Metcafe 在 1968 年提出的一种复合材料成形方法。以 Ti-B 体系［含 25%（体积分数）B 纤维］为例，他们采用热轧工艺尽量缩短复合材料在高温的停留时间，复合材料的强度由基体的 523 MPa，提高到 1 050~1 125 MPa。如果采用该工艺制造 SiC/金属基复合材料，将大大缩短复合材料在高温下的停留时间，从而降低 SiC/金属界面固相反应的程度。

最常用的低温工艺是热压和热等静压。尽管该工艺持续时间较长，但工艺温度较低，因而有助于抑制 SiC/金属界面固相反应。Pelleg 等采用热压的方式研制含 3%（体积分数）5 μm SiCp 的 Fe 基复合材料，成型温度由常压烧结的不低于 1 150 ℃ 降到 900 ℃ 左右，同时，也使 SiCp/Fe 基复合材料具有较高的力学性能。抗拉强度由纯基体的 270 MPa 提高到 360 MPa，1 050 ℃ 水淬后强度可高达 380 MPa，屈服强度由纯基体的 170 MPa 提高到 190 MPa，维氏硬度由纯基体的 75 HV 提高到 100 HV。

习 题

1. 简述七大晶系的特征。
2. 利用晶体学知识表述 VO$_2$ 两种晶相的晶体结构。
3. 根据晶体结构常用表征方法，简述如何鉴别黑色 TiO$_2$ 和白色 TiO$_2$。
4. 简述固相反应在烟火药研究领域的作用。
5. 延期药在贮存过程中有哪些注意事项？并结合固相反应原理进行解释。

第2章
典型无机材料的制备方法

材料研究主要涉及"结构、特性、制备工艺流程与材料性能和用途",四者相互关联,互相影响,以下通过热电池中烟火药成分铁粉的示例加以说明。

为了激活热电池,需要烟火加热芯块。为了以理想的方式运行,烟火药必须满足许多要求。潜在的热源性能用如下指标进行表征,包括加热颗粒的物理强度、发热量、产气量、360 cal/g 热纸的可燃性、相对点火感度、线性燃烧率、燃烧温度、尺寸稳定以及兼容性等。经过多年研究,$Fe/KClO_4$ 满足了预期应用的所有要求,因此作为美国能源部核武器的颗粒状烟火药的化学成分。

铁粉的制备方法对烟火药的性能有很大影响。铁元素含量决定了烟火混合物的燃料含量。为了改善电热粉的燃烧特性,通用电气中子装置公司(GEND)用高压在水性环境中还原铁盐制备出铁粉,并分别制备了一批 1 kg 的 88/12 和 84/16 加热粉,该材料除了火焰感度降低,似乎能按要求发挥功能。William 采用沉淀 – 还原法生产的具有合适形态、可用于热电池加热的铁粉,其性能满足 SS 344796 – 200(B)规范,具体制备方法为:将包含 $0.4 \sim 2$ mol/L 溶解的铁盐,$10 \sim 40$ g/L 的甲酸或硫酸和 $60 \sim 120$ g/L 的尿素的水溶液加热至沸腾 $1 \sim 3$ h,从而获得沉淀,分离沉淀,干燥,并通过在 $650 \sim 900$ ℃下用氢气处理 $0.5 \sim 2$ h,将干燥的沉淀还原。Kim 等在不同温度下喷雾热解得到的铁粉具有细小尺寸、球形和高比表面积,形貌受氧化铁粉末制备温度的影响。所制备的铁粉和 $KClO_4$ 制备的加热片孔隙率约为 40%,加热片的燃烧率随热解温度的升高而增加,最大燃烧速率为 8.6 cm/s。

由此可见,铁粉的制备方法(高压水热法、沉淀 – 还原法和喷雾 – 还原法)、结构(纯度和含量)、性质(粒度、比表面积和孔隙率等)和性能(燃烧速率、机械强度和热量等)相互影响,互相制约。

本章介绍典型无机材料制备技术,包括沉淀反应、水热/溶剂热反应、还原反应、自蔓延反应、高温反应、溶胶 – 凝胶反应等,同时介绍吸波材料、火工/烟火材料的典型无机制备,气相沉积、机械化学法、超声化学法(化学镀、火炸药废水处理)、微纳技术中的微机电制备技术(MEMS)、喷墨打印技术、直写技术,以及爆轰及冲击制备方法。

2.1 沉淀反应

沉淀法是将包含一种或多种离子的可溶性溶液,加入沉淀剂(如 OH^-、$C_2O_4^{2-}$、CO_3^{2-} 等)后,在一定温度下使溶液发生水解,形成不溶性的氢氧化物、水和氧化物或盐类从溶液中析出,将溶剂和溶液中原有的阴离子洗去,再将此沉淀物进行干燥或煅烧,从而制得相应的微粒。生成粒子的粒径通常取决于沉淀物的溶解度，沉淀物的溶解度越小，相应粒径也越小。颗粒的尺寸还会随着溶液的过饱和度减小呈现出增大的趋势。

沉淀法主要分为共沉淀法、水解沉淀法、化合物沉淀法等。

2.1.1 沉淀反应简介

2.1.1.1 共沉淀

共沉淀法包括直接沉淀法和均匀沉淀法。共沉淀法的原理是首先将沉淀剂加入两种或两种以上阳离子共存（均匀存在）的电解质溶液中，经充分反应生成均匀的沉淀，然后将沉淀热分解得到纳米粉体。常用的沉淀剂有 $NH_3 \cdot H_2O$、$NaOH$、Na_2CO_3、$(NH_4)_2CO_3$ 和 $(NH_4)_2C_2O_4$ 等。

在利用共沉淀法制备微纳米粉体材料时，有两点是需要认真考虑的。

（1）如何合成在原子或分子尺度上混合均匀的沉淀物。这个问题需要从制备工艺条件解决。影响微纳米粉体粒度大小的因素有很多，包括化学配比、沉淀物的物理性质、pH值、温度、溶剂和溶液的浓度、混合方法和搅拌速度、煅烧温度和方式等，通过对合成工艺的优化，可合成在原子或分子尺度上混合均匀的沉淀物。不同氢氧化物的溶度积相差很大，沉淀物形成前过饱和溶液的稳定性也各不相同，所以，在溶液中的金属离子很容易发生分步沉淀，导致合成的纳米粉体的组成不均匀。因此，共沉淀的特殊前提是需存在一定正离子比的初始前驱化合物。

（2）如何对粒径进行有效控制，防止颗粒间的絮凝团聚。较为理想的方法是利用高聚物作为分散剂，有利于共沉淀法制备纳米颗粒材料。高聚物作分散剂机理为：无机微粒表面与聚合物之间的作用力，除静电作用、范德华力之外，还能形成氢键或配位键。纳米微粒表面通过这些作用力吸附了一层高分子，即形成一层保护膜，对粒子之间由于高表面活性引起的缔合力起到减弱或屏蔽作用，能够阻止粒子间絮凝。聚合物大多具有很长的分子链，这些分子链会在刚生成的晶粒表面发生缠绕，这也阻止了晶粒的进一步增长。利用聚合物的这些分散作用，不仅可以控制纳米微粒的大小，而且能改变纳米微粒的表面状态。

共沉淀反应涉及成核、生长、粗化和/或团聚过程的同时发生。在这个过程中，产品在超饱和条件下形成，随后成核，其中产生大量颗粒。附聚和 Ostwald 熟化等二次过程极大地影响了产品的尺寸、形态和性能。这种方法可以产生单一和多组分金属氧化物的精细、高纯度、化学计量的颗粒。此外，如果仔细控制溶液的酸碱度、反应温度、搅拌速度、金属盐浓度和表面活性剂浓度等工艺参数，就可以生产出所需形状和尺寸的氧化物颗粒，而不需要任何额外的机械或微波热处理。

共沉淀法在二氧化钛的制备上应用广泛。直接沉淀法通常将一定浓度的氢氧化钠溶液和钛源进行搅拌，反应完全后会形成絮状沉淀。用去离子水或无水乙醇将沉淀洗至中性，之后进行干燥、研磨和热处理，最终获得超细氧化物粉体。均匀沉淀法是在化学反应进行的过程中就已经生成了沉淀，并通过控制生成沉淀的速度就可以防止浓度不均匀的情况出现。

2.1.1.2 水解沉淀

通过强迫水解方法也可进行均匀沉淀。参加水解反应的材料为金属盐和水，反应的产物一般总是氢氧化物或水合物，因此，只要用高度精制的金属盐，就很容易得到高纯度的纳米微粉。该法得到的产品颗粒均匀、致密，便于过滤洗涤，是目前工业化前景较好的一种方法。

有许多化合物可采用水解反应生产相应的沉淀物,达到制备纳米颗粒的目的。配制水溶液的原料是各种无机盐,如氯化物、硫酸盐、硝酸盐、铵盐等。另外,水解反应的对象也可采用金属醇盐和水。因此,比较常用的水解沉淀是无机盐水解沉淀和金属醇盐水解沉淀两种方法。

1. 无机盐水解沉淀

通过配制无机盐的水合物实施无机盐水解沉淀,控制其水解条件,可能合成单分散性的球形或立方体等形状的纳米颗粒。这种方法适用于各类新材料的合成,具有广泛应用前景。例如,可以通过对钛盐溶液的水解和沉淀,合成球状的单分散形态的 TiO_2 纳米颗粒。又如水解并沉淀三价铁盐溶液,获得相应的氧化铁的纳米颗粒。

2. 金属醇盐水解沉淀

金属醇盐也可以通过水解的方法制备相应的纳米颗粒。金属醇盐是由醇 ROH 中羟基的 H 被金属 M 置换而形成的一种有机物诱导体,其通式为 $M(OR)_n$,这里 M 代表金属元素,通常表现出与羟基化合物相同的化学性质,如很强的碱性和酸性等。金属醇盐与水反应可以生成氧化物、氢氧化物、水合物的沉淀。利用这一特性,可以采用不同的醇盐,通过水解、沉淀、干燥等过程制得各类氧化物纳米颗粒。

利用该方法制备纳米粉体的优点在于:①能采用高纯度有机试剂作为金属醇盐的溶剂,有利于作为产物的氧化物纳米粉体纯度的提高;②可按照要求制备符合化学计量的复合氧化物纳米微粉。

2.1.1.3 化合物沉淀

使溶液中离子按化学计量比配制溶液,最终可获得化学计量化合物形式的沉淀物,这就是所谓化合物沉淀法。当沉淀物颗粒的元素之比等于产物化合物金属元素之比时,沉淀物可以达到原子尺度上的组分均匀性。采用化合物沉淀法可以对多种化合物进行操作,制得纳米颗粒。对于二元或以上元素组成的化合物,当元素之比呈现简单整数比时,可以保证生成化合物的均匀组合,而若再另有其他微量成分加入,则沉淀物组成的均匀性就难以控制。尽管如此,化合物沉淀法仍不失为一种制备组分均匀的纳米颗粒的较为理想的方法。

2.1.2 沉淀反应在吸波材料制备方面的应用

共沉淀法具有非凡的优势,如产物量大,如克级等,可以制备磁性铁氧体材料,包括室温或高温下,在强碱性溶液中以 1∶2 的摩尔比混合三价铁离子和二价铁离子,制备 Fe_3O_4 纳米粒子,反应机理可以简化为

$$CO(NH_2)_2 + 3H_2O \rightarrow 2NH_3 \cdot H_2O + CO_2$$

当溶液酸碱度 pH = 11 时,Fe_3O_4 核的成核更容易;pH > 11 时,Fe_3O_4 核生长更容易。

吴伟等用改性的共沉淀法制备粒径范围为 (25±5) nm 的磁性 Fe_3O_4 纳米粒子,并研究了它们在不同反应温度下的相应形态、结构和磁性。最近,已经开发了几种改进的共沉淀方法,如吴伟等所报道的,通过酸性浸出法从铁矿尾矿中分离出的高纯铁,采用超声波辅助化学共沉淀来合成平均直径为 15 nm 的磁性 Fe_3O_4 纳米粉末。研究表明,该尺寸的纳米粒子表现出超顺磁性,而且加入 $C_{12}H_{25}OSO_3Na$ 作为表面活性剂,有助于获得尺寸和形状分布均一

的 Fe_3O_4 纳米粒子。目前 Fe_3O_4 纳米粒子的合成方法在没有保护气体的情况下很容易得到小的氧化铁纳米粒子。最近，尺寸为 4.9~6.3 nm 的超顺磁性 Fe_3O_4 纳米粒子通过基于使用链烷醇胺作为基础的一步水热共沉淀路线合成，所报道的方法为具有改进的磁性和小颗粒尺寸的离子液体的高产率合成提供了简单、通用和成本有效的路线。通常小尺寸导致低磁性，上述结果显示出改进的磁性，同时保持它们的小尺寸。

然而，在共沉淀途径中对颗粒尺寸、形态和组成的控制受到颗粒动力学控制生长的限制。离子聚合物的尺寸、形状和组成取决于实验参数，如铁盐（氯化物、高氯酸盐、硫酸盐、硝酸盐等）的类型、铁（Ⅱ）/铁（Ⅲ）的比例、介质的酸碱度和离子强度。例如，Blanco - Andujar 等通过使用碳酸钠作为共沉淀剂合成了未包覆的离子聚合物；反应进行得足够慢，可以对反应途径和产物进行详细研究。他们研究了 pH 值、温度和反应时间对颗粒大小、形貌、晶相及其磁性的影响。对于磁铁矿相，所获得的纳米颗粒的平均粒径每 pH 单位增加约 10 nm，对于 pH 值为 8、9 和 10，分别增加至 (6.9±0.4) nm、(18±3) nm 和 (28±5) nm。针铁矿最初是在室温下通过挥发机制形成的，随后在 24 h 内缓慢转变为磁铁矿。在另一组不同反应温度的实验中，在 45 ℃ 以上的温度下，通过羰基化机制直接获得磁铁矿。实验参数的优化使超顺磁性纳米颗粒在 pH=9 下合成时，在 300 K 下具有 82 A·m²/kg 的高饱和磁化强度。Pereira 等在使用新型碱性试剂（包括烷醇胺、异丙醇胺和二异丙醇胺）的基础上，通过新的一步水热共沉淀法合成了超顺磁性铁氧体纳米粒子（MFe_2O_4，其中 M 代表铁、钴、锰）。值得注意的是，与用氢氧化钠制备的纳米粒子相比，所得纳米粒子显示出更小的粒径（高达 6 倍）和更高的饱和磁化强度（高达 1.3 倍）。他们还研究了干燥方法对纳米粒子的形貌和磁性的影响，结果表明真空干燥得到的纳米粒子随着表面吸附水和内部含水的蒸发，平均粒径减小，更容易团聚，但环境空气干燥能更好地保持纳米粒子的结构和形貌。在所有干燥处理中，最高饱和磁化强度是在 70 ℃ 真空干燥后获得的。这一发现对深入阐明结构和磁性之间的某些关系具有指导意义。

掺杂半导体材料是综合性能最优良的红外隐身材料之一。武晓威等采用液相共沉淀法制备了锌铝氧化物（ZAO）掺杂半导体粉末材料，用蒸馏水作溶剂，先配制 0.5 mol/L 的 $(CH_3COO)_2Zn_2H_2O$ 溶液，再按最终产物中 $ZnO:Al_2O_3=97:3$（质量比），添加 $AlCl_3·6H_2O$，并加入一定比例的聚乙二醇作为表面活性剂，搅拌至完全溶解。匀速滴入氨水调节溶液 pH 值为 8.5，在机械搅拌的条件下将溶液放入 45 ℃ 恒温水浴中反应 2.5 h，真空抽滤，无水乙醇洗涤 4~6 次，80 ℃ 低温干燥 5 h，800 ℃ 下煅烧 2 h，得 ZAO 掺杂半导体粉末。利用 IR-2 双波段发射率测量仪对 ZAO 粉末材料的红外发射率进行了测试，研究结果表明，Al_2O_3 的掺杂量为 3% 时所得的 ZAO 粉末的红外发射率最低；ZAO 掺杂半导体粉末的晶体结构为 ZnO 的铅锌矿结构；粒子形状近似为椭圆形，平均粒径为 5~10 μm；在中红外 3~5 μm 和远红外 8~14 μm 波段均具有较低的红外发射率。

刘嘉威等以分析纯四氯化钛（$TiCl_4$）、炭黑为原料，以十六烷基溴化铵为分散剂，氨水为沉淀剂，利用水解沉淀 - 碳热还原氮化法制备了碳氮化钛粉末。具体步骤如下：①将 $TiCl_4$、环己烷与乙醇混合，配制得到 A 溶液；②在乙醇、去离子水中添加十六烷基三甲基溴化铵和炭黑，制得炭黑悬浊液（B 溶液）；③将 A 溶液加入 B 溶液，待 A、B 溶液充分混合后滴加氨水，调节 pH 值，获得 C 悬浊液；④将 C 悬浊液抽滤、洗涤、干燥，在 350 ℃ 保温 2 h，制备出前驱体粉末；⑤将前驱体粉末置于真空炉中，在 1 000~1 600 ℃ 还原 30 min~4 h，将炉内氮气压力控制在 1 500~2 000 Pa。利用差热分析、X 射线衍射及扫描电镜等表征手段，研究了合成工艺对粉末物相、组成及形貌等的影响。结果发现，前驱体粉末经 350 ℃ 煅烧 2 h 后，钛以 TiO_2 的形式存在，TiO_2 与炭黑形成了混合均匀的团聚体；在碳热还原-氮化反应时，钛氧化物向 $TiC_xN_yO_z$ 转变的温度范围为 1 200~1 400 ℃；氮原子促进了钛氧化物向 $TiC_xN_yO_z$ 的转变，随着反应进一步进行，氧元素逐渐被碳、氮元素置换，形成 TiC_xN_y 固溶体；原料经 1 530 ℃ 还原 4 h 后，可合成氧质量分数 0.3%、粒度约 300 nm、化学式近似为 $TiC_{0.547}N_{0.453}$ 的碳氮化钛粉末，其 XRD 图谱如图 2-1 所示。

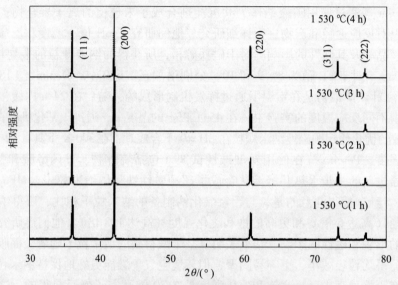

图 2-1　不同还原时间碳热还原产物的 XRD 图谱

李云峰等利用水解沉淀法成功制备了核壳结构的 Ni@ $BaTiO_3$ 纳米胶囊。具体的步骤如下：首先，将等离子体直流电弧法制备的镍纳米粉 4.1 g 和 40 mL TEG（三甘醇）混合物超声振荡 30 min；其次，将上述混合物放置到三口烧瓶中，并配制一定量的 NaOH 溶液，使 pH>14；然后，向混合物中加入 0.37 g Ba(OH)$_2$ 并开启机械搅拌，用油浴锅加热至 160 ℃，保温 8 h；最后，反应结束后冷却至室温，用等离子水和无水乙醇洗涤几次，放入真空干燥箱中干燥。制备的 Ni@ $BaTiO_3$ 纳米复合材料与镍纳纳米颗粒相比显著提高了微波吸收能力，Ni@ $BaTiO_3$ 纳米复合材料反射损耗小于 -10 dB 的吸收层厚度为 1.7~5.5 mm，是镍吸收剂的 1.4~3 倍。Ni@ $BaTiO_3$ 复合材料的最佳反射损耗出现在 10.6 GHz，对应的反射损耗是 -42.3 dB，吸收厚度为 1.88 mm；低于 -10 dB 的吸收频带宽度为 6.75 GHz，厚度范围 1.7~2.5 mm。值得注意的是，整个吸收峰的位置都向左偏移，在 S 波段，Ni@ $BaTiO_3$ 与石蜡的复合材料的最小的反射损耗低于 -20 dB，其在相同的厚度下远优于镍与石蜡的复合材料。研究表明，高介电性 $BaTiO_3$ 和铁磁性金属形成核壳结构的纳米胶囊是一种增强的磁/介电损耗型微波吸收剂的好方法。

2.2 水热/溶剂热反应

2.2.1 水热法

水热法是以水为反应介质，在特殊的环境中使难溶或不溶的前驱物变得容易溶解，并使其完成反应和合成程序，有的形成结晶。水热法通常是在具有的高温、高压反应环境的密闭高压釜内进行。在水热过程中，前驱物在高温高压条件下反应首先生成氢氧化物，然后脱水重新结晶生成金属氧化物。这种方法合成的纳米粒子具有高度分散、形貌大小均匀的特点，而且还制备出各种新奇的纳米复合物，是液相中应用非常广泛的制备方法。水热法主要是通过调节温度、压强、处理时间、升温速率以及前驱物的成分等因素，进而调控产物的尺寸和形貌。水热法在合成各向异性的纳米功能材料中是最有效、最简便的方法。

相比于其他湿化学方法，水热粉体合成具有以下几个特点：①不需要高温灼烧处理就可以直接获得结晶良好的粉体，避免了高温灼烧过程中可能形成的粉体硬团聚；②通过控制水热反应条件可以调控粉体的物相、尺寸和形貌；③工艺较为简单等。目前，水热法已广泛地应用于纳米材料的制备。根据制备过程中所依据的原理不同，水热反应可分为水热氧化和还原、水热晶化、水热沉淀、水热合成、水热水解、水热结晶等。水热氧化法是在水热条件下，利用高温高压水与单质直接反应得到相应的氧化物粉体，在常温常压溶液中不易被氧化还原的物质，在水热条件下可以加速其氧化–还原反应的进行。对一些无定形前驱物如非晶态的氢氧化物、氧化物或水凝胶，利用水热晶化法，可以促使化合物脱水结晶形成新的氧化物晶粒。水热沉淀法主要是依据不同的沉淀难易程度，使在一般条件下不容易沉淀的物质沉淀下来，或使沉淀物在高温高压下重新溶解然后形成一种新的更难溶的物质沉淀下来。对氢氧化物或含氧酸盐采用水热分解法，在酸或碱水热溶液中使之分解生成氧化物粉末，或者氧化物粉末在酸或碱水溶液中再分散生成更细的粉末。水热合成法则是两种或两种以上的单质或化合物起反应，重新生成一种或几种化合物的过程。

随着水热法的发展，近年来除了普通水热设备以外，又出现了一些特殊的水热设备，它们在水热反应体系中又添加了诸如直流电场、磁场、微波场等其他作用力场，在多种作用场下进行各种材料的水热合成。

2.2.2 溶剂热法

溶剂热法是在水热法的基础上发展起来的，与水热法相比，它所使用的溶剂不是水而是有机溶剂。该方法很好地解决了水热法不适用于对水敏感物质的制备这一缺点。溶剂法也是在密闭的体系内，以有机物或非水溶媒作为溶剂，在一定温度和溶液的自生压力下，原始反应物在高压釜内相对较低的温度下进行反应。在溶剂热条件下，溶剂的性质，如密度、黏度和分散作用等相互影响，与通常条件下的性质相比发生了很大变化，相应的反应物的溶解、分散及化学反应活性大大地提高或增强，使得反应可以在较低的温度下发生。采用溶剂热法，使用有机胺、醇、氨、四氯化碳或对水敏感的材料，如Ⅲ–Ⅴ族或Ⅱ–Ⅵ族半导体化合物、新型磷（砷）盐酸分子筛三维骨架结构等。

溶剂热法是指使用的溶剂为有机溶剂等非水溶剂。常用的非水溶剂为乙二醇、甲酸、四氯化碳等，可以合成一些在水热条件下无法合成的纳米材料，如容易氧化的纳米材料。在溶剂热法制备过程中，有机溶剂还可以在反应中作为软模板，从而合成具有可控形貌和尺寸的纳米材料。

2.2.3 水热/溶剂热法在隐身吸波材料制备方面的应用

水热/溶剂热法是制备中空离子聚合物的一种简便的方法。Hu 等以 NH_4AC 为结构导向剂，采用一锅溶剂热法制备了平均粒径为 400 nm、壳层厚度为 60 nm 的单分散 Fe_3O_4 空心球，并提出了气泡辅助 Ostwald 熟化新工艺来解释空心结构的形成。根据这一机理，以尿素和氨水为结构导向剂，制备了粒径可控的空心 Fe_3O_4 和 $MnFe_2O_4$ 铁氧体微球；以氨水为助溶剂制备了粒径 100 nm、孔径 10 nm 的多孔 Fe_3O_4 微球。磁性研究表明，空心微球表现出铁磁性，具有比实心微球更高的饱和磁化强度。

水热和溶剂热路线有利于获得形状可控的离子聚合物。Wu 等提出一种简单的方法来生产磁性氧化铁短纳米管（SNT）和其他形状（纳米粒子，纳米环），采用阴离子辅助水热路线，同时使用磷酸盐和硫酸盐离子，合成路线如图 2-2 所示。氧化铁纳米粒子的尺寸、形态、形状和表面结构的控制是通过简单调节铁离子浓度而无须任何表面活性剂的辅助来实现的。对形成机理的研究表明，铁离子浓度、阴离子添加剂的量和反应时间对 SNT 生长有显著贡献。在纳米晶生长过程中，SNT 的形状主要由平行于拉长的 $\alpha-Fe_2O_3$ 纳米颗粒（c 轴）的长尺寸表面上的磷酸根离子的吸附调节，并且由于硫酸根离子的强配位，中空结构由沿着 c 轴的优先溶解来形成。此外，合成的赤铁矿（$\alpha-Fe_2O_3$）SNT 可以通过还原气氛退火工艺转化为磁铁矿（Fe_3O_4）和磁赤铁矿（$\gamma-Fe_2O_3$）SNT，同时保持相同的形态。

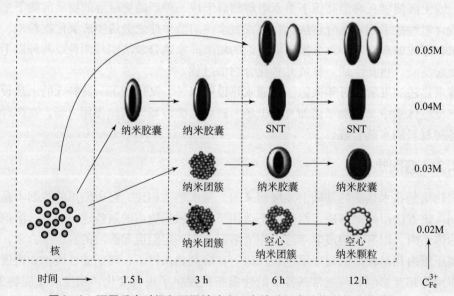

图 2-2　不同反应时间和不同铁浓度下赤铁矿纳米结构形状演变的示意

此外，水热溶剂热法广泛应用在复合隐身材料的制备方面。Liang 等采用水热法成功地合成了氧化石墨烯和铁氧体复合材料，GO/铁氧体复合材料的形貌如图 2-3 所示。

图 2-3　GO=0.1%时不同溶剂下 GO/铁氧体复合材料的 SEM
(a), (b) 水；(c), (d) 乙二醇；(e), (f) 乙二醇和甘油；(g), (h) 甘油

同时研究了溶剂（水、乙二醇、甘油以及乙二醇-甘油）、氧化石墨烯用量［GO 为 0.1%、0.5%、1.0%、2.0%（质量百分数）］对目标样品结晶度、形貌和性能的影响。研究结果表明，水热法制备的前驱体由 80 nm 铁磁多面体颗粒和均匀覆盖的 GO 层组成。煅烧后，在石墨烯薄膜表面可以制备出 200 nm 的铁磁性纳米颗粒。结果表明，在水体系下，当 GO=0.1%（质量百分数）时，可以得到最佳的样品。GO 的加入将反射峰移到较低的频率范围内，使最大值锐化，有助于提高铁氧体的吸收性能。当 GO=0.1% 时，在 3.3 GHz 下，最大反应损耗（RL）峰值可达 -17.15 dB，在 -10 dB 以下带宽为 2.8~3.8 GHz，厚度为 3 mm。当 GO=1.0%（质量百分数）时，在厚度为 3.5 mm 的 4.3 GHz 和 15.6 GHz 处出现双峰，-10 dB 以下的带宽在厚度为 1.5 mm 时达到 2.6 GHz（10.3~12.9 GHz）。

Wan 等开发了一种简单的水热法制备铁氧体纳米棒/碳复合材料的方法，并研究了不同退火温度对其性能的影响。研究表明，750 ℃焙烧温度下制备的样品具有结晶良好的方形纳米棒结构，纳米棒宽约 80 nm、长 600~800 nm，其形貌结构如图 2-4 所示。

图 2-4　样品的 SEM 图形
(a) 低倍 SEM 图像；(b) 高倍 SEM 图像

根据分析表征的结果提出了水热法制备一维方晶铁氧体纳米棒的生长机理。在假设条件下，铁氧体纳米棒的成核发生在水热过程中，其化学反应方程式如下：

$$CO(NH_2)_2 + 3H_2O \rightarrow 2NH_3 \cdot H_2O + CO_2$$

$$R^{2+} + 2Fe^{3+} + 8OH^- \rightarrow RFe_2O_4 \downarrow + 4H_2O$$

式中：R 分别代表 Fe、Co、Ni、Zn 和 Cu。

研究发现，在水热体系中，阴离子（PO_4^-，NH_2^-）对特定表面的吸附作用以及阴离子（SO_4^-，OH^-）与 Fe^{3+} 之间的配位作用，可能影响相应面的优先生长或溶解。方形铁氧体纳米棒的生长机理假设如下：NH^{2-} 或 OH^- 等阴离子与特定平面有很强的黏附性，它们通过选择平面诱导各向异性生长，而 Fe^{3+} 与 OH^- 的配位作用则会导致优先溶解。在以前的研究中，晶体形状是由（100）方向的生长速率与（111）方向的生长速率之比决定的，沿（100）方向的快速生长可导致八面体粒子，而沿（111）方向的快速生长可生成立方粒子。当理论扩展到一维情况时，优先生长方向将产生方形截面纳米棒。

由水热法制备，并在 750 ℃ 焙烧得到方形铁氧体/碳复合材质，将其进行厚度为 2 ~ 5 mm 的反射损耗（RL）测试，结果如图 2 – 5 所示。

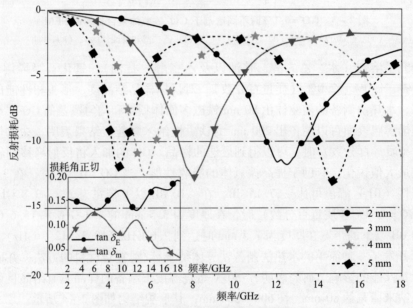

图 2 – 5 厚度为 2 ~ 5mm 反射损耗

从图 2 – 5 可以看出，在 12.56 GHz 下，厚度为 2 mm 样品的最大反射损耗（RL）达到 – 11.76 dB，厚度为 5 mm 的样品的双频吸收特性低于 – 10 dB。从上述结果可以看出，该水热条件制备的样品有望成为一种优良的可调谐宽带吸收体。

Guo 等采用水热法合成了具有高吸波性能的 $Co_3Fe_7@C$ 核壳纳米粒子，详细研究了碳与金属核的相变及其影响。水热阶段形成的富碳环境提供了足够的还原气氛，防止了颗粒的团聚。铁氧体依次转变为 $Co_3Fe_7/CoFe_2O_4$、Fe_3C/Co_3Fe_7 和纯 Co_3Fe_7，金属球表面逐渐形成石墨层。饱和磁化强度随退火温度的升高而增大，这是由于金属芯的结晶和纯度的提高。复合材料 $Co_3Fe_7/CoFe_2O_4@C$、$Fe_3C/Co_3Fe_7@C$ 和 $Co_3Fe_7@C$ 的饱和磁化强度（M_s）值分别为 119.16 emu/g、127.11 emu/g 和 222.85 emu/g，具有优异的磁性。复合材料的吸波性能也随着碳化程度的增加而增强，这是相变和核壳结构的综合结果。结果表明，在 1.5 ~ 5 nm 的吸收层厚度范围内，反应损耗在 2.8 ~ 10.2 GHz 范围内超过 – 20 dB。对于厚度为 1.8 mm 的层，在 9 GHz 时的最佳反射损耗为 – 26.8 dB。采用易于控制和批量生产的方法制备的产品具有优异的磁性能,在 S 波段到 X 波段电磁波吸收材料中具有广阔的应用前景。

任庆国采用溶剂热法,制备了空心 Fe_3O_4 球体,球体粒径为 300~500 nm,由纳米颗粒构成,如图 2-6(a)所示。具体步骤如下:首先称取 0.02 mol $FeCl_3 \cdot 6H_2O$ 和 0.1 mol NaOH 分别溶解在一定量的乙二醇中,待完全溶解后将两种溶液混合在一起,产生棕黄色沉淀后加速搅拌使沉淀再次溶解形成酒红色溶液;然后将溶液转移到有聚四氟乙烯内衬的不锈钢水热反应釜中封紧,将反应釜置于烘箱中,在 120~180 ℃下反应一定时间;最后取出反应釜,磁吸附将产物分离,分别用无水乙醇和蒸馏水洗涤三次,放入烘箱中 60 ℃下干燥 3 h,得到黑色强磁性产物。研究了样品的静态磁性能和高频电磁性能,Fe_3O_4 空心球具有较高的饱和磁化强度,较低的剩磁和矫顽力,其值分别为 88 emu/g、5.6 emu/g 和 63.6 Oe。根据样品的电磁参数计算不同厚度时的反射率,当厚度为 2 mm 时,空心 Fe_3O_4 空心球的反射率最小值在 13.3 GHz 处,为 -23.9 dB。又以乙二醇为溶剂,加入过量的氢氧化钠,在反应釜中还原氯化钴,制备了片状结构组成的金属钴。产物粒径为 500~1 000 nm,由厚度仅为十几纳米的薄片组装而成,如图 2-6(b)所示。研究了反应温度对产物结构和形貌的影响。200 ℃产物 FCC-Co 的饱和磁化强度最高,达 163.9 emu/g,矫顽力为 55 Oe,剩磁为 3.3 emu/g。HCP-Co 的饱和磁化强度为 140.7 emu/g,矫顽力为 151 Oe,剩磁为 5.7 emu/g。通过矢量网络分析仪测试产物的电磁参数,研究了材料的吸波性能,其中 HCP-Co 的折射率最大,波长缩短效应最显著,衰减也最大。FCC-Co 由于密度较大,相同质量分数时体积比较小,测得的电磁参数更接近于基体石蜡,相对阻抗更接近大气,可将入射电磁波有效地"引入"材料内部。

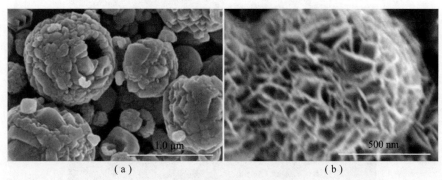

图 2-6 溶剂热产物 SEM 图像
(a)Fe_3O_4 空心球;(b)Co 球

2.3 还原反应

2.3.1 碳热还原反应

碳热还原是在一定温度下,一种以无机碳作为还原剂所进行的氧化-还原反应的方法,该反应需要较高温度。碳热还原法是一种制备非金属化合物粉末的有效方法,基本原理是以炭黑、SiO_2 为原料,在高温炉中氮气保护气氛下,进行碳热还原反应获得微粉。目前研究较多的是 Si_3N_4,SiC 粉体制备。碳化硅纳米材料作为一种介电材料,具有特殊的热、电、力学性能，正在成为一种优秀的微波吸波材料。常用的制备 SiC 纳米线的方法，包括溶胶-凝胶模板法、高频加热法、直接加热法、化学气相沉积法和自然法等，反应条件过于苛刻，测试步骤过于繁琐，或者样品的生产量过低等，严重制约了 SiC 纳米线的产业化。

Sun 等以经济的活性炭、硅和二氧化硅为原料，用 Fe_2O_3 作催化剂，将碳源和硅源的摩尔比确定为 3，Fe_2O_3 的添加量为 0.5%（质量分数）。首先，将一定百分比的硅和二氧化硅粉末混合在一起并放入氧化铝坩埚中；其次，将活性炭放入碳源和硅源摩尔比为 3 的坩埚中；最后，将坩埚放入到箱式炉中，并在真空中以 3 ℃/min 的速度加热至 1 500 ℃，持续 2 h。采用一步碳热还原法制备了具有高吸波性能的 SiC 纳米线。该法可提高产量，并且操作简单。他们对样品进行了 SEM、TEM 表征，如图 2-7 所示。从图 2-7 中可以看出，所制备的核壳纳米线由直径 40 nm、长度可达 3 μm 的碳化硅纳米棒组成，表面覆盖 15 nm 厚的多晶壳。

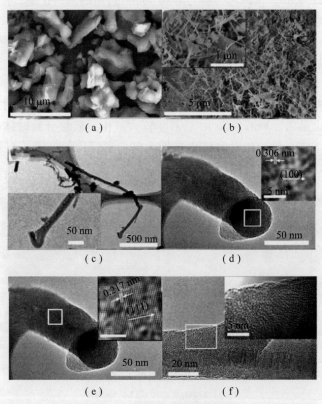

图 2-7　样品煅烧前后的图像

(a) 碳化前前驱体的 SEM 照片；(b) 纳米线 SEM 照片；(c) 碳化硅纳米线的低倍 TEM 图像；
(d) 纳米线的高倍 TEM 图像；(e) 纳米棒的高倍 TEM 图像；(f) 纳米线外壳的高倍 TEM 图像

VLS（气-液-固）机理详细解释了 SiC 纳米线的生长机理，图 2-8 简明地表示了 VLS 机理的过程。在该研究中，以解析的 Fe_2O_3 为催化剂，VLS 生长模式控制着 SiC 的结晶和一维纳米线的生长，SiC 纳米线是由 Si-Fe-O 体系生长出来的，SiO_2 气体在还原过程中起着重要作用。当 Si 和 SiO_2 粉末在 1500 ℃ 的高温下与金属氧化物或金属硫酸盐共存时，发生氧化-还原反应，形成由金属、SiO_2 和 SiO_2 组成的混合物。同时，活性炭或其他碳源被分解成小碳分子，如二氧化碳或氧化碳等。

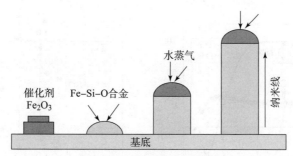

图 2-8 VLS 机理的过程图

在高温高压下,由于二氧化硅的溶解度较高,且二氧化硅蒸气在准液体铁中的吸附性能较高,越来越多的二氧化硅从固-液界面转移到液相体系中,从而导致了硅-铁-氧合金的合成。合金熔化后,在体系中形成一个能量有力的位置,促使 SiO 蒸气与小碳分子反应形成 SiC 晶核。然后,随着反应的进行,晶体沿着 SiC 晶核的(111)晶面逐渐沉积在合金表面。由于碳化硅的凝固速度快于二氧化硅相,碳化硅纳米棒将首先占据(111)晶面,而硅-铁-氧体系只能填充在纳米棒表面形成核-壳纳米线。

利用碳热还原法制备的 SiC 纳米线的吸波性能得到了增强,如图 2-9 所示。这是由于 SiO_2 粉体向 SiC 晶体的相变和形貌变化所致。最大反射损耗约为 -18.02 dB,在厚度为 4 mm 的两个尖锐吸收峰之间的吸收低于 -10 dB,频宽超过 1.7 GHz。

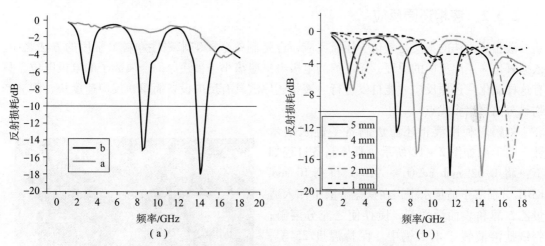

图 2-9 SiC 纳米线碳化前和碳化后在不同厚度时的反射损耗
(a) 碳化前;(b) 碳化后

采用碳热还原法,在管式炉中用经济的碳源和硅源成功合成 SiC/SiO_2 纳米链的方法,极大地促进了 SiC 合成工艺的产业化。结果表明,以活性炭为碳源,$Si/SiO_2 = 4$,Fe_2O_3 为催化剂,在氮气气氛中 1 500℃煅烧,可以得到表面形貌均匀、结晶性较好的 SiC/SiO_2 纳米链。用 TG 和 TEM 研究了纳米链的合成机理,表征结果分别如图 2-10 和图 2-11 所示,证实了生长过程符合 VLS 机理。Si-Fe-O 体系中生长出 SiC 纳米链,SiO 蒸汽在还原过程中起着重要作用。

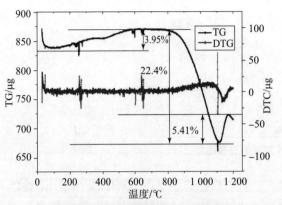
图2-10 碳化过程的 TG 图曲线

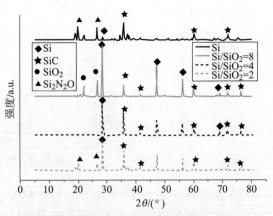
图2-11 不同 Si/SiO_2 比的样品的 XRD 图谱

TG 曲线和 XRD 图结合,推测出纳米链的合成过程可以分为以下反应步骤:

$$Si(s) + O_2(g) \rightarrow SiO_2(s), 600℃$$

$$Si(s) + SiO_2(s) \rightarrow 2SiO(g), 1100℃$$

$$Carbon-sources \rightarrow CO(g)$$

$$SiO(g) + 2C(s) \rightarrow SiC(s) + CO(g), 1200℃$$

$$SiO(g) + 2CO(g) \rightarrow SiC(s) + CO_2(g), 1200℃$$

2.3.2 液相还原反应

液相还原法的本质是氧化-还原反应,也是制备金属纳米磁性颗粒最常用的方法之一。依据氧化-还原反应的原理,还原剂的电极电位应该小于被还原的金属离子的电极电位,只有这样氧化-还原反应才能自发进行。液相还原法具有反应设备简单、反应速度快、固液产物易分离等诸多优点。

刘鹏征利用液相还原法制备了链状纳米铁,其形貌如图2-12所示。具体制备过程如下:将 0.02 mol $FeSO_4 \cdot 7H_2O$ 和 0.10 mol KBH_4 分别溶于适量水中,在铁盐溶液中加入适量乙二醇和表面活性剂,搅拌使之充分溶解;将铁盐溶液置于水浴锅中,保持温度25℃,搅拌状态下,将 KBH_4 溶液缓慢滴加到铁盐溶液中,溶液迅速生成黑色沉淀,同时有大量泡沫出现;滴加完毕之后继续搅拌 30 min,待反应充分完成后,将烧杯取出,磁吸分离;水洗净后,置于油酸的乙醇溶液中进行表面处理,

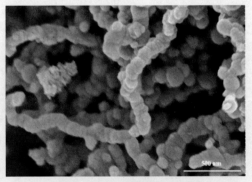
图2-12 链状纳米铁的形貌

使用乙醇洗涤,干燥箱中40℃干燥。将产物置于马弗炉中进行焙烧处理,以便获得更好的晶型。焙烧温度400℃,焙烧时间1 h,压力小于0.1 MPa,氮气保护冷却至常温后取出。该过程使用的是 KBH_4 还原剂,离子反应方程式为

$$4Fe^{2+} + BH_4^- + 8OH^- = 4Fe + BO_2^- + 6H_2O$$

KBH_4与水缓慢反应，反应方程式为

$$4H_2O + BH_4^- = 4H_2\uparrow + B(OH)_4^-$$

根据测得的电磁参数计算反射率，如图 2-13 所示，样品在 1.5 mm 厚时低于 -10 dB 的频段为 9.7~14.1 GHz；2 mm 厚时低于 -10 dB 的频段为 6.78~9.84 GHz，在 8.31 GHz 处达到最小值 -29.5 dB；随着厚度增加衰减的峰值向低频移动。

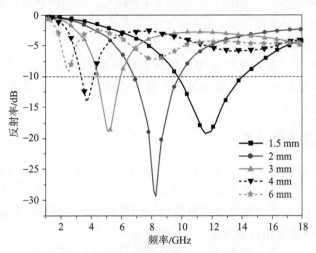

图 2-13 链状纳米铁微波反射率曲线

2.4 高温反应

高温是无机合成的一个重要手段，为了进行高温无机合成，需要一些符合不同要求的产生高温的设备和手段。常用的获得高温的方法见表 2-1。

表 2-1 常用的高温方法及温度

获得高温的方法	温度/K
酒精灯、煤气灯、电热套	<800
高温电阻炉	1 273~3 273
聚焦炉	4 000~6 000
闪光放电炉	>4 273
等离子体电炉	>20 000
激光	10^5~10^6

2.4.1 获得高温的设备

常见的获得高温的设备有马弗炉、坩埚炉和管式炉（卧式）。重要的电阻发热材料主要

有金属发热体、石墨发热体、碳化硅（碳硅棒）发热体和氧化物发热体等。

（1）金属发热体，一般马弗炉中用镍铬丝。合成怕氧化的材料时，需要高真空还原气氛，要采用钽、钼、钨等金属发热体。若采用惰性气氛，则必须使之预先经过高纯化。

（2）石墨发热体，在真空中可达到相当高的温度，但其存在的致命弱点是，在氧化还原气氛下，难以去除所吸附的气体，而使真空度不易提高，并且与周围的气体常能发生反应形成挥发性的物质，使被加热的物质污染，而石墨本身在使用中也逐渐消耗。

（3）碳化硅（碳硅棒）发热体，可加热到 1 350 ℃，短时间内可以达到 1 500 ℃。碳化硅发热体两端必须有良好的接触点。此外，由于它是非金属的半导体，因此其热时的电阻比冷时小些（必须在电路中加自动保险装置）。

（4）氧化物发热体，在氧化气氛中，是最为理想的加热材料。一个不易解决的问题是发热体两端和导线的连接问题。若连接不好，易在连接点上产生电弧或由于发热体的温度超过导线的熔点而发生熔断。

2.4.2 高温合成反应类型

高温合成反应的类型很多，主要有高温下的固相合成反应、高温下的固-气合成反应、高温下的化学转移反应、高温熔炼和合金制备、高温下的相变合成、高温熔盐电解、等离子体/激光/聚焦等作用下的超高温合成以及高温下的单晶生长和区域熔融提纯。

2.4.2.1 高温下的固相合成反应

高温下的固相合成反应又称陶瓷法，该合成方法中所有参与的组分不一定都是固态。在反应温度下，液态或气态中间产物也可能参与物质输运。该合成方法原料易得且易调变、大规模生产成本低，适用范围广。固相反应原理为：反应 $A(s) + B(s) \rightarrow C(s)$，假设热反应过程中不出现熔体，固相反应过程如图 2-14 所示。

反应前离子 A 和离子 B 紧密接触。反应开始后，生成物 C 的晶核在离子 A 和离子 B 的界面生成。如果形成生成物需要高度的结晶重排，则此步反应比较难进行。生成物 C 成核后，则在离子 A 和离子 B 的界面产生生成物层，并形成两个反应界面（A/C 和 C/B）。为了使反应继续进行，离子 A 和离子 B 必须通过生成物 C 层进行互相扩散并形成新的反应界面。随反应进行，生成物 C 层越来越厚，随之，离子扩散路程越来越长，反应速率越来越慢。在简化条件下，反应速率服从费克定律。

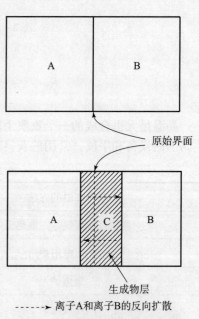

图 2-14 固相反应过程示意图

在此反应中，一般认为离子被束缚在它们合适的晶格位点上，很难运动到毗邻位点。只有在非常高的温度下，离子才有足够高的能量在晶格中迁移。作为一个经验规律，当反应温度达到某组分熔点的 2/3 时，就可以足够活化该组分进行扩散反应，从而保证固相反应进行。

控制固相反应速率的因素有：①固体反应物的表面积和反应物之间的接触面积；②生成

物相的成核速度，通过采用与生成物相似结构的反应物来尽量减小结构重排，使生成物相的成核速度最大化；③固相界面特别是通过生成物相层的离子扩散速度。

在固相反应过程中，可以从以下几个方面来提高固相反应的速率。

(1) 固体反应物的比表面积和接触面积。反应物的比表面积越大，反应速度越快；反应物之间的接触面积越大，反应速度越快。用研磨或球磨等手段来降低反应物颗粒的粒径，从而提高其比表面积，用冷压或热压压片的办法尽量提高它们之间的接触面积；用共沉淀或溶胶–凝胶等方法使反应物间充分混合，提高反应物的接触面积；通过在同一个固体前驱物中结合各种阳离子的方法减小扩散距离；还可以在熔融流体或高温溶剂中进行固相反应，这些途径都可以提高反应速率。

(2) 固体原料的反应性。通常采用与生成物相似结构的反应物来尽量减小结构重排，从而使生成物相的成核速度最大化。当结构相似性有利于成核时，通常在反应物和生成物之间存在清楚的取向关系，如 MgO 和 Al_2O_3 具有结构相似性，反应过程中易成核，反应速度较快；假设两种结构拥有不同的原子间距，它们不可能在大面积接触时互相匹配。例如，虽然 BaO 和 MgO 都属于岩盐型结构，但 O–O 间距差别很大，对于定向成核来说，能容忍的晶核和基质在界面晶胞参数之差不超过 15%。

(3) 固体反应产物的性质。由于固相反应是固体反应，反应主要在界面间进行，反应的控制步骤即离子的相间扩散，受到不少未定因素的制约，因而此类反应生成物的组成和结构往往呈现非计量性和非均匀性。其中，有两种方法提高离子扩散速度：一是提高反应温度；二是通过反应前或在反应中分解的原料（如碳酸盐或硝酸盐）来引入缺陷，特别是空位或间隙缺陷，或者引入结构缺陷（如位错）和晶界。一般来说，固体的反应性与晶体的缺陷种类高度相关。

2.4.2.2 高温下的固–气合成反应

高温下的固–气合成反应，用于还原合成几乎所有的金属和部分非金属材料。而还原反应能够进行，反应进行的程度和反应的特点均与反应物和生成物的热力学性质以及高温下热反应的 $\Delta H_{生成}$、$\Delta G_{生成}$ 等相关。合成前应参考有关化合物如氧化物、氯化物、氟化物、硫化物、硫酸盐、碳酸盐以及硅酸盐等的 $\Delta G^{\theta}_{生成}-T$ 图和应用，氧化物的 $\Delta G^{\theta}_{生成}-T$ 图如图 2–15 所示。

氧化物的 $\Delta G^{\theta}_{生成}-T$ 图的特点如下。

(1) 各种形成金属氧化物反应的熵变相近，因而它们的 $\Delta G^{\theta}_{生成}-T$ 直线斜率近似相等。

(2) 所有直线的斜率为正值。当 $\Delta G^{\theta}_{生成}>0$ 时，氧化物不能稳定存在。在标准状况下，在 $\Delta G^{\theta}_{生成}<0$ 区域内的金属都自动被氧化；在 $\Delta G^{\theta}_{生成}>0$ 区域内，生成的氧化物都不稳定。

(3) 有相变时，因熵变导致直线斜率发生改变。

(4) 在图中直线位置越低，则氧化物的 $\Delta G^{\theta}_{生成}$ 越小，说明该金属对氧的亲和力越大，则其越稳定（Ca 是最强的还原剂，其次是 Mg、Al 等）。各种金属的 $\Delta G^{\theta}_{生成}-T$ 线斜率不同，因此在不同温度条件下，它们对氧的亲和力次序有时发生变化。

(5) 生成 CO 的直线，升温时 $\Delta G^{\theta}_{生成}$ 逐渐减小。因此，几乎所有金属氧化物的直线都可以与其相交，说明它们都可以被碳还原。在火法冶金中，利用此反应可以制备各种金属。

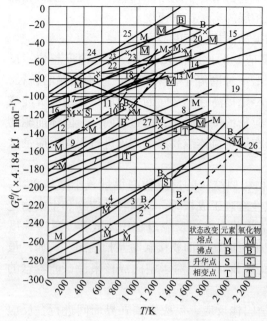

图 2-15 氧化物的 $\Delta G^{\theta}_{生成} - T$ 图

2.4.3 高温合成法在吸波材料中的应用

β-SiC 纳米材料多以纤维为主，具有耐腐蚀、耐高温、密度小、热膨胀系数低、吸收频带宽、蠕变低，以及介电常数大等优异性能，在吸波材料中占据重要的地位。高温合成技术是制备 SiC 的最常用的手段。2011 年，Babic 等用凝胶碳热还原法合成 β-SiC 纳米粉末（约 20 nm），其中，以间苯二酚和甲醛为碳源，四乙氧基硅烷为硅源，并探究了反应温度、时间和 C/Si 比对反应的影响，发现在 1 200 ℃下加热还原 1 h 可获得较好 SiC 结晶，其粒径为 50 nm 左右。2012 年，Moshtaghioun 等探究了微波加热的碳热还原法合成 SiC（10～40 nm）的影响因素，他们把经 40 h 球磨后的硅源和碳源在 2.45 GHz 氮气气氛中微波加热（1 200 ℃）5 min 获得反应产物。2013 年，明新科技大学在氩气气氛下，1 450 ℃制得 β-SiC 并研究了 Li/Al 硅酸盐和 SiC 组成的双层复合结构 LAS-SiC 的电磁波吸收性能，β-SiC 的加入强烈增加了材料的介电损耗。同时发现，当 SiC 含量增加到 10%（质量分数）时，其最大吸波损耗在 -42.8 dB（10.5 GHz），8.2～12.4 GHz 最小反射损耗为 -24 dB，特别适合作为雷达波段吸波材料。

介电性能具有较强的可控性，使得 SiC/SiO_2 纳米线可用于制备性能优良的耐高温吸波材料。李妍等采用水热法和高温焙烧法结合成功制备出一维 SiC/SiO_2 纳米线。首先，将葡萄糖溶解于蒸馏水中，添加硅粉，超声后将溶液置于磁力搅拌反应釜中，230 ℃下反应 3 h，抽滤、干燥后得到硅粉和碳源前驱体，这一步骤可以增加固相反应物的接触面积，提高反应速率。然后，利用水热法制备的碳前驱体在碳化时产生的 CO、CO_2 和 H_2O 等，在高温下水汽能加快硅的湿氧氧化速率，生成 SiO_2，进而提高高温固相反应的速率，该法焙烧难度低，操作简单。

Sun 等先将葡萄糖、Si 和催化剂铁粉混合物在 210 ℃进行水热反应，再利用管式炉高温焙烧水热反应后的产物制得 SiC/SiO_2 纳米线，该纳米线是由球形 SiO_2 颗粒上长出 SiC 纳米线状结构构成，其形貌如图 2–16 所示。根据 TG–DTG、FTIR、XRD、SEM 和 TEM 表征，分析出 SiC/SiO_2 纳米线的生长复合 VLS 生长机理，即低温下碳前驱体分解为气态小分子 CO 等。随着反应温度的升高，固相硅源与催化剂（Fe_2O_3 或 Fe）结合为 Fe–Si–O 准液态体系；气相碳源与准液相硅源结合，并在 Fe_2O_3 催化作用下从 Si–Fe–O 体系沿着（111）晶面生长为 β–SiC。与此同时，余下的硅源与 O 原子结合为 SiO_2，并且由于 Si–C 键能大，导致 SiO_2 和 SiC 形成和沉积速率的不同，于是 SiO_2 很容易在 β–SiC 表面沉积下来，而形成 SiO_2 外层包覆的 SiC/SiO_2 纳米线结构。

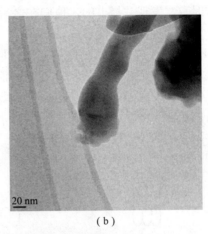

(a)   (b)

图 2–16   SiC/SiO_2 纳米线的 TEM 图像

他们又采用箱式炉一步焙烧法制备了一维 SiC/SiO_2 纳米线，促进了 SiC/SiO_2 纳米线的工业化进程。与管式炉相比，其内部生长环境的不同而导致了不同的生长机理，并研究了不同反应条件（温度、压强、硅源、碳源及碳硅比等）对产物物相和形貌的影响。最终实验研究得到 β–SiC 的最佳制备工艺，即以单一硅粉为硅源，石墨和活性炭为碳源，Fe_2O_3 为催化剂，在 1 500 ℃高温下真空焙烧。对 SiC 纳米材料电磁参数测试，并据此仿真计算其吸波性能，发现箱式炉中碳化后所得材料转化率更高，介电性能增强，吸波性能也显著增加，2 mm 厚度时，材料最大反射损耗为 –18.02 dB，4 mm 厚度时，材料低于 –10 dB 带宽超过 1.7 GHz。

水热法与高温焙烧结合是制备铁磁体/碳复合材料的常用方法，郭晓铛等采用水热反应制备前驱体经适当温度焙烧后得到铁磁体/碳复合材料。在毫米波干扰剂——镀铁镍碳纤维中加入铁磁体/碳复合材料可增大其在厘米波段的吸波效果。NiCoCu 铁磁体/碳和 Co 铁磁体/碳分别加入后反射率低于 –10 dB 的频段分别拓宽了 2.3 GHz 和 4.4 GHz。NiCoCu 铁磁体/碳与乙炔黑的混合比例为 5∶1 时，红外波段最大质量消光系数 α 可达约 1.25 m^2/g，在 3~5 μm 和 8~14 μm 波段的 α 均值高于 0.90 m^2/g，且比二者混合前的高。铁磁体/碳复合材料对紫外/可见光也都有良好的消光效果。该材料有望成为紫外至厘米波的宽频干扰材料。

2.5 自蔓延高温合成反应

2.5.1 自蔓延高温合成反应简介

自蔓延高温合成（self-propagation high-temperature synthesis，SHS），又称为燃烧合成（combustion synthesis）技术，是利用反应物之间高的化学反应热的自加热和自传导作用来合成材料的一种技术。当反应物一旦被引燃，便会自动向尚未反应的区域传播，直至完全反应，是制备无机化合物高温材料的一种方法。这项技术是由苏联科学家 Merzhanov、Shkiro 和 Bovovinskays 等在 1967 年研究火箭固体推进剂燃烧问题时，实验过渡族金属和硼、碳、氮等的反应时首次发现并提出的。他们在之后发现 SHS 反应不仅能在固-固之间进行，也可以在气-固之间进行，从而形成复合材料、金属间化合物、陶瓷材料等非常有用的产物。

通常 SHS 过程要自我维持，体系应该满足三个条件：①在反应过程中发生的反应为放热反应，放出的热量足够维持燃烧波的继续前进；②体系热量的散失率要小于反应的放热率，否则燃烧波会发生淬熄现象；③某一个反应物能在反应初期形成气相或液相，有利于燃烧波在前沿的扩散。SHS 可以在一个体系中进行，该体系在局部点火（启动）后，热量从热产品转移到冷试剂，以波传播模式进行反应。SHS 过程主要有三个阶段：点火、波前传播和产品冷却。SHS 反应过程如图 2-17 所示。

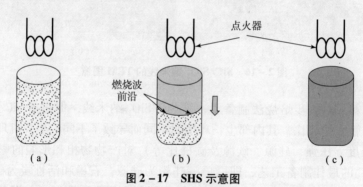

图 2-17 SHS 示意图
(a) 初始样品；(b) 燃烧波传播；(c) 产品

通过固相反应产生固体化合物的烟火反应称为 SHS 过程，烟火的基础是两种或两种以上成分之间发生的反应，特别是包括可燃剂和氧化剂。当反应物的混合物转化为固体、液体或气体反应物的混合物时，它们之间的反应产生热量。在烟火反应中，当第一层反应物被点燃时，反应区移动到未反应的组合物中，留下燃烧产物。如果化学反应产生足够的热量来确保相邻的反应物层达到点燃，那么反应的传播就变得自持，并且烟火混合物将从一端燃烧到另一端。

与传统材料制备技术相比，SHS 具有以下特点：①反应是在高温下进行的，可以挥发低沸点杂质，获得的产品更纯；②工艺简单，没有非常特殊的设备要求；③与烧结等传统技术相比，所用时间较短，通常为几秒钟量级，操作和加工成本低；④高热梯度和快速冷却速率会产生新的非平衡或亚稳相，这是传统工艺达不到的；⑤无机材料可以利用反应物的化学能一步合成并固结最终产品；⑥某些产品的应用可能需要最终产品的大孔隙率。

2.5.2 自蔓延高温合成反应的原理

2.5.2.1 SHS 热力学

对燃烧体系进行热力学分析是研究 SHS 过程的基础。燃烧合成热力学的主要任务是判断燃烧反应自我维持的可能性。

与 SHS 反应相关的燃烧温度与反应物和产物之间的焓变化有关。在燃烧合成反应过程中，应描述四个重要的温度：①初始温度 T_0：点火前整个反应物样品的平均温度；②点火温度 T_{ig}：反应开始的温度，它取决于反应的动力学特征，如反应类型，即固-固、固-气、固-液或液-气反应；③绝热燃烧温度 T_{ad}：绝热条件下达到的最高温度，其值与热力学（放热性）和反应物样品的初始温度有关；④实际燃烧温度 T_c：非绝热条件下达到的最高温度，它是动力学控制的，因为它依赖于反应前沿的热损失。

温度 T_0、T_{ig} 和 T_c 通常直接从 SHS 反应实验中测量，而绝热燃烧温度 T_{ad} 可以通过热力学计算确定，前提是初始温度已知。图 2-18 显示了反应过程中温度与反应物和产物的焓之间的关系。$H(R)$ 表示假设反应在传播模式和绝热条件下发生，反应物从 T_0 到 T_{ig} 升温引发反应所需的热量；$H(P)$ 表示产品将温度从 T_{ig} 升高到 $T_{ad}(T_0)$ 所需的热量，$\Delta H(T_{ig})$ 是在点火温度下开始的 SHS 反应的热量，即

$$\Delta H(T_{ig}) = H(R) + H(P) \tag{2-1}$$

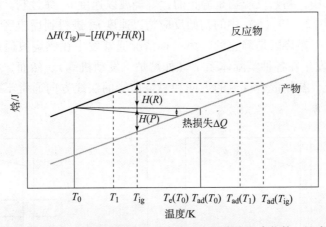

图 2-18 在不涉及反应物和产物相变的反应体系中反应物和产物焓-温度关系示意图

把 T_0 增加到 T_{ig} 会把 $H(R)$ 降低到 0，所有的 $\Delta H(T_{ig})$ 将被产品吸收，导致 $T_{ad}(T_{ig})$ 的绝热温度的产生，见图 2-18。在此条件下，反应在同时燃烧模式下被点燃。从图 2-18 中还可以观察到，增加预热程度将提高热力学温度，在理论上可以通过燃烧合成反应来实现。经实验证明，热力学温度必须满足 $T_{ad} \geq 1\,800$ K 才能实现自持反应。通常反应将在非绝热条件下发生，特别是在传播模式下，因此，反应中产生的热量不仅会散逸到邻近的反应物层（仍在 T_{ig} 下方），还会以热量损失散逸到周围环境中。

此外，考虑到热量产生和热交换，可以观察到，当来自外部源的热到达速率等于化学反应产生的热的速率时，点火将发生。因此，点燃不仅取决于反应物混合物的化学特性，还取决于用于点燃放热反应的起始热脉冲的能量。所以，热力学性质，如自由能和焓，反应物的

物理状态，如固体、液体和气体，以及反应物的比表面积是重要的参数。实验证明，点燃整体冷凝体系（低反应物比表面积）所需的点火能量比粉末体系（高反应物比表面积）高 1~2 个数量级。这种差异是由于点燃大量冷凝的反应物体系时产生的大量热损失，并且预计会有高的点燃温度。

SHS 反应中的波传播速率、波稳定性和达到的最高燃烧温度取决于反应前沿的生成和热损失以及体系的热化学性质。减少产热（放热）和/或增加散热会产生不稳定性，并可能导致燃烧波的传播减慢或暂时停止，甚至使反应猝灭。

SHS 过程中的最高燃烧温度或最终状态在决定产品的微观结构和性能方面起着重要作用。燃烧温度低可能导致反应不完全，产物复杂；高燃烧温度可能导致液体产品形状变化、不均匀的粗糙微观结构和大的孔隙。另外，SHS 反应的传播模式也会影响最终产物的微观结构，进而影响其性能。

2.5.2.2 SHS 反应动力学

燃烧波是一种有趣的现象，在化学反应系统的传热传质理论中有所考虑，化学转化在波系中的出现也在能量学和技术中得到广泛应用。燃烧波的传播是燃烧反应的可能模式之一。反应物具有相对较低的初始温度，并通过狭窄的燃烧区与高温反应产物分离，如图 2-19 所示。图中，T_0 为初始反应物温度，T_c 为燃烧温度。燃烧区以固定的相对速度 u_n 传播到反应物混合物中。这个速度称为层流火焰或层流燃烧速度。

图 2-19（a）中，初始反应物是静止的，燃烧波以速度 u_n 穿过它。然而，该过程的不同方案是可能的。图 2-19（b）中的初始反应物以速度 u_n 进料到反应区，反应产物被排出（速度通常不是 u_n）。燃烧区是静止的。第一种情况通常发生在燃烧波通过初始静止介质传播时。第二种情况发生在各种实际体系中（如熔炉、发动机等）。然而，在实际体系中，与图 2-19（b）相反，初始混合气流的方向和燃烧前缘的法线方向通常不一致，燃烧前缘不是平坦的。

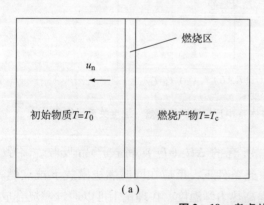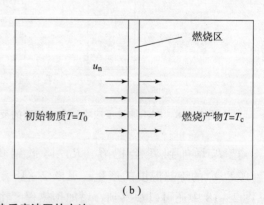

(a)　　　　　　　　　　　　　　　　　　(b)

图 2-19　考虑放热反应波区的方法

（a）燃烧区在固定炸药上传播；（b）炸药被送入固定的燃烧区

SHS 反应有两个基本阶段：点火和反应的传播。热理论在处理点火过程中应用最为广泛。然而，热理论只描述了热量的产生和传导，而没有考虑反应过程中的扩散情况。图 2-20 所示为燃烧波作为反应平面在反应混合物中传播的示意图。由于 SHS 反应通常很快，因此建模的第一个假设就是该过程发生在绝热条件下。由于化学反应释放的能量，初始温度为

T_0 的未反应的混合物被加热到点火温度,波前面的区域是热影响区,温度从 T_0 升高到点火温度。一旦反应开始,波以恒定的速率传播,就建立了稳定的温度分布。反应区或燃烧区 δ_w 是 SHS 反应开始和完成的区域,因此是大多数化学和物理转化发生的地方。该区域的厚度由反应完成的程度 η 定义。当达到点火温度时,反应速率 ϕ 变得大于 0,并且在燃烧区内的某个位置达到最大值,如图 2-20 所示。这代表了 δ_w 相对较薄的理想情况,这种反应与低活化能垒有关。

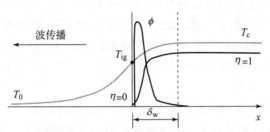

图 2-20 窄反应区传播燃烧波的温度 T、转化率 η 和产热率 ϕ 的空间分布

因此,反应区的厚度取决于反应的动力学。具有强动力学控制的反应将具有更宽的反应区和不同的 T、η 和 ϕ 的空间分布,如图 2-21 所示。图中,T_f 为温度,η_f 为转化率,ϕ_f 为燃烧前沿末端的反应率。燃烧前沿可以由温度而不是反应完成的程度来定义,如果是这样,有效燃烧前沿的范围比 $\eta=0$ 和 $\eta=1$ 之间的距离小得多。在这些条件下,从有效燃烧区末端到反应完全结束的部分称为后燃区。

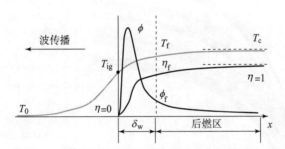

图 2-21 具有燃烧后区域或产热延迟的传播燃烧波的
温度 T、转化度 η 和产热率 ϕ 的空间分布

廉睿超通过燃烧波前沿淬熄法,研究了激光诱导 SHS 的 Ti_3SiC_2 动力学。研究表明,激光诱导 SHS 的动力学机制为溶解-反应-析出机制,压坯在受热的情况下发生化学反应生成 TiC 和液相的 Ti_5Si_3,液相逐渐增多,包裹住 TiC 颗粒,在二者接触面上生成 Ti_3SiC_2 物质,当达到一定浓度时从液相中析出。

2.5.3 自蔓延的结构控制方法

材料的 SHS 过程中,合成反应一经引发便自动地以极高的速度进行,并在瞬间完成。如何通过对反应的过程进行控制,进而有效地控制合成材料的结构,这一直是 SHS 技术的研究课题。随着科学的发展,人们已经发展了一些 SHS 过程中的结构控制方法。SHS 控制包括 SHS 促进方法和 SHS 抑制方法两个方面的内容。促进 SHS 过程主要是通过物理或化学方式来进行，抑制 SHS 过程主要是通过添加稀释剂来实现的。

2.5.3.1 促进 SHS 的方法

在促进 SHS 的方法中，热促进能使 SHS 过程反应速率加快，提高反应温度能提高合成材料的致密度，对某些体系还会提高合成转化率，控制中间过渡相的含量。例如，对于大尺寸的材料样品采用多端点火 SHS 技术，即在试样的不同方向上安装多个点火装置，同时引燃合成反应，一方面可以提高 SHS 过程速度和缩短燃烧时间；另一方面可避免因一端点火导致点火端和燃烧终止端温度过高而造成材料结构不均匀的弊端。电场和磁场、热效应和机械活化被用来控制 SHS 的过程。电场和磁场对燃烧区和后处理过程有非热效应，并影响物理和化学过程的动力学，以及最终产品合成和冷却过程中的相和结构形成。控制 SHS 合成的一种有效方法是对混合物粉末进行机械活化，通常有利于刺激固相反应并显著增加了能够在燃烧模式下反应的体系数量。

Minin 等通过 SHS 结合高能单元中的初步或进一步机械化学活化和铁氧体化的方法获得了六方氧化物 W 型铁磁性粉末（$BaCo_{0.7}Zn_{1.3}Fe_{16}O_{27}$）。研究表明，随着机械活化时间的增加导致剩余磁化强度逐渐增加，磁滞回线变宽，如图 2-22 所示。说明各向异性场和矫顽力大小增加，这种情况下，饱和磁化强度（$M_s = M_{h\to 0}$）随着机械活化和研磨持续时间的增加而降低。图中数字 1-10 分别代表 $BaCo_{0.7}Zn_{1.3}Fe_{16}O_{27}$ 和不同机械活化时间后的。

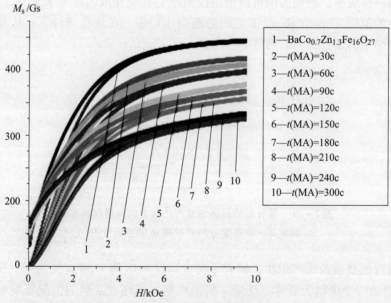

图 2-22 用 SHS 方法获得的 W 型六铁氧体 $BaCo_{0.7}Zn_{1.3}Fe_{16}O_{27}$ 的饱和磁化强度 M_s 与电场强度的函数关系（附彩插）

这可能是由于在高能研磨机中进行机械活化的粉末含有能量，能量主要以晶格畸变和阳离子再分布的形式积累在材料的表层。各向异性场幅度的增加可能与有效磁各向异性常数分量的变化有关，每个分量都随着研磨时间和磁场强度的增加而显著变化。

磁场对燃烧温度和转化率有较大的影响，这是因为磁导率可由烧结和熔化提高 2 个数量级。在燃烧阶段后期，磁场能量被体系所吸收，成为额外能源，使热损失减小，高温停留时间增长所致。磁场对燃烧过程也有影响。例如，研究 $SrCO_3 - Fe - Fe_2O_3 - O_2$ 体系燃烧过程中，发现在磁场作用下铁颗粒团聚并排列成链状提高了导热性能，从而显著地提高了燃烧速率。

刘玉存等采用外加磁场诱导 SHS 钡铁氧体，试验用的电磁场强度最大到 1.3 T，对无磁场和不同磁场条件下合成的铁氧体的形貌、相组成和磁性能分别进行了表征。研究表明，外加磁场对燃烧温度有影响，燃烧温度影响产物转换，燃烧温度低时，产物为 $BaFe_2O_4$ 与 $BaFe_{12}O_{19}$ 相共存。在磁场强度为 0.86T 时，合成 M 型的钡铁氧体（$BaFe_{12}O_{19}$），产物结晶完整，有六角片状的钡铁氧体，而且性能达到最佳，矫顽力达到 1 083 $(4\pi)^{-1} \cdot kA/m$，剩余磁化强度为 16.16 $A \cdot m^2/kg$，比不加磁场条件下分别提高了 50% 和 32%，说明适当的磁场强度诱导 SHS 可以改善 $BaFe_{12}O_{19}$ 的磁性能。

2.5.3.2 SHS 抑制方法

添加稀释剂作为抑制 SHS 过程的主要方法已成为控制复合材料结构的重要手段。一般稀释剂应当不参与 SHS 过程，可以是合成材料的最终产物，也可以是惰性添加相或者是过量的反应物等。稀释剂在不同的合成材料体系中对材料结构的影响不尽相同，但对反应过程都起缓和作用。例如，在金属/陶瓷复合材料的 SHS 中，掺杂稀释剂可以降低合成过程的温度，经历快速生长时间缩短，同时稀释剂的存在抑制了陶瓷相晶坯的相互聚集长大。在 Ti + B 的混合料中掺杂金属铝，随着掺杂量的增加，TiB_2 晶粒尺寸减小，当铝含量达到 80%（体积分数）时，TiB_2 晶粒约为 0.44 μm。

在 $Al_2O_3 - Fe$ 体系燃烧合成离心铸造技术中，添加剂主要是 SiO_2、Cr_2O_3、$Na_2B_4O_7$ 等。加入 SiO_2 使 Al_2O_3 初始结晶温度和最终结晶温度下降，可显著提高陶瓷层致密度。燃烧合成产物铁与 Al_2O_3 润湿性不良，加入 $Na_2B_4O_7$ 后，其润湿性大大改善，促进结合强度，提高减压强度，增强复合管道耐热冲击和机械冲击的能力。

而在固-气反应体系中，适量的稀释剂可以明显提高转化率。在金属-氮气 SHS 合成标准计量的氮化物时，稀释剂是必不可少的，如果无稀释剂，最终合成产物仅部分氮化，得不到标准计量的氮化物。这是因为反应中燃烧温度高，使合成体系部分熔融而氮气的传输方式为渗透传输，由于熔融体的阻挡使反应区的氮源不足，合成产物缺氮。加入稀释剂能有效降低合成过程的温度，从而提高合成转化率。

在氮气气氛下，Dou 采用 SHS 方法成功制备了铝氮共掺 $\beta - SiC$ 纳米粉体。X 射线衍射和扫描电子显微镜的表征表明 Al - N 共掺 $\beta - SiC$ 纳米粉体的形成。在 1 MPa 的氮气气氛下，X 射线分析表明，Al 和 N 在 SiC 的晶格中存在，随着 Al 含量的增加，SiC 的晶格变大，在 8.2 ~ 12.4 GHz 的频率范围内测定了粉末的介电常数。与未掺杂 SiC 相比，Al 和 N 共掺杂使 SiC 的介电常数增加。随着 Al 含量的增加，Al 和 N 共掺 SiC 纳米粉体的介电常数增加。提出了一种在 GHz 范围内调节 SiC 粉体介电性能的方法。这些特性使 Al - N 共掺 $\beta - SiC$ 成为重要的微波吸收材料。

2.6 溶胶-凝胶反应

2.6.1 溶胶-凝胶反应简介

溶胶是指微粒尺寸介于 1 ~ 100 nm 的固体质点分散于介质中所形成的多相体系；凝胶则

是溶胶通过凝胶化作用转变而成的、含有亚微米孔和聚合链的相互连接的坚实的网络，是一种无流动性的半刚性的固相体系。溶胶-凝胶法（Sol-Gel 法），是以无机物或金属醇盐作为前驱体，在液相将这些原料混合均匀，并进行水解、缩合化学反应，在溶液中形成稳定的透明溶胶体系，溶胶经过陈化，胶粒间缓慢聚合，形成三维空间网络结构的凝胶，凝胶网络间充满了失去流动性的溶剂，形成凝胶。凝胶经过干燥、烧结固化制备出分子乃至纳米亚结构的材料。溶胶-凝胶法就是将含高化学活性组分的化合物经过溶液、溶胶、凝胶而固化，再经热处理而形成氧化物或其他化合物固体的方法。一般来说，其涉及从胶体溶液开始，胶体溶液充当离散颗粒或网络聚合物的集成网络的前体。在溶胶-凝胶体系中，溶胶是胶体颗粒或聚合物在溶剂中的稳定分散体，凝胶由三维联系网络组成，其中包含液相。在胶体凝胶中，网络是由胶体粒子凝聚而成的。在聚合物凝胶中，颗粒具有由亚胶体颗粒聚集而成的聚合物亚结构。通常，溶胶颗粒通过范德华力或氢键相互作用，凝胶也可以由连接的聚合物链形成。在大多数用于材料合成的凝胶体系中，相互作用是共价键，凝胶过程是不可逆的，如果涉及其他相互作用，凝胶过程可能是可逆的。

溶胶-凝胶法主要的制备流程如图 2-23 所示。

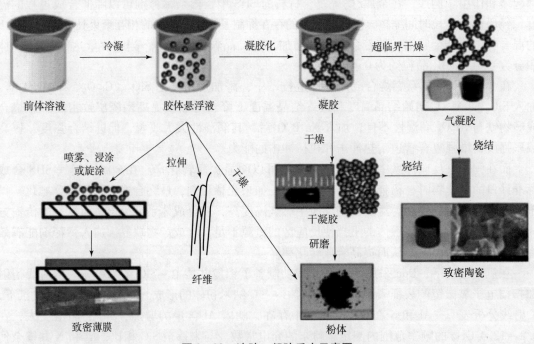

图 2-23　溶胶-凝胶反应示意图

第一步是利用液体化学试剂（或将粉末溶于溶剂），即高化学活性的含材料成分的化合物前驱体为原料，在液相下将这些原料混合均匀，制取含金属醇盐和水的均相溶液，以保证醇盐的水解反应在分子水平上进行。由于金属醇盐在水中的溶解度不大，一般选用醇作为溶剂，醇和水的加入应适量，习惯上以水/醇盐的摩尔比计量。催化剂对水解速率、缩聚速率、溶胶凝胶在陈化过程中的结构演变都有重要影响，常用的酸性和碱性催化剂分别为 HCl 和 NH_4OH，催化剂加入量也常以催化剂/醇盐的摩尔比计量。为保证前驱溶液的均相性，在配制过程中需施以强烈搅拌。

第二步是制备溶胶。经过一系列的水解、缩合（缩聚）的化学反应，在溶液中形成稳定的透明溶胶液体系。制备溶胶有两种方法，即聚合法和颗粒法，两者间的差别是加水量多少。所谓聚合溶胶，是在控制水解的条件下使水解产物及部分未水解的醇盐分子之间继续聚合而形成的，因此加水量很少；而粒子溶胶则是在加入大量水，使醇盐充分水解的条件下形成的。金属醇盐的水解反应和缩聚反应是均相溶液转变为溶胶的根本原因，控制醇盐的水解、缩聚的条件，如加水量、催化剂和溶液的 pH 值以及水解温度等，是制备高质量溶胶的前提。

第三步是将溶胶通过陈化得到湿凝胶。溶胶在敞口或密闭的容器中放置时，由于溶剂蒸发或缩聚反应继续进行而导致向凝胶的逐渐转变，此过程往往伴随粒子的 Ostward 熟化，即因大小粒子溶解度不同而造成的平均粒径增加。在陈化过程中，胶体粒子逐渐聚集形成网络结构，整个体系失去流动特性，溶胶从牛顿型流体向宾汉型流体转变，并带有明显的触变性，制品的成型如成纤、涂膜、浇注等可在此期间完成。

第四步是凝胶的干燥。湿凝胶内包裹着大量溶剂和水，干燥过程往往伴随着很大的体积收缩，因而很容易引起开裂，特别是尺寸较大的块状材料。为此需要严格控制干燥条件，或添加控制干燥的化学添加剂，或采用超临界干燥技术。

第五步是对干凝胶进行热处理。其目的是消除干凝胶中的气孔，使制品的相组成和显微结构能满足产品性能要求。在热处理时发生导致凝胶致密化的烧结过程，由于凝胶的高比表面积、高活性，其烧结温度比通常的粉料坯体低数百摄氏度，采用热压烧结等工艺可以缩短烧结时间，提高制品质量。

2.6.2 溶胶 – 凝胶过程的主要反应

2.6.2.1 前驱体溶液的水解反应

1. 水 – 金属盐体系的水解反应

在形成溶胶的过程中，伴随着金属阳离子的水解过程，化学反应式如下：

$$M^{n+} + nH_2O \rightarrow M(OH)_n + nH^+$$

溶胶制备一般有浓缩法和分散法两种。浓缩法是在高温下，控制胶粒慢速成核和晶体生长。分散法是使金属在室温下过量水中迅速水解。图 2 – 24 所示为浓缩法和分散法流程示意图，两种方法最终都使胶粒带正电荷。

2. 醇 – 金属醇盐体系的水解反应

金属醇盐 $M(OR)_n$（n 为金属 M 的原子价）与水反应，是可持续进行直至生成 $M(OH)_n$，反应方程式如下：

$$M(OR)_n + xH_2O \rightarrow M(OH)_x OR_{n-x} + xROH$$

影响水解反应的因素主要有金属离子半径、电负性、配位数等因素。一般来说，金属原子的电负性越小，离子半径越大，最适配位数越大，配位不饱和度也越大，金属醇盐水解的活性就越强。

电负性的大小并非是决定金属醇盐水解活动的唯一关键参数，配位不饱和度的大小似乎是决定水解活性的参数。对于 Si、Al 盐，它们溶解于纯水中常电离出 M^{2+}，并溶剂化。水解反应平衡关系随溶液的酸度、相应的电荷转移量等条件的不同而不同。

有时电离析出的 M^{2+} 又可以成氢氧桥键合。其中，硅醇盐的水解机理已为同位素 ^{18}O 所

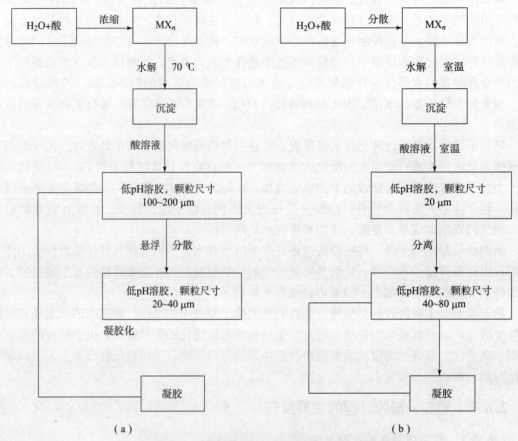

图 2-24 溶胶制备的浓缩法和分散法的示意图
(a) 浓缩法；(b) 分散法

验证，即水中的氧原子与硅原子进行亲核结合，化学方程式如下：

$$(OR)_3Si-OR + H^{18}OH \leftrightarrow (OR)_3Si-{}^{18}OH + ROH$$

其中，溶剂化效应、溶剂的极性、极矩和对活泼质子的获取性等都对水解过程有很重要的影响，而且在不同的介质中反应机理也有所差别。

在酸催化条件下，主要是 H_3O^+ 对 $-OR$ 基团的亲电取代反应，水解速度快。但是，随着水解反应的进行，醇盐水解活性因其分子中 $-OR$ 基团减小而下降，很难生成。其缩聚反应在水解前，即完全转变前已开始。因此，缩聚产物的交联程度低，容易形成二维的链状结构。

在碱催化条件下，水解反应主要是对 $-OR$ 的亲核取代反应，水解速度较酸催化的慢。但醇盐水解活性随分子中 $-OR$ 基团减少而增大，所以四个 $-OR$ 基团很容易完全转变为 $-OH$ 基团，即容易生成。进一步缩聚时便生成了高交联度的三维网络结构。

另外，水解反应是可逆反应，如果在反应时排除水和醇的共沸物，则可以阻止逆反应进行。如果溶剂的烷基不同于醇盐的烷基，则会产生转移酯化反应，这些反应对合成多组分氧化物是非常重要的，反应方程式如下：

$$ROH + Si(OR)_4 \leftrightarrow Si(OR)_3(OR) + ROH$$

2.6.2.2 溶胶的缩聚反应

1. 水－金属盐体系的缩聚反应

水－金属盐体系的缩聚反应主要包括脱水凝胶化和碱性凝胶化。脱水凝胶化指的是胶粒脱水，扩散层中电解质浓度增加，凝胶化能垒逐渐减小。

碱性凝胶化主要反应方程式如下：

$$x\mathrm{M(H_2O)}_n^{2+} + y\mathrm{OH}^- + a\mathrm{A}^- \rightarrow \mathrm{M}_x\mathrm{O}_u(\mathrm{OH})_{y-2u}(\mathrm{H_2O})_n\mathrm{A}_a^{(xz-y-a)+} + (xn+u-n)\mathrm{H_2O}$$

式中：A^- 为胶溶过程中所加入的酸根离子，当 $x=1$ 时，形成单核聚合物；当 $x>1$ 时，形成多核聚合物，可与配体桥联。碱性凝胶化的影响因素主要是 pH 值（x 和 y 影响），其次还有温度、$\mathrm{M(H_2O)}^{2+}$ 浓度及 A^- 的性质。

2. 醇－金属醇盐体系的缩聚反应

醇－金属醇盐体系的缩聚反应通式如下：

$$2(\mathrm{RO})_{n-1}\mathrm{MOH} \rightarrow (\mathrm{RO})_{n-1}\mathrm{M-O-M(OR}_{n-1}) + \mathrm{H_2O}$$

$$m(\mathrm{RO})_{n-2}\mathrm{M(OH)}_2 \rightarrow [-\mathrm{M(OR)}_{n-2}\mathrm{O}-]_m + m\mathrm{H_2O}$$

$$m(\mathrm{RO})_{n-3}\mathrm{M(OH)}_3 \rightarrow [-\mathrm{O-M(OR)}_{n-3}]_m + m\mathrm{H_2O} + n\mathrm{H}^+$$

此外，羟基与烷氧基之间也可以缩合，缩合反应方程式如下：

$$(\mathrm{OR})_{n-x}(\mathrm{HO})_{x-1}\mathrm{MOH} + \mathrm{ROM(OR)}_{n-x-1}(\mathrm{OH})_x \rightarrow$$

$$(\mathrm{OR})_{n-x}(\mathrm{HO})\mathrm{M-O-M(OR)}_{n-x-1}(\mathrm{OH})_x + \mathrm{ROH}$$

影响溶胶－凝胶过程中水解和缩合反应动力学的因素有很多，以 SiO_2 的制备为例，有水/硅烷比、催化剂、温度、溶剂性质、pH 值等。溶胶－凝胶工艺超越传统的混合方法，因为它可以通过控制这些反应参数来微妙地控制聚合物基质中生长的无机相的形态或表面特征。由于硅的低反应性，通常使用酸或碱催化剂来活化。所用的酸碱度对动力学有影响，通常用溶胶－凝胶反应的凝胶点来表示。在二氧化硅的等电点（取决于不同的参数，一般在 pH=2.5~4.5）反应最慢，并且在改变 pH 值时，反应速率快速增加。除反应条件外，二氧化硅前驱体的结构对反应动力学也有很大影响。通常，较大的取代基会因空间位阻而缩短反应时间。另外，取代基对前驱体在溶剂中的溶解度起着很大作用。反应需要水，如果有机取代基非常大，通常前驱体在溶剂中变得不混溶。还有，酸碱度在最终材料的微观结构的形成机理上起到一个很大的作用。应用酸催化反应，在反应的第一步中形成开放的网络结构，导致随后小簇的缩合，而碱催化反应在第一步中已经导致高度交联的溶胶颗粒，这导致最终材料的均匀性发生变化。

最常见的二氧化硅前驱体是正硅酸乙酯（TEOS），因为它易于纯化，反应速度相对较慢且可控。酸催化使 TEOS 的水解速度加快，并形成一种开放的弱分枝状聚合物结构。相比之下，在碱催化的情况下，观察到较慢的水解和较快的缩聚，导致胶体颗粒致密。在碱催化反应的情况下，预计会有大的球形颗粒，而通过酸催化，预计会有线性链增长。已经表明，碱性催化通常产生相尺寸远高于 100 nm，一般是在微米范围内的不透明复合材料。这些材料绝对不能算纳米复合材料。如果用酸催化代替碱催化，通常可以得到特征形貌尺寸低于 100 nm 的透明纳米复合材料。因此，通过溶胶－凝胶法制备的聚合物/二氧化硅纳米复合材料通常通过酸催化获得。

2.6.3 溶胶－凝胶法在吸波材料制备方面的应用

溶胶－凝胶法是一种经典的湿化学技术，广泛应用在制备无机陶瓷、玻璃材料方面和光催化剂方面，包括 ZrO_2、$SrTiO_3$、ZnO、WO_3 和 TiO_2 等。在军事应用中，二氧化钛可用作烟幕剂。美国陆军目前使用二氧化钛（TiO_2）粉末作为 M82 和 M106 可见光烟幕弹中的遮蔽剂。TiO_2 以其在电磁光谱的可见光波段的散射特性而闻名。TiO_2 衰减可见光的原因主要是由于其高折射率。TiO_2 在可见光波段的衰减特性强烈程度也取决于材料的粒径。基于 Mie 散射理论的理论计算预测，用于衰减 UV、可见光的 TiO_2 最佳粒径约为 0.20 μm。下面简单介绍溶胶－凝胶法制备 TiO_2 的原理。

溶胶－凝胶过程包括水解和缩聚过程，在此过程中，前体分子的金属原子 Ti 之间建立 Ti－OH－Ti 或 Ti－O－Ti 桥，最终形成氢氧化物或氧化物。将醇钛（例如异丙醇钛、正丁醇钛）、醇和酸/水引入反应体系。搅拌几小时后建立了紧密交联的三维结构，并终止为 TiO_2 凝胶。反应机理有以下两种。

水解反应：

$$Ti(OR)_n + H_2O \rightarrow Ti(OH)(OR)_{n-1} + ROH$$
$$Ti(OR)(OR)_{n-1} + H_2O \rightarrow Ti(OR)_{n-2} + ROH \cdots \rightarrow Ti(OH)_n$$

缩聚反应：

$$-Ti-OH + HO-Ti- \rightarrow -Ti-O-Ti- + H_2O$$
$$-Ti-OR + HO-Ti- \rightarrow -Ti-O-Ti- + ROH$$

加入乙醇和酸作为反应改性剂，因为醇和酸之间的酯化会形成水分子，从而减慢了水解反应。最终的形态取决于反应条件，如反应物的摩尔比、pH 值、反应温度和反应时间等。

最初的溶胶－凝胶法是一个一步的过程，通过简单地将 H_2O 添加到钛醇盐中，这一步过程通常会导致煅烧后不规则的低比表面积和相对较大的颗粒，现在几乎没有用于研究中。后来，溶胶－凝胶法改进为两步法，这有助于制备各种形状、分布均匀和改性的 TiO_2。在两步溶胶－凝胶过程中，可以通过引入其他反应物来掺杂金属和非金属的不同元素。例如，Zhang 等通过溶胶－凝胶法制备了 B－Ni－Ce 共掺杂的 TiO_2。将 H_3BO_3、$Ni(NO_3)_2 \cdot 6H_2O$ 和 $Ce(NO_3)_3 \cdot 6H_2O$ 溶于去离子水、冰醋酸和乙醇的混合物中，得到溶液 A；将一定量的钛酸四丁酯溶解在无水乙醇中以获得溶液 B。然后，将溶液 B 逐滴添加到溶液 A 中，保持剧烈搅拌以形成均匀的 TiO_2 溶胶。将该溶胶连续搅拌 2 h 并老化 72 h 制备凝胶。将凝胶在 100 ℃ 减压下干燥 12 h 得到干凝胶，并且在所需温度下研磨并退火 2 h 以制备三元共掺杂的光催化剂。所制备的锐钛矿型光催化剂具有比纯 TiO_2 更好的可见光响应和改善的光生电子－空穴对分离，并证明了更好的光催化苯酚降解。

在吸波材料制备方面，溶胶－凝胶法常被用来合成金属或金属氧化物与 Si 的纳米复合材料，通过类比，也可以用来制备金属或金属氧化物与碳的混杂复合材料，可以控制产物的尺寸、形状、结构和性能。

铁氧体是应用广泛的一种吸波材料，Lemine 等用溶胶－凝胶法成功制备出了平均粒径为 8 nm 的 Fe_3O_4 纳米粒子，室温下饱和磁化强度可达到 47 emu/g。Qi 等采用非醇盐溶胶－凝胶法制备了 9～12 nm 的 Fe_3O_4 纳米颗粒。溶胶－凝胶材料是由金属氯化物的乙醇溶液制备的，不需要醇盐、聚合凝胶剂或复杂的反应方案。对凝胶的形成进行了研究，研究表明，凝胶的形成主要是由 Fe（Ⅲ）基网络的形成驱动的，该网络将 Fe（Ⅱ）结合到其纳米级固体域中。对退火过程的研究表明，磁铁矿（Fe_3O_4）纳米粒子只能在真空下退火，而不能在空气中退火。XRD 和 VSM 表明，Fe_3O_4 可以被氧化成 Fe_2O_3。采用热重－差热分析

（TG-DTA）、X射线衍射（XRD）和透射电子显微镜（TEM）对Fe_3O_4纳米粒子的相结构、形貌和粒径进行了表征，结果表明，Fe_3O_4纳米颗粒均匀，呈近球形，粒径分布窄。最后，对Fe_3O_4纳米颗粒形成的可能机制进行了研究。TG-DTA和X射线衍射（XRD）研究表明，前驱体在真空条件下分解反应生成Fe_3O_4纳米粒子，而前驱体在空气中直接氧化生成γ-氧化铁。

碳纤维作为一种多功能材料，在航空工业中具有优异的性能，但其阻抗不匹配等缺点严重制约了其作为微波吸收材料的应用。Yu等通过溶胶-凝胶和后续的水热反应，简便、成功地合成了一种新型多级CF@$La_{0.7}Sr_{0.3}No$@NiO（CF/LS/N）复合材料。通过XRD、FESEM、XPS、VSM和VNA分析对复合材料的结构、形态、磁性和电磁行为进行了精确评价。评价结果揭示了添加氧化镍纳米粒子对提高CF@$La_{0.7}Sr_{0.3}MnO$复合材料微波吸收性能的协同积极作用。实际上，通过引入氧化镍纳米粒子，制备的复合材料的介电特性得到增强。由于阻抗匹配、偶极极化、多次反射/散射、涡流、界面极化和磁共振现象的改善，在填料含量为20%（质量分数）时，获得的具有2.6mm厚度的混合复合材料的最小反射损耗达到-26dB。碳纤维/聚苯乙烯/氮复合材料轻质、吸波性能良好，有望成为军事用途的候选材料。

2.6.4 溶胶-凝胶法在TCO薄膜制备中的应用

透明导电氧化物（TCO）薄膜的制备技术是光电器件高性能化的关键，TCO膜的高导电性和透明性通常是通过物理气相沉积（PVD）技术和工业规模的溅射实现的。制备过程中对高真空和先进设备的需求，使得TCO薄膜的制造非常昂贵，限制了该技术在工业应用中的适用性。近年来，用简单的基于溶液的方法代替PVD工艺以获得类似质量的TCO膜一直是研究的热点。迄今为止，已经提出了两种溶液沉积方法：一种基于TCO纳米粒子；另一种基于溶胶-凝胶法，用于薄膜沉积。第一种方法，有机物在热退火过程分解以及在基板上堆积纳米颗粒结块时，会导致TCO膜有高孔隙率，限制了膜电阻率仍比溅射基准高1~2个数量级。

大多数铟-锡氧化物（ITO）膜沉积的溶胶-凝胶工艺都采用乙酰丙酮作为配体，通过形成螯合化合物来降低In^{3+}的水解速率来稳定In^{3+}阳离子。来自锡盐（$SnCl_2$、$SnCl_4$等）的掺杂剂溶解在醇（乙醇、甲醇、2-丙醇等）中以形成醇溶液。在涂膜之前，将两种溶液简单地混合。先前的研究表明，锡（Ⅱ）和锡（Ⅳ）的水解容易在乙醇中发生，从而形成SnO_2纳米晶体。预先形成的SnO_2纳米晶体可以充当成核中心以生长In_2O_3。不均匀的生长会导致纳米粒子聚集并形成岛，这会影响薄膜的微观结构、均匀性和导电性。

2.6.5 溶胶-凝胶法在火工品制备中的应用

叠氮化铜作为微装药的含能源，已经应用到微装药起爆系统中。Jean等在美国引信年会中提出，以多孔铜为前驱体可以在硅基MEMS芯片上原位合成，制作微雷管，该雷管可与MEMS安保系统集成制备，具有体积小、成本低等优点。

近几年，多孔纳米铜在火工品制备中应用广泛。目前，制备多孔纳米金属的方法主要为模板法，即将多孔的模板浸入金属盐溶液或者金属的胶体溶液中，通过一定的技术将金属负载在模板上，然后通过退火、腐蚀或溶解等方法将模板去掉，最终制得多孔的纳米金属。溶胶-凝胶法是模板法制备多孔金属薄膜的技术之一，具有工艺简单、化学计量比容易控制、易于改性掺杂等优点。李明愉等采用溶胶-凝胶法在玻璃基片上制备了高质量的多孔纳米铜薄膜。首先准确称取一定量的 $Cu(CH_3COO)_2 \cdot H_2O$ 溶解于异丙醇中，50 ℃搅拌至溶液呈乳状后，准确量取一定量的二乙醇胺，逐滴加入溶液中，使 $x[Cu(CH_3COO)_2 \cdot H_2O]$: $y[NH(CH_2CH_2OH)_2] = 1:2$（物质的质量比）；然后加入一定量的去离子水，使 $x[Cu(CH_3COO)_2 \cdot H_2O]$: $y[H_2O] = 1:1$（物质的质量比），搅拌至溶液完全澄清后，再加入一定量的模板剂 PEG1000，继续搅拌 2 h；最后得到一定浓度的透明、稳定的蓝色溶胶，陈化 24 h。将玻璃基片放在铬酸溶液里浸泡 24 h，用去离子水冲洗干净后在丙酮和无水乙醇里各超声清洗 30 min，最后用去离子水冲洗干燥后备用。用匀胶机采用旋转法涂覆薄膜，将匀胶机的低速区转速调整为 800 rpm，旋转时间为 18 s，高速区转速调整为一定值，旋转时间为 30 s。涂覆一层后，在 100 ℃烘箱中干燥 10 min。重复上述操作以制备多层薄膜，最后将其置于管式炉中，氮气保护，对样品进行热处理 1 h，再随炉冷却至室温，即得到多孔纳米铜薄膜，其中升温速度小于 3 ℃/min。

吴志远等利用溶胶-凝胶法制备了 RDX/SiO_2 复合膜，其中组分含量可调，在微型火工品中具有潜在的应用价值。首先，将 TEOS、EtOH 和 H_2O 按摩尔比为 1:4:4 配制溶胶反应体系，加入一定量酚醛树脂，在磁力搅拌下完全混合，倒入锥形瓶中密封，在 55 ℃水浴恒温下搅拌 2 h 使之充分混合，加入少量盐酸后搅拌 3 h，使 TEOS 在 pH=2~3 条件下水解 3 天后，滴加适量稀氨水（pH=10），调节体系的 pH=9~10，保证硅溶胶缩聚胶链，置于 55 ℃下密封陈放 5 天，即形成凝胶状。

将制备的 SiO_2 凝胶分成相同的两份，在凝胶中加入不同含量的 RDX 丙酮溶液（使复合物中 RDX 理论质量分数均为 80%），SiO_2 凝胶再加入丙酮溶液后完全分散开，呈略微带白色的悬浊液，搅拌 2 h，使丙酮溶液完全渗透侵入 SiO_2 形成的网格中，在 55 ℃下陈放 2 天，形成半透明状胶状物，用玻璃基片浸涂提拉成膜，也可涂抹在玻璃皿表层，用平整的基片压制成膜。扫描电镜显示，RDX/SiO_2 复合膜中 RDX 和 SiO_2 分布均匀。

2.7 化学气相沉积法

化学气相沉积（chemical vapor deposition，CVD）法是通过化学反应的方式，利用加热、等离子激励或光辐射等各种能源，在反应器内使气态或蒸汽态的化学物质在气相或气-固界面上发生化学反应，生成固态沉积物的技术。因为很多反应物质在通常条件下是液态或固态，经过汽化成蒸汽再参与反应的。

2.7.1 CVD 技术的特点及要求

2.7.1.1 CVD 技术的特点

CVD 技术是原料气或蒸汽通过气相反应沉积出固态物质，因此，CVD 技术用于无机合成和材料制备时具有以下特点：①沉积反应如在气-固界面上发生则沉积物将按照原有固体基底（又称衬底）的形状包覆一层薄膜；②采用 CVD 技术也可以得到单一的无机合成物质，并用于原材料制备；③如果采用某种基底材料，在沉积物达到一定厚度以后又容易与基底分离，这样就可以得到各种特定形状的游离沉积物器具；④在 CVD 技术中可以生成晶体或者粉末状物质，甚至是纳米超粉末或者纳米线。

2.7.1.2 CVD 技术的基本要求

为了适应 CVD 技术的需要，选择原料、产物及反应类型通常应满足以下几点基本要求：①反应物最好是气态，或在不太高的温度就有相当的蒸汽压，且容易获得高纯品；②能够形成所需要的材料沉积层，反应副产物均易挥发；③沉积装置简单，操作方便，工艺上具有重现性，适于批量生产，成本低廉。

2.7.1.3 CVD 技术的分类

CVD 技术主要有高压化学气相沉积（HP-CVD）、常压化学气相沉积（AP-CVD）、低压化学气相沉积（LP-CVD）、等离子增强化学气相沉积（PE-CVD）、激光化学气相沉积（L-CVD）、金属有机气相沉积（MO-CVD）、高温化学气相沉积（HT-CVD）和低温化学气相沉积（LT-CVD）等。

以上几种 CVD 技术中最常用的是常压化学气相沉积、低压化学气相沉积和等离子增强化学气相沉积。三种 CVD 技术优缺点见表 2-2。

表 2-2 三种 CVD 技术的优缺点

沉积方式	优点	缺点
AP-CVD	反应器结构简单 沉积速率快 低温沉积	阶梯覆盖能力差 粒子污染
LP-CVD	高纯度 阶梯覆盖能力极佳 产量高，适合大规模生产	高温沉积 低沉积速率
PE-CVD	低温沉积 高沉积速率 阶梯覆盖性好	化学污染 粒子污染

2.7.2 CVD 法的反应原理

CVD 是建立在化学反应基础上的，要制备特定性能材料首先要选定一个合理的沉淀反应。用于 CVD 技术的化学反应通常有如下几种反应类型。

1. 热分解反应

热分解反应是最简单的沉积反应，一般在简单的单温区炉中利用热分解进行反应制备。首先在真空或惰性气氛下将衬底加热到一定温度；然后导入反应气态源物质使之发生热分解；最后在衬底上沉积出所需的固态材料。热分解法可应用于制备金属、半导体以及绝缘材料等。热分解反应中的关键是反应源物质的选择和热解温度。

最常见的热分解反应有 4 种。

（1）氢化物分解：

$$SiH_4(g) \xrightarrow{650℃} Si(s) + 2H_2(g)$$

（2）羰基化合物分解：

$$Ni(CO)_4(g) \xrightarrow{180℃} Ni(s) + 4CO(g)$$

（3）氢化物和金属有机化合物体系的热分解：

$$\text{Ga(CH}_3)_3 + \text{AsH}_3 \xrightarrow{630\text{℃}} \text{GaAs} + 3\text{CH}_4$$

（4）其他气态络合物及复合物的热分解。

2. 还原反应

元素的卤化物、羰基卤化物或含氧化合物在还原性气体氢气的存在下，还原得到金属单质。氢还原法是制取高纯度金属膜的好方法，工艺温度较低，操作简单，因此有很大的实用价值，例如：

$$\text{SiCl}_4 + 2\text{H}_2 \xrightarrow{1\,200\text{℃}} \text{Si(s)} + 4\text{HCl(g)}$$

$$\text{WF}_6(\text{g}) + 3\text{H}_2(\text{g}) \xrightarrow{300\text{℃}} \text{W(s)} + 6\text{HF(g)}$$

$$\text{MoF}_6(\text{g}) + 3\text{H}_2(\text{g}) \xrightarrow{300\text{℃}} \text{Mo(s)} + 6\text{HF(g)}$$

$$\text{SiHCl}_3(\text{g}) + \text{H}_2(\text{g}) \xrightarrow{1\,200\text{℃}} \text{Si(s)} + 3\text{HCl(g)}$$

3. 氧化反应

元素的氢化物或有机烷基化合物常常是气态或者易于挥发的液体或固体，同时通入氧气，反应后沉积出相应于该元素的氧化物薄膜，例如：

$$\text{SiH}_4(\text{g}) + \text{O}_2 \xrightarrow{450\text{℃}} \text{SiO(s)} + 2\text{H}_2$$

$$4\text{PH}_3(\text{g}) + 5\text{O}_2(\text{g}) \xrightarrow{450\text{℃}} 2\text{P}_2\text{O}_5(\text{s}) + 6\text{H}_2(\text{g})$$

$$\text{SiCl}_4(\text{g}) + 2\text{H}_2(\text{g}) + \text{O}_2(\text{g}) \xrightarrow{1\,500\text{℃}} \text{SiO}_2(\text{g}) + 4\text{HCl(g)}$$

4. 化学合成反应沉积

化学合成反应沉积是由两种或两种以上的反应原料气在反应器中相互作用合成得到所需要的无机薄膜或其他材料形式的方法。这种方法是 CVD 中使用最普遍的一种方法。与热分解法相比，化学合成反应沉积的应用更为广泛。因为可用于热分解沉积的化合物并不是很多，而无机材料原则上都可通过合适的反应合成得到。化学合成反应要求，反应的前驱体挥发性强，气态反应性强，例如：

$$\text{SiCl}_4(\text{g}) + \text{CH}_4 \xrightarrow{1\,400\text{℃}} \text{SiC(s)} + 4\text{HCl(g)}$$

$$\text{TiCl}_4(\text{g}) + \text{CH}_4(\text{g}) \xrightarrow{1\,000\text{℃}} \text{TiC(s)} + 4\text{HCl(g)}$$

$$\text{BF}_3(\text{g}) + \text{NH}_3(\text{g}) \xrightarrow{110\text{℃}} \text{BN(s)} + 3\text{HF(g)}$$

$$3\text{SiCl}_2\text{H}_2 + 4\text{NH}_3(\text{g}) \xrightarrow{750\text{℃}} \text{Si}_3\text{N}_4(\text{s}) + 6\text{H}_2(\text{g}) + 6\text{HCl(g)}$$

5. 歧化反应

如果金属能在不同温度下形成具有不同价态的挥发性化合物，可以利用歧化反应进行化学气相沉积，例如：

$$2\text{GeI}_2(\text{g}) = \text{Ge(s)} + \text{GeI}_4(\text{g})$$

常见的能够应用于歧化反应气相沉积的物质为 Ge、Al、Ga、In、Si、Ti、Zr、Be 和 Cr 的卤化物，并且低价态在高温下稳定。

6. 可逆的化学输运反应

把所需要沉积的物质作为源物质，使之与适当的气体介质发生反应并形成一种气态化合物。这种气态化合物经化学迁移或物理载带而输运到与源区温度不同的沉积区,再发生逆向反应生成源物质而沉积出来。这样的沉积过程称为化学输运反应沉积,其中的气体介质称为输运剂,所形成的气态化合物称为输运形式。

这类反应中有一些物质本身在高温下会汽化分解然后在沉积反应器稍冷的地方反应沉积生成薄膜、晶体或粉末等形式的产物。HgS 就属于这一类,化学反应方程式如下:

$$2HgS(s) + 2I_2 \underset{T_1}{\overset{T_2}{\rightleftharpoons}} 2Hg(g) + S_2(g)$$

7. 等离子体增强的反应沉积

在低真空条件下,利用直流电压(DC)、交流电压(AC)、射频(RF)、微波(MW)或电子回旋共振(ECR)等方法实现气体辉光放电在沉积反应器中产生等离子。由于等离子体中正离子、电子和中性反应分子互相碰撞,可以大大降低沉积温度。例如,硅烷和氨气的反应在通常条件下,约在 850 ℃ 反应并沉积氮化硅。但是,在等离子体增强反应的条件下,只需在 350 ℃ 左右就可以生成氮化硅。一些常用的 PE-CVD 反应如下:

$$SiH_4 + xN_2O \xrightarrow{\sim 350℃} SiO_x(orSiO_xH_y) + \cdots$$

$$SiH_4 + xNH_3 \xrightarrow{\sim 350℃} SiN_x(orSiN_xH_y) + \cdots$$

$$SiH_4 \xrightarrow{\sim 350℃} \alpha - Si(H) + 2H_2$$

8. 其他能源增强反应沉积

随着高新技术的发展,采用激光增强 CVD 也是常用的一种方法,例如:

$$W(CO)_6 \xrightarrow{激光束} W + 6CO$$

通常这一反应发生在 300 ℃ 左右的衬底表面。采用激光束平行于衬底表面,激光束与衬底表面距离约 1 mm,结果处于室温的衬底表面上就会沉积出一层光亮的钨膜。

其他各种能源例如用火焰燃烧法,或者热丝法都可以实现增强反应沉积的目的。

2.7.3 CVD 技术的热动力学原理

CVD 是把含有构成薄膜元素的气态反应剂的蒸汽及反应所需的其他气体引入反应室,使其在衬底表面发生化学反应,并把固体产物沉积到表面生成薄膜的过程。不同物质状态的边界层对 CVD 至关重要。所谓边界层,就是流体及物体表面因流速、浓度、温差所形成的中间过渡范围。

图 2-25 所示为一个典型的 CVD 反应的结构分解,主要包括:①反应物已扩散通过界面边界层;②反应物吸附在基片表面;③化学沉积反应发生;④部分生成物已扩散通过界面边界层;⑤生成物与反应物进入主气流里,并离开系统。

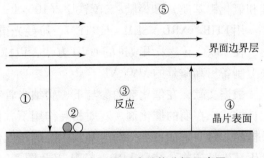

图 2-25 CVD 反应结构分解示意图

CVD 反应由这 5 个主要步骤构成。因为这 5 个步骤的发生顺序呈串联,因此 CVD 反应的速率将由这 5 个步骤中最慢的一个决定。

2.7.4　CVD 技术在吸波材料方面的应用

CVD 法是制备碳材料最有效、最便宜、最容易操作的方法之一。

图 2-26 所示为石墨烯生长用典型管式炉 CVD 装置示意图。它由气体输送体系、反应器和气体去除体系组成。在 CVD 过程中，反应性气体通过气体输送体系进入反应器，该体系包括必要的阀门、控制通过气体流速的质量流量控制器（MFC）和气体混合装置，该装置负责在各种气体进入反应器之前将其均匀混合。反应器是发生化学反应的地方，固体材料作为反应的目的沉积在基底上。加热器放置在反应器周围为反应进行提供高温。

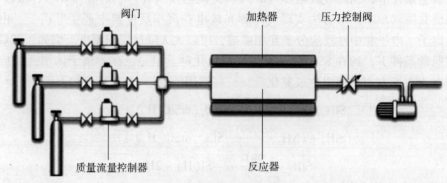

图 2-26　CVD 装置示意图

然而，与相对简单的装置相比，CVD 不易控制。除了控制温度、压力和时间等常规参数外，其他沉积技术也不可避免地会遇到。Srivastava 等用微波增强化学气相沉积法在 Ni 包裹的 Si 衬底上生长出 20 nm 厚石墨烯，并研究了微波功率对石墨烯形貌的影响。研究表明，微波功率越大，石墨烯片越小，但密度更大；且发现石墨烯片中含有较多 Ni 元素。Dato 等研究了一种新型等离子体增强 CVD，用乙醇作为碳源，利用 Ar 等离子体合成了石墨烯。

Sun 等以樟脑为碳源，二茂铁为催化剂，采用 CVD 合成多壁碳纳米管。首先，将樟脑/二茂铁混合物按一定的比例磨成粉末，放入管式炉入口端部；然后，将沉积基板用等比例的乙醇和丙酮处理后放入炉内；最后，混合物在 50~220 mL/min 的氮气中煅烧 15 min 并冷却至室温收集。制备并表征了不同煅烧温度（800 ℃、900 ℃ 和 1 000 ℃）、沉积基质（二氧化硅和氧化铝基质）和樟脑/二茂铁比（100∶1、100∶10、100∶50 和 1∶100）下的样品。

用 FTIR、XRD、SEM、HRTEM、拉曼光谱、VSM 和 VNA 等对样品进行了表征，研究表明，在 900 ℃ 下，采用改进的 CVD 方法，以樟脑/二茂铁的比例为 100∶1，可以在氧化铝衬底上制备出高质量的 MWCNT。

根据文献，在催化剂的参与下，碳纳米管有两种常见的生长模式：尖端生长模式和基底生长模式。在弱的催化剂－基质相互作用下，催化剂颗粒可能被从基质上推开，导致尖端生长样品。然而，如果催化剂与基质之间的相互作用相对较强，则催化剂应附着在基质上，并产生基生长产物。结合 XRD、SEM 以及图 2-27 的 TEM 表征，MWCNT 顶端的球形催化剂颗粒是顶端生长模型的有力证据。

特别地，图 2-27（d）中的弯曲趋势与催化剂表面碳源的重排有关。在 900 ℃ 下，二茂铁分解为铁颗粒,是一种优良的碳源溶液。许多碳原子首先溶解在颗粒中,直到饱和;然后从颗粒中生长出来成为碳纳米管。同时,铁颗粒逐渐向球形转变,使其表面自由能最小化,从而在纳米管尖端形成铁球。如果碳原子沉淀得更快,催化剂可能会被 MWCNT 覆盖,如图 2-27(a)所示。如果缺少催化剂,纳米管的生长将受到阻碍。相反,如图 2-27(e)和图 2-27(f)所示,使用过量的催化剂,仅发现 240 nm 的弯曲碳棒和 500 nm 的碳球。上述结果表明,催化剂确实在 MWCNT 的合成中发挥了重要作用。

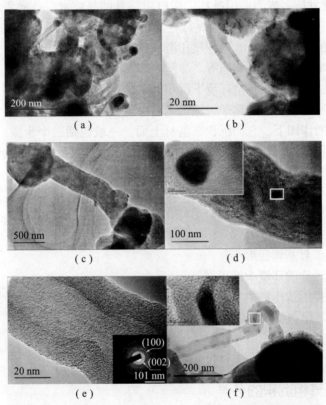

图 2-27　以 100∶1 的比例在 Al_2O_3 衬底上的样品的 TEM 图
(a),(b) TEM;(c),(d) HRTEM;(e),(f) 比例为 1∶100

Salihoglu 等采用化学气相沉积法在镍箔上合成多层石墨烯,然后将它们转移到聚乙烯(PE)膜上。他们利用化学气相沉淀系统在 50 μm 厚的镍箔基底上合成了多层石墨烯。通过调节生长温度在 900~1 050 ℃,将石墨烯层的数量从 60 层控制到 100 层。在生长过程中,在环境压力下分别使用了 30 cm^3、100 cm^3 和 100 cm^3 的 CH_4、Ar 和 H_2,生长时间为 5 min。样品冷却到室温后,在 $FeCl_3$ 溶液(1 mol/L)中刻蚀镍箔。将多层石墨烯(ML-石墨烯)转移到干净的水面上,表面疏水的石墨烯在水面上形成独立的多层石墨烯薄膜,将 PE 薄膜浸入水中,石墨烯在其表面形成一整层涂层。通过可逆插入非挥发性离子液体来电调制多层石墨烯的红外吸收率和发射率。

2.8 物理气相沉积法

2.8.1 物理气相沉积的定义和特点

1. 物理气相沉积的定义

物理气相沉积（physical vapor deposition，PVD）技术早在20世纪初已有些应用，但在最近30年，才迅速发展，成为一门极具广阔应用前景的新技术，并向着环保型、清洁型趋势发展。20世纪90年代初至今，在钟表行业，尤其是高档手表金属外观件的表面处理方面得到越来越为广泛的应用。目前，物理气相沉积技术不仅可沉积金属膜、合金膜，还可以沉积化合物、陶瓷、半导体、聚合物膜等。

物理气相沉积法指的是在真空环境下沉积的工艺技术。利用蒸发和溅射原理，首先在等离子体中产生受激原子、分子、离子，涂层工艺中至少有部分粒子的能量大于蒸发时产生的能量；然后在电场的作用下，它们沉积在基材上面。一般包括三个步骤：一是靶材的气化；二是气化的粒子向将要镀的材料输送；三是气相粒子在基体表面沉积成为镀膜。沉积物质可以是多种的，涂层厚度范围为几十纳米到几十微米。

2. 物理气相沉积的特点

（1）薄膜比较致密，质量高，结合力好；
（2）表面干净；
（3）低温沉积，对基体变形小；
（4）需要在无污染的环境中沉积；
（5）基材和薄膜的适用种类广泛，基体材料金属、陶瓷、塑料均可，可沉积薄膜为金属以及合金、金属氧化物、氮化物、碳化物、硼化物、硅化物等；
（6）设备昂贵，投资大；
（7）因真空室尺寸的限制，工件尺寸有限制。

2.8.2 物理气相沉积的分类

物理气相沉积主要分为三种：真空蒸镀、溅射镀膜、离子镀膜。

1. 真空蒸发镀膜

真空蒸发镀膜一般是指在 $10^{-4} \sim 10^{-3}$ Pa 的真空环境下在工件表面镀膜，主要先通过将材料加热蒸发要镀膜的材料然后使其气化，蒸发的粒子迁移到工件凝聚成为镀膜的工艺。真空蒸发镀膜是发展比较早同时用途广泛的气相沉积技术，真空蒸发镀膜也有很多优点，如简单、膜纯度高、致密性能好、膜结构独特等。真空蒸发镀膜流程一般有9个步骤：①镀前准备；②真空化处理；③离子轰击材料表面；④烘干材料；⑤加热；⑥真空蒸镀；⑦取件；⑧镀后清洗处理；⑨成品。真空蒸发镀膜中主要采用电阻加热蒸镀和电子束加热蒸镀。电阻加热的好处是简单、操作起来很容易、普遍使用等。电阻加热的缺点是加热器的使用寿命比较短、基片与薄膜的结合力不是很高、薄膜的干净程度不是很理想等。不管是高熔点的膜料还是低熔点的膜料都可以适用电阻加热，特别是非常适合蒸镀的钼、钨、三氧化二铝等一些高熔点的膜料。

电子束加热蒸镀一般不会直接加热水冷的铜坩埚，有益于那种高纯度的薄膜制备和避免坩埚材料对镀膜的污染。与电阻加热相比较而言,电子束加热的优点是能量和密度会更高,而且薄膜的表面质量会更致密和牢固,离化速率更高,速度很快。电子束加热的缺点是蒸镀的装置价格昂贵,容易引起原子电离、化合物等问题。电子束加热蒸镀和电阻加热蒸镀的工艺参数特点如表 2-3 所示。

表 2-3　电子束加热蒸镀和电阻加热蒸镀的工艺参数和特点

蒸发源	电压/V	电流/A	特点	应用
电阻蒸镀	<20	10~100	蒸发速率小	低熔点金属:薄涂层
电子束蒸镀	5~10 kV	0.1~1	蒸发速率大,可达 100~100 g/h	金属,合金,化合物:厚的薄膜

2. 溅射镀膜

溅射镀膜也称阴极溅射,是指在真空的环境中,在阴极和阳极金属板之间产生电场,靶材料粒子的溅射过程。溅射法制备纳米微粒的原理是用两块金属板分别作阳极和阴极,阴极为蒸发用的材料,在两电极间充入氩气(40~250 Pa),两电极间施加的电压为 0.3~1.5 kV。由于两电极间的辉光放电形成氩离子,在电场的作用下,氩离子冲击阴极靶材表面(加热靶材),使靶材原子从其表面蒸发出来形成超微粒子,并在附着面上沉积下来。

用溅射法制备纳米微粒有以下优点:①可制备多种纳米金属,包括高熔点和低熔点金属,常规的热蒸发只适用于低熔点金属;②能制备多组元的化合物纳米微粒,如 $Al_{52}Ti_{48}$、$Cu_{91}Mn_9$ 和 ZrO_2 等;③通过加大被溅射的阴极表面可提高纳米微粒的获得量。

3. 离子镀膜

离子镀膜是指真空环境下,由于低压气体放电产生的等离子,使得被蒸发的物质或者气体部分激活和电离。离子镀膜最先是由 Mattox 提出的。离子镀同时拥有溅射镀膜的表面洁净和真空蒸镀沉积速度很快的优点。

离子镀膜的优点主要有 6 个方面:①膜层和基体之间结合力比较高;②膜层的质量很好,会消除一些针孔类的表面缺陷;③绕射性能好;④离子的离化率比较高;⑤可用来离子镀的材料很广泛;⑥离子镀的沉积速度很快。

总结上述分析,给出真空蒸镀、溅射镀膜和离子镀膜特征对比表,如表 2-4 所示。

表 2-4　PVD 的三种基本镀膜的特征对比

物理沉积分类	真空蒸镀	溅射镀膜	离子镀膜
工作压强/×133 Pa	10^{-5}~10^{-6}	0.15~0.02	0.02~0.005
中性粒子能量/eV	0.1~1	1~10	0.1~1
离子能量/eV	—	—	数百至数千
沉积速率/($\mu m \cdot min^{-1}$)	0.1~70	0.01~0.5	0.1~50
绕射性能	差	较好	好
附着性能	不好	较好	很好
膜层密度	温度低时低	高	高
膜层气孔	温度低时多	少,混入溅射气体多	极少,膜层缺陷较多
内应力类型	拉应力	压应力	压应力

2.8.3 磁控溅射

磁控溅射是物理气相沉积的一种。一般的溅射法可用于制备金属、半导体、绝缘体等多种材料，且具有设备简单、易于控制、镀膜面积大和附着力强等点。20世纪70年代发展起来的磁控溅射法更是实现了高速、低温、低损伤。因为是在低气压下进行高速溅射，必须有效地提高气体的离化率。磁控溅射通过在靶阴极表面引入磁场，通过磁场对带电粒子的约束来提高等离子体密度以增加溅射率。

1. 磁控溅射的原理

磁控溅射系统是由基本的二级溅射系统发展而来，解决了二级溅射镀膜速度比蒸镀慢很多、等离子体的离化率低和基片的热效应明显的问题。磁控溅射系统在阴极靶材的背后放置 $100 \sim 1\,000$ Gs（$1Gs=10^{-4}T$）强力磁铁，真空室充入 $0.1 \sim 10$ Pa 压力的惰性气体 Ar，作为气体放电的载体。在高压作用下 Ar 原子电离成为 Ar^+ 离子和电子，产生等离子辉光放电，电子在加速飞向基片的过程中，受到垂直于电场的磁场影响，使电子发生偏转，被束缚在靠近靶表面的等离子体区域内，电子以摆线的方式沿着靶表面前进，在运动过程中不断与 Ar 原子发生碰撞，电离出大量 Ar^+ 离子，与没有磁控管结构的溅射相比，离化率迅速增加 $10 \sim 100$ 倍，因此该区域等离子体密度很高。经过多次碰撞后电子的能量逐渐降低，摆脱磁力线的束缚，最终落在基片、真空室内壁及靶源阳极上。然而，Ar^+ 离子在高压电场加速作用下，与靶材撞击并释放出能量，导致靶材表面的原子吸收 Ar^+ 离子的动能而脱离原晶格束缚，呈中性的靶原子逸出靶材的表面飞向基片，并在基片上沉积形成薄膜。溅射系统沉积镀膜离子能量通常为 $1 \sim 10$ eV，溅射镀膜理论密度可达98%。比较蒸镀 $0.1 \sim 1$ eV 的粒子能量和95%的镀膜理论密度而言，溅射薄膜的性质、牢固度都比电阻加热蒸镀和电子束加热蒸镀薄膜好。

2. 磁控溅射的特点

可制备成靶材的材料很多，选材面较广，几乎所有金属、合金和陶瓷材料都可以被用来制作靶材。在一定条件下通过多个靶材共同溅射方式，可在基片表面镀上一层比例精确的合金膜。通过精确地控制磁场与电场的大小可以获得高质量且较为均匀的膜厚；由于是通过离子溅射从而使得靶材物质由固态直接转变为高速离子态，而且溅射靶的安装不受限制，使之十分适合大容积多靶装置的设计。此外，在溅射的放电气氛中加入氧、氮或其他活性气体，可以使靶材与这些气体发生反应形成化合物膜层沉淀在基片的表面。同时，磁控溅射技术形成镀膜具有速度快、膜层致密均匀、精度高、附着性好等特点。因此，磁控溅射技术十分适合大批量的工业化生产，并具有极高的生产率与生产效率。

3. 磁控溅射的配置

平面磁控溅射放电对于金属和介电材料薄膜的沉积是很好的，在过去的几十年里，磁控溅射已经成为一种极其重要的薄膜沉积技术，在工业领域应用非常广泛。根据应用，施加的目标电压可以是恒定的（直流）、射频或脉冲的。该配置可以是平面的、带有轴向磁场的圆柱形，或者围绕固定的磁性组件旋转。对于磁控溅射的早期探索大多是在具有轴向磁场的圆柱形磁控管结构上进行的，要么在圆柱形柱中，内圆柱作为阴极靶，要么是圆柱形空心（或倒置磁控管），外圆柱作为阴极靶。除了空心阴极磁控结构之外，这些结构现在没有太多用途，空心阴极磁控管结构非常适合于涂覆允许穿过它的导线或纤维。

大型圆柱形靶已经用于大面积涂层，在这种结构中，阴极靶是一个圆柱形管，磁体组件安装在圆柱内，如图 2-28 所示，阴极靶是固定磁铁组件的管，旋转频率约为 1 Hz。可旋转圆柱形磁控管靶最初是为了缓解低靶利用率的问题而提出的。在这种配置中，目标寿命显著增加，目标利用率可高达 90%。靶可以在溅射过程中旋转，因此当靶材料连续暴露于等离子体区时，靶均匀腐蚀，导致靶表面约 360° 的均匀腐蚀。

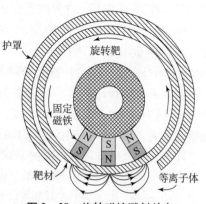

图 2-28　旋转磁控溅射放电

1994 年，有学者研究了非平衡磁控溅射在烟火装置生产中的应用。传统的烟火装置通常由细碎的金属可燃剂和氧化剂的紧密混合物组成。这些装置的性能会受到很多因素的影响，如不同批次的性能差异和老化。此外，可燃剂颗粒表面氧化物层的存在会显著影响传统装置的点火性能。使用这种技术比传统的生产技术有一个主要的优势，因为涂层是在真空下沉积的，因此，可燃剂表面没有氧化物层来减少反面表面积，反应物接触更紧密。他们利用非平衡磁控溅射装置沉积了钛/碳烟火涂层，通过研究表明，共沉积的钛/碳涂层可以形成高反应性体系，反应传播速度估计比任何公布的 Ti/C 粉末混合物的速度快 100 倍，而且非平衡磁控溅射可以精确控制沉积参数。这反过来又允许控制涂层的化学计量比，在烟火技术中，给定成分的化学计量比决定其热量输出和燃烧速率。因此，应该可以通过控制沉积参数来控制烟火涂层的输出。

2.8.4　磁控溅射在吸波材料方面的应用

磁控溅射已经广泛用于在各种基底上沉积非常薄的涂层，它已被证明是一种通过沉积涂层来改善纳米材料表面的有效方法，极大地扩大了纳米纤维的应用。Song 和 We 通过射频磁控溅射法制备了碳纤维/FeCo-SiO_2 复合材料和碳化硅纤维 FeCo 复合材料，并且分别测试材料的微波吸收性能，结果表明，复合材料的最小反射损耗值显著提高，同时保持了纤维基体的力学性能，因此，通过磁控溅射技术可以用磁性涂层来功能化纳米碳纤维。Ben 等采用直流磁控溅射法在低温高真空（5×10^{-4} Pa）条件下制备了功能化纳米碳纤维的 FeCo 涂层，涂层紧密地涂覆在厚度约 10 nm 的碳纤维表面。与原始碳纳米纤维（CNF）相比，FeCo/CNF 的磁性能显著提高，饱和磁化强度值为 3.23 emu/g，矫顽力值为 161.27 Oe。由于磁性 FeCo 涂层的功能化，FeCo/CNF 表现出优异的电磁波吸收性能。当厚度达到 4 mm 和 5 mm 时，FeCo/CNF 表现出双峰吸收特性。对于 4 mm 的厚度，在 14.88 GHz 处观察到 24.05 dB 的最佳反射损耗值，而在 3.81～4.36 GHz 和 14.03～16.35 GHz 的两个频率范围内达到超过 10 dB 的反射损耗值。

碳化硅纳米线具有耐高温性能，是一种潜在的电磁波吸收材料，但是其吸收能力不尽人意。Kuang 等通过磁控溅射的方法将尺寸为 3～5 nm 的铂纳米粒子在很短时间内修饰在碳化硅纳米线的表面，无须后处理过程。通过控制磁控溅射时间，碳化硅纳米线的介电和微波吸收性能得到了有效的调节和改善。在 60 s 的溅射时间，铂修饰的碳化硅纳米线实现了 3.7 GHz（8.5～12.2 GHz）的有效吸收（反射损耗小于 -10 dB）带宽，以 10% 的低填充率覆盖了大部分 X 波段，这种改善归因于铂修饰引起的电导损耗和界面极化损耗的增加。

Huo 等通过静电纺丝和高真空磁控溅射成功合成了镍/碳化硅/碳复合纳米纤维。镍/碳化硅/碳复合纳米纤维的磁性能得到了有效的增强，其 H_c 值为 32.16 Oe，M_s 值为 26.65 emu/g。镍/碳化硅/碳复合纳米纤维具有优异的 EMW 吸收性能。特别是厚度为 5 mm 的样品在 4.3 GHz 时的最小反射率为 -32.3 dB。此外，当厚度为 2.5 mm 时，最大电磁辐射约为 4.5 GHz，完全覆盖了 X 波段。总之，很明显镍/碳化硅/碳复合纳米纤维具有宽频带和强吸收能力，是一种理想的结构 EMW 吸收材料。

ITO 薄膜对微波具有较强的衰减作用，在电磁屏蔽窗口、雷达波及红外隐身等军事领域显示出巨大的应用潜力。2005 年，Park 等利用不加热射频磁控溅射的方法，以 SiO_2 涂覆的康宁（Corning）1737 玻璃为基板，靶-基距为 5 cm，射频功率保持恒定为 50 W，沉积时间为 5~80 min，始终不对基材进行加热，在室温下进行间歇性或连续地沉积 ITO 薄膜。薄膜粗糙度和晶粒尺寸似乎随沉积时间而增加，表面粗糙度随着膜厚度的增加而增加，这可能与幂律相关。随着沉积时间从 5 min 增加到 80 min，膜的厚度从 100 nm 线性增加到 1 670 nm。在沉积 80 min 时观察到垂直于基底生长的结晶良好的柱状晶粒，而当沉积时间较短时，晶化能量不足。X 射线衍射结果表明，最初在短的沉积时间内（小于 10 min），ITO 膜处于非晶态；超过 20 min 时出现了代表结晶的衍射峰；在沉积 40 min 时，出现了（222）、（400）、（440）和（622）的大多数典型 ITO 衍射峰，且随着沉积时间的增加，观察到了（400）平面的优先取向。当在氧气不足的状态下制备薄膜时，在 [100] 方向上的优先取向是明显的。使用纯 Ar 作为溅射气体，故随着沉积时间的增加可以满足缺氧状态而导致的 [100] 优先取向。分别以 1 min×40 次、2 min×20 次、40 min×1 次沉积的薄膜的光学透明度几乎相同，依次为 82%、79% 和 79%，而电阻率分别为 3.5×10^{-2} $\Omega \cdot cm$、6.2×10^{-3} $\Omega \cdot cm$ 和 1.0×10^{-3} $\Omega \cdot cm$，差异似乎与薄膜的结晶度相关。ITO 膜的形态和取向取决于到达基板的颗粒的能量。因此，认为高能离子的长时间轰击影响了膜的形态。由于射频溅射通过高能轰击将高能量转移到生长的薄膜上，因此认为在沉积过程中转移了相当大的薄膜结晶活化能。假设轰击离子传递到薄膜表面的总动能相同，在总沉积时间相同的情况下，动能本身并不能促进薄膜的结晶和向热能的转化，它的积累是必要的，直到温度达到结晶温度。射频溅射法可以在无须外界加热的情况下实现低晶化温度的 ITO 等材料的晶化。

2.8.5 磁控溅射在火工品方面的应用

在火工品研究方面，反应性多层膜应用于含能引发剂领域，而磁控溅射技术是沉积涂层的重要技术，广泛应用于反应性多层膜的制备。Wang 等采用磁控溅射技术和湿法腐蚀工艺在陶瓷基片上制备了铝/镍多层薄膜，其结构如图 2-29 所示，从图中可以看到排列整齐的周期性层保持连续和均匀性。并研究了电爆炸过程中铝/镍多层箔的电行为和能量输出。与铜和镍试样相比，该箔

图 2-29 Al/Ni 多层膜的 SEM 图像

在爆炸过程中表现出高电压、短爆炸时间和高吸收能量。能量输出由飞片速度表征，发现铝/镍多层箔比铜箔使飞片速度提高 20%。

通常物理气相沉积工艺中的直流或交流电压（射频溅射）或电子束蒸发的磁控溅射可用于制造金属及其氧化物多层膜。Petrantoni 等的一项研究报告了此类制造的例子，其中通过直流反应磁控溅射沉积了 Al 和 CuO 层。铝靶使用氩等离子体以 50 mL/min 的速率溅射，而铜靶分别在氩气和氧气下以 100 mL/min 和 25 mL/min 速率溅射。在完成每个氧化层后，关闭电源，并且将腔室抽成真空。对氧含量进行了优化，以显示单一的 CuO。所应用的技术允许精确控制层厚度，其范围为 25~1 μm。有趣的是，层厚低于 100 nm 的层压板不稳定，但在室温贮存条件下发生反应。厚层在泵送下以 2~5 个循环沉积，以防止目标预热。获得低应力的层压板对于防止开裂和屈曲问题具有重要的实际意义。该应力可以直接测量，CuO 层的应力为 32~33 MPa；对于 Al 层，应力是偏压功率的函数，低于 50 MPa。这两个值都被认为适用于 MEMS 应用。

2.9 机械化学法

机械化学法研究的是物料在机械力作用下发生的结构及物理化学性质的变化。机械化学法合成的材料在电学、磁学、热学性能上均不同于普通方法制备的材料，从而使材料性能具有更多的设计可能性。

2.9.1 机械化学法的原理

关于机械化学法的机理至今仍然不是特别清楚，但是大多数人主要接受的是 Bowden 和 Tabor 于 1964 年提出的热点模型，他们认为机械化学反应是在热点中进行的。Butjagin 等发展了这一模型，提出了瞬间激活热点模型，在机械力的作用下产生的热点的存在时间很短，仅仅为 $10^{-7} \sim 10^{-4}$ s。机械化学作用激活了颗粒表面，提高了颗粒与其他物质作用的活性。

机械化学法的基本过程是将粉末混合料与研磨介质一起装入高能球磨机进行机械研磨，经过反复形变、破裂和冷焊的平衡，最终形成表面粗糙、内部结构精细的超细粉末。其过程一般可分为以下四个阶段：①物料粉末在球磨的初期产生冷间焊合及局部层状组分的形成；②反复的破裂及冷焊过程导致细微粒子的产生，在这个过程中，复合结构不断细化绕卷成螺旋状，同时进行固相粒子间的扩散及固溶体的形成；③层状结构进一步细化和卷曲，单个粒子进一步转化成混合体系；④在最后阶段粒子最大限度地畸变为一种亚稳结构。

机械化学法的特点是在机械化过程中引入大量的应变、缺陷，使得其不同于平常的固态反应，它可以在原理平衡态的情况下发生转变，形成亚稳态结构。其一般原理是在球磨过程中，粉末颗粒被强烈塑性变形，产生应力和应变，颗粒内产生大量的缺陷（空位和错位）。而扩散的活化能等于形成空位和迁移到空位所需活化能的总和：$\Delta Q = \Delta Q_f + \Delta Q_m$，式中，$\Delta Q_f$ 为产生空位所需活化能，ΔQ_m 为使空位移动的活化能。由于机械化学过程中产生大量空位，降低了元素的扩散激活能，使得组元间在室温下进行原子或离子扩散。同时，粉末在不断的碰撞过程中不断细化产生大量的新鲜表面，扩散距离也变得很短，由于应力、应变、缺陷和纳米晶界、相界的产生，粉末在碰撞过程中瞬间升温，使得粉末产生诱发相变。

研究表明，通过机械力的作用不仅可使颗粒破碎，增大反应物的接触面积，而且可使物质的晶格中产生各种缺陷、错位、原子空位及晶格畸变，有利于离子的迁移，同时还可使新生表面活性增大，表面自由能降低，促进化学反应，使一些只有在高温、高压等苛刻的条件下才能发生的化学反应在低温下得以顺利进行。

2.9.2 机械化学法的应用

近年来，机械化学理论和技术发展迅速，在理论研究和新材料的研制过程中显示出很好的发展前景，在合成高能材料、磁性材料、尖晶石材料等方面具有广泛应用。

2.9.2.1 高能材料合成

高能材料（HMX）具有较高的爆速、爆压和爆热等优点，在固体推进剂及武器体系中得到普遍应用，但是由于 HMX 的高感度，限制了其广泛应用。为了降低 HMX 的感度，并减小 HMX 能量的损失，王志祥等采用机械化学法制备了 HMX/TATB 复合粒子，通过正交实验，探索了搅拌力度、搅拌时间、反应温度、包覆材料自身的物化性质等因素对机械化学法产物的影响。结果表明，最佳的实验工艺条件为：采用硅胶球作为球磨介质，搅拌速度为 240 rpm，反应温度为 60 ℃，反应时间为 8 h，TATB 与 HMX 质量比为 8:92，并采用水浴烘箱干燥。通过 SEM 发现在 HMX 颗粒表面包覆着一层致密的 TATB，EDS 表面元素分析测试表明，包覆率达到了 66.10%。在机械力的作用下，球磨介质触及 HMX 的表面，在 HMX 表面不断形成热点，然后 TATB 粒子通过氢键附着在 HMX 表面。此外，热点的形成不能覆盖整个 HMX 表面粒子，因此表面不能完全覆盖。

2.9.2.2 磁性材料合成

软磁材料要求有高的饱和磁感应强度 B_s 和磁导率 μ_e 值、高的居里点 T_c 和相对密度 ρ 值、低的铁损值和低的矫顽力 H_c，使用频率范围宽，剩磁值容易调节等。近年来，非晶及纳米晶软磁迅速发展，使传统的软磁合金材料受到强烈的冲击。Eckert 等利用机械化学法获得了 $Fe_{40}Ni_{40}P_{14}B_6$ 和 $Fe_{39}Ni_{30}Si_{10}B_{12}$ 的非晶软磁材料。晶态的 $Fe_{40}Ni_{38}Si_{12}B_{10}$ 合金粉末经球磨后将发生非晶转变，其磁性能测量结果表明，由于球磨初期晶粒细化和缺陷浓度的增加，矫顽力将迅速增加，此后随着非晶相的出现，H_c 值开始下降，B_s 也随非晶相的生成而上升，时间超过 30 h 后，H_c 和 B_s 均无明显变化。由于球磨过程中引入大量缺陷和应力，与快淬法获得的非晶带相比，其矫顽力较高。李凡等也借助于机械化学法制备了 $Fe_{80}Ni_{20}$，指出 FeNi 合成的 Ni_3Fe 相进一步球磨会发生相变，即变成 Fe（Ni）相。他还用机械化学法研究了 FeNiPB 系的球磨过程，实验得出该合金系可通过机械化学法使其非晶化。Gaffet 等研究认为软磁材料 FeZrB 系是继 FeCuNbSiB 系材料后发现的另一类典型的纳米晶软磁材料。此类功能材料具有很高的饱和磁感应强度，同时具有比较高的导磁性能。徐晖等用机械化学法制备了 FeZrB 非晶相，结果表明，FeZrB 混合粉末经过 20 h 球磨后形成较多的 FeZrB 非晶相，球磨 200 h 后，获得 α-Fe（Zr，B）和富 Zr 的软磁非晶相。

尖晶石型铁酸盐 MFe_2O_4（M 代表 Zn、Ni、Co、Cd、Mg 等）是一种重要的功能材料，不仅作为软磁铁氧体用作磁头材料、磁致伸缩材料、矩磁材料和微波吸收材料，还可应用于气敏材料、催化材料等。随着高新技术的发展，铁酸盐的应用范围不断扩大。虽然有关铁酸盐的机械化学法制备并不多，但是机械化学法制备铁酸盐有广阔的应用前景。Kosmac 等利用振动式球磨机，发现在球磨的初期可以形成 Zn 铁氧体，但最终得到的是非平衡态的固溶体（Fe，Zn）O。姜继森等以 α-Fe_2O_3 和 ZnO 粉体为原料，在高能球磨作用下，利用机械化学法合成铁酸锌纳米晶。结果表明，所得纳米晶具有非正型分布的尖晶石结构，为超顺磁性；纳米晶内存在着较多缺陷。毛昌辉等通过高能机械研磨合成尖晶石型 $ZnFe_2O_4$ 粉末，其平均晶粒度小于 10 nm。并发现反应过程分阶段进行,且固态化学反应一旦开始,则在很短时间内完成。

2.10 化 学 镀

化学镀也称无电解镀或者自催化镀,是在无外加电流的情况下借助合适的还原剂,使镀液中金属离子还原成金属,并沉积到零件表面的一种镀覆方法。化学镀是依据氧化-还原反应原理,利用强还原剂在含有金属离子的溶液中,将金属离子还原成金属而沉积在各种材料表面形成致密镀层的方法。化学镀常用溶液包括化学镀银、镀镍、镀铜、镀钴、镀镍磷液、镀镍磷硼液等。

化学镀技术是在金属的催化作用下,通过可控制的氧化-还原反应产生金属的沉积过程。与电镀相比,化学镀技术具有镀层均匀、针孔小、不需直流电源设备、能在非导体上沉积和具有某些特殊性能等特点。另外,由于化学镀技术废液排放少,对环境污染小以及成本较低,在许多领域已逐步取代电镀,成为一种环保型的表面处理工艺。目前,化学镀技术已在电子、隐身材料和航空航天等工业中得到广泛的应用。

化学镀是制备云母/铜复合材料的一种经济有效的方法。但是,对于非金属粉末,必须在化学镀之前进行粗化和活化的表面改性处理。因此,化学镀的通常过程是:粗化→敏化→活化→还原。表面改性的通常过程如图 2-30 所示。大部分发表的文献都将研究集中在改善沉积过程上,而很少有研究化学镀前处理即表面改性的。研究表明,对化学镀过程具有催化活性作用的金属中,其活性是按照 Au、Ni、Pd、Co、Cu、Pt 的顺序递减。上述金属中由于 Pd 具有很高的催化活性同时还具有较高的还原电位($\varphi^0 = 0.95$ V),因此其也被广泛使用。金也具有和钯类似的性质,但是金的价格极其昂贵。而 Co、Cu、Pt 等由于催化活性较低而很少被采用。因此,利用钯、金等贵金属进行活化是在化学镀之前活化颗粒表面的通常过程。但是,为了降低成本并简化活化过程,开发廉价且催化活性性能不弱于贵金属的纳米镍来代替钯、金等贵重且容易产生重金属污染的催化剂已成为重要的研究方向。同时,粗化的目的是去除云母粉末表面的杂质并使云母表面粗糙化以增加镀层的结合强度。大多数研究使用强酸、强碱、强氧化物或高温来获得新鲜且粗糙的表面,但是这些方法既不环保也不安全。随着超声在化学领域和关于表面处理的其他技术中的成功应用,作为能量输入的特殊方式,其已经引起了全世界研究人员越来越多的关注。超声低频的空化作用会腐蚀金属表面并使其粗糙。同时,该方法还具有操作简单、环保和安全的特点。

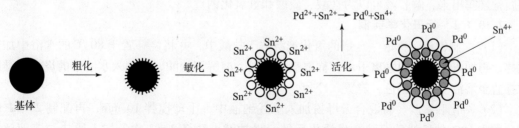

图 2-30 传统化学镀前处理工艺示意图

2.10.1 典型化学镀覆

由于未经处理的云母、碳纤维、石墨等表面具有比较光滑、疏水和表面惰性等特点,很难直接镀铜。而且即使镀上了,效果也很差。究其原因,大致是镀铜层与云母、碳纤维等材料是以机械嵌合的方式结合在一起。施镀时,析出的铜原子首先在材料表面的凹槽内沉积,因此材料的表面粗糙度就决定了镀覆的效果。因此,为了提高基体与镀层之间的结合力,必须进行粗化的前处理,增加材料的表面粗糙度,这样才能顺利镀铜。

对于碳纤维的粗化处理,高嵩等研究了用过硫酸铵、HNO_3、$K_2Cr_2O_7$、H_2O_2 等强氧化性溶液对碳纤维表面进行粗化、刻蚀,过硫酸铵用时最短且能达到效果。万纯在其硕士论文中采用高铬酸对石墨进行粗化,而由于高铬酸会使云母表面刻蚀过度,故采用浓硫酸进行粗化、刻蚀,并取得了不错的效果。李祝采用了 10 g/L NH_4F 和 30 mL/L HF 混合粗化 10 min 然后进行施镀。然而,以上所采用的均为强氧化剂,具备一定的危险性,并且有废液难于处理、较难购买、容易刻蚀过度等缺点。

非金属材料由于其表面对化学镀铜并没有催化活性,需要在粗化后进行敏化 – 活化处理后才能施镀。敏化就是使非金属表面形成一层具有还原作用的还原液体膜。这种具有还原作用的处理液就是敏化剂。好的敏化剂效果要求具有还原作用的离子在一定条件下能较长时间保持其还原能力,并能控制其还原反应的速度,要点是敏化所要还原出来的不是连续的镀层,而只是活化点。目前最合适的还原剂只有氯化亚锡,非金属化学镀用得最多的是 Pd 活化工艺。当吸附有 Sn^{2+} 的非金属表面接触到 Pd 活化液时,Pd^{2+} 会被 Sn^{2+} 还原而沉积到非金属表面形成活化中心,从而可顺利进行化学镀,化学反应式如下:

$$Sn^{2+} + Pd^{2+} \rightarrow Sn^{4+} + Pd^0$$

传统的工艺手段可以称作为两步活化法,即先将粗化后的非金属材料浸泡于酸性的 $SnCl_2$ 溶液中或其他含 Sn^{2+} 的盐酸溶液中进行敏化,使其表面吸附一层 Sn^{2+}。去离子水清洗后,将其浸泡在含能够提供催化活性位点的催化金属溶液中进行活化处理,如 $PdCl_2$、$AgNO_3$ 等溶液。活化处理后,贵金属离子会被 Sn^{2+} 还原而吸附在表面,进而为化学镀提供催化活性点。而改进的活化工艺为胶体活化液一步活化,最早由美国学者 Shipley 提出。该工艺将敏化和活化工艺结合起来,简化了活化的程序,提高了化学镀的效率。首先将 $SnCl_2$ 和 $PdCl_2$ 分别溶解于盐酸溶液之中;然后将 $SnCl_2$ 的盐酸溶液加入 $PdCl_2$ 的盐酸溶液中,将 Pd^{2+} 还原成金属钯,形成了金属钯、吸附在金属钯表面的氯氧化锡、氯化锡和锡酸盐胶体的溶液。此方法中,材料经活化处理后,由于金属钯被含锡化合物覆盖,所以必须解胶处理使金属钯暴露出来,解胶液可以为盐酸、硫酸和氢氧化钠。

2.10.1.1 云母化学镀铜

(1) 配制钯液。称取一定量的氯化钯溶解于盐酸中,并将烧杯置于 80 ℃ 的水浴中加热搅拌,再加入一定量的去离子水,称取氯化亚锡,溶解于盐酸,并倒入水浴中的烧杯,继续搅拌直至溶液变成棕黑色,静置、冷却。

(2) 活化和解胶。将混合云母粉加入上述钯液中,手动搅拌 10 min,再配制 20 mL 体积分数为 10% 的稀盐酸溶液,将活化后的云母抽滤,洗涤 2~3 次,加入稀盐酸溶液解胶 5 min,洗涤抽滤至中性。

(3) 进行化学镀铜。首先取一定量的五水硫酸铜、氢氧化钠、无水碳酸钠分别溶于去离子水,量取一定量丙三醇加入硫酸铜溶液中;然后加入氢氧化钠溶液和碳酸钠溶液;最后加入足量的去离子水。称取一定量的 PVPK30 加入镀液中,并加入活化解胶后的混合云母,手动搅拌;加入一定量的甲醛,不断搅拌反应至无明显气泡产生,静置上层液体为无色,抽滤,洗涤至中性,最后冷冻干燥后得到镀铜云母,其 SEM 图像如图 2-31 所示。

(a)

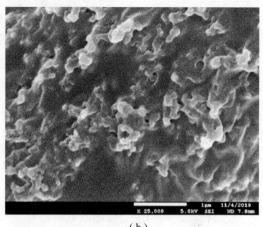

(b)

图 2-31 镀铜云母 SEM 图像

(a) 镀铜云母低倍 SEM 图像;(b) 镀铜云母局部放大 SEM 图像

2.10.1.2 镀铜云母表面改性

采用了体积分数 10% 的盐酸 100 mL 和 1 g/100 mL 氢氧化钠溶液分别进行 3 g 混合镀铜云母的表面清洗,室温下清洗时间大约 5 min,然后用去离子水洗涤、无水乙醇洗涤干净后抽滤、烘干备用。棕榈酸疏水处理的过程:将 1 g 棕榈酸溶于 20 mL 二甲基甲酰胺中,待完全溶解后,加入烘干后的混合镀铜云母中,115 ℃ 油浴 3 min,然后用无水乙醇清洗干净,真空干燥箱中烘干。硬脂酸疏水的处理过程:首先将 3 g 硬脂酸溶于 60 mL 无水乙醇中,40 ℃ 水浴加速溶解;然后将溶液加入烘干后的混合镀铜云母,水浴 40 ℃ 反应 20 min,用无水乙醇清洗干净后,真空干燥箱中烘干。

为了了解每个样品的疏水性,在使用硬脂酸或棕榈酸进行疏水处理后,使用接触角测量体系(OCA20)测量镀铜云母的水接触角。取 5.0 μL 蒸馏水作为检测溶液,并在样品表面的不同区域至少取三个点以求出平均值(图 2-32)。原样的 Cu 是亲水的。因此,在疏水化之前,镀铜云母粉的接触角为 11.7°±0.1°。众所周知,固体表面的润湿性取决于表面粗糙度和表面能。疏水化后,表面变成由微米/纳米颗粒组成的致密片状或絮状结构,接触角增加了 110° 以上。与棕榈酸的接触角为 125.7°±0.1°,如图 2-33 所

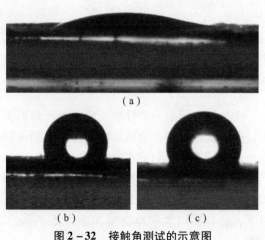

图 2-32 接触角测试的示意图

(a) 不疏水化;(b) 硬脂酸疏水;(c) 棕榈酸疏水

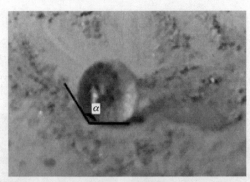

图2-33 棕榈酸接触角示意图

示。由于每个样品的接触角均大于90°,可以得出结论,硬脂酸和棕榈酸处理的镀铜云母都具有良好的疏水性。

$$\theta = \arctan\left(\frac{2h}{D}\right) \quad (2-2)$$

式中:θ为被测样品的安息角(°);h为圆锥体高度(mm);D为直径平均值(mm)。

未处理和经棕榈酸、硬脂酸处理的样品安息角分别为42°、37°和29°。

2.10.1.3 镀 NiCo/NiFe 碳纤维的制备

Li 等利用一步敏化活化法化学镀覆制备了一系列不同增重比的镀覆 NiCo、NiFe 合金的碳纤维,并研究了复合材料的吸波性能。化学镀的基本步骤如下。

(1)敏化活化。采用一步敏化活化法,将一定浓度氯化亚锡、氯化钯、浓盐酸配制成敏化活化液,于40~45℃水浴条件下,将碳纤维置于该溶液中敏化活化4~6 min,用蒸馏水洗涤2~3遍。

(2)解胶。将敏化活化后的碳纤维置于30~40℃的盐酸溶液中解胶5 min 后用蒸馏水洗涤2~3次。

(3)化学镀。镀液基本配方及工艺条件见表2-5。

表2-5 镀液基本配方与工艺条件

组分	硫酸镍/(g·L^{-1})	硫酸钴/(g·L^{-1})	硫酸亚铁铵/(g·L^{-1})	次亚磷酸钠/(g·L^{-1})	酒石酸钾钠/(g·L^{-1})	硫酸铵/(g·L^{-1})	柠檬酸钠/(g·L^{-1})	氨水	pH 值	温度/℃
Ni-Fe	25	—	12.5	25	75	40	—	适量	9~10	65~80
Ni-Co	2	10	—	30	35	40	30	适量	9~10	70~80

图2-34所示为碳纤维表面镀上一系列不同增重比的 NiCo 合金的扫描电子显微镜图像。通过改变化学镀液中金属盐的浓度,得到不同增重比的镀 NiCo 碳纤维。从图2-34中可以看出,当增重比达到60%时,碳纤维表面的镀层较疏松,表面有很多类似球形晶粒沉积;当增重比增至80%时,碳纤维表面镀层致密,已经形成了连续的 NiCo 合金镀层,增重比为80%、100%、125%时,镀层厚度分别约为0.25 μm、0.45 μm 和0.70 μm。四种增重比条件下,合金层均紧密地镀覆在碳纤维表面,合金增重比对合金与碳纤维表面结合力并无影响。

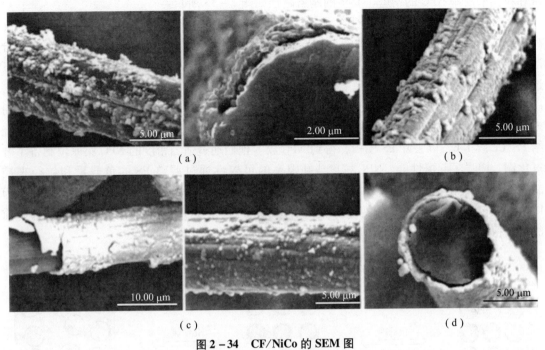

图 2-34 CF/NiCo 的 SEM 图
(a) 增重 60%；(b) 增重 80%；(c) 增重 100%；(d) 增重 125%

2.10.1.4 镀铁镍碳纤维的制备

任庆国等采用一步敏化活化法，用化学镀的方法在碳纤维表面沉积一层镍铁合金。在 45 ℃水浴条件下，先将已解胶的碳纤维置于含有氯化钯的活化液中浸泡 5 min，再用蒸馏水浸泡洗涤两次除去活化液在碳纤维表面形成的胶层。将活化后的碳纤维置于 45 ℃水浴 10% 的稀盐酸溶液中解胶 5 min 后用蒸馏水浸泡洗涤一次，晾干待用。镀液的配制与镀覆：称取 15 g 酒石酸钾钠溶于 100 mL 蒸馏水中作为络合液；分别称取 5 g 硫酸镍、2.5 g 硫酸亚铁铵 和 5 g 次亚磷酸钠，各溶于 50 mL 蒸馏水中；依次将金属盐溶液倒入络合液中，最后加入还 原剂次亚磷酸钠溶液；用氨水将上述混合液调 pH=9~10 后，放入 80 ℃水浴中；加入已备 好的碳纤维，反应即自动进行。碳纤维逐渐由黑变白，表面沉积出一层银色金属。反应结束 后取出镀好的碳纤维，用蒸馏水洗涤 3 次，烘干。

所制备的样品对 2~18 GHz 厘米波的衰减性能测试表明，镀铁镍碳纤维性能高于镀覆 前。将 1.5 cm 和 1 cm 两种长度铁镍碳纤维混合，反射率 -10 dB 的频段为 8.5~18 GHz， 带宽达 9.5 GHz，可作为优异的宽频微波干扰材料。

2.10.1.5 纳米多孔铜的制备

近年来，用纳米多孔铜（NPC）前驱体原位制备叠氮化铜，作为铅基起爆药的替代品， 显示出许多有前途的优点。铜的毒性比铅小，同时叠氮化铜比叠氮化铅和其他初级炸药更灵 敏、更强大。首先纳米多孔铜加入集成芯片；然后与叠氮酸气体原位反应，转化为叠氮化铜 炸药，降低了直接处理敏感炸药的风险。更重要的是，它可以集成到标准电流制造过程中， 从而使微型雷管和微机电引信能够大规模生产。

李明愉等采用聚苯乙烯（PS）模板和化学镀铜制备了 NPC 薄膜，并且可以通过 PS 负载量和粒径来控制 NPC 的密度，具体的制备路径如图 2-35 所示。

将五水合硫酸铜（0.1 mol/L）和乙二胺四乙酸（0.12 mol/L）溶解于去离子水中。在高速搅拌下缓慢加入氢氧化钠溶液至 pH = 12.85。首先将预处理后的 PS 微球（0.2 g/L）分散到碱性浴中；然后加入甲醛（15 ml/L）以诱导沉淀反应。首先化学镀在 40 ℃超声条件下进行 15 min；然后将混合溶液在 4 000 r/min 的离心机中离心 4 min，收集 PS/Cu 核壳微球，用去离子水洗涤 3 次，并在 50 ℃真空干燥 24 h，得到 PS/Cu 粉末；最后将 0.1 g 粉末用粉末压制机压制形成圆形薄膜。通过在氮气气氛下，以 5 ℃/min 的加热速度升温至 400 ℃烧结 PS/Cu 膜 1 h，以去除 PS 模板，得到 NPC 膜。他们通过适当密度的 NPC 膜原位制备了叠氮化铜，增强了起爆性能。NPC 密度或孔隙率的可控性通过调整 PS 的负载量和粒径来控制，对于叠氮化铜的制备，NPC 的合适密度应略小于 1.12 g/cm³ 的理想值。由密度为 1.005 g/cm³ 的 NPC 制备的叠氮化铜密度为 2.014 g/cm³，达到理论密度的 81.15%。与以前的研究相比，该方法制备的叠氮化铜微装药显示出增强的起爆性能。

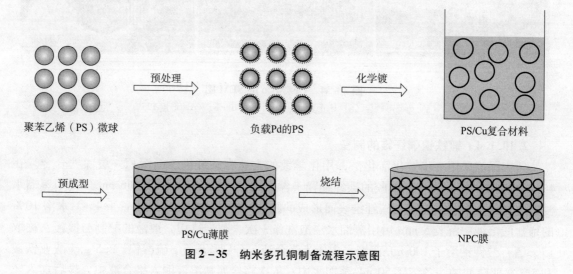

图 2-35 纳米多孔铜制备流程示意图

2018 年，李明愉等利用上述化学镀方法成功制备了孔径为 529 nm 的 NPC，将 NPC 前驱体与 HN_3 气体原位反应制备了高密度叠氮化铜。他们通过调节 PS 加载量来控制 NPC 的铜壳厚度，研究了铜壳厚度对叠氮化铜形貌、结构和密度的影响。当铜壳厚度从 100 nm 减小到 50 nm 时，转化率从 87.12% 提高到 95.3%。同时，529 nm NPC 在 24 h 内制备的叠氮化铜密度高达 2.38 g/cm³。HNS-Ⅳ 炸药成功地由最小装药厚度为 0.55 mm 的叠氮化铜起爆，表明该方法所制备的叠氮化铜粉具有优异的起爆性能，在微装药体系中的应用中更具优势。

2.10.2 环保型化学镀铜

超声波是指超过人类听力范围的声波。超声波的物理作用包括空化气泡坍塌、微喷射相关的湍流，以及空化微气泡向驻波场的压力波腹的流动。这些物理效应在流体/固体和流体/流体边界附近最强，这意味着超声波在增强此类边界层内的热量和质量传递方面极为有效。化学作用是由于气泡在瞬时空化崩溃过程中产生自由基而发生作用的。

物理作用主要体现在液体在超声场的作用下产生的微小气泡（空化核）振动时，会生长并积累声场能量,如图 2-36 所示。

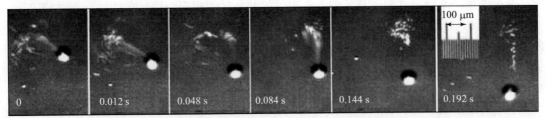

图 2-36　在密闭的微空间内,从水中的母气泡中释放微射流的选定图像
(声学频率 59.67 kHz,强度 $0.5 \sim 0.7 \text{ W/cm}^2$)

当能量达到某个阈值时,空化气泡会急剧崩溃。空化气泡的寿命约为 0.1 μs,它在急剧坍塌的情况下释放大量能量,并产生具有约 110 m/s 的高冲击力的微型射流,导致碰撞密度高达 1.5 kg/cm²。这种微型射流直射到固体表面,可能导致点蚀和侵蚀,表面作用还可以将附着在表面的粒子分解为更小的颗粒。空化气泡在快速塌陷时还会产生局部高温和高压 [5 000 K,1 800 atm (1 atm = 101.3 kPa)],并且冷却速率可以达到 10^9 K/s。

1927 年,阿尔弗雷德·洛米斯(Alfred L. Loomis)是第一位认识到强烈声波通过液体传播产生不寻常影响的化学家,称为声化学,但声化学的研究当时仍然非常有限。声化学的复兴发生在 20 世纪 80 年代,在廉价和可靠的高强度超声波发生器出现后不久(声音高于人类听觉频率大于 16 kHz,或每秒 16 000 个周期)。超声波的化学作用表现在超声波可以使金属粉末的反应性提高超过 100 000 次;可以高速驱动金属颗粒,使它们在碰撞点熔化;可以在冷液体中产生微小的火焰。液体的声化学主要取决于由腔体内爆引起的快速加热和冷却以及高压的物理效应。例如,当 Peter Riesz 和他在国家癌症研究所的同事用超声波作用于水时,他们证明了来自腔内爆炸的热量将水(H_2O)分解成极其活泼的氢原子(H^+)和羟基自由基(OH^-),在快速冷却阶段,氢原子和羟基自由基重新结合形成过氧化氢(H_2O_2)和氢分子(H_2)。如果将其他化合物添加到用超声波照射的水中,则可能发生各种各样的二次反应。有机化合物在这种环境中高度降解,无机化合物可被氧化或还原。超声波被普遍认为是环保和安全的。云母表面化学镀铜流程如图 2-37 所示。

图 2-37　云母表面化学镀铜流程

2.11　超声辅助制备

2.11.1　超声波定义及超声效应

超声波是指频率在 $20 \sim 10^6$ kHz 的机械波,由一系列疏密相间的纵波构成,波速一般为 1 500 m/s,波长为 $10 \sim 0.01$ cm。超声辅助制备技术主要是指利用超声能量改善反应条件,加速和控制化学反应,提高反应速率,改变反应历程以及引发新的化学反应,是声能量与物质间的一种独特的相互作用方式。

超声效应：当超声波在介质中传播时，超声波与介质相互作用使介质发生物理和化学变化，从而产生一系列力学的、热学的、电磁学的和化学的超声效应，包括以下4种效应。

（1）机械效应。超声波的机械作用可促成液体的乳化、凝胶的液化和固体的分散。当超声波流体介质中形成驻波时，悬浮在流体中的微小颗粒因受机械力的作用而凝聚在波节处，在空间形成周期性的堆积。超声波在压电材料和磁致伸缩材料中传播时，由于超声波的机械作用会引起感生电极化和感生磁化（见电介质物理学和磁致伸缩）。

（2）空化作用。超声波作用于液体时可产生大量小气泡。一个原因是液体内局部出现拉应力而形成负压，压强的降低使原来溶于液体的气体过饱和，而从液体逸出，成为小气泡。另一原因是强大的拉应力把液体"撕开"成一空洞，称为空化。空洞内为液体蒸气或溶于液体的另一种气体，甚至可能是真空。因空化作用形成的小气泡会随周围介质的振动而不断运动、长大或突然破灭。破灭时周围液体突然充入气泡而产生高温、高压，同时产生激波，形成局部点的极端高温高压，空化泡崩溃的瞬间其周围极小空间内产生高温 5 000 K、高压 50 MPa，其温度变化速率达 10^9 K/s，并伴生出强烈冲击波和时速达 400 km/h 的微射流。这种极端高压、高温、高射流又是以每秒数万次连续作用产生的，超声空化引起了湍动效应、微扰效应、界面效应、聚能效应。其中，湍动效应使边界层减薄，增大传质速率；微扰效应强化了微孔扩散；界面效应增大传质表面积；聚能效应扩大了分离物质分子，从而从整体上强化了化工分离强化过程的传质速率和效果。因此，空化作用是功率超声最基本的特质。

（3）热效应。超声波在媒质中传播，振动能量不断被媒质吸收转变为热能而使自身温度升高。声能被吸收引起媒质中的整体加热、边界外的局部加热和空化形成激波时波前处的局部加热。

（4）化学效应。超声波的作用可促使发生或加速某些化学反应。例如，纯的蒸馏水经超声处理后产生过氧化氢；溶有氮气的水经超声处理后产生亚硝酸；染料的水溶液经超声处理后会变色或退色。这些现象的发生总与空化作用相伴随。超声波还可加速许多化学物质的水解、分解和聚合过程。超声波对光化学和电化学过程也有明显影响。各种氨基酸和其他有机物质的水溶液经超声处理后，特征吸收光谱带消失而呈均匀的一般吸收，这表明空化作用使分子结构发生了改变。

2.11.2 空化作用与空化阈值

超声空化是指液体中的微小泡核在超声波作用下被激活，表现为泡核的振荡、生长、收缩及崩溃等一系列动力学过程。附着在固体杂质、微尘或容器表面上及细缝中的微气泡或气泡，或因结构不均匀造成液体内抗张强度减弱的微小区域中析出的溶解气体都可以构成这种微小泡核。

众所周知，当声波在媒质中传播时，将引起媒质分子以其平衡位置为中心的振动。在声波压缩相时间内，分子间的平均间距减小；而在稀疏相内，分子间距将增大，对于强度为 I 的声波，它作用于媒质的声压为 $P_a = P_A \sin\omega t$，式中 P_A 为声压振幅，ω 为声波的角频率，且 $I = P_A^2/(2\rho c)$，ρ、c 分别为媒质的密度及声速。因此，在声波的负压相内，媒质受到的作用力为 $(P_h - P_a)$，P_h 为流体静压力，若声强足够大，液体受到的相应负压力亦足够强，那么分子间的平均距离就会增大到超过极限距离，从而破坏液体结构的完整性，导致出现空腔或空穴。一旦空穴形成，它将一直增长至负声压达到极大值 $-P_a$。但是，在相继而来的声波正压相内这些空穴又将被压缩，其结果是一些空化气泡将进入持续振荡，而另外一些空化气泡将完全崩溃。

产生空化是有一定条件的，只有当交变声压振幅大于液体静压力，才能出现负压。而只有当负压超过液体介质的黏度时，才会产生空化作用。因此引入一个概念，将液体介质产生空化作用的最低声强或声压振幅称为空化阈值。一般情况下，空化阈值声压比理论的还要低得多，这是因为液体中总存在一些张力强度薄弱点，其原因则是液体中含有气核（溶解气体及悬浮的微小气泡）、容器表面及固体悬浮颗粒裂纹中吸附的气（或汽）核等。

空化气泡一旦形成，既有可能重新溶解到液体介质中，又有可能上浮而消失，或由于空化气泡自身大小的原因，在超声振荡的超声场中随着超声场的相位变化而长大和压缩。由于超声场是均匀的，在液体介质中间的空化气泡溃陷过程中保持球形。当液体介质中的微粒太小而不能够紊扰声场时，就会形成射流束，这时液体介质中的气泡也是球形溃陷的。当空化气泡靠近固体的界面处时，固体表面上的空化气泡则发生不对称溃陷，产生直射向固体表面的射流束。由于溃陷气泡的大部分能量被转化为射流束的动能，使得射流束的速度高达 400 km/h。也即射流束以近乎固体所能承受的力冲击固体表面，这样在固体的表面发生洗涤和孔蚀作用，这就是进行超声清洗、固－液反应或催化反应等的基础之所在。空化作用气泡的寿命约 $0.1~\mu s$，它在急剧崩溃时可释放出巨大的能量，并产生速度约为 110 m/s、有强大冲击力的微射流，使碰撞密度高达 $1.5~kg/cm^2$。空化作用气泡在急剧崩溃的瞬间产生局部高温 5 000 K 高压 50 MPa，冷却速度可达 10^9 K/s。超声波这种空化作用可以大大提高非均相反应速率，实现非均相反应物间的均匀混合，加速反应物和产物的扩散，促进固体新相的形成，控制颗粒的尺寸和分布。

2.11.3 声化学反应在吸波材料的制备及炸药废水处理方面的应用

2.11.3.1 超声强化化学反应

超声强化化学反应主要动力来自超声空化作用。空化气泡核的崩溃产生局部高温、高压和强烈的冲击波及微射流，为在一般条件下难以实现或不可能实现的化学反应提供了一种新的非常特殊的物理化学环境。

与微波辅助方法一样，声化学方法是一个促进过程，通常不会影响结构形成的机制。从早期的合成到最新的发展，在过去的 10 年中，使用声化学法制备 TiO_2 一直进展顺利。例如，González-Reyes 使用异丙醇钛与丙酮和甲醇混合制备了 TiO_2。将混合物在 38 kHz 的超声波清洁浴中进行声化学处理 50 min。首先通过在 150 ℃加热将溶剂从混合物中蒸发掉；然后将所得干燥产物煅烧以获得 TiO_2 结构。使用声化学辅助水热法合成了通常在低温下难以获得的、具有高结晶度的纳米结构的纯金红石型 TiO_2。将 TiO_2 颗粒溶解在 10 mol/L NaOH 溶液中，并在环境温度下置于超声浴中 2 h。将得到的沉淀物进行离心分离、洗涤、干燥而无须煅烧，获得金红石型 TiO_2。普遍认为在超声处理过程中有利于 TiO_6 八面体的边缘共享重排，从而导致金红石型 TiO_2 的形成。

非晶态黑色 TiO_2 是通过超声辐射制备的。通过使 $Ti(SO_4)_2$（12 mL，8 wt%），氨水（20 mL，4 mol/L）在冰水浴中反应 2 h 来制备原始 TiO_2。超声波处理（输出功率密度为 1 500 W/100 mL）在 80 ℃进行 0.5~8 h，获得的产物有较强的可见光吸收。

2.11.3.2 超声表面处理

超声对表面处理的作用可归纳成四点：①超声空化产生的微射流对碳纤维表面的凹蚀作用创造了新的活性表面，同时超声空化产生的 HO·、H_2O_2 对表面进行氧化；②空化作用使基材得以分散，增大了基材表面与溶液的接触面积，一定程度增强了基材的吸附量；③超声空化会引起体系的宏观湍动，使基材的边界层减薄，增大了传质速率，有利于基材的吸附；④超声波的空化作用导致溶液中局部高温和高压，会使得基材表面的官能团快速解离，增加基材的吸附。但超声时间过长、功率过大会造成吸附键的断裂与脱附。

例如，经过超声处理的碳纤维表面羧基含量远远大于没有处理的碳纤维。这种氧化作用很大程度与超声波有关。超声波的空化作用导致了溶液中局部高温和高压，促使水溶液中的水进行裂解产生 H· 和 HO·，部分 HO· 会自我反应形成 H_2O_2。当空化气泡中含有氧气时还会发生 O—O 断裂生成氧自由基。自由基的产生和反应方程式如下。造成碳纤维表面官能团的氧化，很大程度是由于 HO·、H_2O_2 等的出现。当然，还有一部分原因是因为超声过程中由于空化作用产生的高温所产生的水蒸气会加速碳纤维表面的氧化。

$$H_2O \rightarrow H\cdot + HO\cdot$$
$$2HO\cdot \rightarrow H_2O_2$$
$$H\cdot + H_2O \rightarrow HO\cdot + H_2$$
$$O_2 \rightarrow 2O\cdot$$
$$O\cdot + H_2O \rightarrow 2HO\cdot$$
$$H\cdot + O_2 \rightarrow HOO\cdot$$
$$2HOO\cdot \rightarrow H_2O_2 + O_2$$

Liu 等采用超声波和纳米镍分别对云母粉进行粗化和活化，成功制备了镀铜云母粉。用超声波代替强酸、强碱等强氧化物，用纳米镍代替钯、银等贵金属，简化了粗化和活化工艺。为了研究超声波处理在实验中的作用，他们将超声处理前后的云母粉进行 FT-IR 表征，如图 2-38 所示。通过超声前后的红外光谱的对比，发现超声处理后 -OH 振动峰变得越来越强和加宽，这一现象说明，超声波处理有助于增加 -OH 的含量，从而使得云母表面能吸附更多的 Ni^{2+}。

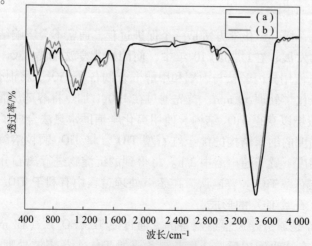

图 2-38 超声处理前后微粉的红外吸收光谱
(a) 处理后；(b) 处理前

同时设计了云母粉表面进行超声波粗化和未进行超声波粗化的化学镀铜实验,见图2-39的 SEM 表征结果。由图可以看出,在超声波处理后,云母表面粗化,层间距增大,有更多的镍离子残留。粗化后云母表面的铜颗粒分布更均匀,覆盖率更高,而未粗化云母表面的铜颗粒团聚严重,覆盖率不高。可以看出,纳米镍经超声粗化后,形成分散的成核点,使铜颗粒在每个成核点原位生长,而不是在一定位置团聚。同时,超声波产生的凹痕也使铜颗粒更紧密地结合在云母表面。

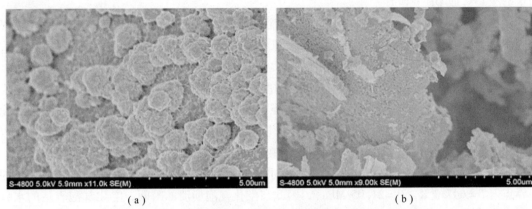

(a)　　　　　　　　　　　　(b)

图 2 - 39　未粗化和粗化微粉镀铜层的显微组织

(a) 未粗化;(b) 粗化

2.11.3.3　炸药废水处理

超声空化技术利用声波将水中的有毒、难降解有机污染物转化成水或毒性更低的有机污染物,具有设备简单、操作方便等优点,对各类有机物具有广泛的适应性,它可以单独使用也可与其他水处理技术联合应用,而且只要条件合适,有机物可以被彻底矿化为二氧化碳和无机离子,是一种环境友好的水处理技术,具有良好的发展和应用前景。由于其能量转化率较低和能耗较大等原因,该技术适合于有毒、难降解有机工业废水的预处理或饮用水和地下水的处理。频率在 15 kHz 以上的超声波作用于溶液会引起许多化学变化,称为超声空化效应。超声波对水中有机物的降解主要源于超声空化效应及由此引发的物理和化学变化。超声波是一种高频机械波,是由一系列疏密相间的纵波构成,具有能量集中、穿透力强等特点。当声能足够高时,在疏松的半周期内,液相分子间的吸引力被打破,液体介质发生断裂,形成微气泡,微气泡进一步长大成为空化气泡。空化气泡同时受到超声的作用,在经历声的稀疏相和压缩相时,气泡生长、收缩、再生长、再收缩,经多次周期性振荡,最终以高速崩裂。这些条件足以使有机物在空化气泡内发生化学键断裂、水相燃烧、高温分解或自由基反应。超声波降解有机物主要发生在空化气泡内、围绕空化气泡的气-液界面和溶液本体三个区。

(1) 空化气泡核内。该区域含水蒸气、溶解性气体和挥发性溶质。除空化气泡崩溃时产生的高温高压外,还存在水蒸气热解产生的 OH· 和 H· 自由基。高温高压及自由基的形成使热解反应和自由基反应在该区域发生。

(2) 气-液界面处:该区域为高温高压空化气泡气相和常温常压本体溶液之间的过渡区域,空化气泡崩溃时该区温度在 2 000 K 以上,热解反应与自由基反应均会发生。如果溶质浓度高则以热解反应为主,相反则以自由基反应为主。同时可能存在瞬态超临界水,发生超临界水氧化反应。大量研究表明,降解反应主要发生在该区。

(3) 本体液相区。常温常压的本体溶液区,空化气泡崩溃时所产生的自由基有10%左右逃逸进入该区,并与溶液中的有机物发生反应。

因此,超声空化降解有机物主要包括自由基氧化、高温热解和超临界水氧化三种机理。

(1) 自由基氧化。在超声作用下,空化气泡崩溃瞬间,产生的高温高压可将热点周围的水分子裂解成 OH· 和 H·。

OH· 极强的氧化能力使有机物迅速氧化而得到降解,同时 OH· 很容易进一步在空化气泡周围界面重新组合,或与气相中挥发性有机物反应,或在气泡界面区与可溶性溶质反应,形成最终产物,从而达到降解有机物的目的。

(2) 高温热解。在超声化学反应过程中超声空化作用把声能聚集在微小空间内,使之产生异乎寻常的高温高压,形成所谓的"热点"。而热点周围的高温高压,可产生类似于化学反应中的加温、加压,提高分子活性,加快化学反应速度的效应。在空化作用下可以将进入空化气泡内的有机物的化学键打开、断裂,并在空化气泡内发生类似水相燃烧的热分解反应。

(3) 超临界水氧化。超声空化效应产生了高温、高压,此时的温度和压力已超过水的临界点($T=647.3$ K,$P=21.05$ MPa),因此在空化气泡崩溃的瞬间,空化气泡表层的水分子超过临界点处于超临界状态。由于超临界水具备不同于常规状态下水的特殊性质,污染物在超临界状态下很容易被氧化分解。

一般认为,空化理论和自由基理论是超声降解有机物的两种主要作用机理,但同时超声在处理水中有机物时还会产生其他一些不可忽视的作用,如絮凝作用、热作用、机械剪力作用等,这些过程协同作用使水中污染物得到分解。

尹娟娟使用超声波/Fenton 试剂在常温下对 HMX 废水进行处理,研究结果表明,在超声波 60 kHz 条件下,Fenton 试剂对 HMX 废水处理效果很好,在 HMX 初始浓度为 200 mg/L、pH=2,双氧水 1 mL,$FeSO_4$ 溶液用量 0.5 mL,反应时间为 80 min 条件下,HMX 去除率达 90%,COD 去除率达 15%。使用超声波可大大提高 Fenton 法处理 HMX 废水的效率。唐纹涛等利用超声空化助零价铁降解 TNT 炸药废水,超声空化助零价铁对 TNT 的氧化反应能在较短的时间(40 min)内完成。在 40 kHz 超声频率下,TNT 废水初始浓度为 150 mg/L、pH=7、还原铁屑用量为 3 g、反应时间为 40 min,TNT 去除率达到 93.2%,COD_{Cr} 去除率为 79.1%。周建军分别使用紫外光助 Fenton 试剂、超声空化助 Fenton 试剂、超声空化加紫外光助 Fenton 试剂在常温下对 RDX 废水进行对比处理。通过考察反应时间、过氧化氢投加量、硫酸亚铁投加量、pH 值、超声频率以及 RDX 废水初始浓度对 RDX 和废水 COD_{Cr} 去除率的影响,同时应用正交实验和单因素实验确定处理 RDX 废水的最佳操作条件。结果表明,超声空化加紫外光助 Fenton 试剂比单纯在紫外光照的条件下或单纯超声空化对 RDX 的处理效果有明显改善;而且降低了 H_2O_2 和 Fe^{2+} 的投加量,保持了过氧化氢和亚铁离子较高的利用率,降低了处理成本。超声空化加紫外光助 Fenton 试剂处理 RDX 炸药废水的最佳工艺条件为:在 60 W 紫外光照射、超声频率为 40 kHz 下,RDX 初始含量为 180 mg/L,10% 的 H_2O_2 溶液投加量为 0.3 mL;10% 的硫酸亚铁溶液投加量为 0.06 mL,溶液的 pH=3;反应时间为 60 min。在此工艺条件下,RDX 的去除率达到 96.8%,COD_{Cr} 的去除率达到 85%。

2.12 微纳制备方法

2.12.1 微机电技术

作为微/纳技术研究的重要内容,微机电系统(MEMS)是当前微/纳米科技中最具产业化前景的高新技术。MEMS 的加工尺寸在微米量级,体系尺寸在毫米量级。微型化是 MEMS 的一个重要特点,但不是唯一特点。首先,MEMS 不仅体积小、重量轻,具有智能化、多功能、高集成度等特点;其次,可批量加工特点大大降低了 MEMS 产品成本。

在火工品领域,MEMS 技术一般是指利用微机电体系的先进制造和集成思想,采用 MEMS 技术,如沉积镀膜和光刻的细微加工技术、微烟火技术和微型装药技术等,将机械体系、MEMS 技术和化学能源体系集成为具有功能化火工模块的技术。MEMS 技术比传统工艺具有更高的加工精度,可以精确控制爆炸箔、飞片和枪管等部件的参数,从而降低起爆能量。此外,使用 MEMS 技术对电喷进行集成,取代了电喷部件的手动组装,也减少了组装误差。此外,MEMS 技术可以实现电喷的大规模生产,从而降低成本,扩大应用领域。MEMS 技术可应用于薄膜制备、烟火器件的微纳结构制造、高能微体系集成等领域。

在 MEMS 工艺中,光刻技术是最重要的单元工艺之一,是将掩模板(光刻板)上的几何图形转移到覆盖在半导体衬底表面的对光辐照敏感薄膜材料(光刻胶)上的工艺工程。一般的光刻工艺要经历底膜处理、涂胶、前烘、曝光、显影、坚膜、刻蚀、去胶和检验工序,如图 2-40 所示。

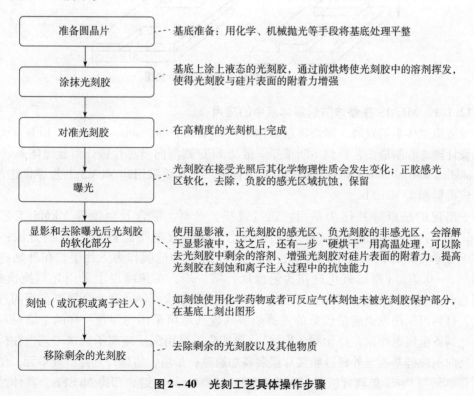

图 2-40 光刻工艺具体操作步骤

在光刻胶的选择上有两种：一种是正性光刻胶；另一种是负性光刻胶。正性光刻胶指的是受光照部分发生降解反应而能为显影液溶解；负性光刻胶受光照部分发生交链反应而成为不溶物，非曝光部分被显影液溶解，获得图形与掩模板图形互补；负性光刻胶的附着力强、灵敏度高、显影条件要求不严，适于低集成度器件的生产。正胶和负胶在图像转移上的区别如图2-41所示，其中掩模板中黑色部分表示未曝光的部分。

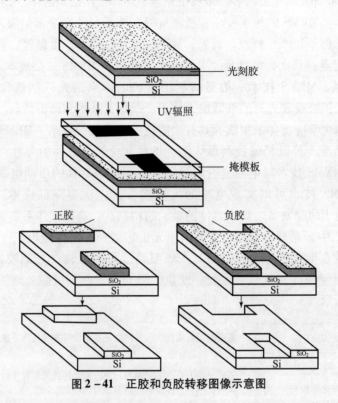

图2-41 正胶和负胶转移图像示意图

2.12.1.1 MEMS在爆炸箔起爆体系中的应用

随着微机电体系的发展，爆炸箔起爆体系（exploding foil initiator system，EFIs）关键元器件的设计理念和制造工艺得到不断革新，推动EFIs逐渐向微芯片爆炸箔起爆体系（micro chip exploding foil initiator system，McEFIs）方向发展，主要采用硅MEMS工艺与非硅MEMS工艺集成批量制备McEFIs。

最先出现的是以硅片作为基板，通过镀膜、光刻、键合及刻蚀等MEMS工艺制备McEFIs。最早，Nerheim和Hoff在其专利中提出采用集成电路制备McEFIs的方法：第一步，在P型单晶硅做的基板上外延生长25 μm厚的N型硅膜作为飞片层，在外延硅膜上氧化出0.3~0.7 μm厚二氧化硅作为绝缘层；第二步，在绝缘层上采用光刻掩模技术，沉积图形画有规则的两个约2 μm厚的金属焊盘；第三步，制备两个金属焊盘间的过渡区和桥区，材料可采用发火能量较低的重掺杂多晶硅（也可采用与焊盘一样的金属材料，从而一体化制备金属爆炸箔，简化制备步骤）；第四步，采用深反应离子刻蚀工艺，在桥箔桥区下方反向刻蚀硅基板至外延硅膜飞片层制备加速膛；最后，将硅片划片形成单元，使用环氧树脂将单元与Pyrex玻璃背板（厚度为0.635~2.54 mm）键合即得McEFIs，具体结构如图2-42所示。

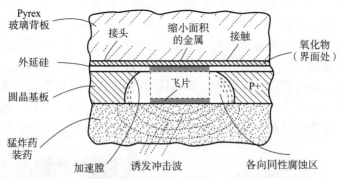

图 2-42　硅 MEMS 工艺微芯片爆炸箔起爆器结构示意图

　　Wang 等通过 MEMS 技术制造了陶瓷基板的 McEFIs，包括磁控溅射、光刻和 CVD 等工艺。McEFIs 包含组件为陶瓷基板、铜箔或爆炸箔、混合飞片、SU-8 枪管和 HNS 药柱。①用磁控溅射法在 2.5 in×2.5 in（1 in=25.4 mm）的化学清洗陶瓷基板上沉积 3.6 μm 的铜薄膜；②利用光刻技术刻蚀多余的铜来形成爆炸箔，桥区的尺寸为 0.4 mm×0.4 mm；③将样品转移到化学真空沉积室中沉积 25 μm 的聚对二甲苯；④样品再次通过磁控溅射在聚碳酸酯层上形成 2 μm 厚的铜层。铜层和聚碳酸酯层一起作为混合飞片冲击炸药。对微芯片爆炸箔起爆器的电爆炸特性进行了研究，分析了电路电流、峰值功率、沉积能量等参数。验证了金属氧化物半导体可控晶闸管触发的微芯片爆炸箔起爆器的起爆能力。结果表明，电容放电电路的平均电感和电阻分别为 22.07 nH 和 72.55 mΩ。电路峰值电流在 1200 V/0.22 μF 时达到 1.96 KA，上升时间为 143.96 ns。分别在 1200 V/0.22 μF 和 1100 V/0.22 μF 下成功起爆了采用球磨和微流控技术制备的六硝基芪（HNS），两者的平均粒度分别为 373 nm 和 158 nm，微流控技术通过重结晶精制 HNS，故具有更小的粒径和更窄的粒径分布范围。

　　施志贵、郭菲等也利用硅 MEMS 工艺制作了 McEFIs，该制备方法在刻蚀单晶硅基板制备加速膛时预留了单晶硅作为飞片层。爆炸箔组件包括反射板、爆炸箔、飞片和加速膛等多个冲击片雷管的重要部件，施志贵在论文中详细描述了制备工艺，并且预测在一定起爆条件下可以起爆六硝基芪-四型（HNS-Ⅳ）。2010 年，施志贵等针对硅 MEMS 工艺制备 McEFIs 做了三方面的改进：①在玻璃基板而非硅基板上制备金属爆炸箔；②采用金属桥箔代替多晶硅桥箔，从而使雷管作用时间缩短到 2 μs 以内；③采用硅-氧化硅-硅（SOI）材料代替单晶硅，从而使硅飞片厚度误差控制在 ±3 μm 以内。实验结果表明，改进后的金属桥冲击片雷管在 3.14 kA 电流下能够起爆 HNS-Ⅳ 炸药。

　　曾庆轩等利用 MEMS 技术制备了基于铝镍反应性多层箔（RMF）的高压爆炸箔起爆器（图 2-43）。首先在玻璃衬底上采用磁控溅射法沉积 2.0 μm 铜（99.99% 纯度）薄膜；然后进行光刻，再进行湿法蚀刻以制造铜桥接触。在两个触点之间留下一个狭窄的方形间隙，用于沉积铝/镍 RMF 桥。间隙长度设计为 0.30/0.35/0.40/0.45mm 和 0.50 mm，以获得不同尺寸的桥。用直流磁控溅射法分别从铝（纯度 99.5%）和镍（纯度 99.5%）靶上沉积了 4.1 μm 的铝/镍 RMF。桥通过剥离工艺形成图案，并与方形间隙区域精确对准。RMF 桥的双层厚度分别为 55/110/225/450 nm。所有的 RMF 桥都采用了 50Al/50Ni 的整体成分，并用 Ni 层覆盖。并且在飞片层顶部沉积一层 25 μm 的聚酰亚胺，同时选择 425 μm Su-8 光刻胶制造枪管。图2-43（a）是铝镍RMF电喷的结构图，图2-43（b）显示透射电子显微镜下具有55 nm双层厚度的铝/镍RMF的横截面结构。试验结果表明，铝/镍多层箔储存的化学能确实有助于飞行速度的增加，具有最大反应热的225 nm双层桥导致最高的飞行速度。通过对试验结果的分析，可以证明铝/镍箔的电爆炸过程由三个阶段组成。首先，铝层被加热蒸发；然后，由于放热混合，凝结的AlNi颗粒开始成核，随后随着连续的能量沉积而蒸发；最后，金属蒸汽电离形成等离子体。这些结果提供了关于铝/镍反应性多层箔的电爆炸的基本理解，并且也能够提高电爆炸的铝/镍多层箔的可靠性和能量效率用于特定的应用。

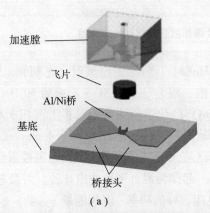
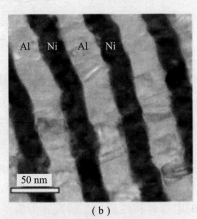

图2-43 铝镍反应性多层箔（RMF）的高压爆炸箔起爆器
(a) 电喷结构图；(b) 横截面结构

2021年，曾庆轩等为了改善高压平面气体开关易受环境影响的问题，利用微加工工艺，设计并制备了一种新型高压开关——电爆炸等离子体开关，开关由三层结构组成，包括上、下两层主电极，中间由绝缘层隔开，其中下层电极含有使开关导通的关键部分——开关桥箔，上层电极含有与开关桥箔相对应的孔隙，便于绝缘层碎片飞出。首先利用磁控溅射技术在基片上沉积一层3.8 μm厚的Cu膜，旋涂光刻胶后，经过紫外曝光和显影，利用湿法刻蚀将Cu膜刻蚀出开关桥箔的形状，形成下层电极。然后将基片转移至甩胶机上，滴加光敏型负性聚酰亚胺光刻胶，当转速不同时，可获得不同厚度的薄膜，经光刻及后烘固化，便形成聚酰亚胺绝缘层。最后利用磁控溅射和化学刻蚀技术在绝缘层上形成上层电极，孔径大小分别为桥箔尺寸的1.2倍、1.4倍、1.6倍、1.8倍、2.0倍。

2020年，徐聪研制了一种基于爆炸桥丝（EBW）电爆炸的冲击感应脉冲功率开关。具有高介电强度的聚合物膜被放置在两个铜膜电极之间，以在切换之前承受高电压，如图2-44所示。首先，顶部薄膜电极被蚀刻成蝶形结构，以形成EBW。一旦电容器C_1和顶部电极之间的开关S（即场效应晶体管）闭合，EBW被存储在电容器C_1中的少量能量加热，并经历一系列通过固体、液体和气体到等离子体状态的相变，产生电爆炸冲击波以冲压聚合物膜。然后，在聚合物膜中发生局部故障，导致高压电容器C_2放电，数

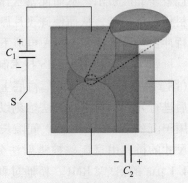

图2-44 以parylene为绝缘材料的脉冲功率开关示意图

千安的电流在电容器放电电路中形成并振荡。使用 MEMS 技术，只需要三个步骤：①两个薄膜电极可以通过磁溅射和紫外光刻制备；②聚合物薄膜可以通过 CVD 涂覆；③在 600～1 800 V 的一系列工作电压下进行了电气试验。结果表明，峰值电流随工作电压线性增加，而延迟时间和上升时间均呈缓慢下降趋势。为了更好地理解，讨论了潜在的传导机制，并从数学上描述了开关电阻。最后，以微芯片爆炸箔起爆器为测试载体，验证了开关的性能，开关闭合后，超细六硝基芪－四型（HNS－IV）药柱在 0.15 μF/1 300 V 下成功起爆。

2.12.1.2　MEMS 在反应性微结构上的应用

现代的"片上能量化"趋势设想减小尺寸和成本，同时增加安全性并保持能量化制品的性能。然而，由于传统工具和技术的空间局限性，在微米和纳米尺度上制造反应性结构仍然是一个挑战。纳米复合材料的应用为降低能量消耗和提高安全性的能量装置的小型化铺平了道路。在这里，用术语"反应性微结构"（RMS）来强调这些物体的主要特征，即它们以微米或纳米级的燃烧或爆炸形式反应。由于其尺寸小，RMS 可以布置在芯片上，在智能弹药和空间系统上具有极好的前景。

人们对具有受控体系结构 RMS 的兴趣日益浓厚，但面临制造问题。传统的制造方法（如浆料装载）需要较长的溶剂干燥时间和回收利用。通过熔融流延或浇注固化 RMS 的沉积具有早期固化和有限适用期的缺点。成熟的制造程序除了对高能炸药的设计有限制外，还具有重大的环境影响（如挥发性有机化合物的利用）、相关的危害、性能可变性和生命周期成本等缺点。

Zhang 等利用 MEMS 技术通过将 Al/CuO 基纳米含能材料与在玻璃基板上的 Au/Pt/Cr 薄膜微加热器集成，开发了纳米引发剂。技术中包括旋涂、光刻、电子束蒸发、金属发射、刻蚀、等离子体增强化学气相沉积（PECVD）、热蒸发和电镀等技术。如图 2－45 所示，该工艺从 500 μm 厚的双抛光 4in Pyrex 7740 玻璃基板开始，使用丙酮和铬酸－硫酸混合物（RT2）清洁基材，用去离子水彻底冲洗，并用氮气吹干。然后在 200 ℃下将基板放入烘箱中干燥 20 min。将正性光刻胶旋涂到 Pyrex 玻璃基板上，并通过设计的掩模－1 使用光刻法进行图案化。将抗蚀剂曝光两次，以生成凹入轮廓。通过电子束蒸发沉积厚度为 20/120/800 nm 的 Cr/Pt/Au 金属膜。Cr 膜充当 Pt 和衬底之间的黏附层。Pt 膜用作电阻器，Au 膜用作导体和接触垫。金属 Cr/Pt/Au 在丙酮中用超声波发射 30 min。在溶剂和去离子水清洗后，用抗蚀剂旋涂含有 Cr/Pt/Au 金属的 Pyrex 玻璃基板，并使用掩模－2 进行光刻图案化。去除显影的抗蚀剂后，将基板放入 Au 蚀刻剂中。移除设计区域中的 Au，并暴露 Pt 作为电阻器。

通过等离子体增强化学气相沉积（PECVD）在玻璃基板上沉积厚度为 300 nm 的 SiO_2 层。使用掩模－3 对抗蚀剂进行旋涂和图案化。除去显影的抗蚀剂后，用缓冲 HF 溶液蚀刻未被抗蚀剂覆盖的 SiO_2 层。SiO_2 层用于保护微加热器并防止后续工艺中的潜在短路。在玻璃基板上沉积 30 nm 厚的 Ti 薄膜，然后通过热蒸发沉积 50 nm 的 Cu 薄膜，其中 Ti 膜用作 Cu 和 Au/Pt/Cr/玻璃之间的黏合层，50 nm 的铜膜用作后续电镀的导电层。然后通过电镀沉积厚度为 1 μm 的 Cu 膜。带有 Cu/Ti 膜的基板用抗蚀剂旋涂，并使用掩模－4 进行光刻图案化。去除显影的抗蚀剂后，首先将基板放入含有 10 mL H_2O_2、10 mL HCl 和 80 mL H_2O 的溶液中以蚀刻暴露的 Cu 膜，然后将其放入缓冲 HF 溶液中以去除未覆盖的 Ti 膜。然后在含有 10 mL HCl（37%）和 120 mL 去离子水的溶液中清洁玻璃基板 20 s，以去除铜膜表面上形成的天然氧化铜。在用去离子水冲洗并用氮气吹干后，将基板放置在干净的硅晶片上，该硅晶

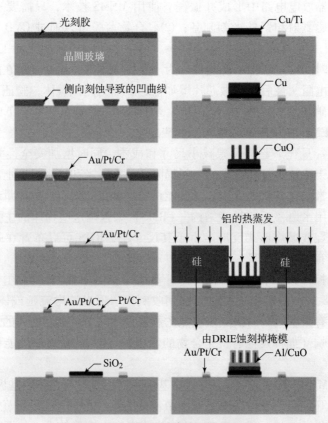

图 2-45 RMS 制造的工艺流程图

片放置在石英舟上。首先石英舟定位安装在水平管式炉内的石英管中；然后在静态空气下 450 ℃的加热衬底热处理 5 h 后，膜的颜色变为黑色。在热处理期间，CuO 纳米线从 Cu 薄膜生长。用厚度为 10 μm 的光刻胶对 4 in 双抛光硅片进行旋涂，并使用掩模-5 进行光刻图案化。在显影光刻胶后，使用深度反应离子蚀刻对暴露的硅片进行蚀刻。采用具有孔的硅晶片作为后续 Al 沉积的荫罩。通过热蒸发将 Al 沉积到具有 CuO 纳米线的玻璃基板上。在热蒸发器中，Al 的沉积厚度（基板上的平均厚度）设定为 1.12 μm。在前一步骤中通过 PECVD 沉积的 SiO_2 层对引发剂至关重要。如果没有 SiO_2 层，沉积的 Al（良导体）将直接连接 Pt，导致短路。

2.12.2 喷墨打印技术

含能材料增材制造技术（俗称 3D 打印技术）是以数字模型为基础并通过软件与数控体系将专用含能材料浆料逐层累加成实体物品的数字化制造技术，是含能材料制备领域的前瞻性工艺技术。它能快速精密制备常规和特定结构的火炸药装药、引信、火工品、活性材料战斗部壳体等含能部件，可用于制备复杂药型结构、能量密度递变的高能炸药装药和固体推进剂药柱以及高堆积密度和多孔发射药等火炸药装药。增材制造技术有多种方法，如喷墨打印、激光熔化沉积、光固化等，其中喷墨打印技术是含能材料最常用的增材制造技术。

2005 年，Fuchs 等开发了一种称为 EDF-11 的爆炸性油墨配方，由聚乙烯醇（PVA）、乙基纤维素（EC）、水、酒精和六硝基六氮杂异伍兹烷（CL-20）颗粒组成。通过直接写入技术将爆炸性墨水装载到 MEMS 基板的空腔中。虽然爆墨有 72% 以上的固体，但是可以流畅地书写。油墨固化后，爆轰临界尺寸和爆速分别可达 86 μm（0.51 mm 装药宽度）和 7 150 m/s。随后，Zhu 和 Wang、Li 等设计了各种 CL-20 基爆炸油墨配方，分别采用直写技术在微槽中书写。最小爆轰临界尺寸可达 0.17 mm（1 mm 装药宽度），爆速可达 8 000 m/s。

  2011 年，Ihnen 等开辟了一条将喷墨微制造技术引入印刷微纳结构含能材料的新途径。利用 DMP-2800 喷墨打印机制备并打印了黑索今和季戊四醇四硝酸酯（PETN）无颗粒爆炸油墨，并对爆炸油墨的喷墨打印机理进行了初步研究。2017 年以来，安等研究了用于 MEMS 烟火装置的喷墨打印微充电技术。CL-20、3,4-二硝基呋咱基氧化呋咱（DNTF）和 PETN 基爆炸性油墨被开发出来，并通过喷墨印刷工艺在微沟槽中充电。此外，还研究了亚毫米级喷墨打印试样的爆轰能力。其中，基于 DNTF/聚叠氮缩水甘油醚（GAP）/EC 的印刷试样的密度为 90% 理论最大密度（TMD）或更高，临界爆轰尺寸为 1 mm×0.01 mm，爆速为 8 500 m/s，显示出良好的成型效果和在微观尺度上优异的爆轰能力。然而，包括 GAP/纤维素结合体系在内的微装药力学性能较差，容易受到冲击力的破坏，限制了其在微机电爆轰体系中的应用。

  He 等为了提高基于 3,4-二硝基呋咱基氧化呋咱（DNTF）的微传爆药的机械强度，在硝化棉（NC）和叠氮缩水甘油醚聚合物（GAP）的复合黏合剂中引入 2,4-甲苯二异氰酸酯（TDI）。一种含有 DNTF、黏合剂和溶剂的全液体爆炸油墨被逐层印刷。通过聚合物交联技术，获得了具有三维网络结构的喷墨打印试样。对印刷试样的形貌、晶型、密度、机械强度、热分解和微尺度爆轰性能进行了测试和分析。结果表明，印刷试样表面光滑，内部微观结构致密，单层印刷厚度小于 10 μm，与原料 DNTF 相比，印刷试样的热分解温度和活化能变化不明显，表明具有较好的热稳定性。固化剂甲苯二异氰酸酯的加入提高了含能复合材料的力学性能和电荷密度。弹性模量和硬度提高 20% 以上。装药密度达 1.773 g/cm³，达理论密度的 95.5%。样品临界爆轰尺寸可达 1 mm×0.01 mm 以下，爆速可达 8 686 m/s，具有良好的微尺度爆轰能力。

  爆炸油墨的成型过程可分为两个阶段：喷墨印刷成型阶段和后固化反应阶段，如图 2-46 所示。在第一阶段中，由压电喷嘴产生的微小墨滴使用高精度三维运动平台按需滴落到指定位置。随后，墨滴在基材上润湿、铺展和固化。从墨滴形成的那一刻起，溶剂就开始挥发。由于过饱和，溶质（炸药和黏合剂）逐渐结晶，最终墨滴可以完全变成固相，形成印刷试样。通过优化喷墨打印参数，可以形成从点到线、到二维区、到三维的含能复合材料。第二阶段是指在爆炸油墨初步固化后，聚合物基团与固化剂之间的交联反应，从而可以增强成型样品的力学性能。

  Xu 等为了探索一种制备含能复合材料的新方法，利用一台具有高精度和高柔性的喷墨打印设备，制备了 6 种 3,4-二硝基呋咱基氧化呋咱和黑索今基爆炸油墨。喷墨打印设备由皮科脉冲压电致动器（俄亥俄州西湖诺森 EFD）和三轴运动平台（厦门双温自动化技术有限公司）组成，用于打印爆炸性油墨。在该装置中，液滴的最小体积达到 10 nL，机械臂在三轴运动平台中的运动精度为 0.01 mm。示意图如图 2-47 所示，其中研究中使用的压电驱动器中的喷嘴直径为 0.1 mm。

  测试了含能复合材料的印刷质量、内部结构、印刷密度和晶体形貌，以及热分解性能和

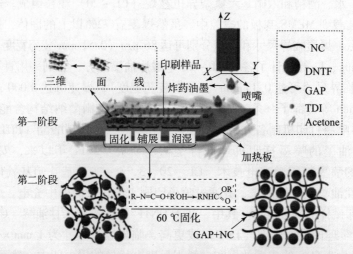

图2-46 3,4-二硝基呋咱基氧化呋咱（DNTF）基爆炸性油墨喷墨打印
（第一阶段）和固化反应（第二阶段）示意图

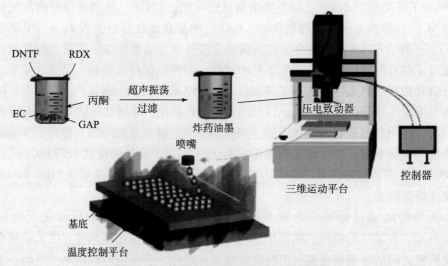

图2-47 含能复合材料制备的流程示意图

爆轰性能。结果表明，喷墨打印为爆炸性油墨提供了良好的形成均匀性。有趣的是，所有含能复合材料都表现出优异的印刷密度，所有值都高于90%的理论最大密度（TMD）。同时，复合DNTF/RDX/乙基纤维素（EC）/GAP（54/36/5/5）表现最好，达到96.88%的TMD，在含能复合材料3D打印方面达到了一个新的高度。进一步的研究表明，没有新材料的出现，多层制造中棒状结构的堆叠方式是取得如此惊人结果的关键。含能复合材料中的颗粒是球形的，尺寸在500 nm～2 μm，并且在黏合剂的基体中彼此紧密连接。此外，直接沉积到楔形通道中的高能复合材料显示出稳定引爆。

2.12.3 直写技术

直写是一套3D打印方法，其中基于反应性材料（墨水）的特殊成分在计算机控制的阶段通过生成的图案进行挤出。由于溶剂的蒸发或黏合剂的沉淀，挤出的油墨在基材上变硬，从而形成最终的体积自支撑样品。由于其相对简单，直写广泛用于生产反应性微结构。然而，高能组合物的危险和黏性性质对技术提出了严峻的挑战。因此，可以使用移液器、注射器或泵来沉积基于六硝基六氮杂异伍兹烷（CL-20）和两种溶液的混合物的浆料。

Nuglo 和 Groven 应用笔式技术，可一次生产基于铝和含氟聚合物的 400 μm 厚的结构。首先将包含四氟乙烯、六氟乙烯和偏二氟乙烯的复合黏合剂 THV 溶解在四氢呋喃中；然后将微米或纳米铝分散在溶液中。将充分混合的墨水装入注射器筒中，通过 300 μm 喷嘴以 30~35 mm/s 的速度施加 0.6 MPa 的气压来进行打印。添加金属粉末后，对于微米或纳米铝来说，初始聚合物表观黏度从 2.8×10^4 cP（1 cP = 10^{-3} Pa·s）分别升至 6.1×10^4 cP 和 3.8×10^5 cP。该装置的黏度操作范围在 $10^3 \sim 10^6$ cP 范围内，在下限时，未观察到自支撑特性，而在上限时，则无法流动。表观直径小于 500 μm 的打印痕迹，微米级和纳米级铝配方的燃速都接近 30 mm/s；随着表观直径的增加，纳米铝配方油墨的燃速急剧增加，当表观直径接近 2mm 时，燃速达到 161 mm/s，约为微米铝配方油墨燃速（41 mm/s）的四倍。在高剪切的情况下纳米级 Al-THV 配方可能会被点燃。因此，从安全考虑，在混合和加工时应尽量减少剪切。干燥的该配方的静电敏感度和摩擦感度阈值分别大于或等于 0.25 J 和 160 N。

2.13 爆轰、冲击制备方法

冲击波是在介质中以超声速传播的压力脉冲。如在一个密闭管道中间用一个膜片隔开，一边充以高压气体，另一边充以低压气体，在某一瞬间，设法将此膜弄破，一边的高压气体将压缩低压气体，在膜片后将产生一个以一定速度传播的不连续面，在不连续面两边的密度、压力、粒子速度等有一个突变，这种在介质内传播的扰动，就称为冲击波。同样，用一个高速飞片或弹丸冲击靶板，在靶板内也能产生冲击波；与炸药相邻的周围介质内，当炸药爆炸时也能产生冲击波的传播。

固体物质在冲击波的高压、高温及高应变速率作用下会发生一系列变化，如晶粒破碎、颗粒压实、孔隙坍塌、冲击波诱导相变、活化、分解和化合等物理及化学变化。利用冲击加载方法合成新材料已成为目前非常活跃的研究领域。借助冲击波引发元素之间的化合反应来改进某些难于压实固体粉末的冲击压实，也是近年来发展出来的有实用价值的方法。

由 Coey 和 Sun 在 1990 年报道的 $Sm_2Fe_{17}N_x$ 化合物的居里温度高达 475 ℃（比 Nd-Fe-B 磁体高 150 ℃以上），在居里温度下具有优异的本征磁性能，有望作为在高温下使用的永磁材料。但是，$Sm_2Fe_{17}N_x$ 不能通过常规烧结方法在没有黏合剂的情况下制备块状磁体，因为该类化合物在高于 500~600 ℃的温度下会分解为 α-Fe 和氮化钐。Sm_2Fe_{17} 粉末（f 型、g 型、h 型、i 型和 j 型）是通过感应熔化，在氩气气氛下于 1 100 ℃退火 50h 然后破碎而获得的。Mashimo 等使用无黏合剂的磁性排列的粉末颗粒，通过冲击压缩结合推进剂枪，制备了孔隙率为 2%~10% 的完全致密的 $Sm_2Fe_{17}N_x$ 块状体。$Sm_2Fe_{17}N_x$（$x>2.8$）粉末的制备方法是：首先将 Sm_2Fe_{17} 粉末在 10 atm 压力的氮气气氛下于 450 ℃进行氮化 36 h；然后使用气流粉碎。不规则颗粒的平均直径约为 3.3 μm。通过 CVD 方法在颗粒表面掺杂 Zn（2wt%）制得 j 型试样，以检查黏合剂对固结状态和磁性能的影响。首先通过在 10~15 kOe [1 Oe（奥斯特）≈79.6 A/m］的场中以 0.15 GPa 的压力进行单轴压制；然后以 0.6 GPa 的压力进行压制，获得压块，反应示意图如图 2-48 所示。使用磁取向方向为法线且平行于冲击传播的两种粉末颗粒（分别为法线模式和平行模式）。使用推进剂枪或爆炸进行实验的粉末颗粒的孔隙率为 37%～39% 或 47%。产品的磁性能不同，但是差异很小。

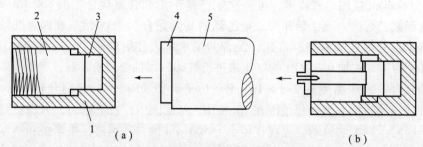

图 2-48　使用推进剂枪在大气和真空气氛下进行冲击压缩恢复实验的容器示意图
(a) 大气气氛；(b) 真空气氛
1—容器；2—螺钉；3—试样；4—冲击板；5—弹丸

陈鹏万等提出了一种通过爆轰驱动飞片制备氮掺杂 TiO_2 的新方法，试样是 P25 TiO_2 和双氰胺掺杂氮源（DCD，$C_2N_4H_4$）的混合物，质量比为 9:1。钢飞片由硝基甲烷主装药（CH_3NO_2）引爆推动，由 8701 炸药的助推器引爆，以高飞片速度撞击包裹在容器中的试样，并受到冲击波压缩。在不同的飞片冲击速度下冲击样品，并成功恢复。利用 XRD、UV-Vis 和 XPS 光谱对回收样品的相组成、氮掺杂浓度和能隙进行了表征。结果表明，锐钛矿转变为金红石，Srilankite 相在更高的飞片速度下出现（1.9～2.52 km/s），回收样品中的掺杂氮浓度随着飞片速度的增加而增加，而氮的最大浓度为 13.45%（原子百分数）。冲击波诱导的氮掺杂二氧化钛的边缘吸附波长从 435 nm 移动到 730 nm，相应的能隙从 2.85 eV 减小到 1.73 eV。高浓度氮掺杂二氧化钛是在冲击波诱导的锆钛矿高压相形成过程中通过晶格位移-原子交换机制实现的。

于雁武等选择奥克托今炸药（HMX）作为高温、高压源，通过聚甲基丙烯酸甲酯（PMMA，密度 1.18 g/cm^3）调整爆轰冲击波，二氧化钛（TiO_2）和活性炭（C）作为前驱体，采用爆炸冲击合成的方法制备了纳米碳化钛（TiC）粉末。封闭爆轰反应器中的反应装置示意图如图 2-49 所示。HMX 和前驱体分别被压制成直径为 10 mm、高度为 5 mm 的圆柱体，HMX 和前驱体圆柱体的密度分别为 1.8 g/cm^3 和 1.5 g/cm^3。在爆轰冲击波结束时，获得了黑色粉末产品，并伴有氨气的释放。黑色粉末首先在王水中浸泡 24 h 后变为棕色；然后在马弗炉中 400 ℃ 煅烧 400 min；最终获得浅灰色粉末。

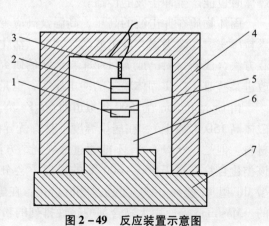

图 2-49　反应装置示意图
1—前驱体；2—HMX；3—电雷管；4—反应容器；
5—聚甲基丙烯酸甲酯；6—钢套管；7—底座

采用爆轰冲击法合成的 TiC 粒径小于 50 nm，虽然爆轰冲击波合成纳米 TiC 的机理遵循固态反应。但是，由于高温、高压和爆轰作用时间短，与传统的固态反应有很大不同。与传统碳热法相比，纳米 TiC 的爆震波反应不经过 Ti_4O_7、Ti_3O_5、Ti_2O_3 的顺序，而是直接作用于 TiC 和 CO。爆震波的作用导致前驱体中出现位错、滑移带、涡流、缺陷和晶格畸变，并在反应过程中产生 CO 气体，这在一定程度上促进了纳米 TiC 合成。

习　题

1. 简述利用沉淀反应制备吸波材料的影响因素，并阐述影响因素对材料性能的影响。
2. 简述水热溶剂热方法在隐身材料制备中的优势。
3. 如何利用氧化物的 $\Delta G^{\theta}_{生成}$ 与温度 T 的关系图判断反应能够进行？举例说明。
4. 举例说明 SHS 反应控制结构的常见方法。
5. 简述溶胶凝胶法制备 TiO_2 的原理。
6. 简述磁控溅射方法的原理及其在火工品制备方面的应用。
7. 简述微机电体系在火工品制备中的应用。

第 3 章
电性材料/导体和半导体

导电性是评价材料所具有的传导电流的性质。物质按电导率（或电阻率）的大小可分为绝缘体、半导体、金属导体和超导体四类，室温下它们的电阻率一般为：导体电阻率小于 $10^{-7}\ \Omega\cdot m$；半导体电阻率为 $10^{-7} \sim 10^{6}\ \Omega\cdot m$；绝缘体电阻率大于 $10^{6}\ \Omega\cdot m$。

3.1 能带理论

固体一般直接由原子组成，原子包括原子核和核外电子，它们均处于不断运动的状态。为了阐明电子在晶格中的运动规律、固体的导电机制和合金的某些性质等，能带理论采用电子共有化模型和单电子近似简化问题，它是研究固体中电子运动规律的一种近似理论。

原子核外电子只能在特定的分立的轨道上运动，各个轨道上的电子具有分立的能量，这些能量值即为能级。固体中的原子紧密地排列，以至于原子中的电子倾向于进入相邻原子的轨道，相邻原子的电子轨道（电子云）相互交叠，对应于孤立原子中的每一能级都将分裂成具有一定的能量宽度，电子的能量可以处在一些被允许的范围之内，这个范围则称为能带。原子的内层电子能量较小，势垒较宽，穿透势垒的概率很小，可视为束缚态，在各自的原子核周围运动。处在能量较高能级的外层电子，其势能大于势垒，原来属于某一个原子的电子，此时为晶体的几个原子共有；而处在能量居中能级的电子，势能接近势垒的高度，则会因为量子隧穿效应而离开自身的原子核进入到其他原子中，因此这些大量的电子就成为晶体内部共有的电子，这些电子是共有化电子，这种由于晶体原子周期性排列而使价电子不再为单个原子所有的现象称为电子的共有化。

根据电子的填充程度可以对能带进行分类。

（1）允带（Allowed band）：电子能量的允许范围称为允带。

（2）空带：没有电子填充的能带称为空带。

（3）满带：填满电子的能带称为满带。由于满带中的能级全被电子占满，因此当某能级上的一个电子移动到另一能级时，必然会带来反方向的转移，因此不会发生净电荷的转移，也就不会有电流出现。

（4）价带（Valence band）：价带是指价电子所占据的允带。对于半导体或绝缘体，是在 0 K 时能被电子占满的最高能带。

（5）导带（Conduction band）：对于金属，所有价电子所处的能带就是导带。对于半导体，所有价电子所处的能带就是价带，比价带能量更高的能带是导带。

（6）禁带（Forbidden band/Band gap）：在能带结构中能态密度为 0 的能量区间。

导带的下能级（底部）和价带的上能级（顶部）之间的能量差称为禁带宽度，也称能隙。固体的能带结构如图3-1所示。对一价金属，价带是未满带，故能导电；对二价金属，价带是满带，但禁带宽度为0，价带与较高的空带相交叠，满带中的电子能占据空带，因此也能导电。绝缘体和半导体的能带结构相似，价带为满带，价带与空带间存在禁带。由于热运动，总会有一些具有足够能量使满带中的电子激发到空带中，使之成为导带。由于绝缘体的能隙较大（如金刚石的带隙为6 eV），在常温下几乎很少有电子可以从满带激发越过禁带到空带中，宏观上表现为导电性差。半导体的能隙较小，只需较小能量就能将满带中的电子激发到空带中，宏观上表现为有较大的电导率。部分半导体的能隙值见表3-1。

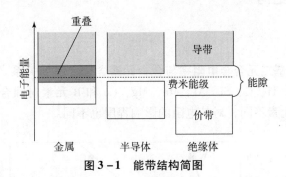

图3-1 能带结构简图

表3-1 部分半导体的能隙值

半导体	E_g/eV	半导体	E_g/eV
Si	1.10	Ge	0.72
Bi_2O_3	2.80	$BaTiO_3$	3.30
CuO	1.70	CoO	2.60
Fe_2O_3	2.20	Fe_3O_4	0.10
NiO	3.50	MoS_2	1.17
Sb_2O_3	3.00	Sb_2S_3	1.72
PbO	2.80	TiO_2	3.20

3.2 影响金属电阻率/电导率的因素

当电子波通过一个理想晶体点阵时（0 K）不会受到散射；只有在晶体点阵完整性遭到破坏的地方，电子波才受到散射（不相干散射），从而使金属产生电阻。由于温度引起的离子运动（热振动）振幅的变化（通常用振幅的均方值表示），以及晶体中异类原子、位错、点缺陷等都会使理想晶体点阵的周期性遭到破坏。这样，电子波在这些地方发生散射而产生电阻，降低导电性。表征物质导电性能好坏的参数是电导率，电导率越大，则导电性能越强；而电阻率是用来表示各种物质电阻特性的物理量。

电阻率ρ（单位：$\Omega \cdot m$）与电导率σ（单位：S/m）、电阻R（单位：Ω）与电导G（单位：S）分别为倒数关系：

$$\rho = 1/\sigma \tag{3-1}$$
$$R = 1/G \tag{3-2a}$$

导体的电阻除了与其电阻率有关外,还与其长度 l、截面积 s 相关,即

$$R = \rho \times l/s \tag{3-2b}$$

影响导体电阻率的因素有内部及外部因素,外部因素主要有温度和压力,内部因素有晶体成分结构、相变和熔化等。

3.2.1 成分与结构

3.2.1.1 成分

1. 合金

图 3-2 显示了镍基二元合金电阻率与合金元素含量之间的关系。从图 3-2 可以看出,在镍基中添加 W、Zr、Ti、C、Si、Al、Mn、Mg、Co 和 B 元素对镍合金均能起到增加电阻率的作用,且添加的元素不同,对其电阻的影响程度也不同。

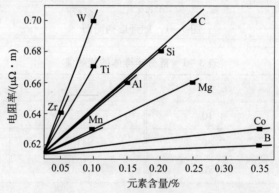

图 3-2 镍基二元合金电阻率随合金元素之间的变化

加入 Al 可以显著增大合金的电阻率,并简化热处理工艺。Al 还可以使电阻温度系数和对铜热电势降低,但加入过多 Al 则会产生成分波动及偏析,晶粒尺寸急剧增大,铸锭会产生严重的柱状晶结构,导致热加工困难。因此,在 Ni-Cr 系合金中一般 Al 含量控制在 2%~3%。

加入 Mn 可以改善合金的加工性能并提高其电气性能的稳定性。但 Mn 含量在 1% 以下时,效果较差;超过 5% 又会使合金的热加工困难,并由于 Mn 的析出而影响质量。故 Mn 含量一般控制在 1%~4%。

Si 的主要作用是稳定合金的成分,均匀合金组织。合金中的 Al 所造成的材料硬化而损害合金加工性能的问题,可以通过加入 Si 替换 Al 得以部分解决。Si 一方面可以使合金的电阻温度系数和对铜热电势降低;另一方面又使其固有电阻增大。但是,过量的 Si 会显著损害合金的加工性。Si 的加入量在 1% 左右即可达到最好的综合性能。

2. 固溶体

金属之间形成固溶体时电导率会降低,这是因为溶质原子溶入到溶剂晶格时,溶剂的晶格发生扭曲畸变,破坏了晶格势场的周期性,电子受到散射的概率增加,因而电阻率增高。但晶格畸变不是电阻率改变的唯一因素,固溶体电性能尚取决于固溶体组元的化学相互作用

（能带、电子云分布等）。

在连续固溶体中，合金成分距组元越远，电阻率也越高，在二元合金中最大电阻率常在 50% 原子浓度处，而且可能比组元电阻率高几倍，如图 3-3 所示。铁磁性及强顺磁性金属组成的固溶体情况有异常，它的电阻率一般不在 50%（原子百分数）处，如图 3-4 所示。

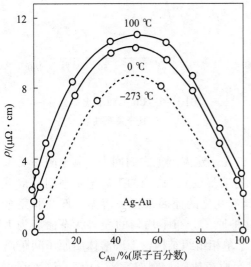

图 3-3　Ag-Au 合金电阻率与组元的关系

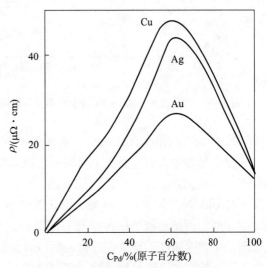

图 3-4　Cu、Ag、Au 与 Pd 合金电阻率与组元的关系

当溶质浓度较小时，固溶体的电阻率 ρ 变化规律符合 Matthiesen 定律：

$$\rho = \rho_0 + \rho' \tag{3-3}$$

式中：ρ_0 表示固溶体溶剂组元的电阻率；ρ' 为剩余电阻率；$\rho' = c\Delta\rho$，c 为杂质原子含量，$\Delta\rho$ 表示 1% 原子杂质引起的附加电阻率。

Matthiesen 定律早在 1860 年就已提出，目前已发现不少低浓度固溶体（非铁磁性）偏离这一定律。考虑到这种情况，现把固溶体电阻率写成三个部分，即

$$\rho = \rho_0 + \rho' + \Delta \tag{3-4}$$

式中：Δ 为偏离 Matthiesen 定律的值，它与温度和溶质浓度有关，随溶质浓度增加，偏离越严重。

实验证明，除过渡金属外，在同一种溶剂中溶入 1%（原子百分数）溶质金属所引起的电阻率增加由溶剂和溶质金属的价数而决定，其价数差越大，增加的电阻率越大，这就是 Norbury-Lide 法则，其数学表达式为

$$\rho = a + b(\Delta Z)^2 \tag{3-5}$$

式中：a、b 为常数；ΔZ 表示低浓度合金溶剂和溶质间的价数差。

图 3-5 和图 3-6 分别为不同温度、热处理条件下合金的组分-电阻关系图。

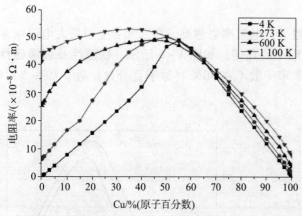

图3-5 不同温度下 Cu-Ni 合金的组分-电阻关系

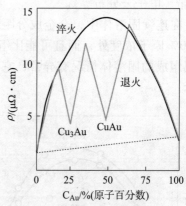

图3-6 Cu-Au 合金电阻率-组分关系曲线

3. 不均匀固溶体（K 状态）电阻率

合金元素中含有过渡族金属时，经高温淬火后，在一定温度范围内回火，其电阻率反常升高（其他物理性能，如热膨胀系数、比热容等也有明显变化）；冷加工后电阻率则反常下降，Thomas 最早发现这一现象，其认为这种电阻异常变化的原因来自固溶体内部并非完全无序排列，而是形成了一种短程有序结构，他将这种原子分布不均匀的固溶状态命名为 K 状态。X 射线和电子显微镜分析表明，合金虽然处于单相组织结构，但固溶体中原子间距产生了明显的波动，这是组元原子在晶体中不均匀分布所造成的。例如，Ni-Cr、Ni-CuZn、Fe-Ni、Mo-Fe、Cr-Al 和 Ag-Mn 等固溶体合金中均能形成 K 状态。

当形成不均匀固溶体时，在固溶体点阵中会形成原子的聚集，其成分与固溶体的平均成分不同，这些聚集包含有约 1 000 个原子，即原子的聚集区域几何尺寸大致与电子自由程为同一个数量级。因此，明显地增加电子散射概率，提高了合金的电阻率，如图 3-7 所示。由图 3-7 可以看出，当回火温度超过 550 ℃时，反常升高的电阻率又开始消失，这可解释为原子聚集高温下将消散，于是固溶体渐渐地成为普通无序的、统计均匀的固溶体。冷加工在很大程度上促使固溶体不均匀组织的破坏并获得普通无序的固溶体，因此，合金电阻率明显降低，如图 3-8 所示。

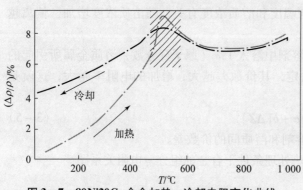

图3-7 80Ni20Cr 合金加热、冷却电阻变化曲线

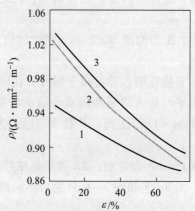

图3-8 80Ni20Cr 合金电阻率与冷加工形变的关系（原始态：高温淬火）

1—800 ℃水淬 +400 ℃回火；2、3—形变 +400 ℃回火

4. 多相合金的电阻

多相合金的导电性和合金的组织有关,退火态的二元合金组织为两相机械混合物时,如合金组成相的电阻率相近,则电导率和 A、B 两组元的体积分数呈线性关系。TOKYO WIRE WORKS 有限公司的精密电阻(Ni - Cr - Al)合金焊丝为卡玛洛合金(Karmalloy),组分为 19% ~ 21% Cr、70% ~ 79% Ni,其余为 Al,体积电阻率(1.33 ± 0.05) $\mu\Omega \cdot m$。其显著特征为:通过在镍铬电热丝中添加 Al,使体积电阻率比 1 级镍铬电热丝大 1.2 倍,使拉伸强度大 1.3 倍。电热丝的二次温度系数 β 非常小,为 $-0.03 \times 10^{-6}/K^2$,并且电阻温度曲线在较宽的温度范围内几乎为直线(图 3 - 9)。因此,将温度系数设置为 23 ~ 53 ℃ 的平均温度系数,但是温度系数也可采用 0 ~ 100 ℃ 的平均温度系数 $1 \times 10^{-6}/K$。在 1 ~ 100 ℃,对铜的电动势也很小,低于 2 μV/K,并且多年来表现出出色的稳定性。就像锰铜丝 CMW 一样,若要将其用作精密电阻材料,则需要进行低温热处理以消除加工变形。

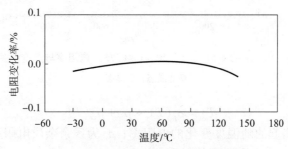

图 3 - 9 Karmalloy 的温度—电阻变化率

5. 非晶态

在铁磁材料中,磁散射对电阻率有一定贡献,使一些金属玻璃(metallic glasses)在居里点 T_c 处显示出明显的异常。但是,在其他一些金属玻璃中,没有观察到这种磁散射的各向同性分量。磁化强度对电阻率的另一贡献是与居里温度以下的磁化方向有关的小的二阶效应——电阻率的自发各向异性(spontaneous anisotropy of the resistivity, SAR)。SAR 效应通常定义为 $\Delta\rho/\rho = (\rho_\parallel - \rho_\perp)/\rho$($\rho_\parallel$ 和 $\rho_\perp$ 是在饱和磁化强度 M_s 下分别平行和垂直于电流方向的电阻率),而 ρ 为退磁状态下的电阻率,SAR 效应在 $T = T_c$(样品的居里温度)时消失。

通过三极管溅射制备的 $\alpha - Fe_xSi_{1-x}$ 薄膜是非晶态和铁磁性的,在 $0.5 \leq x \leq 0.77$ 范围内,T_c 值高于 77 K。室温下低 Si 浓度($x > 0.8$)的 $\alpha - Fe_xSi_{1-x}$ 膜的电阻率与低温下纯 $\alpha - Fe$ 甚至高温下液态 Fe 的电阻率处于相同范围内。图 3 - 10 所示为不同组成下电阻率 ρ 与温度的关系。

1978 年,Shimada 和 Kojima 发现,电阻率的急剧增加对应于结晶的开始。为进行比较同时还绘制出了 $x = 0.5$ 和 0.75 时结晶后这两个样品的冷却结果。$\alpha - Fe_xSi_{1-x}$ 是异常的,因为在结晶后观察到电阻率的提高而不是降低。这归因于 Fe_3Si 晶相的特别高的电阻率,如 TEM 图像和选定区域的电子衍射所示,Fe_3Si 晶相的电阻率最高。

在非晶态下,电阻率几乎不随温度变化,在测得的温度范围内未观察到最小电阻率;对于 T_c 低于结晶温度 T_1 的样品,在居里点温度 T_c 上均未观察到异常。

根据 Van Zytveld(1980 年)对晶体铁的数据,由于磁振子的散射,低于 T_c 的电阻率 ρ 与马西森(Mathiessen)的定律有很大的偏离,可以写为

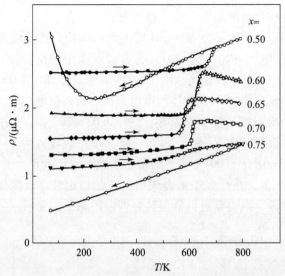

图 3-10 $\alpha-Fe_xSi_{1-x}$ ($0.50 \leqslant x \leqslant 0.75$) 电阻率与温度的关系
●非晶态；○晶态

$$\rho(T) = \rho_p(T) + \rho_r + \rho_m(T) \tag{3-6}$$

式中：ρ_p 为声子散射引起的随温度变化的电阻率；ρ_r 为残余杂质电阻率；ρ_m 为磁振子散射电阻率，在熔点时 ρ_m 约占总电阻率的 2/3。

值得注意的是，$\alpha-Fe_xSi_{1-x}$ 与液态 Fe 相似，电阻率与温度无关，对于 $T_c < T_x$ ($\alpha-Fe_xSi_{1-x}$, $x < 0.65$) 的样品，电阻率在 T_c 处没有异常。这可能是因为唯一起作用的机制是结构无序散射。相比之下，磁散射的贡献可以忽略不计。如果存在磁散射，则另一种可能性是，即使对于 $T < T_c$，自旋无序散射也与温度无关，因为传导电子的平均自由程与原子间距离相当。短的平均自由程与负电阻率温度系数（TCR）相关，$\alpha = (1/\rho) (d\rho/dT)$。在 TCR 与 ρ 的关系曲线中，在 Mooij 相关区间观察到从正 TCR 到负 TCR 的交叉。

在金属材料中发现了负温度系数，与金属超晶格以及具有高电阻率的无序晶体合金不同。Mooij 相关性的普遍性是一个非常有趣的实验结果，似乎与短平均自由程有关。由此可以推测，在 $x < 0.65$ 的 $\alpha-Fe_xSi_{1-x}$ 中，在任何温度下都可能存在自旋无序散射，这可能是对 ρ 的重要贡献，但实验上并不能从总电阻率中提取磁贡献。

也许传导电子被散射了很多次，以至于无法区分不同的磁矩间的关联，它们随温度而变化。具有相对较大的正温度系数的其他无定形系统在 T_c 处显示出明显的异常。

对于不同的组成 x，图 3-11 显示了 SAR 与温度的关系，T_x 标志着结晶范围的开始。高于 550 K 时，SAR 随温度的变化主要由不可逆的结晶和退火过程决定。特别是当 $x > 0.7$ 时，存在非零尾部，对应于 T_c 较高的晶相。从图 3-11 所示相应的冷却曲线还可以看出，结晶膜在低温下显示出负的 SAR，这与有关铁、硅、铝合金中的 SAR 效应的可用数据一致。$x = 0.82$ 的曲线对应于沉积时已经微晶的膜。

3.2.1.2 电阻率各向异性

关于非晶态 Fe_xSi_{1-x} 薄膜的电阻率和自发各向异性电阻率，尽管现在人们知道退火的立方金属的电阻率是各向同性的，但有明显的证据表明冷金属的电阻率有时并非如此。

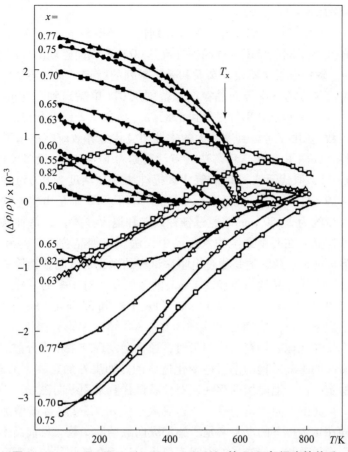

图 3-11 α-Fe$_x$Si$_{1-x}$（0.50≤x≤0.82）的 SAR 与温度的关系

（实心符号：非晶薄膜；空心符号：相同成分结晶）

电阻率各向异性可以在最冷的带钢中得到最简单的证明，尽管效果很小。已经使用统计方法来确定在给定材料中纵向电阻率与横向电阻率是否显著不同。

使用精密技术测量轧制带钢与冷拔钢丝电阻率各向异性的结果见表3-2。由表可以看出，纵向电阻率可以大于、等于或小于横向电阻率。根据有关位错电阻的理论，任何非随机位错阵列都会引起电阻率各向异性，各个位错的散射各向异性。尽管理论工作表明了散射各向异性的大小，但只能通过对位错的排列作出任意但合理的假设才能与试验一致。

表 3-2 冷加工金属的电阻率各向异性

金属/% (质量百分数)	20℃时电阻率（退火）/(μΩ·cm)	对数应变	20℃时增加百分比/% 纵向	20℃时增加百分比/% 横向
铜	1.68	2.9（带）	3.20±0.14	3.27±0.14
镍	9.94	2.9（带）	3.44±0.11	3.39±0.11
75/25 铜镍	30.56	2.2（带）	3.34±0.16	4.03±0.16
70/30 黄铜	6.17	2.9（带）	22.97±0.19	21.16±0.19
80/20 黄铜	1.69	2.7（线）	2.3±0.2	2.9±0.2
94/6 铝青铜	5.47	1.96（线）	18.4±0.1	14.9±0.3

3.2.1.3 晶粒大小

Oliver 和 Michalak 用三种不同纯度的铁（分别包含最多 34 ppm、79 ppm 和 2 150 ppm 的原子杂质）制成的具有不同晶粒度的样品，在高达 60 kOe 纵向磁场的作用下，研究了 4.2 K 下样品的电阻率 ρ。发现电阻率不仅受杂质和磁畴排列的影响，而且还受每单位体积的晶界面积的影响。在最高纯度的铁中界面晶粒面积范围从 0（单晶）到 7.0 mm^{-1} 时，比率 $R = \rho$（300.0 K）$/\rho_{min}$（4.2 K）从 2 875 变化到 528（ρ_{min} 是在 4.2 K 下测得的电阻率的最小值，是所施加电场的函数）。由于考虑到这些大的磁性和粒状边界效应，揭示了 R 与纯度之间的更加清晰的相关性。Fe Ⅰ 由氧化区精炼法（氧活度约为 1）生产，最多包含 34 原子 ppm 的杂质（C - 19、O - 11，取代元素 - 4）。氧化区提纯法（氧活度为 0.05）制得最多含 79 原子 ppm 杂质（C - 19、O - 18，替代元素 - 42）的 Fe Ⅱ。Fe Ⅲ 是市售电解铁，以常规方式真空熔化，杂质含量约为 2 150 ppm。通过各种锻造和退火技术，从每种铁中制备了不同平均晶粒度的电阻率样品。在两个最纯的铁样品中无法获得细晶粒。G 表示以 mm^2/mm^3 为单位的材料的晶粒界面面积，G 的值是通过电阻率试样的抛光部分的金相检查确定的平均晶粒面积计算得出的。所有铁样品均为直径约 1 mm 的金属丝。对于多晶试样，这些试样的长度约为 80 mm，对于单晶试样，其长度为 52 mm（Fe Ⅰ）和 32 mm（Fe Ⅱ）。通过标准的四探针电位计进行电阻率测量，使用的电流约为 0.4 A。超导螺线管提供高达 60 kOe 的磁场，当高纯铁的电阻率仅在地球磁场存在下测量时，通常会发现结果相当分散。这是由与样品中电流相关的磁场引起的磁畴结构的不可逆变化造成的。如果外加足够大的磁场使试样饱和，则测量结果可以稳定。由于退磁场的存在，对棒状试样宜采用纵向磁场。随着施加磁场的增加，发现铁在 4.2 K 时的电阻率迅速降低，达到最小值 ρ_{min}，然后逐渐增加。如图 3 - 12 所示，不同纯铁试样在 4.2 K 下的电阻率是所施加纵向磁场的函数。目前尚不能完全理解电阻率的快速初始下降，导致相对于磁场的电阻率最小。最近在铁晶须中也观察到这种行为。毫无疑问，这种降低与磁化过程有关，该过程与磁畴排列的变化相关，最终使试样饱和时磁畴壁消失。因此，这种现象很可能涉及固有磁阻与畴壁散射的结合。可以指出，在 ρ_{min} 附近，电阻率测量值与电流无关。电阻率最小发生的施加磁场的值主要由样品消磁系数确定。从图 3 - 12 所示的数据中，最有趣的观察结果是，相同纯度铁的电阻率值受晶粒尺寸的强烈影响。在此之前尚未报道过铁的这种作用。由于晶粒尺寸效应，畴结构效应以及铁中的传导电子受到 B 场的影响（B 表示磁感应矢量），铁的电阻率数据与纯度的关联以及解释要比非铁磁性金属复杂得多。原则上，通过绘制相对于 B 的实验电阻率数据并外推，最好消除电阻率中的 B 场贡献。然而，他们发现这种推断是困难的，并且不会改变关于铁中晶粒尺寸效应的结论。为方便起见，使用了从具有基本相同的退磁因子的样品中获得的 ρ_{min} 值。图 3 - 13 显示了两个不同纯度的铁试样使用最小电阻率值 ρ_{min} 的晶粒尺寸效应，为了进行比较，包括纯铜中的晶粒尺寸效应。这些数据还表示为由 $R = \rho$（300.0 K）$/\rho_{min}$（4.2 K）定义的电阻率。显然，晶粒度对高纯铁（Fe Ⅰ 和 Fe Ⅱ）试样的电阻率具有更明显的影响。相对而言，对于不纯铁样品（Fe Ⅲ）而言，它变得不那么重要了。例如，数据表明，对于 Fe Ⅰ，晶粒尺寸效应解释了 R 在 2 875 ~ 528 的变化，对应于 $G = 0$ mm^{-1}（单晶）到 $G = 7.0$ mm^{-1}。此外，还应注意，$R = 2$ 875（当外推到 $B = 0$ 时，电阻率值约为 3 250 $\Omega \cdot$ cm）的值远大于 300，而先前预计该值为极限。Fe Ⅰ 块状单晶的 R 值在铁晶须的范围内，该值肯定与实验室生产的高纯度铁有关。

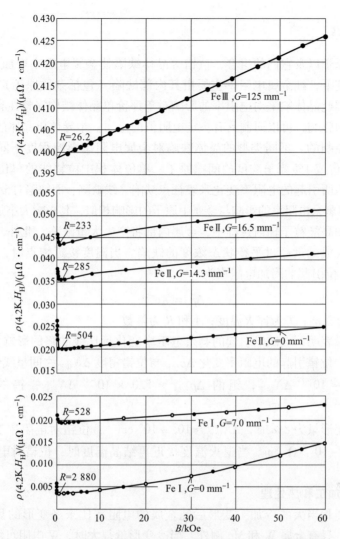

图 3-12 不同纯铁试样在 4.2 K 下的电阻率-纵向磁场曲线

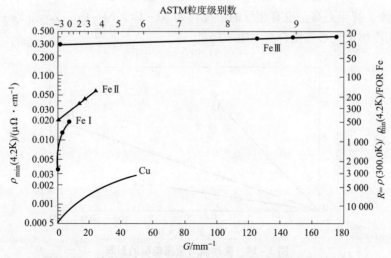

图 3-13 铁和铜在 4.2 K 下的电阻率与界面晶粒面积的关系

3.2.2 缺陷

空位、间隙原子以及它们的组合、位错等晶体缺陷使金属电阻率增加。根据 Matthiesen 定律，在极低温度下，纯金属电阻率主要由其内部缺陷（包括杂质原子）决定，即由剩余电阻率 ρ' 决定。因此晶体缺陷对电阻率的影响对于评价单晶体结构完整性有重要意义。掌握这些缺陷对电阻的影响，可以研制具有一定电阻值的金属。半导体单晶体的电阻值就是根据此原则进行人为控制的。不同类型的晶体缺陷对金属电阻率影响程度不同。通常，分别用 1% 原子浓度的空位或 1% 原子浓度的间隙原子、单位体积中位错线的单位长度、单位体积中晶界的单位面积所引起的电阻率变化来表征点缺陷、线缺陷、面缺陷对金属电阻率的影响。空位和间隙原子对剩余电阻率的影响与金属中原子的影响相似，其影响大小是同一个数量级。

在范性形变和高能粒子辐射过程中，金属内部将产生大量缺陷。此外，高温淬火和急冷也会使金属内部形成远远超过平衡状态浓度的缺陷。当温度接近熔点时，由于急速淬火而"冻结"下来的空位引起的附加电阻率为

$$\Delta\rho = A e^{-\frac{E}{RT}} \tag{3-7}$$

式中：E 为空位形成能；T 为淬火温度；A 和 R 为常数。

大量实验结果表明，点缺陷引起的剩余电阻率变化远比线缺陷的影响大。对多数金属，当形变量不大时，位错引起的电阻率变化 $\Delta\rho_{位错}$ 与位错密度 $\Delta N_{位错}$ 之间呈线性关系。在 4.2 K 时，铁的 $\Delta\rho_{位错} \approx 10^{-18} \Delta N_{位错}$；钼的 $\Delta\rho_{位错} \approx 5.0 \times 10^{-16} \Delta N_{位错}$；钨的 $\Delta\rho_{位错} \approx 6.7 \times 10^{-17} \Delta N_{位错}$。

一般金属在变形量为 8% 时，$\Delta N_{位错} \approx 10^5 \sim 10^8 \text{ cm}^{-2}$，位错对电阻率变化 $\Delta\rho_{位错}$ 影响很小，一般在 $10^{-11} \sim 10^{-8} \Omega \cdot \text{m}$。当退火温度接近再结晶温度时，位错对电阻率的影响可忽略不计。

3.2.2.1 冷加工和热处理

室温下测得经相当大的冷加工变形后纯金属的电阻率比未经变形的只增加 2%～6%，如图 3-14 所示，只有金属 W 和 Mo 例外。当冷变形量很大时，W 电阻可增加 30%～50%，Mo 增加 15%～20%。一般单相固溶体经冷加工后，电阻可增加 10%～20%，而有序固溶体电阻增加 100%，甚至更高。也有相反的情况，如 Ni-Cr、Ni-Cu-Zn 和 Fe-Cr-Al 等形成 K 状态，则冷加工变形将使合金电阻率降低。

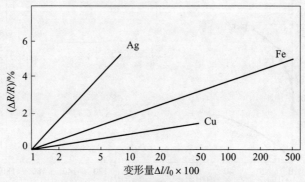

图 3-14　变形量对金属电阻的影响

冷加工引起金属电阻率增加，同晶格畸变（空位、位错）有关。冷加工引起金属晶格畸变也像原子热振动一样，增加电子散射概率。同时也会引起金属晶体原子间键合的改变，导致原子间距的改变。

当温度降到 0 K 时，未经冷加工变形的纯金属电阻率将趋于 0，而冷加工的金属在任何温度下都保留有高于退火态金属的电阻率。在 0 K 时，冷加工金属仍保留某一极限电阻率，称之为剩余电阻率。根据 Matthiesen 定律，冷加工金属的电阻率可写成

$$\rho = \rho' + \rho_M \tag{3-8}$$

式中：ρ_M 表示与温度有关的退火金属电阻率；ρ' 是剩余电阻率。

实验证明，ρ' 与温度无关或 $d\rho/dT$ 与冷加工程度无关。总电阻率 ρ 越小，ρ'/ρ 比值越大，所以 ρ'/ρ 的比值随温度降低而增高。显然，低温时用电阻法研究金属冷加工更为合适。

如图 3 – 15 所示，冷加工金属的退火，可使电阻回复到冷加工前金属的电阻值。其中曲线 1~5 的变形量分别为 99.8%、97.8%、93.5%、80% 和 44%。

如果认为范性变形所引起的电阻率增加是由于晶格畸变、晶体缺陷所致，则电阻率增加值 $\Delta\rho$ 可表示为

$$\Delta\rho = \Delta\rho_{空位} + \Delta\rho_{位错} \tag{3-9}$$

式中：$\Delta\rho_{空位}$ 表示电子在空位处散射所引起的电阻率的增加值，当退火温度足以使空位扩散时，这部分电阻将消失；$\Delta\rho_{位错}$ 为电子在位错处的散射所引起的电阻率的增加值，这部分电阻保留到再结晶温度。

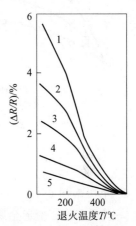

图 3 – 15　冷加工变形铁的电阻在退火时的变化

Van Beuren 给出了电阻率随变形 ε 变化的表达式：

$$\Delta\rho = C\varepsilon^n \tag{3-10}$$

式中：C 为比例常数，与金属纯度有关；n 在 0~2 变化。

考虑到空位和位错的影响，将式（3 – 9）和式（3 – 10）写成

$$\Delta\rho = A\varepsilon^n + B\varepsilon^m \tag{3-11}$$

式中：A 和 B 是常数；n 和 m 在 0~2 变化。

式（3 – 11）对许多面心立方金属和体心立方的过渡族金属是成立的。如金属铂 $n = 1.9$，$m = 1.3$；金属钨 $n = 1.73$，$m = 1.2$。

1. 变形温度的影响

钼和钨在室温大变形下电阻率的大幅增加归因于以下事实：这些金属随后在相对于其熔点非常低的温度下变形。1952 年，Broom 已经发现，如果铜和镍在低温下严重变形，电阻率的增加远远大于室温变形产生的电阻，如图 3 – 16 所示。铁、75/25 黄铜、50/50 银 – 金和无序 Ag_3Mg 的结果与铜和镍的结果相似。在 0~183 ℃范围内，由于有序 Ag_3Mg 的无序化而导致的电阻率增加几乎与变形温度无关，变形温度与熔化温度之间的关系对于确定金属对变形的响应至关重要。

可以很简单地用变形过程中产生的晶格缺陷来解释变形温度的影响，这种缺陷在低温下比在高温下更容易保留在晶格中。1952 年，Mort 在特别考虑了空位的情况下，给出了各种温度下的应力 – 应变曲线图，与镍的电阻率 – 应变曲线非常相似［图 3 – 16（a）］。

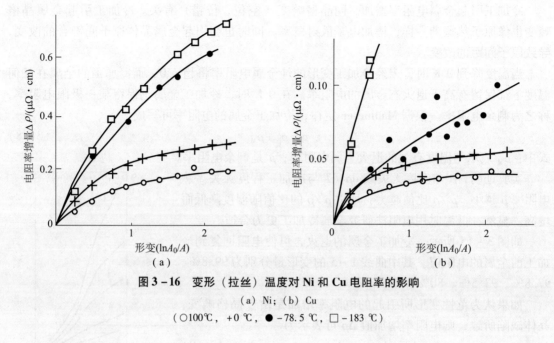

图 3–16 变形（拉丝）温度对 Ni 和 Cu 电阻率的影响
(a) Ni；(b) Cu
(○100℃，+0 ℃，● −78.5 ℃，□ −183 ℃)

2. 电阻率回复

一般观察到，变形金属的电阻率可以在仅略高于变形温度的条件下等温变化。大多数情况下，退火后材料的电阻率值降低，"电阻率回复"术语最为合适。然而，尽管在某些情况下，在某些温度范围内退火时电阻率会增加，但继续使用术语"回复"是很方便的，因为这已经具有退火时特定性质变化的一般意义。1950 年 Molenaar 和 Aarts 以及 1951 年 Druyvesteyn 和 Manintveld 的早期工作表明，在 77 K 下变形后，各种多晶贵金属试样的塑性变形过程中产生的一部分缺陷在加热至室温时退火消失。室温以下缺陷的退火通常发生在不同的阶段，通常认为代表空位或空位群向汇集处迁移。但是这些回复阶段并不是独立和精确的，解释可能有些主观。然而，他们发现的低温回复极大地扩展了研究电阻率回复的温度范围，引起了人们的极大兴趣。1955 年，Blewitt 等在 4.2 K 温度下变形的铜单晶上的开创性工作表明，随着塑性应变的增加，至少会累积两种缺陷。在退火到室温后，一种类型的缺陷在室温退火后仍残留在晶体中，并有助于加工硬化。由于这种不易移动的缺陷所引起的电阻率称为不可回复电阻率。在 77～300 K 退火，其他更易移动的缺陷类型对流动应力几乎没有影响，这些缺陷体现了可回复电阻率。在纯金属中，在已知缺陷散射特性的情况下，可以根据线缺陷和点缺陷的影响对电阻率进行定量解释。

透射电子显微镜（TEM）对于直接观察位错亚结构非常有用。然而，对于低温变形的试样，由于箔材制备始终在室温下进行，因此观察到的是退火状态。位错亚结构可能会发生一些重排，点缺陷可能会退火消失。电阻率测量可以在低温变形过程中原位进行，也可以与室温退火相结合，以便跟踪缺陷的产生和湮灭，位错引起的电阻率已精确测定。1983 年，Basinski 等研究表明电阻率源于位错核的散射过程，因此非常适合研究具有高位错密度的严重变形材料。显然，将电阻率测量和详细的机械响应相结合，可以为研究严重变形的晶体提供强有力的方法。Niewczasy 等通过同时测量力学和电学性能，研究了铜单晶在 4.2 K 温度下的变形。为了将低温变形的研究扩展到比通常更高的应变下的，故大多数晶体被拉伸至失效。变形可分为 A、B、C 三个不同的区域：在 A 区（包括塑性变形阶段 Ⅰ 和 Ⅱ），晶体因滑移而变形；B 区有孪晶，但没有滑移，在 B 区的末端，试样有 70% 的孪晶；晶体以由孪晶和母片层组成的精细层结构进入 C 区，在该区域不再有孪晶，变形通过滑移进行。对变形诱导电阻率和电阻率退火的检查证实了 A 区的流动应力是由位错累积所致的结论，并表明 C 区的其他障碍物，如双亲界面，也很重要。退火数据和其他证据表明，通过管道扩散消除短空位偶极子和环的电阻率可回复成分。

3. 淬火（淬火温度、退火温度、退火时效）

有序 Cu – (35~50)%（原子百分数）Pd 合金（B_2 型超结构）具有高耐腐蚀性和非常低的电阻率 $\rho \approx (4~8) \times 10^{-8} \Omega \cdot m$，从而引起研究人员改进和开发功能材料的兴趣，并开发了在很宽的温度区间内电阻率温度系数几乎为 0 的三元 Cu – Pd – Ni 合金。2004 年，Volkov 等研究了 Cu – 40Pd 合金与银合金化后其有序动力学及其力学和电气性能的变化。当 Pd – Cu – Ag 系统的合金在低于临界有序温度 T_c 的温度下退火时，建立了长程原子有序，过饱和固溶体分解。可以从对电阻率的温度行为的分析中最快速地估计有序动力学。合金样品的质量百分数：除 1 号含 Pd 为 53.00%，其余均为 50.00%；1~6 号含 Cu 依次为 47.00%、40.00%、35.00%、30.00%、25.00% 和 20.00%；余下为 Ag。合金的电阻率随温度变化的数据如图 3 – 17 所示，加热速度为 60 ℃/h。这些合金在其初始状态下已变形到 75%。在实验开始时，电阻率随加热而略有增加。但是，随着温度继续升高，合金内的有序化会导致电阻率急剧下降。在进一步加热时，随着材料在高于临界点温度 T_c 下变得无序，电阻率再次增加。似乎随着合金中银含量的增加，电阻率增加，相变动力学降低，需要进行结构研究以更好地理解合金中发生的转变。流程的初始阶段特别有意义，需要通过高分辨率方法（例如场离子显微术 FIM）进行分析。

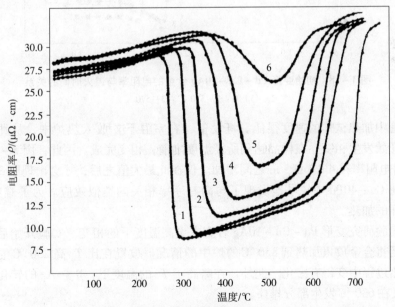

图 3 – 17　在初始变形（75%）状态下 Pd – Cu 和 Pd – Cu – Ag
合金电阻率与温度的关系

由 FIM 研究的 Pd－Cu－Ag 合金的相变是导致有序 bcc 的 PdCu 相形成的一种。晶格形成富集银的固溶体（AgPd），并具有 fcc 点阵。使用表面原子的逐层蒸发进行的相变早期阶段的沉淀物微观结构研究，从未显示出三元固溶体分解过程中仅形成单相。在每种情况下，两相都会同时析出，而 PdCu 相始终具有高度长程有序的原子结构。两相中颗粒的最小尺寸为 45 nm。如在原子层的蒸发过程中所见，颗粒具有层状形式。

图 3－18 显示了合金的电阻率如何取决于在不同温度下的保持时间，曲线的形状随着温度的升高而变化。即将有序化之前，电阻率的增加（这是低温的特征）消失了。图 3－18 中的曲线还表明，远距离有序率很高，并且在高于 400 ℃ 的温度下，有序化过程在样品达到所需温度之前就已结束。电阻率在"末端"曲线中的增加，与加热有序材料时电阻率的增加有关，表明电阻率与生长温度有关。从图 3－18 中曲线 2 的趋势可以看出，在 530 ℃ 的炉温下，开始热处理后 4 min，Pd－Cu－10Ag 中的有序过程即完成（也就是说，曲线下降到最低）。测量结果表明，此时样品的温度约为 450 ℃，并在 7 min 内加热到预设温度。在此时间间隔内，电阻率在电阻率曲线趋于平坦之前会增加。

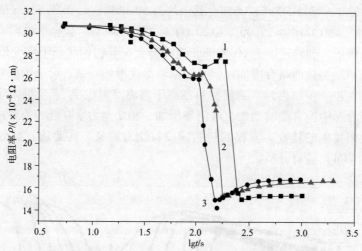

图 3－18　初始变形 Pd－Cu－10Ag 合金的电阻率与退火时间的关系
1—450 ℃；2—530 ℃；3—570 ℃

在真空管中加热试样的速度很低。将设备（在室温下）放入热炉中，从那时起，试样温度升高，开始发生相变。在样品达到所需温度之前，相变完成。因此，图 3－18 中的曲线 2 再次显示出电阻率在 4~7 Ω·m 之间增加。仅在此最大值之后，才会出现图 3－18 中曲线的平稳段。在 Cu－40Pd 中较早地发现了与高有序率相关的类似效应。为了避免这种影响，必须加速试样的加热。

进一步实验研究变形 Pd－Cu－10Ag 合金在更高温度下的相变。实验开始后，电阻率再次下降，包括将合金放入加热到 850 ℃ 的炉中的情况。放置在比 T_c 高 250 ℃ 的熔炉中的无序材料在加热过程中变得有序化。此外，在略高于 T_c 的温度下，$B_2 \rightarrow A_1$ 的转化率很小：退火 3 h 后，仅在 630 ℃ 发生部分排序。

为了研究热处理过程中电阻率变化与力学性能形成之间的关系，当电阻率曲线（图 3－19）包括奇点［曲线 $\rho(t)$ 的最小值和最大值以及 $d\rho/d(t) = 0$ 的点］时，样品要经过机械测试。力学和电气性能通常取决于合金的不同结构特征。例如，重结晶对电阻率的影响很小，但是会导致其强度特性和可塑性的增长大大降低。有序排列可能不会影响力学性能，但会导致电阻率发生较大变化。图 3-19 显示电阻率下降了近 3 倍，实际上，只有浓度不同的小局部区域可能会改变力学性能并导致电阻率增加。

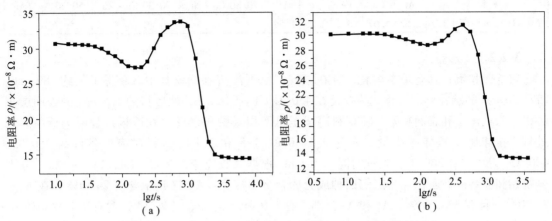

图 3-19　Pd-Cu-10Ag 合金的电阻率与退火时间的关系
（a）初始状态：变形 75%，退火温度 335℃；（b）初始状态：从 850℃ 淬火，退火温度 370℃

热和机械加工会导致合金电导率发生较大变化，并且强度最高的合金通常具有最低的电导率。IACS 值通常为退火态的最小值，将冷加工产品回火的电导率值可能比退火值低 1%~5%。图 3-20 显示了铜和铜锌线试样的完全退火和剧烈冷拉条件下的电导率，前者电导率高，说明了冷加工时电导率下降，即电阻率增大。

4. 纯金属退火

尽管通常会发现纯金属退火线的电阻率在塑性变形期间会增加，但电阻率的增加与延伸率之间并没有通用的关系式。1953 年，Weyerer 研究了在室温下延伸对在所示温度下真空退火的纯铜线电阻率的影响，电阻率-延伸率曲线向上凸（图 3-21）。在特性上与在大变形期间获得的数据相似，并且大概率是由于缺陷的易移动性以及随之而来的从晶格逃逸而无法

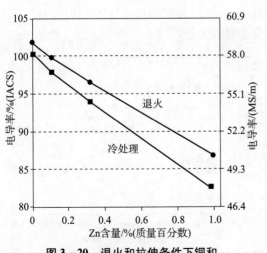

图 3-20　退火和拉伸条件下铜和
铜锌线的电导率

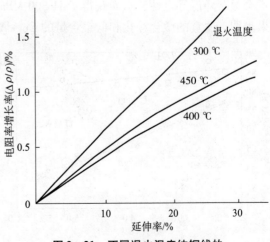

图 3-21　不同退火温度纯铜线的
电阻率-延伸率曲线

在室温下获得高浓度缺陷的结果。相反,一些低温实验给出的电阻率—延伸曲线向上凹,并且似乎遵循 2/3 的 van Bueren 幂定律。在室温下延伸 10% 时的电阻率见表 3-3。

表 3-3 在室温下延伸 10% 时的电阻率

材料	Al	Cu	Fe	Au	Ag	70/30 Co-Ni	70/30 Cu-Zu	50/50 Ag-Au
$R/(\mu\Omega \cdot cm)$ (20 ℃)	2.65	1.67	10.2	2.35	1.59	10.4	10.9	6.4

3.2.2.2 形变

将纯银和铜在真空炉中熔化,并在氩气气氛下浇铸到铜模具中,获得了长约 180 mm、直径 20 mm 的圆柱形锭。首先将棒锭在 450 ℃下同质化 2 h;然后将约 1.5 mm 的表面层车去以去除氧化层和表面缺陷。将棒料冷拔至总面积减少 99.6%。在冷拔过程中进行中间热处理,拉伸比(拉伸减少量)η 为 0.4、0.8、1.5 和 2.4 的材料对应的条件为 450 ℃、400 ℃、380 ℃ 和 360 ℃,处理时间均为 1 h。根据对数应变,$\eta = \ln(A_0/A)$,A_0 和 A 分别是初始和最终横截面积。测试的四种成分的合金组成为:Ag 在 B 中含有 24 wt%;在 $A_1 \sim A_3$ 中分别含有 36.0 wt%;A_2 和 A_3 分别含有 1.0 wt% 的 Cr;此外 A3 还含有 0.16% wt% 的稀土合金(25.4 wt%La -13.0 wt%Nd-Ce);剩余为 Cu。图 3-22 显示了合金的电导率随拉伸比的变化,所有合金的电导率都随着拉伸比的增加而降低,Cu-6Ag 合金的导电性高于 Cu-24Ag 合金。该观察结果表明,Cu-Ag 合金的电导率随 Ag 含量的增加而降低。与 Cu-6Ag 合金的电导率相比,在 $\eta = 2.5$ 的应变水平下,Cu-6Ag-1Cr 合金的电导率约降低 10% IACS(国际退火铜标准)的主要原因是电子从溶质 Cr 原子散射。随后的 Cu-6Ag-1Cr 合金电导率下降比 Cu-6Ag 合金中的电导率下降更大,并且在 $\eta = 5.6$ 时的最终电导率低于 60% IACS。

Cu-6Ag-1Cr-0.16Re 合金和 Cu-6Ag-1Cr 合金在 $\eta < 4$ 的低应变下的电导率几乎相同。在较高应变水平下,Cu-6Ag-1Cr-0.16Re 合金的电导率仅比 IACS 提高了不到 1%,这表明含 Cr 元素的合金中的 Re 对电性能的影响很小。

图 3-23 显示了被测合金的电导率与极限抗拉强度的关系,由图可以看出,电导率随强度水平的提高而降低。对于 Cu-24Ag 合金,存在最佳组合,其最大抗拉强度约为 1 100 MPa,电导率大于 75% IACS。在 Cu-6Ag-1Cr 合金中添加 Re 进一步提高了强度而不会显著降低导电性,从而获得了 41 300 MPa 的高极限抗拉强度和 60% IACS 的导电性。结果表明,适宜的微合金化和低银含量的 Cu-Ag 合金具有发展潜力。

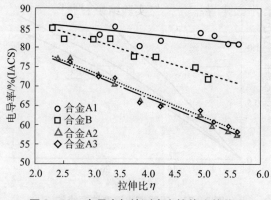

图 3-22 电导率与被测合金拉伸比的关系

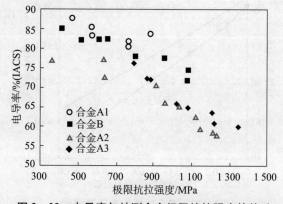

图 3-23 电导率与被测合金极限抗拉强度的关系

合金中 Ag 含量高，能产生高强度、低电导率的合金。在 Cu-6%（质量百分数）Ag 合金中加入 1%（质量百分数）Cr 元素，降低了导电率，但由于 Cr 原子的固溶强化和 Ag 丝在 Cu 基体中的细化，使合金的强度显著提高。

3.2.2.3 孔隙率

1970 年，Mal'ko 等研究了多孔烧结钛的电阻率随温度的变化（图 3-24），其中样品粒度为 1.0~0.25 mm，孔隙率：4-40%；7-44%；粒度<0.25 mm，孔隙率：2-35%；3-41%；5-46%；6-50%。随着孔隙率的升高，电导率降低（与热导率类似）。由不同粉末级制备的样品的电阻率-温度依赖性的特征是不同的，尤其是来自较粗粉末的样品的电阻率随温度变化的曲线比来自细粉末的样品的电阻率曲线更陡。多孔钛的电阻率和热导率只能在不超过 850 ℃ 的温度下测定，因为在 850 ℃ 以上的温度，材料会经历额外的烧结，导致试样与孔隙率相关的物理参数（电导率和热导率）发生不可逆的变化。

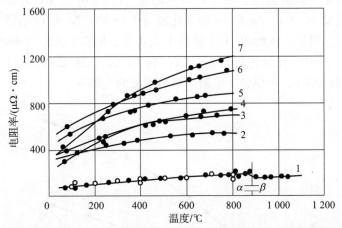

图 3-24 块状钛（1）和多孔钛（2~7）试样的电阻率-温度关系
（●实验点；○块状钛的文献数据）

在温度为 882 ℃ 时，钛经历 α-β 相变，这在不同程度上影响所研究的性能，电导率和热电动势的绝对系数非常明显地变化，伴随相变的电导率变化约为 8%。对于许多多孔金属，在很大的温度范围内电导率对孔隙率的依赖性可以用 Odelevskii 的广义电导率公式很好地描述。然而，对于所研究的多孔钛试样，没有广义电导率公式与实验结果有很好的相关性。这很可能是由于研究的试样是由粗钛粉（1~0.1 mm 粒径）制备的，这些粗钛粉在烧结过程中无法确保试样结构的随机统计性质。

与其他多孔金属一样，钛的洛伦兹数在整个温度范围内实际上与孔隙率无关，并且随温度的升高而略有下降。这证明试样中的颗粒间接触保持不变，并且孔既不参与电传导也不参与热传导。有鉴于此，可以根据多孔钛的洛伦兹数和电导率评估其热导率。在相变区域中的热导率和热膨胀系数未发现明显变化。

3.2.2.4 辐射

1953 年，在纯铜的电子轰击实验中，Eggen 和 Laubenstein 发现了电子能量阈值，在该阈值之上，轰击过程中的电阻率变化迅速增加。这对应于 (25±1) eV 的位移能量，与 Seitz 给出的估计值非常吻合。类似的测量得出铜铁合金的铁原子的能量为 26.5 eV。

由于辐射产生的缺陷具有很高的迁移率，因此处理和观察的温度非常重要。由于实验通常是在低温下进行的，因此在镶嵌边界或其他内部不规则处的结合或湮没不会导致主要缺陷的丢失。1951 年，Martin 等给出了在 -150 ℃下用 α 粒子轰击铜和铝的定性结果，轰击期间两种金属的电阻率均增加，但是在室温下退火后，铝没有保留任何辐照的迹象。关于铜的唯一说法是它保留了硬度的增加。发现恢复是在低至 -80 ℃ 的温度下开始的。

1952 年，Marx、Cooper 和 Henderson 在 -140 ℃ 温度下用 12 MeV 氘核辐照铜、银、金、镍和钽的多晶箔（图 3-25），如 Seitz（1949）预测的那样，Cu、Ag 和 Au 的电阻率随辐射时间（辐射剂量）的增大量按原子序数排序依次变大。在给定的氘总通量的情况下，平均实验温度降低 10 ℃，可使电阻率增加更高，随后的退火实验揭示了在温度低至 -165 ℃ 时存在热恢复过程。在 -120 ~ -100 ℃ 的温度下对 Cu、Ag 和 Au 进行了脉冲退火实验，并假设采用独特的恢复速率过程，发现这个恢复过程的活化能为 (0.2 ± 0.05) eV。用 Ni 和 Ta 进行的类似实验需要更高的温度，并且在活化能为 (0.3 ± 0.1) eV 的情况下进行了回收。在 165 ℃ 的退火实验中，Cu、Ag 和 Au 的活化能为 0.15 eV，Ni 和 Ta 的活化能为 0，以解释所观察到的恢复率。最后，在约 28 ℃ 下进行退火实验，虽然实验精度不高，但可以推断在该温度下，以约 1 eV 的活化能进行恢复。Cu、Ag 和 Au 在 28 ℃ 的恢复几乎完成，但是 Ni 和 Ta 即使退火持续 264 h，仍保留了电阻率最初增加的大部分。

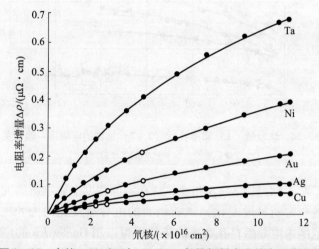

图 3-25　在约 -140 ℃时，12 Mev 氘核辐射产生的电阻率增量

1953 年，Overhauser 发现，低温电阻率-轰击曲线（图 3-25）中的大部分（即使不是全部）初始弯曲是由于在轰击温度下退火所致。在 -185 ~ -180 ℃，估计的恢复活化能为 0.2 eV。在 -180 ℃ ~ -60 ℃ 的恢复实验中，据报道各种活化能在 0.2 ~ 0.6 eV，这种现象归因于由于产生了局部应变而导致非常容易消除紧密的空位-间隙对。

3.2.3　温度

马西森（Maitthiessen）定律：总的电阻率包括金属的基本电阻率和溶质引起的电阻率，即

$$\rho = \rho' + \rho_L(T) \tag{3-12}$$

高温时，$\rho_L(T)$ 项起主导作用；低温时，剩余电阻率 ρ' 起主导作用。金属剩余电阻率是指在极低温度（4.2 K）下测得的金属电阻率，它是衡量金属纯度与缺陷的重要指标。一般金属，当温度接近 0 K 时，仍有残留电阻。但是有些金属，如 Ti、V、Nb、Zr 等，当温度低于某临界值时电阻下降为 0，它们被称为超导金属。

电阻率与温度的关系为

$$\rho_t = \rho_0(1 + \alpha T) \tag{3-13}$$

式中：ρ_0 和 ρ_t 分别为金属在 0 ℃ 和 T ℃ 温度下的电阻率；α 为电阻温度系数，$\alpha = T(\rho_t - \rho_0)/\rho_0(℃^{-1})$，当 $T\to 0$ 时，$\alpha_t = \mathrm{d}\rho/\mathrm{d}T \times \rho(℃^{-1})$。

金属电导温度特性的典型特征是：$\mathrm{d}\rho/\mathrm{d}T > 0$。在各温度范围内（除了极低温区），金属的电阻率都是随温度升高而增大，也就是说，金属具有正的线性阻温特性。

一般在温度高于室温情况下，式（3-13）对大多数金属是适用的。理论证明，理想金属在 0 K 时电阻为 0。对于含有杂质和晶体缺陷的金属的电阻，不仅有受温度影响的 $\rho(T)$ 项，而且有 ρ_0' 剩余电阻率项。例如，钨单晶体相对电阻率 $\rho_{300K}/\rho_{4.2K} = 3 \times 10^5$，由 4.2 K 到熔点电阻率变化 5×10^6 倍。但是，过渡族金属的电阻 R 与温度的关系经常出现反常，因为 d 电子与 s 电子相互作用，它在磁转变温度（居里点 T_c）以下偏离线性关系，如图 3-26（b）所示；磁致伸缩材料 $Tb_{75}Gd_{25}$ 的电阻率及其导数沿 b 轴随温度变化（$\rho_0 = T_c$ 时的电阻率）如图 3-26（c）所示。

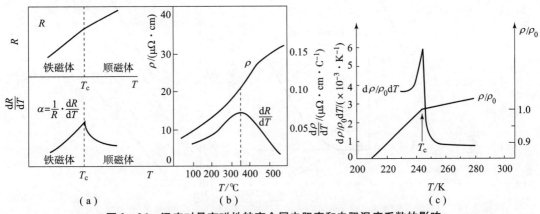

图 3-26 温度对具有磁性转变金属电阻率和电阻温度系数的影响
(a) 一般情况；(b) 金属镍；(c) $Tb_{75}Gd_{25}$

严格地说，金属电阻率在不同温度范围与温度变化的关系是不同的。当 $T \ll T_D$（德拜温度），电阻率与温度呈 5 次方关系，即 $\rho \propto T^5$；在温度 $T > (2/3)T_D$ 时，电阻率正比于温度，即 $\rho(T) = \alpha T$。尽管温度对有效电子数和电子平均速度几乎没有影响，然而温度升高会使晶格振动加剧，瞬间偏离平衡位置的原子数增加，偏离理想晶格的程度加大，使电子运动的自由程减小，散射概率增加，导致电阻率增大。一般认为，纯金属在室温以上的电阻产生的机制是电子-声子之间的散射，只是在极低温度（2 K）时，电阻率与温度呈 2 次方关系，即 $\rho \propto T^2$，这时电子-电子之间的散射为电阻产生的主要机制。

由式（3-13）可得出（平均）电阻温度系数的表达式：

$$\alpha = \frac{\rho_T - \rho_0}{\rho_0 T} \tag{3-14}$$

式（3-14）给出了 $0 \sim T\ ^\circ\text{C}$ 温度区间的平均电阻温度系数。当温度区间趋于 0 时，便得到 T 温度下金属的真实电阻温度系数，即

$$\alpha_T = \frac{\mathrm{d}\rho}{\rho_T \mathrm{d}T} \tag{3-15}$$

除过渡族金属外，所有纯金属的电阻温度系数 $\alpha \approx 4 \times 10^{-3}\ ^\circ\text{C}^{-1}$。过渡族金属，特别是铁磁性金属具有较高的 α 值，如铁为 $6 \times 10^{-3}\ ^\circ\text{C}^{-1}$；钴为 $6.6 \times 10^{-3}\ ^\circ\text{C}^{-1}$；镍为 $6.2 \times 10^{-3}\ ^\circ\text{C}^{-1}$。

从低温到高温（接近熔化温度 1 358 K）铜的电阻率如图 3-27（a）所示（对数-对数图），当温度高于约 100 K，$\rho \propto T$，在 ≈ 100 K 以下，$\rho \propto T^5$，而在最低温度时，ρ 接近剩余电阻率 ρ_R。原因是，随着温度降低，声子的散射效率降低，需要更多的碰撞才能完全随机化电子的初始速度。低温和高温下电阻与温度的关系大致分界于德拜温度 T_D，对于 $T < T_D$，$\rho \propto T^5$；对于 $T > T_D$，$\rho \propto T$。插图显示了 100 K 以下时 ρ 与 T 呈线性关系（ρ_R 太小，无法在此比例尺上看到）。图 3-27（b）所示为高于 0 ℃下几种金属的电阻率随温度的变化。在 505 K 时锡熔化，而镍和铁分别在 627 K 和 1 043 K 时经历磁性-非磁（居里点）转变。

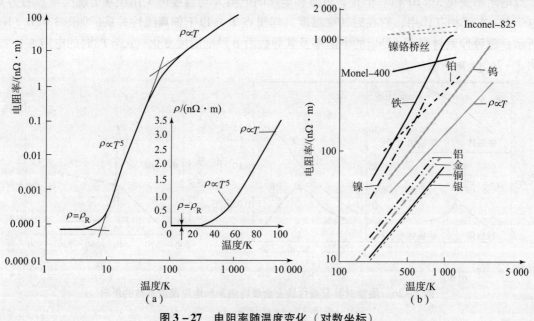

图 3-27 电阻率随温度变化（对数坐标）
(a) 铜；(b) 各种金属

对于含有杂质的金属和合金，需要将 ρ_R 对总电阻率的贡献包括在内。对于 $T > T_D$，总电阻率为

$$\rho \approx AT + \rho_R \tag{3-16}$$

式中：A 为常数。

式（3-16）中的 AT 项来自晶格振动的散射。通常情况下，ρ_R 与温度的关系很小，因此当 ρ_R 由于杂质的加入、合金化或冷加工试样（产生位错的机械变形）而增加时，非常粗略的 ρ_R 与 T 的关系曲线会移到更高的值，如图 3-28 中所示，其为含不同量镍（以原子百分比表示）的铜的退火和冷加工（变形）电阻率与温度的关系。

金属熔化时，由于点阵规律性遭到破坏及原子间结合力的变化，增加了对电子的散射，一般电阻率增高 1.5~2 倍。但是锑在熔化时电阻反常地下降了（图 3-29），其原因是锑在熔化时化学键由共价键结合转为金属键结合，从而导致电阻率下降。

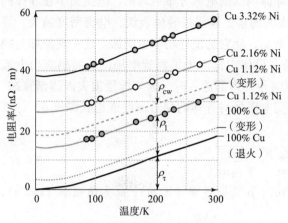

图 3-28 退火或冷加工（变形）时含镍的铜电阻率-温度曲线

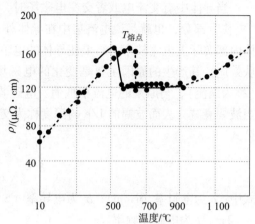

图 3-29 锑熔化时电阻率 ρ 随温度 T 的变化

3.2.4 压力

在流体静压下，金属的电阻率可表示为

$$\rho_p = \rho_0 (1 + \phi p) \tag{3-17}$$

式中：ρ_0 为真空条件下的电阻率；p 为压力；ϕ 为压力系数，$\phi = \mathrm{d}\rho / (\rho_0 \mathrm{d}p)$，通常为 $-10^{-5} \sim 10^{-6}$。

根据压力对金属导电性的影响特性，将金属分为正常金属和反常金属。所谓正常金属，是指随压力增大，金属的电阻率下降；反之为反常金属。例如，铁、钴、镍、钯、铂、铱、铜、银、金、锆等均为正常金属。碱金属和稀土金属大部分属于反常的情况，还有像钙、锶、锑、铋等也属于反常金属。压力对过渡族金属的影响最显著，这些金属的特点是存在着具有能量差别不大的未填满电子的壳层，在压力作用下，有可能使外壳层电子转移到未填满的内壳层，导致电性能发生变化。

在巨大的流体静压条件下，金属原子间距缩小，内部缺陷形态、能带结构和费米能级均发生变化。压力很大时可使物质由半导体和绝缘体变为导体，甚至超导。表 3-4 给出一些元素在一定压力极限下变为金属导体的数据。

表 3-4 一些半导体和绝缘体转变为导体的压力极限

元素	$p_{极限}$/GPa	$\rho/(\mu\Omega \cdot m)$	元素	$p_{极限}$/GPa	$\rho/(\mu\Omega \cdot m)$
S	40	—	I	22	500
Se	12.5	—	金刚石	60	—
Si	16	—	P	20	60±20
Ge	12	—	Ag	20	70±20

3.3 交流电阻率

当导体中有交流电或者交变电磁场时，导体内部的电流分布不均匀，电流集中在导体的"皮肤"部分，也就是说电流集中在导体外表的薄层，越靠近导体表面，电流密度越大，导体内部实际上电流较小。结果使导体的电阻增加，使它的损耗功率也增加。这一现象称为趋肤效应，其产生的原因主要是变化的电磁场在导体内部产生了涡旋电场，从而感应出电流（称为涡流），与原来的电流相抵消。电磁波向导体内部透入时，因为能量损失而逐渐衰减，当波幅衰减为表面波幅的 1/e 的深度称为交变电磁场对导体的穿透深度或趋肤深度 δ，计算公式

$$\delta = \sqrt{\frac{2\rho}{\omega\mu}} = \sqrt{\frac{2}{\omega\mu\sigma}} \tag{3-18}$$

式中：ρ 为电阻率（H/m）；σ 为电导率（S/m）；μ 为磁导率（H/m）；ω 为角频率（rad/s），$\omega = 2\pi f$；f 为电磁场频率。

在电磁场频率一定的条件下，电阻率、磁导率越高，趋肤深度越小。

导体体积电阻率（20 ℃）和趋肤深度见表 3-5，铁、钴、镍、钢和微米金属的相对磁导率 μ/μ_0 分别为 500、600、200、100 和 30 000，非磁性材料的一般为 1。

表 3-5 几种金属在不同频率下的趋肤深度

材料	化学式	电阻率 /($\times 10^{-8}\Omega \cdot m$)	各频率下的趋肤深度/μm			
			100 MHz	1 GHz	10 GHz	100 GHz
铝	Al	2.65	8.19	2.59	0.819	0.259
杜拉铝（Dural）	Al95/Cu 4/Mg 1	5	11.3	3.56	1.13	0.356
银	Ag	1.63	6.43	2.03	0.643	0.203
铜	Cu	1.69	6.54	2.07	0.654	0.207
黄铜	Cu70/Zn30	7	13.3	4.21	1.33	0.421
石墨	C	783.7	141	44.6	14.1	4.46
碳	C（石墨）	1 375	187	59.0	18.7	5.90
铁	Fe	10.1	0.72	0.23	0.072	0.023
钴	Co	6.34	0.52	0.16	0.052	0.016
镍	Ni	6.9	0.93	0.30	0.093	0.030
微米金属	—	47	0.20	0.064	0.020	0.006 4
镍铬合金	Ni80/Cr20	108	52.2	16.5	5.23	1.65
镁	Mg	4.2	10.3	3.26	1.03	0.326

注：随着频率的增加，铁磁材料的相对磁导率通常会下降，如有研究者在 10 GHz 下测得的镍值低至 1。

由表 3-5 可见，电阻率较大的碳、石墨在微波段趋肤深度较厚，而铁磁性的铁、钴、

镍的趋肤深度很薄，10 GHz 以上的波段仅几十纳米，故它们的纳米粉体在这些波段作吸波材料效率高，不会因内部电磁波无法穿透的部分带来重量的冗余。

涡流通过涡流回路电阻时产生热损耗，称为涡流损耗。为了减小涡流损耗，磁路设计中的导磁铁芯通常采用涂有绝缘漆的薄硅钢片叠装而成。由于硅有较高的电阻率，采用薄硅钢片后又加长了涡流路径从而使涡流电阻增大；同时，硅钢片很薄，使通过每片硅钢片的磁通较整个铁芯大为减小，从而使每片中的感生电动势降低，因此可以达到减小涡流的目的，如图 3 – 30 所示。

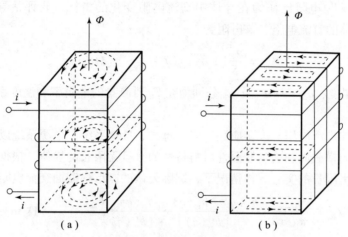

图 3 – 30　铁芯中的涡流

当薄片铁芯中通过正弦交变磁通时，单位体积铁芯内的涡流损耗可按下式计算：

$$P_e = \frac{\sigma \pi^2 f^2 d^2 B_m^2}{6} \tag{3-19}$$

式中：σ 为铁芯材料的电导率；f 为电源频率；d 为叠片厚度；B_m 为磁感应强度幅值。

对涡流损耗严格的计算不能用式（3 – 19）进行，须采用电磁场的数值分析方法来计算。

在高频下，电流趋向于导体表面，从而增加了导体中的交流电阻和功率损耗。交流电阻是导体中的重要设计参数，因为它可以估算导体的载流量或工作温度。因此，涡流效应的计算，尤其是交流电阻的计算至关重要。

2015 年，Jordi – Roger Riba 分析了用于计算导体中交流电阻的精确公式和简化公式。但是，精确解析公式仅限于减少导体的几何形状和配置数量，因为即使对于简单的几何形状，它们也会带来极富挑战性的数学复杂性，而在 IEC 60287 – 1 – 1 中发布的国际公认公式不能考虑某些影响，例如某些横截面的几何形状，具有特定电流分布和/或不对称配置的多导体系统，多相导体的多种配置相互靠近，不平衡的多相导体系统或扩展的频率范围。相反，专门为解决此类问题而设计的数值方法趋于更加灵活，从而可以应对多导体系统以及更广泛的横截面和频率范围。特别是，有限元方法（FEM）非常适合此应用，因为它已被证明可以提供精确的解决方案来计算电力导体、电感器和变压器绕组中的功率损耗。

带有交流电流的隔离导体中的电流密度在导体表面附近最大，并由于趋肤效应而朝着其中心减小。这种效果是由交流电产生的磁场感应的涡流产生的。涡流趋于部分抵消导体中心的交流电流，同时增强导体外围或表面中的交流电流。因此，电流密度集中在导体的外层中，从而减小了导体的有效横截面并增加了其有效或交流电阻。这种影响会产生重要的实际后果，例如温度升高，从而限制了导体的载流量。对于较大的导体截面或在较高的供电频率下，趋肤效应变得尤为重要，其中趋肤深度 δ 较小。导体的趋肤深度为

$$\delta = (\pi \cdot f \cdot \mu_r \cdot \mu_0 \cdot \sigma)^{-1/2} \quad (3-20)$$

式中：f 为电源频率，σ 和 μ_r 分别为材料的电导率和相对磁导率；μ_0 为自由空间磁导率。

从式 (3-20) 显而易见的是，增大 f、μ_r 和 σ，可减小趋肤深度。

通常使用 R_{ac}/R_{dc} 电阻比作为在导体中交流电阻变化的指标，要评估导体中的该比率，首先需要确定导体的直流电阻，该电阻为

$$R_{dc} = \frac{\rho_{20}}{S}[1 + \alpha_{20}(T - T_0)] \quad [\Omega/m] \quad (3-21)$$

式中：T 为使用温度；$\rho_{20} = 1/\sigma_{20}$ 及 α_{20} 分别为在 T_0 时测量的电阻率和温度系数；S 为导体横截面。

圆形实心导体广泛应用于许多应用，包括母线、接地系统、电源系统以及电子和通信设备。假设具有均匀横截面和均匀非磁性材料特性的直且无限长的导体。根据第一类零阶开尔文函数，在孤立无限长的实心导体情况下，国际公认的圆形横截面交流电阻的精确解公式为

$$R_{ac} = \frac{\sqrt{2}}{\pi d_c \sigma \delta} \cdot \frac{b_{er}(q) \cdot b'_{ei}(q) - b_{ei}(q) \cdot b'_{er}(q)}{[b'_{er}(q)]^2 + [b'_{ei}(q)]^2} \quad [\Omega/m] \quad (3-22)$$

式中：d_c 为导体直径，$q = d_c/(\sqrt{2}\delta)$；b_{er} 和 b_{ei} 分别为第一类零阶开尔文函数的实部和虚部，b'_{er} 和 b'_{ei} 分别是它们的导数。

因为第一类 n 阶开尔文函数的实部和虚部及其导数计算时的级数展开会产生较大 q 值，使计算机容量算术溢出，因而式 (3-22) 并非直接适用。在有些文献中，可以找到从式 (3-22) 推导的不同近似公式，如 Al-Asadi 等推导的计算公式为

$$R_{ac} = \frac{1}{\pi \sigma \delta (1 - e^{-r/\delta})[2r - \delta(1 - e^{-r/\delta})]} \quad [\Omega/m] \quad (3-23)$$

式中：r 为导体半径。

最广泛应用的计算交流电阻的公式可能是国际标准 IEC 60287-1-1 中的公式，该公式根据直流电阻计算交流电阻，即

$$R_{ac} = R_{dc}(1 + y_s) \quad [\Omega/m] \quad (3-24)$$

趋肤效应因子 y_s 的计算公式为

$$y_s = \frac{x_s^4}{192 + 0.8 x_s^4} \quad (3-25)$$

其中，

$$x_s^4 = \left(\frac{8\pi f K_s}{R_{dc} 10^7}\right)^2 \quad (3-26)$$

对于实心圆形导体，$K_s = 1$。式 (3-26) 仅当 $x_s \leq 2.8$ 时，才可获得准确的结果。

3.4 典型导体材料的性能及应用

3.4.1 爆炸箔/桥

爆炸丝（electrical wire explosion，EWE）现象虽然早在1773年的伦敦皇家学会会议上就被首次描述，然而直到20世纪40至50年代当爆炸线被用作引爆火箭燃料的雷管时才得到了技术应用。EWE的其他应用包括激发高压脉冲功率源、产生微电子X射线源和多丝衬里的软X射线辐射的高功率源及生产纳米粉等。

爆炸箔起爆器（exploding foil initiators，EFI）是新型高安全性起爆类火工品，是直列式引信的重要组成部分，对提高战斗部本质安全性起着重要的作用。爆炸箔起爆器主要由反射片、金属桥箔、飞片、加速膛及猛炸药等组成。爆炸箔起爆器在脉冲功率源提供窄脉冲大电流的作用下，使换能元金属桥箔发生电爆炸，产生冲击波和等离子体内能。冲击波和等离子体内能做功剪切塑料飞片，通过加速膛加速，使飞片以每秒数千米的速度撞击猛炸药，在炸药起爆面形成短脉冲冲击波，使炸药柱起爆并转换为爆轰输出。发火所需的窄脉冲大电流在自然条件下难以产生，使爆炸箔起爆器可以在静电、射频、电磁脉冲及杂散电流等恶劣电磁环境下保持安全。爆炸箔起爆器的作用机理属于飞片冲击起爆，相对于热起爆机理的其他电雷管，其爆轰成长过程较为稳定和迅速，具有更高的发火可靠性，同时具有极佳的作用时间精度，可应用于爆炸脉冲发电、侵彻、机载和舰载武器系统。

在爆炸箔起爆器作用时，将脉冲功率源提供的初始电能转化为等离子体内能，等离子体做功使其内能转化为飞片动能，再由飞片动能转化为炸药的爆轰输出。不同能量之间的转化对应于爆炸箔起爆器发火的三个相互紧密联系的过程：金属桥箔电爆炸、电爆炸驱动飞片和飞片冲击起爆炸药。深入研究起爆能量的转化机制，对保证爆炸箔起爆器可靠作用的前提下尽量降低其所需的起爆能量，从而降低其起爆所需脉冲功率源的体积，实现武器系统小型化有重要意义。

金属桥箔电爆炸过程包含了金属由固态经过液态、气态向等离子态转化的复杂物态变化过程，也是电能转化为等离子体内能的能量转化过程。准确计算金属桥箔上沉积的能量是研究电爆炸驱动飞片过程的前提条件。

桥箔电爆炸放电回路包括电容、开关、金属桥箔和回路四部分组成。由于电容放电过程是高频振荡，回路中会存在一定的分布电感，因此放电回路可简化成由初始电阻 R_0、桥箔电阻 $R(t)$、回路电感 L_0、电容 C_0 和开关 S 等组成的基本 RCL 电路。桥箔电爆炸放电回路属于含动态电阻元件的基本 RCL 电路，由基尔霍夫定律可得

$$U_0 = L_0 \frac{\mathrm{d}I(t)}{\mathrm{d}t} + \frac{1}{C_0}\int_0^t I(t)\mathrm{d}t + I(t)(R_0 + R(t)) \qquad (3-27)$$

式中：U_0 为充电器的充电电压（V）；L_0 为回路电感（nH）；$I(t)$ 为爆发电流（A）；C_0 为电容（μF）；R_0 为初始电阻（Ω）；$R(t)$ 为桥箔电阻（Ω）。

求解式（3-27），可以获得放电回路中的爆发电流，进而获得桥箔的爆发电压和沉积能量。

桥箔电爆炸的基本特征是桥箔体积迅速膨胀，同时其欧姆电阻增大几个数量级，这种电

阻增长是非线性的，其电阻变化与输入电流、金属材料和电路参数等因素有关。因此，金属桥箔在电爆炸过程中的非线性电阻成为求解的关键。建立符合桥箔物理特性的电导率（电阻率）模型，可以正确描述其在脉冲电流激励下的非线性电阻特性，成为金属桥箔电爆炸特性研究的重点。

1975 年，Tucker 建立了一种相变模型，分阶段描述电爆炸过程的电导率。模型将电爆炸过程分为固态加热、熔化、液态加热、气化及电弧等离子体生长等 5 个阶段。但是，Tucker 的模型没有实验数据加以验证。

1977 年，Logan 建立了一种与温度呈线性关系的电阻率模型，用于计算金属桥箔电爆炸过程中的爆发电流和温度分布。其电阻率 r 可表示为

$$r = r_0 [1 + \alpha(T - T_0)] \qquad (3-28)$$

式中：α 为温度系数；r_0 为初始电阻率（$\Omega \cdot m$）；T 为温度（K）；T_0 为初始温度（K）。

金属处于固态或液态时，其体积膨胀很不明显，此时金属物理状态的变化可以只用一个热力学变量（温度或焓）来描述。所以，Logan 的电阻率模型可以准确计算桥箔爆发前的电流变化，而爆发后的计算结果误差较大。Baginsk 和 Majalee 分别基于 Logan 的电阻率模型，采用有限元方法计算金属桥箔电爆炸过程，获得了电功率、温度和体积变化的三维分布，发现了桥箔加热的不均匀性，金属桥箔在电爆炸时，桥箔的四角先于其他区域达到熔化温度、最早爆发。

解决金属电爆炸过程能量转化问题的另一种方法是建立经验性的电阻率模型。1986 年，Lee 建立了 FIRESET 电阻率模型。模型引入了一个中间变量即比作用量 g，可在热力学参数缺失的情况下较容易地获得。1959 年，Anderson 实验表明，金属桥箔爆发时的比作用量 g_0 为常数。模型中电阻率和比作用量的关系以高斯方程的形式表示为

$$r(g) = A\left[1 - \mathrm{sech}\left(\frac{g}{g_0}\right)\right] + B\exp\left[\left(-\frac{g - g_0}{s}\right)^2\right] \qquad (3-29)$$

式中：A 为爆发后电阻（Ω）；B 为电阻峰的幅值（Ω）；s 为电阻峰的宽度（μs）；g 为比作用量，可定义为

$$g = \int_0^t j^2(t)\mathrm{d}t \qquad (3-30)$$

式中：$j(t)$ 为流经桥箔的电流密度（$A \cdot m^{-2}$）；g_0 和 s 可由下经验公式计算：

$$g_0 = G_0 \left[\frac{V_0}{KL}\right]^{P_0}, s = s_0 \left[\frac{V_0}{KL}\right]^{P_0} \qquad (3-31)$$

式中：G_0、s_0、K、P_0 为实验拟合的常数；V_0 为充电电压（V）；L 为回路电感（nH）。

作为应用最为广泛的模型，FIRESET 电阻率模型在计算多种金属材料的爆发电流及影响规律时都取得了较好的结果。但是，金属桥箔电爆炸过程的电阻变化并不完全符合高斯分布，计算的爆发电压在爆发时间后误差较大。

金属不论处于固态、液态还是等离子态，现有的理论基础已经可以准确描述金属在这些物态下的电阻变化规律。当金属汽化时其电阻趋于无限大，即电阻在汽化过程中的变化具有奇异性。描述电阻在汽化过程中具有的奇异性是从理论上建立金属电爆炸过程中电阻率模型的关键。

3.4.1.1 铜箔/桥

2002 年，Taylor 测量了铜丝电爆炸过程中电阻随时间的变化规律，结果显示金属铜由固

态向液态、气态和等离子态的变化过程，金属在不同物态条件下，具有不同的电阻特性。金属桥箔电阻的精确测量为电阻率模型的改进指导了方向。2008 年，赵彦等分析了桥箔物态变化的物理机制，将电爆炸过程分为初始加热、本征爆炸和等离子体产生三个阶段，采用该模型计算的爆发电流、电压与实验结果对比，二者具有很好的一致性，说明其模型有较好的预估精度。计算公式如下：

$$\begin{cases} \sigma = \sigma_0[1 + \alpha(T - T_0)]^{-1}, & T < 3\,000\text{ K} \\ \sigma = \dfrac{n_e}{n_a^2 \gamma_v z T}, & 3\,000\text{ K} \leq T < 8\,000\text{ K} \\ \sigma = (n_e e^2 \tau / m_e) A^\alpha(\mu/kT), & 8\,000\text{ K} \leq T \end{cases} \quad (3-32)$$

式中：σ 为电导率（S/m）；σ_0 为初始电导率（S/m）；α 为温度系数；T 为温度（K）；T_0 为初始温度（K）；n_e 为电子密度（cm^{-3}）；n_a 为原子密度（cm^{-3}）；γ_v 为体膨胀系数与比热容之比 [J/(g·K^2)]；z 为离子等效电荷；τ 为电子能量弛豫时间（s）；$A^\alpha(\mu/kT)$ 为费米-狄拉克积分计算的系数。

2008 年，Oreshkin 在其论文中阐述道，EWE 是高密度电流脉冲通过金属时，由于强烈的能量释放而引起的金属物理状态的急剧变化。在 EWE 过程中，金属经历了从凝聚态到等离子体态的各个阶段。由于爆炸丝材料的热力学参数达到了极限值，EWE 作为一个研究稠密非理想等离子体 [式（3-33）~ 式（3-35）] 的热物理和输运特性的便利对象，尤其是研究临界点（在相图中满足液态、气态和双相状态的点）附近的金属导电性，引起了基础研究人员的兴趣。另外，金属导电性（电阻率）的研究结果，可为精确模拟爆炸丝所激发的电流、电压等性能参数提供有益参考。

利用磁流体动力学（MHD）近似描述 EWE 过程，即

$$\frac{\partial \rho}{\partial t} + \nabla(\rho v) = 0 \quad (3-33)$$

$$\rho \frac{\partial v}{\partial t} + \rho(v \nabla)v = -\nabla p + \frac{1}{c} j \times H \quad (3-34)$$

$$\rho \frac{\partial \varepsilon}{\partial t} + \rho(v \nabla)\varepsilon = -p \nabla v + j^2 \delta + \nabla(\kappa \nabla T) \quad (3-35)$$

式中：ρ 和 T 为材料的密度和温度；v 为宏观速度；p 和 ε 为压力和内能；H 为磁场强度；j 为电流密度；κ 和 δ 为热导率和电阻率；c 为真空中的光速。

流体动力学方程式（3-33）~ 式（3-35）由麦克斯韦方程、欧姆定律和材料的状态方程（EOS）闭合。

根据电流作用积分可定义爆炸时间。若不考虑材料运动和热导率，可以从能量守恒定律推导出电流作用积分 h 的表达式，即

$$h = \int_0^{\tau_{ex}} j^2 dt = \int_C \frac{\rho d\varepsilon}{\delta} \quad (3-36)$$

式（3-36）中的第二个积分是在爆炸过程中沿着金属材料经过的相线 C 进行的，有

$$h = h_1 + h_2 \quad (3-37)$$

式中：h_1 为从室温到熔化温度的特定作用；h_2 为从融化到爆炸的特定作用。

线爆炸之前的时间、熔化之前的时间以及线熔化到爆炸的时间表示如下：

$$\tau_{ex} \approx \frac{h}{j^2}, \tau_{melt} \approx \frac{h_1}{j^2}, (\tau_{ex} - \tau_{melt}) \approx \frac{h_2}{j^2} \qquad (3-38)$$

$$h_2 \approx \bar{\rho} c_V \left(\frac{\partial \delta}{\partial T}\right)_{av}^{-1} \ln \frac{T_{cr}}{T_{melt}} \qquad (3-39)$$

Oreshkin 等使用 2D MHD 代码对快速 EWE 模式的条纹过程进行了数值建模。结果表明，当材料处于液态或双相状态时，金属熔化后会产生条纹。条纹由高温低密度的交替层和低温高密度的交替层组成。在这些计算中，条纹波长接近于实验观察到的波长。

对于大多数固态或液态金属，电阻相对于温度的导数为正，即 $\partial \delta/\partial T > 0$，因此，波长的 EWE 模式为

$$\lambda > \lambda \frac{2\pi}{j} \sqrt{\kappa \left(\frac{\partial \delta}{\partial T}\right)_{min}^{-1}} \qquad (3-40)$$

$$\Gamma_m \approx \ln \frac{T_{cr}}{T_{melt}} \qquad (3-41)$$

也就是说，积分热不稳定性累积增量的值与爆炸模式无关，且仅由给定材料的常数确定。

表 3-6 列出了铝、铜和钨的常数和积分增加量。从该表可以看出，Al 的 Γ_m 值最大，W 的 Γ_m 值最小。由此可以得出结论，在爆炸期间铝线最容易形成条纹，而钨最难。

表 3-6 三种金属的常数

材料	铝	铜	钨
$h/(A^2 \cdot s \cdot cm^{-4})$	1.8×10^9	4.1×10^9	1.85×10^9
$h_2/(A^2 \cdot s \cdot cm^{-4})$	1.4×10^9	3.1×10^9	1.5×10^9
$T_{熔}/eV$	0.08	0.117	0.318
T_{cr}/eV	0.69	0.68	1.358
$\rho_{cr}/(g \cdot cm^{-3})$	0.64	2.28	4.63
ρ_{cr}/atm	4.5	9.03	12
$(\partial \delta/\partial T)_{av}/(\Omega \cdot cm \cdot cm^{-1})$	3.7×10^{-5}	2×10^{-5}	3.2×10^{-5}
$\Gamma_m = \ln(T_{cr}/T_{melt})$	2.15	1.73	1.45
$j_{cr}/(A \cdot cm^{-2})$	8.3×10^7	1.2×10^8	4.9×10^7

利用状态方程绘制/提取的铝的相图如图 3-31 所示（图中：I 表示三相点，II 表示临界点），该图中的箭头表示 EWE 期间金属材料的相线。熔化后，它沿着曲线移动，再细分为液相线和双相态（也称作双节点）。在双节点的左侧，处于双相状态，压力较低。它与密度无关，等于给定温度下的金属饱和蒸气压。液态下，在双节点的右侧，由于液体的可压缩性差，压力随密度快速增加。在通过流动电流加热时，材料膨胀并渗透到双相区域，在该区域中，超过饱和蒸气压的电磁压力再次将其压缩为液态。当电磁压力不再限制材料膨胀时，金属在临界点附近爆炸。因此，爆炸材料的相位轨迹实际上是固定的，并且对于给定的材料，电流作用积分不变且具有良好的精度。在爆炸时间短时，上述相变轨迹就会发生偏差，或者同样发生在金属加热时没有时间膨胀的高电流密度下，即当材料受到惯性力的限制时。

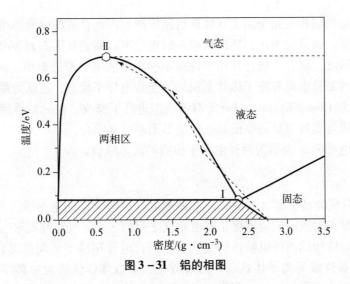

图 3-31 铝的相图

从 20 世纪 50 年代开始,人们就知道在 EWE 期间会出现条纹,但是对于这种现象的原因尚未达成共识。根据实验数据,真空中的金属丝爆炸的特征是在较致密的芯周围存在低密度等离子体电晕和条纹,即密度增加和减少时形成交替层。例如,Abramova 等认为层状是由于方位波数 $m=0$ 时香肠形不稳定性的发展而形成的。然而,这种机制不适用于快速 EWE 模式,因为能量沉积到金属丝中的特征时间小于此类 MHD 不稳定性的发展时间。例如,Fansler 和 Valuev 考虑的条纹的另一个原因是其他磁流体动力学(magnetohydrodynamic,MHD)不稳定性类型的发展,包括所谓的过热或热不稳定性。在此情况下,热不稳定性的结构取决于比电阻随温度变化的特性。当比电阻随温度的升高而降低时,与经典等离子体一样,热不稳定性形成电流通道;当比电阻随温度升高而增大时,大多数金属处于液态和凝聚态时,热不稳定性导致在垂直于电流方向上形成层;当密度接近临界点时,比电阻的温度依赖性从金属变为等离子体导电性。图 3-32 显示了用半经验方法计算的指定温度下铜电阻率与密度的关系,图中曲线 1 至曲线 4 分别为 0.03 eV、0.2 eV、0.7 eV 和 1.5 eV 温度下的,虚线则表示法向密度和临界点的密度。因此,在爆炸的初始阶段,即在金属加热阶段,会出现热不稳定性。

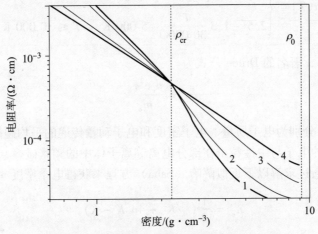

图 3-32 指定温度下铜的电阻率与密度的关系

由于导线的加热和相变完全由焦耳加热机制控制,因此合适的电导率模型对于爆炸丝系统的建模至关重要。到目前为止,还没有单一的理论可以涵盖从固态到等离子体状态的各种材料的电导率。因此,研究人员已使用了许多不同类型的电导率近似值。Stephens 等提出了从固态到强耦合的部分电离等离子体状态铜的半经验电导率模型,被认为最适合爆炸丝的建模。因此,2016 年 Chung Kyoung - Jae 等对该模型进行了修改,在原始模型中增加了一些系数,以使模拟结果与实验测量的电流和电压波形更准确地吻合。

可以将铜的电导率 σ 表示为两种电导率模型的简单混合,即

$$\sigma = \sigma_1 + \sigma_2 \tag{3-42}$$

式中:σ_1 和 σ_2 分别为高密度(冷凝态)和低密度(气态)态的电导率。

在这里,临界点附近的质量密度是密度制度之间的区别。气态和凝聚态的电导率的简单混合并没有考虑双曲线的内外电特性的变化。然而,电导率模型的简单混合是非常合理的,因为导线会迅速爆炸成等离子体状态,而没有在大多数爆炸丝实验中都经历液 - 气混合状态。因此,可以认为式(3-42)适用于构建用于分析爆炸导线的宽范围电导率数据库。式(3-42)与 Stephens 等提出的模型不同,在于忽略了 σ 对质量密度比 ρ/ρ_0 的依赖。可以认为,这澄清了由总电导率组成的每个部分的作用。

对于 σ_1 的计算,考虑到电导率在熔点上突然变化,构建电导率方程如下:

$$\sigma_1 = \begin{cases} \dfrac{\sigma_0}{1 + \beta_0 (T - T_0)} \left(\dfrac{\rho}{\rho_0}\right)^{\alpha(T)}, & T \leqslant T_m \\ \dfrac{\sigma_m}{1 + \beta_m (T - T_m)} \left(\dfrac{\rho}{\rho_m}\right)^{\alpha(T)}, & T > T_m \end{cases} \tag{3-43}$$

式中:σ_0 和 σ_m 分别为标准温度、压力(STP)下 (ρ_0, T_0) 和熔点 (ρ_m, T_m) 时的电导率;β_0 和 β_m 分别为固态和液态铜随温度变化的电导率的温度系数;σ_0、σ_m、β_0 和 β_m 的值分别为 $5.96 \times 10^7 \mathrm{S \cdot m^{-1}}$、$0.5 \times 10^7 \mathrm{S \cdot m^{-1}}$、$2.5 \times 10^{-3}$ 和 8×10^{-5}。

$\alpha(T)$ 的计算公式为

$$\alpha(T) = \begin{cases} 5 - 2.5 \dfrac{T}{5\,000}, & T_0 < T \leqslant 5\,000\ \mathrm{K} \\ 2.5 - 1.3 \dfrac{T}{30\,000}, & 5\,000\ \mathrm{K} < T \leqslant 30\,000\ \mathrm{K} \end{cases} \tag{3-44}$$

对于 σ_2 的计算,著名的 Drude 公式为

$$\sigma_2 = \dfrac{n_e \mathrm{e}^2 \tau_e}{m_e} \tag{3-45}$$

式中:m_e、n_e 和 τ_e 分别为电子质量、电子密度和电子动量传递的平均碰撞时间。

由于此处考虑的电子与中性粒子在部分电离等离子体中的频繁碰撞,满足了局部热力学平衡;因此,可以通过求解以下近似萨哈(Saha)方程来获得电子密度 n_e,即

$$n_e = \dfrac{1}{2}(\sqrt{K^2 + 4 n_T K} - K) \tag{3-46}$$

其中,

$$K = 2\frac{g_1}{g_0}\left(\frac{2\pi m_e k_B T}{h^2}\right)^{3/2} \exp\left(-\frac{E_i}{k_B T}\right) \qquad (3-47)$$

式中：g_0 和 g_1 分别为中性原子和单离子化离子的基态的统计权重；h 为普朗克常数。

式（3-46）和式（3-47）是 Saha 方程的最简单形式，仅对单个电离的理想等离子体求解电子密度，因此不考虑非理想效应对降低电离电势和多次电离的贡献（包括非理想效应会使方程变得过于复杂）。对公式中的平均碰撞时间进行了经验校正，以使计算出的电导率在较大的质量密度和温度范围内与测得的电导率相匹配。最佳拟合的平均碰撞时间为

$$\tau_e = \frac{1}{n_T K_{en}(T)}\left(\frac{\rho}{\rho_0}\right)^{-0.05+0.4(T-12\,000)/T} \qquad (3-48)$$

式中：$K_{en}(T)$ 为电子中性动量传递碰撞的麦克斯韦平均速率常数，即 $\langle\sigma_{en}(v)v\rangle_M$，$\sigma_{en}(v)$ 和 v 分别为电子中性动量传递截面和电子热速度；n_T 为中性原子和离子的重粒子的总密度。

通过 Zatsarinny 和 Bartschat 给出的截面数据对给定温度下的电子的麦克斯韦速度分布进行积分来获得 $K_{en}(T)$。式（3-48）中指数部分的系数与电导率随质量密度和温度的变化有关，这些系数与 DeSilva 和 Katsouros 给出的实验结果或 Clerouin 等提出的量子分子动力学（QMD）模拟结果最吻合。

图 3-33（a）为铜的宽范围导电率，它是 ρ 和 T 的函数。在高密度和低温区域，电导率的不连续性来自熔化过程中［式（3-43）］的突变和式（3-44）给出的不连续 $\alpha(T)$ 的应用。结果表明，在低密度区，该模型比 Stephens 模型有更大的突变，这主要是由于式（3-48）中系数的变化和更精确的与温度相关的电子-中性动量传递截面数据的应用。在图 3-33（b）中，绘制了某些特定温度下电导率随质量密度的变化。从半经验模型中提取的电导率数据的总体趋势与实验结果或计算模拟结果吻合得很好，由此可以看到，在密度为 $100\sim200\ \text{kg/m}^3$（$0.1\sim0.2\ \text{g/cm}^3$）时，金属-非金属转变附近的电导率突变并没有完全反映在模型中。特别是在 10 000 K 和 14 000 K 温度下的电导率数据中，由此模型得到的值比实验测量的值随质量密度的变化要平滑得多，显然非常适合于模拟铜丝爆炸。应当注意，当

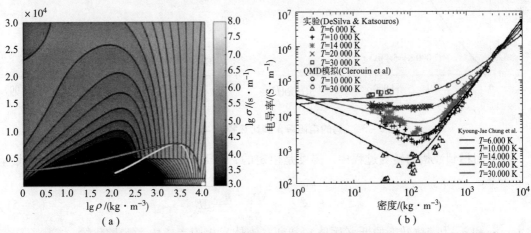

图 3-33　不同情况下铜的电导率　(a) 铜的半经验电导率的等高线图，以及液-汽过渡的旋节线（白色）和双节线（红色）（附彩插）

(a) 铜的半经验电导率的等高线图，以及液-汽过渡的旋节线（白色）和双节线（红色）；
(b) 从半经验模型获得的电导率与 DeSilva 和 Katsouros 测得的电导率及 Clerouin 等计算出的电导率比较

电导率取决于放电的时间尺度时,此电导率模型对于纳秒或亚微秒的时间尺度放电可能无效。

由不同直径铜丝和电容器充电电压测量的电流和电压波形可见,电压尖峰比初始电容器充电电压大几倍,并且很大程度上取决于导线直径。直径 100 μm 的导线在 13 kV 爆炸时,每个组件的电压降测试结果表明,导线上电阻的电压突然增加,在导线爆炸时,感应电压成为最主要的体系电感。由于感应电压抵消了电阻电压尖峰,电容器上的电压在爆炸过程中几乎没有变化。爆炸过程中出现高的电阻电压尖峰是由导线电阻的急剧增加引起的。从熔解到爆炸的过程中,导线电阻增加了一个数量级,是电流变化的数倍。因此,爆炸时的电阻电压(电流×电阻)比熔化时的电压提高了数倍。

3.4.1.2 钨箔/桥

针对有些模型电压模拟值误差较大的问题,2007 年,Sarkisov 等采用实测的电阻率对爆炸丝作用过程进行模拟,获得了较好的电压模拟结果。如图 3-34 (a) 和图 3-34 (b) 分别为电阻率手册中钨电阻率和 NIST-JANAF 热化学表中比热容随温度变化的曲线。固体和液体的电阻率(以 cm 为单位)可以通过以下公式估算:

$$\rho_{\text{solid}}(T) = -2.466 + 0.025\,5T + 5.24 \times 10^{-5}T^2, \quad 300\,K < T < T_{\text{melt}} \quad (3-49)$$

$$\rho_{\text{liquid}}(T) = 200.46 - 0.034T + 4.41 \times 10^{-6}T^2, \quad T_{\text{melt}} < T < 7\,500\,K \quad (3-50)$$

式中:T_{melt} 为熔化温度,$T_{\text{melt}} = 3\,695\,K$。

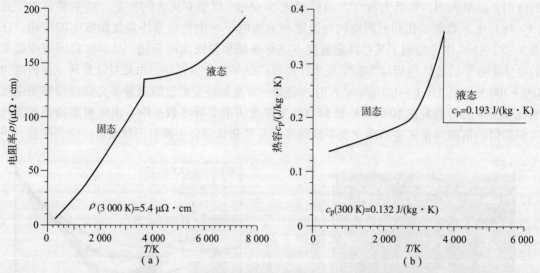

图 3-34 钨的电阻率 ρ 和比热容 c_P 与温度的关系

在从固相到液相的转变过程中,温度是恒定的,Sarkisov 等假设电阻率与沉积的能量呈线性关系:

$$\rho_{\text{melt}}E = \rho_S + \frac{(\rho_L - \rho_S)}{H_{\text{fusion}}}\mathrm{d}E \quad (3-51)$$

式中:ρ_S 和 ρ_L 为熔体转变的低(固体)和高(液体)电阻率;H_{fusion} 为熔化焓。

钨的线性热膨胀系数为 $4.5 \times 10^{-6}\,K^{-1}$。将直径 20 μm 的钨丝从室温 300 K 加热到 3 695 K 熔化,导致钨丝直径增加 1.6%,密度降低 3.2%。忽略固态钨直至熔化的热膨胀效应,比热容的计算公式为

$$c_{\text{p-solid}}(T) = 0.12 + 7.25 \times 10^{-5}T - 8.84 \times 10^{-8}T^2 + 6.66$$
$$\times 10^{-11}T^3 - 2.27 \times 10^{-14}T^4 + 2.98 \times 10^{-18}T^5 \qquad (3-52)$$

图 3-35 显示了放置在两块玻璃板之间的钨爆炸箔（厚 22 μm，宽 1.5 mm，长 10 mm）的试验电流和电压波形，以及根据实验电流计算的热力学（ThD）电压。可见 ThD 计算值与熔化前的试验电压波形合理匹配。在匹配时，试验电压略超过 ThD 电压，这可能与箔材横截面电流分布不均匀有关。此外，ThD 计算在熔化后是不合适的，因为它不包括表面击穿的机制。

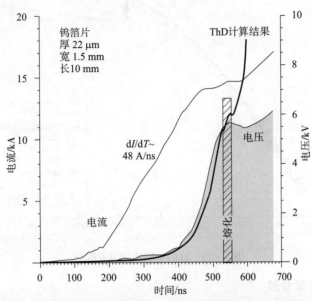

图 3-35 试验电流和电压波形，以及使用 ThD 技术计算的电压

3.4.1.3 钛桥/箔

金属钛为顺磁性物质，熔点（1 660 ± 10）℃，沸点 3 287 ℃。钛具有两种同素异形态，低温（低于 882.5 ℃）稳定态为 α 型，密排六方晶系（hcp）；高温稳定态为 β 型，体心立方晶系（bcc）。2001 年，Maglić 和 Pavičić 实验测量了 30 个样品（未退火）钛的电阻率和比热容。测量中有 18 个限制在 hcp 晶体结构，有 12 个扩展至 bcc 晶体结构。其中有 7 个达到熔点以下几摄氏度。温度有效范围为 300 ~ 1 152 K 的 hcp 晶体结构的电阻率实验值用平滑插值函数表示：

$$R_o = -2.943 \times 10^{-7} + 2.559 \times 10^{-9}T - 3.602 \times 10^{-13}T^2 - 3.280 \times 10^{-16}T^3 \quad (3-53)$$

比热容在 360 ~ 1 106 K 有效，即

$$c_p = 405.6 + 5.0757 \times 10^{-1}T - 2.781 \times 10^{-4}T^2 + 8.750 \times 10^{-8}T^3 \qquad (3-54)$$

在 bcc 范围内，电阻率和比热容的平滑插值函数由下式计算：

$$R_o = 1.170 \times 10^{-6} + 4.215 \times 10^{-10}T - 1.374 \times 10^{-13}T^2 + 2.536 \times 10^{-17}T^3 \quad (3-55)$$

有效范围为 1 168 ~ 1 930 K，则

$$c_p = -1\ 689.3 + 5.230T - 3.920 \times 10^{-3}T^2 + 9.826 \times 10^{-7}T^3 \qquad (3-56)$$

在 1 202 ~ 1 910 K 有效。

个别实验所得的电阻值与最终函数方程式（3-53）的偏差在 370 K 时为 ±1.5%，在 1 070 K 时为 ±1.7%。在 bcc 范围内，与函数方程式（3-55）的偏差不超过 ±1%。

与函数方程式(3-54)相对应的个别比热容偏差在370 K时为±1.1%,在1 070 K时为±2.2%,与bcc范围内的函数方程式(3-56)相对应的偏差在±2.3%范围内。

插值电阻率方程式(3-53)和式(3-55)在图3-36中显示为连续曲线,从hcp到bcc结构的相变范围用很少的平均数据点(实心方块)来解释,该图还包含Arutynov等的数据。

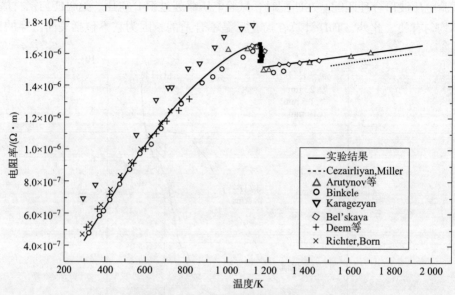

图3-36 钛的电阻率随温度变化

3.4.1.4 Ti/Al复合膜

2016年,Kirill D Vanyukhin等通过观测Ti-Al金属化层的结构和表面电阻等,研究了钛和铝膜之间的相互作用。制备方法为:在硅基板上用CVD法沉积0.15 μm的氮化硅(Si_3N_4)膜以防止金属化系统和基材之间的相互作用,之后用PVD法沉积覆盖有两层Ti(12 nm)/Al(135 nm)的金属化层;金属化制备之后,将基板在氩气流中置于RTP-600炉中退火。首先在400~700 ℃范围内的不同温度下对硅衬底上具有Ti/Al金属化层的氮化硅涂层进行300 s退火(第一退火阶段);然后在800 ℃对试样进行快速退火30 s(第二退火阶段),分别测试退火后表面电阻率,结果见表3-7。用RMS-EL四探针仪测量金属化的表面电阻率。在OLS40003D测量激光显微镜下检查金属化系统的表面形态。

表3-7 第一阶段和第二阶段退火后Ti/Al金属化的表面电阻率

处理温度/℃	表面电阻率/($\Omega \cdot cm^{-2}$)	处理温度/℃	表面电阻率/($\Omega \cdot cm^{-2}$)
第一阶段,300 s		第二阶段,30 s	
400	0.65~0.8	850	390
500	1.62	850	350
600	140	850	140
700	228	850	350
750	334	—	—
—	—	850	342

注:Ti/Al金属化的初始表面电阻率为0.42 Ω/cm^2。

由表 3-7 可见，在第一退火阶段（300 s），金属化的表面电阻随退火温度的增加而增加。这是由于金属之间的相互扩散以及它们之间不断增加的相互作用，从而形成了电阻率远高于纯铝的各种化合物。从表 3-7 中的数据可以看出，相互作用始于 400 ℃，表明涂层的表面电阻率略有增长，达到 0.8 Ω/cm^2。但是，金属的相互作用在此温度下尚未完成。当表面电阻率增加到 1.62 Ω/cm^2 时，在 500 ℃ 时可获得更高程度的相互作用。在 600~750 ℃ 的较高温度下，单阶段退火会导致金属化层的表面电阻率显著提高至 140~334 Ω/cm^2。

第二阶段 850 ℃ 下 30 s 退火时伴随着金属化的表面电阻率进一步提高到 340~390 Ω/cm^2，即比沉积时的值高 700~900 倍，不论第一阶段退火是否存在（唯一的例外是在第一阶段退火至 600 ℃ 的试样）。因此，金属在金属化体系中的相互作用在短时间内的第二阶段退火继续进行，并导致钛/铝反应几乎完全停止。另外，通过观察发现，退火后的两层涂层不再溶于几秒钟即可溶解纯铝膜的热的（80 ℃）正磷酸（H_3PO_4）。在 600 ℃ 下进行 300 s 的第一阶段退火的结果较为特殊：样品的表面电阻率为 140 Ω/cm^2，并且在第二阶段退火之后没有变化，即金属化样品具有最低的电阻率，见表 3-7。

激光显微镜下观测金属化表面的形态表明，未加热的基材 Al、Ti/Al 和 Ti/Al/Ni/Au 金属化系统始终是镜面光滑的，测量生长的表面粗糙度，以凹凸区域之间的高度差评估，不超过 12~15 nm，仅在退火后显示表面无光泽。例如，在经 850 ℃ 单阶段退火后，Ti/Al/Ni/Au 系统的表面呈现出典型的粗糙外观。经第二阶段退火后的形貌如图 3-37 所示。300 s 退火，温度为：(a) 400 ℃、(b) 500 ℃、(c) 600 ℃、(d) 700 ℃；然后在 850 ℃ 下快速退火 30 s；成像表面积：65 μm×65 μm。

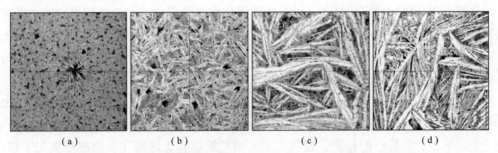

(a)　　　　　　　(b)　　　　　　　(c)　　　　　　　(d)

图 3-37　在氮化硅涂覆的硅基板上的两层 Ti/Al 金属化的表面形貌

(a) 400 ℃；(b) 500 ℃；(c) 600 ℃；(d) 700 ℃

为了强化钛在两层 Ti/Al 金属化层结构形成中的作用，对沉积在具有氮化硅涂层的类似惰性硅基板上的相同厚度的单层 Al 膜金属化层进行了退火处理。膜的电阻率和表面形态发生了变化，结果见表 3-8。但是，与两层钛铝金属化不同，后者的变化始于 500 ℃，几乎在 600 ℃ 时完成，铝膜中的变化仅在 600 ℃ 或更高温度下退火后才开始。

表 3-8　在氮化硅涂层的硅基板上进行单层铝膜金属化退火的结果

处理方式	退火后的表面电阻率/(Ω·cm^{-2})	表面外观
未处理	0.85	镜子
500 ℃，300 s	0.43	镜子
600 ℃，300 s	0.74	磨砂
700 ℃，300 s	4	严重磨砂
850 ℃，30 s	5.5	磨砂

所沉积的铝膜具有镜面,放大倍数高达 4 000 时没有可见的粗糙度,即使在 500 ℃ 下,铝膜的结构也不会改变。在 600 ℃ 退火后,即低于但更接近铝的熔点,由于铝原子的表面扩散导致铝的结球,在表面上形成了小的凸出区域,表面电阻率变化很小。在 700 ℃ 或更高温度(高于铝熔点)下退火后,形成了形状怪异的起球特征。

对铝膜退火结果的研究表明,只有在 600 ℃ 下退火 300 s 之后,铝膜才会消光,开始出现膜电阻率和表面形态的可见变化。在高于 700 ℃ 的温度下退火后,发生了更显著的变化,即由于聚结,熔点的铝薄膜严重消光。同时,薄膜的表面电阻率几乎增加了一个数量级,这是由于电子在粗糙的薄膜表面上的散射以及集结特征之间的薄膜变薄而造成的。因此,在高于铝熔点的温度下退火会导致铝熔化并进一步再结晶,从而在表面上形成大的半球形凸起区域。早期观察结果表明,退火后 Ti/Al/Ni/Au 金属化的表面粗糙度的出现也是铝层熔化的结果。

根据激光显微镜数据,在所有情况下,退火后的铝膜都没有像退火后的两层钛铝涂层那样对离散的膜表面区域着色,证明铝膜的相均质性以及那里不存在枝晶。因此,在对两层 Ti/Al 涂层进行退火的实验中,钛铝体系中金属间化物相的形成引起枝晶的形成和电阻率增加数百倍。

实际上,两层 Ti/Al 涂层实验的退火会导致金属相互扩散,从而形成具有严格确定的组分比的铝钛化合物(图 3-38)。Ti/Al 体系有两种主要的金属间化合物 TiAl 和 Al_3Ti,它们在恒定温度 1 450 ℃ 和 1 350 ℃ 下分别熔化,远高于铝的熔点(660 ℃)和此实验的退火温度。这使得金属化更加稳定和持久,因为金属间化合物分别比铝和钛更耐氧化和化学腐蚀,并且其熔点高于铝。因此,在随后的较高温度下的退火阶段,两层涂层不会熔化或结团,从而严重损害金属化表面质量。在退火期间形成金属间化合物时,金属间化合物相以枝晶形式生长。同时,在涂层表面上形成粗糙和孔洞,导致涂层表面略微哑光。

第二阶段的高温退火在涂层中没有形成与样品在相同模式下进行单阶段退火后相同的枝晶结构,这表明在 400 ℃ 或更高温度下的第一次退火阶段,由于钛和铝的相互扩散以及它们的化合物的形成,涂层已经稳定。也就是说,相互扩散和金属间化合物的形成先于枝晶生长。这些实验证实了较早的假设,即在 400~600 ℃ 下进行初步退火对于 800~900 ℃ 下最终高温退火阶段的结果是有利的。因此,在两层钛铝金属化过程中的 300 s 退火过程中,枝晶的形成始于 400 ℃,在 500~700 ℃ 时几乎完成,随后 850 ℃ 的短时间退火 30 s 对其没有任何明显的影响。在任何退火模式下均未出现液相。

总之,两层金属化的晶体结构及其表面形态受氮气流中温度和退火时间的控制。即使在钛含量相对较低的情况下,在两层 Ti/Al 金属化中,也会发生金属的相互扩散以及化学化合物的形成。随后,这些化合物形成了金属间化合物相,使金属化对更高温度下的后续退火、氧化和化学蚀刻更具抵抗力。再结晶使金属化的电阻率增加了数百倍。两层 Ti/Al 金属化层的退火处理会增加其表面粗糙度,并形成离散的凹入特征,这些特征会散射光,这说明金属化表面略微粗糙。与多层 Ti/Al/Ni/Au 金属化不同,不会形成大的半球形凸区。在多层 Ti/Al/Ni/Au 金属化表面上形成凸区的主要原因是镍合金层。

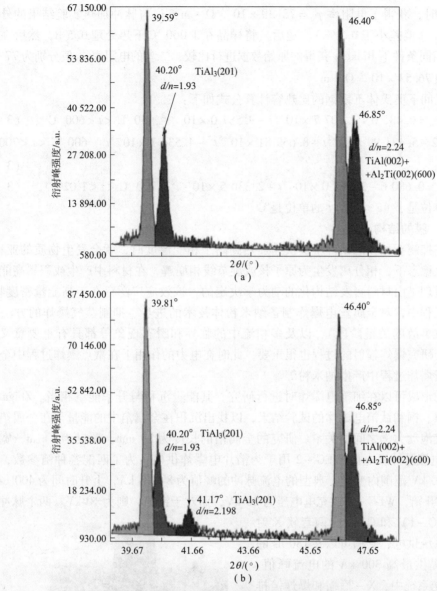

图 3-38 两个试样的 X 射线衍射图

（a）30 s/850℃退火；（b）300 s/700℃ + 30 s/850℃两步退火后箭头指向的峰与 AlTi₃ 相对应

3.4.1.5 奥氏体不锈钢

1970 年，奥氏体不锈钢是德国导热性标准参考材料的候选者，1992 年，Dobrosavljević 和 Maglić 通过脉冲量热法测量了其在 300~1 500 K 范围内的比热容和电阻率，图 3-39 为根据测试其数据绘制而成。此外，脉冲加热实验完成后，使用固定的四探针技术在电流反转的情况下，在室温下进行额外的电阻率测

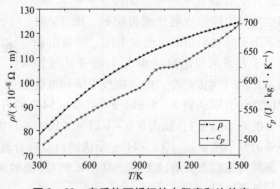

图 3-39 奥氏体不锈钢的电阻率和比热容

量。在 20 ℃时，获得了电阻率 $\rho_0 = 78.39 \times 10^{-8}$ Ω·m，这与脉冲加热实验结果的外推法结果非常吻合（偏差小于 0.5%）。随后，将样品在 1 060 ℃下热处理 0.5 h，然后在水中冷却，与在相同条件下 Binkele 获得的原始数据进行比较，二者的电阻率 ρ_0 值分别为 77.42×10^{-8} Ω·m 和 76.53×10^{-8} Ω·m。

各温度区间下奥氏体不锈钢的比热容计算公式如下：

$$c_p = 0.482\,0 + 2.307\,7 \times 10^{-4} t - 9.587\,0 \times 10^{-8} t^2,\ 50\,℃ < t < 600\,℃ \quad (3-57)$$

$$c_p = 12.036\,2 - 5.471\,99 \times 10^{-2} t + 8.659\,81 \times 10^{-5} t^2 - 4.534\,1 \times 10^{-8} t^3,\ 600\,℃ < t < 700\,℃ \quad (3-58)$$

$$c_p = 0.680\,6 - 2.591\,0 \times 10^{-4} t + 2.330\,5 \times 10^{-7} t^2,\ 700\,℃ < t < 1\,020\,℃ \quad (3-59)$$

式中：c_p 的单位是 J/(g·K)；t 的单位是℃。

3.4.1.6 膜的结构变化

当物质在抑制新相核的条件下被快速加热到高于相变温度时，就会发生物质的亚稳态。在高水平的亚稳态下，相分离发生为原子核或旋节线相崩解，在材料中产生或积累高能量密度。相分离机理是由材料自发结构化的动力学决定的，该效应广泛存在于高能量密度物理、力学和电力工程中，对金属丝电爆炸制备纳米粉体技术的进步、抑制蒸气爆炸的方法（作为核电站严重事故的关键阶段），以及多相流中的临界和瞬态现象等都具有重要意义。同时，它们对于研究爆炸辐射的过程也很重要，此时在电力的作用下在微点爆炸过程中金属会拉伸；在导线爆炸过程中产生纳米粉等。

亚稳态的形成可以在细箔电爆炸时进行研究，其能量沉积与升华能量相当。Zhigalin 等研究了铝、镍、铜和钛箔电爆炸的试验结果，以找出沉积在金属箔中的能量与在金属箔沸腾时上升的蒸汽泡动力学之间的关系。研究的金属箔的长度为 20 mm，厚度为 5 μm，宽度为 1 mm。采用电流脉冲发电机 WEG-2 用于为箔片电爆炸供电，为了匹配各种箔参数，充电电压在 10~30 kV 范围内变化，典型的电流脉冲的峰值为 8~15 kA，上升时间为 400 ns。对于 Al、Ti 和 Ni 箔，WEG-2 的充电电压为 20 kV，而对于铜箔，则为 10 kV。两个脉冲发生器 G-1（XPG-1）和 G-2 为两套软 X 射线背光成像系统供电，它们可以在 180 ns 的上升时间内提供最高 300 kA 的电流峰值。在 X 射线背光系统中，X-箍缩和爆炸箔排成一行。来自 X-箍缩的 X 射线穿过箔材并在胶片上形成背光图像，如图 3-40 所示，图中箔材边缘形成的气泡很明显。图 3-41 所示为不同材料箔的电流和电压、能量沉积和每平方毫米气泡数（由 X 射线背光成像测量）的时间依赖性。

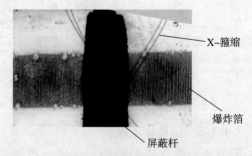

图 3-40　胶片 2 上爆炸铝箔的 X 射线背光图像

电压曲线下降和电流曲线拐点可以明显地反映分流放电时间。测得铝的能量沉积达到 5~5.8 kJ/g（46%~54% 的升华能量），镍达到 1.3~1.8 kJ/g（21%~29% 的升华能量），钛为 0.9~1 kJ/g（10%~11% 的升华能量），铜为 2~2.5 kJ/g（42%~53% 的升华能量）。图 3-41 显示沸腾启动与分流放电现象（电压降）不对应。这种延迟可以解释为亚稳态分解的上限。Al、Ni 和 Cu 箔的延迟分别为 110 ns、350 ns 和 315 ns。未观察到钛箔沸腾。

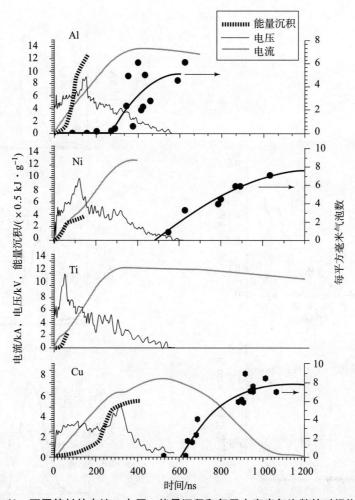

图 3-41 不同箔材的电流、电压、能量沉积和每平方毫米气泡数的时间依赖性

通过对后续帧的分析，获得了气泡的最大直径不超过 12 μm，是箔宽度的 2 倍。测量气泡形成的持续时间不超过 40 ns。在气泡上升开始时，气泡直径增加得更快。然后气泡上升的速度下降。通常，气泡直径时间依赖性可以用下式描述：

$$\frac{dD_b}{dt} = 0.19 - 0.19 D_b \ (\mu m/ns), \ D_b \leqslant 10 \ \mu m \tag{3-60}$$

3.4.1.7 发光

在真空中不同条件下金属丝纳秒级爆炸的试验表明，过热的低升华能金属（如 Ag、Al、Cu 和 Au）会经历全部（或几乎全部）蒸发，高升华能金属（如 W、Mo、Pt、Ti 和 Ni）会发生部分汽化。图 3-42 和图 3-43 分别为缓慢爆炸和快速爆炸的试验结果，图 3-42（c）和图 3-43（d）分别显示了爆炸丝平均电阻率响应随沉积能量的变化。将阴极-阳极电阻归一化，以考虑爆炸丝直径和长度。曲线的下降部分（虚线）不能归因于爆炸丝的电阻率，因为正是在电压击穿期间，电流从导线芯切换到电晕。需要注意的是，最大电阻率（约 100 μΩ·cm）低于钨的熔化极限值（120~135·μΩ·cm），这意味着电压击穿在爆炸丝开始熔化之前就开始了。

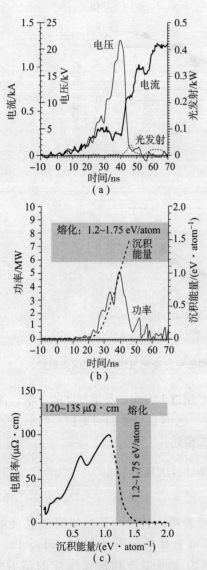
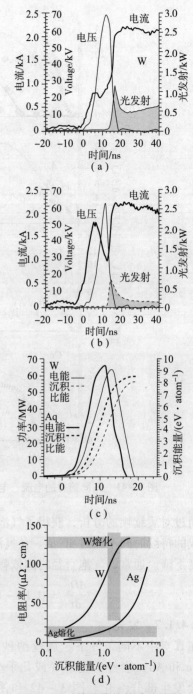

图 3-42 缓慢爆炸的试验结果
(a) 16.2 μm 钨丝缓慢爆炸的电流、电压和光发射功率波形；(b) 电功率和沉积比能的变化；(c) 爆炸丝电阻率与沉积能量关系

图 3-43 快速爆炸的试验结果
(a) W 线和 (b) 银线快速爆炸的电流、电压和发光功率的波形；(c) 电能和沉积的比能的变化；(d) 爆炸丝电阻率对沉积能量的依赖性

辐射波形由两部分组成。第一个尖细的辐射峰是所有金属的共同点，对应于周围蒸汽的电离及其快速膨胀。在第一个峰值之后的后期辐射强烈地依赖于金属。对于钨丝，后期辐射随时间增加；对于银，则迅速下降。钨丝和银丝的沉积能和电功率的绝对值相似［图 3 - 43 (c)］：7 ~ 8 eV/atom 和 62 ~ 64 MW。击穿前有效能量沉积到金属芯中的时间为 17 ~ 20 ns。钨的电阻率在击穿前略高于 135 μΩ·cm 的熔化水平，击穿前银的最大电阻率明显超过熔化水平（17 μΩ·cm），达到 90 μΩ·cm。对于银和钨丝，由于没有考虑热膨胀，金属电阻率的估计值都很低。

图 3 - 44 显示几乎相同沉积能量（5.9 ~ 6.2 eV/atom）下钨丝直径对辐射分布的影响。随着金属丝直径的增加，后期辐射幅值增大。值得注意的是，所有情况下的功率速率都几乎相同，约 13 W/ns。

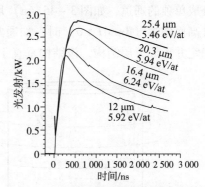

图 3 - 44　沉积能量大致相同不同直径的钨丝爆炸发光功率的波形

电爆炸产生的膨胀金属线芯主要由三种不同的状态组成：固体、微滴和气体等离子体。线芯的状态取决于电压击穿前的能量沉积量和加热条件。对于沉积能量小于固态焓（熔化之前），线完好无损；如果沉积能量介于固态和液体相变焓（在熔化过程中），线分解成大块。对于高水平的沉积能量（超过汽化能量），线芯处于气体等离子体状态。对于中等水平的沉积能量（高于熔化但低于汽化），金属丝分解成热的液体微滴或亚微米大小的簇。对于处于团簇态的线芯，干涉测量显示出弱（甚至不存在）相移。光发射显示出"烟花效应"，即与膨胀的热微粒圆柱体发射相关的长时间辐射。对于处于气体等离子体状态的线芯，干涉测量显示由于膨胀的线芯的绝热冷却而产生大的相移和光发射的快速减少。这种烟花效果的模拟与实验数据非常吻合，假设亚微米尺寸且膨胀的微粒圆柱体的温度接近沸腾，此烟火效果的模拟与实验数据非常吻合。

3.4.2　爆炸脉冲功率源

大功率脉冲电流驱动下电导体的不稳定性增加是近几十年来研究的热点。Z - 箍缩、电爆炸丝、磁驱动飞片实验、磁加速金属线是许多实际应用中流体动力学不稳定的几个示例。MRT（magneto Rayleigh - Taylor）不稳定性尤其受到了广泛的关注。磁流变技术的不稳定性是在磁场的有效重力作用下加速导电液体时产生的。而电热不稳定性是由于材料电导率中的温度依赖性导致的不均匀加热所致，相比 MRT，对其知之甚少。

人们对磁流变和电热不稳定性的兴趣集中在它们对磁驱动惯性约束聚变系统的影响上。最近的二维数值模拟表明，磁化（大于 10 T）和预热（100 ~ 500 eV）氘氚燃料上，利用脉冲功率驱动的圆柱形金属套筒内爆可以获得显著的聚变率。利用该技术，在目标驱动电流为 27 MA 的美国桑迪亚国家实验室的 Z 机器上，氘氚（DT）的聚变产率可达 100 kJ，在能够提供 60 MA 的下一代脉冲功率机器上，氘氚（DT）的聚变产率可达 1 GJ 或更高。套筒必须在整个内爆过程中保持完整性，以提供足够的面密度来惯性约束燃料。因此，了解磁驱动系统的不稳定性并验证缓解策略至关重要。

在电热不稳定性中，由于焦耳加热中的正反馈，温度扰动将增大。当材料的电阻率与温度有关时，就会发生电热不稳定性。它们甚至存在于非加速系统中，并且不需要根据理论重新分配质量。这种不稳定性有两种不同的形式：一种形式是当电阻率随温度降低时（$d\eta/dT<0$），如在等离子体的经典 Spitzer 电阻率中，电热不稳定性导致轴向电流丝状化并分成单独的通道，如图 3-45（a）所示；另一种形式的电热不稳定性发生在电阻率随温度升高而增加（$d\eta/dT>0$）时，如通常发生在金属的凝聚态中。这种不稳定有时称为过热不稳定并形成分层结构，该结构垂直于图 3-44（b）所示的电流。

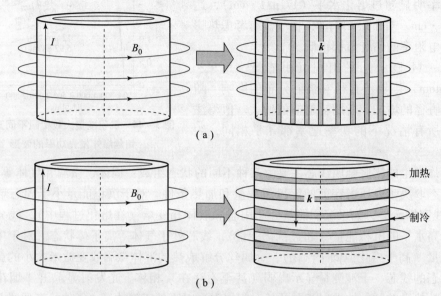

图 3-45 具有轴向电流的圆柱形衬垫上电热不稳定性的示意图
(a) 在 $d\eta/dT<0$ 时，波矢量 k 平行于 B 的丝状形式；(b) 在 $d\eta/dT>0$ 时，波矢量 k 垂直于 B 的条纹形式

两种形式的色散关系都可以用通常的磁流体动力学近似来考虑薄均匀导电介质的情况。首先，利用安培定律和法拉第定律得到了扰动电流密度随扰动电阻率变化的表达式；然后，将该表达式代入 Ryutov 等所述的热平衡方程中。如果将均匀分布的电流沿 z 轴方向流动，而磁场沿 y 轴方向流动，则扰动电流密度可以表示为

$$\delta J_z = -J_z \frac{\cos^2\alpha}{1+\gamma/\gamma_0}\frac{\delta\eta}{\eta}, \delta J_y = -\frac{k_z}{k_y}\delta J_z \qquad (3-61)$$

式中：η 为电阻率；α 为未扰动磁场与不稳定波矢量 $k = k_y\hat{y} + k_z\hat{z}$ 之间的夹角；γ 为扰动增长率，则

$$\gamma_0 = \frac{2k\eta}{\mu_0 h} \qquad (3-62)$$

式中：h 为均匀导电介质的厚度。

因此欧姆加热的扰动可表示为

$$\delta(\eta J^2) = \delta\eta J_z^2\left(1 - \frac{2\cos^2\alpha}{1+\gamma/\gamma_0}\right) \qquad (3-63)$$

一旦找到完整的色散方程式，这个表达式中的第一项表示电热不稳定性的条纹形式，而第二项表示细丝化形式。

为直接模拟不稳定性增长，用 LASNEX 对这些实验进行 2D RMHD 模拟。用于铝和铜棒

标称模拟的材料模型包括 SESAME 状态方程（EOS）和（Lee More Desjarlais，LMD）电导率。

图 3-46 显示了二维 Al 杆多次模拟的对数密度轮廓。如图 3-46（a）所示，在 $t = -2$ ns 时，在磁扩散前沿后面的焦耳加热使棒上的表面薄层熔化并开始膨胀。从电流脉冲一开始，这个区域的不稳定性就迅速增加。

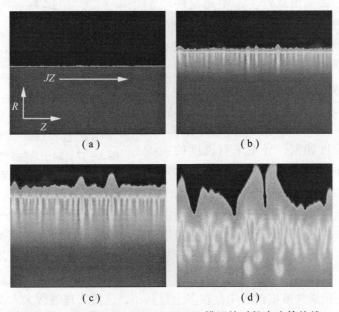

图 3-46 二维 Al-rod-LASNEX 模拟的对数密度等值线

（a）外表面层熔化后电热不稳定性的初始发展；（b）大部分电热不稳定性的发展在峰值附近接近饱和；（c）随着棒开始压缩，先前电热生长导致的 MRT 磁流变不稳定性的发展；（d）MRT 磁流变不稳定性进入非线性增长阶段

当材料被焦耳加热时，由于导电率持续下降，磁场向棒内扩散得更深，并将越来越多的材料级联到不稳定生长区。但是，总体增长率随着密度梯度标度长度的增加而下降。最初，绝对不稳定性的增长受到杆中磁扩散深度的限制。在扩散前沿之前，材料仍处于固态，并且处于电热不稳定性可以忽略不计的状态；另外，材料强度抑制了 RT 模式的生长。

在图 3-46（b）中，杆的外表面扩展正在减速，并且已经扩展到接近其最大半径。导电率随温度变化的导数表示大部分熔化的材料进入了类似 Spitzer 状态。在图 3-46（c）所示的整个周期内，$d\eta/dT > 0$ 和 $\nabla \rho \cdot \nabla P > 0$，因此可以认为本模拟中出现的不稳定性仅是由电热不稳定性引起的。现在电导率随着温度的升高而增加，磁场对棒的穿透力减小，电流密度增加。不稳定性增长现在在密度图中清晰可见，因为其振幅增长了超过 100 倍。在图 3-46（c）中，平均磁压力现在远大于热压力，并且棒的表面开始被压缩。也就在这个时候，外表面层变得不稳定，因为它们开始径向向内加速变化（它们指外表面层）。由于此 MRT 增长是由先前的不稳定增长所引发的，扰动振幅不需要很长时间（10~20 ns）就可以在大小上与波长相当，并且表现出强烈的非线性增长，如图 3-46（d）所示。

虽然电热不稳定性理论是建立在电导率随温度变化的基础上的，但在这些模拟中，电导率随密度的变化也很重要。图 3-47 显示了几种不同密度下铝的电导率随温度的变化。在低温下，电导率的温度依赖性比密度依赖性小。事实上，密度的微小变化会导致电导率的巨大差异。例如，在 0.1 eV，固体密度下 Al 的电导率比在固体密度 1/3 的 Al 的电导率高约 10 倍。同样的电导率变化要求在固定固体密度下的温度变化超过 50 倍。有人可能会说，这表明，如果电导率-温度依赖性在棒的最冷区域起辅助作用，那么由此产生的不稳定性增长应被描述为电热以外的东西。然而，由于电导率对温度或密度的依赖，不稳定性增长的物理和动力学实际上是相同的。在棒的外表面层，密度随着材料的加热和膨胀而下降。密度下降也增加了电阻率，并为不稳定性增长提供了同样必要的正反馈。关键的区别是，无论材料温度如何，导电率对密度的依赖都存在，而不像温度依赖那样饱和。然而，在几乎相同的温度下，电导率依赖性改变符号，密度依赖性大大减弱。在 50 eV 以上，当等离子体处于类似 Spitzer 状态时，密度依赖性几乎消失。Oreshkin 已经证明，当考虑到运动的影响时，这种密度依赖性可以表示为电热不稳定性的更一般的色散关系中的另一个项。进一步表明，这一附加项使铝的电热不稳定性增长率增加约 1 倍。

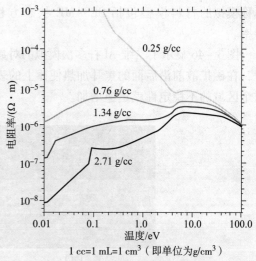

图 3-47 对于几种密度下 Al 的电阻率随温度变化

还应认识到，在这些模拟过程中存在多个材料相，这使物理过程大大复杂化。即使在图 3-46（d）中当外表面层完全蒸发时，大多数棒材料仍保持在固相中，并且有一小部分转变为液相和气相。该区域对电热不稳定生长仍不稳定，同时 MRT 不稳定生长在外层占主导地位。

由于很难完全分离电热和 MRT 不稳定性增长的影响，因此进行了进一步的模拟，以澄清所观察到的不稳定性增长的性质。图 3-48（a）所示为始终在整个杆上强制执行恒定电导率的模拟。该模拟与图 3-48（b）所示的 LMD 电导率的标称棒模拟几乎同时进行比较，当电导率不依赖于温度或密度时，观察到的扰动增长明显较小，同样半径的比较也如此。在没有温度或密度依赖的情况下，预计棒在整个内爆过程中对所有形式的电热不稳定性都是稳定的。如果选择足够高的恒定电导率值来接近理想导体，则磁场扩散受到抑制，存在理想的不稳定磁流变界面。在此情况下，该界面的生长速率由经典的 RT 理

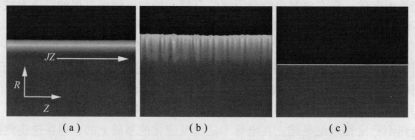

图 3-48 不同电导率下铝杆的对数密度等值线的仿真结果
(a) 电导率恒定时；(b) 标称铝杆；(c) 铝的热导率提高 10 倍时

论很好地描述。

如电热不稳定性理论所预测的，恒定的电导率和增强的导热情况都显示出不那么大的不稳定性增长。在另一个模拟中，棒内的热导率显著提高。通过人工增强热传导，任何电热不稳定性的增长都应该通过减少温度波动来最小化。这还具有延迟外表面层中熔体开始的效果，这也将减少任何电热不稳定性增长。图 3 – 48（c）所示为模拟结果。正如预期的那样，与图 3 – 48（b）同时显示的情况相比，观察到最小的不稳定性增长。这种情况和增强热导率情况下的绝对生长和生长速率的比较表明，在这两种情况下，峰谷扰动增长显著降低，这与电热不稳定性的预期一致。

3.4.3 镍铬合金

20 世纪初，Hoskins 公司推出了一种镍基热电偶（K 型），具有正、负热电系数的电热元件分别称为 Chromel 和 Alumel，它们的近似组成为：Chromel 由 90% 镍和 10% 铬组成；Alumel 由 95% Ni、3% Zn、2% Al 组成。

K 型热电偶是根据电压与温度关系定义的，热电偶的性能参数塞贝克（Seebeck）系数取决于组成和晶体结构，因此，单相热电偶是首选。为了避免合金中的相变导致现有相的改变及其组成的变化，所有正（KP）和负（KN）热电偶的合金制造商都依此选择组分：采用从环境温度到固相线都是单相合金的配比以防止沿着热电偶的相变。图 3 – 49 给出了 Ni – Cr 的相图，在其上标示了 Chromel 的配比。

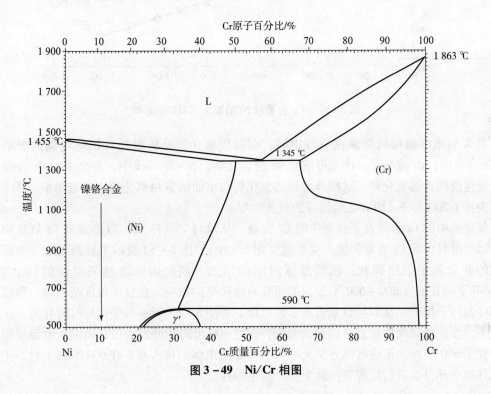

图 3 – 49　Ni/Cr 相图

K型热电偶的成分选择是为了获得高塞贝克系数的热电偶，可以通过将具有正塞贝克系数的正热电偶与具有负塞贝克系数的负热电偶耦合来实现。纯 Ni 的塞贝克系数为负，但是将 Ni 与其他元素合金化会导致合金的塞贝克系数为正，将 Ni 与 Cr 合金化即是如此。图 3-50 给出了不同的 Cr 含量对 Ni 的塞贝克系数的影响：Cr 含量约 10%（原子百分数）时塞贝克系数最大，这与热电偶中铬的配比相匹配。相反，将 K 型负热电偶设计为包含约 5% 的合金元素，这些合金元素被选择为在整个温度范围内具有负塞贝克系数。

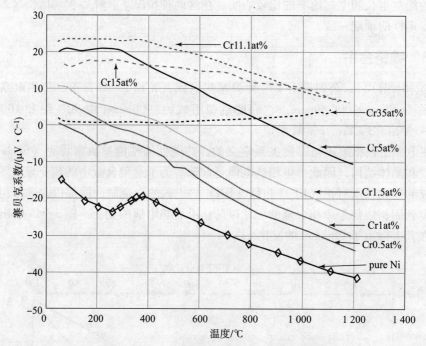

图 3-50　Cr 含量对 Ni 的塞贝克系数的影响

当 K 型热电偶裸线暴露在空气中时，会发生氧化。分析氧化对正热电偶的影响：在 Ni/Cr 合金中，Cr 被氧化，优先形成富 Cr 的氧化物。在 Chromel 中，合金中的 Cr 含量不足以形成连续的外部氧化铬，这样外部镍的氧化物与下面的富铬氧化物层一起形成。图 3-51 所示为在 1 200 ℃下 110 h 之后形成的氧化物层。

氧化铬中的 Cr 含量高于合金中的 Cr 含量。从母材中消耗 Cr，以形成富 Cr 氧化物，从而降低了母材中的 Cr 含量和塞贝克系数（图 3-50）。图 3-52 显示了暴露于空气中后氧化导致的贱金属中的铬损耗：随着暴露时间的增加，损耗影响着越来越深的贱金属层。Chromel 受到在温度 200~600 ℃发生的短程有序转变的影响，在这个温度范围内，形成了局部有序的原子排列，从而导致塞贝克系数增加。如图 3-53 所示，变化与时间有关，在每个温度下，变化随时间增加直至达到最大值，在约 400 ℃时达到最大值，而高于此温度则会降低。高于 600 ℃时，正热电偶完全无序。当 K 型热电偶的接头暴露在 600 ℃以上时，正热电偶元件的一部分会进行短程有序转变，并发生漂移。

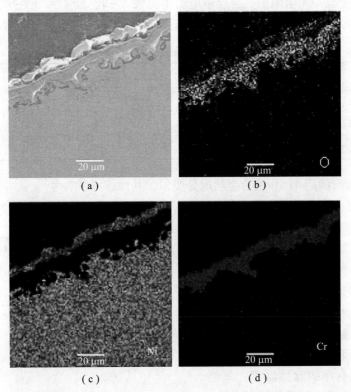

图 3-51　暴露于 1 200 ℃的空气中 110 h 后 K 型热电偶横截面的 SEM 图像
(a) 热电偶横截面图像；(b) 氧的元素分布图；(c) 镍的元素分布图；(d) 铬的元素分布图

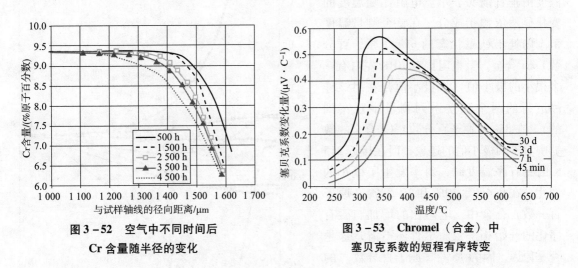

图 3-52　空气中不同时间后 Cr 含量随半径的变化

图 3-53　Chromel（合金）中塞贝克系数的短程有序转变

GJB 1667—93《火工品用精密电阻合金规范》中规定了适用于火工品元器件电点火用的镍铬基精密电阻合金细丝（电桥丝材料）及合金带的成分、电阻（率）和力学性能等。规定要求：合金丝用合金一般应采用真空感应炉加真空电弧重熔双重冶炼方法；合金带用合金一般应采用上述冶炼方法或非真空感应炉加电渣重熔冶炼方法，也可采用满足规范要求的其他方法。合金丝和合金带的成品及成品前的热处理均采用光亮热处理。规定了不同直径、牌号和状态的合金丝每米电阻值,合金带电阻率见表3-9。合金牌号为6J 10和6J 20的镍铬合金丝主要成分为镍,其中铬含量分别为9.0%~10%和20.0%~23.0%。

表3-9 火工品用合金带电阻率

状态	电阻率/(μΩ·m)			
	6J 10	6J 15	6J 20	6J 22~6J 24
软态	0.64~0.74	1.05~1.15	1.03~1.13	1.28~1.38
硬态或半硬态	0.60~0.74	0.90~1.10	0.80~1.08	1.10~1.38

Chromel合金与国产6J 10型合金丝成分类似,其性能可供参考。

Smith等结合磁化率和磁化强度的研究,给出了临界成分范围内镍铬合金电阻率随温度变化的测量结果/总体特征(电阻率的最小可分辨变化约为$0.1~\mu\Omega\cdot cm$)。试样为近似矩形截面(典型尺寸为1.2 mm×0.7 mm)的棒材,由氩弧铸锭切得,成分为6%~15%(原子百分数)Cr [临界浓度为12%(原子百分数)]。用频率为200 Hz的直流电流或交流电流监测室温至4 K之间电阻的变化。

图3-54所示为合金电阻比(以某温度下电阻与室温下的比值表示)的温度依赖性,图中垂直箭头指示以磁化率测量确定的铁磁有序的起始温度;每组数据随附的数字表示Cr浓度(以原子百分数计)。通过磁化率测量确定的磁有序温度由垂直箭头表示。电阻比随温度的变化显然依赖于成分。在整个测量温度范围内处于铁磁状态的6%(原子百分数)Cr合金,其电阻比在70 K左右有一个很小的极小值(该极小值是在对该样品进行的两个独立系列测量中观察到的)。在8%(原子百分数)Cr合金的数据中看不到极小值的迹象,但在接近215 K的磁有序温度时,斜率发生了微小的变化。在9.4%、10%和10.5%(原子百分数)合金中,电阻比的增加与磁有序化的开始相一致。尽管还不清楚这是否是原因,因为15%(原子百分数)的合金也出现了增长,而这种合金没有磁有序性。所有其他成分 [9.4%、10.0%、10.5%、13.5%和15.0%(原子百分数)Cr] 在不同程度上对电阻比有贡献,电阻比随温度的降低而增加。

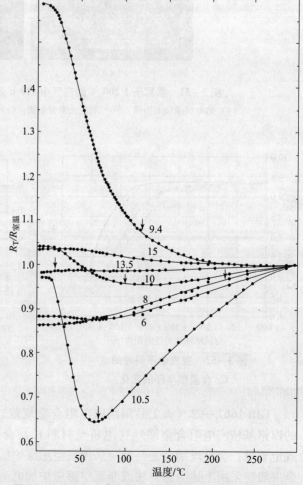

图3-54 Ni/Cr合金相对于室温的电阻比-温度关系

3.5 半 导 体

半导体的电学性能介于金属导体与绝缘体之间。从能带理论知,半导体的能带结构类似于绝缘体,存在着禁带。半导体材料可分为晶体半导体、非晶体半导体和有机半导体三种类型。晶体半导体主要有单质半导体、化合物半导体和固溶体半导体。元素周期表中 IVA 族的碳(C)、硅(Si)、锗(Ge)、锡(Sn)、铅(Pb)为最为常见的单质半导体。随着相对原子质量的增加,IVA 族元素的禁带宽度 E_g 从金刚石(室温下为典型的绝缘体)的 6 eV 到灰锡(β-Sn)的 0.08 eV 依次变窄,常温下的白锡(α-Sn)已是金属,而最后一个元素铅则纯粹是金属。单质硅和锗是目前应用最广泛的半导体材料,其原因可能是它们容易实现高纯度,锗在所有固体中是能够获得最纯样品并研究得最多的半导体材料。目前,最纯的锗样中杂质的含量只有 $10^{-10}\%$,硅可以达到的纯度比锗大约低一个数量级,但仍然比任何其他物质都纯。目前,人们已经发现具有广阔应用前景的化合物半导体达数十种之多,其中 IIIA-VA 族、IIB-IVA 族、IVA-IVA 族和氧化物半导体更得到优先发展。这些材料原子间的结合以共价键为主,其各项性能指标比起 IVA 族单质半导体有更大的选择余地。

3.5.1 本征半导体和杂质半导体的电学性能

3.5.1.1 本征半导体的电学性能

本征半导体是指纯净的无结构缺陷的半导体单晶。在 0 K 和无外界影响的条件下,半导体的空带中无电子,即无运动的电子。但是,当温度升高或受光照射时,即半导体受到热激发时,共价键中的价电子由于从外界获得了能量,其中部分获得足够大能量的价电子就可以挣脱束缚,离开原子而成为自由电子。反映在能带图上,就是一部分满带中的价电子获得了大于 E_g 的能量,跃迁到空带中。这时,空带中有了一部分能导电的电子,称为导带;而满带中由于部分价电子的跃迁出现了空位置,称为价带,如图 3-55(a)所示。当一个价电子离开原子后,在共价键上留下一个空位(称空穴),在共有化运动中,相邻的价电子很容易填补到这个空位上,从而又出现了新的空穴,其效果等价于空穴移动。在无外电场作用下,自由电子和空穴的运动都是无规则的,平均位移为零,所以并不产生电流。但在外电场的电作用下,电子将逆电场方向运动,空穴将顺电场方向运动,从而形成电流,如图 3-55(b)所示。

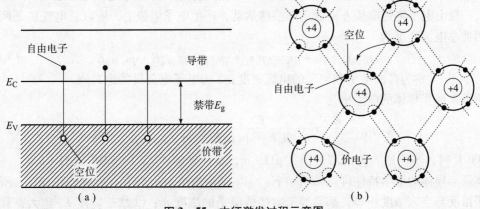

图 3-55 本征激发过程示意图

从图 3-55（a）能带图还可以看出，自由电子在导带内（导带底附近），空穴在价带内（价带顶附近），在本征激发（常见是热激发）过程中它们是成对出现的。在外电场作用下，自由电子和空穴都能导电，所以它们统称为载流子。

1. **本征载流子的浓度**

本征载流子的浓度表达式为

$$n_i = p_i = K_1 T^{\frac{2}{3}} \exp\left(-\frac{E_g}{2kT}\right) \tag{3-64}$$

式中：n_i、p_i 分别为自由电子和空穴的浓度；K_1 为常数，$K_1 = 4.82 \times 10^{15} K^{-2/3}$；$T$ 为热力学温度；k 为玻耳兹曼常数；E_g 为禁带宽度。

由式（3-64）可知，本征载流子的浓度 n_i、p_i 与温度 T 和禁带宽度 E_g 有关。随着 T 的增加，n_i、p_i 显著增大。E_g 小的 n_i、p_i 大，反之 E_g 大的 n_i、p_i 小。在 $T = 300\ K$（室温附近）时，硅的 $E_g = 1.1\ eV$，$n_i = p_i = 1.5 \times 10^{10}\ cm^{-3}$；锗的 $E_g = 0.72\ eV$，$n_i = p_i = 2.4 \times 10^{13}\ cm^{-3}$。由此可见，在室温条件下本征半导体中载流子的数目是很少的，它们有一定的导电能力，但很微弱。

2. **本征半导体的迁移率和电阻率**

本征半导体受热后，载流子不断发生热运动，在各个方向上的数量和速度都是均等的，故不会引起宏观的迁移，也不会产生电流。但在外电场的作用下，载流子就会有定向的漂移，产生电流。这种漂移运动是在杂乱无章的热运动基础上的定向运动，所以在漂移过程中，载流子不断地相互碰撞，使得大量载流子定向漂移运动的平均速度为一个恒定值，并与电场强度 E 成正比。自由电子和空穴的定向平均漂移速度分别为

$$v_n = \mu_n E, \quad v_p = \mu_p E \tag{3-65}$$

式中：比例常数 μ_n 和 μ_p 分别表示在单位场强（V/cm）下只有电子和空穴的平均漂移速度，称为迁移率。

自由电子的自由度大，因此它的迁移率 μ_n 较大；而空穴的漂移实质上是价电子依次填补共价键上空位的结果，这种运动被约束在共价键范围内，所以空穴的自由度小，迁移率也小。例如，在室温下，本征锗单晶中，$\mu_n = 3\,900\ cm^2/(V \cdot s)$，$\mu_p = 1\,900\ cm^2/(V \cdot s)$，本征硅单晶中，$\mu_n = 1\,400\ cm^2/(V \cdot s)$，$\mu_p = 500\ cm^2/(V \cdot s)$，硅迁移率比锗小是因其 n_i 小所致。

若本征半导体中有电场，其电场强度为 E，空穴将沿 E 方向做定向漂移运动，产生空穴电流 i_p，自由电子将逆电场方向做定向漂移运动，产生电子电流 i_n，所以总电流应是两者之和。因此总电流密度为

$$j = j_n + j_p = qi_n + qi_p = qn_i v_n + qp_i v_p = qn_i \mu_n E + qn_i \mu_p E \tag{3-66}$$

式中：j_n、j_p 分别为自由电子和空穴的电流密度；q 为电子电荷量的绝对值。

所以本征半导体的电阻率为

$$\rho_i = \frac{E}{j} = \frac{E}{qn_i \mu_n E + qn_i \mu_p E} = \frac{1}{qn_i(\mu_n + \mu_p)} \tag{3-67}$$

300 K 时，本征锗的 $\rho = 4.7 \times 10^{-7}\ \mu\Omega \cdot m$，本征硅的 $\rho = 2.14 \times 10^{-3}\ \mu\Omega \cdot m$。

本征半导体的电学特性可以归纳如下：①本征激发成对地产生自由电子和空穴，所以自由电子浓度与空穴浓度相等，都是等于本征载流子的浓度 n_i；②禁带宽度 E_g 越大，载流子

浓度 n_i 越小；③温度升高时载流子浓度 n_i 增大；④载流子浓度 n_i 与原子密度相比是极小的，所以本征半导体的导电能力很微弱。

3.5.1.2 杂质半导体的电学性能

通常制造半导体器件的材料是杂质半导体，在本征半导体中人为地掺入五价元素或三价元素将分别获得 N 型（电子型）半导体和 P 型（空穴型）半导体。

1. N 型半导体

在本征半导体中掺入五价元素的杂质（磷、砷、锑）就可以使晶体中自由电子的浓度极大地增加，这是因为五价元素的原子有 5 个价电子，当它替换晶格中的一个四价元素（如 Si 或 Ge 等）的原子时，只需 4 个价电子与周围的 4 个四价元素的原子以共价键相结合，还有一个价电子变成多余的，如图 3 – 56 所示。

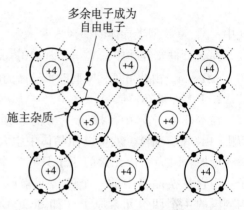

图 3 – 56 N 型半导体的结构示意图

理论计算和实验结果表明，这个价电子能级 E_D 非常靠近导带底，$E_C - E_D$ 比 E_g 小得多。$E_C - E_D$ 值在锗中掺磷为 0.012 eV，在硅中掺锑为 0.039 eV，掺砷为 0.049 eV。所以在常温下，每个掺入的五价元素原子的多余价电子都具有大于 $E_C - E_D$ 的能级，可以进入导带成为自由电子，因而导带中的自由电子数比本征半导体显著增多。由于能提供多余价电子，因此把这种五价元素称为施主杂质。E_D 称为施主能级，$E_C - E_D$ 称为施主电离能，如图 3 – 57 所示。

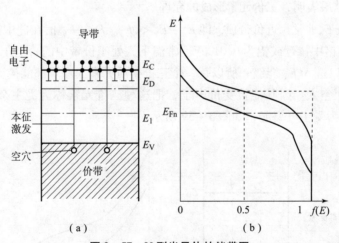

图 3 – 57 N 型半导体的能带图
(a) 能带图；(b) 电子占据能量 E 的几率 $f(E)$

在 N 型半导体中，自由电子的浓度大（1.5×10^{14} cm^{-3}），故自由电子称为多数载流子，简称多子。同时由于自由电子的浓度大，由本征激发产生的空穴与它们相遇的机会也增多，空穴被复合掉的数量也增多，所以 N 型半导体中空穴的浓度（1.5×10^{6} cm^{-3}）反而比本征半导体中空穴浓度小，因此把 N 型半导体中的空穴称为少数载流子，简称少子。在电场作用下，N 型半导体中的电流主要由多数载流子自由电子产生，也就是说，它是以电子导电为主，则 N 型半导体又称为电子型半导体，施主杂质称 N 型杂质。

N 型半导体的电流密度为

$$j \approx j_n = q n_{n_0} \mu_n E \tag{3-68}$$

式中：n_{n_0} 为 N 型半导体的自由电子的浓度。

N 型半导体的电阻率为

$$\rho_n \approx -\frac{1}{q n_{n_0} \mu_n} \approx -\frac{1}{q N_D \mu_n} \tag{3-69}$$

式中：N_D 为 N 型半导体的掺杂浓度。

在 N 型硅半导体中，$N_D = 1.5 \times 10^{14} \text{ cm}^{-3}$，当 $\mu_n = 1400 \text{ cm}^2/(V \cdot s)$ 时，$\rho_n = 3.0 \times 10^{-7} \mu\Omega \cdot m$。由此可见，N 型硅半导体的电阻率仅是本征半导体硅的 1/7 000。

2. P 型半导体

在本征半导体中，掺入三价的杂质元素（硼、铝、镓、铟），就可以使晶体中空穴浓度大大增加。因为三价元素的原子只有三个价电子，当它替换晶格中的一个四价元素原子时，与周围的 4 个四价元素原子（如 Si 或 Ge 等）组成 4 个共价键时，必然缺少一个价电子形成一个空位置，如图 3-58 所示。在价电子共有化运动中，相邻的四价元素原子上的价电子就很容易来填补这个空位，从而产生一个空穴。理论计算和实验结果表明，三价元素形成的允许

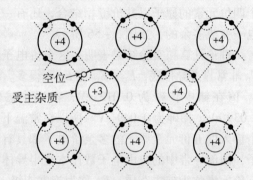

图 3-58 P 型半导体的结构示意图

价电子占有的能级 E_A 非常靠近价带顶，即 $E_A - E_V \ll E_g$。$E_A - E_V$ 值在硅中掺镓为 0.065 eV，掺铟为 0.16 eV，锗中掺硼或铝为 0.01 eV。常温下，处于价带中的价电子都具有大于 $E_A - E_V$ 的能量，都可以进入 E_A 能级，所以每一个三价杂质元素的原子都能接受一个价电子，而在价带中产生一个空穴。因其能接受价电子，把这种三价元素称为受主杂质，E_A 称为受主能级，$E_A - E_V$ 称为受主电离能，如图 3-59 所示。

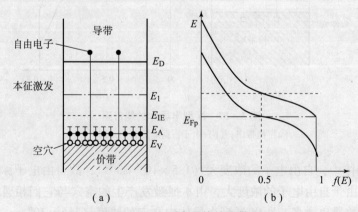

图 3-59 P 型半导体的能带图
(a) 能带图；(b) 电子占据能量 E 的几率 $f(E)$

在 P 型半导体中，因受主杂质能接受价电子产生空穴，使空穴浓度大大提高，空穴为多数载流子。同时因空穴多，本征激发的自由电子与空穴复合的机会增多，所以 P 型半导体自由电子的浓度反而小，即电子是少数载流子。在电场的作用下，P 型半导体中的电流主要由多数载流子——空穴产生，即它是以空穴导电为主，因此 P 型半导体又称为空穴型半导体，受主杂质又称为 P 型杂质。P 型半导体的电流密度为

$$j \approx j_p = qp_{p_0}\mu_p E \tag{3-70}$$

式中：p_{p_0} 为 P 型半导体的空穴浓度。

P 型半导体的电阻率为

$$\rho_p \approx -\frac{1}{qp_{p_0}\mu_n} \approx -\frac{1}{qN_A\mu_p} \tag{3-71}$$

式中：N_A 为受主杂质浓度。

与本征半导体相比，杂质半导体（N 型半导体和 P 型半导体）具有如下特性：①掺杂浓度与原子密度相比虽很微小，但却能使载流子浓度极大地提高，因而导电能力也显著地增强，掺杂浓度越大，其导电能力也越强；②掺杂只是使一种载流子的浓度增加，因此杂质半导体主要靠多子导电。当掺入五价元素（施主杂质）时，主要靠自由电子导电；当掺入三价元素（受主杂质）时，主要靠空穴导电。

3.5.2 温度对半导体电阻的影响

在半导体中有两种基本导电方式：本征导电和非本征导电。本征导电是载流子从价带到导带的热激活，发生在非常纯的半导体物质样品中，其中没有掺杂，其原子在低于半导体材料基本本征带隙的温度下被激活。例如，硅材料的带隙是 1.106 eV。因此，温度越高，从价带到导带的载流子数目越多，试样的电阻越小。材料的电阻率为

$$\rho = (n_e em_e + n_h em_h)^{-1} \tag{3-72}$$

式中：n_e 为电子的数量；n_h 为价带中空穴的数目；e 为电子电荷；m_e 为电子的迁移率；m_h 为空穴的迁移率或单位电场的漂移速度。

该电阻率与温度应具有接近 $1/T_0$ 的依赖关系，其中 T_0 是热力学温度。ρ（电阻率）的温度依赖性，随带隙而变化。带隙越大，本征电导率的温度依赖性越陡，这对于半导体点火器是理想的。

第二种重要的导电类型是杂质导电或非本征导电，在基本的主晶格中引入杂质原子，这些杂质原子提供多余电子的施主（对于 N 型材料）或者多余空穴的受主（对于 P 型材料）。由于这些受主和施主处的活化能远小于基本带隙，因此它们在更低的温度下被活化。显然在不同的温度下，有两种载流子被激活。例如，在低温下，N 型半导体施主杂质并未全部电离，杂质位贡献了大部分载流子，并归因于材料的导电性。随着温度的升高，电离施主增多使导带电子浓度增加。与此同时，在该温度区内点阵振动还很微弱，散射的主要机制为杂质电离，因而载流子的迁移随温度的上升而增加，尽管电离施主数量的增多在一定程度上也要限制迁移率的增加，但综合的效果仍然使电阻率下降。当升高到一定温度后杂质全部电离，称为饱和区，在这个区间由于本征激发尚未开始，载流子浓度基本上保持恒定。然而，这时点阵振动的声子散射已起主要作用而使迁移率下降，因而导致电阻率随温度的升高而增高。温度的进一步升高，可使价电子获得足够能量，产生本征激发，越过禁带。所以，在本征激

发区，载流子随温度而显著增加的作用已远远超过声子散射的作用，因而又使电阻率重新下降。例如，硅晶格中硼的活化能约为 0.045 eV，在室温下几乎完全电离。因此，当温度升高到该温度以上时，P 型硅的电阻通常会升高，如图 3-60 的曲线 A-I 所示。然而，在依赖于硼掺杂浓度的拐点 IP 处，来自价带的本征载流子成为主要载流子。从该点开始，电阻率迅速下降，温度依赖性为 $1/T_0$。对于以磷为杂质的 N 型材料，如图 3-60 中的曲线 J 所示，相同的电阻率-温度特性是明显的。由图 3-60 的曲线 A—J 可见，所有掺杂半导体的电阻率都上升到同一条直线 L。在 L 线的右边是本征导电区。在较低的温度下，在 L 线的左边是一个非本征导电区域，在该区域中，电阻率取决于材料的杂质含量和温度。温度越高，硼或磷含量越少，电阻率越低。在本征温度范围内，电阻率随温度的迅速下降是由于电子从导带热激发而产生的电子和空穴浓度增加所致。发生拐点的 IP 点由硼或磷掺杂浓度与硅晶格能带隙的关系精确确定。

1966 年申请的首个半导体桥火工品美国专利 3366055 指出：半导体材料的掺杂水平越高，发生拐点的温度就越高。除硅和其他掺杂剂以外，还可以使用其他物质。例如，掺硒的碲可以被使用。以出现电阻率急剧下降的拐点所在的温度作为基准温度，可以对晶体结构进行无损测试，以确定当半导体桥点火器达到基准温度时装置将爆炸。

在讨论半导体的导电性随温度的变化时要考虑两种散射机制，即点阵振动的声子散射和电离杂质散射。由于点阵振动原子间距发生变化而偏离理想周期排列，引起禁带宽度的空间起伏，从而使载流子的势能随空间变化，导致载流子的散射。显然，温度越高振动越激烈，对载流子的散射越强，迁移率下降。至于电离杂质对载流子的散射，是由于随温度升高载流子热运动速度加大，电离杂质的散射作用也就相应减弱，导致迁移率增加。正是由于这两种散射机制作用，半导体的导电性随温度的变化与金属不同而呈现复杂的变化规律。

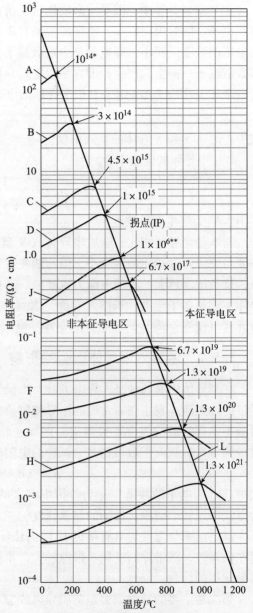

图 3-60 某些半导体材料的
温度-电阻率特性

（A-I：P 型硅；J：N 型硅；
* 为原子硼/1CC 硅，** 为原子磷/1CC 硅）

3.5.3 典型半导体器件

图 3-61 所示为常用二极管的符号,其中 A 和 C 分别表示阳极和阴极。

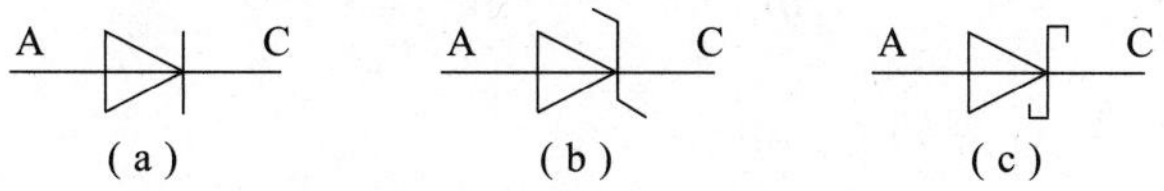

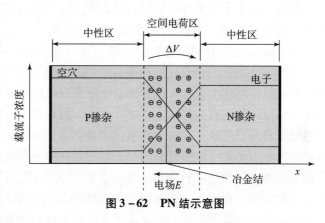

图 3-61 常用二极管的符号

(a) PN 二极管;(b) 肖特基二极管;(c) 齐纳二极管(稳压管)

3.5.3.1 PN 结二极管

采用不同的掺杂工艺,通过扩散作用,将 P 型半导体与 N 型半导体制作在同一块半导体(通常是硅或锗)基片上,在它们的交界面形成空间电荷区,称为 PN 结。图 3-62 为简化的 PN 结几何结构及空间电荷区、电场和载流子浓度分布。其中掺杂受主杂质原子形成 P 区,掺杂施主原子为 N 区,将 N 区和 P 区分开的界面称为冶金结,在冶金结处存在掺杂突变。表面掺杂通常通过离子注入引入;也可通过高温扩散,杂质源可在载气或沉积材料中。另一种常见的技术是在外延生长过程中进行掺杂。

图 3-62 PN 结示意图

为了简单起见,考虑每个区域的掺杂浓度为均匀的阶梯结,并且在该结处存在掺杂突变。最初在冶金结处的电子和空穴浓度都有很大的密度梯度,N 区的大部分载流子电子开始扩散到 P 区(留下带正电的施主原子),而 P 区的大部分载流子空穴开始扩散到 N 区(露出带负电荷的受主原子)。在靠近冶金结附近的 N 区和 P 区的净正/负电荷产生诱导电场,方向从正电荷到负电荷,或从 N 区到 P 区。净正电荷区和负电荷区即为空间电荷区,由于空间电荷区耗尽了所有移动电荷,故也称为耗尽区。在空间电荷区的任一边缘,大多数载流子浓度仍然存在密度梯度,可将密度梯度看作作用在大多数载流子上的"扩散力"。空间电荷区的电场对电子和空穴产生与扩散方向相反的另一种力,少数载流子反向流动形成漂移电流,阻碍进一步的扩散。在热平衡时,扩散力和电场力相互平衡。

假设 PN 结上没有电压,那么其处于热平衡,费米能级在整个系统中是恒定的。价带和导带能量在通过空间电荷区域时必须弯曲,因为导带和价带相对于费米能级的相对位置在 P 区和 N 区之间变化。N 区导带中的电子在试图进入 P 区导带时遇到了势垒,此势垒称为内置势垒 V_{bi}。内置势垒保持了 N 区(P 区)的多数载流子电子(空穴)和 P 区(N 区)的少数载流子电子(空穴)之间的平衡。电势 V_{bi} 保持平衡,因此此电压下不会产生电流。本征费米能级通过结与导带边的距离相等,因此,内置势垒可由 P 区和 N 区内的本征费米能级之差确定,即

$$V_{bi} = |\Phi_{F_n}| - |\Phi_{F_p}| \tag{3-73}$$

其中，

$$|\Phi_{F_n}| = \frac{-kT}{e}\ln\left(\frac{N_d}{n_i}\right) \quad (3-74)$$

$$|\Phi_{F_p}| = \frac{+kT}{e}\ln\left(\frac{N_a}{n_i}\right) \quad (3-75)$$

阶梯结的内置势垒 V_{bi} 计算如下：

$$V_{bi} = \frac{kT}{e}\ln\left(\frac{N_a N_d}{n_i^2}\right) = V_t \ln\left(\frac{N_a N_d}{n_i^2}\right) \quad (3-76)$$

式中：设定热电压 $V_t = kT/e$；N_d 和 N_a 分别为单个 N 和 P 区域中净施主和受主的浓度。

例如，如果 P 区是补偿材料，那么 N_a 表示实际的受主杂质浓度和施主杂质浓度之间的差异。对于 N 区域，参数 N_d 以类似的方式定义。

当 P 区和 N 区分别与电源的正极和负极连接时，PN 结被正向偏置，此时，PN 结内建电场与外加电场方向相反，使得合成电场的幅度小于内置电场，导致电阻更小且耗尽区更薄。当施加的电压很大时，耗尽区的电阻变得可以忽略不计，电流可以畅通无阻地流过，形成正向电流。当反向偏置时，外加反向电压则相当于内建电场的阻力更大，PN 结不能导通，仅有极微弱的反向电流（由少数载流子的漂移运动形成，因少子数量有限，电流饱和）。当反向电压增大至某一数值时，因少子的数量和能量都增大，会碰撞破坏内部的共价键，使原来被束缚的电子和空穴被释放出来，不断增大电流。最终 PN 结将被击穿（变为导体）损坏，反向电流急剧增大，此时施加的电压称为击穿电压。这就是 PN 结的特性：单向导通、反向饱和漏电，甚至击穿。这是许多半导体器件的物理基础。二极管基于 PN 结的单向导通原理工作；而 PNP 结构则可以形成一个三极管，其中包含了两个 PN 结。

反向偏置时总势垒 V_{total} 增加了，计算公式为

$$V_{total} = |\Phi_{F_n}| + |\Phi_{F_p}| + V_R \quad (3-77)$$

式中：V_R 为所施加的反向偏置电压。

式 (3-77) 可改写为

$$V_{total} = V_{bi} + V_R \quad (3-78)$$

式中：V_{bi} 与在热平衡中定义的内置势垒相同 [式 (3-76)]。

3.5.3.2 肖特基二极管

肖特基二极管（SBD）通常是以金属（金、银、铝、铂等）为正极，以 N 型半导体为负极，利用二者接触面形成金属-半导体结制作的。当建立起一定宽度的空间电荷区后，电场引起的电子漂移运动和浓度不同引起的电子扩散运动达到相对的平衡，便形成了肖特基势垒。肖特基势垒是跨异质结（金属-半导体结或半导体-半导体结）导电的整流屏障，不整流电流的金属-半导体结称为欧姆接触。器件工作期间由施加在肖特基势垒栅金属上的偏压调制晶体管中的电荷流动。在给定的偏压条件下，"势垒高度"与可用电荷密度相结合，决定了开关动作的阈值和器件的导通状态。图 3-63 显示了肖特基势垒的形成。其中 χ_S 是电子亲和力，V_{bi} 是内置势，E_g 是能隙，E_C 和 E_V 分别是导带和价带边。ϕ_B 是肖特基势垒高度。

在真空中，半导体材料和金属能级具有不同的功函数，分别为 ϕ_m 和 ϕ_s。当在半导体表面与金属接触时，材料之间交换电荷，以平衡电子和空穴的化学势，即整个界面的费米能级

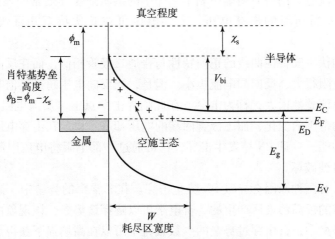

图3-63 肖特基势垒的能量示意图

是恒定的。每个金属原子贡献1个电子，半导体每个原子贡献$10^{-4} \sim 10^{-6}$个电子。电荷交换产生偶极层，建立电荷平衡。由于电荷密度的不平衡，在半导体中形成宽度为W的耗尽区。肖特基势垒是半导体的价（或导）带边缘与金属的费米能级之间的能量差，而能带偏移是构成界面的两种材料的价（或导）带的能量差。肖特基势垒高度ϕ_B等于金属功函数ϕ_m与半导体的电子亲和力χ_s之差，即

$$\phi_m - \chi_s = \phi_B \tag{3-79}$$

原则上，每种半导体-金属体系应具有独特的肖特基势垒高度。实际上，表面态、表面重构、杂质和缺陷都可能"钉扎"费米能级。因此，势垒高度值被限制在相对狭窄的范围内。肖特基二极管中的电流可用下式描述：

$$I = I_0 \{\exp[qV/(kT)] - 1\} \tag{3-80}$$

式中：q为元电荷；V为外加电压；k为玻耳兹曼常数；T为热力学温度；I_0为热离子电流，可表示为

$$I_0 = A^* \cdot T^2 \exp[-q\phi_B/(kT)] \tag{3-81}$$

式中：A^*为理查森常数。

由式（3-79），如果$\phi_m > \chi_s$，则$\phi_B > 0$，结构将进行校正。因此，理想的二极管将有无限大的ϕ_B。实际上，势垒高度的最大可能值就足够了。

对于最重要的化合物半导体，$\phi_B = 0.5\ V \sim 1.4\ V$；对于GaAs上的大多数金属，$\phi_B = 0.8\ V$。势垒高度与半导体带隙$E_g$的大小有关，约为$E_g$的0.5～0.6，对于GaP等宽带隙材料，势垒高度较高。对于带隙较小的材料，如InAs（0.42 eV），该因素对器件的操作提出了严格要求，需要低温才能使晶体管工作。肖特基势垒高度的值似乎并不强烈地依赖于金属功函数，尽管从势垒形成的物理描述来看［式（3-79）］，它应该与ϕ_m直接有关。肖特基势垒高度的"钉扎"归因于$10^{12} \sim 10^{13}\ cm^2$水平的表面态的存在，这些态可由碳、氧、表面缺陷或表面化学或物理吸附的其他污染物引起。

3.5.3.3 齐纳二极管

齐纳二极管经过特殊掺杂，能够在两个方向上传输电流，即当达到齐纳电压时，齐纳二

极管允许反向电流流过。制备时精确控制半导体中的杂质浓度（通常明显高于 PN 二极管中的杂质浓度），可获得所需的击穿电压，击穿电压可在几伏特至几百伏特，其常用作稳压器。

稳压二极管的伏-安特性曲线的正向特性与普通二极管相似，而在反向电压低于反向击穿电压时，反向电阻很大，反向漏电流极小。但是，当反向电压超过某值时，会发生电流的突然泄漏，反向电流骤然增大，称为击穿。在此临界击穿点上，反向电阻骤然降至很小值。尽管电流在很大的范围内变化，而二极管两端的电压却基本稳定在击穿电压附近，从而实现了二极管的稳压功能。一旦 PN 结发生击穿，仅可通过外部电阻将电流限制在一定的允许值内，否则二极管将被破坏。

从物理上讲，有两种原因会导致 PN 势垒击穿。在非常窄的势垒中，该势垒是由半导体 P 型和 N 型半导体的极高污染所产生的，价电子可以隧穿该势垒，该现象由电子的波动性质解释。在更宽的势垒中，自由穿过势垒的少数载流子可以在高场强下获得足够的速度，以打破势垒内的价键。这样，产生了额外的成对的电子-空穴对，有助于电流的增加。

3.5.4 半导体的击穿

半导体桥火工品主要利用半导体材料击穿时产生的等离子体点燃/起爆猛炸药；控制齐纳二极管的反向击穿电压可有效泄放静电，避免意外发火，因此需要了解半导体的击穿特性。

3.5.4.1 碰撞电离的基本行为

所有电离、击穿和雪崩效应的基础无一例外都是基本离子化行为。自由载流子（电子或空穴）"撞击"半导体的原子。如果初始载流子具有足够的能量，就能引发电子从价带到导带的跃迁。进行碰撞电离所需的最小能量称为阈值能量 E_{th}，根据能量守恒定律，阈值能量 E_{th} 不能小于半导体的能隙 E_g。

但是，在基本电离过程中，必须同时满足能量守恒定律和动量守恒定律。结果，$E_{th} > E_g$。在电子和空穴的最简单的"抛物线"色散定律的情况下，粒子 E 的能量与其波矢量 k 之间的关系定义为 $E = \dfrac{h^2 k^2}{2m^*}$（$m^*$ 为各向同性有效质量的近似值。在任何能量下，电子和空穴都可以分别用各向同性有效质量 m_e^* 和 m_h^* 来表征）。在此情况下，可以相当简单地计算电子/空穴电离阈值能量 E_{th}，即

$$E_{th} = E_g \left(1 + \frac{m_i^*}{m_e^* + m_h^*}\right) \qquad (3-82)$$

式中：分子 m_i^* 分别对应于电子或空穴的有效质量 m_e^* 或 m_h^*。

值得注意的是，当电子和空穴的有效质量相等（$m_e^* = m_h^*$）时，$E_{he} = E_{th} = 3/2 E_g$；此外，在任意有效质量比 m_e^*/m_h^* 之下，$E_{he} + E_{th} = 3E_g$。

然而，这种简单的抛物线定律无法描述处于高电子或空穴能的实际半导体的能带结构。例如，Si 的能带结构中导带和价带存在多个波谷，计算 E_{th} 时必须考虑。估算结果表明，Si 中 E_{th} 的大小接近能隙 E_g（室温下为 1.1eV）。

如果电子（或空穴）的能量恰好等于阈值能量 E_{th}，则碰撞电离的横截面为 0。随着载流子能量的增加，电离的概率 $\bar{p}$ 以下式增加，即

$$\bar{p} \propto (E - E_{th})^2 \tag{3-83}$$

然而,当能量 E 超过 E_{th} 时,非常"高能"的载流子的数量随着 E 的增加呈指数减少。因此,有效电离能非常接近阈值。

在零电场或极低电场(接近平衡)下,碰撞电离的作用在很大程度上取决于能隙 E_g。在 Si 和 GaAs 等较宽禁带的半导体中,碰撞电离的作用可以忽略不计。

对于阈值能量 $E_{th} \approx E_g \approx 1.1$ eV,估计在室温下找到一个能引起硅中碰撞电离的电子的概率 $\bar{p}$ 为

$$\bar{p} \approx \exp(-E_{th}/\bar{E}) \approx 6 \times 10^{-13} \tag{3-84}$$

300 K 时,自由电子的平衡热能 $\bar{E} = \frac{3}{2}kT \approx 0.039$ eV (玻耳兹曼常数 $k = 8.617 \times 10^{-5}$ eV/K)。

如式(3-84)所示,概率 $\bar{p}$ 随载流子的平均能量 $\bar{E}$ 呈指数增长,因此在强电场中,当平均能量足够大时,在任何 E_g 值下,碰撞电离的影响在半导体中都变得非常重要。

在具有小 E_g 的窄禁带半导体中,即使在平衡态,在没有电场的情况下,概率 $\bar{p}$ 也足够大。例如,在 300 K 的 InSb ($E_g = 0.17$ eV) 中,取 $E_{th} = E_g$,可得 $\bar{p} \approx 10^{-2}$。很明显,碰撞电离过程对这种窄带半导体非常重要,即使在平衡时也是如此。

3.5.4.2 击穿的物理机制

PN 结反向偏压击穿有两种物理机制:齐纳效应和雪崩效应。高掺杂 PN 结通过隧穿机制发生齐纳击穿。在高掺杂结中,反向偏压时,结对侧的导带和价带足够近,电子可以从 P 侧的价带直接隧穿到 N 侧的导带。该隧道过程如图 3-64(a)所示。

当穿过空间电荷区的电子和/或空穴从电场中获得足够的能量,通过与耗尽区内的原子电子碰撞产生电子-空穴对时,就会发生雪崩击穿过程,如图 3-64(b)所示。由于电场的作用,新产生的电子和空穴向相反的方向移动,从而产生反向偏置电流。此外,新产生的电子和空穴可能获得足够的能量使其他原子电离,从而导致雪崩过程。对于大多数 PN 结,主要的击穿机制是雪崩效应,而齐纳二极管中这两种击穿都会发生。

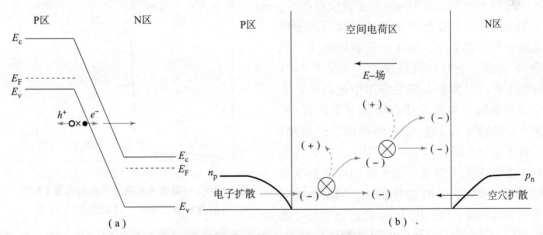

图 3-64 反向偏量 PN 结的齐纳击穿机制和雪崩击穿过程
(a) 反向偏置 PN 结中的齐纳击穿机制;(b) 反向偏置 PN 结的雪崩击穿过程

齐纳击穿和雪崩击穿的差异如下。

(1) 齐纳击穿（在低压下）。电子跨过势垒从 P 型材料的价带到 N 型材料的导带移动的过程称为齐纳击穿，它通过隧穿机制发生在重掺杂（大于 10^{20} 杂质原子/cm³）的结中。当在结上施加较高的反向电压时，结处会出现强电场，并且会产生电子-空穴对，因此会流过大电流。齐纳二极管的温度系数为负。当温度升高时，其击穿电压降低，而齐纳电离归因于电场。齐纳击穿的 $V-I$ 特性具有尖锐的曲线。雪崩和齐纳击穿下的（硅和锗）齐纳二极管的 $V-I$ 曲线见图 3-65。

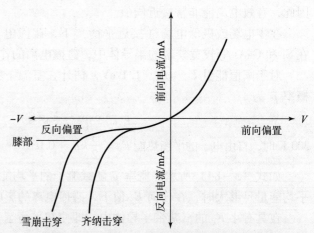

图 3-65 （硅和锗）齐纳二极管的 $V-I$ 曲线

(2) 雪崩击穿（在较高电压下）。在半导体和绝缘材料中施加高压并增加自由电子或电流的过程称为雪崩击穿。雪崩击穿发生在轻掺杂（具有宽耗尽层）的结中。雪崩击穿发生在较厚的区域，并且由于热效应而产生一对电子以及空穴。雪崩的温度系数为正。当温度升高雪崩增加，雪崩的电离归因于电子的碰撞。雪崩击穿的 $V-I$ 特性曲线不像齐纳击穿那样尖锐。

3.5.4.3 静态"击穿"电流-电压特性的一般形式

在非常宽的电流密度 j 范围内反向偏置 PN 结（或肖特基二极管）的定性 $I-V$ 特性如图 3-66 所示，该曲线可以区分出 7 个特征段。第 1 段与常规泄漏电流有关；第 2 段与雪崩倍增现象有关；第 3 段为"微等离子体击穿"区域，发生在任何大面积半导体二极管结构中（甚至在基于相对较新的半导体材料制造的小面积二极管中），在这段曲线中，雪崩击穿仅发生在反向偏置结（微等离子体通道）的局部点上；第 4 段代表均质（"成熟"）击穿，有时该段被视为"击穿" $I-V$ 特性本身，因为在大多数应用中使用的正是这部分曲线，为最重要和研究最多的部分，第 4 段的特征是 j 随 V_0 的增长而急剧增加，并且正微分电阻 $R_d = dV_0/dj$ 很小，其为此段 $I-V$ 特性的主要参数；第 5 段的特点是随着 V_0 的进一步增大，R_d 急剧增加，通常很难观察到曲线的这一段，因为 V_0 的适当范围可能相当窄；第 6 段是负微分电阻（NDR）部分，

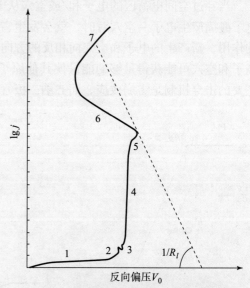

图 3-66 在静态击穿条件下反向偏置 PN 结（或肖特基二极管）的定性 $I-V$ 特性

为了通过实验"逐点"观察这段，有必要使用具有大负载电阻 R_l 的电路；在具有低负载电阻的电路中，电流密度将从点 5 "跳跃"到点 7。由于这种跳跃的幅度可能非常大（几个数量级），因此装置可能会"过热"，从而导致其损坏。从初始状态（点 5）到"最终"状态（点 7）的特征切换时间约为 $(2 \div 3)t_s =$

$(2 \div 3) L/v_s$。对于基极宽度 $L = 5$ μm 的装置，切换时间约为 5×10^{-11} s。与其他具有 S 型 NDR 的系统一样（电流随着偏压的减小而增大），器件中的电流细丝可以出现在 $I-V$ 特性的 NDR 部分。这种丝状化增加了局部电流密度，从而导致结构中"热点"的"过热"。在第 7 段中，当电流密度极高时，结构的微分电阻再次变为正。这种效应主要是由于在很高的电场中电离率 α_i 和 β_i 的饱和。电子 – 空穴散射和载流子的复合也有助于这种效应。

所有半导体材料中的特征击穿电场 E_i 取决于掺杂水平和温度，若 Si 的掺杂浓度从 10^{14} cm^{-3} 增加到 10^{17} cm^{-3}，E_i 从 2×10^5 V/cm 单调增加到 6×10^5 V/cm，如此类似的依赖关系在其他半导体中很常见。在相同的掺杂浓度范围内，InGaAs 的 E_i 从 3×10^5 V/cm 增加到 8×10^5 V/cm，而在 SiC 中，E_i 在 $2 \times 10^6 \sim 6 \times 10^6$ V/cm。

假设反向偏置的电子电流 I_{n0} 在 $x = 0$ 处进入耗尽区，由于雪崩过程，电子电流 I_n 将随着穿过耗尽区的距离而增加。在 $x = W$ 时，电子电流可写成

$$I_n(W) = M_n I_{n0} \qquad (3-85)$$

式中：M_n 为乘法因子。

空穴电流从 N 区到 P 区在耗尽区逐渐增大，在 $x = 0$ 处达到最大值，在稳态下通过 PN 结的总电流是恒定的。

击穿的一个特殊情况是电子和空穴的电离率相等，即

$$\alpha_n = \alpha_p = \alpha \qquad (3-86)$$

雪崩击穿电压定义为 M_n 趋于无穷大时的电压。雪崩击穿条件由下式给出：

$$\int_0^W \alpha \mathrm{d}x = 1 \qquad (3-87)$$

电离率是电场的强函数，由于电场在空间电荷区不是恒定的，式 (3 – 87) 不容易计算。

考虑特殊的 PN 结 – 单边结（如果 $N_a \gg N_d$，则该结称为 P$^+$N 结），其最大电场由下式计算：

$$E_{\max} = eN_d x_n / \varepsilon_s \qquad (3-88)$$

耗尽区宽度 x_n 可表示为

$$x_n \approx \left(\frac{2\varepsilon_s V_R}{e} \frac{1}{N_d} \right)^{1/2} \qquad (3-89)$$

式中：V_R 为所施加反向偏置电压的大小。

如果忽略了内置电势 V_{bi}，如果 V_R 达到击穿电压 V_B，即

$$V_B = \frac{\varepsilon_s E_{\mathrm{crit}}^2}{2eN_B} \qquad (3-90)$$

式中：E_{crit} 为击穿时的临界电场；N_B 为单边结的低掺杂区中的半导体掺杂。

线性梯度结的击穿电压会降低。如果同时考虑扩散结的曲率，击穿电压将进一步降低。

部分材料的击穿电压与掺杂浓度的关系如图 3 – 67 所示（图中虚线表示由于高掺杂导致的隧穿开始），它们符合的经验公式为

$$V_{\mathrm{BD}} \approx 60 \left(\frac{E_g}{1.1} \right)^{3/2} \cdot \left(\frac{N}{10^{16}} \right)^{-3/4} \qquad (3-91)$$

式中：N 为轻掺杂的浓度（cm^{-3}）；能隙 E_g 的单位为 eV。

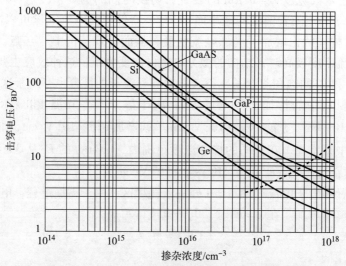

图 3-67　部分材料的突变单边 PN 结的击穿电压

通常，击穿电压 V_i 和击穿电场 E_i 都随温度升高而增大，因此图 3-67 所示的相关性是大多数半导体和半导体结构的典型特性。V_i 随温度单调增加，掺杂量越小，V_i 的温度依赖性越强，可以简单地定性解释温度依赖性。由于碰撞电离过程是由散射碰撞之间的电场获得载流子能量的，因此随着散射变得越来越频繁，碰撞电离的概率会降低。因此，由于声子散射的频率随着温度的升高而增加，电子（空穴）从电场中获取大量能量变得更加困难，故击穿场强和击穿电压随温度升高而增大。掺杂浓度越低，声子散射对总散射过程的相对贡献越大，这就是 V_i 的温度依赖性随着掺杂水平的降低而增大的原因。但是，此规律也有例外，在深能级高浓度半导体中，由于陷阱的热电离，电压击穿 V_i 会随着温度的升高而降低。从可能的热不稳定性的角度来看，此情况非常危险。

下面重点讨论图 3-66 所示 $I-V$ 特性第 3 段和第 4 段的物理性质以及重要的参数。

1. 微等离子体击穿

此类击穿通常揭示了反向偏压结的空间电荷区中存在缺陷，因为缺陷，特别是当位于 PN 结附近时，会导致结中某些点的电场局部增加。如图 3-68 所示，准金属粒子和介电粒子都会引起电场的增加。结果，随着反向偏置的增加，击穿不会在结的整个区域上发生，而只会发生在电场最大的局部处，并且在反向偏压 V_0 的最小值处击穿条件得到满足（称为"第一微等离子体"）。位错、"第二相"的微小出现、金属或电介质颗粒等的存在，将导致局部击穿。通常，微等离子体破坏的开始表现为一系列电流脉冲。

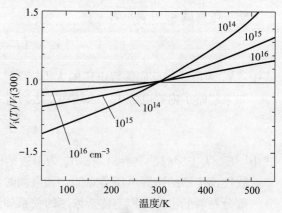

图 3-68　在不同的掺杂水平下，Si 的突变 PN 结的归一化击穿电压与温度的关系

在给定的偏置电压 $V_{01} < V_0 < V_{04}$ 时，可以观察到振幅几乎恒定的电流脉冲，其范围为 $10 \sim 200~\mu A$，具体取决于 PN 结，如图 3 - 69 所示。

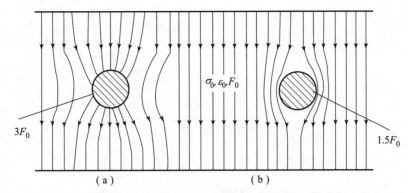

图 3 - 69 位于电导率 σ_0 和介电常数 ε 的材料中的两个球形小颗粒的定性电场分布
(a) 电导率 $\sigma \gg \sigma_0$ 的粒子（金属夹杂物模型），$F_{max} = 3F_0$；
(b) 介电粒子（$\sigma = 0$，$\varepsilon \ll \varepsilon_0$）（第二相模型）$F_{max} \approx 1.5F_0$

通常，高压结的脉冲幅度较高。电流脉冲的存在表明微等离子体处于"导通"状态，即在某一点出现局部击穿。尽管随着偏压的增加，脉冲幅度几乎保持不变，但"导通"状态的持续时间增加，"关闭"状态的持续时间减少。V_{01} 是第一个微等离子体出现时的偏压。在 $V_0 > V_{01}$ 时，第一个微等离子体被永久导通，因此其 $I - V$ 特性通常是线性的。导通的微等离子体电阻 R 的特征值在几十欧至几千欧，分别对应于击穿电压相对较低或较高的 PN 结。随着偏压的进一步增加，可能陆续出现第二和第三微等离子体和均匀击穿。在第一和第二微等离子体之间的 $I - V$ 特性部分，微分电阻 $R_d = dV/dI = R_{mp}$，而第二和第三微等离子体之间的 $R_d \approx R_{mp}/2$（两个微等离子体"并联"），向同质（"成熟"）击穿的转变通常以较小的、与偏差无关的 R_d 为特征。在 $V_0 = V_{04}$ 时永久打开。打开的微等离子体的电流 - 电压特性是线性的。第一和第二和/或第二和第三微等离子体的不稳定区域经常可以"重叠"，此时来自微等离子体的脉冲是重叠的，电流与时间的关系可以呈现出相当复杂的形式。在大缺陷的情况下，微等离子体击穿可以在比均匀击穿电压 V_i 的计算值低得多的偏置下开始。在此情况下，器件可能在相对较低的电流下被破坏，因为流过第一微等离子体的电流密度即使在较小的平均电流量级下也能达到临界值。另外，在高质量的现代材料（Si，Ge）中，即使在大工作区域的器件中，微等离子体击穿偏压的大小也只能比 V_i 小几个百分点。此时，微等离子体击穿过程仅在相对较低的电流密度下（击穿开始时）重要，而在高电流密度下，均匀（成熟）击穿占主导地位。

2. 均匀（成熟）击穿

就均匀击穿（图 3 - 70 中的第 4 段）而言，微分电阻 R_d 主要由三个分量组成，即

$$R_d = dV_0/dj = R_c + R_{th} + R_{sc} \tag{3-92}$$

式中：R_c 为接触电阻率；R_{th} 为热分量；R_{sc} 为空间电荷区的电阻率。

在电流密度 j 下，穿过基极的自由电子的浓度为 $n = j/ev_s$；设 $j_N = ev_s N_d$。这些带负电的电子部分补偿了电离浅施主的正电荷，泊松方程应写为

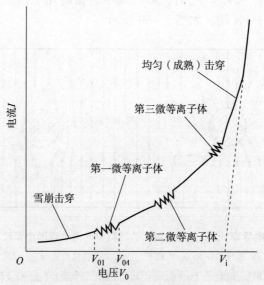

图 3-70 部分微等离子击穿的定性 I-V 特性

$$\frac{dF}{dx} = \frac{e}{\varepsilon\varepsilon_0}\left(N_d - \frac{j}{ev_s}\right) \tag{3-93}$$

对于 $j \ll j_N$，$V(j) \approx V_i(1 + j/j_N)$，比空间电荷电阻为

$$r_{sc} = dV(j)/dj = V_i/j_N \quad (\Omega \cdot cm) \tag{3-94}$$

由于 V_i 与 N_d 成反比（$V_i \sim 1/N_d$），而 j_N 与 N_d 成正比，$j_N \sim N_d$，因此 r_{sc} 与 N_d^2 成反比（$r_{sc} \sim 1/N_d^2$）。

高压二极管中 R_d 的主要贡献可以来自空间电荷区的电阻。对于低压结构，应特别注意接触电 R_c 和热分量 R_{th}，以达到最小 R_d 值。

对于 $j \sim j_N$，有

$$r_{sc} = \frac{dV_j}{dj} = \frac{V_i}{j_N} \cdot \frac{1}{(1 - j/j_N)^2} \tag{3-95}$$

由式（3-95）可以看出，在这种情况下，r_{sc} 随着电流密度的增加而单调增加（图 3-70 第 5 段）。

3.5.5 半导体在火工品中的应用

原有的电爆炸装置（EED）包括桥丝式装置，但其具有明显的劣势。例如，受到越来越多的电磁干扰（EMI）。高水平的 EMI 构成严重危险，因为 EMI 可能会通过直接或间接路径将电磁能耦合到 EED，从而导致 EED 意外发火。EED 也可能会因静电放电（ESD）意外点燃。防止意外放电的常规设备（如无源滤波器电路和 EMI 屏蔽）会出现自身的空间和重量问题。为了降低 EED 对杂散信号的敏感性，可以通过增加点燃 EED 所需的点火信号的总能量来实现，低电平杂散信号可以通过桥丝传导而不会引起点火。然而，并不总是需要较高强度的触发信号，而且在许多应用中，可用功率受到严重限制，故有必要提供具有低点火能量的 EED，其可能接近来自 ESD 或 EMI 源的潜在杂散信号的能量水平。

半导体桥（SCB）的 EED 可以缓解上述意外点火带来的一些问题。在相同的不发火性能下，SCB 比桥丝式装置使用更少的能量。例如，SCB 所需的能量可能比桥丝式装置所需要的能量小一个数量级。SCB 是一种建立在半导体基板上的起爆装置。当 SCB 点火时，它会产生高温等离子体（如在某些情况下高于 4 000 K），具有高功率密度，从而点燃武器材料。与桥丝相比，SCB 可以在不到几微秒的时间内产生等离子体，而桥丝需数百微秒完成加热到激发。半导体优良的传热特性为 SCB 提供了高容量的散热片，因此具有相对较高的不发火性能。通常 SCB 应该由低阻抗电压源或电容放电驱动，以适当支持雪崩条件，从而导致等离子体产生。

1966 年申请的美国专利 3366055 为首次发明的简单含有晶体结构的半导体桥元件的点火器或雷管，在临界电压下半导体点火器爆炸产生足量的冲击波起爆猛炸药。它比传统点火器工作更可靠；响应速度比桥丝装置快；能以较低的电压和较低的能量引爆猛炸药（可低至 10V 交流电或直流电），因而可使用更简单的电源；不受环境温度、压力和湿度条件的影响，不易受到不需要的射频或微波加热以及由此产生的自爆的影响；可以可靠地进行无损检测。此前半导体材料用于火工品中（如美国专利 3018732、3019732 和 3211096）主要为了获得某些点火特性，如电压控制或杂散电流保护，作为主炸药点火器的辅助装置。SCB 火工品则是利用掺杂半导体晶体结构在临界温度之下或之上分别处于非本征导电状态或改变为本征导电状态，当施加电压时，电流通过半导体元件，其温度和电阻率升高，直到达到临界温度时电阻率突然下降，晶体结构解体并瞬间释放足够大的冲击波，直接引爆猛炸药装药。各种掺杂半导体都有各自的最小临界起始电压和临界高温，超过该临界温度会发生起爆。该专利所述半导体材料可为硅、锗和碲，其掺杂有选定的杂质类型（N 型或 P 型杂质，如硼和磷元素）和原子浓度。其中 N 型和 P 型分别表示半导体材料的过剩型和缺陷型电导率。

针对 1987 年美国专利 4708060 掺杂 SCB 在加热过程中电阻值变化很大，桥电阻通常会从其初始值翻倍，然后在达到桥的熔点时降至其初始值的近 1/2 的主要缺点，1998 年公开的 US5732634 选定镍铬合金成分的薄膜电阻元件，交替地蒸发氮化钽（对于镍铬合金），或者在氧化铝衬底上溅射（对于氮化钽）。其中的选择性镍铬合金和氮化钽薄膜桥在加热时具有极其稳定的电阻。同样，可以很容易地从一个公共能源中发射多个单元，并且总电阻负载可以在任何时刻轻松预测。最外层是金属层，优选是最厚的金属层的原因是由于与薄的中间层相比，电流集中在最外层的最厚层中，并且发热也集中。但是，由于最外层位于距基板最远的位置，并且多个金属氧化物层位于最外层与基板之间，因此可提供较低的能量，从而提高了点火效率，且提供了隔热效果。

SCB 的作用机理是基于等离子体爆炸。SCB 爆炸的第一阶段的特点是，放电电流使电桥从室温快速加热到熔点。在此阶段，SCB 在高温范围内经历了从主要的非本征半导体电阻率行为到本征半导体电阻率行为的转变，刚好低于熔化温度。也就是说，SCB 的初始温度升高导致掺杂原子几乎完全电离，从而为导带提供电荷载流子。因此，在放电的这一阶段，电荷载流子密度随温度急剧变化，使得电导率上升，从而产生电阻率温度系数为负的导体。随着导带中这些载流子的增加，晶格的振动也随之增加。后者导致带电载流子的迁移率降低，此外，这种振动（以及载流子在这种振动上的散射）成为导致 SCB 电阻随温度升高的主导。当 SCB 温度升高到熔点时，由于硅的 4 个价电子都释放到导带，导致电阻迅速下降。此外，持续的能量沉积导致电阻随温度快速增加，就像在普通导体中一样。SCB 作用的最后一个阶段是掺杂的液态硅蒸发,形成温度相当低(2 000~7 000 K)的低电离等离子体。

此外,SCB 可能有许多其他的应用。例如,电桥和导电等离子体的强烈局域光输出表明,可能在高速电开关和脉冲光源中存在其他应用,超临界流体也可用作等离子体源和化学反应点火的能源。

3.5.5.1　SCB 等离子体的击穿电压

在电桥熔化并蒸发后,施加的电压会使硅分解气化。由击穿气化硅导致的放电称为后期放电。Kye-Nam Lee 等假设阳极到阴极的距离为 d,则跨间隙距离的击穿电压为

$$V_b = \frac{gpd}{\ln[hpd/\ln(1+1/\gamma)]} \quad (3-96)$$

式中:p 为压力;γ 为来自阴极的二次电子发射;系数 g 和 h 为特征值,分别与电离能和电离截面成比例。

对于高压(1 atm)区域,其特征可由下式表示:

$$hpd \gg 1 \quad (3-97)$$

一般情况下,击穿电压主要由系数 g 和 h 决定。硅的电离能为 8.15 eV,远低于空气的电离能(约 15 eV)。因此,硅的系数 g 值远小于空气的系数 g。由于气化的硅原子的尺寸大,与空气分子相比,以 h 为特征的电离截面可能相对较大。因此,硅气体的击穿电压明显小于空气的击穿电压。例如,硅气体的后期放电击穿电压小于 50 V,远远小于类似的几何构造下空气的放电电压(约 300 V)。

3.5.5.2　不发火条件下的热点熔化模型

SCB 永不点燃爆炸物的不发火条件是指半导体桥在给定电流下可能不会熔化的条件,这与爆炸系统的安全性直接相关,是 SCB 应用的最重要的问题之一。2002 年,Lee Kye-Nam)等建立了理论模型——热点熔化模型,以描述关键的不点火电流。典型的 SCB 装置中桥由重掺杂 H 形区域形成。桥的厚度由沉积在二氧化硅(SiO$_2$)层上的多晶硅膜的厚度决定。硅衬底上的 SiO$_2$ 绝缘层可使热量在 SCB 装置工作时聚集在电桥上。桥宽度 W 由掺杂区的形状决定。铝焊盘决定了桥的长度 L,并与下面的多晶硅层电接触。半导体桥的散热主要是通过多晶硅和与其相邻的铝焊盘进行热传导。炸药的热损失可能并不重要,因为它的热导率很低。为了简化后续分析,假设桥是热点,而桥产生的热量则是半球形地流过衬底。对于稳态情况,多晶硅中的温度 T 必须满足

$$\frac{1}{\rho^2}\frac{d}{d\rho}\left[\rho^2\frac{d}{d\rho}T(\rho)\right] = 0 \quad (3-98)$$

式中:符号 ρ 表示距球坐标系中心的径向距离。

式(3-98)的微分为

$$\rho^2\frac{dT}{d\rho} = C = 常数 \quad (3-99)$$

假设热点(或桥)的半径为 ρ_0,其熔化温度为 T_m。在径向坐标 ρ 上积分方程式(3-99),多晶硅中的温度 T 可表示为

$$T(\rho) = T_m + C\left(\frac{1}{\rho_0} - \frac{1}{\rho}\right) \quad (3-100)$$

在 $\rho = \infty$ 时温度 T 是环境室温 T_r,该特性与式(3-99)中与熔化温度 T_m 有关的积分常数 C 相关:

$$C = \rho_0(T_r - T_m) \tag{3-101}$$

热通量密度 J 是沿径向方向和由此定义 $J = J_\rho e_\rho$,其中 e_ρ 是沿径向方向的单位矢量。热通量密度的径向分量表示为

$$J_\rho = -K\frac{\mathrm{d}}{\mathrm{d}\rho}T(\rho) \tag{3-102}$$

式中:K 为导热系数 $[\mathrm{cal} \cdot (\mathrm{cm} \cdot \mathrm{s} \cdot ℃)^{-1}]$。

通过半径为 ρ 的半球形表面的单位时间的总热通量为

$$\frac{\mathrm{d}Q}{\mathrm{d}t} = 2\pi\rho^2 J_\rho = -2\pi\rho^2 K\frac{\mathrm{d}}{\mathrm{d}\rho}T(\rho) = -2\pi K\rho_0(T_m - T_r) \tag{3-103}$$

式中:Q 为在电桥处沉积的热量。

假设电桥电阻为 R,则单位时间沉积到电桥中的热量由下式计算:

$$\frac{\mathrm{d}Q}{\mathrm{d}t} = \frac{1}{4.2}RI^2 \tag{3-104}$$

式中:I 表示稳态电流。

从式(3-104)中消除 $\mathrm{d}Q/\mathrm{d}t$,可以获得临界电流 I_c。

根据稳态电流与沉积到电桥的热量,推导获得临界电流 I_c,即

$$I_c = \sqrt{8.4\pi\frac{K}{R}\rho_0(T_m - T_r)} \tag{3-105}$$

由式(3-105)可知,增加导热系数 K、电桥的熔化温度 T_m、桥面积,以及降低桥电阻 R 可增大临界电流 I_c,提高爆炸点火系统的安全性:①无电桥熔化的临界电流 I_c 随着导热系数 K 的增加而增加。增加临界电流可提高爆炸点火系统的安全性。故选择具有高热导率的衬底材料可以大大提高安全性。例如,蓝宝石的导热系数为 $K = 0.08\ \mathrm{cal} \cdot (\mathrm{cm} \cdot \mathrm{s} \cdot ℃)^{-1}$,比硅的导热系数约高 4 倍,若以蓝宝石用作与电桥接触的衬底,临界电流可增加 2 倍。②改变杂质比,从而降低电桥电阻 R,临界电流 I_c 增大,可以提高安全性。③电桥的熔化温度越高,点火系统越安全。④临界电流 I_c 随着桥面积的增加而增加,但是由于依赖性不敏感,通过增加桥的尺寸来增强安全性并非十分有效。需注意的是,为安全起见过度增加临界电流 I_c 可能会给爆炸性放电的后期放电造成负担。

3.5.5.3 电作用模型

1998 年,美国桑迪亚国家实验室的 Marx 等将半导体桥雷管与包含可控硅(SCR)开关的低压电容放电点火(CDU)装置相连,根据电数据(SCB 电压和电流波形)研究 SCB 起爆高氯酸·[四氨·双(5-硝基四唑)]合钴(Ⅲ)(BNCP)的电气模型。证明 SCB 与接触的含能材料 BNCP 之间存在重要的相互作用,必须包含在雷管的电气模型中,预计其他散热材料的模型可能会与此有所不同。当点火装置为 19.08 μF 电容器充电至 50 V 时,典型的 SCB 电阻与能量的关系如图 3-71 所示。电流在 1.6 μs 的突然下降对应于电桥的蒸发,图中标示为爆发时间。图中起始绘制的电阻非常大,这是由于电路中的电感引起的,是始终出现的初始瞬态,不是真实的电阻;用虚线表示"真实"电阻。当施加电流脉冲时,电桥经过几个阶段。第一个阶段是非本征导电阶段:当掺杂硅表现出正的电阻率温度系数时;第二阶段是本征导电阶段:当电桥温度升高到足以释放大量载流子时,温度系数变为负值;第三阶段是桥梁熔化时;第四阶段发生在因硅的蒸发(爆裂)电桥的电阻率迅速增加时。

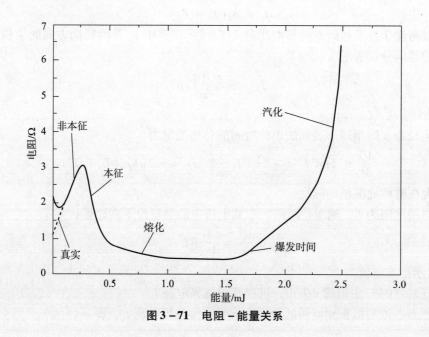

图 3-71 电阻-能量关系

由于 SCB 电阻的行为是复杂的，使用 PSpice® 中的查找程序来模拟 SCB 电阻作为能量的函数，获得模拟 SCB 的 $R-E$ 特性的简单模型。但是，电阻显然不是能量的唯一函数，简单的模型并不能在装置的宽点火能量范围内得到准确的结果。为此，提出了两种电作用模型。

1. 有耗模型（高能区）

对于高能数据，当 CDU 上的初始电压增加时，爆发的能量趋于增加，因为爆发 SCB 所需的能量会延长。Marx 等认为这种行为是由能量损失机制造成的，包括引线和焊盘中的欧姆损失，以及从 SCB 到基板和炸药粉末的热传递。直接假设损耗是 SCB 引线处瞬时电压 V 的函数，由下式计算：

$$\frac{dE_{SCB}}{dt} = VI[1 - A_L f_L(V)] \qquad (3-106)$$

式中：E_{SCB} 为桥自身包含的瞬时能量；$f_L(V)$ 为瞬时 SCB 电压的函数；A_L 为乘法常数，用于调整损耗的幅度。

2. 热反馈模型（低能区）

即使储存在 CDU 上的初始能量小于完全蒸发 SCB 所需的能量，雷管仍会点火。低能数据的另一个特点是，当 CDU 上的能量和电压降低时，SCB 需要更长的时间来爆发，但 SCB 爆发会非常突然。对该特性的合理解释是，当 SCB 加热 BNCP 时，BNCP 点燃并燃烧，将能量反馈给 SCB，并完成桥中的汽化和爆裂过程。基于此假设建立了具有以下形式的模型：

$$\frac{dE_{SCB}}{dt} = VI[1 - A_L f_L(V)] + [E_{SCB}] \qquad (3-107)$$

式中：最后一项是 BNCP 发火后回馈 SCB 的热传递速率。

3.5.5.4 半导体桥火工品

1987 年，美国桑迪亚实验室的 Bickes 等提出改进型 SCB 点火器，采用在高温下具有负的电阻率温度系数的电材料，并且其形状和大小以及与所述爆炸材料的接触面积足以使其具有电阻。如图3-72所示,电性材料是结晶的,并且安装在晶格匹配的基板上,或者被紧密接触的金属化区域部分覆盖。虚线所示的重掺杂H形区域形成桥。高掺杂硅层2在蓝宝石衬底3上;金属化焊盘覆盖了大部分硅层2,仅保留了未覆盖的连接桥1。蓝宝石基板3安装在陶瓷电极塞上,电极塞中两个隔开的引脚线延伸穿过并通过焊料连接到铝焊盘。尺寸和材料的特定布置使该装置非常耐由静电或跨脚线施加的其他意外电压引起的意外放电,但可响应设计的电信号,SCB的作用是获得等离子体放电以迅速点燃爆炸性材料。

对桥材料的主要要求是它会在某个温度(高于室温的某个温度,约100 ℃)下产生负温度系数。实际上,所有半导体都将在足够高的掺杂水平下具有此特性,不仅包括单元素半导体材料,还包括二元、三元、四元等合金。这些尤其可以选自周期表Ⅲ-Ⅵ族的任意常规组合。非限制性实例包括锗、砷化铟、砷化镓、$Ga_{1-x}In_xAs$、$GaAs_{1-x}P_x$等。首选硅基材料的原因基本上与大多数半导体应用首选硅基材料的原因相同。

通常,半导体材料基本上优选以其饱和水平或接近其饱和水平被掺杂。例如,对于N型硅掺杂磷原子约为10^{19}个原子/cm^3。较低的掺杂水平也可以在适当的条件下依据规则进行,如从该值降低2倍的掺杂水平也可为Bickes等的发明提供足够的性能。相应的电阻率将在$10^{-4} \sim 10^{-3}$ Ω·cm的范围内,如对于所述饱和掺杂水平电阻率约为8×10^{-4} Ω·cm。然而,除了如上所述之外,电阻率本身不是关键的。只要具有负温度系数,除了半导体之外的材料也可用。例如,稀土金属氧化物,如氧化铀,具有必要的负温度系数。拥有该特性将确保发生涉及等离子体形成的激活现象。

瞬间电涌后,电桥的动态电阻几乎保持恒定,并低于发火前的值。在通过SCB的导电路径丢失后,电桥会突然放电,从而导致等离子体形成,黑体测量表明等离子体的峰值温度约为5 500 K。从而导致爆炸物着火。

1987年,美国桑迪亚国家实验室的Benson等研究了在短时(20 μs)、低能脉冲(小于3.5 mJ)驱动下,SCB产生热等离子体点燃炸药的机理。同时,采用重度N型掺杂的硅薄膜制备半导体桥(图3-72),硅薄膜的掺杂处理从磷氯氧源的磷扩散开始,获得的电阻率约为7.6×10^{-4} Ω·cm,这意味着N型掺杂剂的浓度约为7×10^{19}个磷原子/cm^3。通常半导体桥长度为100 μm,宽度为380 μm,厚度为2 μm,体积比传统桥丝小1/30。为了静电安全,热丝装置(Hot wire devices)的桥丝电阻通常为1 Ω,这是点燃药剂所需的能量和承受静电放电(ESD)时电桥消耗的能量之间的折中。因此,SCB装置中的焊盘形状设计为最大化

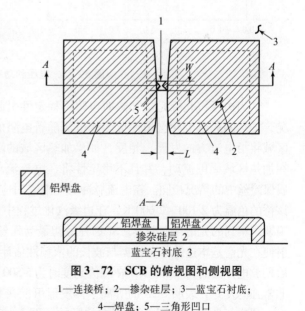

图3-72 SCB的俯视图和侧视图
1—连接桥;2—掺杂硅层;3—蓝宝石衬底;
4—焊盘;5—三角形凹口

与硅接触面积,以确保其接触电阻远小于1 Ω。SCB装置在几十微秒内产生可用的爆炸输出,而输入能量是传统金属桥丝的1/10,但仍具有爆炸性安全性,可满足不发火要求(1 A,5 min不作用)和静电安全性(模拟人体向电桥发送脉冲放电)。

用持续时间为 3.3 μs 的 28 A 方波电流脉冲驱动半导体桥。电流在电桥边缘发光放电,向电桥中心传播,该放电使桥上的硅汽化,并在横跨铝焊盘的衬底表面产生弱电离硅气化层。一旦电桥汽化,电流流过蒸气产生加热的等离子体,将等离子体加热阶段称为装置工作的后期放电(LTD)阶段,LTD 的强光持续到电流脉冲结束。图 3-73(a)和图 3-73(b)所示分别为由 SCB 装置和引线上测量的电压、装置消耗的功率随时间的变化,图 3-73(b)底部的 6 个标记表示照片各个帧的曝光时间。边缘燃烧过程发生在 0.6 μs 和 1.6 μs,LTD 发生在 2.6 μs 和 3.6 μs。在电流脉冲(0.7 μs)的前沿出现的峰值始终可见,并且对应于硅蒸发开始之前的初始硅加热。一旦形成蒸发峰,就会保持相对低的阻抗条件,直到电桥被消耗。在 LTD(2.2 μs)开始时,器件阻抗突然上升到原始电桥的 2 倍左右。SCB 的动态阻抗在 LTD 期间趋于下降。对图 3-73(b)中的功率与时间曲线进行积分,得到 SCB 中耗散的能量随时间变化的曲线表明,在 LTD 开始之前耗散了 0.75 mJ 的能量。

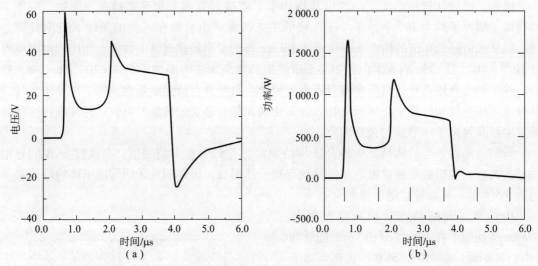

图 3-73 电压和功率随时间变化

认为边缘汽化峰是由加热时电阻不稳定性引起的。对于导体电阻随温度升高而下降的情况,加热的局部变化会迫使更多的电流随着电阻的下降而在加热区域流动。此时,最高温度区域将沿电流方向发展。相反,如果加热区域的阻抗大于周围材料的阻抗,则电流将倾向于在加热区域周围流动,并且不稳定性将在电流流动中发展,从而导致电路中断,这与传统金属保险丝中的情况相同。在电流脉冲的早期(对应于桥边缘的汽化),观察到微弱的连续发光,该桥的色温为 2 100~2 600 K,在边缘汽化过程中,温度随时间逐渐升高。LTD 发生后早期和晚期观察到的光谱存在差异。Si 物种最初最为强烈,但随后 Al 线开始主导光谱。强烈的线发射使在光谱基本连续部分根据与波长的依赖性估计等离子体温度变得十分复杂。最佳估计是在后期放电开始时为 4 200 K,在峰值亮度时为 5 500 K。值得注意的是,在 200 nm 以下观察到了非常强的发光,表明 SCB 的等离子体发射可能在某些爆炸材料中引起电子激发。

研究了驱动电流对 SCB 放电的影响,图 3-74 显示了在多晶硅电桥上进行的一系列测试的功率与时间的关系(15A 试验未发生任何异常;如果炸药被压在桥上,炸药就不会点燃)。测量是用 100 μm 长、67 μm 宽、4 μm 厚的装置进行的。增加驱动电流会在更早的时候产生向 LTD 的过渡。脉冲前沿时间的变化是由于点火装置中的延迟随输出电流水平的变化而变化。检查 SCB 波形可在不使用爆炸性材料的情况下评估 SCB 设计。在足够低的电流（小于 15 A）下，会发生边缘汽化，但在 3.3 μs 脉冲结束时不会达到 LTD 状态。随着电流的增加，向 LTD 的转变会在更早的时间发生。对于这些测试的条件，动态加热和传热计算表明，相对于基材的热损失相对较小。因此，通过找到传递到电桥的能量达到电桥的升华热的时间，可以很好地近似计算 LTD 的经历时间。

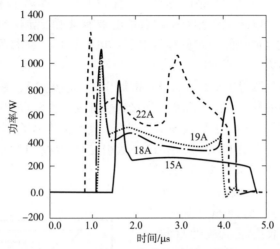

图 3-74　不同电流下功率-时间关系

用半导体桥火工品点燃了多种粉末（爆炸试验中压药压力 200 MPa），包括有机炸药（PETN 和 HMX）、无机炸药（CP）和起爆药（叠氮化铅），试验表明产生的 LTD 点燃了这些材料。在每种情况下，当施加非常短（小于 3 μs）的电流脉冲时，未能获得 LTD 会导致装置不着火，并增加 SCB 的直流电阻。若第二个（或第三个）脉冲产生 LTD，则装置正常工作。

3.5.5.5　"三防"措施

半导体材料还可用于避免 SCB 膜火工品提前意外发火等的"三防"（防静电、防射频和防杂散电流）方面。

1. 空隙

电爆炸起爆器的常见电气危险包括低电平杂散电流和射频信号。除非受到良好保护，否则电气危险可能会导致电流流过 SCB，产生欧姆（电阻）加热。如果与电桥接触的含能材料不够敏感，它将充当热沉，电桥以被动方式"烧毁"；若含能材料足够敏感，简单的欧姆加热（非等离子加热）可能会引起化学反应，从而引发电爆炸装置。通常要求 SCB 与钝感的含能材料紧密接触。为了进一步增强安全性，2017 年 Barker 等发明将 SCB 元件与含能材料分离，形成间隙（图 3-75），以消除欧姆加热的影响。但是若间隙太大，正常的"等离子体模式"的激发将失败，从而导致装置瞎火。因此面向 SCB 与含能材料接触的端部设置反应层 12，"反应层"是指需要相对较高

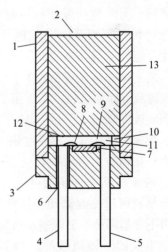

图 3-75　带间隙发火装置示意图
1—壳体；2—密封片；3—电极塞；
4、5—引脚线；6—绝缘套管；7—SCB；
8、9—引线；10—隔环；11—间隙；
12—反应层；13—含能材料

能量输入来引发爆炸的一薄层自持放热爆炸材料。反应层一般包括：①由铝（Al）和镍（Ni）的气相沉积交替层制成的层压反应箔，其在经受热脉冲时产生和自我维持的放热反应；②反应层的厚度与其与 SCB 之间的间隙成反比，厚度为 60～150 μm；③选自镍-铝、铝-钛及钛-非晶态硅中的一层或多层；④NanoFoil RTM（Indium 公司产品）；⑤烟火反应箔等。

当爆炸箔 50 包含 NanoFoil RTM 时，除非半导体等离子体以至少 200 ℃/min 的速率将箔加热到至少 250 ℃，否则不会发生箔的点火。选择 SCB 时，等离子体冲击足以使箔加热超过最小值。然而，在点火电路中产生电流的杂散电磁能量不会导致 SCB 汽化，而只会导致电桥中的电阻加热。在这种较低的能量释放率下（电阻加热）箔材将不受影响，或者最多使其退火并失去点火能力。

图 3-75 所示的发火装置主要由壳体 1、密封片 2、电极塞 3、紧靠其上的环形隔环 10 等组成，从 SCB 7 延伸的两条引线 8 和 9 电连接到引脚线 4 和 5（6 为绝缘套管）。当达到放电电压时，放电到引脚线 4 和 5 上导致 SCB 7 蒸发，其产生等离子体气体形式的能量，在间隙 11 中传播并导致反应层/箔 12 点燃，箔 12 点火引发含能材料 13 输出能量。

2018 年，Burky 等发明火工器件的反应性 SCB 包括导电金属、反应材料和外涂层，通过空隙将薄膜与反应性 SCB 隔开。空隙可为任何距离，取决于反应性材料（可能具有弱键合氧化物）和 SCB 器件的接触垫上的电压。例如，空隙可为约 3 mm 距离或者更宽。此外，空隙可为空气隙，或可由其他气体或气体组合填充。薄膜可以是任何合适的材料（如纸、聚合物等），取决于装置的应用。例如，当与气隙接触的薄膜的另一侧为爆炸材料时，若用纸或其他材料作薄膜可以同时包装爆炸材料。当使反应性半导体桥器件起作用时，桥变成等离子体，与反应性材料产生放热反应从而导致外涂层破裂，产生至少一个颗粒，该颗粒被推离桥，穿过空隙，穿透（如撕裂、刺穿、穿孔等）薄膜，并点燃爆炸性材料。在颗粒为熔融颗粒（如熔融玻璃碎片）的实施例中，穿孔可进一步烧穿膜。爆炸材料可以是起爆药，如叠氮化铅；或者可不含起爆药。更进一步可为烟火材料，或如季戊四醇四硝酸酯（PETN）的猛炸药。可替代地使用其他材料，这取决于穿透膜所需的力、间隙、放热反应等因素。

反应性半导体桥接器件（图 3-76）包括基底 1，还可以包括氧化铝或硅的芯片

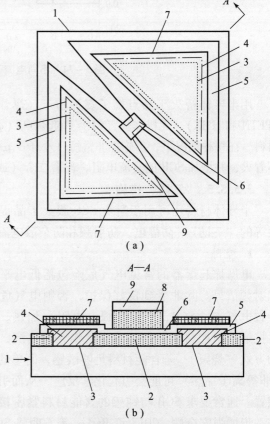

图 3-76　具有外涂层的反应性 SCB 器件
(a) 俯视图；(b) 剖视图
1—基底；2—非导电层；3—窗口；
4—导电材料；5—导电金属层；6—桥接；
7—接触焊盘；8—反应性材料；9—外涂层

基板。在芯片本身上需要静电放电保护的情况下，基底可以包括硅衬底，其具有在反应桥半导体器件下面限定N-P-N或P-N-P结构的掺杂阱和掺杂区，非导电层2位于基底上。例如，二氧化硅（SiO_2）层可以热生长或沉积在基底上。在非导电层中形成窗口3。可以通过使用任何合适的技术，如缓冲氧化物蚀刻（BOE）、蚀刻二氧化硅层2来形成窗口3。或者，二氧化硅层2可以沉积在基底1上，以便产生窗口。此外，在期望静电保护的情况下，可以在形成窗口之后通过离子注入来执行基底的掺杂，从而提供窗口和掺杂区域的精确对准。窗口可选地填充导电材料4。例如，可以通过将铝或铝/硅（如1.2 μm）溅射到窗口中以填充。此外，可能需要进一步的处理，如掩蔽、蚀刻、加热等，以及其他技术将导电材料沉积到窗口中。导电金属层5（如0.2 μm）形成在基底上以限定桥结构，即桥接部分6。

2. 齐纳二极管

1995年，美国专利5309841采用齐纳二极管改进电爆炸起爆器的保护装置，防止ESD和EMI感应的电流过早地激活引爆半导体桥的集成电路，图3-77所示为优选实施例的示意图。

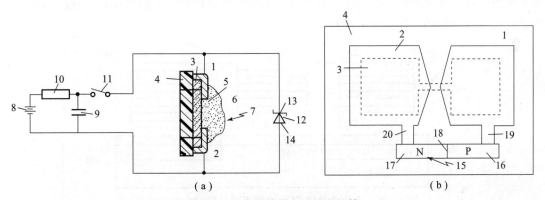

图3-77 半导体桥和齐纳二极管
(a) 分立式；(b) 集成式

1、2—金属焊盘；3—半导体层；4—衬底；5—间隙；6—炸药；7—起爆器；
8—直流电源；9—电容器；10—限流电阻器；11—开关；12、15—齐纳二极管；
13—阴极；14—阳极；16、17—硅；18—齐纳结；19、20—金属层

半导体桥式爆炸起爆器7包括衬底4、金属焊盘1和2（通常为铝或钨）、与它们接触的N型半导体层3。在由蓝宝石制成的非导电衬底4上设置一层高度掺有磷的硅层。半导体层3具有相对较高的载流子浓度，如每立方厘米10~20个载流子。起爆器7包括硅衬底，在其上形成SiO_2层，在其上沉积具有高载流子浓度的N型硅层，焊盘与其欧姆接触。在焊盘之间的常规炸药6接触焊盘1和2以及它们之间间隙5的半导体层3，在间隙5中形成等离子体，炸药响应于施加的等离子体能量超过预定的时间间隔而被激励。图中直流电源8、限流电阻器10并联电容器9。含阴极13和阳极14的齐纳二极管12与焊盘1和2并联。因此，其可能具有反向击穿电压，即阴极和阳极之间的正电压略高于额定点火电压（如1.1倍），以确实防止过早地触发电压。图3-77（a）中齐纳二极管12为分立元件，可以是衬底4上带有半导体层3的集成电路元件；如图3-77（b）所示，齐纳二极管15包括形成在非导电衬底4上的P掺杂和N掺杂的硅区域16和17（以通常的方式掺杂以获得齐纳击穿特性），

齐纳结 18 位于它们之间，通过金属层 19 和 20 分别连接到金属焊盘 1 和 2。

3. 肖特基二极管

在常规 SCB 中，弹药材料和 SCB 必须紧密接触，以便将其少量能量传输到主要弹药材料并可靠地点燃。难以确定二者的接合是否随着时间的推移而退化，如由于振动或冲击发生退化。如果不能保持良好的接合，弹药材料也可能被 SCB 发火所产生的冲击力甩掉，而不是被点燃。然而，积极的维持接合会带来增加成本和复杂性等问题。此外，施加在 SCB 上正向维持的力可能会破坏装置中的 SCB 和/或连接键。

为此 Baginski 等发明了半导体桥器件，SCB 是具有化学反应性的不同材料的交替层，通常为金属和绝缘体（金属氧化物）交替（图 3-78）。示例之一用硼作绝缘体，钛作金属，层压层的厚度取决于需要产生的等离子体的量和所需的不发火水平（实际上，叠层的厚度仅受半导体加工技术的限制）。产生相对高输出能量的化学计量是硼原子与钛原子之比为 2:1。可以调节 SCB 感度以在应用所需的输入电功率水平下运行，而与点燃发火弹药材料所需能量水平无关。其可点燃不敏感的材料或需要大量热量才能点燃的材料，仅需要足够的能量来激发并且最小化地维持在等离子体中爆炸的两种反应性材料之间的反应。在桥与弹药材料之间存在间隙时仍可提供可靠的点火。

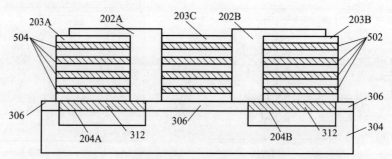

图 3-78 多次交替层 SCB 的剖视图（数字均为交替层）

交替层或钛的子层 502 和硼的子层 504 构建在二氧化硅绝缘层 306 上。该系列层的顶层是与接触垫层 202 接触的钛的"桥"层 203。绝缘层 306 构建在硅衬底 304 上，基本覆盖衬底表面。在产生衬底的半导体制造过程中，层 502、504 和 203 原位整体地结合在一起。因此，包括桥和燃料的结构是整体的。当电流施加到 203C 时，顶层 203 被欧姆加热，直到它足够热以与相邻的硼层反应。放热反应产生钛和各种钛化合物，它们以热等离子体的形式释放。输出能量用于加热被等离子体点燃的弹药材料。硼充当绝缘体，使得只有等离子体和金属层的裸露部分充当导电路径。当电源电能（如来自电容器的电能）耗尽或所有层消耗到等离子体电弧消失的距离时，反应停止。

首先在二氧化硅绝缘层 306 中蚀刻两个间隔开的三角形开口暴露硅片 304 的表面；然后在蚀刻的开口上沉积铝层或焊盘层 312，由铝层 312 与硅基底层 304 的界面整体形成二极管 204，二者之间的表面分别形成两个肖特基势垒结层 204A 和 204B。基底的掺杂决定二极管的击穿电压。分流肖特基二极管 204A 和 204B 以及电桥的不触发能量可以保护 SCB 免受意外触发（如通过 ESD 事件）。通过 ESD 事件在触点上感应的电势通常比在 SCB 上形成的二极管的导通电压高得多。因此，当闭路分流器和高于分流阈值的电流从电阻电桥传导出去时，二极管似乎会产生 ESD 感应电势，以防止电桥的欧姆加热和随后的意外点火。

多次交替层压板中的最外层是金属层,而用于金属氧化物层的金属氧化物分解温度高于 1 500 ℃,如 SiO_2、TiO_2 或 Al_2O_3,构成金属层的金属是 Ti 或 Zr,还可以是 Al、Cu、Mg、Ni、N 型 Si、P 型 Si、W 等中的一种或多种。绝缘体可以是钙、锰和硅中的一种或多种。其他公开专利的半导体桥装置包括层叠体,各层分别有反应性金属(如钛、钯或镍铬)和诸如硼的绝缘体与氧化物(氧化铜、氧化硅)。

1989 年 Patz 等发明的雷管点火元件包括位于用于制造集成电路的合适衬底上或衬底中的能量耗散装置,其被驱动时,通过能量耗散引发炸药。能量耗散装置可以是电阻性的,由半导体装置形成,或者是场效应装置。在前者情况下,能量耗散装置可由沉积在基底上的电阻层形成,流过电阻层的电流导致其发热。电阻层可以由以下至少一种材料形成:镍铬合金、金、钨、铝、锆、多晶硅、钛/钨混合物和金属硅化物;可以通过扩散或注入技术来形成。例如,P 型硅层可以扩散到主要为 N 型的硅衬底中,以提供电阻元件;P 型和 N 型硅层可以互换。在后一种情况下,可以采用离子注入技术以形成电阻元件。合适的元件是晶体管、场效应晶体管或相关器件、四层器件、齐纳二极管、发光二极管或任何其他合适的在激活时发射热量或光能的元件,优选地激活是通过使电流流过元件而发生。能量可以耗散在有源区 N 和 P 区之间的狭窄区域中,使精确地集中释放能量成为可能。

习 题

1. 用能带理论解释导体、半导体和绝缘体导电性的差异。
2. 电介质的极化机制有哪几种?
3. 何为介电体的击穿?有哪几种形式?影响固体介电体击穿的因素有哪些?
4. 哪些因素影响电阻率?如何影响?
5. 叙述三种热电效应,哪些效应能用于哪些军事装备?
6. 半导体在火工品中有哪些应用?叙述其中之一的结构。

第4章
介电材料

电介质是指在电场作用下能建立极化的物质，包括压电体、热电体、铁电体，相互关系见图4-1。

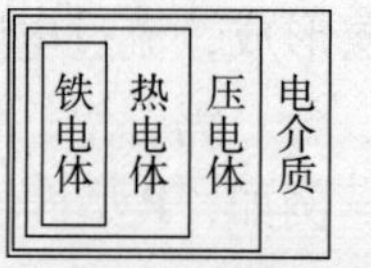

图4-1 介电材料种类及相互关系

4.1 电极化现象

距离为 d、带有等电量 Q 相反电荷的正、负电荷组成的体系称为电偶极子。向量电偶极矩 μ 的方向是由负电荷指向正电荷，计算公式：$\mu = Ql$（Q 为所含的电量，l 为正、负电荷中心的距离）。

本身不带电荷的材料，当置于电场中，束缚着的电荷发生位移，或者极性按电场方向转动，在其体积内部和表面感应出一定量的电荷（偶极子）的现象，称为电极化。能产生极化与偶极子，并存有内电场的物质称为电介质。

在平行板电容器中，若在两板间插入固体电介质，则在外加电场作用下，固体电介质中原来彼此中和的正、负电荷产生位移，形成电偶极矩，使介质表面出现束缚电荷，极板上电荷增多，造成电容量增大，增加了电荷的储存能力。

真空中平行板电容器的电容量为

$$C_0 = \frac{Q}{V} = \frac{\varepsilon_0(V/d)A}{V} = \varepsilon_0 A/d \tag{4-1}$$

极板间插入固体电介质后，电容量为

$$C = \varepsilon_r C_0 = \varepsilon_r \varepsilon_0 A/d \tag{4-2}$$

式中：d 为平板间距（m）；A 为面积（m²）；V 为平板上电压（V）；ε_0 为真空中的介电常数，ε_r 为相对介电常数，ε（$\varepsilon = \varepsilon_0 \varepsilon_r$）为介电材料的电容率（F/m），或称介电常数。

定量描述电介质或绝缘材料电性能的参数有介电常数、极化强度等。根据物质的介电常数可以判别高分子材料的极性大小。通常，相对介电常数大于3.6的物质为极性物质；相对介电常数在2.8~3.6范围内的物质为弱极性物质；相对介电常数小于2.8为非极性物质。

4.2 极化效应和电极化率

电介质极化程度的大小通常用单位体积内的电偶极矩，或介质表面的极化电荷密度来衡量，称为电极化强度 P，可表示为

$$P = \Sigma\mu/\Delta V \tag{4-3}$$

式中：$\sum \mu$ 为电介质中所有电偶极矩的矢量和；ΔV 为电偶极矩所在空间的体积。

极化强度与外加电场、极化电荷产生的电场 E 有关，即

$$P = \sum N_i \bar{\mu}_i = \sum N_i \alpha_i E_{\text{loc}} \qquad (4-4)$$

式中：N_i、$\bar{\mu}_i$ 和 α_i 分别为第 i 种偶极子的数目、平均偶极矩和电极化率；E_{loc} 为作用在质点上的局部电场。

莫索提推导出球形腔内，有

$$E_{\text{loc}} = E_{\text{宏}} + P/(3\varepsilon_0) \qquad (4-5)$$

式中：$E_{\text{宏}}$ 为宏观电场。

对于椭圆形样品，$E_{\text{宏}} = E_0 + E_d$，E_0 和 E_d 分别为外加电场和退极化场。退极化场是由于电解质极化之后，在表面形成束缚电荷而形成一个新的电场，它与极化电场方向相反，故称退极化场。

如果电介质板插入在带电板之间，发生电荷的偏移或极化会降低插入其之前存在的电场。因此，电场 E 的实际平均值与分量 P 和 D（电位移）相关，P 和 D 分别取决于束缚极化电荷和板上自由分离的电荷。据静电学定律，在各向同性的电介质中，E、P、D 之间的关系（SI 制）为

$$D = \varepsilon_0 E + P = \varepsilon_0 \varepsilon_r E = \varepsilon E \qquad (4-6)$$

电位移（电感应强度）D 的值等于板上自由电荷的量除以板的面积（单位面积的电荷），通常称为电通量密度或自由电荷表面密度。

由式（4-6）变换得知，极化强度还与极化电荷产生的电场 E 有关

$$P = (\varepsilon - \varepsilon_0)E = \varepsilon_0(\varepsilon_r - 1)E = \varepsilon_0 \chi E = \alpha E \qquad (4-7)$$

式中：相对极化率 $\chi = (\varepsilon_r - 1)$；介电晶体的电极化率 $\alpha = \varepsilon_0 \chi$。

将式（4-5）代入式（4-4），并结合式（4-7），可得（克劳修斯-莫索提方程式）

$$\frac{\varepsilon - 1}{\varepsilon + 2} = \frac{N\alpha}{3\varepsilon_0} \qquad (4-8)$$

式（4-8）建立了宏观量 ε_r 与微观量 α 之间的关系。此式适用于分子间作用很弱的气体、非极性液体和非极性固体，以及一些 NaCl 离子晶体和具有适当对称的晶体。

对具有两种及以上极化质点的电介质，式（4-8）可变为

$$\frac{\varepsilon_r - 1}{\varepsilon_r + 2} = \frac{1}{3\varepsilon_0} \sum_i N_i \alpha_i \qquad (4-9)$$

式（4-9）描述了电解质的相对介电常数与偶极子的数目、电极化率的关系，为研制高介电常数的材料指明了方向：选择极化率大的离子和单位体积内极化质点多的电介质。

式（4-7）中的电极化率 α 取决于介电物质的本质，它可以分解为电子极化率 α_e、离子极化率 α_i、偶极极化率 α_d 和空间电荷极化率 α_s，电极化率 α 是它们的总和，即

$$\alpha = \alpha_e + \alpha_i + \alpha_d + \alpha_s \qquad (4-10)$$

上述四种极化率的大小程度不相同，一般大小次序为

$$\alpha_e < \alpha_i < \alpha_d < \alpha_s \qquad (4-11)$$

电子极化率：

$$\alpha_e = \frac{e^2}{m}\left(\frac{1}{\omega_0^2 - \omega^2}\right)$$

令 $\omega \to 0$，得静态（$\omega \to 0$）电子极化率：$\alpha_e = \frac{e^2}{m\omega_0^2}$；对于球形：$\alpha_e = \frac{4}{3}\pi\varepsilon_0 R^3$，$R$ 为原子/离子半径。

离子位移极化率：

$$\alpha_i = \frac{q^2}{M^*}\left(\frac{1}{\omega_0^2 - \omega^2}\right)$$

令 $\omega \to 0$，得静态离子位移极化率：

$$\alpha_{i0} = \frac{q^2}{M^* \omega_0^2} = \frac{q^2}{k}$$

式中：M^* 为约化质量，$M^* = \frac{M_+ M_-}{M_+ + M_-}$；$\omega_0$ 为相对振动的固有频率，$\omega_0 = \sqrt{\frac{k}{M^*}}$，$k$ 为弹性恢复力。

四种极化率起因于电介质的四种极化机制，分别为电子极化、离子极化、偶极子极化（又称取向极化，转向极化）和空间电荷极化（图 4-2）。

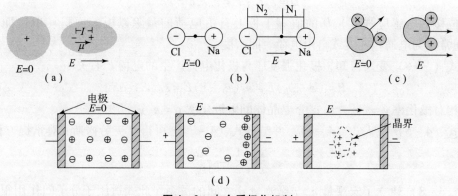

图 4-2 电介质极化机制
(a) 电子极化；(b) 离子极化；(c) 偶极子取向极化；(d) 空间电荷极化

（1）电子极化。原子是由带正电荷的原子核和其外带负电荷的电子云所构成，无电场时，原子的正、负电荷数量相同，中心重合在一起，故整个原子不显电性，呈中性；在电场作用下原子核与负电子云之间相对位移，它们的等效中心不再重合而是分开一定的距离形成电偶极矩 p_e，形成的极化称作电子极化。

（2）离子极化。离子化合物是由正、负离子按照一定堆积方式形成的，正、负离子之间依靠静电引力形成离子键。离子晶体中，正、负离子没有平动和转动，只有振动，离子间距离虽有微动，但其方向和大小都是随机的，故整体上正、负电荷中心重合，保持电中性。在电场作用下，物质中异极性离子沿电场向相反方向位移形成电偶极矩 p_a，产生的极化称为离子极化，又称为原子极化。

上述两种极化都同温度无关。

（3）偶极子取向极化。由偶极子结合成的共价化合物，偶极子在无电场时是随机取向的，但在外电场作用下，偶极子发生转向，极化沿外场方向取向的偶极子数大于与外场反向的偶极子数，趋于和外加电场方向一致与极性分子的热运动达到统计平衡状态，电介质整体出现宏观的感应偶极矩 p_d，产生的电极化称为偶极子取向极化。这种极化同温度的关系密切。取向极化主要发生在极性介质中。具有恒定偶极矩的分子称为极性分子。

偶极子取向极化特点：①极化是非弹性的，消耗的电场能在复原时不可能收回；②形成极化所需时间较长，为 $10^{-10} \sim 10^{-2}$ s，ε_r 与电源频率有较大的关系，频率很高时偶极子来不及转动，因而其 ε_r 减小；③温度对极性介质的 ε_r 有很大的影响，温度过低时，由于分子间联系紧，分子难以转向，ε_r 也变小（只有电子式极化），所以极性液体、固体的 ε_r 在低温下先随温度的升高而增加，当热运动变得较强烈时，ε_r 又随温度的上升而减小。

(4) 空间电荷极化。在电场作用下，非均匀介质中的正、负离子可移动，载流子分别向负、正极移动，产生电偶极矩，即空间电荷极化；或者在物理阻碍（晶界、相界自由表面、杂质、缺陷等处），电介质中少量自由电荷停留在俘获中心或介质不均匀的分界面上而不能相互中和，形成空间电荷层，产生的极化；在夹层、气泡处形成的称为界面极化。空间电荷极化改变了空间的电场，从效果上相当于增强了电介质的介电性能。空间电荷的建立需要较长的时间，为几秒到数十分钟，甚至数十小时，因此只影响直流和低频。

4.3 复介电常数与介电损耗

在交变场中电介质的总极化度 P、总极化率 α 和相对介电常数 ε_r 均取决于偶极子随着交变电场每次改变方向而翻转取向的难易程度，离子晶体的介电常数随频率的变化与极化率的变化相似。一些极化性机制不允许偶极子排列足够迅速地反转。在此过程中，达到平衡取向所需的时间称为弛豫时间，其倒数称为弛豫频率。当所施加的场的频率超过特定极化过程的弛豫频率时，偶极子不能足够快地重新取向，该过程停止。四个极化过程的弛豫频率都不同，四种极化作用也并非在任何类型的介电材料中都等额地存在，α 与频率的关系曲线如图 4-3 所示。在一种类型的材料中，往往只有一种或两种极化起主导地位。只有偶极性材料中才四者皆有。一般来说，电子极化存在于一切类型的固体物质中，离

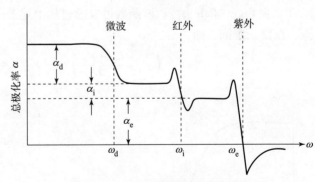

图 4-3 极化率随频率的变化曲线

子极化主要存在于离子晶体中，偶极子极化主要存在于具有永久偶极的物质中，空间极化则主要存在于那些结构非理想的、内部可以发生某种长程电荷迁移的介电物质中。例如，在像金刚石这样的高共价固体中，只有电子极化存在。因此，可以从光学测量 ε_r 折射率。水（和其他极性液体）在低频下具有很强的偶极效应，但其介电常数在 22 GHz 附近急剧下降。聚四氟乙烯没有偶极子极化机制，其介电常数在毫米波范围内非常恒定。

通常，介电常数是作为频率的函数来测量的，在几赫兹的低频下，介电常数由电子、原子和空间电荷极化的贡献组成。取向和空间电荷极化只在较低的频率下起作用，空间电荷极

化在一定频率后停止，介电常数变得与频率无关，变化停止的频率可能在几千赫到兆赫的范围内。在频率无关区测得的介电常数取静态或低频介电常数 ε_s（有时称为红外介电常数 ε_{ir}）。随着频率的进一步增加，该值保持不变，直到在红外区域接近强共振吸收频率。在共振频率之外，由于离子不能跟随电场，仅由于电子的贡献而产生的极化持续存在。因此，该区域的介电常数称为"光学"介电常数（ε_{opt}）或高频介电常数（ε_∞）。

在静电场的影响下，将介电常数作为实数处理。假设系统在电场作用下会瞬间极化。当介质受到交变电场作用时，由于惯性效应和空间定向缺陷的影响，位移无法跟随电场变化。将介电常数视为一个复数 $\bar{\varepsilon}(\omega)$。复介电常数实部和虚部随频率 ω 的变化由德拜（Debye）方程式给出，即

$$\varepsilon^* = \varepsilon_\infty + \frac{(\varepsilon_0 - \varepsilon_\infty)}{(1 + j\omega\tau)} \tag{4-12}$$

式中：ε_0 为静态电场介电常数；ε_∞ 为高频介电常数；τ 为弛豫时间；$\varepsilon^* = \varepsilon' - j\varepsilon''$，实部 ε' 称为介电色散，虚部 ε'' 为介电损耗，由下式给出：

$$\varepsilon' = \varepsilon_\infty + \frac{\varepsilon_0 - \varepsilon_\infty}{1 + \omega^2\tau^2} \tag{4-13a}$$

$$\varepsilon'' = \frac{(\varepsilon_0 - \varepsilon_\infty)\omega\tau}{1 + \omega^2\tau^2} \tag{4-13b}$$

式（4-13）揭示了电介质的介电常数 ε_r'、反映介电损耗的 ε_r''、所加电场的角频率 ω 及松弛时间 τ 的关系。当 $\omega\tau = 1$ 时，ε_r'' 最大；ε_r'' 大于 1 或小于 1 时，ε_r'' 都小，即弛豫时间和所加电场的频率相比，较大时，偶极子来不及转换方向，ε'' 就小；弛豫时间比所加电场的频率还要迅速，ε_r'' 也小。ε' 和 ε'' 随频率的变化如图 4-4 所示。

Debye 模型的图形表示是通过将虚部对复数介电常数的实部作图得出的，如图 4-5 所示（也称 Cole-Cole 图）。该函数可以通过从上述等式中消除 ω 来获得。对于简单的偶极弛豫，获得一个圆，即

$$\left(\varepsilon' - \frac{\varepsilon_0 - \varepsilon_\infty}{2}\right)^2 + (\varepsilon'')^2 = \left(\frac{\varepsilon_0 - \varepsilon_\infty}{2}\right)^2 \tag{4-14}$$

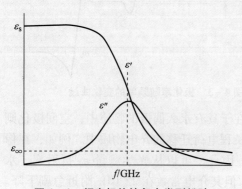

图 4-4 频率相关的复杂类型松弛

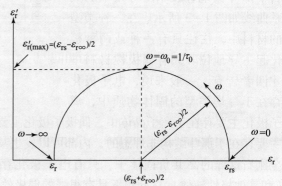

图 4-5 只有一个弛豫时间 τ_0 时 $\varepsilon_r - \varepsilon_r'$ 关系的（Cole-Cole）图

介电常数由半径 $r = \dfrac{\varepsilon_0 - \varepsilon_\infty}{2}$ 表示,中心在 $\varepsilon' = \dfrac{\varepsilon_0 + \varepsilon_\infty}{2}$。半圆的顶部对应于 $\omega\tau = 1$。频率在 ε_0 和 ε_∞ 相关的曲线上逆时针移动,则 $\varepsilon''_{\max} = \dfrac{\varepsilon_0 - \varepsilon_\infty}{2}$。

部分材料静态或一定频率下的介电常数分别见表 4-1 和表 4-2。

表 4-1 静态介电常数

材料	介电常数
纸	2~4
特氟龙	2.1
聚乙烯	2.25
聚苯乙烯	2.55
干土	2.6
玻璃	4~10
石英	4.3
云母	6
硅	11.7
水	80
金红石	100
钛酸钡	500~4 500

表 4-2 在一定频率下部分材料的介电常数

材料	频率范围/Hz	相对介电常数
二氧化硅玻璃	$10^2 \sim 10^{10}$	6.78
金刚石	直流	6.6
α-SiC	直流	9.70
多晶 ZnS	直流	8.7
聚乙烯	60	2.28
聚氯乙烯	60	6.0
聚甲基丙烯酸甲酯	60	6.5
钛酸钡	10^6	6 000
刚玉	60	9

除了频率之外,温度也会影响介电常数。高纯度的离子晶体在一定温度下介电常数随频率变化缓慢,在较高温度下介电常数随频率变化较大(图 4-6)。第二个区域开始的温度取

决于单个样本。第一个区域的变化归因于晶体膨胀以及电子和离子极化。在较高的温度下，这种增加主要归因于热产生的载流子和杂质偶极子。可以将第一个区域中的数据拟合为线性方程，而第二个区域中拟合则需要更高阶的项。

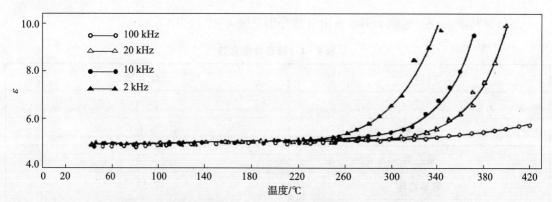

图 4-6　典型离子晶体（KBr）在不同频率下 ε 随温度的变化

Al_2O_3 是军用车辆用作透明装甲的材料蓝宝石的主要成分。图 4-7（a）所示为在 22～500 ℃温度下，Al_2O_3 的反射光谱实验值及其通过半量子介电函数模型获得的拟合曲线（数值拟合谱都是通过拟合程序 Focus 获得的），用这些拟合参数确定了介电常数 $\varepsilon(\omega)$ 的光谱特性 [图 4-7（b）和图 4-7（c）]。烧结陶瓷中的孔隙率会影响测得的 ε_r，因此应校正测得的 ε_r 以获得实际的介电常数，可以多种方式进行校正。

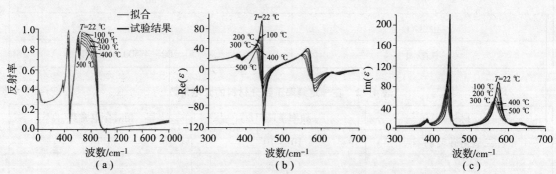

图 4-7　在 22～500 ℃温度下，Al_2O_3 的试验和拟合结果（附彩插）
（a）反射光谱；（b）介电常数实部 Re；（c）介电常数虚部 Im

Maxwell Garnett 近似处理是将其中一个组分视为嵌入了其他组分的宿主。Lichtenecker 的对数混合规则假设第二相是随机连接的，尽管使用较多，但实际上是可用的最不精确的混合规则之一。相反，Bötcher 混合法则假设球形孔隙（或另一个第二相）在固体和空气（或另一个第二相）的混合物中的分散，就像 Bruggeman 那样，从而允许两个相之间的相互作用，甚至对于高孔隙率值也可以提高精度，即

$$\frac{\varepsilon_{rm} - \varepsilon_{r2}}{3\varepsilon_{rm}} = \frac{\delta_1(\varepsilon_{r1} - \varepsilon_{r2})}{\varepsilon_{r1} + 2\varepsilon_{r2}} \qquad (4-15)$$

式中：ε_{rm}、ε_{r1} 和 ε_{r2} 分别为该混合物、相 1、相 2 的介电常数；δ_1 为第二相的体积分数。此

规则也部分地基于维纳和 Stratton 的工作并得到雷诺兹的支持。

对于第二相的非常高或非常低的密度,各种方程式通常会出现明显的分歧,而对于 0 和 100% 的密度,它们会再次收敛。尤其是麦克斯韦方程式,会在中间密度下稍微增大该值,大概是因为它不允许两相之间的相互作用。

4.4 影响介电损耗的因素

由于导电或交变场中极化弛豫过程在电介质中引起的能量损耗,由电能转变为其他形式的能,如热能、光能等,统称为介质损耗(dielectric loss),它是导致电介质发生热击穿的根源。电介质在单位时间内消耗的能量称为电介质损耗功率,简称电介质损耗。

定义损耗角正切为

$$\tan\delta = \frac{\varepsilon''(\omega)}{\varepsilon'(\omega)} = \frac{(\varepsilon_0 - \varepsilon_\infty)\omega\tau}{\varepsilon_0 + \varepsilon_r \omega^2 \tau^2} = \frac{\sigma}{\omega\varepsilon'} \qquad (4-16)$$

损耗角正切 $\tan\delta$ 表示为获得给定的存储电荷要消耗的能量的大小,是评价电介质作为绝缘材料使用的参数。为了减少绝缘材料使用的能量损耗,希望材料具有小的介电常数和更小的损耗角正切。损耗角正切的倒数 $Q = (\tan\delta)^{-1}$ 在高频绝缘应用条件下称为电介质的品质因数,希望它的值要高。

当绝缘材料用于高电场强度或高频的场合,应尽量采用介质损耗因数(电介质损耗角正切 $\tan\delta$,它是电介质损耗与该电介质无功功率之比)较低的材料。绝缘结构设计时必须注意到绝缘材料的 $\tan\delta$;用于冲击测量的连接电缆,其绝缘的 $\tan\delta$ 必须很小;在绝缘预防性试验中,$\tan\delta$ 是一项基本测试项目,当绝缘受潮或劣化时,$\tan\delta$ 急剧上升。

另外,可以利用介质损耗引起的发热。电介质损耗用作一种电加热手段,即利用高频电场(一般为 0.3~300 GHz)对电介质损耗大的材料(如木材、纸、陶瓷等)进行加热,或者利用水等介质对微波的高介电损耗升温进行合成。利用微波场对电介质材料的高穿透性实现均质加热,使特定区域因损耗大瞬间发热升温,增加材料热处理的自由度。通过设计特殊的微波吸收材料与微波场的分布,可以达成特定区域的材料加工效果,如粉体表面改性、高致密性成膜、异质材料间的结合等。

电介质有如下损耗形式。

(1) 电导损耗。在电场作用下,介质中会有泄漏电流流过,引起电导损耗。气体的电导损耗很小,而液体、固体中的电导损耗则与它们的结构有关。非极性的液体电介质无机晶体和非极性有机电介质的介质损耗主要是电导损耗。而在极性电介质及结构不紧密的离子固体电介质中,则主要由极化损耗和电导损耗组成。它们的介质损耗较大,并在一定温度和频率上出现峰值。

电导损耗实质是相当于交流、直流电流流过电阻做功,故在这两种条件下都有电导损耗。绝缘好时,液-固电介质在工作电压下的电导损耗很小,与电导一样,随温度的增加而急剧增加。

(2) 极化损耗。只有缓慢极化过程才会引起能量损耗,如偶极子的极化损耗。它与温度有关,也与电场的频率有关。在某种温度或某种频率下,损耗都有最大值。

(3) 游离损耗。气体间隙中的电晕损耗和液、固绝缘体中局部放电引起的损耗称为游离损耗。电晕是在空气间隙中或固体绝缘体表面气体的局部放电现象。但这种放电现象不同于液、固体介质内部发生的局部放电。即局部放电是指液、固体绝缘间隙中，导体间的绝缘材料局部形成"桥路"的一种电气放电，这种局部放电可能与导体接触或不接触。

4.4.1 频率的影响

依据式（4-16）分析频率与介质损耗的关系。①外加电场频率很低时，介质的各种极化都能跟上外加电场的变化，此时不存在极化损耗，介电常数达最大值。介电损耗主要由漏导引起，P_ω 和频率无关。当 $\omega \to 0$ 时，$\tan\delta \to \infty$。②当外加电场频率逐渐升高时，松弛极化在某一频率开始跟不上外电场的变化，松弛极化对介电常数的贡献逐渐减小，因而 ε_r 随 ω 升高而减少。在这一频率范围内，由于 $\omega\tau \ll 1$，故 $\tan\delta$ 随 ω 升高而增大，同时 P_ω 也增大；③当 ω 很高时，$\varepsilon_r \to \varepsilon_\infty$，介电常数仅由位移极化决定，$\varepsilon_r$ 趋于最小值。此时由于 $\omega\tau \gg 1$，$\tan\delta$ 随 ω 升高而减小。$\omega \to \infty$ 时，$\tan\delta \to 0$。图 4-8 所示为 ε_r、$\tan\delta$ 和 P 与频率 ω 的关系。

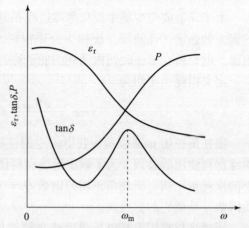

图 4-8 ε_r、$\tan\delta$ 和 P 与频率 ω 关系

从图 4-8 可以看出，在 ω_m 下，$\tan\delta$ 达到极大值，ω_m 可由下式计算：

$$\omega_m = \frac{1}{\tau}\sqrt{\frac{\varepsilon_{rs}}{\varepsilon_{r\infty}}} \tag{4-17}$$

式中：ε_{rs} 为静态或低频下的相对介电常数；$\varepsilon_{r\infty}$ 为光频下的相对介电常数。

$\tan\delta$ 的极大值主要由松弛过程决定。如果介质电导显著变大，则 $\tan\delta$ 的极大值变得平坦，最后在很大的电导下，$\tan\delta$ 无极大值。

图 4-9（a）和图 4-9（b）所示分别为在 115 ℃ 下聚合物 PET（聚对苯二甲酸乙二醇酯）和在室温下离子晶体 KCl 的介电常数实部 ε_r' 和虚部 ε_r'' 与频率的关系。两者均显示弛豫峰，但原因不同。

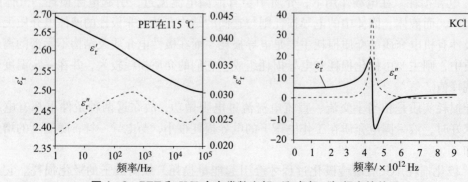

图 4-9 PET 和 KCl 介电常数实部 ε_r' 和虚部 ε_r'' 与频率的关系

4.4.2 温度的影响

温度对松弛极化产生影响，因而 P、ε 和 $\tan\delta$ 与温度关系很大。松弛极化随温度升高而增加，此时，离子间易发生移动，松弛时间常数 τ 减小。

(1) 温度很低时，τ 较大，由德拜关系式可知，ε_r 较小，$\tan\delta$ 也较小。此时，由于 $\overline{\omega^2\tau^2} \gg 1$，$\tan\delta \propto \dfrac{1}{\omega\tau}$，$\varepsilon_r \propto \dfrac{1}{\omega^2\tau^2}$，故在此温度范围内，随温度上升，$\tau$ 减小，ε_r、$\tan\delta$ 和 P 上升。

(2) 当温度较高时，τ 较小，此时 $\overline{\omega^2\tau^2} \ll 1$，因此，随温度上升，$\tau$ 减小，$\tan\delta$ 减小。这时电导上升并不明显，P 主要取决于极化过程，所以 P 也随温度上升而减小。由此可知，在某一个温度 T_m 下，P 和 $\tan\delta$ 有极大值，如图 4-8 所示。

(3) 当温度继续升高，达到很大值时，离子热运动能量很大，离子在电场作用下的定向迁移受到热运动的阻碍，因而极化减弱，ε_r 下降。此时电导损耗剧烈上升，$\tan\delta$ 也随温度上升而急剧上升。

根据以上分析，如果电介质的电导很小，则松弛极化介质损耗的特征是：ε_r 和 $\tan\delta$ 在与频率、温度的关系曲线中出现极大值。

根据试样的纯度，在一定温度下的损耗可以忽略不计。如果存在损耗，则在介电常数的情况下观察到损耗随频率的变化。$\tan\delta$ 的平滑变化是电导损耗的结果。德拜型损耗的存在表明，由于电导损耗，在一定温度下叠加出现一个峰值。此外，在频率变化时观察到峰值的移动。从位移的大小可以得到弛豫频率。当两种类型的损耗都存在时，典型情况下的损耗变化 $\tan\delta$ 如图 4-10 所示。EuF_2 晶体对于开发用于高功率中红外激光器的法拉第隔离器非常有前途。

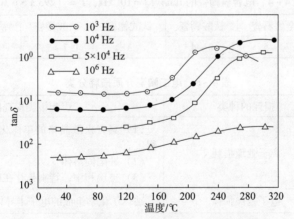

图 4-10 具有德拜型损耗的晶体（掺 Sm 的 EuF_2）
在不同频率下 $\tan\delta$ 随温度的变化

4.4.3 湿度的影响

介质吸潮后，介电常数会增加，但比电导的增加要慢，由于电导损耗增大以及松弛极化损耗增加，从而使 $\tan\delta$ 增大。对于极性电介质或多孔材料来说，这种影响特别突出，如纸内水分含量从4%增加到10%时，其tanδ可增加100倍。

4.4.4 孔隙率的影响

在几种复杂的钙钛矿中，有序-无序过渡会影响微波介电性能。通过退火或掺杂来改善有序性可以显著提高品质因数。初始原料的纯度和来源也会影响相的形成、致密化和微波介电性能。孔隙率的存在会降低相对介电常数，可以使用混合规则[式（4-15）]对孔隙率进行校正。孔隙的存在极大地增加了原本致密的陶瓷的损耗角正切，对于氧化铝如图4-11所示。

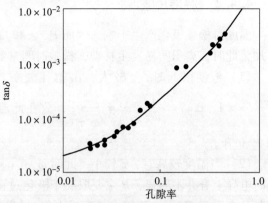

图4-11 tanδ随氧化铝孔隙率的变化

4.5 材料的介电损耗

表4-3和表4-4分别给出了一些陶瓷的损耗角正切。表4-5所列为电工陶瓷介质损耗的分类。

表4-3 常用装置陶瓷的tanδ（$f = 10^6$ Hz）

陶瓷	温度	莫来石	刚玉瓷	纯刚玉瓷	钡长石瓷	滑石瓷	镁橄榄石
tanδ/×10^{-4}	(293±5) K	30~40	3~5	1.0~1.5	2~4	7~8	3~4
	(353±5) K	50~60	4~8	1.0~1.5	4~6	8~10	5

表4-4 电容器陶瓷的tanδ [$f = 10^6$ Hz, $T = (293±5)$ K]

陶瓷	金红石瓷	钛酸钙瓷	钛酸锶瓷	钛酸镁瓷	钛酸锆瓷	锡酸钙瓷
tanδ/×10^{-4}	4~5	3~4	3	1.7~2.7	3~4	3~4

表4-5 电工陶瓷介质损耗分类

损耗的主要机制	损耗的种类	引起该类损耗的条件
极化介质损耗	离子弛豫损耗	（1）具有松散晶格的单体化合物晶体，如堇青石、绿宝石 （2）缺陷固溶体 （3）玻璃相中，特别是存在碱性氧化物
	电子弛豫损耗	破坏了化学组成的电子半导体晶格
	共振损耗	频率接近离子（或电子）固有振动频率
	自发极化损耗	温度低于居里点的铁电晶体
漏导介质损耗	表面电导损耗	制品表面污秽，空气湿度高
	体积电导损耗	材料受热温度高，毛细管吸湿
不均匀结构介质损耗	电离损耗	存在闭口孔隙和高电场强度
	由杂质引起的极化和漏导损耗	存在吸附水分、开口孔隙吸潮以及半导体杂质等

4.6 降低材料介质损耗的方法

降低材料的介质损耗应从考虑降低材料的电导损耗和极化损耗入手。

（1）选择合适的主晶相。尽量选择结构紧密的晶体作为主晶相。

（2）改善主晶相性能时，尽量避免产生缺位固溶体或间隙固溶体，最好形成连续固溶体。这样弱联系离子少，可避免损耗显著增大。

（3）尽量减少玻璃相。有较多玻璃相时，应通过"中和效应"和"压抑效应"降低玻璃相的损耗。

（4）防止产生多晶转变，因为多晶转变时晶格缺陷多，电性能下降，损耗增加。例如，滑石转变为原顽辉石时析出游离方石英：

$$Mg_3(Si_4O_{10})(OH_2) \rightarrow 3(MgO \cdot SiO_2) + SiO_2 + H_2O$$

游离方石英在高温下会发生晶型转变产生体积效应，使材料不稳定，损耗增大。因此，往往加入少量（1%）的 Al_2O_3，使 Al_2O_3 和 SiO_2 生成硅线石（$Al_2O_3 \cdot SiO_2$）来提高产品的机电性能。

（5）注意焙烧气氛。含钛陶瓷不宜在还原气氛中焙烧。烧成过程中升温速度要合适，防止产品急冷急热。

（6）控制好最终烧结温度，使产品"正烧"，防止"生烧"和"过烧"，以减少气孔率。

此外，在工艺过程中应防止杂质的混入，坯体要致密。

4.7 电介质的击穿

当在电介质上施加很高的电场时，物质原子的导带中的电子被激发并获得更高的动能，该动能随后转移到其他相邻原子，最终导致导电或电子通过电介质，如此产生的传导非常高，也可能导致介电物质熔化、燃烧或汽化，从而永久损坏介电物质，破坏性的放电，绝缘电阻下降（严重时甚至丧失），电流增大，此过程称为电介质的击穿。

击穿分为电击穿、热击穿、局部放电击穿、热-机械击穿等。与气体和液体电介质相比，固体电介质击穿有以下特点：①固体介质的击穿场强比气体和液体介质高，约比气体高2个数量级，比液体高约1个数量级；②固体通常总是在气体或液体环境媒质中，因此对固体进行击穿试验时，击穿往往发生在击穿强度比较低的气体或液体环境媒质中，这种现象称为边缘效应，应尽可能地排除边缘效应；③固体电介质的击穿一般是破坏性的，击穿后在材料中留下不能恢复的痕迹，如烧焦或熔化的通道、裂缝等，去掉外施电压，不能自行恢复绝缘性能。

4.7.1 电击穿

4.7.1.1 电击穿过程

当固体电介质承受的电压超过一定值时，电流急剧增大，并在某一电场强度 E_B 下丧失绝缘性能的现象称作电介质的电击穿。用击穿场强（或称为抗电度）E_B 或击穿电压 V_B 评价电介质能够耐受外加电场的能力:①E_B又称为电介质的介电强度,是指在电场作用下,电介质所能承受的不被击穿的最大场强,是材料介电特性之一,通常用介质击穿时其单位厚度上两点之间的总电势差表示,单位为 kV/m;②V_B 是引起电击穿所需的物质两端之间的最小电压或电位差,E_B 与 V_B 的关系为

$$E_B = V_B/d \tag{4-18}$$

式中:d 为试样的厚度。

一般外电场不太强时,电介质只被极化,不影响其绝缘性能。当其处在很强的外电场中时,电介质分子的正负电荷中心被拉开,甚至脱离约束而成为自由电荷,电介质变为导电材料,此时被击穿。图 4-12 所示为各种击穿的电压—时间关系,可见电击穿所需电压最大,所需时间较短;电化学击穿所需电压较小,所需时间长,为电压长期作用的结果。在尽可能排除边缘效应的情况下,所测得固体介质击穿电场强度约为 100 MV/m 数量级。从宏观尺度来看,这种

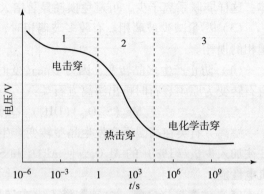

图 4-12 各种击穿的电压-时间关系

击穿电场强度是相当高的。但如果从原子尺度来看,此电场却非常低。

存在几种解释击穿机理的理论。通常,当电场强度升高至接近击穿强度时,材料中流过的大电流主要是电子型的。引起导电电子倍增的方式,即击穿的机制主要有碰撞电离理论和雪崩理论,此外有时也可能发生齐纳击穿,或称隧道击穿。当晶体的温度高于 0 K 时,晶格的微小振动形成格波,其能量量子称为声子。在碰撞电离理论中,碰撞机制一般应考虑电子和声子的碰撞,同时也应该计及杂质和缺陷对自由电子的散射。若外加电场足够高,当自由电子在电场中获得的能量超过失去的能量时,自由电子便可在每次碰撞后积累起能量,最后发生电击穿。雪崩理论是在电场足够高时,自由电子从电场中获得的能量在每次碰撞后都能产生一个自由电子。因此,在 n 次碰撞后就有 2^n 个自由电子,形成雪崩或倍增效应。这些电子一方面向阳极迁移,另一方面扩散,因而形成一个圆柱形空间,当雪崩或倍增效应贯穿两电极时,则出现击穿。此外,当外电场足够高时,由于量子力学的隧道效应,禁带电子就可能进入导带。在强电场作用下,自由电子被加速,引起电子碰撞电离。这种电子雪崩过程同样引起很大的电流,但这并不导致晶体的破坏。导致晶体击穿的原因是由于隧道电流的增加,晶体局部温度提高,致使晶体局部熔融而破坏。这个机理首先由齐纳提出,因此称为齐纳击穿。研究表明,当禁带宽度狭窄时,隧道效应就比较显著。对电介质来说,禁带宽度大,一般在 4 eV 以上,因而在 10^3 MV/m 时,齐纳击穿的可能性不大。但是,不能排除介质中局部电场的集中而引起出现大隧道电流的可能性。

4.7.1.2 影响固体电介质击穿电场强度的因素

表 4-6 列出了一些电介质的介电击穿(电场)强度。影响固体电介质击穿的因素有介质种类、孔隙度、材料厚度、表面状态、晶体各向异性、非晶态结构、环境温度和气氛、电极形状、外加电压的种类及频率和波形等。

表 4-6 一些电介质的介电击穿强度

材料	温度/℃	厚度/cm	介电强度/($\times 10^{-6}$ V·cm^{-1})
聚氯乙烯（非晶态）	室温	—	0.4 (ac)
橡胶	室温	—	0.2 (ac)
聚乙烯	室温	—	0.2 (ac)
石英晶体	20	0.005	5 (dc)
BaTiO$_3$	25	0.02	0.117 (dc)
云母	20	0.002	10.1 (dc)
PbZrO$_3$（多晶）	20	0.016	0.079 (dc)

空气的介电强度为 3 kV/mm，这意味着两个电极在空气中彼此相距 1 mm，空气通常充当绝缘体，直到电极之间的电压不小于 3 kV，空气开始表现为良好的导体，从而引起火花或火灾。影响击穿的主要因素有：①固体介质的击穿电场强度往往取决于材料的均匀性；②大部分材料在交变电场下的击穿电场强度低于直流下的击穿电场强度，在高频下由于局部放电的加剧，使得击穿电场强度下降得更厉害，并且材料的介电常数越大，击穿电场强度下降得越多；③无机电介质在高频下的击穿往往具有热的特征，发生纯粹电击穿的情况并不多见；④在室温附近，高分子电介质的击穿电场强度往往比陶瓷等无机材料要大，并且极性高聚物的击穿电场强度常常比非极性的大；⑤在软化温度附近，热塑性高聚物的击穿电场强度急剧下降。

4.7.2 热击穿

当固体电介质在电场作用下，由电导和介质损耗产生的热量超过试样通过传导、对流和辐射所能散发的热量时，试样中的热平衡就被破坏，试样温度不断上升，最终造成介质永久性的破坏，这就是热击穿。对于介质损耗较高的固体介质材料，在高频下的主要击穿形式是热击穿。

热击穿除与所加电压的大小、类型、频率和介质的电导、损耗有关外，还与材料的热传导、热辐射以及试样的形状、散热情况、周围媒质温度等一系列因素有关。

当电压施加到绝缘体上时，产生电流，温度会升高。若未发生击穿，则温度将继续升高，直到绝缘体的冷却等于电功率耗散（使电介质发热），并建立稳态热流。如果确实发生击穿，可能是因为至少一部分绝缘材料的温度是这样的：①绝缘发生物理变化，从而其击穿强度降低到低于施加的电压（例如，它可能熔化）；②绝缘材料的导电性以及由此产生的电功率损耗增加，导致温度进一步升高和"热失控"。Klein 将第一种情况称为"破坏性击穿"；第二种情况称为"热不稳定性"。图 4-13 所示为不同电压 V（$V_3 > V_2 > V_1$）下电介质发热曲线 Q_1，直线 Q_2 表示绝缘系统的热损失率（冷却），假设符合牛顿冷却定律。由图 4-13 可见：①当外加电压 V_1 较小时，发热曲线 Q_1（V_1）与散热线 Q_2 在 A 点（温度为 T_1）相交，若温度高于 T_1，那么冷却速度将超过电能损耗，系统将冷却到 T_1，回到稳定状态。②在电场强度 E_2 下，发热曲线 Q_1（V_2）与散热线 Q_2 相切于 C 点，系统稳定在温度 T_c，此温度是亚稳定的，当 $T > T_c$，发热量总是大于散热量，Q_1（V_2）$> Q_2$，从而导致热失控，最后导致热击穿，因此 T_c 是介质达到临界热击穿时的最高极限温度，对应的电压 V_2 就是固体电介质热击穿电压。③若外加电压 V_3 较高，这时发热量恒大于散热量，介质温度不断地升高，直到发生击穿。当固体电介质临界热击穿最高极限温度 T_c 超过材料的最高工作温度时，由于介质发热，材料在低于 T_c 的温度下就可能失效。例如，当 T_c 高于晶体材料的熔化温度，或高于高聚物的玻璃化转变温度或软化温度时的情况就是如此，此时为"破坏性击穿"。

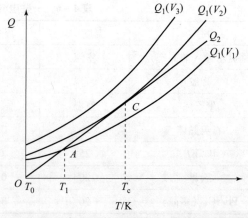

图 4 – 13　不同电压下电介质发热、散热与温度的关系

4.7.3　局部放电击穿

局部放电就是在电场作用下，在电介质局部区域中所发生的放电现象，这种放电没有在电极之间形成贯穿的通道，整个试样并没有被击穿。例如，气体的电晕放电、液体中的气泡放电都是局部放电。固体电介质通常是不均匀的，往往存在着气泡、液珠或其他杂质和不均匀的组分等，电极与介质之间常常存在着一层环境媒质：气隙或油膜。例如，陶瓷就是一种多孔性的不均匀材料。由于气体和液体介电常数较小，因此承受的场强度较高。同时，气体和液体的击穿电场强度又比较低，于是当外施电压达到一定值时，这个薄弱的区域就发生局部放电，其过程与电晕放电相同，是脉冲性的。放电结果产生大量的正、负离子，形成空间电荷，建立反电场，使气隙中的总电场强度下降，放电熄灭。这样的放电持续时间很短，为 $10^{-9} \sim 10^{-8}$ s。在直流电压作用时，放电熄灭后直到空间电荷通过表面泄漏，使反电场削弱到一定程度，才能开始第二次放电。因此，在直流电压作用下，放电次数甚少。在交流电压作用下情况就有所不同。由于电压的大小与方向是变化的，放电将反复出现。

从材料本身来说，其本征击穿电场强度一般较高，但由于介质的不均匀性和各种影响，实际击穿强度往往并不很高，有时甚至要降低 1~2 个数量级，其中重要原因之一就是局部放电。局部放电将导致介质的击穿和老化，因为局部放电除电的过程以外，还伴随着热、辐射、化学反应和应力作用等过程。这些过程的综合作用，就使介质击穿或老化变质，破坏过程相当复杂。

4.7.4　其他击穿机制

1. 树枝化击穿

树枝化是指在电场作用下，在固体电介质中形成的一种树枝状气化痕迹。树枝是指介质中直径为数微米的充满气体的微细管子组成的通道，树枝化主要发生在高分子电介质中。引起高聚物树枝化的原因很多，可以是由于局部放电，也可能由于电场局部集中或在脉冲电压作用下，树枝化也能在潮气和水分存在下缓慢发生。此外，树枝化还可能因为环境的化学污染、材料中存在的杂质和腐蚀性气体等而产生。高聚物树枝化后并没有被击穿，但树枝化是高聚物击穿的很主要的潜在因素，经过一定过程以后，最终导致聚合物的击穿。

2. 电-机械击穿

平板固体介质电容器加压后，两极板上即充上异性电荷，极间电场强度为 E。两电极上异性电荷的相互作用造成两极间存在相互吸引，这个引力就使极间的介质受到挤压而发生变形。由于高聚物弹性模量小（比陶瓷等材料小 2 个数量级左右），容易变形，挤压的作用使聚合物的厚度减小。如温度有所增加，使材料杨氏模量下降，从而试样的厚度更显著地减小，这就使电场电压不变情况下，极间电场强度 E 进一步升高，最终导致击穿，常称为电-机械击穿。

3. 沿面放电

沿固体电介质表面发生的气体击穿现象称为沿面放电，也称表面闪络。沿面放电与固体介质的表面状况和表面洁净程度密切相关。实验表明，沿面放电电压明显低于纯气隙放电电压。介质表面受潮或被污染时，放电电压更低。在进行击穿实验时，要尽量防止沿面放电等边缘效应，因此常常采用高击穿强度的液体（如变压器油）或高击穿强度的气体作为媒质，同时还需要改进试样和电极系统的形状。

4.7.5 真空下击穿

与任何类型的放电一样，真空放电经历三个阶段：击穿、火花和电弧。击穿最终会破坏真空间隙的电绝缘。对于真空放电，这些现象导致阴极微腔中的能量集中到足以使限制在其中的材料爆炸的密度。火花是导致真空间隙中电流上升的自持现象的组合，发生在爆炸性电子发射（EEE）期间。电弧是真空放电的终止阶段，具有相对较低的下降电压和稳定的电流，这取决于电路参数和施加在间隙上的电压。脉冲功率技术最感兴趣的是前两个阶段：击穿和火花。击穿研究对于改善脉冲发生器、电子和离子加速器、微波设备、脉冲 X 射线发生器等的电绝缘性具有重要意义。了解真空击穿的机理，才能建立紧凑可靠的脉冲功率系统。而真空火花发生在电子加速器二极管、X 射线管、真空开关和峰化器的工作过程中。火花中的一个基本过程是形成 ectons，ectons 是由阴极微爆炸产生的部分电子，其导致爆炸性电子发射。为了确保二极管、开关和峰化器的正常运行，必须控制真空火花参数，如电流、电流的上升速率和密度，阴极和阳极表面的电流分布等。在用于传输纳秒高功率脉冲的磁绝缘真空同轴传输线中，也会发生真空击穿和火花的初始阶段。

真空间隙中电介质的存在使放电模式复杂化。此时，电介质和阴极之间的接触变得非常重要，其中金属-电介质-真空三重结起着关键作用。在这些结处，爆炸性电子发射的发生变得容易得多。电介质的二次电子发射、电介质表面的充电和气体从电介质表面的解吸也使放电模式复杂化。为了获得最大的真空绝缘电气强度，必须使电极表面，尤其是阴极表面清洁、光滑。然而，由于与电极制备阶段的处理、电极处理方法、操作条件、真空度等相关的许多原因，不可能使表面完全清洁和光滑，电极表面具有特殊的微观结构和化学成分。图 4-14 给出了表面结构缺陷的一些示例，这种缺陷可能涉及微突起，介电夹杂物，氧化物和其他无机介电膜，吸附的气体层，表面出现晶界、微粒、油蒸气裂化产物，在击穿时形成的火山口边缘、孔隙和裂纹等。所有这些表面缺陷都可能成为发射中心，它们参与导致真空击穿的主要或次要过程。阴极微突起的场发射（FE）在真空击穿中起重要作用。这种现象的本质是电子在强电场中穿过金属-真空界面上的势垒隧穿。

对于表征真空击穿现象，击穿判据非常重要。在对尖端半径和锥角已知的点钨阴极真空

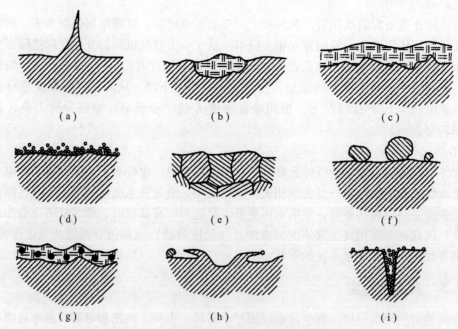

图 4-14 导致真空击穿的各种类型的发射中心

(a) 微突起；(b) 介电质内夹杂物；(c) 氧化物和其他无机介电膜；(d) 吸附气体层；
(e) 表面出现晶界；(f) 表面出现微粒；(g) 表面出现油蒸气裂化的产物；(h) 火山口边缘；(i) 孔隙和裂纹

间隙的脉冲击穿研究中，击穿的时间延迟 t_d 和点尖端的 FE 电流的密度 j 之间的关系为

$$j^2 t_d = 常数 \tag{4-19}$$

即在很宽的 t_d 和 j 范围内，场发射器爆炸的电流密度平方与时间延迟的乘积几乎是恒定的。

式（4-19）作为点阴极与平面阳极之间的真空间隙中发生脉冲击穿的判据，其对于表面上具有微突起的平面平行电极也有效。

另外，根据对电爆炸导体的研究，有

$$\int_0^{t_d} j^2 \mathrm{d}t = \overline{h} \tag{4-20}$$

式中：t_d 为爆炸延迟时间，$\overline{h}$ 为爆炸的比作用量，j 为导体中的电流密度。$\overline{h}$ 的量由金属类型决定，仅与电流密度有微弱的关系。对于给定的金属，在一定的电流密度范围内，这个量可以是不变的。试验数据表明对于点阴极，击穿阶段以点尖端的电爆炸结束。随后，火花阶段开始，这与爆炸性电子发射有关。表 4-7 给出了几种金属的 $\overline{h}$ 值。

表 4-7 几种金属的 $\overline{h}$ 值

金属	Cu	Au	Al	Ag	Ni	Fe
$\overline{h}$	4.1	1.8	1.8	2.8	1.9	1.4

Alpert 等研究了在直流电压下间隔 $10^{-4} \sim 1$ cm 的真空间隙的击穿，确定对于铝、铜、金、铂、钼、钨等金属，击穿电场与间隙间距无关。例如，对于钨，其为 $(6.5 \pm 1) \times 10^7$ V/cm。根据 FE 电流的公式，其可以解释为当 FE 电流密度达到某个值时发生击穿，即

$$j = 常数 \tag{4-21}$$

式（4-20）和式（4-21）分别是真空间隙脉冲击穿和直流击穿的判据。它们实际上意味着真空击穿是由于阴极微突起的电爆炸而发生的，其中由于 FE 电流加热微突起，能量密度达到高值。该真空击穿判据意味着击穿电压 V_{br} 与间隙间距 d 成正比。多项实验表明，V_{br} 和 d 之间没有直接的比例关系，而是 $V_{br} \propto d^\alpha$，其中 $\alpha < 1$。这就是所谓"总电压效应"的一种表现。

如果等离子体从外部源到达阴极，即使电场明显低于准则式（4-20）和式（4-21）确定的电场，也可能发生真空击穿。能够在阴极产生击穿的等离子体所需的最小能量约为 10^{-8} J。在阳极等离子体存在的情况下，该能量要高几个数量级。平均电场在这种情况下，发生击穿所需的数量可能比阴极没有等离子体时所需的数量低一或两个数量级。

阴极等离子体引发真空击穿有两种机制：在第一种情况下，由于阴极微凸起处的电流密度增加，以及通过等离子体离子电流对介电膜和夹杂物充电，随后这些介电膜被击穿；在第二种情况下，击穿引发等离子体的密度比第一种情况低几个数量级。还有其他影响真空间隙电极并导致击穿的因素，如激光照射、加速微粒对电极的影响、电子束的作用、电极的快速加热等。

4.8 压电材料

4.8.1 压电效应与压电常数

1880 年，居里兄弟在 α 石英晶体上最先发现了压电效应。当对石英晶体在一定方向上施加机械应力时，在其两端表面上会出现数量相等、符号相反的束缚电荷；作用力反向时，表面荷电性质也反号，而且在一定范围内电荷密度与作用力成正比，称为正压电效应。反之，石英晶体在一定方向的电场作用下则会产生外形尺寸的变化，在一定范围内其形变与电场强度成正比，称为逆压电效应。二者统称为压电效应。逆压电效应实际上是压电材料在电场作用下发生的电致伸缩。具有压电效应的物体称为压电体。压电效应表示电场和机械场之间的线性耦合。

晶体的压电效应的本质是因为机械作用（应力与应变）引起了晶体介质的极化，从而导致介质两端表面内出现符号相反的束缚电荷。其机理可用图 4-15 加以解释，其中，图 4-15（a）为无外力时 [1000] 晶面；图 4-15（b）为 x 轴受压时 [1000] 晶面；图 4-15（c）为 y 轴受压时 [1000] 晶面。图 4-15（a）显示晶体不受

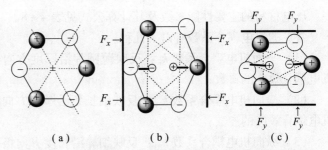

图 4-15　石英晶体（[1000] 晶面）的压电效应示意图
(a) 无外力时；(b) x 轴高压时；(c) y 轴受压时

外力作用，正、负电荷中心重合，整个晶体总电矩为 0（这是简化了的假设），因而晶体表面不带电。由图 4-15（b）和图 4-15（c）可以看到受到外界机械力作用时的情形。当晶体沿着 x 轴方向受力时，这时两种电荷中心沿着 x 轴向相反方向移动，结果产生了偶极子；

当晶体沿着 y 轴施加压力时，结果正、负电荷中心发生错位仍然是沿着 x 轴，产生了电矩，但与 x 轴受力时电矩的方向相反。但是，不论是在哪个方向施加机械力，电矩的方向总在 x 轴，因此将 x 轴称为电轴，y 轴称为机械轴。

具有压电性质的晶体在外加应力 σ 作用下，产生电极化 P，两者之间为线性关系，即

$$P = \alpha\sigma \qquad (4-22)$$

式中：比例系数 α 称为压电系数，是压电材料的特征参数。

从压电效应可以看出，产生压电效应材料的结构特征是其不具有对称中心。在晶体 32 个点群中，有 11 个点群具有对称中心，是非极性的。这些晶体受到外力作用时，产生对称的离子位移，因此其偶极矩不发生净变化。具有这些结构的材料没有压电性质。其他有 20 个点群没有对称中心的，表现出压电性。

利用材料的压电效应可以制作多种功能转换器件，利用逆压电效应制作超声波器件，发展了许多微声技术。不同材料具有不同的压电系数，在电场作用下，材料发生应力变化，产生特定的超声波，可用于声呐以及材料无损探伤等。这类材料主要是压电半导体，如 CdS、CdSe、ZnO、ZnTe、CdTe 等 Ⅱ－Ⅵ族化合物以及 GaAs、InAs、InSb、AlN 等 Ⅲ－Ⅴ族化合物。这些材料大都属于闪锌矿和纤锌矿的结构，在微声技术上使用最多的是纤锌矿晶体 CdS、CdSe、ZnO 等，它们的机电耦合系数大，且具有光导电性，利用光照可以控制其载流子浓度。压电陶瓷器件在军事上获得了大量的应用。例如，将压电陶瓷做成水声换能器，作为核潜艇的一双明亮的"眼睛"，可以顺利进行水下导航、侦察敌舰、清扫水雷等工作；用压电陶瓷做成的压电引信，可以精确引燃引爆破甲弹等杀伤性武器；又如，压电陶瓷制作的压电陀螺，是航空航天不可或缺的"舵手"等。在反坦克导弹上装上压电陶瓷元件会缩短引爆时间，增加引爆的精确性。当炮弹击中坦克时，陶瓷因受到压力而产生高电压，从而引燃炸药。压电陶瓷在非常强的机械冲击波的作用下，还可以将储存的能量在几十万分之一秒的瞬间里释放出来，产生的瞬间电流达 10 万 A 以上的高压脉冲，用来进行原子武器的引爆十分理想。压电陶瓷换能器产生的超声波可处理废水及有毒水。

4.8.2 性能参数

压电材料的主要性能参数及其计算公式见表 4-8。

常见的机电耦合系数有以下几种。

(1) 平面机电耦合系数 k_p：反映薄圆片沿厚度方向极化和电激励，作径向伸缩振动时机电耦合效应的参数；

(2) 横向机电耦合系数 k_{31}：反映细长条沿厚度方向极化和电激励，作长度伸缩振动时机电耦合效应的参数；

(3) 纵向机电耦合系数 k_{33}：反映细棒沿长度方向极化和电激励，作长度伸缩振动时机电耦合效应的参数；

(4) 厚度伸缩机电耦合系数 k_T：反映薄片沿厚度方向极化和电激励，为厚度方向伸缩振动的机电效应的参数；

(5) 厚度切变机电耦合系数 k_{15}：反映矩形板沿长度方向极化，激励电场的方向垂直于极化方向，作厚度切变振动时机电耦合效应的参数。

表 4-8　压电材料的主要性能参数及其计算公式

性能参数	计算公式	定义
压电常数 d	介质电位移 $D = dT$ 应变：$S = dE$ T 为应力；E 为电场强度。除 d 外，均为矢量	描述压电体的力学量和电学量之间（形变不大时）的线性响应关系的比例常数称为压电常数。选择不同的自变量（或者说测量时选用不同的边界条件），可以得到四组压电常数 d、g、e、h，其中较常用的是压电常数 d
机电耦合系数 k （常见的有 k_p、k_{31}、k_{33}、k_T 和 k_{15}）	$k = \sqrt{\dfrac{\text{由机械能转换的电能}}{\text{输入的总机械能}}}$ $k = \sqrt{\dfrac{\text{由电能转换的机械能}}{\text{输入的总电能}}}$	压电体把机械能转变为电能，或把电能转变为机械能的转换系数，它反映压电材料弹性力学性能与介电性能之间的耦合关系
弹性常数 k	$F = -kx$ 胡克定律：在弹性限度内，物体的形变 x 与引起形变的外力 F 成正比。k 是常数，亦是物体的劲度（倔强）系数	表征材料弹性的量。联系各向异性介质中应力和应变关系的广义弹性张量有 21 个独立的常数。在两个正交方向测量时，性质相同的横向各向同性介质中减为 5 个独立常数。各向同性介质（在任何方向测量时性质都相同）只有 2 个独立的弹性常数。单对称材料有 13 个独立常数，正交各向异性材料有 9 个独立常数
电学品质因数 Q	$Q = 1/\tan\delta$	机械损耗角正切 $\tan\delta$ 的倒数
机械品质因数 Q_m	$Q_m = 2\pi \dfrac{\text{谐振时振子储存的机械能量}}{\text{谐振每周振子机械损耗的能量}}$	压电振子谐振时在一周期内储存的机械能与损耗的机械能之比，表征压电体在谐振时因克服内摩擦而消耗的能量。反映压电材料的机械损耗的大小，机械损耗越小，Q_m 值越大

4.9　铁电材料

在一些电介质晶体中，晶胞的结构使正负电荷重心不重合而出现电偶极矩，产生不等于零的电极化强度，使晶体具有自发极化，晶体的这种性质称为铁电性。在电场的作用下，偏振矢量的方向可以重新定向。因此，铁电材料既是压电材料又是热电材料，并且表现出与极化反转有关的非线性现象。大多数铁电材料经历从高温原型相（通常为中心对称）到较低对称性的一个或多个铁电相的位移结构相变。

铁电材料，特别是多晶陶瓷，在许多方面都有很好的应用前景，如高介电常数电容器、铁电存储器、热释电传感器、压电和电致伸缩传感器、电光器件和 PTC 热敏电阻。对于电容电介质，利用转变温度 T_c（居里温度）附近的峰值介电常数，而对于存储器应用，材料必须在室温下是铁电的。热释电传感器的自发极化在 T_c 以下与温度有很大的关系。逆热释电效应即电热效应（电场引起温度降低），正成为当今节能时代的研究热点。压电材料被用作传感器和致动器，其中 T_c 应远高于室温。电光材料将成为未来显示器和光通信系统的关键部件。在热敏电阻应用方面，以 BT 基材料为基础，研制出了基于结效应的电阻率 PTC 半导体铁电陶瓷。

4.9.1 铁电畴

通常，铁电体自发极化的方向不相同，但在一个小区域内，各晶胞的自发极化方向相同，这个小区域就称为铁电畴。两畴之间的界壁称为畴壁。若两个电畴的自发极化方向互成 90°，则其畴壁称为 90°畴壁。电畴结构与晶体结构有关。$BaTiO_3$ 的铁电晶体结构有四方、斜方、菱形三种晶系，它们的自发极化方向分别沿 [001]、[011]、[111] 方向，这样，除了 90°和 180°畴壁外，在斜方晶系中还有 60°和 120°畴壁，在菱形晶系中还有 71°、109°畴壁。由于 $BaTiO_3$ 陶瓷包含着大量的晶粒，因而发现其电畴结构是由许多与周围的畴以一定规则堆砌的小畴组成的。

铁电畴与铁磁畴有着本质的差别，铁电畴壁的厚度很薄，大约是几个晶格常数的量级；但铁磁畴壁则很厚，可达到几百个晶格常数的量级（如 Fe 的磁畴壁厚约 1 000 Å），而且在磁畴壁中自发磁化方向可逐步改变方向，而铁电畴则不可能。一般来说，如果铁电晶体种类已经明确，则其畴壁的取向就可确定。电畴壁的取向可由下列条件来确定：①晶体形变的连续性；电畴形成的结果使得沿畴壁切割晶体所产生的两个表面是等同的（即使考虑了自发形变）；②自发极化分量的连续性，两个相邻电畴的自发极化在垂直于畴壁方向的分量相等。如果条件①不满足，则电畴结构会在晶体中引起大的弹性应变。若条件②不满足，则在畴壁上会出现表面电荷，从而增大静电能，在能量上是不稳定的。

在外电场作用下，铁电畴总是要趋向于与外电场方向一致，将其形象地称为电畴"转向"。在电场作用下，180°电畴的转向是通过许多尖劈形新畴的出现，其沿前端迅速向前发展而实现的。90°电畴的转向虽然也产生针状电畴，但主要是通过 90°畴壁的侧向移动实现的，此时所需要的能量比产生针状新畴所需要的能量还要低。一般在外电场作用下（人工极化）180°电畴转向比较充分；同时由于转向时结构畸变小，内应力小，因而这种转向比较稳定。而 90°电畴的转向是不充分的，所以这种转向不稳定。当外加电场撤去后，则有小部分电畴偏离极化方向，恢复原位，大部分电畴则停留在新转向的极化方向上，称为剩余极化。电畴的运动则是通过在外电场作用下新畴的出现、发展以及畴壁的移动实现的。

4.9.2 电滞回线

铁电体的电滞回线（ferroelectric hysteresis loop）揭示了宏观极化强度与所施加的电场的关系，它能够比较直观地反映最大极化强度 P_{max}、自发极化强度 P_s、剩余极化强度 P_r、矫顽电场强度 E_c 等值的大小，并且能够根据电滞回线积分计算得出该材料的储能密度。蝶形曲线则反映了宏观应变与外加电场的关系。

设单晶体在没有外电场时，晶体总电矩为 0（能量最低）。当电场施加于晶体时，沿电场方向的电畴扩展、变大；而与电场反平行方向的电畴则变小。因此，极化强度随外电场强度增加而增加，如图 4-16（a）中 OA 段曲线。电场强度继续增大，最后晶体电畴方向都趋于电场方向，类似于单畴，极化强度达到饱和（P_{max}），相当于图4-16（a）中B附近的部分。如果自B处电场开始下降，晶体的极化强度也随之减小，P与E呈线性关系，将线性部分BC段外推至$E=0$时，此时在纵轴P上的截距称为饱和极化强度或自发极化强度P_s。实际上，P_s为原来每个单畴的自发极化强度，是对每个单畴而言的。在零电场处，仍存在剩余极化强度P_r，这是因为电场减小时，部分电畴由于晶体内应力的作用偏离了极化方向；但是当$E=0$时，大部分电畴仍停留在极化方向，因而宏观上还有剩余极化强度。这里，剩余极化强度P_r是对整个晶体而言。当电场反向达到$-E_c$时，剩余极化全部消失。反向电场继续增大，极化强度才开始反向。E_c称为矫顽电场强度，如果它大于晶体的击穿场强，那么在极化强度反向前，晶体就被击穿，则不能说该晶体具有铁电性。

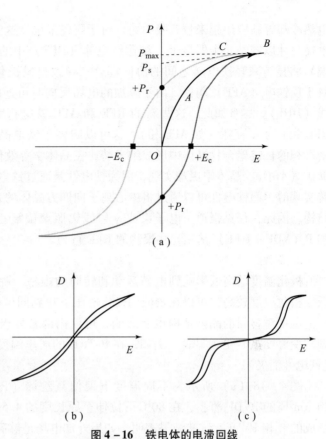

图4-16 铁电体的电滞回线
(a) 典型电滞回线；(b) 驰豫型（relaxor）；(c) 双电滞回线

由于极化的非线性，铁电体的介电常数不是常数。一般以OA在原点的斜率来代表介电常数。所以在测量介电常数时，所加的外电场（测试电场）应很小。

影响电滞回线的因素有结构、温度、电场频率和波形等。

1. 晶体结构及相变

同一种材料，单晶体和多晶体（陶瓷）的电滞回线是不同的。例如，由于$BaTiO_3$陶瓷的电畴结构与单晶的差异，两者之间在铁电性质方面存在微小差别，电滞回线就不完全相同（图4-17）：$BaTiO_3$单晶的电滞回线既窄又陡，很接近于矩形，P_{max}和P_r很接近，而且P_{max}较高；而$BaTiO_3$陶瓷的电滞回线既宽又斜，P_{max}与P_r相差较多，表明陶瓷多晶体不易成为单畴，即不易定向排列。

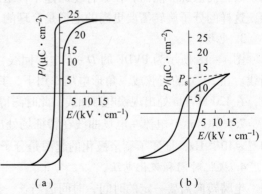

图4-17 $BaTiO_3$单晶和多晶的电滞回线
(a) 单晶；(b) 多晶

近年来研究发现铁电聚合物新的铁电行为——窄单［图4-16（b）］和双电滞回线［图4-16（c）］，对电致伸缩、电能储存和电热冷却等新应用越来越有吸引力。对于陶瓷来说，这些铁电行为并不新鲜。例如，减小铁电畴尺寸以容纳几个偶极子[弛豫铁电体（RFE）中的纳米畴]或仅一个偶极子（偶极玻璃）将显著减轻铁电畴之间的协同耦合，导致自发极化的减少，从而使单电滞回线变窄。对于反铁电（AFE）陶瓷，由于施加的电场反向时可逆的 AFE↔FE 转变，观察到双电滞回线（DHL）。尽管如此，这些新的 RFE 和 AFE 铁电行为在结晶聚合物中仍然很少见（如 RFE 相）或不存在（如 AFE 相）。这可以归因于铁电晶体聚合物的长链性质。例如，在紧密堆积的长链聚合物晶体中形成纳米畴比在晶体学等效位点上由不同离子组成的成分无序钙钛矿（ABO_3）晶体中更难实现，因为铁电性是通过铁电聚合物主链中永久偶极子的 180° 翻转实现的，而铁电性可以通过将中心离子向四方晶体的 8 个角位移来轻松实现陶瓷铁电体的结构。因此，仅见报道了电子束或 γ 射线辐照聚偏氟乙烯 – 三氟乙烯[P（VDF – TrFE）]和 P（VDF – TrFE）基三元共聚物的 RFE 行为。

2. 温度

极化温度的高低影响到电畴运动和转向的难易。矫顽场强和饱和场强随温度升高而降低。极化温度较高，可以在较低的极化电压下达到同样的效果，其电滞回线形状比较瘦长。环境温度对材料的晶体结构也有影响，可使内部自发极化发生改变，尤其是在相界处（晶型转变温度点）更为显著。例如，在 $BaTiO_3$ 的居里温度附近，电滞回线逐渐闭合为一直线（铁电性消失）。

图 4 – 18（a）所示为不同温度下聚偏氟乙烯（PVDF）的 $D – E$ 电滞回线，它是由 20 μm 厚的 PVDF 薄膜，在 80℃ 下拉伸至原长度的 4.5 倍，在 140 ℃ 下定长热处理 30 min 形成的 β 相 PVDF。试验结果表明，如果外加电场足够高，即使在玻璃化转变温度以下也可以观察到电滞回线。制备的样品在 – 100 ℃ 时呈现双滞后的趋势，电流 – 电场曲线呈现两个峰值。偶极子首先在第一个峰值切换回原来的位置；然后在第二个峰值沿相反方向重新定向。随着温度的升高，这些峰变得越来越接近，在 20 ℃ 时为单峰。在 20 ℃、240 MV/m 下电极化后，试样仅出现一个电滞回线，剩余极化在 50 ~ 70 mC/m^2，随温度变化不大。矫顽场 E_c 随温度的升高而显著降低，从 – 100 ℃ 的 180 MV/m 降低到 100 ℃ 的 25 MV/m，这些值比 $BaTiO_3$ 等铁电晶体的矫顽场高 1 ~ 3 个数量级。在大多数铁电晶体中，场致原子位移是剩余极化的根源。然而，在聚合物晶体中，组成偶极子的原子团在电场作用下与主链一起旋转，这样的分子旋转需要更高的电场是合理的。

3. 电场

图 4 – 18 所示为 PVDF 的 $D – E$ 电滞回线，由此可见，电场强度、振幅和波形影响电滞回线。在 20 ℃ 的正弦或三角形电场作用下，其中电位移在 40 MV/m 的幅度处偏离线性电介质，在 120 MV/m 处出现铁电滞回线，此时测得的 $P_r = 50$ mC/m^2，其压电活性 $e_{31} = 70$ mC/m^2，$e_{32} = 7.5$ mC/m^2。电流 – 电场曲线在特征场处出现峰值，P_r 值与外加电场频率无关，范围为 $10^{-4} \sim 10^{-2}$ Hz，证实了剩余极化的起源是分子偶极取向。

4. 极化时间和极化电压

电畴转向需要一定的时间，时间适当长一点，极化就可以充分些，即电畴定向排列完全些。实验表明，在相同的电场强度 E 作用下，极化时间长的具有较高的极化强度，也具有较高的剩余极化强度。极化电压加大，电畴转向程度高，剩余极化变大。

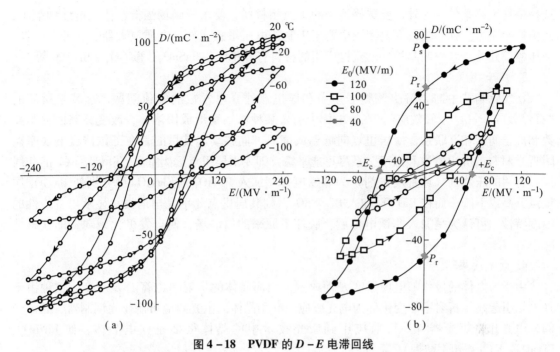

图 4-18 PVDF 的 D-E 电滞回线

(a) 在 1/300 Hz 三角形电场下不同温度时;(b) 20 ℃时在不同振幅的 10^{-3} Hz 正弦电场下

4.9.3 铁电体的性能

1. 介电特性

像 $BaTiO_3$ 一类的钙钛矿型铁电体具有很高的介电常数。纯钛酸钡陶瓷的介电常数在室温时约为 1 400,而在居里点(120 ℃附近)介电常数增加很快,可高达 6 000~10 000。图 4-19 所示为 $BaTiO_3$ 陶瓷的介电常数与温度的关系,可以看出,室温下 ε_r 随温度变化比较平坦,可以用来制造小体积大容量的陶瓷电容器。为了提高室温下材料的介电常数,可添加其他钙钛矿型铁电体,形成固溶体。

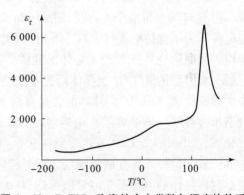

图 4-19 $BaTiO_3$ 陶瓷的介电常数与温度的关系

2. 非线性

铁电体的非线性是指介电常数随外加电场强度非线性地变化,从电滞回线也可看出这种非线性关系。非线性的影响因素主要是材料结构,可以用电畴的观点来分析非线性。电畴在外加电场下能沿外电场取向,主要是通过新畴的形成、发展和畴壁的位移等实现的。当所有电畴都沿外电场方向排列定向时,极化达到最大值。所以,为了使材料具有强非线性,就必须使所有的电畴能在较低电场作用下全部定向,这时 ε_r-E 曲线一定很陡。在低电场强度作用下,电畴转向主要取决于 90°和 180°畴壁的位移,但畴壁通常位于晶体缺陷附近。缺陷区存在内应力,畴壁不易移动。因此,要获得强非线性,就要减少晶体缺陷,防止杂质掺入,选择最佳工艺条件。此外，要选择适当的主晶相材料，要求矫顽场强低，体积电致伸缩小，以免产生应力。强非线性铁电陶瓷主要用于制造电压敏感元件、介质放大器、脉冲发生器、稳压器、开关、频率调制等，已获得应用的材料有 $BaTiO_3 - BaSnO_3$、$BaTiO_3 - BaZrO_3$ 等。

3. 压峰效应

在实际制造中需要解决调整居里点和居里点处介电常数的峰值问题，这就是所谓的"移峰效应"和"压峰效应"：在铁电体中引入某种添加物形成固溶体，改变原来的晶胞参数和离子间的相互联系，使居里点向低温或高温方向移动。其目的是在工作情况下（室温附近）材料的介电常数和温度关系尽可能平缓，即要求居里点远离室温，降低 $\varepsilon_r - T$ 的非线性。常用的压峰剂（或称展宽剂）为非铁电体。加入 $PbTiO_3$ 或 $CaTiO_3$ 可分别使 $BaTiO_3$ 居里点升高或下降；而在 $BaTiO_3$ 加入 $Bi_{2/3}SnO_3$，则其居里点几乎完全消失，显示出直线性的温度特性，可认为是加入非铁电体后，破坏了原来的内电场，使自发极化减弱，即铁电性减小。

4. 电光效应

由于铁电体的极化随电场强度 E 而改变，因而晶体的折射率也将随 E 改变。这种由于外电场引起晶体折射率的变化称为电光效应。利用晶体的电光效应可制作光调制器、晶体光阀、电光开关等光器件。目前应用到激光技术中的晶体很多是铁电晶体，如 $LiNbO_3$、$LiTaO_3$、KTN（钽铌酸钾）等。

5. 晶界效应

陶瓷材料晶界特性的重要性不亚于晶粒本身特性。例如，$BaTiO_3$ 铁电材料，由于晶界效应，可以表现出各种不同的半导体特性。在高纯度 $BaTiO_3$ 原料中添加微量稀土元素（如 La），用普通陶瓷工艺烧成，可得到室温下电阻率为 $10 \sim 10^3 \; \Omega \cdot cm$ 的半导体陶瓷。这是因为像 La^{3+} 这样的三价离子，占据晶格中 Ba^{2+} 的位置。每添加一个 La^{3+} 时，离子便多余了一价正电荷，为了保持电中性，Ti^{4+} 俘获一个电子，该电子只处于半束缚状态，容易激发，参与导电，因而陶瓷具有 N 型半导体的性质。

另一种类型的 $BaTiO_3$ 半导体陶瓷不用添加稀土元素，只把这种陶瓷放在真空中或还原气中加热，使之"失氧"，材料也会具有弱 N 型半导体特性。利用半导体陶瓷的晶界效应，可制造出边界层（或晶界层）电容器。如果首先将上述两种半导体 $BaTiO_3$ 陶瓷表面涂以金属氧化物，如 Bi_2O_3、CuO 等；然后在 $950 \sim 1\,250\;℃$ 氧化气氛下热处理，使金属氧化物沿晶粒边界扩散。这样晶界变成绝缘层，而晶粒内部仍为半导体，晶粒边界厚度相当于电容器介质层。这样制作的电容器介电常数可达 $20\,000 \sim 80\,000$。用很薄的这种陶瓷材料就可制成击穿电压高于 $45\;V$、容量为 $0.5\;\mu F$ 的电容器。该电容器除了体积小、容量大以外，还适合于高频（$100\;MHz$ 以上）电路使用，在集成电路中很有前途。

4.9.4 反铁电体

在一定温度范围内相邻离子连线上的偶极子呈反平行排列，通常宏观上自发极化强度为零，无电滞回线的材料，称为反铁电体。在很强的外电场、热应力诱导下其可向铁电相转变，呈现双电滞回线［图 4 - 16（c）］。典型的反铁电材料有锆酸铅（$PbZrO_3$）、铌酸钠（$NaNbO_3$）、磷酸二氢铵（$NH_4H_2PO_4$）及三氧化钨等，有较大应用价值、研究较多的是具有钙钛矿型结构的锆酸铅。

反铁电体与铁电体具有某些相似之处。例如，反铁电体也具有临界温度——反铁电居里温度；介电常数和结构在相变时出现反常，在相变温度以上介电系数与温度的关系遵从居里-外斯定律；反铁电相的偶极子结构很接近铁电相的结构，能量上的差别很小，仅是每摩尔十几焦。因此，只要在成分上稍有改变，或者加上强的外电场或者是压力，则反铁电相就转变为铁电相结构。但也具有不同之处，如反铁电体在相变温度以下一般不会出现自发极化，没有与此有关的电滞回线。反铁电体随着温度改变虽会发生相变，但在高温下往往是顺电相（PE），在相变温度以下，晶体变成对称性较低的反铁电相（antiferroelectric phase，AFE）。

例如，在 $PbZrO_3$ 的居里温度以下不能观察到电滞回线，极化强度 P 与电场强度 E 之间呈线性关系。但是，当电场强度值大于某个临界值 E_c 时（如 $E > 20 \text{ kV/cm}$），$PbZrO_3$ 可以从反铁电态转变为铁电态，并且此时可以观察到 $PbZrO_3$ 的双电滞回线。但是，反铁电体中出现的双电滞回线与 $BaTiO_3$ 中的双电滞回线有着本质的不同：前者是在外加电场的强迫下，使在居里温度以下发生的从反铁电相转变到铁电相的结果；而后者的双电滞回线是在居里温度以上发生的，是外加电场引起 $BaTiO_3$ 居里温度升高，使晶体从顺电相转变到铁电相的结果。

杂质对临界电场的影响很大。如用 Ba^{2+} 代替 5% 的 Pb^{2+} 或用 Ti^{4+} 代替 1% 的 Zr^{4+}，那么，即使无直流电场作用，也可能出现铁电相。在工程上，常常用 $PbZrO_3$ 和 $PbTiO_3$ 或用 $NaNbO_3$ 与 $KNbO_3$ 组成二元系铁电陶瓷 PZT 与 KNN，这些反铁电体的改性固溶体变成的铁电体在工程上有许多实际应用。近年来，甚至发展了用流延法工艺制造叠加异质器件，即由"软"铁电体（PZT）和具有高临界场（反铁电相转变到铁电相的"开关场"）的反铁电体（改性的 PbSnZT）串联而成，这些器件的介电性能的稳定性大大高于现在多数使用的单相"硬"材料的相应器件。

4.10 典型压电和铁电材料性能及应用

石英压电系数 d 约为 3×10^{-12} m/V，磷酸二氢铵为 5×10^{-11} m/V，锆钛酸铅为 3×10^{-10} m/V。

4.10.1 石英晶体

自然界中有二十多种晶体具有压电效应，其中最具有代表性、应用最广泛的是石英晶体。天然晶体产量有限，质量不稳定。自第二次世界大战以来，对于压电器件的需要促进了压电人工水晶的工业生产。人们已广泛使用水热法生长人造水晶。在常温常压下，水晶并不溶于水。但在高温、高压和加入矿化剂（如 NaOH）的条件下，借助于生长容器（称为高压釜）中生长区和原料区之间的温差，原料石英砂不断熔解，在生长区的籽晶上生长历时数十天，可以生长大尺寸水晶单晶，大单晶可达 30 kg 以上。石英晶体的主要性能特点是：压电系数和介电系数的温度性能好，常温下几乎不变；机械强度和品质因数高，刚度大，动态特性好；无热释电性，绝缘性好，重复性好。

石英晶体是二氧化硅的单晶，三方点群，熔点 1 750 ℃，密度为 2.65 g/cm³。居里点（压电材料开始丧失压电特性时的温度）为 573 ℃，在 573 ℃ 以下为 α 相，在 573～870 ℃ 间为 β 相。α 相和 β 相石英均有压电效应，但常用的为 α 相石英。天然结构的石英晶体呈正六棱柱状，两端为对称的棱锥。石英晶体同所有其他单晶体一样，它的大部分物理性能是各向异性的。如图 4-20 所示，用三条互相垂直的轴来表示石英晶体的各个方向，纵向轴称为光轴（z 轴）；经过棱线并垂直于光轴的称为电轴（x 轴）；同时垂直于光轴、电轴的称为机械轴（y 轴）。通常把沿电轴方向的力作用下产生电荷的压电效应称为纵向压电效应；把沿机械轴方向的力产生电荷的压电效应称为横向压电效应。在光轴方向受力时不产生压电效应。从晶体上切下的一片平行六面体称为压电晶体切片，切片长边垂直于 x 轴的称为 x 切族，如图 4-20（c）所示。垂直于 y 轴的称为 y 切族。

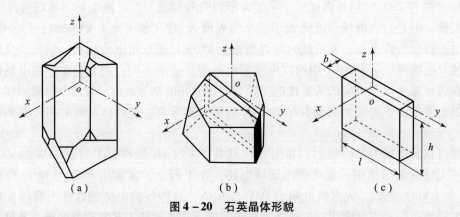

图 4-20　石英晶体形貌
（a）典型的石英晶体；（b）X 切割示意图；（c）X 切割的石英晶体片

由于石英具有较大的压电系数，并有零温度切型，用这种切型制作的石英振荡器的频率不受温度变化影响，因此广泛用于制作计时仪器和仪表等。另外，利用石英晶体制成谐振器等，在航天、通信装置、移动电话装置中也有广泛的应用，抗高过载抗冲击能力在 2 000～20 000 g 的石英晶体振荡器主要在火炮精确打击和导弹目标跟踪中使用。此外，激光驱动飞片技术中使用的光纤多为芯径数百微米的大芯径多模石英光纤，它可传输功率密度高达每平方厘米吉瓦量级的脉冲激光能量。

2020 年，Mercier 发明了可朝攻击威胁推进并可释放多种对抗措施的弹丸 1（图 4-21），以拦截对车辆等的来袭威胁，其可爆炸形成弹片以物理性破坏攻击威胁或使其偏转；引爆后，弹丸释放箔片，试图触发敌方的近炸引信，并混淆导弹内的制导系统；弹丸爆炸可破坏其内的压电元件，从而释放 EMP，以破坏或降低攻击威胁内的电子系统。弹丸 1 包括外层 2（外壳：金属或金属合金）、爆炸层 3（猛炸药或爆炸材料）、弹芯 4（压电材料）和与爆炸层接触或设置在爆炸层内的引信 5，此外 2 与 3 之间还可以包括

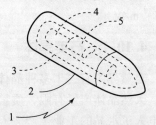

图 4-21　对抗性弹丸示意图
1—弹丸；2—外壳；3—爆炸层；
4—弹芯；5—引信

内层（金属或金属合金）。具有压电特性的弹芯可以是石英、伯林石、蔗糖、罗谢尔盐、黄玉、电气石族矿物或马氏石；菱锰矿、正磷酸镓、铌酸锂或钽酸锂；陶瓷、纳米结构的半导体晶体、一些聚合物或有机纳米结构。

4.10.2 钛酸钡

钛酸钡（BT）属于钙钛矿材料家族，通式为 ABO_3。图 4-22（b）展示了 $BaTiO_3$ 原型立方相晶胞和铁电相的畸变晶胞，Ba^{2+} 位于立方晶胞拐角处的 A 位，而 Ti^{4+} 占据晶胞中心的 B 位。O^{2-} 阴离子位于晶胞的面中心，构成 BO_6 八面体。从晶体学的角度来看，钛酸钡中自发极化的出现与 Ti^{4+} 和 O^{2-} 离子相对于初始 Ba^{2+} 离子的移动有关。产生的电偶极矩称为自发极化 P_s。自发极化的出现伴随着晶胞尺寸的变化。由于这些尺寸变化而相对于初始立方相的应变称为自发应变 x_s。钛酸钡铁电陶瓷的介电和压电性能受其自身的化学计量比、微观结构以及进入固溶体 A 或 B 位的掺杂剂的影响。掺铅或钙离子的改性钛酸钡陶瓷可以在较宽的温度范围内稳定四方相。为便于与四方相和菱形相比较，两倍晶胞的正交结构可表示为原始的伪单斜晶胞。钛酸钡的立方相属于中心对称晶体类 $Pm\bar{3}m$。因此，它既是顺电的又是非压电的。由立方原型相向较低对称铁电相转变的序参量是自发极化，它与在居里温度 T_c 下凝聚的横向光学软模的振幅有关。居里原理认为，晶体中可能出现的"适当"铁电相是原型相的子群。因此，它们必须包含原型对称组和序参数对称组共有的所有对称元素。

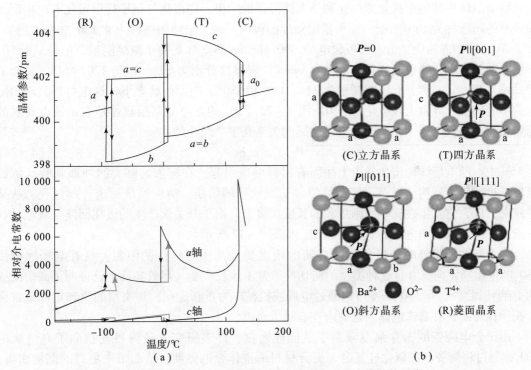

图 4-22 $BaTiO_3$ 相变过程中原生晶格参数的变化和相对介电常数的异常（$\varepsilon_r = \varepsilon'/\varepsilon_0$）

当在环境压力下冷却，钛酸钡经历一阶相变的序列：立方晶系（$Pm\bar{3}m$）$\xrightarrow{\text{约}131℃}$ 四方晶系（$P4mm$）$\xrightarrow{\text{约}0℃}$ 斜方晶系（$Amm2$）$\xrightarrow{\text{约}-90℃}$ 菱方晶系（$R3m$）。这些转变对应于自发极化的出现，该极化平行于钙钛矿结构的伪立方晶胞的边缘（四边形），并随后沿面对角线（斜方）和体对角线（菱形）重新定向。相之间的过渡伴随着强烈的介电软化，如相对介电常数的三个不同最大值［图4-22（a）］。这些相变还伴随着热以及力学和压电特性的明显异常，这些异常在装置应用中得到了利用。

在居里点 T_c 时立方结构和四方结构之间的转变涉及自发极化的出现，这是顺电-铁电转变。在钛酸钡中，这种转变是一阶的。在居里温度以上，介电常数 η 遵循居里-外斯（Curie-Weiss）定律：

$$\eta \approx \frac{\varepsilon'}{\varepsilon_0} = \frac{C}{T-\theta} \tag{4-23}$$

式中：C 为居里常数；θ 为居里-外斯温度；ε' 为介电常数的实部；ε_0 为自由空间的介电常数。

相反，较低温度的转变涉及极化方向的重新定向，通常称为铁电间转变。从对四方相↔正交和正交↔菱形相转变之间的关系的群论分析来看，这些相变也是一阶的。

在没有外界刺激（如电场或机械应力）的情况下，自发极化将沿着自由能最低的晶体方向进行。例如，在 $BaTiO_3$ 的四方相（$P4mm$）中，自发极化矢量可以平行于6个等效的方向中的任何一个。铁电体中极化方向一致（极化均匀取向）的区域称为铁电畴，两畴之间的边界称为畴壁。

铁电晶体中畴的形成是弹性能和静电能降低的结果，将极化矢量平行但极化方向相反的畴分开的畴壁称为180°畴壁，而用给定角度的极向量来分隔畴的壁称为非180°畴壁。例如，在 $BaTiO_3$ 的四方相中，由于去极化电场，90°和180°畴壁都有助于减少能量，但是只有90°畴壁有助于最小化弹性能。斜方晶系（$Amm2$）对称性分别为60°、90°、120°和180°，而菱形晶系（$R3m$）对称，允许的畴壁为71°、109°和180°。在原始状态下，铁电材料表现出随机的多畴构型，导致宏观极化等于0。图4-22（b）的立方晶系示意性地表示铁电材料的原始状态。在低电场下，应变和极化之间的关系几乎是线性的：

$$P_i = \varepsilon_0 \varepsilon_{ij} E_j \tag{4-24}$$

其中，随电场线性增加是由上述固有材料响应引起。在施加足够大的外部刺激（例如电场或机械应力）时，畴壁可能会移位，从而导致畴切换。畴切换是一个外部过程，从某种意义上讲，它发生在比单晶胞更大的长度尺度上。由于开关而产生的极化回路是铁电材料的指纹，涉及极化随电场的非线性增加，如图4-17所示。

综上所述，相邻畴的极化矢量之间的角度受到晶体对称性的限制。只有电场才能使180°畴壁重新定向，并且这种类型的畴切换通常不涉及应变（尽管实际上已证明了高阶应变的贡献）。此外，非180°畴壁可以通过电场或机械应力重新定向，该类型的重新定向通常称为铁弹性转换，且对铁电体的宏观应变有很大贡献。

由于介电陶瓷的击穿强度限制了其储能密度，许多研究人员将目光投向了高绝缘的 SiO_2，通过将陶瓷与二氧化硅复合，提升材料的整体介电强度，从而带来更高的储能密度。Zhang、Cao 等设计了一种新型的具有核-壳结构的 $BaTiO_3@SiO_2$ 复合陶瓷，由于 SiO_2 层的高介电强度和 $BaTiO_3$ 核的小晶粒尺寸，使得击穿场强从 100 kV/cm 增加到 200 kV/cm。但是，由于 BT 基和 BN 基介电材料的烧结温度较高（大于 1 100 ℃），使得内电极成本也随之上升。

4.10.3　锆钛酸铅

锆钛酸铅（PZT）由氧化铅、氧化锆和氧化钛（PbO、ZrO_2 和 TiO_2）组成，属于陶瓷。

由于 PZT 中含有等量的二价（Pb^{2+}）和四价（Zr^{4+} 和 Ti^{4+}）阳离子，因此也出现了常见的钛酸钡钙钛矿结构。PZT 实际上是钛酸铅和钛酸锆的复合物 $PbZrO_3$ 和 $PbTiO_3$。这就是为何 PZT 在铁电性能上与 $BaTiO_3$ 相似。通过控制 PZT 的成分和微观结构，可以调整其性能以适应特定的应用。一般化学式为 $PbZr_{1-x}Ti_xO_3$，x 为 0～1 的分数。根据二者比例不同，加以标注。例如，PZT95/5 陶瓷是锆钛比为 95:5 的锆钛酸铅铁电陶瓷，它具有较高的剩余极化强度、较低的诱导相变压力和较高的耐击穿强度，伴随着高储能密度、放电速率和能量输出能力，是高功率脉冲电源应用的理想材料。

4.10.3.1 PZT 的相图和结构

铁电陶瓷的相图通常以相变温度作为成分的函数绘制。PZT 体系的典型平衡相图如图 4-23 所示，MBP 为相界。各相的稳定温度见表 4-9，根据材料的温度，PZT 的晶体结构可以采用不同的形式。晶体结构决定了电击时铁电体将经历什么相变。例如，处于极化状态的 PZT 95/5 在受到电击时将转变为反铁电状态。居里温度 T_c 取决于体系的组成，温度超过 T_c 则材料无法保持极化畴排列。对于立方顺电晶相，意味着外加电场可以使系统发生畸变，使其从非极化状态变为极化状态，但一旦去掉电场，系统就会由于热扰动而迅速松弛回到原来的非极化状态。所有成分的居里温度 T_c 均高于 $BaTiO_3$。主要原因是 Pb^{2+} 离子在最后一个完整的壳层外有两个电子，但是 Ba^{2+} 离子没有。这些外层电子可以与邻近的氧离子形成共价键。通过这种额外的键合，需要更大的热能或更高的温度才能将极化态转变为非极化态。这导致 PZT 系统的 T_c 更高，四方相和菱形相之间的形态边界出现在 x 约为 0.5 处。由于 PZT 系统主要应用于压电器件中，因此在晶形边界附近组成的 PZT 系统具有优越的晶体形貌，电能

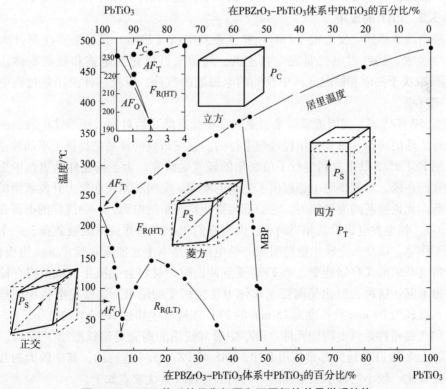

图 4-23 PZT 体系的平衡相图和不同相的单晶微观结构

和机械能的转换效率很大程度上取决于晶体形态。压电耦合系数在 x 约为 0.5 处达到最大值,因为两种结构之间的剪切变换更容易。这是因为四方晶胞有 6 个容易的极化方向,而菱形晶胞有 8 个容易的极化方向,这使得相互构象更加容易。对于大多数 PZT 合金而言,x 低于 0.1 的富 Zr 区域是有吸引力的,因为它们具有优异的性能。在这个区域居里温度 T_c 较低。在 $T<200$ ℃时,铁电相与反铁电相之间存在一个边界。菱形铁电相细分为高温 $F_{R(HT)}$ 和低温 $F_{R(LT)}$ 相。高温区和低温区均出现简单的菱形晶胞。$F_{R(HT)}$ 和 $F_{R(LT)}$ 之间的基本差异可能是由于自发极化方向的不同。

纯 $PbZrO_3$ 中的居里温度为 230 ℃。低于这个温度,晶体处于反铁电状态,结构转变为正交结构。但是,在居里温度或接近居里温度时,反铁电相呈四方相结构(表 4-9)。在 T_c 或 T_c 附近引起这种结构差异的机制尚不确定,可能是由于外来杂质的存在。在 T_c 温度以上,结构为立方结构,遵循居里-外斯定律,居里常数 $C=1.6\times10^5$。尽管介电异常与钛酸钡相似,在 $T<T_c$ 时没有观察到电滞回线,这意味着没有净自发极化。这表明 $T<T_c$ 的相是反铁电的。

表 4-9 PZT 体系各相晶胞的稳定温度

菱形相	正交相	四方相	立方相
低于 -90 ℃	-90 ~ 5 ℃	5 ~ 120 ℃	高于 120 ℃

影响 PZT 的性能的因素较多,包括化学成分、掺杂剂、密度、孔隙率、粒度、温度、制造技术、灌封材料(要求良好的力学、冲击和电性能)、冲击强度和电场强度。

4.10.3.2 PZT 的应用

爆炸冲击波驱动铁电发电机(FEG)和铁磁发电机(FMG)是能够产生脉冲大电流和高压的微型装置。这些发电机是完全自主的,能源来自极化铁电体和硬铁磁体。FEG 和 FMG 的运行取决于铁电和铁磁元件中存储的电磁能的数量,以及在冲击压缩过程中元件中发生的物理过程。

20 世纪 50 年代末,美国能源部桑迪亚国家实验室即开始对冲击压缩铁电材料的物理和电性能进行广泛的研究,研究是用轻气炮进行的,它在研究的样品中提供了平面冲击波的起始点。使用 PZT 95/5 铁电材料进行了最密集的轻气炮研究。为了构建性能更佳的更小、更轻、更便宜的系统,对紧凑型电源提出了更高的要求。美国陆军正在努力开发新型的致命和非致命弹药。无论弹药的类型如何,它们都需要能量密集的电源,一种这样的电源是铁电发电机(FEG)。铁电发电机设备相当简单,因为它们由小的爆炸性平面波载荷、一个或多个铁电陶瓷工作体,以及一个输出电路组成。铁电陶瓷基本上是能量存储单元。电极极化时,它们以束缚电荷的形式存储能量。当 FEG 受到冲击时,材料会去极化,从而将存储的电荷释放到输出电路。这种去极化是陶瓷工作体中发生相变的结果。这些发电机往往是高压电源。例如,直径为 20 mm 且长度为 25 mm 的 FEG 能够产生超过 100 kV 的电压。

FEG 的关键组件是铁电陶瓷元件。FEG 中通常使用的陶瓷是锆钛酸铅(PZT)。在该系列陶瓷中,大多数 FEG 研究都是使用 PZT 52/48 或 PZT 95/5 进行的,其中较大的数字表示锆的摩尔百分比,较小的数字表示钛的。它们的特性及其优缺点如下:

(1) PZT 52/48 的主要缺点之一是其内部击穿强度较低(3.0 ~ 3.5 kV/mm)。此属性决定了 FEG 产生的开路电压,该电压约为样品厚度 3.2 kV/mm。应当指出,PZT 52/48 和 PZT 95/5 的故障远非固有的。超过 3 kV/mm 的击穿优化对于商业 PZT 应用而言并不重要。PZT 52/48 的优势在于在开路和电阻模式下随时可用,低成本,可靠性和可复制的 FEG 性能。

(2) PZT 95/5 的主要优点是它具有很高的剩余极化强度,因此可以比 PZT 52/48 储存更多的电荷;它在相对较低的冲击压力下经历了冲击诱导的相变,这意味着它会在极化过程中释放 100% 的电荷存储。与 PZT 52/48 不同,后者倾向于保留一部分电荷。它具有很高的内部击穿强度,PZT 95/5 元件产生的开路电压很高(每毫米厚度约 7.9 kV),并且在开路模式下具有可靠的性能和可再现的性能。由于它在相对较低的冲击压力下释放电荷,因此可能不太容易受到冲击诱导的导电性的影响。

两种材料的主要区别在于,与 PZT 52/48 相比,PZT 95/5 具有更高的内部击穿强度(6~8 kV/mm);PZT 95/5 的电荷存储密度(34~38 μC/cm²)比 PZT 52/48 (28~31 μC/cm²)高;PZT 52/48 的电容约为 PZT 95/5 的 3 倍;PZT 95/5 存储更多的电荷,并以接近 100% 的效率受到冲击时释放存储的电荷。与具有相同尺寸的 PZT 52/48 晶体相比,增加的电荷存储密度和增加的放电效率的共同作用导致 PZT 95/5 产生高达 2 倍的开路电压和 2 倍每单位体积的能量。

当 PZT 极化时,结构内铁电畴排列最终趋向于电场方向,它会存储静电能量。PZT 95/5 位于铁电和反铁电状态之间的相界附近,当在极化铁电(FE)状态下向 PZT 95/5 施加压力时,它很容易转变为非极化反铁电(AFE)状态,如图 4-24 所示。与其他 PZT 陶瓷不同,这种接近相界的特性可确保 PZT 95/5 完全去极化。

目前,尽管 PZT 95/5 是用于 FEG 的最佳材料,但仍在努力开发具有增强的能量存储和增强的电压保持能力的铁电材料。这些研究包括探索新的掺杂剂,开发新型的陶瓷及开发生产单晶 PZT 95/5 的方法。其他正在进行的研究包括确定最佳的 FEG 设计,使 PZT 95/5 陶瓷元件尺寸与各种负载匹配,以及确定负载对 FEG 操作的影响。

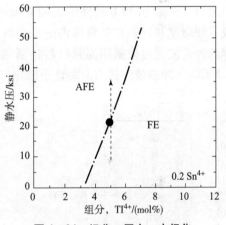

图 4-24 组分-压力-去极化关系 (1 ksi = 6.895 MPa)

当前 PZT 95/5 的优点如下:

(1) 高残留极化和电荷存储密度 (34~38 μC/cm²);
(2) 内部击穿强度高 (6~8 kV/mm);
(3) 由于能量存储在场感应的相变中,因此具有很高的充放电效率 (80%~90%);
(4) 能量从机械能转换为电能,可以将其快速释放,放电时间非常快(小于 1 μs);
(5) 高能量密度 (大于 10 J/cm³)。

实验表明,TRS PZT 95/5 优于传统的 PZT 配方。为了改善 FEG 的性能,需要确定 PZT 95/5 的电压受限是由于通过晶体的导电性增强、意外的冲击增强导致晶体内部过早断裂,还是由于晶体和灌封材料界面的局部击穿所致。性能的提高还取决于负载类型的匹配,对于电阻性负载,较高的极化将改善性能,这将在冲击负载期间提供更多电荷。正在研究通过掺杂和寻找具有更高残留极化的新材料来改善其性能的方法。第一种方法是各种掺杂方案，应保留完全去极化的优点，但仅适度增加剩余极化；第二种方法是新型铁电材料，有望进一步增加剩余极化，但是完全去极化的冲击压力可能会增加。对于电容性负载，通过增加电介质击穿强度而不是通过增加剩余极化，可以获得更多的好处，允许在放电过程中产生更高的电压。因此，对于最佳匹配的负载来说，能量密度较高。负载中的能量密度与电压的平方成正比，但与电荷密度呈线性关系。正在通过各种与工艺有关的问题研究提高介电击穿强度，包括密度、晶粒尺寸、化学计量和纯度。围绕感性负载的问题还没有得到很好的表征，但是人们认为可以通过陶瓷元件设计（如多层结构）对其进行优化。

铁电体的冲击去极化是为铁电发电机提供原动力的基本物理效应。Shkuratov 等研究了广泛应用于爆炸脉冲功率源中的 PZT 95/5 和 PZT 52/48 极化铁电体的残留极化在小型爆炸驱动 FEG 中横向（冲击波阵面垂直于极化矢量传播）冲击压缩下的变化。因为样品大小和几何形状会影响冲击波引起的去极化行为，故样品使用相同的几何形状 [12.7 mm（厚 T）× 12.7 mm（宽 W）× 50.8 mm（长 L）] 以直接比较从 PZT 52/48 和 PZT 95/5 获得的实验结果，表 4-10 所列为所用材料的物理性能。图 4-25 所示为 FEG、冲击载荷布置和测量电路示意图，图 4-26 所示为 PZT 52/48 元件中的冲击压缩波和释放波的示意图，正号（+）和负号（-）表示 PZT 元件中表面束缚电荷的极性，P_0 和 P 是极化矢量。FEG 由两部分组成：爆轰室和封装在塑料体内的铁电样品。雷管起爆后，爆轰波通过猛炸药（HE）传播。爆炸冲击波通过聚氨酯灌封材料传播到铁电体中，铁电体的电极短路。冲击波幅值估计为 1.5 GPa，冲击波传播方向垂直于极化矢量。

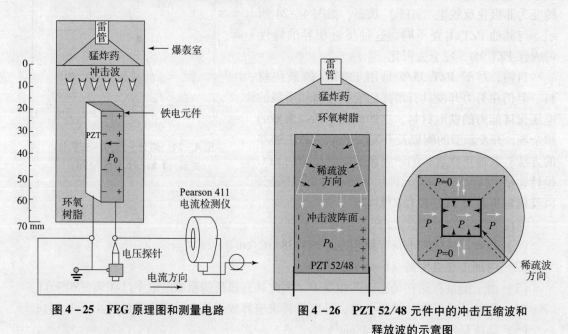

图 4-25　FEG 原理图和测量电路　　　图 4-26　PZT 52/48 元件中的冲击压缩波和释放波的示意图

最初，铁电元件中的电场等于 0，当冲击波使铁电元件去极化时，会导致表面电荷和脉冲电流在电路中释放。由冲击引起 PZT 95/5 释放的电荷为 $Q_{SW95/5}=(204.5\pm2.8)$ μC，相应的电荷密度为 $\omega_{SW95/5}=(31.7\pm2.8)$ μC/cm^2。由 PZT 52/48 冲击感应释放的电荷 $Q_{SW52/48}$

以及相应的电荷密度 $\omega_{SW52/48}$ 比 PZT 95/5 低 1/2 以上。

PZT 95/5 和 PZT 52/48 的热感应电荷释放和相应的电荷密度很接近，分别为 $\omega_{therm52/48}$ = (31.2 + 1.4) $\mu C/cm^2$ 和 $\omega_{therm95/5}$ = (32.4 ± 1.7) $\mu C/cm^2$，表明 PZT 52/48 和 PZT 95/5 的初始剩余极化相似。表 4 – 10 为两种陶瓷的物理性能。PZT 95/5 被冲击载荷完全去极化，而 PZT 52/48 只有 45% 的冲击去极化。冲击波引起的去极化量的显著差异是由不同的去极化机制引起的。极化可以通过引起压电效应的晶格畸变来改变，极化可以通过畴壁运动引起的应力分量之间的差异而引起重新定向，并且极化可以通过从极性相到非极性相的转变而消除。

表 4 – 10 极化铁电陶瓷 PZT 95/5 和 PZT 52/48 的物理性能

物理性能	PZT95/5	PZT52/48
密度/($\times 10^3$ kg·m^{-3})	7.9	7.5
居里点/K	503	593
介电常数（1 kHz，极化）	350	1 300
压电常数 d_{33}/($\times 10^{-12}$ m·V^{-1})	68	295
弹性常数 s_{11}^E/($\times 10^{-12}$ m^2·N^{-1})	7.7	12.8

在锆酸钛酸铅（$PbZr_xTi_{1-x}O_3$）二元固溶体中，压电性能受 Zr/Ti 比的影响，在组成 – 温度相图中，将压电铁菱面体与铁电四面体结构分开的形态相边界（MPB）附近具有最大的压电系数、介电常数和耦合因子。MPB 发生在 Pb($Zr_{0.535}Ti_{0.465}$)O_3 附近。PZT 52/48 位于 MPB 附近，PZT 95/5 位于正交反铁电（AFE）和菱形铁电（FE）相界附近。在静压加载的 PZT 95/5 中，FE（菱形）到 AFE（斜方晶体）的相变在 0.32 GPa 的压力下突然发生。这种由压力引起的从 FE 到 AFE 的转变导致材料体积的减小以及相应的材料完全去极化。在 PZT 95/5 的单轴准静态压缩下，在极化方向上施加应力，在低应力水平下，在几乎恒定的体积下发生畴重新取向；而在 0.2 GPa 更高的应力下发生相变，相应的体积减小；在 0.6 GPa 样本破裂时仍未完成相变，畴重新取向可能有助于 PZT 95/5 的冲击去极化。

PZT 52/48 横向加载时的电流方向与线性压电效应不一致，冲击载荷的典型假设是在冲击波传播方向上对材料进行单轴压缩，而没有横向膨胀。在这种应力状态下，线性压电效应会增加材料的极化，但这会导致电流方向与观察到的相反。

在垂直于极化方向上的压缩不会导致畴重新定向，通过考虑样品中应力的多轴时间依赖性来解释观察到的结果。冲击加载试样的横截面如图 4 – 26 所示。冲击波沿 z 轴方向传播，在 y 轴方向发生极化。使用弹性近似，横向（x 和 y）应力分量由下式给出：

$$\sigma_{xx} = \sigma_{yy} = (\sigma_{zz} \cdot v)/(1 - v) \tag{4-25}$$

式中：σ_{zz}、σ_{yy} 和 σ_{xx} 分别为 z 轴、y 轴和 x 轴方向上的应力分量；v 为泊松比。

冲击波经过后的材料经历了压应力跃迁到 σ_{zz} 的过程。样品的惯性可防止横向膨胀（泊松效应），从而导致由式（4 – 25）给出的压缩应力 $\sigma_{xx} = \sigma_{yy}$。当平面冲击波进入试样时，应力场沿试样侧面变化（图 4 – 26）。由于周围的材料（聚氨酯）的声阻抗比 PZT 的声阻抗低，因此在压缩激波的界面以及 PZT 与聚氨酯之间的界面处会形成稀疏波。该稀疏波在冲击波之后传播到样本中，降低了横向应力分量 σ_{xx} 和 σ_{yy}。

图 4-26 显示了一个时间快照，其中应力的组合产生了不均匀的应力场。当极化方向上的应力分量比垂直于极化方向上的应力分量更具压缩性时，就会发生极化重新定向。在围绕方形中心区域的楔形区域中，由于界面边界条件，垂直于侧面的应力分量减小。在左右楔形区中，这对为保持 y 方向极化而提供驱动力的影响很小。但是，在顶部和底部楔形区中，σ_{yy} 比 σ_{xx} 更具压缩性，这提供了通过铁弹性效应（畴重新取向）将极化从 y 轴方向旋转到 x 轴方向的驱动力。当冲击波沿 z 轴方向传播通过整个晶体时，来自 x 轴方向的稀疏波的作用将使一半的材料去极化。这与 PZT 52/48 试样近 50% 去极化的观察结果一致。

X 射线衍射结果表明 PZT 95/5 在冲击引起的去极化后恢复到菱形体状态，这与 PZT 95/5 的流体静力学研究结果一致，当静水加载的 PZT 95/5 的压力从 0.32 GPa 降低到 0.14 GPa 时，它经历了从 AFE 正交晶态到 FE 菱面体态的转变。在大气压下，静水压力循环后的样品比以前稍大。由此得出结论，当 PZT 95/5 受到应力时，它处于压力稳定的反铁电状态，并且从 FE 到 AFE 的转变是 PZT 95/5 的主要去极化机制。极化的 PZT 52/48 样品具有晶格常数等与 Jaffe 报告的关于四方体 PZT 52/48 的结果相近。经受冲击载荷后的 PZT 52/48 样本的晶格常数和单晶体积与极化样本相似。

PZT 95/5 和 PZT 52/48 两种成分的冲击波引起的去极化机理是不同的。横向冲击压缩完全消除了 PZT 95/5 的极化。PZT 95/5 经历了压力诱导的相变，转变为非极性反铁电相。PZT 52/48 释放的由冲击引起的电荷小于其剩余极化的 1/2。由于压电效应，PZT 52/48 冲击感应电荷的极性与 PZT 52/48 产生的电荷的极性相反。PZT 52/48 在横向冲击压缩下释放的电荷是释放波在冲击波后面传播的结果。在 (1.5±0.1) GPa 横向压缩下，PZT 52/48 保留了初始残余极化的 55% 和相应的压电特性。

Zank 等发明了内层由压电材料、电致伸缩材料或磁致伸缩材料组成的反应装甲（图 4-27），当聚能装药的弹丸 3 撞击前装甲层 1 的正面 2 时，该撞击力传递到内层 4。电荷被传输到电极 5，该电极产生电场，该电场将倾向于破坏破甲弹 3 的射流。还将产生足够的电流经功率转换器 6 来激活雷管 7 和 10 以引爆聚能炸药 8 和 11，分别产生互锁射流 9 和 12，这也会破坏弹丸 3 的射流。在中间空腔中不产生电场的系统中互锁射流 9 和 12 也可单独破坏来自弹丸 3 的射流。内层 4 如果选择了磁致伸缩材料，则其优选为具有分子式 $Th_{0.27}Dy_{0.73}Fe_2$ 的 Terfernol（磁致伸缩合金型号），或者分子式为 $Th_{0.27}Dy_{0.73}Fe_{1.95}$ 的 Terfernol-D 合金（"掺杂" Terfernol），并且具有第Ⅲ族或第Ⅳ族的添加剂 Si 或 Al 等元素；其他合适的磁致伸缩材料包括 $TbFe_2$ 和 $SmFe_2$。如果使用压电材料，则优选压电陶瓷将是钛酸钡、锆钛酸铅（PZT）和石英。其他合适的压电陶瓷可以是钛酸锶、铌酸钽、

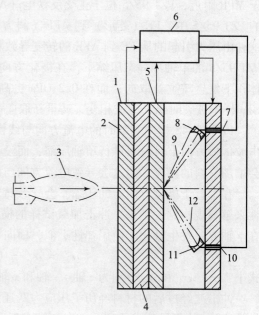

图 4-27 主动反应装甲的截面图
1—前装甲层；2—装甲层正面；
3—弹丸；4—内层；5—电极；6—功率转换器；
7、10—雷管；8、11—炸药；9、12—射流

钽酸钾、铌酸锂和铌酸钠钡。如果使用电致伸缩陶瓷材料，则优选的材料是铌酸铅镁和钛酸铅。

4.10.4 聚偏氟乙烯

聚偏氟乙烯（PVDF）分子式为 $-(CH_2-CF_2)_n-$，是一种半晶体聚合物，已知有四种晶型：Ⅰ（β 相）、Ⅱ（α）、Ⅱ$_p$（α_p 或 δ）和Ⅲ（γ）型。C-F 键是极性的，最高的偶极矩是其中所有偶极子在同一个方向上排列时获得的，对应于 PVDF 的 β 相，其极化率最高，铁电性能最佳。α 相微晶的偶极矩取向相反，是非极性的，而其他三个相为极性相，图 4-28 所示为 α 和 β 相的结构。傅里叶变换红外（FTIR）光谱显示，α 相在 764 cm^{-1}、975 cm^{-1}、1 212 cm^{-1} 处存在特征峰；β 相在 1 275 cm^{-1}，γ 相在 1 234 cm^{-1}，在 840 cm^{-1} 为 β/γ 相的特征峰。四种晶型之间可以通过热、电场和压力作用而相互转换。PVDF 薄膜通常是单轴或双轴拉伸或轧制（拉长、拉伸、定向）以改善其力学或电气性能，或影响晶相转变。例如，拉伸Ⅱ型样品将产生形式Ⅰ型材料，因为形式Ⅰ的分子链比Ⅱ型的分子链更易伸展。在许多情况下，试样的单轴拉伸比为 4:1。单轴拉伸超过"自然拉伸比"（拉伸时形成的颈部开始沿试样移动），拉伸比为 7:1 将提高力学和电学性能。

热极化或电晕极化将使晶体中的分子偶极子定向，从而产生质子极化。这种极化是由于非晶态和晶态部分的电性和弹性性质的差异，即 PVDF 的压电性引起的。强压电效应的偏氟乙烯（PVDF）表现出比其他聚合物更强的压电活性，该行为至少在一定程度上与它的高介电常数有关。室温下压电常数 d_{31} 达到 35 pC/N 左右。在温度降低时，观察到 d_{31} 和 d_{33} 的下降。与其他压电材料相比，PVDF 具有柔韧性、坚固性、薄膜可用性、低声阻抗等独特性能，但机电耦合系数较小。图 4-29 所示为几种高聚物的压电常数 d 的比较，英文缩写分别为：PVC（聚氯乙烯）、PAN（聚丙烯腈）、PVF（聚氟乙烯）、PMMA（聚甲基丙烯酸甲酯）、FEP（氟化乙烯丙烯）和 PE（聚乙烯）。

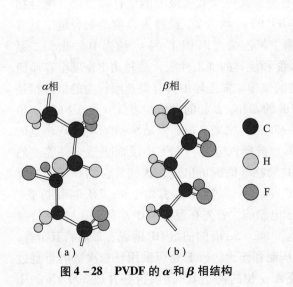

图 4-28　PVDF 的 α 和 β 相结构

图 4-29　压电常数 d 与比介电常数关系

2000年，Hodges等研究将适用于冲击载荷条件下薄型（25 μm）、测量冲击压力高达25 GPa、纳秒级时间分辨率的聚偏二氟乙烯（PVDF）压力计用于测量雷管爆炸桥丝和爆炸加速飞片撞击产生的压力。该压力计能很好地表征10 MPa～10 GPa的输出压力，获得了标准偏差通常小于10%的一致性峰值压力，测得的压力在根据飞片速度计算出的压力的10%～30%范围内。峰值压力与不同装药压力制备的端部炸药密度有关。PVDF压力计的测量值足够精确，可用于破坏性试验计划，是测量小型兵器输出压力的新型诊断工具。另外，可以通过记录飞片撞击PVDF薄膜传感器时的压电信号，测量爆炸箔雷管的飞片速度等。聚偏二氟乙烯应用于超声波、水下和机电用换能器以及热释电和光学器件等。

压电聚合物具有以下特性：①较小的压电常数 d（用于致动器）和较大的 g 常数（用于传感器）；②重量轻且弹性软，导致与水或人体匹配的良好声阻抗；③较低的机械品质因数 Q_m，允许较宽的共振带。

用于快速释放能量（小于0.01 s）的高功率密度的电化学电容器（10^1～10^6 W/kg）和介电电容器（约10^8 W/kg），电化学电容器的能量密度比介电电容器至少要高一个数量级[商用电化学电容器能量密度为20～29 J/cm³，而性能最好的商用介电电容器，双向拉伸聚丙烯（BOPP），仅为1～2 J/cm³]，但功率密度和输出电压较低，因此只有介电电容器才能满足超高功率密度（高达10^8 W/kg）的要求，且具有使用寿命长和能量释放快的额外优势，对于航天器电源系统、电化学枪和电机驱动等高功率/脉冲功率技术非常重要。

介电电容器的可恢复能量存储容量 U_{rec} 通常由式 $U_{rec} = \int_E dD$ 描述，其中 E 和 D 分别是电场和位移。具体来说，对于线性电介质，有

$$U_{rec} = \int_E dD = \frac{1}{2}DE = \frac{1}{2}\varepsilon_0\varepsilon_r E_b^2 \tag{4-26}$$

式中：ε_0 和 ε_r 分别为真空和相对介电常数；E_b 为击穿场强。

较低的残余位移 D_r、较高的最大位移 D_{max} 和较高的击穿场（E_b）将有利于获得更高的可回收能量密度 U_{rec}。尽管与无机材料相比，聚合物具有低得多的介电常数，但由于它们的击穿场强 E_b 高得多（数百 kV/mm），因此具有至少高一个数量级的能量存储容量，聚合物相对较低的 ε_r 是其 U_{rec} 的限制因素。例如，BOPP 的 ε_r 约为2。极性聚合物的聚合链中具有偶极矩，可以表现出高得多的 ε_r。例如，聚偏二氟乙烯（PVDF）的 ε_r 约为10。聚偏二氟乙烯基电材料具有铁电性质、高介电击穿强度和优异的加工性能，是高功率密度电存储应用的理想材料。然而，要获得高储能密度所需的聚偏二氟乙烯中具有类弛豫行为的极性相是一个重大挑战。由于主要从熔体中结晶成PVDF的 α 相，β 相的含量相当低（小于8%），虽然可以通过固态拉伸和/或高电场极化（~50-85%）增加 β 相，但是 β-PVDF 表现出宽的铁电滞回线，不适合储能。弛豫铁电体（RFE）或反铁电体（AFE）反而更适合储能。然而，RFE 或 AFE 行为仅在电子或 γ 辐照多元共聚物等情况下出现，这些聚合物和工艺的复杂性及成本是其商业应用的主要障碍。2019年，Meng等提出了简单的"压制和折叠"（P&F）工艺来制备 β-聚偏二氟乙烯，以用于电储能。首先在温度180 ℃和113 kN下持续2 min；然后冷水淬火至室温，制备平均面积为5 cm×5 cm的初始HP薄膜；最后将其折叠，在PVDF的熔点 T_m（160～170 ℃）附近进行压制和淬火。P&F是可采用任意次数的重复过程，每次重复如下典型制备步骤：首先将主要含 α 相的初始HP薄膜折叠并以300 kN的压

力冷压；然后将温度升至 165 ℃，并在该条件下保持 5 min；最后在保压的情况下进行冷水淬火。观察到冷却过程中压力的保持促进了 β 相的形成。在 P&F 过程中，会产生精细且离散的层状结构。随着 P&F 循环次数的增加，薄膜的总厚度增加。例如，经过 7 次循环后的薄膜厚度从 HP 薄膜的 250~50 μm 增加到 1.0~1.2 mm；也可将非极性 α 相 PVDF 转变为主要为铁电的 β 相 PVDF（约 98%），高于任何其他报告的方法（单向/双轴拉伸最多为 85%）。β 相的形成被认为是压力诱导相变的结果，重要的是在 P&F 过程中更有效的应力传递。使单位体积聚合物发生塑性变形的能量为相变提供了"驱动力"。假设开始 P&F 过程之前 β 相的分数是 $f_{β0}$（8%），微分计算得出 β 相的量与塑性能之间的关系：

$$f_β(\Omega) = 1 - (1 - f_{β0})e^{-b\Omega} \tag{4-27}$$

或者，就 P&F 周期而言，有

$$f_β(\Omega) = 1 - (1 - f_{β0})e^{-c[1-(2h)^n]} \tag{4-28}$$

式中：b 和 $c = bP_1\dfrac{1-h}{1-2h}$ 为比例常数。

许多因素影响 $f_β$ 和 Ω 之间的关系（比例常数 b 或 c），以及 P&F 过程中可能产生的 Ω 的数量。在塑性能或循环次数最少的情况下，尽可能多地将 α 相转化为 β 相是可取的。较高的应变率、薄膜承受的压强、初始堆叠层数、PVDF 的分子量（M_w）可能会使 α 相向 β 相的转化速率更快，退火步骤的温度 $T_{退火}$ 也很关键：不管 M_w 是多少，所有薄膜在低于其 T_m（熔点）处理时仅呈现 β 相（大于 90%），但在 $T_{退火} \gg T_m$ 时保持 α 相。

高 M_w（大于 534 kg/mol）的 PVDF 薄膜具有类似弛豫的铁电性，这归因于热不稳定的小尺寸极性结构引起的可逆场致结构变化，如 P&F 后晶粒尺寸减小（低至 4 nm）。图 4-30 所示为 P&F 薄膜和拉伸薄膜的电储能性能比较，包含单极性铁电滞回线、可回收能量密度 U_{rec} 和能量效率 η。从经过 7 次 P&F 循环处理的薄膜中获取一层的 P&F 样品（M_w = 670~700 kg/mol）具有极高的 E_b（880 kV/mm）；D_r 和 D_{max} 分别为 0.017 C/m² 和 0.144 C/m²；从而实现了 35 J·cm³ 的超高能量密度 U_{rec}，为当时聚合物介电电容器报告的最高值。此外 P&F 样品还比拉伸膜（约 54%）具有更高的能量效率 η（约 74%）。根据威布尔分布统计的标准评估，P&F 薄膜显示出高击穿强度，平均值为 789.5 kV/mm。该结果有望对脉冲功率应用领域产生重大影响，使受到低能量存储密度限制的介电电容器产生突跃，尤其在大电容和小封装尺寸的应用中。

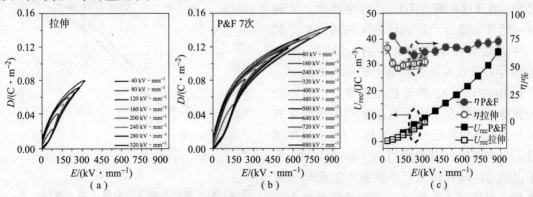

图 4-30 薄膜的电储能性能比较（附彩插）
(a) 单极性铁电滞回线；(b) 可回收能量密度 U_{rec}；(c) 能量效率 η

聚偏二氟乙烯（PVDF）及其与三氟乙烯 P（VDF-TrFE）的共聚物等铁电材料本质上是多功能的，在含 TrFE 的铁电共聚物表现出居里转变，其中铁电相和顺电相之间的相变随着温度的升高而发生，如图 4-31 所示。通过在铁电-顺电（F-P）转变等不稳定区域附近工作，其中许多响应可以显著增强。另外，相变发生在较窄的温度范围内，并且在大多数情况下，涉及较大的滞后，这阻止了实际应用中这些增强的响应。

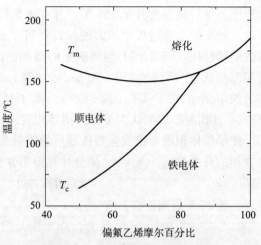

图 4-31 P（VDF-TrFE）相图

为了确定最适合储能（电容器）应用的聚合物，Zhang 等系统地研究了含有 TrFE（三氟乙烯）单元（控制链构象）和 CTFE（三氟乙烯氯）单元（调节晶体结构）的 PVDF 基聚合物的结构-性能关系，了解它们在直流和交流场下的极化-去极化曲线。热、介电和单极、双极电荷位移的组合揭示了它们的极化分布，这取决于链构象、晶相、晶体尺寸、居里温度以及交流和直流场。铁电 VDF/TrFE 共聚物具有全反式链构象和极性 β 相晶体，表现出巨大的残余极化，不适用于储能（电容器）应用。最理想的含氟聚合物组合物似乎是 VDF/TrFE/CTFE（65.6/26.7/7.7 mol %）三元共聚物，具有高介电常数（$\varepsilon \approx 65$）、高击穿电压（大于 500 MV/m）、高能量密度（大于 13 J/cm³）和较低能量损耗（小于 40%）。该聚合物在接近工作温度的居里转变处表现出松弛的铁电行为，这是 TTTG 链构象和具有高整体结晶度的小极性 γ 相结晶畴的结果。与目前最先进的基于金属化 BOPP 薄膜（小于 2 J/cm³）的电容器技术相比，高介电含氟聚合物显著增加了能量密度，但会产生更多的能量损耗（约 40%）。两种聚合物体系都远非实现高能量密度和存储效率的理想介电材料。

尽管全反式 β 相 P（VDF-TrFE）共聚物显示出高压电值（$d_{31/33}$ = 15~30 pC/N），但在环境温度下偶极子转换方向的高能垒使得偶极子对电场的响应非常低，存在滞后现象。在铁电陶瓷材料中，通过将相干极化区域的尺寸减小到纳米级，可以显著降低或消除能量势垒。在 P（VDF-TrFE）共聚物中，实现这一结果（减少全反式构象区域的大小）的一种方法是在聚合物链中引入缺陷。早在 1998 年，就发现通过高电子辐射将缺陷引入 P（VDF-TrFE），共聚物从正常铁电体转变为弛豫铁电体，消除了室温下与极化变化有关的大的极化滞后（介电加热），介电温度谱显示出典型的铁电弛豫行为，如图 4-32 所示。结晶区域在辐照后的状态不是简单的顺电相，而是包含纳米极区（纳米尺寸的全反式链）的相，被辐照引入的反式和旁式键

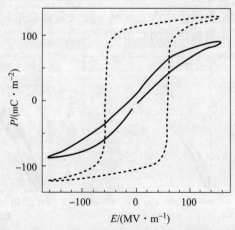

图 4-32 室温下普通铁电聚合物（虚线）和弛豫铁电聚合物（黑色）极化滞后的比较

(trans and gauche bonds）中断。这些纳米极区在外场下的膨胀和收缩导致细的极化环。由于 P（VDF-TrFE）共聚物中极性相和非极性相之间的晶格常数存在很大差异，因此弛豫 P（VDF-TrFE）共聚物中极化随场的逐渐增加产生了巨大的电致伸缩应变能密度高的应变。

表 4-11 所列为四种不同类型的铁电材料的机电性能，其中 Y 为沿驱动方向的弹性模量，S_m 为最大应变，ρ 为材料的密度，$YS_m^2/2$ 为体积弹性能量密度，$YS_m^2/(2\rho)$ 为重量能量密度。显然，在应变和应变能密度方面，与传统压电陶瓷和磁致伸缩材料相比，辐照后的电致伸缩 P（VDF-TrFE）共聚物表现出显著改善的性能，与 PZN-PT 单晶相当，因此广泛应用于致动器、传感器、换能器和电容器中。

表 4-11　四种不同类型的铁电材料的机电性能

材料	应变	Y/GPa	S_m/%	应力/MPa	$YS_m^2/2$/(J·cm^{-3})	$YS_m^2/(2\rho)$/(J·kg^{-1})	耦合系数
压电陶瓷（PZT-5）	S_3	54	<0.2	108	0.11	14.3	0.75
	S_1	61	<0.1	61	0.06	7.8	0.39
PZN-PT 单晶	S_3	8	1.7	136	1.04	136	0.93
辐照 P（VDF-TrFE）	S_3	0.5	-5.0	25	0.625	337.8	0.3
	S_1	1.0	4.5	43	1.0	500.0	0.65
P（VDF-TrFE-CFE）三元共聚物	S_3	0.3	-7	21	0.73	365	—
	S_1	0.4	5	20	0.5	250	—

图 4-33 所示为在 120 ℃温度下用 4×10^5 Gy 辐照后 P（VDF-TrFE）50/50 共聚物的介电常数（实线）和介电损耗（虚线）随温度的变化。频率为（从上到下的介电常数曲线和从下到上的介电损耗曲线）：100 Hz、1 kHz、10 kHz、100 kHz、300 kHz、600 kHz 和

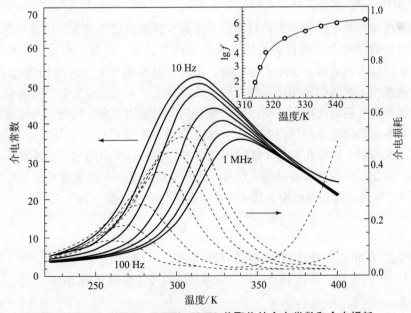

图 4-33　P（VDF-TrFE）50/50 共聚物的介电常数和介电损耗

1 MHz。插图显示了 Vogel – Folcher 定律的拟合，其中实线是拟合值，圆圈是数据（插图中的横轴是温度，f 是频率）。与低于 FP 转变温度（约 70 ℃）未照射样品的类似，室温附近被辐照膜表现出宽的介电峰 T_m。然而，与 FP 跃迁相关的介电峰值不同。由图 4–33 可见，随着频率增大，T_m 逐渐向更高温度移动，表示出弛豫铁电体的特征。此外，如图 4–33 中插图所示，T_m 随频率 f 的色散可以用在许多弛豫铁电系统和自旋玻璃系统中观察到的关系 Vogel – Folcher（VF）定律很好地拟合，即

$$f = f_0 \exp\left[\frac{-U}{k(T_m - T_f)}\right] \tag{4-29}$$

式中：U 为与活化能相关的常数；k 为玻耳兹曼常数；T_f 为冻结温度。

数据拟合得出 $f_0 = 9.6$ MHz，$T_f = 307$ K（$= 34$ ℃），$U = 6.4 \times 10^{-3}$ eV。

如表 4–11 所列，三元共聚物高应变的变化和高弹性能量密度会导致基于其单晶的超常运动。故研究了用于控制弹丸外的微脉冲空气射流的致动器装置，单晶结构的致动器由 30 μm 厚的 P（VDF – TrFE – CFE）薄膜组成，该薄膜夹在两片 PMMA 之间，一侧压在 120 μm 厚的不锈钢基板上，有源层（10 mm × 15 mm）在 300 Hz 频率下受到 50 V/μm 电场的作用，自由端的运动幅度可达到 500 μm。该致动器放置在压力下的密闭腔室内，其作用是产生频率约为 300 Hz 的输出气流，以改变弹丸的飞行轨迹，提高飞行精度。致动器作用示意图如图 4–34 所示。

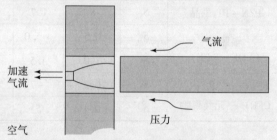

图 4–34 （弹丸用）致动器作用示意图

4.10.5 无铅压电材料

1. 钛酸铋钠（$Bi_{0.5}Na_{0.5}TiO_3$，BNT）

BNT 具有优良的铁电性和较大的机电耦合系数，是最具潜力的无铅压电材料之一。2007 年，人们在对 BNT 进行掺杂改性时发现了大电致应变效应。但是，引发大电致应变效应所需电场强度往往高于压电陶瓷实际工作环境，不利于其实用化。为此人们进行了诸多探索，并利用构建弛豫相 – 铁电相复相陶瓷的方法，成功降低了大电致应变效应所需电场强度。

介电电容器具有超高的功率密度、耐久性和几乎无限的寿命。因此，与电池、电化学容器、燃料电池和其他电能存储设备相比，更适合脉冲电源系统。但是，由于储能密度低，介电电容器通常需要大体积和重量才能输出足够的能量，这严重阻碍了脉冲功率器件的轻量化和小型化。因此，开发具有高储能密度 W_{rec} 的介电材料是介电储能领域的研究热点。介电材料的理论 W_{rec} 可以通过积分电滞回线 $P – E$ 的去极化曲线计算，即

$$W_{rec} = \int_{P_r}^{P_{max}} E \mathrm{d}P \tag{4-30}$$

式中：P_r、P_{max}、P 和 E 分别为剩余极化、最大极化、极化和电场。

由式（4–30）可知，假设具有高击穿强度 E_b 和大有效极化值 $\Delta P = P_{max} - P_r$ 的介电材料可获得高 W_{rec}。

环保的 $Bi_{1/2}Na_{1/2}TiO_3$（BNT）基和 $BaTiO_3$（BT）基钙钛矿无铅弛豫铁电体是理想的

介电储能材料，因为 P_{max} 大。同时，可以通过成分设计大大降低 P_r，并且增大的有效极化值会将 W_{rec} 从小于 1 J/cm³ 增大到约 2 J/cm³。尽管如此，储能密度仍有待提高。由于 E_b 和 P_{max} 的同时增长，具有优异击穿特性的弛豫铁电体在实现高 W_{rec} 方面更具前景。一般而言，介电陶瓷的 E_b 由孔隙率、晶粒尺寸、第二相和其他因素等多个因素决定，其中晶粒尺寸 G 对 E_b 具有显著影响并遵循 $E_b \propto 1/G^a$ 的关系，指数值在 0.2~0.4。

为获得高储能密度电容器材料，Ma 等研制出了复合型 BNT-ST-5AN0.95（0.76Na$_{1/2}$Bi$_{1/2}$TiO$_3$-0.24SrTiO$_3$-0.05AgNbO$_3$）弛豫铁电陶瓷，通过与纳米 SiO$_2$ 进行两相复合，成功地将陶瓷的烧结温度从 1 150 ℃ 降低到 980 ℃。同时，复合陶瓷的平均粒子尺寸也从 4.45 μm 减小到 0.37 μm，从而在超高击穿强度（316 kV/cm）下实现了大的能量存储密度（3.22 J/cm³），同时达到了良好的温度（25~150 ℃）和频率（10~200 Hz）稳定性。该材料具有良好的储能性能，可作为脉冲功率多层陶瓷电容器的低温烧结介质材料。

图 4-35 显示了复合陶瓷在各种电场下的储能密度。由图可见，随着电场的升高，P_{max} 几乎呈线性增加。由于 E_b 对 P_{max} 和介电材料适用电场的双重影响，E_b 的增加对能量存储密度的提高有显著影响。当电场强度从 100 kV/cm 上升到 E_b 时，W_{rec} 从 0.5 J/cm³ 改善到 3.22 J/cm³。比较最近报道的无铅介电储能陶瓷的 W_{rec} 和 E_b 可知，无论是大极化的 BNT 基陶瓷还是复合陶瓷，在高电场下一般都可获得大于 2 J/cm³ 的储能密度，表明提高击穿强度是弛豫铁电体获得超高储能密度的最有效方法。

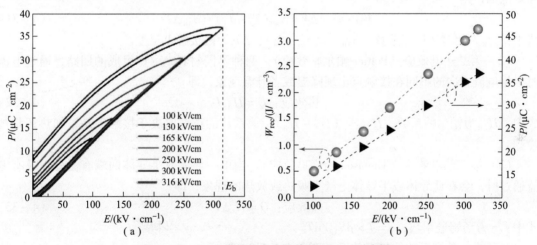

图 4-35　P-E 曲线和复合陶瓷的 W_{rec}（附彩插）

(a) P-E 回线；(b) 不同电场下复合陶瓷的 W_{rec}

4.11　热电与热释电晶体材料

极性电介质也称为热释电材料，属于 10 个晶体类别之一，其中存在一个极性轴，该极性轴的方向通过对称性固定。极轴的方向不能随温度或压力而改变，除非对称性改变。然而，温度变化会改变极化强度。温度变化和极化之间的关系称为热电效应。

4.11.1 热电效应

热电效应有三种，如图4-36所示，其中正汤姆逊效应为放热（如Zn、Cu等），负汤姆逊效应则为吸热（如碱金属、Co、Ni和Fe等），定义及计算式如下。

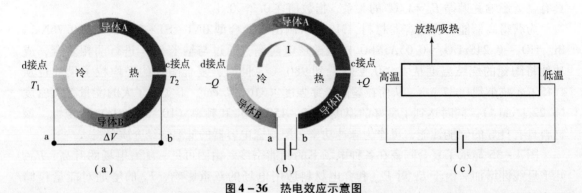

图4-36 热电效应示意图
(a) 第一热电效应；(b) 第二热电效应；(c) 第三热电效应

(1) 第一热电效应（Seebeck 塞贝克效应）。两种不同的导体（或半导体）组成闭合回路时，若两接点处存在温度差时，回路中将有热电势 ΔV 及热电流产生。回路称为热电偶或温差电池，则

$$热电势：\Delta V = S_{AB}(T_2 - T_1) = S_{AB}\Delta T \tag{4-31}$$

式中：S_{AB} 为相对塞贝克系数，$S_{AB} = (S_B - S_A)$；ΔT 为两接触点温差。

(2) 第二热电效应（Peltier 帕尔帖效应）。两种不同材料A、B组成的回路，通过电流时根据电流方向的不同在接触点出现降温或者升温现象，即

$$热效应：Q = \Pi_{AB} I \tag{4-32}$$

式中：Π_{AB} 为帕尔帖系数，$\Pi_{AB} = (\Pi_A - \Pi_B)$，该系数的正负取决于接触端是被加热还是被冷却。

(3) 第三热电效应（Thomson 汤姆逊效应）。当单一导体或半导体两端有温差以及有电流通过时，会在此导体或半导体上产生吸热或放热的现象，即

$$热效应：Q = \tau I \Delta T \tag{4-33}$$

式中：τ 为汤姆逊系数，$\tau = T \times dS_{AB}/dT$。

三种热电效应系数的相互关系（开尔文关系）为

$$\Pi = S_{AB} T \tag{4-34}$$

序列中的任意两种金属构成闭合回路时，第一热电效应形成的电流将从排序较前的金属经热接头流向排序较后的金属：Bi - Ni - Co - Pd - U - Cu - Mn - Ti - Hg - Pb - Sn - Cr - Mo - Rb - Ir - Au - Ag - Zn - W - Cd - Fe - As - Sb - Te。

用热电优值ZT评价热电效率，则

$$ZT = S^2 T \sigma / \kappa \tag{4-35}$$

式中：S 为塞贝克系数；σ 为电导率；T 为热力学温度；κ 为热导率。

固体中输送电荷的电子同时输送热。因为热电率对应单位载流子输送的熵，载流子密度的增大可以使 σ 变大，但是 S 变小。也就是说，决定热电性能三个物性保持互相约束的状态。

4.11.2 热电材料

典型的热电材料有 Bi_2Te_3、PbTe、SiGe 等。它们具有的 ZT = 1,变换效率超过10%的高性能。但是有耐热、耐氧化性差,原料储藏少,对环境有污染等问题。

2007年,Ohta 成功合成了 $SrTiO_3$ 化合物的人工超格子的二维电子气(2D EG),得到了高性能的热电材料(ZT = 2.4)。

温差电动势材料的种类如下。

(1) 合金:常用的热电极材料中,其占很大比例。

铜:康铜(60%Cu,40%Ni)适于 -200~400 ℃使用。

镍铬、镍铝(90%Ni,10%Cr;95%Ni,5%Al)适于 0~1 000 ℃用。

铂:铂铑(13%Rh,87%Pt)适于 0~1 500 ℃使用。

金:金铁(0.03%Fe,99.7%Au)适于低于 10 K 使用。

(2) 半导体:碲化铋(Bi_2Te_3),硒化铋(Bi_2Se_3),碲化锑(Sb_2Te_3),碲化铅(PbTe)等。

(3) 化合物:氧化物、硫化物、氮化物、硼化物和硅化物。

应用,①测温热电偶,主要是高纯金属和合金材料;②热电转换材料(可制作温差电堆),用来发电或作致冷器,材料主要是高掺杂半导体材料,通常温差电动势只有 1~10 mV 数量级,如果把多个温差电偶按照相同顺序串接成温差电堆,温差电动势会大大增加。

工作原理虽然不同,但材料类似。因此,集成为既作为发电器或热束,又可作为致冷器的装置:温差发电器和致冷器,虽成本高、效率低,但体积小、无振动、无噪声及易控温,用于供电不方便的地方,如高山、南极、月球等。

4.11.3 热电效应的应用

能源的小型化对于下一代武器装备的开发至关重要,然而,电池、燃料电池、热力发动机和超级电容器在内的所有常用能量产生技术的尺寸减小都没有导致具有高比功率(功率/质量比)的有效且可靠的能源。最近,基于热功率波的发电新概念已显示出实现小型化的希望。在该电源中,反应性燃料的放热化学反应与其亲和力耦合到热电(TE)材料的电荷载体上,从而导致强烈的热波沿着 TE 材料的表面自蔓延。该波同时挟带电荷载流子,从而产生大电流。如果 TE 材料具有高的塞贝克系数,则可以获得大的输出电压并且随后获得大的比功率输出。由于热波产生功率输出,因此称为热功率波(thermopower wave)。

2010年,Choi 等首次报道了基于多壁碳纳米管(MWNT)为 TE 核心的热功率波(thermopower wave)系统[图 4 - 37(a)],通过涂覆有环三亚甲基三硝胺的多壁碳纳米管(MWCNT/TNA)自蔓延燃烧,直接将化学能转化为电。其传播速度快于 2 m/s,在 2 860 K 有效热导率为 (1.28 ± 0.2) kW/(m·K),伴随产生的电脉冲的比功率不成比例,高达 7 kW/kg,反应还产生单位质量总冲量较高的各向异性压力波(300 N·s/kg)。这种高功率密度的波可用作独特的能源;可以在保持其发电能力的同时减小电源的尺寸,显示出巨大的潜力,已引起了广泛关注。

由于碳纳米管的低塞贝克系数(-8 μV/K)是增加电势的障碍,Hong 等研究了通过溅射方法制备碳纳米管 MWCNT 表面涂覆有 Sb_2Te_3 的阵列,之后湿法浸渍 TNA,涂覆 NaN_3 为

点火药 [图4-37 (b)]。因为 MWCNT 中的多数载流子是空穴，电子和空穴的相伴运动会抵消感应电势，P 型和 N 型材料的平行混合物会减小塞贝克效应，故选择 P 型 Sb_2Te_3 而不是 N 型。尽管精确值取决于晶体结构和合成方法，但是 Sb_2Te_3 通常表现出较高的塞贝克系数 α（200～300 μV/K）和电导率 σ（50～500 S/cm）。而 Sb_2Te_3 低的热导率 κ 值（约 2.5 W/(m·K)）不利于引导热电波，因为快速的反应传播依赖于波导的高 k 值。但是，超过最小阈值的界面热导变得无关紧要，因此，无论是 Sb_2Te_3 的高 α 值还是 MWCNT 的高 κ 值，都可以利用产生高电位的自持热功率波。

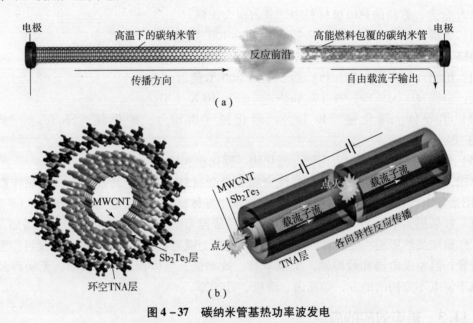

图4-37 碳纳米管基热功率波发电
(a) MWCNT/TNA；(b) $MWCNT/Sb_2Te_3/TNA$

因为很难测量被 Sb_2Te_3 包覆的单个纳米管的 α，采用分析模型来估算 $MWCNT/Sb_2Te_3/TNA$ 的 α 值。假设由两种热电材料组成的平行阵列（图4-38），并且忽略了两层之间的界面效应。$MWCNT/Sb_2Te_3$ 的塞贝克系数 α 由下式计算：

$$\alpha = \frac{\alpha_{MWCNT} R_{Sb_2Te_3} + \alpha_{Sb_2Te_3} R_{MWCNT}}{R_{MWCNT} + R_{Sb_2Te_3}} \tag{4-36}$$

式中：R 为电阻，下标表示每个组件的材料。

电阻率 ρ 用于计算 Sb_2Te_3 层的电阻 $R = \rho L/A$，其中 A 是横截面积；$L = 5$ mm，是试样的长度。下列假设为近似值：管的外径为 10 nm，Sb_2Te_3 层的厚度均匀（10 nm）。计算使用溅射沉积在硅晶片上的 10 nm 厚的 Sb_2Te_3 膜的 α（234 μV/K）和 ρ（22.7×10^{-6} Ω·m）值；从文献中获得 MWCNT 的 α（80 μV/K）和 R（6 kΩ）值。与 MWCNT（80 μV/K）相比，$MWCNT/Sb_2Te_3$ 的估计 α 值（140 μV/K）增加了 75%。与裸露的 MWCNT/TNA 的典型输出（约72mV）相比，异质结构与 TNA 的放热化学反应相结合显示出峰值电势增加了 175%（约198mV）。α 值与电势增大的差异可能来自非均匀涂层、界面效应以及文献中的纳米管与其使用的 CVD 生长的纳米管之间特性不同。两个重复单元的串联将峰值电势提高到 406 mV。

第一代热功率波系统基于导热和导电的 MWCNT 芯,并已显示出可产生高达 7kW/kg 的比功率。在这些装置中,热电芯 MWCNT 上的温度梯度会促进自由载流子的传输。该温度梯度是由于覆盖了高反应性固体燃料的 MWCNT 发生放热化学反应而产生的。这种功率源的关键特征是通过更改系统参数,可以使输出为直流或振荡。但是,基于 MWCNT 的热电装置的局限性在于输出电压(小于 100 mV)和振荡幅度(小于 50 mV)低。

为了使更实用的热电源具有更大的输出电压,第二代热功率波系统是采用碲化铋(Bi_2Te_3)、碲化锑(Sb_2Te_3)和氧化锌(ZnO)等薄膜作为核心热电(TE)材料。Bi_2Te_3 和 Sb_2Te_3 器件产生高振荡输出(100～150 mV),峰值比功率为 1.0 kW/kg,而 ZnO 器件产生的电压约为 500mV,比功率约为 0.5 kW/kg。通过两个串联连接 Sb_2Te_3 涂覆的 MWCNT 热电波器件,可获得约 400 mV 的峰值输出电压。

为了进一步改善热电波系统的性能,需要研究在升高的工作温度下具有高塞贝克系数(S)和高电导率 σ 的 TE 材料。因此,具有高的热电功率因数 TPF($S^2\sigma$)的材料是理想的。另外,在这种源中需要芯材料的优选高导热率以促进热功率波的持续传播,这与期望低导热率的常规 TE 应用相反。因此,过渡金属氧化物具有较高的 $S^2\sigma S$,是一种很有前途的 TE 核心材料。TiO_2、WO_3、MnO_2 等金属氧化物是潜在的候选者。因为它们展示了这些特性的理想组合,尤其是在高温下,其中粉末状 MnO_2(二氧化锰)具有极高的塞贝克系数。MnO_2 还是电导率在高温下增加的 N 型半导体,与其他普通 TE 材料相比具有较高的 TPF(表 4-12)。因此,它似乎是薄膜热电器件中的核心热电材料的合理选择。

表 4-12 基于不同核心材料的热电波系统各种参数的比较

参数	多壁碳纳米管	Bi_2Te_3	Sb_2Te_3	ZnO	MnO_2
塞贝克系数的绝对值 $S/(\mu V \cdot K^{-1})$	80	195	137	500	1 900
电导率 $\sigma/(S \cdot m^{-1})$(在温度 550～600 K)	5×10^3	6.1×10^4	4.1×10^4	4×10^3	1.0×10^3
$S^2\sigma/(W \cdot m^{-1} \cdot K^{-2})$	3.2×10^{-5}	2.4×10^{-3}	7.7×10^{-4}	1.0×10^{-3}	3.6×10^{-3}
峰值电压/V	0.21	0.35	0.20	0.50	1.80
电压波动/mV	15	75	40	450	400
峰值比功率/(kW·kg^{-1})	0.5～2.0	1.0	0.6	0.5	1.0
传播速度/(m·s^{-1})	1.0	0.2	0.7	23.0	3.9

2013 年,Walia 等以二氧化锰(MnO_2)为核心热电材料作为固体燃料的放热化学反应产生的热电波传播的途径;以反应焓高(4.75×10^6 J/kg)的硝化纤维素 NC[$C_6H_8(NO_2)_2O_5$]为可燃剂,制得基于热电波的能量产生装置(可燃剂/MnO_2/Al_2O_3)(图 4-39),该装置自蔓延的热电波会产生 1.8 V 量级的极高电压输出,并且会产生 1.0 kW/kg 量级的比功率(功率/质量比)。在输出方面做出了巨大的改进,输出电压比当时已报道的任何其他热电波系统至少高 300%。因为需要准确的电阻值来计算装置的输出功率以及电源的内部电阻率,因此在高达 300 ℃和 350 ℃的温度下分别测量了 MnO_2 膜电阻和塞贝克系数(图 4-40)。

根据结果,电阻的温度系数估计为 -2.85×10^{-3}/℃,对于 N 型 MnO_2 为负值。在室温

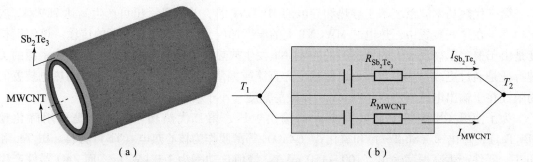

图 4-38　假设热电材料的平行阵列计算 MWCNT/Sb_2Te_3 的塞贝克系数

(a) Sb_2Te_3 涂覆 MWCNT 的示意图；(b) 平行阵列的分析模型

下，薄膜的电阻率为 0.43 Ω·cm ±8%，在 300 ℃ 下降低至 0.1 Ω·cm ±8%。测得室温塞贝克系数 S 为 -460 μV/K ±5%；在高温下塞贝克系数的绝对值显著增加，在 350 ℃ 时达到 $-1\,900$ μV/K ±5%。可以预期，塞贝克系数的绝对值甚至会进一步增加，直至温度达到约 500 ℃，此后 MnO_2 开始转变为 Mn_2O_3。

为了解释随温度升高而塞贝克系数 S 提高的观察结果，可以使用下式描述半导体材料的塞贝克系数 S（对于由微米/纳米结构的晶粒制成的几微米厚的膜也是很好的近似值），即

$$S = \frac{8m^*\pi^2 k^2}{3eh^2}T\left(\frac{\pi}{3n}\right)^{2/3} \tag{4-37}$$

式中：n 为载流子浓度；m^* 为载流子有效质量；e 为电荷；T 为温度；h 为普朗克常数；k 为玻耳兹曼常数。

从式（4-37）可以预测，温度增加，S 一般会线性增大；式（4-37）表明，较高的 m^* 导致较大的塞贝克系数；此外，式（4-37）还表明，载流子浓度的任何降低，也会提高 S。

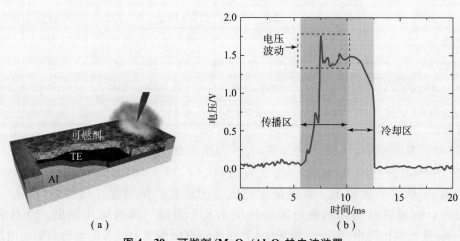

图 4-39　可燃剂/MnO_2/Al_2O_3 热电波装置

(a) 示意图；(b) 热功率电压信号

以前的研究表明，ZnO 的塞贝克系数随温度的升高而显著提高。计算表明，ZnO 薄膜的室温载流子浓度［考虑到 ZnO 薄膜的典型载流子迁移率约为 1 cm²/(V·s)］约为

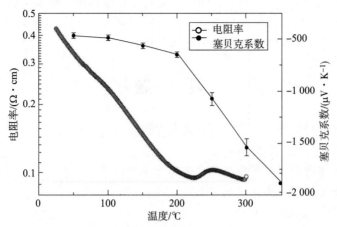

图 4-40 MnO$_2$ 膜的电阻率和塞贝克系数与温度关系

10^{19} cm^{-3}，ZnO 电子有效质量较高（0.28）。显然，由于热电子效应，ZnO 的载流子浓度随温度而增加。然而，在温度低于 350 ℃时，温度对 S 的影响会比载流子浓度更重要，此后 S 开始下降。因此，在基于 ZnO 的热电波系统运行的温度下，可以观察到塞贝克系数的整体提高。

可以类似地描述在高温下 MnO$_2$ 的 S 增强。迄今为止，还没有关于 MnO$_2$ 薄膜中电子有效质量的可靠研究。尽管据报道，MnO$_2$ 的电子迁移率非常低 [小于 0.1 cm^2/(V·s)]，部分原因是相对较高的电子有效质量。在研究的 MnO$_2$ 膜中，对于大约 0.1 cm^2/(V·s) 的迁移率，载流子浓度 n 约为 10^{18} cm^{-3}（根据 $n = \sigma/e\mu$ 计算，其中 μ 为迁移率，σ 为电导率），其大小比以前研究的基于 ZnO 薄膜的热电波系统小一个数量级。对 MnO$_2$ 而言，电子浓度的影响应在高于 600 ℃ 的温度下起作用并起主导作用，并且其塞贝克系数的绝对值应随温度线性增加直至达到该温度。

在其他过渡金属氧化物中，如 TiO$_2$ 和 WO$_3$ 中，证明了塞贝克系数随温度增加，但尚未报道高温下在 MnO$_2$ 中观察到如此高的值。

4.11.4 热释电效应

某些晶体当温度变化时，产生电极化现象，并且电极化强度随温度变化而发生变化。一般地，电极化强度随着温度升高，出现某方向极化的增强，随着温度下降，沿此方向的极化减弱。这种现象称作热释电效应。具有这种效应的晶体称作热释电晶体。

热释电晶体的自发极化强度 P_s 与温度变化 ΔT 呈线性关系，即

$$\Delta P_s = P_s \Delta T \tag{4-38}$$

式中：P_s（或用 P 表示），为热释电晶体的热释电常数。

压电晶体的结构特征是无对称中心，热释电晶体首先是压电晶体，因此它们也没有对称中心；另外，还必须有一个极轴。

温差电动势的大小与两种金属材料的性质有关，也与温度差 $T_1 - T_2$ 的大小有关。在通常情况下，温差电动势只有 1~10 mV 数量级，如果把多个温差电偶按照相同顺序串接成温差电堆，则温差电动势会大大增加。

温差电动势材料主要应用在两个方面：一是制作热电偶用于测温，这方面应用的材料主要是高纯金属和合金材料；二是作为热电转换材料（可制作温差电堆），用来发电或作致冷器，这类器件所用的材料主要是高掺杂半导体材料。

习　题

1. 电介质功能材料有哪些？各自的特点是什么？
2. 叙述电介质的四种极化机制。
3. 什么是介电体的击穿？影响固体介电体击穿的因素有哪些？
4. 什么是正压电效应、负压电效应？
5. 影响电滞回线的因素有哪些？
6. 叙述三种热电效应。哪些效应能用于什么军事装备？

第5章 磁功能材料

磁性材料广泛应用于军事上,如引信、脉冲电源、隐身材料(烟幕)、电磁屏蔽、电磁干扰、电磁炮、微波器件、声呐、磁密封等。引信物理电源有磁后坐/撞击发电机、磁力矩电机、爆炸磁流体发生器、爆电换能器、压电发生器和温差电堆,其中前三种为利用磁性,此外磁探测引信(磁阻效应)、水雷磁引信也与磁性材料相关。

本章介绍基本磁学参量;磁性材料分类;静态与动态磁化技术,影响磁性和磁损耗的因素;典型磁性功能材料结构、性能及应用。

5.1 基本磁学参量

磁性能的表征参量主要有磁矩/磁偶极矩、磁场强度 H、磁感应强度 B、磁化强度 M、磁极化强度 J_m、磁化率 χ/磁导率 μ。

5.1.1 磁矩

在磁学和电学还处于彼此独立研究的时期,人们仿照静电学,认为磁极上有一种称为"磁荷"的东西,N 极和 S 极上的分别为正/负磁荷,以 $+m/-m$ 表示。当磁极本身的几何尺寸比它们之间的距离小很多时,磁荷可以看成是点磁荷。但是与点电荷不同的是:正/负磁荷总是同时出现。迄今为止,实验上无论怎样分割一个小永磁体,从未发现单个磁极出现,总是同时出现偶数个磁极。因此,历史上曾提出磁体是元磁双极的假说,即任何一个磁体的两端,总具有极性相反而强度相等的磁极,表现为磁体外部磁力线的出发点的汇集点,当磁体无限小时,其体系定义为磁偶极子,如图 5-1(a)所示。

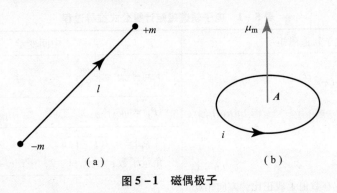

图 5-1 磁偶极子

设磁偶极子的两个相等而相反的磁荷是 $+m/-m$,它们之间的距离为 l,矢量指向从

"-"到"+",这时磁偶极子产生的磁偶极矩 j_m 为矢量,即

$$j_m = ml \quad (\text{Wb} \cdot \text{m}) \tag{5-1}$$

磁偶极子还可以用环形电流来描绘,如图 5-1(b)所示,设环形电流为 i,电流回路所包含的面积为 A,以 A 表示矢量,它的量等于所包含的面积,矢量 A 垂直于表面并与电流 i 的方向组成右手螺旋。该电流回路对远区而言就相当于一个磁偶极子,并具有磁矩 μ_m,即

$$\mu_m = iA \quad (\text{A} \cdot \text{m}^2) \tag{5-2a}$$

式中:μ_m 为矢量,其方向与 A 方向一致;μ_m 的单位是 $\text{A} \cdot \text{m}^2$;$i$ 为环形电流强度。

对于通有电流强度为 i、所围面积为 S 的 n 匝螺线圈的磁矩(图 5-2)为

$$\mu_m = niS \tag{5-2b}$$

磁矩是表征磁偶极子磁性强弱和方向的一个物理量,它和式(5-1)定义的磁偶极矩具有相同的物理意义,但各有自己的单位和数值,二者之间关系为

$$j_m = \mu_0 \mu_m \tag{5-3}$$

式中:μ_0 为真空磁导率。

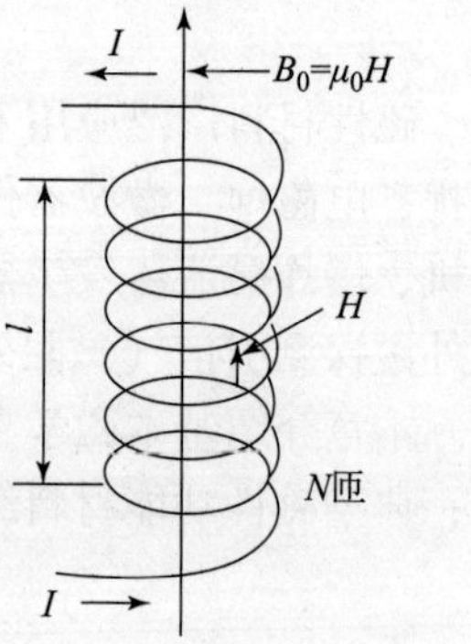

图 5-2　n 匝螺线圈的磁矩

电子的轨道运动相当于一个恒定电流回路,依磁矩定义,容易理解原子中电子绕原子核旋转必定有磁矩,然而,还有电子的自旋,根据目前的了解还不能用电流回路来解释,许多基本粒子,包括中子都有自旋磁矩,因而把自旋磁矩看作是这些基本粒子的固有磁矩为宜。

物质的磁性来源于原子的磁性,研究原子的磁性是研究物质磁性的基础,原子的磁性来源于原子中电子及原子核的磁矩。原子磁矩是构成原子的所有基本粒子磁矩的叠加,原子的核磁矩很小,比电子的磁矩小 3 个数量级,在一般情况下原子核磁矩可以忽略不计。因此,原子的磁矩主要来源于电子,电子轨道运动产生轨道磁矩,电子自旋运动产生自旋磁矩。

5.1.1.1　电子轨道磁矩

从经典轨道模型考虑:以周期 T(角频率 ω)沿圆做轨道运动的电子 e 相当于一个闭合圆形[面积为 A,图 5-1(b)],电流为 i。表 5-1 所列为电子轨道磁矩计算公式推导过程,右边一列为中间变量,代入左边一列中,经推导最终可获得电子轨道磁矩 μ_l 的计算公式(5-4)。

表 5-1　电子轨道磁矩计算公式推导过程

电子轨道磁矩	中间变量
$\mu_l = iA = -\dfrac{\omega}{2\pi}e(\pi r^2)$ 　　$= -\dfrac{1}{2}e\omega r^2$ 　　$= -\dfrac{e}{2m}P_l$ 　　$= -\gamma_l P_l$　　(5-4) 负号表示 μ_l 与 P_l 在数值上成正比,方向相反	$i = -\dfrac{e}{T} = -\dfrac{\omega e}{2\pi}$ $\vec{P_l} = m\omega r^2$ $\|\vec{P_l}\| = \sqrt{l(l+1)}\hbar$ 角量子数:$l = 0, 1, 2, \cdots, n-1$ $\gamma_l = \dfrac{e}{2m}$

续表

	电子轨道磁矩	中间变量
磁矩模	$\|\boldsymbol{\mu}_l\| = \sqrt{l(l+1)}\dfrac{e}{2m}\hbar$ $= \sqrt{l(l+1)}\mu_B$	$\mu_B = \dfrac{e}{2m}\hbar = 9.273\times10^{-24}$

注：表中动量矩 $\|P_l\|$ 也称角动量，轨道角量子数 l 分别代表 s、p、d、f 层的电子态；玻尔磁子 $\boldsymbol{\mu}_B$ 是理论上最小的磁矩，经常作为磁矩的单位使用。

5.1.1.2 电子自旋磁矩

电子自旋运动产生的磁矩以 μ_s 表示，其方向平行于自旋轴，其大小为

$$\mu_s = 2\sqrt{s(s+1)}\mu_B \tag{5-5}$$

式中：s 为自旋量子数，其值仅能取 1/2。

5.1.1.3 原子的总磁矩

原子的总磁矩为

$$\mu_J = g\sqrt{J(J+1)}\mu_B \tag{5-6}$$

式中：J 为原子总角量子数；g 为朗德（Lande）因子。g 与原子总轨道量子数 L、原子总自旋量子数 s 有关；总磁矩全部来源于轨道运动时 $g=1$；总磁矩全来源于自旋时 $g=2$；两者同时对总磁矩做贡献时 $1<g<2$。

5.1.2 磁化强度、磁场强度及磁导率

磁化强度 M、极化强度 J、磁场强度 H、磁感应强度 B、磁化率 χ 和磁导率 μ 相互关联，J、M、B 和 H 均为矢量。

磁化强度和极化强度都是用来描述磁体被磁化程度（大小与方向）的物理量。磁化强度 M 的定义是单位体积磁体内具有的磁矩矢量和；磁极化强度 J 的定义是单位体积磁体内具有的磁偶极矩矢量和，即

$$J = \sum j_m/V = \mu_0 M \text{ (Wb·m}^2\text{)} \tag{5-7}$$

磁化磁场很大时，磁化方向可以和磁场方向一致，但一般不一定一致。

磁场强度 H 和磁感应强度 B 均为表征磁场性质（磁场强弱和方向）的两个物理量。在充满均匀磁介质的情况下，若包括介质因磁化而产生的磁场在内时，用磁感应强度 B 表示，其单位为特斯拉（T），非国际单位制单位为高斯（Gs），10 000 Gs = 1 T。磁感应强度是一个基本物理量。单独由电流或者运动电荷所引起的磁场（不包括介质磁化而产生的磁场时）则用磁场强度 H 表示，其单位为 A/m，非国际单位制为奥斯特（Oe）。

各向同性均匀磁介质中磁感应强度 B 的计算公式（磁介质内外均成立）推导过程及相关磁学参量定义、计算公式见表 5-2，将其中磁学参量代入左边公式中可进一步推导，最终得到磁感应强度 B 的计算公式（5-10）。

表 5-2 磁感应强度 B 的计算式推导及相关磁学参量

公式推导	磁学参量
$B = \mu_0(H+M)$ $= \mu_0(1+\chi)H$ $= \mu H$ (5-10)	磁化强度：单位体积 V 的磁矩 $\boldsymbol{\mu}_m$ 矢量和 $M = \chi H = \sum \boldsymbol{\mu}_m / V$ (A·m^{-1}) (5-8) 绝对磁导率：$\mu = \mu_0(1+\chi)$ (H·m^{-1}) (5-9) 相对磁导率：$\mu_r = \mu/\mu_0 = (1+\chi)$ (5-11)

根据式（5-8）和式（5-11）可得介质的磁化率 χ 的计算公式：

$$\chi = M/H = \mu_r - 1 \tag{5-12}$$

式中：χ 为单位磁场强度在磁体中所感生的磁化强度，是表征磁体磁化难易程度的量，它反映材料磁化的能力，无量纲，可正可负，取决于材料的不同磁性类别。

根据式（5-10）变换可得介质磁导率的计算公式：

$$\mu = B/H \tag{5-13}$$

5.2 磁性材料分类

根据磁化率 χ 的大小，物质可分为铁磁性、亚铁磁性、顺磁性、抗磁性、反铁磁性五大类，特性比较见表 5-3。

表 5-3 五种磁性材料的特性比较

分类		磁矩	特性	示例
强磁性	铁磁性	（平行排列箭头示意）	原子有平行排列的磁矩，磁化率 χ 为 $10^1 \sim 10^6$	Fe、Co、Ni、Gd 等元素及其合金、金属间化合物等，CoFe、SmCo、钕铁硼等
强磁性	亚铁磁性	（大小不等平行反平行混合箭头示意）	原子有大小不等的平行和反平行混合排列的磁矩，磁化率 χ 为 $10^0 \sim 10^3$	Fe_3O_4、铁和钴、镍等元素的混合氧化物（铁氧体）；铁、钴重稀土类金属间化合物（TbFe）等
弱磁性	顺磁性	（随机取向箭头示意）	原子具有随机取向的磁矩，磁化率 χ 为 $10^{-5} \sim 10^{-3}$	Pt、Rh、Pd 等；Ia 族（Li、Na、K 等）；IIa 族（Be、Mg、Ca 等）；稀土氧化物
弱磁性	反铁磁性	（反平行排列箭头示意）	原子中近邻电子自旋反平行排列，磁矩相互抵消，无自发磁化磁矩，强磁场下有微弱的正磁化率	Cr、Mn、Nd、Sm、Eu 等 3d 过渡元素或稀土元素，还有 MnO、MnF、Cr_2O_3 等合金、化合物等
抗磁性		原子没有磁矩，磁化率很小，且为负数，$-10^{-6} \sim -10^{-5}$		Cu、Ag、Au、C、Si、Ge、Sb、Bi 等

通常 χ 和 μ 强烈依赖于温度、压力、频率和磁场的大小。具有长程磁序的金属和陶瓷的磁导率受磁畴结构的强烈影响。铁磁性金属和铁磁性氧化物的相对磁导率值与铁电氧化物的

介电常数相当。像坡莫合金（Permaloy）这样的软磁铁的磁导率为 $10^5 \sim 10^6$，而在磁畴壁固定的硬磁铁中，磁导率为 $10 \sim 1\,000$ 更为常见。

铁磁性、亚铁磁性物质具有强磁性，具有重要的作用。根据5种材料的磁化强度 M 与磁场强度 H 的关系作出的磁化曲线示意图如图 5-3 所示。根据矫顽力的大小或磁化曲线形状，可分为软磁、硬磁和矩磁材料，如图 5-4 所示。软磁材料易于磁化，也易于退磁，具有非常窄的磁滞回线，低矫顽力［如铁镍合金：10^{-1} A/m $\leqslant H_c \leqslant 10^2$ A/m，图 5-4（a）］和高磁导率。软磁材料主要用于引导和集中磁通，也用于分配放大器。期望它们的主要品质是最

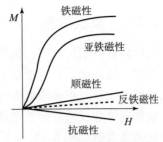

图 5-3　5 种磁体磁化曲线示意图

大的微分磁导率和宽度最窄的磁滞回线。因此，制造它们的材料必须具有非常弱的固有各向异性，这使得磁矩很容易自由旋转。理想情况下，这些材料还应始终包含大量极易移动的畴壁，允许在最小磁场的作用下发生磁化强度的显著变化。正如磁滞回线所示，当外加磁场反转时，成核已经发生。应用最多的软磁材料是铁硅合金（硅钢片）以及各种软磁铁氧体等。硬磁材料难以磁化和退磁，矫顽力大［如 $SmCo_5$ 磁体：10^4 A/m $\leqslant H_c \leqslant 2 \times 10^6$ A/m，图 5-4（b）］，其又叫永磁材料，除去外加磁场以后，仍能保留高的剩余磁化强度。其磁滞回线越大，效率就越高。只有当基材具有很强的单轴各向异性时，才能实现这一点。

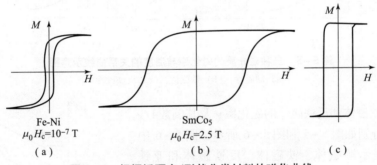

图 5-4　根据矫顽力/形状分类材料的磁化曲线
（a）软磁（Fe-Ni）；（b）硬磁（$SmCo_5$）；（c）矩磁

5.2.1　顺磁性

在许多情况下，顺磁性物质的磁性来源于部分或全部组成原子或离子的永久磁矩。无外加磁场时，由于顺磁物质的原子做无规则的热振动，宏观看来没有磁性；有外加磁场时，磁矩的平均方向会改变，并出现与磁场平行的感应磁化，物质显示极弱的磁性。低磁场下磁化率为正，在 0 K 时变为无穷大，并在温度升高时降低。温度越高，磁化强度越低，即热扰动越大。当温度升高时，磁化强度随磁场的变化变得越来越线性。在理想情况下，磁化率的倒数随温度线性变化，符合居里定律。

在实际材料中，经常会观察到偏离居里定律的现象，特别是在低温下。对这些偏差最常见的贡献之一就是所谓的范弗莱克（Van Vleck）顺磁性。在金属中，传导电子也可以引起顺磁特性，称为泡利（Pauli）顺磁性，其磁化率实际上与温度无关。

一般含有奇数个电子的原子或分子，电子未填满壳层的原子或离子，如过渡元素、稀土元素、锕系元素等都属于顺磁物质。

5.2.2 反铁磁性

反铁磁自旋结构有序，最简单的反铁磁材料的例子是由两个反平行的子晶格组成。事实上，许多反铁磁物质具有更复杂的磁性结构。随着温度升高，有序的自旋结构逐渐被破坏，磁化率增加，这与正常顺磁体的情况相反；然而在某个临界温度以上，自旋有序结构完全消失，反铁磁体变成通常的顺磁体，因而磁化率在临界温度 T_N［称奈耳（Neel）温度］显示出尖锐的极大值［图 5-5（c）］。磁化率的最大值来源于在 T_N 以下出现的磁矩的反平行变化。这种原子矩的反平行排列是由相邻原子之间的相互作用（称为负交换相互作用）引起的，这些相互作用与使所有磁矩平行排列的外加磁场的作用相反。在 $T > T_N$ 的高温下，热扰动克服了相互作用的影响，可再次观察到类似于顺磁性的磁化率的热变化。当温度降低到 T_N 以下时，磁化率随着热扰动的减少（不利于磁矩的反铁磁有序）而降低。

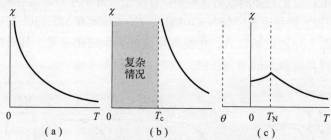

图 5-5　三种磁介质的磁化率与温度的关系曲线示意图
(a) 顺磁性；(b) 铁磁性；(c) 反铁磁性

顺磁体、铁磁体和反铁磁体的磁化率 χ 及其倒数 $1/\chi$ 与温度的关系分别如图 5-5 和图 5-6 所示，图 5-6 中 1~4 线分别表示顺磁体、铁磁体、反铁磁体和亚铁磁体。

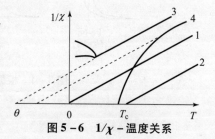

图 5-6　$1/\chi$ - 温度关系

磁化率与温度的关系分别服从如下关系：

(1) 顺磁性（居里定律）：$\chi = C/T$；

(2) 铁磁体（居里-外斯定律）：$\chi = \dfrac{C}{T - T_c}$，当 $T > T_c$（居里点）时；

(3) 反铁磁体：$\chi = \dfrac{C}{T + \theta}$，当 $T > T_N$（奈尔点）时。

反铁磁物质的转变温度一般都很低，MnO、FeO、CoO、NiO 和 Cr 的转变温度 T_N 分别为 116 K、198 K、291 K、525 K 和 308 K，且大多只能在低温下才可观察到反铁磁性。

5.2.3 抗磁性

抗磁性是指一种弱磁性，组成物质的原子中，运动的电子在磁场中受电磁感应而表现出的属性。当抗磁性物质放入外磁场中，外加磁场使电子轨道动量矩绕磁场进动，感生出与外磁场方向相反的附加磁矩，表现为抗磁性。实际上，磁化率与电场和温度无关，为很小的负值（$10^{-6} \sim 10^{-5}$ 量级），磁化了的介质内部 B 小于真空中的 B_0。

Bi、Cu、Ag 和 Au 等金属具有抗磁性；陶瓷材料的大多数属于抗磁性的；周期表中前 18 个元素主要表现为抗磁性，这些元素构成了陶瓷材料中几乎所有的阴离子，如 O^{2-}、F^-、Cl^-、S^{2-} 和 OH^- 等。在这些阴离子中，电子填满壳层，自旋磁矩平衡。

5.2.4 亚铁磁性

人类最早发现和利用的强磁性物质天然磁石 Fe_3O_4 就是亚铁磁性物质，20 世纪三四十年代开始在此基础上人工合成了一些具有亚铁磁性的氧化物，但其宏观磁性质和铁磁物质相似，很长时间以来，人们并未意识到它的特殊性，1948 年，Néel 在反铁磁理论的基础上创建了亚铁磁性理论后，人们才认识到这类物质的特殊性。亚铁磁性材料在微观上是反铁磁的，但两个亚晶格的磁化强度并不相同。这两个亚晶格不再精确地互相补偿。结果，在有序化温度 T_c 以下，出现一定程度的自发磁化，在此温度范围内，亚铁磁体的宏观性质与铁磁体相近，它们自发磁化的热变化如图 5-7 所示。在非常高的温度下，磁化率 χ 的倒数的热变化几乎是线性的，当接近居里温度时，它明显地偏离了这种线性行为。此外，$1/\chi(T)$ 的高温变化的渐近线通常穿过负值区域的温度轴（图 5-6 中线 4），与铁磁性物质的情况相反。一般称为铁氧体的大部分铁系氧化物即为此。对这类材料的

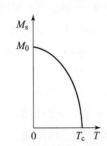

图 5-7 亚铁磁性/铁磁性材料自发磁化的热变化

研究和利用克服了金属铁磁材料电阻率低的缺点，极大地推动了磁性材料在高频和微波领域中的应用，成为目前磁性材料用于信息技术的主体。

常见的亚铁磁性物质有尖晶石型晶体、石榴石型晶体等几种结构类型的铁氧体，包括稀土钴金属之间的化合物和一些过渡金属如下：

尖晶石结构：Fe_3O_4，MFe_2O_3（金属 M = Fe, Ni, Co, Mn, Mg）；

石榴石结构：$A_3Fe_5O_{12}$，（A = Y, Sm, Gd, Dy, Ho, Er, Yb）；

磁铅石结构：$BaFe_{12}O_{19}$，$PbFe_{12}O_{19}$，$SrFe_{12}O_{19}$；

钙钛矿结构：$LaFeO_3$。

5.2.5 铁磁性

在外磁场中，感生出和磁场强度 H 相同方向的磁化强度 M，这类磁性物质称为铁磁性材料。铁磁性物质即使在较弱的磁场内，也可得到极高的磁化强度，而且当外磁场移去后，仍可保留极强的磁性（有剩磁）。铁磁性材料的主要特征是：①磁化率数值很大；②磁化率数值是温度和磁场的函数；③磁矩的有序排列随着温度升高而被破坏，温度达到居里温度 T_c 以上时有序全部被破坏，磁质由铁磁性转为顺磁性，即存在磁性转变的特征温度 T_c，T_c 是材料的 $M-T$ 曲线上 $M_s^2 \to 0$ 对应的温度；磁化率温度关系服从居里-外斯定律；④在居里温度附近出现比热等性质的反常；⑤磁化强度 M 和磁场强度 H 之间不是单值函数，存在磁滞效应。

根据键合理论可知，原子相互接近形成分子时，电子云要相互重叠，电子要相互交换。对于过渡族金属，原子的 $3d$ 的状态与 $4s$ 态能量相差不大，因此它们的电子云也将重叠，引

起 s、d 状态电子的再分配。处于不同原子间的、未被填满壳层上的电子发生特殊的相互作用，这种相互作用称为"交换"作用。在晶体内参与这种相互作用的电子已不再局限于原来的原子，而是"公有化"了，原子间好像在交换电子，故称为"交换"作用。由此便产生交换能 E_{ex}（与交换积分有关），即

$$E_{ij} = -2A_{ij}S_iS_j \tag{5-14}$$

式中：E_{ij} 为交换作用能，S_i 和 S_j 为第 i 和第 j 个电子的自旋角动量；A_{ij} 是 i、j 两个电子间交换积分。

此交换能有可能使相邻原子内 d 层未抵消的自旋磁矩同向排列起来。量子力学计算表明，当磁性物质内部相邻原子的电子交换积分为正时（$A>0$），相邻原子磁矩将同向平行排列，从而实现自发磁化。这就是铁磁性产生的原因。这种相邻原子的电子交换效应，其本质仍是静电力迫使电子自旋磁矩平行排列，作用的效果好像强磁场一样。交换积分 A 不仅与电子运动状态的波函数有关，而且强烈地依赖于原子核之间的距离（点阵常数）。奈耳总结了不同 3d 和 4d 以及 4f 等元素及合金的交换积分 A 与 $a-2r$ 的关系（图 5-8），其中 a 为两个原子之间的距离，r 为磁性壳层的平均半径。斯莱特和贝特采用的横坐标为 a/D（晶格的原子间距 a 及未被填满的电子壳层直径 D 之比），$a/D>3$ 时交换能为正值，材料为铁磁性；$a/D<3$ 时交换能为负值，材料为反铁磁性；$a/D>5$ 时交换能趋于 0。两者只是横坐标的尺寸有些差别，形状是相似的。

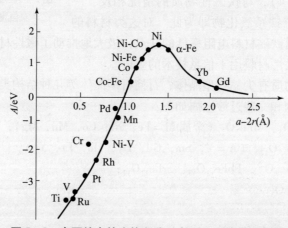

图 5-8 奈耳给出的交换积分 A 与 $a-2r$ 的关系曲线

铁磁性形成的条件，即 $J>0(J=A_{ij})$ 的条件：①两个近邻原子的电子波函数在中间区域有较多的重叠；而且数值较大，e^2/r_{ij} 的贡献大，可得 J 为正值；②只有近邻原子间距 a 大于轨道半径 r 的情况下才有利于满足条件①。角量子数 l 比较大的轨道态（如 3d 和 4f）波函数满足这两个条件的可能性较大。

总之，原子的电子壳层中存在没有被电子填满的状态是产生铁磁性的必要条件；此外，形成晶体时，原子之间相互键合的作用为形成铁磁性的第二个条件。

常见的铁磁性金属有 Fe、Ni、Co，某些稀土元素，以及由 Fe、Ni、Co 组成的合金等。部分铁磁性晶体的磁性能见表 5-4。

表 5-4 部分铁磁性晶体的磁性能

物质	磁化强度（单位高斯）M_s/Gs		n_B/化学式单元（0 K）	居里温度/K	物质	磁化强度 M_s/Gs		n_B/化学式单元（0 K）	居里温度/K
	室温	0 K				室温	0 K		
Fe	1 707	1 740	2.22	1 043	CrO_2	515	—	2.03	386
Co	1 400	1 446	1.72	1 388	$MnFe_2O_4$	410	—	5.0	573
Ni	485	510	0.606	627	Fe_3O_4	480	—	4.1	858
Gd		2 060	7.63	292	$NiFe_2O_4$	270	—	2.4	(858)
Dy		2 920	10.2	88	$CuFe_2O_4$	135	—	1.3	728
MnBi	620	680	3.52	630	EuO	—	1 920	6.8	69
MnSb	710	—	3.5	587	$Y_3Fe_5O_{12}$	130	200	5.0	560

严格来说，上面的分类是针对物质磁性质进行的，同一物质在不同的温度区域可以呈现出不同的磁类型，而且与其晶体结构有密切关系。例如，室温附近的金属铁为铁磁性，超过居里温度（1 040 K）后变为顺磁性，它受到高于 1.5×10^{10} Pa 的高压时，其结构从 bcc 变为 hcp，磁性变为非铁磁性。

5.3 静态磁学特性

铁磁性和亚铁磁性材料主要在直流磁场下的磁性能，称为静态（或准静态）特性。

5.3.1 自发磁化和磁畴

自发磁化是指在零外加磁场下，铁磁性或亚铁磁性材料在临界点居里温度 T_c 以下出现有序自旋态（磁化）。在高于 T_c 的温度下，铁磁材料变为顺磁材料，其磁行为主要由自旋波或磁子控制，它们是能量在毫电子伏范围内的玻色子集体激发。在 T_c 以下发生的磁化是"整体对称性的自发破坏"的著名例子，这一现象由戈德斯通（Goldstone）定理描述。术语"对称性破坏"是指通过自旋来选择磁化方向，该自旋在温度高于 T_c 时具有球形对称性，但在低于 T_c 时首选轴（磁化方向）对称。

布洛赫定律给出了低温下自发磁化的温度依赖性：

$$M(T) = M(0)[1 - (T/T_c)^{3/2}] \tag{5-15}$$

式中：$M(0)$ 为温度在 0 K 时的自发磁化强度。

更高温度下的自发磁化强度下降是由于自旋波的激发增加而引起的。在粒子描述中，自旋波对应于磁振子，即对称性破坏的无质量戈德斯通玻色子。对于各向同性磁铁，这是完全正确的。

铁磁体材料在自发磁化的过程中为降低静磁能、保持自发磁化的稳定性而产生分化的方向各异的小型磁化区域，每个区域内部大量原子的磁矩都像一个个小磁铁那样整齐排列，但相邻的不同区域之间原子磁矩排列的方向不同，这些小区域称为磁畴。若铁磁体未经外磁场磁化（或处于退磁状态），它们在宏观上并不显示磁性，说明物质内部各部分的自发磁化强度的取向是杂乱的。因此，物质的磁畴绝不会是单畴，而是由许多小磁畴组成的（图 5-9），磁畴体积一般为 $10^{-12} \sim 10^{-8}$ m^3，每个磁畴所含原子数为 $10^{17} \sim 10^{21}$。

磁体内具有五种相互作用能量：磁场能、退磁场能、交换能、磁各向异性能、磁弹性能。根据热力学平衡原理，稳定的磁状态，一定与铁磁体内总自由能为极小状态相对应。铁磁体内产生磁畴，实质上是自发磁化矢量平衡分布要满足能量最小原理的必然结果。例如，对一个单轴各向异性的单晶，图 5-10（a）所示为整个晶体均匀磁化，退磁场能最大，从能量的观点出发，分为两个或四个平行反向的自发磁化的区域，如图 5-10（b）所示，可以大大减少退磁能。如果分为 n 个区域（n 个磁畴），能量约可减少 $1/n$，但是两个相邻的磁畴间畴壁的存在，又增加了一部分畴壁能。因此自发磁化区域（磁畴）的形成不可能是无限的，而是畴壁能与退磁场能之和为极小值为条件。形成如图 5-10（c）所示的封闭畴将进一步降低退磁场能，但是封闭畴中的磁化强度方向垂直单轴各向异性方向，因此将增加各向异性能。

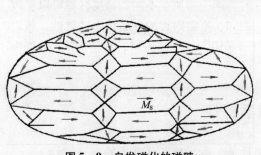

图 5-9 自发磁化的磁畴

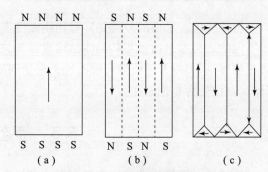

图 5-10 单轴晶体磁畴形成

（a）单畴；（b）四个平行反向的磁畴；（c）形成封闭畴

磁畴之间被磁畴壁隔开，磁畴壁实质是相邻磁畴间的过渡层。为了降低交换能，在这个过渡层中，磁矩不是突然改变方向，而是逐渐地改变，因此过渡层有一定厚度，这个过渡层称为磁畴壁。畴壁的厚度取决于交换能和磁结晶各向异性能平衡的结果，一般为 10^{-5} cm。铁磁体在外磁场中的磁化过程主要为畴壁的移动和磁畴内磁矩的转向，这一磁化过程使得铁磁体只需在很弱的外磁场中就能达到较大的磁化强度。

根据磁矩方向的角度和磁矩的过渡方式，磁畴壁分成两类。

（1）磁矩方向的角度：①磁矩方向互成 180°；②90°磁畴壁：磁矩方向不成 180°。

（2）磁矩的过渡方式分成：①奈耳壁：磁矩是平行于薄膜表面而逐渐过渡的，只有当奈耳壁的厚度 δ 比薄膜的厚度 L 大很多时，退磁场能才比较小，奈耳壁的稳定程度与薄膜的厚度有关；②布洛赫（Bloch）壁：磁矩的过渡方式始终平行于畴壁平面，在畴壁面上无自由磁极出现，保证了畴壁上不会产生退磁场，也能保持畴壁能为极小，但在晶体的上下表面却会出现磁极。

图 5-11 所示为不同类型的畴壁结构示意图，畴壁两侧磁畴的自发磁化矢量为磁矩。

如果磁性颗粒足够小，整个颗粒可以在一个方向自发磁化到饱和，成为一个磁畴，这样的颗粒称为单畴颗粒。不同材料有不同的单畴临界尺寸，大于该临界尺寸的颗粒出现多畴。由于单畴颗粒内不存在畴壁，不会有壁移磁化过程，只有转动磁化机制。多晶材料的单畴晶

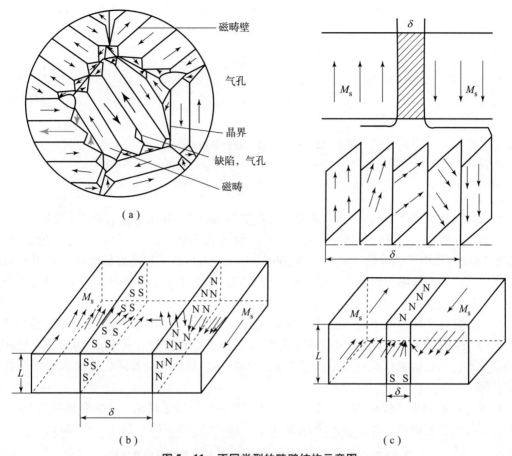

图 5-11 不同类型的畴壁结构示意图
(a) 磁矩方向的角度分类；(b) 奈耳壁；(c) 布洛赫壁

粒临界尺寸对降低软磁功率铁氧体的功耗、提高永磁体的矫顽力至关重要。Zaag 等在新一代功率铁氧体的研发中发现，在具有单畴晶粒结构的细晶粒材料中，可获得超低功耗。据此，他们提出了有关软磁铁氧体损耗的新观点：除了传统的涡流损耗 P_e、磁滞损耗 P_h 和剩余损耗 P_r 三项以外，还应该计入第四项——晶粒内畴壁损耗。当晶粒尺寸减小时，磁导率也随之降低，这时 Snoek 定律仍是有效的。也就是说，细晶粒材料显示出高的谐振频率，因此可工作于更高的使用频率。故单畴颗粒临界尺寸是研究磁性材料的重要参数之一。

图 5-12 所示为球形铁磁体颗粒的磁畴结构，图 5-12（a）为单畴颗粒，其余为大于临界尺寸颗粒的三种简单磁畴结构。图 5-12（b）为铁磁体的各向异性比较弱，磁矩取圆形磁通闭合式结构；图 5-12（c）为磁晶各向异性较强的立方晶体；图 5-12（d）为磁晶各向异性较强的单轴晶体，形成 180°畴壁。

由能量最低原则出发，可得出孤立球形的单畴颗粒临界晶粒尺寸 R_c 与畴壁能 γ_w 成正比、与退磁场能成反比的关系，即

$$R_c = \frac{9\gamma_w}{\mu_0 M_s^2} \tag{5-16}$$

将 $\gamma_w = p\sqrt{AK}$（90°畴壁 $p=1$，180°畴壁 $p=2$）和球形晶粒 $D_c = (4/3)R_c$ 代入，可得

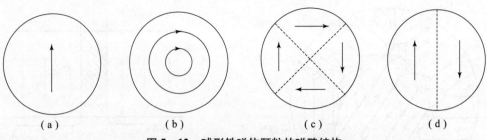

图 5-12 球形铁磁体颗粒的磁畴结构
(a) 单畴颗粒；(b) 圆形磁通闭合式结构；(c) 立方晶体；(d) 单轴晶体

式（5-17）。

单畴晶粒临界尺寸 D_c 的计算公式及其计算值与 MnZn 铁氧体实验结果的比较见表 5-5。

显然，在致密的烧结铁氧体中，孤立晶粒的假设是不能满足的。为此，自 20 世纪 90 年代以来 Zaag 等用中子去极化（neutron depolarization，ND）技术和磁力显微镜（MFM）对软磁铁氧体的单畴晶粒临界尺寸进行了大量实验研究，并就单畴晶粒临界尺寸 R_c 的计算公式进行了软磁环境修正（使退磁场能减小）。

假设孤立球形晶粒处于有效磁导率为 μ_{eff} 的周边环境中，则计算结果为退磁场能约减少了 $(2/3)\mu_{eff}$ 的因子，得到单畴态晶粒的临界尺寸为式（5-18），式中 μ_{eff} 为宏观有效相对初始磁导率，其近似替代微观有效磁导率 μ_{r+} 的值。μ_{r+} 取决于局部磁化方向和相邻晶粒中易磁化轴。

Zaag 等将软磁环境修正因子 $(2/3)\mu_i$ 代入 Brown 用微磁理论给出的单畴临界尺寸 D_c 的上、下限严密解析式，得出修正后 D_c 的上、下限为式（5-19）和式（5-20）。

表 5-5 D_c 计算公式及其计算值与实验结果相近程度比较

条件	单畴晶粒的临界尺寸 D_c 计算公式	D_c 计算值与实验结果比较
孤立晶粒	$D_c \approx \dfrac{6}{\mu_0 M_s^2}\left(\dfrac{2kT_c|K|}{\alpha}\right)^{1/2}$ （5-17）	与实验值相差 2～3 个数量级
退磁能约减少 $(2/3)\mu_{eff}$ 因子	$D_c \approx \dfrac{4\mu_{eff}}{\mu_0 M_s^2}\left(\dfrac{2kT_c|K|}{\alpha}\right)^{1/2}$ （5-18）	计算值改进了一个多数量级。与实验值仅一般性符合
软磁环境修正因子 $(2/3)\mu_i$	$D_{c下限} = 3.6\sqrt{\dfrac{2\mu_i A/3}{\mu_0 M_s^2/2}}$ （5-19） $D_{c上限} = 28\sqrt{\dfrac{2\mu_i A/3}{\mu_0 M_s^2/2}}\sqrt{\pi + \dfrac{2\mu_i K/3}{\mu_0 M_s^2/2}}$ （5-20）	计算值提高了 3 个数量级，与 MnZn 铁氧体实验结果相当接近；与 NiZn 铁氧体的十分符合

注：式中，k 为波耳兹曼常数；K 为磁晶体各向异性常数；α 为相互之间有交换耦合的自旋磁矩距离。

如果 α 是晶格常数，若求出晶格间距 N 的数，使畴壁的能量密度最小，则可得 180° 布洛赫畴壁的厚度为

$$\delta = N\alpha = \pi S\sqrt{\dfrac{2J}{K_u \alpha}} \quad (5-21)$$

式中：K_u 为磁性薄膜的各向异性常数；交换积分 J 越大，壁越宽；各向异性越大，壁越薄。

如果片状材料的尺寸小于畴壁的尺寸，那么其将由单畴组成。

5.3.2 磁化曲线与磁滞回线

图 5-13 所示为磁化过程的分类。

磁化过程
{
  动态磁化：在交变磁场作用下进行磁化
  静态磁化
  {
    技术磁化：给定的外磁场作用下铁磁体从退磁状态直到饱和之前的磁化过程，即外磁场把各个磁畴的磁矩方向转到外磁场方向（或接近外磁场方向）的过程（由外磁场使铁磁体产生的磁化。磁场可以电流产生也可由永久磁铁产生）
    内禀磁化（自发磁化）：铁磁性物质的自旋磁矩在无外加磁场条件下自发地取向一致
  }
}

图 5-13　磁化过程的种类

如图 5-14 所示，将强磁性材料（包括铁磁性和亚铁磁性材料）样品从磁化强度 $M=0$（或磁感应强度 $B=0$）开始，逐渐增大磁化场的磁场强度 H，在磁场的作用下，磁性材料的磁畴分布发生变化，材料逐渐磁化，曲线沿箭头方向前进，H 增加，M 增加，当 H 增加到一定程度，M 值不再上升，呈现一种饱和状态，达到饱和磁感应强度 M_s，该过程形成的磁化曲线称为初始磁化曲线（实线）。此后，若降低磁场强度，磁化曲线并不沿原来的起始磁化曲线返回；当磁场强度 H 持续降低至 0 时，材料的磁感应强度不为 0，依然保留磁性，称为剩磁 M_r。此时，加上一个反向磁场，迫使材料的磁感应强度降下来，直到失去磁性，此过程为

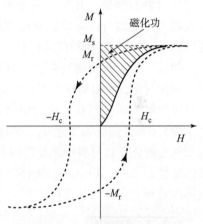

图 5-14　初始磁化曲线和磁滞回线

退磁过程，磁滞回线第二或第四象限部分的曲线为退磁曲线。在 $M=0$ 时的反向磁场强度 H_c 称为"矫顽力"，表示材料保持磁化、反抗退磁的能力。矫顽力的单位是磁场强度的单位 (A/m)，主要受晶体中点阵缺陷的影响，是结构敏感的参量，可以区分软磁和硬磁，硬磁的矫顽力大。当磁化磁场作周期性变化时，铁磁体中的磁化强度 M 与磁场强度 H 的关系是一条闭合线，但磁化和退磁不在同一条曲线上，M 的变化滞后于 H 的变化，这种现象称为"磁滞"，这条闭合线称为磁滞回线（虚线）。由于 $B=\mu_0(H+M)$，式中 μ_0 为真空磁导率，若已知材料的 $M-H$ 曲线，便可求出其 $B-H$ 曲线，反之亦然。

矫顽力决定主磁滞回线的宽度，为了使其最大化，有两种方法可用。

(1) 最常用的方法是，尽可能长时间地防止在不断增长的反向场中反向畴的成核以及与其一起出现的畴壁的形成。因此，人们试图避免任何成核，无论是自发成核还是在弱反向场中成核。该方法可抑制所有缺陷，这些缺陷的磁化强度与基体的磁化强度大不相同，因而可能构成局部偶极效应的有效来源。被反向场激活的缺陷的存在是很难避免的，即使只是在粒子的边缘。必须尽可能将缺陷的磁特性（尤其是各向异性）与基体的磁特性结合起来，以限制其有效性。

(2) 借助具有足够钉扎能力的缺陷网络，阻止已形成的畴壁的扩展。这种能力通常基于对壁能量的强局部修正，而不是由于材料软化过程中存在太多的畴壁而导致的局部消磁效

应。这被称为钉扎矫顽力。

对初始磁化（从消磁状态到饱和）以及主磁滞回线上从 $-M_r$ 到 $+M_s$ 发生的磁场范围进行比较，可以提供有关矫顽力主要过程的信息。如果产生这两种变化所涉及的磁场范围相同，矫顽力一定是由畴壁的钉扎或持久固定产生的。如果从退磁状态开始，在比从剩磁状态反转磁化所需的磁场弱得多的磁场中达到饱和，从 $-M_r$ 到 M_s，则很可能畴壁钉扎机制在矫顽力中没有起主导作用，因此有必要考虑成核的不同阶段。

分析热退磁样品上测得的初始磁化曲线，可用来判断磁畴壁在磁性颗粒内的迁移率。对于某些磁铁类别，尤其是烧结 $SmCo_5$（图5-15）或 NdFeB 磁体，初始磁化率等于消磁场斜率的倒数，并且是可逆的。这种行为表现为畴壁的自由运动，它证实矫顽力不能归因于畴壁钉扎-脱钉扎机制。

相反，低的初始磁化强度，伴随着不可逆的磁化变化，是磁畴壁不容易移动的证据。这可以理解为畴壁钉扎，或者没有畴壁（单畴晶粒）。当外加磁场接近 H_R 的值时，观察到的磁化率增加表明，饱和之前的磁化机制与饱和状态磁化反转过程中涉及的机制相同（矫顽力机制）。然而，这还不足以确定机制。铁氧体磁体和 $CeCo_{3.8}Cu_{0.9}Fe_{0.5}$ 磁体的初始磁化曲线说明了这一事实：它们非常相似，虽然铁氧体的矫顽力被认为是成核控制的，而 $CeCo_{3.8}Cu_{0.9}Fe_{0.5}$ 磁体的矫顽力被认为是钉扎控制的。

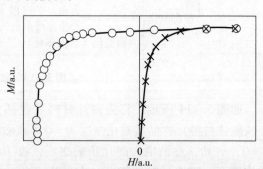

图5-15　$SmCo_5$ 磁铁的典型 $M-H$ 曲线

（×初始磁化强度；○从饱和开始在递减场中测量）

5.3.3　磁能积

退磁曲线上任何一点的 B 和 H 的乘积，即 $B_m \cdot H_m$ 和 $B \cdot H$ 代表了磁铁在气隙空间所建立的磁能量密度，即气隙单位体积的静磁能量，由于这项能量等于磁铁 B_m 与 H_m 的乘积，因此称为磁能积，磁能积随 B 而变化的关系曲线称为磁能曲线，其中一点对应的 B_d 和 H_d 的乘积有最大值，称为最大磁能积 $B \cdot H_{max}$，它是能量密度，等效于退磁曲线的最大内接矩形面积，即

$$(B \cdot H)_{max} = (1/V) \int_{磁体} |B \cdot H| dr \qquad (5-22)$$

永磁体的磁能积近百年来从最初钢的磁能积约 1 MGOe，增至六角铁氧体的磁能积约 3 MGOe，钕铁硼磁体的 $(B \cdot H)_{max}$ 在近年可达到约 470 kJ/m³（59 MGOe），几乎在理论最大值 525 kJ/m³（65 MGOe，基于 $Nd_2Fe_{14}B$ 相）的 90% 之内。

最佳形状磁体可获得最大静磁能的 2 倍。磁能积随矫顽力 H_c 和剩磁 M_r 的增加而增加，但绝不能超过对应于理想矩形磁滞回线的值 $\mu_0 M_r^2/4$。剩磁的上限是自发磁化强度 M_0，但如果磁化强度是唯一的考虑因素（如果仅考虑磁化强度），则 $\mu_0 M_0 = 2.15$ T 的 $\alpha-Fe$ 就能作为磁能积高达 920 kJ/m³ 的永磁体使用。实际上，体心立方（bcc）铁的矫顽力非常低，以至于铁磁体的磁能积仅为 1 kJ/m³。过去，必须使用笨重的条形和马蹄形形状，以避免磁体自身的静磁场自发地退磁成多畴状态。$Nd_2Fe_{14}B$ 或 $Sm_2Fe_{17}N_3$ 等现代高性能磁体通过将铁原子交换到具有强单轴各向异性的位置的稀土原子来克服该问题。稀土亚晶格产生的各向异性场比静磁场大一个数量级。但是，缺点是由于稀土和非磁性元素导致的磁化强度降低。轻稀土的原子矩充其量只是比铁稍大一点，但它们的体积却是铁的 3 倍以上。尽管如此，仍然可在实验室规模的 $Nd_2Fe_{14}B$（其 $\mu_0 M = 1.61$ T 和 $\mu_0 M_0^2/4 = 516$ kJ/m^3）磁体中获得高达 405 kJ/m^3 的磁能积。

由于磁性材料的磁化强度明显高于目前可用的三元相的前景不佳，而用小原子如氮或碳进行的间隙改性对于提高居里温度和各向异性是有效的，但是磁化强度实际上保持不变。分别通过熔融纺丝和机械合金化制备纳米晶体复合材料 $Nd_2Fe_{14}B/Fe_3B$ 和 $Sm_2Fe_{17}N_3/Fe$ 实现了磁硬化，进一步提高了磁能积，其思路是通过与软相交换耦合来改善各向同性硬相的较低剩磁 $M_r \approx M_0/2$。但是，仍未达到定向稀土磁体所能达到的水平，因此 1993 年 Skomski 等利用硬区和软区之间的交换耦合来大幅增加定向纳米结构两相磁体中的磁能积。考虑自由能以描述磁反转，则

$$F = \int \left[A(r) \left(\frac{\nabla M}{M_0} \right)^2 - K_1(r) \frac{(M \cdot n)^2}{M_0^2} - \mu_0 M \cdot H \right] dr \qquad (5-23)$$

式中：H 表示内磁场，是外加磁场和静磁场"退磁"的总和；$A(r)$ 为交换劲度；$M(r)$ 为局域磁化强度 $|M(r)| = M_0$；$K_1(r)$ 是第一各向异性常数。

假设易轴方向 n 上的单位矢量不依赖于 r（共 c 轴）。硬相和软相的参数 A、M_0 和 K_1 的值可以不同，用后缀 h 和 s 表示。富铁金属间化合物中的铁磁交换作用 $[A(r) > 0]$ 主要由铁亚晶格控制；不考虑能引起振荡耦合效应的非磁性区域，例如在具有巨磁电阻的多层膜中观察到的那些区域。

从完全对齐的状态开始，其中 $M(r) = M_0 n$。如果达到足够高的内部磁场，对齐状态就会变得不稳定，磁反转开始（成核）。成核是完全磁反转的必要条件，但不是充分条件。它对矫顽场设定了功率极限 $H_c \geq H_N$，因为反向核有可能不会传播。

在特殊情况下，成核问题式（5-23）已通过级数展开或适当的拟设在一维、二维或三维中得到解决。使用矢量恒等式，即

$$M(r) = M_0(r)[m_x(r)e_x + m_y(r)e_y + \sqrt{1 - m_x^2 - m_y^2}e_z] \qquad (5-24)$$

对于足够小的反向磁场 $|H| < H_N(D)$，如果 $M_s > M_h$，单个软夹杂物理想地沿 e_z 排列，并略微增强剩磁。对于每单位体积的大量球形夹杂物，剩磁为

$$M_r = f_h M_h + f_s M_s \qquad (5-25)$$

式中：f_s 和 $f_h = 1 - f_s$ 分别为软相和硬相的体积分数；M_h、M_s 分别为硬相和软相的剩磁。

但当相邻夹杂物之间的距离变得太小时，软区相互作用，矫顽力受损（图 5-16）。对于分离良好的夹杂物，负责成核的最低磁化模式在硬区呈指数下降。但当软包裹体之间的距离较小时，磁化模式可以隧穿过硬区，而硬区不再充当有效的势垒。事实上，当硬区厚度小于 δ_h 时，这种微磁交换作用可以显著降低成核场。

在成核场 H_N 随夹杂物直径 D 变化的平台区域，软区非常小，此问题可以用微扰理论来处理。在量子力学中，最低阶本征值修正是通过使用归一化的未扰动函数 Ψ_0 来获得的，因此引入各向异性常数 K_{eff}：

$$K_{eff} = f_h K_h + f_s K_s \qquad (5-26)$$

成核场由下式给出：

$$H_N = 2\langle K_1(r) \rangle / \mu_c \langle M_0(r) \rangle$$

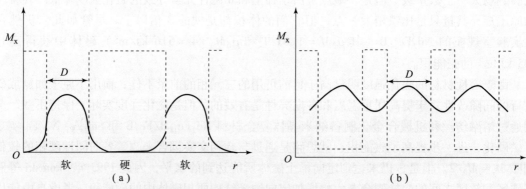

图 5-16 不同软区之间相互作用效果的示意图
(a) 夹杂物之间距离较大，硬区磁化节点呈指数下降；(b) 夹杂物之间距离很小，微磁交换降低矫顽力

或

$$\mu_0 H_N = 2\frac{f_s K_s + f_h K_h}{f_s M_s + f_h M_h} \tag{5-27}$$

如果忽略原子核的进一步钉扎，得到 $H_c = H_N$ 和 $M_r = \langle M_0(r) \rangle$ 的矩形磁滞回线。磁能积取决于磁铁的形状，但最佳值由 $H_N > M_r/2$ 时 $\mu_0 M_r^2/4$ 和 $H_N < M_r/2$ 时 $\mu_0 H_N M_r/2$ 给出。使用式（5-25）和式（5-27）可发现 $H_N = M_r/2$ 时获得最高磁能积，如果设 $K_s = 0$，则

$$(BH)_{max} = \frac{\mu_0 M_s^2}{4}\left[1 - \frac{\mu_0(M_s - M_h)M_s}{2K_h}\right] \tag{5-28}$$

由于 K_h 较大，括号中的第二项较小，因此磁能积接近 $\mu_0 M_s^2$ 的最终值。硬相的相应体积分数为

$$f_h = \frac{\mu_0 M_s^2}{4K_h} \tag{5-29}$$

若考虑 $Sm_2Fe_{17}N_3/Fe$ 体系，取值 $\mu_0 M_s = 2.15$ T、$\mu_0 M_h = 1.55$ T 和 $K_h = 12$ MJ/m 时，获得了 880 kJ/m（110 MGOe）理论磁能积，其体积分数仅为硬相的 7%。如果用 $\mu_0 M_0 = 2.43$ T 的 $Fe_{65}Co_{35}$ 代替铁，则磁能积可能会进一步增加。$Sm_2Fe_{17}N_3/Fe_{65}Co_{35}$ 体系的理论磁能积可能高达 1 090 kJ/m（137 MG Oe），$f_h = 9\%$。值得注意的是，这些最佳磁体几乎完全由 $3d$ 金属组成，只有约 2%（质量分数）的钐。

成核场 [式（5-27）] 与软区的形状无关，只要它们的大小位于平台区域。硬区充当骨架，以加强软区的磁化方向。然而，实际问题是实现软区足够小的结构，以避免在弱磁场下成核，同时使硬区晶体取向。一种可能的解决方案是在整个硬区使用共 c 轴的无序两相磁铁，但很难看出这在实践中如何实现。更现实的可能性是软磁层和硬磁层交替的多层结构。微磁多层膜问题类似于周期性多量子阱问题；假设均匀的退磁场，最低特征值 H_N（成核场）的解由隐式方程给出，即

$$\sqrt{(2K_h - \mu_0 M_h H_N)/2A_h}\tanh\left[\frac{\lambda_h}{2}\sqrt{(2K_h - \mu_0 M_h H_N)/2A_h}\right]$$
$$= \frac{A_s}{A_h}\sqrt{\mu_0 M_s H_N/2A_s}\tan\left[\frac{\lambda_s}{2}\sqrt{\mu_0 M_s H_N/2A_s}\right] \tag{5-30}$$

式中：λ_h 和 λ_s 分别表示硬层和软层的厚度。

式（5-30）允许直接数值计算成核发生的软层的临界厚度 λ_c 作为 λ_h 和所需矫顽力 H_N 的函数。例如，为了使用 $Sm_2Fe_{17}N_3$ 获得兆焦耳磁铁，需要 1.12 T 的矫顽力和 2.24 T 的剩磁，这相当于 79vol% 的 $Fe_{65}Co_{35}$，从而固定比率 λ_s/λ_h。取 $A_s = 1.67 \times 10^{-11}$ J/m 和 $A_h = 1.07 \times 10^{-11}$ J/m，得到 $\lambda_h = 2.4$ nm 和 $\lambda_c = \lambda_s = 9.0$ nm。为了在 $\lambda_h \to \infty$ 时获得相同的矫顽力，发现 $\lambda_c = 9.5$ nm，差异是由于软层之间的微磁耦合。兆焦耳磁铁的形状必须对应于 $B-H$ 曲线上的最佳工作点，它应该近似于 $c/a = 0.55$ 的椭球体。

最大工作磁场 $\mu_0 H_K$ 定义为磁化强度降低 10% 的反向磁场，因此它对应于磁化回路上 $\mu_0 M = 0.9\mu_0 M_r$（$J = 0.9 J_r$）的点（图 5-17）。该消磁场的值是可施加到磁体的外部磁场的上限值。超过该值，磁体的磁性能将不可逆转地恶化。

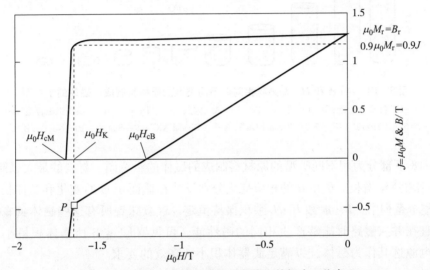

图 5-17 最大工作场以及退磁曲线上的相应工作点 P

居里温度 T_c 定义了所考虑材料的铁磁行为的温度上限，因此可以指示考虑使用该材料的温度范围。温度系数（仅在某些温度范围内有效）用于评估材料的稳定性。当工作温度与环境温度不同或磁体工作期间温度可能变化时，它是重要的磁参数。

式（5-23）基于经典的微磁考虑；硬区和软区的尺寸必须比原子尺寸大，这样才能应用连续介质模型。当 λ_s 或 λ_h 小于 1 nm 时，则该模型失效。此外，微磁方法没有考虑自由能的热波动，这可能是环境温度下稀土磁体成核的重要来源。如果通过热成核形成反向核，所讨论的纳米结构很可能会阻碍畴壁的扩展。此外，由于前置因子 $(M_s - M_h)/M_s$ 较小，为 0.28，对于 $Sm_2Fe_{17}N_3/Fe$ 系统，如果硬质相的分数增加，则磁能积不会受到太大影响。当 $f_h = 30\%$ 时，在该体系的磁能积仍有近 800 kJ/m（100 MGOe），可用超硬材料来提高热稳定性并创建钉扎中心。

由上可见，通过在软相和定向硬相的纳米级组合中进行交换硬化，很可能实现永磁体磁能积的实质性改进。

磁能积大的材料可用较小的体积达到同样的效能，这对武器装备尤为重要。图 5-18（上部分）显示了几种磁体材料的 $B-H$ 曲线。

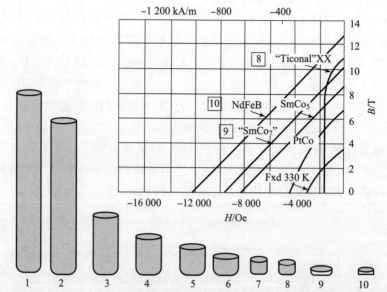

图5-18　$B \cdot \phi$ 和 $H \cdot L$ 乘积相同时不同类型的原材料制成的磁体的示意图
1—C钢；2—W钢；3—Co钢；4—Fe-Ni-Al合金；5—"Ticonal-Ⅱ"（镍铁铝磁合金）；
6—"Ticonal-G"；7—"Ticonal GG"；8—"Ticonal XX"；9—SmCo₇；10—Nd₂Fe₁₄B

图5-18下部分为用不同类型的原材料制成的磁体的示意图，材料的最大磁能积 $(B \cdot H)_{max}$ 从左到右逐渐增长。B 和 H 的相应变化分别反映在截面积 ϕ 的变化和磁体长度 L 的变化中。在整个系列中，$B \cdot \phi$ 和 $H \cdot L$ 乘积保持恒定，这意味着所有这些磁体具有相同的磁通量，并且在并入磁路时能够产生相同的磁性能，可见 $Nd_2Fe_{14}B$ 所需体积最小，故许多爆炸脉冲电源选其作为磁体，以满足武器体积小、高效的要求。

5.3.4　磁各向异性与磁致伸缩

用磁化过程中的磁化功表示磁晶各向异性能，即

$$W = \int_0^M \delta A_m = \int_0^M M \cdot dH \qquad (5-31)$$

由磁化曲线和 M 坐标轴之间所包围的面积确定（图5-14中阴影部分）。这部分与磁化方向有关的自由能称为磁晶各向异性能。显然易磁化方向磁晶各向异性能最小，难磁化方向最大。而沿不同晶轴方向的磁化功之差就是代表不同方向的磁晶各向异性能之差。由于磁晶各向异性的存在，如果没有其他因素的影响，显然自发磁化在磁畴中的取向不是任意的，而是在磁晶各向异性能最小的各个易磁化方向上。

磁各向异性是指磁性材料在不同方向上具有不同磁性能的特性，包括磁晶各向异性、形状各向异性、感生各向异性和应力各向异性等。自发磁化强度总是处于一个或几个特定方向，该方向称易磁化轴。沿不同晶向磁化达到饱和磁化强度的难易不同。图5-19所示为铁、镍和钴单晶体的易磁化和难磁化方向，三者的易磁化方向分别为[100]，[111]，[001]。

铁磁性物质在磁场中磁化，伴随着磁化，其尺寸和形状都会发生变化，这种现象称为

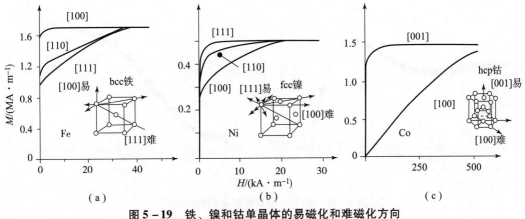

图 5-19 铁、镍和钴单晶体的易磁化和难磁化方向
(a) 铁；(b) 镍；(c) 钴

磁致伸缩效应。磁致伸缩存在下列三种情况：①沿着外磁场方向尺寸大小的相对变化称为纵向磁致伸缩；②垂直外磁场方向尺寸大小的相对变化称为横向磁致伸缩；③铁磁体被磁化时其体积大小的相对变化称为体积磁致伸缩。

磁致伸缩的大小可用磁致伸缩系数（相对变化量）λ 来表示，即

$$\lambda = \Delta l / l \tag{5-32}$$

式中：l 为铁磁体原来的长度；Δl 为磁化引起的长度变化量。

当 $\lambda > 0$ 时，称为正磁致伸缩，表示沿磁场方向尺寸伸长，铁属于这一类；当 $\lambda < 0$ 时，称为负磁致伸缩，表示沿磁场方向尺寸缩短，镍属于这一类。所有铁磁体均有磁致伸缩特性，是一种可逆的弹性变形，λ 值一般在 $10^{-6} \sim 10^{-3}$，它也是各向异性的物理量。λ 大于 10^{-3} 的材料为超磁致伸缩材料，超磁致伸缩材料能够产生更大伸缩量，在各种伺服机构中有广泛的应用。随着外磁场增强，铁磁体的磁化强度增强，λ 绝对值也随之增大，最后达到饱和，称为饱和磁致伸缩系数 λ_s，磁致伸缩系数是材料的固有常数。

磁致伸缩效应是由原子磁矩有序排列时，电子间的相互作用导致原子间距的自发调整而引起的。材料的晶体点阵结构不同，磁化时原子间距的变化情况也不一样，故有不同的磁致伸缩性能。从铁磁体的磁畴结构变化来看，材料的磁致伸缩效应是其内部各个磁畴形变的外观表现。磁致伸缩现象在单晶体中明显存在，而且各向异性较强。图 5-20 给出了几种材料在磁场方向的长度变化比值（λ 与磁场的关系曲线）。由图可见，纯镍的 $\lambda < 0$，即在磁场方向上的长度变化是缩短了；而 45% Ni 的坡莫合金的 $\lambda > 0$，即在磁场方向上材料的长度变化是伸长了。

图 5-21 所示为不同方向测试铁单晶的磁致伸缩系数随温度变化，从图中可以看出，铁在不同晶向上的磁致伸缩系数相差很大。而同多晶铁磁体没有磁各向异性一样，多晶铁磁体的磁致伸缩也没有各向异性。

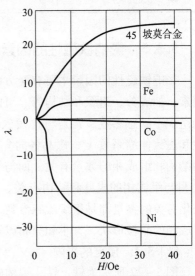

图 5-20 几种材料的磁致伸缩曲线

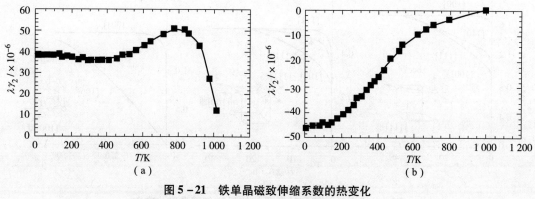

图 5-21 铁单晶磁致伸缩系数的热变化
(a) 沿 [100] 测量；(b) 沿 [111] 测量

磁致伸缩不但对材料的磁性有很重要的影响（特别是对起始磁导率、矫顽力等），而且效应本身在实际应用上也很重要。利用材料在交变磁场作用下长度的伸长和缩短，可以制成超声波发生器和接收器，以及力、速度、加速度等传感器、滤波器、稳频器和磁声存储器等。在这些应用中，对材料的性能要求是：磁致伸缩系数 λ_s 要大，灵敏度 $(\partial B/\partial \sigma)H$ 要高（在一定磁场强度 H 下，磁感应强度 B 随应力 σ 的变化要大），磁-弹耦合系数 K_c 要大。表 5-6 列出了一些材料的数据。

表 5-6 室温下几种立方材料的磁致伸缩系数

材料	$\lambda_{100}/\times 10^{-6}$	$\lambda_{111}/\times 10^{-6}$
Fe	24	−22
Ni	−51	−23
TbFe₂	—	2 460
SmFe₂	—	2 100

5.3.5 影响铁磁性的因素

影响铁磁性的因素主要有两方面：一是外部环境因素，如温度和应力等；二是材料内部因素，如成分、组织和结构等。可以把表示内部因素的铁磁性参数分成两类：组织敏感参数和组织不敏感参数。凡是与自发磁化有关的参量都是组织不敏感的，如饱和磁化强度 M_s、饱和磁致伸缩系数 λ_s、磁晶各向异性常数 K 和居里点 T_c 等，它们与原子结构、合金成分、相结构和组成相的数量有关，而与组成相的晶粒大小、分布情况和组织形态无关。而居里点 T_c 只与组成相的成分和结构有关，K 只取决于组成相的点阵结构而与组织无关，凡与技术磁化有关的参量都是组织敏感参数，如矫顽力 H_c、磁导率 μ 或磁化率及剩磁 B_r 等，它们与组成相的晶粒形状、大小和分布以及组织形态等有密切关系。

5.3.5.1 温度的影响

图 5-22 所示为铁、钴、镍的磁化强度随温度的变化曲线，与横轴交点的数值为居里点温度。从图中可以看出，随温度升高，磁化强度 M_s 下降，当温度接近居里点时 M_s 急剧下

降,至居里点时下降至 0,从铁磁性转变为顺磁性,该变化规律是铁磁金属的共性,主要是温度升高使原子热运动增加,原子磁矩的无序排列倾向增大而造成饱和磁化强度 M_s 下降。至今人类所发现的元素中,仅有 4 种金属元素在室温以上是铁磁性的,即铁、钴、镍和钆(Gd)。在极低温度下有 5 种元素是铁磁性的,即铽(Tb)、镝(Dy)、钬(Ho)、铒(Er)和铥(Tm),FeC_3、Fe_2O_3、Gd 和 Dy 的居里点温度分别为 210 ℃、578 ℃、20 ℃ 和 -188 ℃。

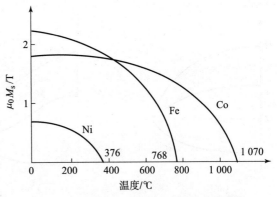

图 5-22　铁、钴、镍的 M_s 随温度的变化

图 5-23 所示为温度对铁的矫顽力 H_c、磁滞损耗 Q、剩余磁感应强度 B_r、饱和磁感应强度 B_{max} 的影响曲线。除 B_r 在 -200~20 ℃ 加热时稍有上升外,其余皆随温度升高而下降。磁导率 μ 与温度的关系可分为两种情况,如图 5-24 所示。当磁场强度 H = 320 A/m 时,铁的磁导率 μ 随温度升高而单调下降,这是由于磁化强度下降引起的。当磁场强度 H = 24 A/m 时,在较低温度范围内随温度升高可引起应力松弛,因而有利于磁化,磁导率增大。当温度接近于居里点时,随着饱和磁化强度的显著下降,磁导率也剧烈下降。

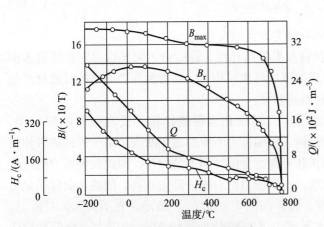

图 5-23　温度对铁的磁性参数影响

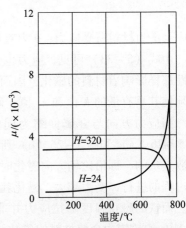

图 5-24　铁的磁导率与温度关系

由于铁氧体的饱和磁化强度 M_s 取决于两个亚点阵磁矩的饱和磁化强度 M_A 和 M_B,M_A 和 M_B 变化快慢决定铁氧体饱和磁化强度的温度特性不同,它们的关系不像铁磁金属那么简单。目前,使用的铁氧体 M_s-T 关系有三种类型,称为 Q 型、N 型和 P 型,如图 5-25 所示。

图 5-25(a)所示的 Q 型曲线与铁磁金属的 $M(T)$ 曲线相似,这是因为两个亚点阵的饱和磁化强度 M_A 和 M_B 的温度特性基本相似,大多数尖晶石型铁氧体以及一些磁铅石型铁氧体都属于此型。从 N 型曲线可见,在居里点以下存在着抵消温度 T_d。在此温度下,热运动作用并没有完全破坏交换作用所造成的同一个亚点阵中原子磁矩的排列,多数稀土金属石榴石型铁氧体属于这一类。

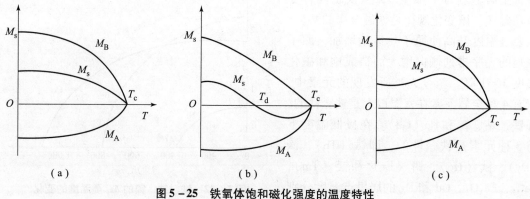

图 5-25 铁氧体饱和磁化强度的温度特性
(a) Q 型；(b) N 型；(c) P 型

5.3.5.2 应力的影响

材料在磁化时要发生磁致伸缩，如果这种形变受到限制，则在材料内部将产生拉（或压）应力，这样材料内部将产生弹性能，这种由于铁磁体内存在应力而产生的弹性能称为磁弹性能。物体内部缺陷、杂质等都可能增加其磁弹性能。对于多晶体来说，单位体积的磁弹性能可表示为

$$E_\sigma = \frac{3}{2}\lambda_s \sigma \sin^2\theta \tag{5-33}$$

式中：σ 为材料所受应力；θ 为磁化方向与应力方向的夹角。

由式（5-33）可见，应力也会使材料发生各向异性，称应力各向异性。它也像磁各向异性那样影响着材料的磁化，因而与材料的磁性能密切相关。要得到高磁导率的软磁材料就必须使其具有低的 K 值和 λ_s 值，硬磁材料则相反。

当应力方向与金属伸缩为同向时，则应力对磁化起促进作用，反之则起阻碍作用。图 5-26（a）和图 5-26（b）所示为拉伸、压缩应力下镍的磁化曲线，由于镍的磁致伸缩系数是负的，即沿磁场方向磁化时，镍在此方向上是缩短而不是伸长，因此拉伸应力阻碍磁化过程的进行，受力越大，磁化就越困难，而压应力则对镍的磁化有利，使磁化曲线明显变陡。而铁的磁化强度随拉应力并非单调下降，如图 5-26（c）所示，在 $H=200$ A/m 时，20 MPa 的拉应力会使材料的磁化强度比零应力下的增大，而 80 MPa 的应力会降低磁化强度。超过 300 A/m 时，不管拉应力有多弱，总是会使磁化强度降低，而弱应力会在低磁化场下增大磁化强度。$\partial \mu / \partial \sigma$ 的符号反转称为维拉里（Villari）反转。这种复杂的行为使铁成为线性应力传感器的基础材料。但需要谨慎确定条件。

滞后现象使情况更加复杂。根据应力是在磁场之前施加（σ, H）还是在磁场之后施加（H, σ），观察到两条不同的应力磁化曲线。例如，当 $H=3$ A/m 和 $\sigma=40$ MPa 时，坡莫合金（镍含量为 68% 的铁镍合金）的磁化强度可以从 150 kA/m（σ, H 过程）到 800 kA/m（H, σ 过程）变化。故有必要规定实验的确切条件。最后，上述效果是在假设材料受到的机械应力仍然低于弹性极限的条件下。超出弹性极限，在铁磁性材料中引入塑性变形也会改变其磁性，且不可逆，以此观察到应变硬化诱导的各向异性。

因此，材料的性能对内应力条件非常敏感。如果材料包含具有随机方向和振幅的内应

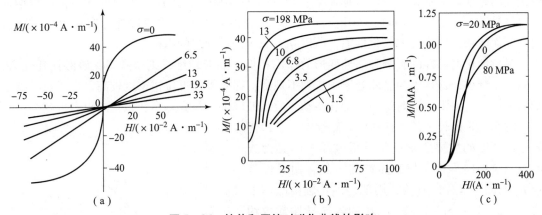

图 5-26 拉伸和压缩对磁化曲线的影响
(a) 拉伸；(b) 压缩；(c) 拉伸应力下的铁

力，则磁各向异性逐点变化。如此会使材料饱和更加困难，这是各向异性的消极方面。在金属和合金中，人们试图通过退火处理来消除内应力，并通过寻找"零磁致伸缩"材料来抵消各向异性。另外，在某些情况下，各向异性是有益的，如沿给定方向施加均匀应力，创建单轴各向异性。

5.3.5.3 形变和晶粒细化的影响

塑性变形引起晶体点阵扭曲、晶粒破碎，使点阵畸变加大，点缺陷和位错密度增高，内应力增加，它们都会对壁移造成阻力，所以会引起与组织结构有关的磁性参数的改变。图 5-27 所示为含 0.07%C（质量百分数）的铁丝经不同压缩变形后磁性的变化曲线。由于冷加工变形在晶体中形成的滑移带和内应力将不利于金属的磁化和退磁过程，所以磁导率 μ_m 随形变量的增加而下降，而矫顽力 H_c 则相反。剩余磁感应强度

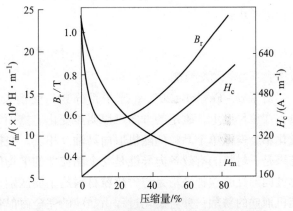

图 5-27 冷加工变形量对纯铁磁性能的影响

B_r 在临界变形度下（5%~8%）急剧下降，而在临界变形度以上则随形变量的增加而增加。这可能是因为在临界变形度以下，只有少量晶粒发生了塑性变形，整个晶体的应力状态比较简单，沿铁丝轴向应力状态有利于磁畴在去磁后的反向可逆转动而使 B_r 降低。在临界变形度以上，晶体中大部分晶粒参与形变，应力状态复杂，内应力增加明显，不利于磁畴在去磁后的反向可逆转动，因而使 B_r 随形变量的增加而增加。冷塑性变形不影响饱和磁化强度。

塑性变形金属经再结晶退火后，点阵扭曲恢复，晶体缺陷恢复到正常态，内应力消除，故使金属的各磁性都恢复到变形前的状态。

如果形成形变织构和再结晶织构，则磁性会呈明显的方向性，冷轧硅钢片便是利用这一原理来提高其磁导率和饱和磁化强度并降低其磁滞损耗的。硅钢片可以在再结晶退火后形成〈110〉{001} 板织构，称为高斯织构。使用时只要磁化方向与冷轧方向〈110〉一致便能获

得优良的磁性。但垂直于冷轧方向不是易磁化方向[110]，故这种织构磁性不佳。硅钢片经再结晶退火后形成⟨100⟩{001}立方织构时，冷轧方向和垂直冷轧方向均为易磁化方向，因而能获得最优良的磁化性能，所以立方织构是最理想的织构。

晶粒细化对磁性的影响和塑性变形的作用相似，晶粒越细，则矫顽力和磁滞损耗越大，而磁导率越小，这是因为晶界处原子排列不规则，在晶界附近位错密度较高，造成点阵畸变和应力场，这将阻碍磁畴壁的移动和转动。故晶粒越细，晶界越多，磁化的阻力也越大。

图 5-28 比较了各类材料的软磁性能。获得优异软磁性能的主要要求通常是低磁晶各向异性或消除磁晶各向异性。超细晶粒的磁晶各向异性常数 K_1 与晶体对称性有关，局部易磁化轴由晶体轴决定。α-Fe：Si-20at% 晶粒的各向异性常数约为 $K_1 \approx 10 \text{ kJ/m}^3$，这是纳米晶 $Fe_{73.5}Cu_1Nb_3Si_{13.5}B_9$ 的主要组成相。这一常数太大，无法单独解释低矫顽力（$H_c < 1 \text{ A/m}$）和高磁导率（$\mu_i \approx 10^5$）。理解纳米晶合金优越的软磁性能的关键是，交换相互作用大大降低了小的、随机取向的 α-Fi：Si-20%（原子百分数）晶粒的各向异性贡献。交换能量开始平衡各向异性能量的临界尺度由铁磁交换长度给出：

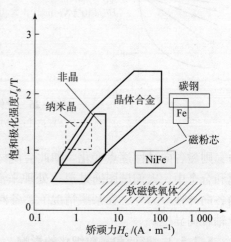

图 5-28 几类磁性材料软磁性能的比较

$$L_{ex} = \sqrt{\frac{A}{K_1}} \quad (5-34)$$

式中：A 为平均交换能。

对于 α-Fe：Si-20%（原子百分数）交换长度 $L_{ex} \approx 35 \text{ nm}$，$L_{ex}$ 是最小长度尺度的度量，在该尺度上，磁矩的方向可以明显变化。然而，如果晶粒尺寸 D 小于交换长度 L_{ex}，则磁化不会遵循单个晶粒的随机取向易轴。相反，交换相互作用将迫使单个晶粒平行排列。其结果是，材料的有效各向异性是几个晶粒上的平均值，因此，将大大降低幅度。事实上，局部各向异性的这种平均是与大晶粒材料的主要区别，在大晶粒材料中，磁化遵循单个晶粒的随机取向的易轴，并且磁化过程由晶粒的完全磁晶各向异性控制。

随机各向异性模型最初是由 Alben 等开发的，用于描述非晶铁磁体的软磁特性；Herzer 已将随机各向异性模型应用于纳米晶软磁材料，Herzer 于1996年在评论中提出的简化模型中，尺寸为 D 的晶粒交换耦合成交换长度为 L_{ex} 的组合颗粒，与整个材料的磁化过程相关的有效各向异性常数 $\langle K \rangle$ 为

$$\langle K \rangle \approx \frac{v_{cr} K_1}{\sqrt{N}} = \sqrt{v_{cr}} \cdot K_1 \cdot \left(\frac{D}{L_{ex}}\right)^{3/2} \quad (5-35)$$

式中：v_{cr} 为晶粒的体积分数；K_1 为单个晶粒的各向异性常数，铁磁性相关的体积 $V = L_{ex}^3$ 内包含的晶粒数 $N = v_{cr}(L_{ex}/D)^3$。

由于局部磁晶各向异性以这种方式平均，交换相互作用占主导地位的尺度同时扩大。因此，必须通过用 $\langle K \rangle$ 代替式（5-34）中的 K_1 来进行重整交换长度 L_{ex}。也就是说，L_{ex} 与平均各向异性自洽相关：

$$L_{\text{ex}} = \sqrt{\frac{A}{\langle K \rangle}} \qquad (5-36)$$

结合式（5-34）和式（5-36），对于小于交换长度的晶粒，平均各向异性由下式给出：

$$\langle K \rangle \approx v_{\text{cr}}^2 K_1 \left(\frac{D}{L_{\text{ex}}}\right)^6 = \frac{v_{\text{cr}}^2 D^6 K_1^4}{A^3} \qquad (5-37)$$

该结果基本上是基于统计和标量参数得出的。这意味着它不仅限于单轴各向异性，还适用于三轴对称或其他对称。

随机各向异性模型最显著的特点是预测了晶粒尺寸的强烈依赖性。因为它随晶粒尺寸的 6 次方而变化，人们发现对于 $D \approx L_{\text{ex}}/3$（晶粒尺寸在 $10 \sim 15$ nm 量级），磁晶各向异性减少了 3 个数量级（接近每立方米几焦）。正是这种特性，即小晶粒尺寸和伴随而来的各向异性大大降低，使纳米晶合金具有优越的软磁性能。相应的重整化交换长度，如式（5-36）所示达到微米量级，几乎比式（5-34）给出的自然交换长度大 2 个数量级。这进一步导致磁畴宽度在这些纳米晶体材料中变得相当大。

图 5-29 为非晶、纳米晶、结晶材料（Fe-Si、50FeNi）和坡莫合金的矫顽磁场强度 H_c 与晶粒尺寸 D 的关系。随机各向异性模型显然为粒径小于交换长度 $L_{\text{ex}} \approx 40 \sim 50$ nm 的晶粒提供了良好的磁性描述。上述推导的 D^6 依赖性很好地反映在矫顽力和初始磁导率中。这意味着与 μ_i/H_c 成比例的瑞利常数随着 $1/D^{12}$ 变化。如果晶粒尺寸等于交换长度，则磁化过程几乎完全由磁晶各向异性 K_1 决定。因此，当晶粒尺寸最终变得很大至超过畴壁宽度时，可以看到 H_c 和 $1/\mu_i$ 在该晶粒尺寸区域中具有最大值，可以在晶粒内形成畴。因此，根据众所周知的 $1/D$ 定律，H_c 和 $1/\mu_i$ 倾向于再次减小。

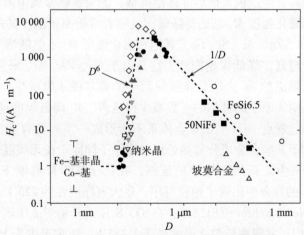

图 5-29 不同类型软磁性材料的 H_c 与 D 的关系

5.3.5.4 磁场退火

铁磁材料从高温冷却至居里点时形成磁畴，材料从顺磁体变为铁磁体。在居里点下各磁畴因磁致伸缩而发生形变。由于每个晶体有多个易磁化轴（如铁有 3 个），则磁畴将在不同方向发生形变。假设室温下顺着冷却铁棒的轴向磁化，则由于磁致伸缩，各磁畴将沿磁场方向（试棒轴向）成最小角度的易磁化轴方向伸长。由于冷却时经过居里点而产生的多向形变将阻碍室温磁化的新的磁致伸缩，于是产生内应力阻碍磁化，使磁导率降低。

如果铁棒冷却过程中加一个与棒轴向一致的磁场，这样基元区域的磁化将沿着外磁场（试样轴向）成最小角度的易磁化轴方向进行，即每一个磁畴的磁致伸缩形变将沿该方向发生。换句话说，在室温磁化时磁畴沿应伸长（在正磁致伸缩情况下）的方向已经有了预伸长。经过这样磁场中退火的样品，其磁致伸缩不但不妨碍磁化，反而使样品的磁化变得更容易，从而在该方向有高的磁导率。

因此，高的磁导率不但可以由晶体易磁化轴的择优取向（通过冷塑性变形和再结晶手段）达到，同样也可以由内应力的择优取向（通过磁场中退火的手段）达到，前者称为冷加工或再结晶织构，后者称为磁织构。

5.3.5.5 合金成分和组织的影响

合金元素（包括杂质）的含量对铁磁性有很大影响。绝大多数合金元素都将降低饱和磁化强度。当不同金属组成合金时，随着成分的变化形成不同的组织，其磁性变化规律也不同。

1. 形成固溶体

与纯金属一样，固溶体的饱和磁化强度是组织不敏感的性能，它实际上与加工硬化（不存在超结构时）、晶粒大小、晶体位向、组织形态等无关。

铁磁金属中溶入碳、氧、氮等元素形成间隙固溶体时，由于点阵畸变造成应力场，随着溶质原子浓度的增加，H_c 增加，而 μ、B_r 降低，且在低浓度时特别显著。所以对高磁导率合金往往采用各种方法减少其中的间隙杂质。与此相反，为了获得高矫顽力，如对于钢，必须淬火成马氏体，即获得以 α – Fe 为基高度过饱和的间隙固溶体。铁磁体中溶有非铁磁组元时，它们的居里点几乎总是降低，但固溶体 Fe – V 和 Ni – W 是例外，当增加 V 和 W 的含量时，居里点起初升高，经过极大值后才逐渐降低。如果铁磁金属中溶入顺磁或抗磁金属形成置换固溶体，饱和磁化强度 M_s 总是要降低，且随着溶质原子浓度的增加而下降。例如在铁磁金属镍中溶入 Cu、Zn、Al、Si、Sb，其饱和磁化强度 M_s 不但随溶质原子浓度增加而降低，而且溶质原子价越高，降低得越剧烈，这是由于 Cu、Zn、Al、Si、Sb 等溶质原子的最外层电子进入镍中未填满的 $3d$ 壳层，导致镍原子的玻尔磁子数减少，溶质原子价数越高，给出的电子数越多，则镍原子的玻尔磁子数减少得越多，M_s 降低幅度越大。

很多的证据支持此观点：Cu – Ni 合金体系不会形成一系列具有真正随机原子排列的连续固溶体。相反，对于某些合金成分和热处理，镍原子倾向于在无规混合物中分离形成短程团簇。Köster 和 Schüle 为此提供了最早的证据，在低于 923 K 温度下，Ni 含量为 15% ~ 45%（质量百分数）的合金中出现了短程有序，最大有序度在约 723 K。短程有序化的效果是降低电阻率。Schüle 和 Kehrer 得出结论：在 873 K 以下开始形成团簇，在缓慢冷却的条件下增加到 623 K。他们还发现在均匀化温度高于 1 273 K、速率至少为 10 000 K/s 的试样中，在较低温度下有更大程度的团簇，他们将其归因于高温淬火冻结的多余空位的存在。Hedman 和 Mattuck 对 1 273 K 中含 41% ~ 47%（质量百分数）Ni 的合金进行淬火，发现随后在 473 ~ 723 K 的温度下退火导致室温电阻率降低，退火温度在 553 ~ 608 K 时电阻率最小。他们解释为：通过空位的迁移来使其猝灭，从而允许形成导致观察到的电阻率降低的团簇。

Cu – Ni 合金的磁临界组分和特定组分的居里温度取决于存在的团簇程度。Hedman 和

Mattuck（●）以及 Kussmann 和 Wollenberger（☐）通过适当的热处理和机械处理制备了具有不同聚集程度的样品（图 5–30，来自 CINDAS 数据库），其中在 553~673 K 范围内退火的试样比在 1073K 或 1273 K 淬火的合金表现出更高的居里温度。冷加工可以降低聚簇程度，产生样品的居里温度远低于高温淬火后的样品，聚簇效应对居里温度的影响对高达 70%（原子百分数）Ni 合金与低至 43%（原子百分数）Ni 合金都是明显的。

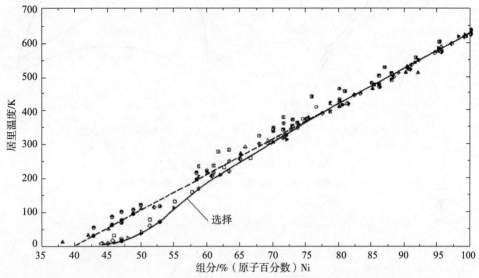

图 5–30　Cu–Ni 合金组分–居里点关系图（各种符号表示不同作者的结果）

铁磁金属与过渡族金属组成的固溶体则有不同变化规律，如 Ni–Mn、Fe–Ir、Fe–Rh、Fe–Pt 等合金，在这些固溶体中，少量的第二组元引起 M_s 的增加；在 Ni–Pd 固溶体中，Pd 在 25%（质量百分数）以下 M_s 不变，这是因为这些溶质是强顺磁过渡族金属的缘故，这种 d 壳层未填满的金属好像是潜在的铁磁体，在形成固溶体时，通过点阵常数的变化，使交换作用增强，因此对自发磁化有所促进。当溶质浓度不高时，M_s 有所增加，但浓度较高时，由于溶质原子的稀释作用使 M_s 降低。

非铁磁性元素间也可形成铁磁性固溶体。以 Mn、Cr 为基的固溶体，由于其交换能积分常数 A 变为正值而呈铁磁性，如 Mn 与 As、Bi、B、C、H、N、P、S、Sb、Sn、Pt 及 Cr 与 Te、Pt、O、S 组成的固溶体即为该情况。两种铁磁性金属组成固溶体时，磁性的变化较复杂。

从图 5–31 可看出，Ni 含量对 Fe–Ni 合金磁性的影响。由图可见，μ_{max} 在 $w_{Ni}=78\%$ 处，这是由于在此成分，λ_s、K_1 都趋于 0。此成分正是著名的高导磁软磁材料坡莫合金的成分。

固溶体有序化对磁性的影响很显著。图 5–32 所示为 Ni–Mn 合金饱和磁化强度 M_s 与成分的关系。当合金淬火后处于无序状态时，饱和磁化强度 M_s 将沿曲线 2 变化，在 $w_{Mn}=10\%$ 以下略有增高，10% 以上则单调下降。当 Mn 含量达到 25% 时，合金已变成非铁磁性。如果将 Ni–Mn 合金在 450 ℃进行长时间退火，使其充分有序化形成超结构 Ni_3Mn，则合金的 M_s 将沿曲线 1 变化，当 $w_{Mn}=25\%$ 时，M_s 达到极大值（超过纯 Ni）；如再将有序合金进行加工硬化破坏其有序状态，则 M_s 又重新下降，而对于淬火为无序固溶体的合金加工硬化几乎不影响 M_s。

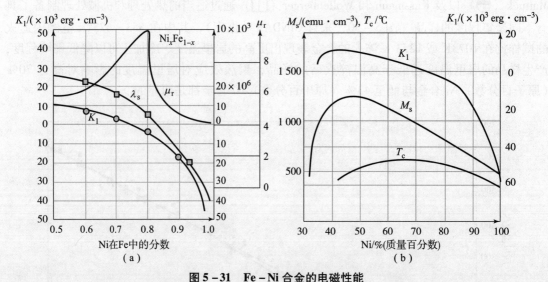

图 5 – 31　Fe – Ni 合金的电磁性能
(a) 镍含量 – K1 关系曲线；(b) 镍含量 – Ms 关系曲线

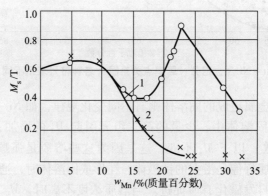

图 5 – 32　Ni – Mn 合金的 M_s 与成分的关系

由以上讨论可知，改善铁磁材料磁导率的方法有：①消除铁中的杂质；②形成粗晶粒；③形成再结晶织构，即在再结晶时使晶体的易磁化轴〈100〉沿外磁场排列；④磁场退火，形成磁织构。

2. 形成化合物

铁磁金属与顺磁或抗磁金属所组成的化合物和中间相都是顺磁性的，如 Fe_7Mo_6、$FeZn_7$、Fe_3Au、Fe_3W_2、$FeSb_2$、$NiAl$、$CoAl$ 等，主要是因为这些顺磁或抗磁金属的 $4s$ 电子进入铁磁金属未填满的 $3d$ 壳层。因此，使铁磁金属 M_s 降低，表现为顺磁性铁磁金属与非金属所组成的化合物 Fe_3O_4、$FeSi_2$、FeS 等均呈亚铁磁性，即两个相邻原子的自旋磁矩反平行排列，而又没有完全抵消。而 Fe_3C 和 Fe_4N 则为弱铁磁性。

3. 形成多相合金

在多相合金中，合金的饱和磁化强度由各组成相的饱和磁化强度及其相对量所决定（相加定律），即

$$M_s = M_{s1}\frac{V_1}{V} + M_{s2}\frac{V_2}{V} + \cdots + M_{sn}\frac{V_n}{V} \qquad (5-38)$$

式中：M_{sn} 为各组成相的饱磁化强度；V_1、V_2、$\cdots$、V_n 为各组成相的体积；合金的体积 $V = V_1 + V_2 + \cdots + V_n$，利用此公式可对合金进行定量分析。

多相合金的居里点与铁磁相的成分、相的数量有关，合金中有几个铁磁相，相应地就有几个居里点。图 5-33 所示为由两种铁磁相组成的合金的饱和磁化强度 M_s 与温度 T 的关系曲线，这种曲线称为热磁曲线。图上有两个拐折，对应于两种铁磁相的居里点 T_{c1} 和 T_{c2}。图中 $m_1/m_2 = V_1M_1/(V_2M_2)$。利用这个特性可以研究合金中各相的相对含量及析出过程。

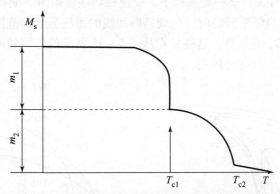

图 5-33 双铁磁相合金的饱和磁化强度与温度的关系

合金的磁致伸缩系数 λ_s 也是组织不敏感参数，因而也符合相加定律。根据相应的 λ_{s1}、λ_{s2}，$\cdots$，λ_{sn} 可得

$$\lambda_s = \lambda_{s1}\frac{V_1}{V} + \lambda_{s2}\frac{V_2}{V} + \cdots + \lambda_{sn}\frac{V_n}{V} \qquad (5-39)$$

至于多相合金中组织敏感参数如矫顽力、磁化率等不符合相加定律。

合金中析出的第二相对 T_c、M_s 有影响，它的形状、大小、分布等对于组织敏感的各磁性能影响极为显著。

5.4 动态磁学特性

在交变磁场，甚至脉冲磁场作用下磁性材料的性能统称动态磁学特性。大多数铁磁（包括亚铁磁）材料都是在交变磁路中起传导磁通的作用，即作为通常所说的铁芯或磁芯。例如，变压器使用的铁芯材料在工频工作，就是交变磁化过程，且这种材料用量大，又常在高磁通密度下工作，因此铁芯产生的能耗很大。而在高频下工作的磁性材料，也会因能耗降低磁芯品质。因此，研究磁性材料尤其是软磁材料在交变磁场下的性能有很大实际意义。

5.4.1 交流磁化过程与交流磁滞回线

软磁性材料的动态磁化过程与静态或准静态的磁化过程不同，由于交流磁化过程中磁场强度是周期性对称变化的，故磁感应强度也跟着周期性对称地变化，变化一周构成的曲线称为交流磁滞回线。铁磁材料在交变磁场中反复磁化时，由于材料磁结构内部运动过程的滞后，反磁化过程中晶体释放出来的能量总是小于磁化功，交流磁滞回线表现为动态特征，其形状介于直流磁滞回线和椭圆之间。若交变场磁场强度幅值 H_m 不同，则有不同的交流磁滞回线，交流磁滞回线顶点的轨迹就是交流磁化曲线，或简称 $B_m - H_m$ 曲线，B_m 称为磁感应强度幅值。图 5-34 所示为厚 0.10 mm 的 Fe-6Al 软磁合金在 4 kHz 下的交流磁滞回线和磁化曲线。当交流磁场强度幅值增大到饱和磁场强度 H_s 时，交流磁滞回线面积不再增加，该回线称为极限交流磁滞回线，与静态磁滞回线相同，由此可确定材料饱和磁感应强度 B_s、交流剩余磁感应强度 B_r。

研究表明动态磁滞回线有以下特点：①交流磁滞回线形状除与磁场强度有关外，还与磁场变化的频率 f 和波形有关；②一定频率下，交流磁场强度幅值不断减少时，交流磁滞回线逐渐趋于椭圆形状；③当频率升高时，呈现椭圆回线的磁场强度的范围会扩大，且各磁场强度下回线的矩形比 B_r/B_m 会升高。这些特点从图 5-35 所示的不同频率下钼坡莫合金带材的交流磁滞回线形状比较上都有所体现。

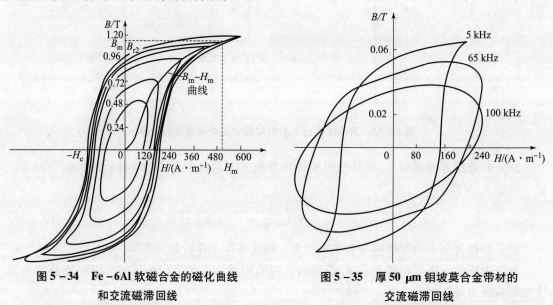

图 5-34　Fe-6Al 软磁合金的磁化曲线和交流磁滞回线　　　图 5-35　厚 50 μm 钼坡莫合金带材的交流磁滞回线

5.4.2　复数磁导率

在交变磁场中磁化时，从磁化状态变化为另一个磁化状态需要时间，即 B 和 H 有相位差，磁导率不仅反映类似静态磁化的导磁能力的大小，还要反映出 B 和 H 之间的相位差，因此，交变磁化时磁导率为复数。

设交变场磁场强度幅值 H_m、角频率为 ω，且 B 和 H 具有正弦波形，并以复数形式表示式，则

$$H = H_m e^{i\omega t} \tag{5-40}$$

当各向同性的铁磁材料处于该磁场时，由于 B 落后于 H 一个相位角 φ，则

$$B = B_m e^{i(\omega t - \varphi)} \tag{5-41}$$

从而由磁导率定义得到复数磁导率为

$$\dot{\mu} = \frac{B}{\mu_0 H} = \frac{B_m}{\mu_0 H_m} e^{-i\varphi} = \mu' - i\mu'' \tag{5-42}$$

其中，

$$\mu' = \frac{B_m}{\mu_0 H_m}\cos\varphi \tag{5-43}$$

$$\mu'' = \frac{B_m}{\mu_0 H_m}\sin\varphi \tag{5-44}$$

由上述公式可知，复数磁导率的实部 μ' 与外加磁场 H 同位相，而虚部 μ'' 比 H 滞后 90°。复数磁导率的模为 $|\mu| = \sqrt{(\mu')^2 + (\mu'')^2}$，称为总磁导率或振幅磁导率（也称幅磁导率）；$\mu'$ 称为弹性磁导率，与磁性材料中储存的能量有关；μ'' 称为损耗磁导率（或称黏滞磁导率），它与磁性材料磁化一周的损耗有关。

由于复数磁导率虚部 μ'' 的存在，使得磁感应强度 B 落后于外加磁场 H，引起铁磁材料在动态磁化过程中不断消耗外加能量。处于均匀交变磁场中的单位体积铁磁体，单位时间的平均能量损耗（或磁损耗功率密度）为

$$P_{耗} = \frac{1}{T}\int_0^T H \mathrm{d}B = \frac{1}{2}\omega H_m B_m \sin\varphi = \pi f \mu'' H_m^2 \tag{5-45}$$

式中：T 为外加交变磁场周期；f 为外加交变磁场频率。

由式（5-45）可见，单位体积内的磁损耗功率与复数磁导率的虚部 μ'' 成正比，与所加载频率 f 正比，与磁场峰值 H_m 的平方成正比。

据此可推导出一周内铁磁体储存的磁能密度：

$$W_{储能} = \frac{1}{2}HB = \frac{1}{T}\int_0^T H_m\cos\omega t B_m\cos(\omega t - \varphi)\mathrm{d}t = \frac{1}{2}H_m B_m\cos\varphi = \frac{1}{2}\mu'\mu_0 H_m^2 \tag{5-46}$$

从式（5-46）可知，$W_{储能}$ 与复数磁导率的实部 μ' 成正比，与外加交变磁场幅值 H_m 平方成正比。与机械振动和电磁回路中的品质因子相对应，铁磁体的 Q 值也是反映材料内禀性质的重要物理量，定义为复数磁导率的实部 μ' 与虚部 μ'' 的比值，即

$$Q = 2\pi f W_{储能}/P_{耗} = \frac{\mu'}{\mu''} \tag{5-47}$$

式中：Q 值的倒数称为材料的磁损耗系数或损耗角正切，即

$$Q^{-1} = \tan\varphi = \frac{\mu''}{\mu'} \tag{5-48}$$

综上所述，复数磁导率的实部与铁磁材料在交变磁场中储能密度有关，虚部与单位时间内损耗的能量有关。磁感应强度落后于磁场强度造成材料的磁损耗。

5.4.3 变化磁场下的能量损耗

5.4.3.1 磁能

磁芯在不可逆交变磁化过程中所消耗的能量，统称铁芯损耗，简称铁损，它由磁滞损耗 P_n、涡流损耗 P_e 和剩余损耗 P_c 三部分组成，因此总的磁损耗功率为

$$P = P_n + P_e + P_c \tag{5-49}$$

磁性材料的磁谱广义上为物质的磁性（顺磁性及铁磁性）与磁场频率的关系；狭义为铁磁体在弱交变磁场中复数磁导率实部和虚部与频率的关系。图 5-36 为磁性材料的磁谱示意图。立方钇铁石榴石的磁谱如图 5-36（b）所示，光谱具有两个不同的色散区域。畴壁

贡献的弛豫发生在 $10^5 \sim 10^7$ Hz。在 10^8 Hz 和 10^9 Hz 微波范围内的色散是由各向异性和内部退磁场导致的 Fe^{3+} 自旋系统的回旋磁共振引起的。磁谱的一般典型形状与图 5 - 36 (a) 相似，在几吉赫以上，磁性氧化物的磁导率几乎为 0，没有类似于光学介电常数（$\bar{K} \approx n^2$）的磁折射率，因此在红外和光学范围内 $\mu \approx \mu_0$。表 5 - 7 所列为各频段损耗类型。

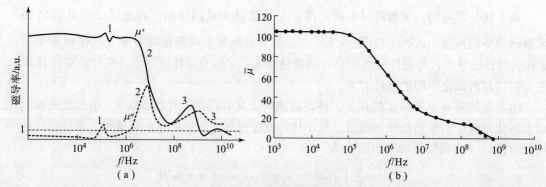

图 5 - 36 磁性材料的磁谱
(a) 磁谱一般典型形状；(b) 立方钇铁石榴石（低磁场下测量的）

表 5 - 7 铁氧体软磁材料各频段损耗类型

低频区域 $f < 10^4$ Hz	中频区域 10^4 Hz $< f < 10^6$ Hz	高频区域 10^6 Hz $< f < 10^8$ Hz	超高频区 10^8 Hz $< f < 10^{10}$ Hz	极高频区域 $f > 10^{10}$ Hz
磁滞和磁后效引起剩余损耗	尺寸共振和磁力共振	畴壁弛豫或共振	自然共振	自然共振

5.4.3.2 影响磁损耗的因素

磁性材料在磁化或反磁化过程中部分能量不可逆地转变为热，所损耗的能量称磁损耗。总磁损耗包括涡流损耗、磁滞损耗和剩余损耗。磁滞和剩余损耗与频率 f 成正比，涡流损耗与 f^2 成比例。金属软磁材料电阻小，应用在较低频区，主要是磁滞和涡流损耗；对于软磁铁氧体，一般在其使用频率范围内起主要作用的为畴壁共振损耗和自然共振损耗。静态磁化仅有磁滞损耗。

通过保持较小的测量场，并使用像 YIG 这样高电阻率的磁性氧化物，可将损耗降至最低。磁性氧化物的高频极限 f 由 Snoek 定律决定，该定律指出 $\bar{\mu} f \approx 0.56$ GHz。具有高磁导率 $\bar{\mu}$ 的软磁铁氧体比低磁导率铁氧体具有更低的极限。该极限值由回旋磁共振控制。

1. 趋肤效应和涡流损耗

根据法拉第电磁感应定律，磁性材料交变磁化过程会产生感应电动势，因而会产生涡电流。由于涡电流大小与材料的电阻率成反比，因此金属的涡流比铁氧体要大得多。导体的电阻增加，使其损耗功率也增加。除了宏观的涡电流以外，磁性材料的畴壁处还会出现微观的涡电流。涡电流会在周围产生与外磁场产生的磁通方向相反的磁通，越到材料内部，这种反向的作用就越强，导致磁感应强度和磁场强度沿样品截面严重不均匀。电流集中在导体外表的薄层，越靠近导体表面，电流密度越大，导线内部实际上电流较小。等效来看，好像材料内部的磁感应强度被排斥到材料表面，这种现象叫作趋肤效应，正是这种趋肤效应产生了所谓的涡流屏蔽效应。趋肤深度 δ 是导体的电流密度减小到表面值 $1/e$ 的距离，即

$$\delta = \sqrt{\frac{2\rho}{(2\pi f)(\mu_0 \mu_r)}} \approx 503\sqrt{\frac{\rho}{\mu_r f}} \qquad (5-50)$$

式中：ρ 为电阻率；μ_0、μ_r 分别为真空中磁导率和材料的相对磁导率；f 为电流频率。

涡流损耗的功率为

$$P_e = \frac{2}{3}(\pi f \mu \mu_0 d h_0)^2 \sigma \qquad (5-51)$$

由式（5-51）可见，涡流损耗与电导率成正比，与磁导率、板厚度、频率、外场振幅等的平方成正比。金属软磁材料轧成薄带使用的原因，即是为了减少涡流作用，降低损耗功率。

图 5-37 所示为某些材料的趋肤深度随频率的变化，黑色垂直线表示 50 Hz 频率。可见铁磁性 Fe-Ni 和 Fe-Si 的趋肤深度比非铁磁性 Al 和 Cu 的要薄，作为吸波材料时有望实现轻、薄之目的。

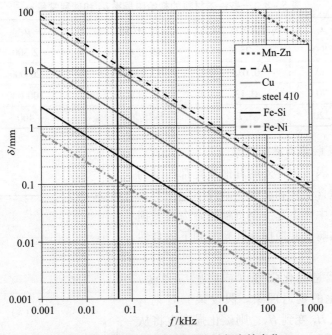

图 5-37 某些材料的趋肤深度随频率的变化

低频下薄板的涡流损耗系数为

$$e = \frac{2\pi \tan\delta_e}{\mu_i f} = \frac{4\pi^2 \mu_0}{3} \cdot \frac{d^2}{\rho} \qquad (5-52)$$

低频下薄板的涡流引起的功率损耗为

$$P_e = \frac{2}{3}(\pi d f B_m)^2 \sigma = \frac{2(\pi d f B_m)^2}{3\rho} \qquad (5-53)$$

因此，涡流损耗系数 e 和功率损耗 P_e 均与材料厚度的平方成正比，与材料电阻率成反比，故减少材料厚度和提高材料电阻率是降低涡流损耗的有效措施。

2. 磁滞损耗

磁化时，铁磁性和亚铁磁性材料具有磁滞现象所损耗的功率，其数值上等于磁滞回线的面积。在磁感应强度 B 低于其饱和值 1/10 的弱磁场中时，瑞利（Rayleigh）总结了磁感应

强度 B 和磁场强度 H 的实际变化规律，得到了它们之间的解析表示式。因此，弱磁场范围称为瑞利区，样品磁化一周单位体积中所消耗的磁滞损耗为

$$W_h = \oint HdB \approx \frac{4}{3}\eta H_m^3 \qquad (5-54)$$

每秒内的磁滞损耗（功率）为

$$P_h = fWh \approx \frac{4}{3}f\eta H_m^3 \qquad (5-55)$$

由式（5-55）可见，由壁移引起的磁滞损耗功率 P_h 同频率 f、瑞利常数 η 成正比，与幅值磁化强度 H_m 的三次方成正比，瑞利常数的物理意义表示磁化过程中能量不可逆部分的大小。降低磁滞损耗的主要方法是提高材料的起始磁导率 μ_i，或是降低瑞利常数。表5-8列出一些铁磁性材料的 μ_i 和 η 值。

表5-8　一些铁磁材料的初始磁导率 μ_i 和瑞利常量 η

材料	μ_i	$\eta/(A \cdot m^{-1})$	材料	μ_i	$\eta/(A \cdot m^{-1})$
铁	290	25	45坡莫合金	2 300	201
压缩铁粉	30	0.013	47.9Mo合金	20 000	4 300
钴	70	0.13	超坡莫合金	100 000	150 000
镍	220	3.1	45.25坡莫合金	400	0.001 3

3. 剩余损耗及磁导率减落现象

除磁滞损耗、涡流损耗外的其他损耗都归结为剩余损耗，主要包含低频和弱磁场条件下起主要贡献的磁后效损耗，中频下起主要贡献的磁力共振损耗，以及高频下的畴壁共振损耗和超高频下的自然共振损耗。

所谓磁后效就是磁化强度（或磁感应强度）跟不上外磁场变化的延迟现象。假设某一时刻 t_1 磁场以阶跃形式从 H_1 变到 H_2，则磁化强度也将从 M_1 变化到 M_2。如图5-38所示，这一磁化过程分为两个阶段，即 t_1 时 M_1 无滞后地上升到 M_i，然后随时间的延续再逐渐上升到与磁场 H_2 相应的平衡值 M_2。在第二个磁化阶段出现磁后效，即磁化强度（或磁感应强度）随磁场变化的延迟现象。如果进行反复磁化，则每次都要出现时间的滞后。产生磁后效的弛豫过程机制不同，表现也不同。

由于杂质原子扩散引起的可逆磁后效，通常称为李斯特（Richter）磁后效。在含有微量间隙原子 C 或 N 的纯铁中，当磁场发生变化时，间隙原子将发生微扩散，引起材料磁各向异性的变化，从而导致磁化强度的变化，因此由于这种弛豫过程引起的磁后效又称为扩散磁后效。磁后效所需的

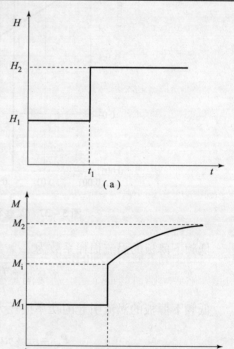

图5-38　磁后效示意图
(a) 磁场强度-t；(b) 磁化强度-t

时间称为弛豫时间 τ。在非晶态磁合金研究中发现，τ 与材料的稳定性密切相关，这类磁后效与温度和频率关系密切。

材料中的磁后效现象存在多种磁后效机制。如永磁材料经过长时间放置，其剩磁会逐渐变小也是一种磁后效现象，称为"减落"。放置的永磁铁存在自由磁极，由于退磁场的持续作用，通过磁后效过程引起永久磁铁逐渐退磁。如果不了解磁后效的机制并加以克服，就不可能得到稳定的永久磁铁。

永磁材料的磁后效遵从以下规律：

$$M(t) - M(0) = \chi_d S_v \lg t \tag{5-56}$$

式中：χ_d 为微分磁导率；S_v 为磁后效系数。

由式（5-56）可知，磁化强度 M 的变化与时间 t 的对数成正比，这种磁后效称为约当（Jordan）磁后效。实验发现，几乎所有软磁材料，如硅钢、铁镍合金、各类软铁氧体，在交流退磁后，其起始磁导率 μ_i 都会随时间延长而降低，最后达到稳定值。这就是通称的磁导率减落，表征磁导率减落的参量为磁导率减落系数 DA。假设材料完全退磁后 t_1 时刻的起始磁导率为 μ_{i1}，t_2 时刻的起始磁导率为 μ_{i2}，则磁导率减落系数为

$$\mathrm{DA} = \frac{\mu_{i1} - \mu_{i2}}{\mu_{i1}^2 \lg(t_2/t_1)} \tag{5-57}$$

实际应用中希望磁性材料的 DA 尽可能小。且为了方便起见，常将 t_1 和 t_2 取为 10 min 和 100 min，并采用交流退磁方法使样品达到磁中性化。

图 5-39 所示为 Mn-Zn 铁氧体的起始磁导率 μ_i 随时间减落曲线（简称磁导率减落曲线）。由图可知，减落系数与温度关系密切，温度较高时减落快。另外，发现磁导率减落对机械振动、冲击也十分敏感。

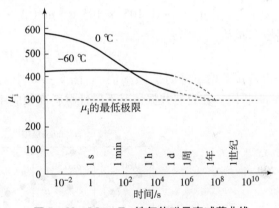

图 5-39 Mn-Zn 铁氧体磁导率减落曲线

磁导率减落是由于材料中电子或离子扩散后效造成的。电子或离子扩散后效的弛豫时间为几分钟到几年，其激活能为几电子伏特。由于磁性材料退磁时处于亚稳状态，随着时间推移，为使磁性体的自由能达到最小值，电子或离子将不断向有利的位置扩散，把畴壁稳定在势阱中，导致磁中性化后，铁氧体材料的起始磁导率随时间而减落。若时间足够长，扩散趋于完成，起始磁导率也趋于稳定值。不同温度下电子或离子的扩散速度不同，温度越高，扩散速度越快，起始磁导率 μ_i 随时间减落也就越快。考虑到减落的机制，在使用磁性材料前应对材料进行老化处理，还要尽可能减少对材料的振动、机械冲击等。

4. 共振损耗

对剩余损耗研究发现，当磁后效的弛豫时间确定后，磁损耗将随频率而发生变化，在某特定频率下损耗呈显著增大，这种损耗称为共振损耗。随着磁场频率的增高，将出现各种不同形式的共振损耗。

共振损耗同材料尺寸有关。假设材料的相对磁导率为 μ_r，相对介电系数为 ε_r，加在该

材料上的电磁波长为 $\lambda = c/(f\sqrt{\varepsilon_r \mu_r})$（式中 c 为光速，f 为频率）。当磁性材料的尺寸为波长的整数倍或半整数倍时，材料中将形成驻波，从而发生共振损耗，称为尺寸共振。

在没有外场作用的情况下，磁化强度 M_s 总是取在磁体的易磁化轴，也就是其有效各向异性等效场 H_{keff} 方向。当 M_s 与易磁化轴方向存在偏角时，M_s 将围绕各向异性等效场发生进动，其进动角频率 $\omega_0 = \gamma H_{keff}$。如果有高频交变磁场 $H = H_m e^{j\omega t}$ 也同时作用于 M_s，当外加交变场的频率 ω 与 M_s 的固有进动频率 ω_0 相等时，就会产生磁矩的共振。这种无外加直流磁场，只有磁体内部的有效各向异性等效场 H_{keff} 作用而产生的共振，称为自然共振。

值得指出的是，当频率提高到超过共振状态（μ'' 达到最大后），复数磁导率的实部 μ' 开始下降，但 $\mu' f$ 的乘积保持不变，该关系在研究和开发新的高频磁芯材料中非常重要。事实表明，这一结果对其他材料也同样成立。

发生磁后效时，磁化强度与磁场的方向并不完全一致，而是绕着磁场方向的轴线作进动。当进动周期与高频磁场的周期一致时，出现共振损耗。在铁磁材料中一般都存在磁各向异性场 H_k，材料中的微观磁化强度将绕着 H_k 进动。可以证明，该进动的频率为

$$f = |\nu| H_k / (2\pi) \tag{5-58}$$

式中：ν 为旋磁系数。

这种磁各向异性场形成的共振现象，称为自然共振。根据电子的旋磁系数 $\nu = g[e/(2m)]\mu_0 = -1.105 \times 10^5 g \, [\text{m}/(\text{A} \cdot \text{s})]$ 和单轴各向异性材料的 $\mu_{r0}/\mu_0 \approx 2M_s/(3\mu_0 H_k)$，可得

$$\mu_{r0} f = |\nu| M_s / (3\pi) \tag{5-59}$$

并求得 μ'' 开始下降时的频率值 f。图 5-40 中的虚线表示式（5-59）的变化关系，称为 Snoek 极限。在自然共振情况下磁性材料高频应用的极限（截止频率 f_r）有如下关系：

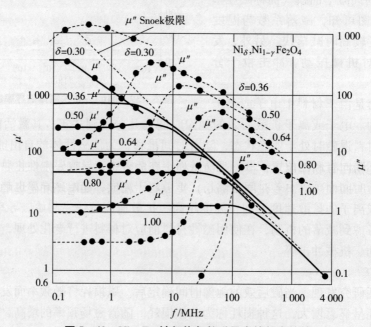

图 5-40　Ni-Zn 铁氧体复数磁导率的频率特性

$$f_r(\mu_{r0} - 1) = \frac{1}{3\pi}\gamma M_s \tag{5-60}$$

式中：M_s 为饱和磁化强度（本征）；μ_{r0} 为初始磁导率；f_r 为截止频率。

铁氧体的初始相对磁导率 μ_i 在截止频率 f_r 之前实际上是恒定的，这两个量在相反的方向上随磁晶各向异性而变化。可以将几乎在组成系列中保持不变的初始相对磁导率与截止频率的乘积 $\mu_i f_r$ 视为品质因子。Ni – Zn 铁氧体的乘积约为 8 000 MHz，Mn – Zn 则为 4 000 MHz。而对于初始磁导率为 10 000 的 Mn – Zn 铁氧体，其品质因子几乎不可能超过 400 kHz。继续提高频率，在某些材料中将引起损耗增加，磁导率下降，以致使磁芯失去作用。图 5 – 40 所示为 Ni – Zn 铁氧体复数磁导率的实部 μ' 和虚部 μ'' 与频率的关系。从图中可以看出，在某个频率附近 μ'' 明显增大，而材料单位体积的功率损耗 $P_{耗}$ 与复数磁导率的虚部 μ'' 成正比，这表明共振损耗的存在。此外，在共振损耗中还有畴壁共振，但这种影响在一般材料的实际应用中并不明显。

5.5 磁 效 应

物质的磁性与其力学、声学、热学、光学及电学等性能均取决于物质内原子和电子状态及它们之间的相互作用，因此这些性能相互联系、相互影响。磁状态的变化引起其他各种性能的变化；反之，电、热、力、光、声等作用也引起磁性的变化，这些变化统称为磁效应，包括磁电效应、磁光效应、磁致热效应、磁致伸缩效应。

5.5.1 磁电效应

对通以电流的物体再施加磁场，铁磁体中的电阻或电位差发生变化，这种现象称为磁电效应（galvano – magnetic effect）。其中具有代表性的有磁阻效应（magnetoresistance effect）和霍尔效应（Hall effect）。一般把磁场电效应中依赖于外磁场的效应归为正常效应，把依赖于磁化强度的效应归为反常效应。外加磁场后，由磁场作用引起物质电阻率的变化，这种现象称为磁阻效应。对于非铁磁性物质，外加磁场通常使电阻率增加，即产生正的磁阻效应。在低温和强磁场条件下，该效应显著。对于单晶，电流和磁场相对于晶轴的取向不同时，电阻率随磁场强度的改变率也不同，即磁阻效应是各向异性的。

5.5.1.1 磁阻效应

磁阻效应是指在磁场作用下，会引起通电的金属或半导体电阻 ρ 发生改变，其全称是磁致电阻变化效应，通常以电阻变化率（$\delta\rho/\rho$）来表达。根据外加电场和磁场的方向，磁阻效应可分为纵向效应和横向效应两种。如图 5 – 41（a）和图 5 – 41（b）所示，当磁场方向平行于测量电阻的方向时，称为纵向磁阻效应；当二者方向垂直时，称为横向磁阻效应。根据磁阻效应的起源机制，又分为正常磁阻效应和反常磁阻效应。前者同非铁磁体一样，电阻率随着外加磁场的增加而变化，温度越低电阻率越大。在一定温度下，磁场越强电阻率越大，这种正常磁阻效应是作用于传导电子的磁阻效应。后者为具有自发磁化强度的铁磁体所特有的现象，其起因认为是自旋轨道的相互作用或 s – d 相互作用引起的与磁化强度有关的电阻率变化，以及畴壁引起的电阻率变化。反常磁阻效应有三种机制：①外加强磁场引起自发磁化强度的增加，从而引起电阻率的变化，其变化率与磁场强度成正比，是各向同性的负的磁阻效应；②由于电流和磁化方向的相对方向不同而导致的磁阻效应，称为各向异性磁阻效应；③铁磁体的畴壁传导电子的散射产生的磁阻效应。

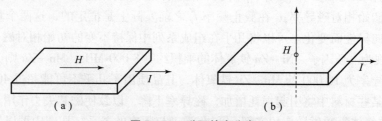

图 5-41 磁阻效应分类
(a) 纵向磁阻效应；(b) 横向磁阻效应

铁磁体在居里温度以下，其磁阻效应与非铁磁体的不同。以图 5-42 给出的多晶镍棒的实验数据为例，在弱磁场下的技术磁化区，电阻率的相对变化（曲线前部分）有较大的值。电流与磁场平行时（上图）具有正号；电流与磁场垂直时具有负号（下图）。

Schroeder 和 Rossiter 考虑了金属电阻率的一般问题。电阻率有原子无序 ρ_i、声子 ρ_{ph} 和磁性原子金属中的磁散射产生的磁阻率 ρ_m 对电阻率有贡献。当散射概率较小时（与原子间距离相比，平均自由程较大），电阻率是三种贡献的总和（马西森定律）：

$$\rho(T) = \rho_i + \rho_{ph}(T) + \rho_m(B, T) \tag{5-61}$$

磁阻率 ρ_m 取决于磁无序，因此取决于磁熵。它是温度和磁场的函数，其导数 $d\rho_m/dt$ 类似于磁场对比热容的贡献。

De Gennes 和 Friedel 表明，磁电阻率与自旋相关函数 $<S_i \cdot S_j>$ 有关：

$$\rho_m(B,T) = \rho[S(S+1) - <S_i \cdot S_j>_{B,T}] \tag{5-62}$$

对于铁磁体，在铁磁有序的区域内，电阻率近似变化为 $M_0^2 - M_s^2(T)$，前提是费米面仅受到有序的微弱修改。

电阻率相对于磁化强度的角度依赖性导致了磁电阻的各向异性，电阻率不同，取决于电流是平行 ($\rho_\parallel$) 还是垂直于磁化 ($\rho_\perp$)：

$$\Delta\rho/\rho_0 = (\rho_\parallel - \rho_\perp)/\rho_0 \approx \gamma(\alpha - 1) \tag{5-63}$$

式中：ρ_0 为退磁状态的电阻率；α 为比值 ($\rho\uparrow/\rho\downarrow$)。

然而，γ 依赖于自旋 – 轨道耦合，该特性用于首个磁阻传感器（坡莫合金）。

没有磁矩的金属（回旋加速器效应）和有磁性原子的金属（自旋无序）是有区别的。

1. 回旋加速器效应

在洛伦兹力的影响下，电子在回旋 (Larmor) 频率 $\omega_c = eB/m*$ 处绕场运动，这增加了它们相对于平行于电场运动的总路径。因此，电子与杂质或声子发生更多碰撞，从而增加电阻率（正磁电阻）。如果磁场和电场平行，则平行于电场的平均速度受影响较小。因此，一般来说，纵向的磁阻比横向的弱（图 5-42）。

当初始电阻率 ρ_0 较弱时，即在低温下，$\Delta\rho/\rho_0$ 相对增加较大。对于简单金属，它遵循科勒 (Kohler) 定律：$\Delta\rho/\rho_0 \approx f(B/\rho_0)$，如图 5-43 所示。当金属不再符合自由电子模型时，振幅的变化最大，这一纪录由半金属铋保持。

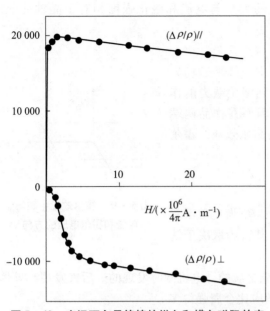

图 5-42 室温下多晶镍棒的纵向和横向磁阻效应

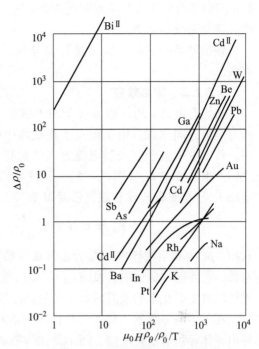

图 5-43 某些金属中的科勒定律

在弱场中 $\Delta\rho$ 首先随 B^2 变化；然后在高场中变为线性或饱和。修正后的电子轨道是费米能级附近的恒定能量曲线，磁阻反映了费米表面的对称性，并且具有很强的各向异性，特别是当存在开放轨道时。

2. 磁化相关项 - 自旋无序

在顺磁域中，磁阻（为负）反映了在外加场（M^2）下自旋之间的相关函数［见式（5-62）］的变化。它对场的初始依赖性是二次的。在铁磁范围内，由于分子场 H_{mol} 的作用，磁阻最初随磁场呈线性变化（图 5-44）。

更严格的研究表明，有可能将磁阻分解为两项，这两项是由磁化的横向和纵向波动引起的，一个与磁化强度的变化有关；另一个与磁矩和磁场之间平均角的变化有关。对于反铁磁体，磁阻取决于不同亚晶格中磁矩之间的夹角，并且可以表现出不同的行为，这取决于磁场方向相对于反铁磁性的方向，以及各向异性和交换之间的比率。

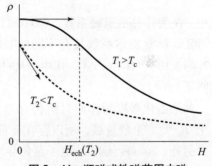

图 5-44 顺磁或铁磁范围内磁电阻与磁场的关系

3. 磁电阻各向异性

磁电阻在磁性体系中经常表现出各向异性行为，即使是对于立方磁体或铁磁体也是如此。第一个原因是能带结构和费米表面的各向异性，如非磁性体系的情况。第二个原因是电流载流子和力矩载流子的各向异性耦合。这可能来自导带内的自旋-轨道耦合，以及与各向异性磁壳的相互作用。在稀土化合物的情况下，电流载流子包括来自稀土的 $6s5p$ 电子，这些电子耦合到各向异性的 $4f$ 壳层上，以自旋、轨道和总磁矩 S、L 和 J 为特征。作为一级近似，磁电阻的各向异性与4f壳层的电四极矩成正比：$(\rho_\parallel - \rho_\perp)/\rho_0 = \alpha[3<J_z^2> - J(J+1)]$，其中 α 为史蒂文斯系数。

铁磁单晶的磁阻效应也是各向异性，值的大小与电流和磁化强度相对于晶轴的取向有关。

5.5.1.2 霍尔效应

将通有电流 I 的铁磁体置于均匀磁场 H 中，如果磁场方向与电流方向垂直，由于载流子在磁场中受到洛伦兹力的作用，将发生垂直于磁场和电流方向的偏移，因而在样品两端之间产生电位差 E_H（图5-45），该现象称为霍尔效应。霍尔电场 E_H 与外加磁场 H 和磁化强度 M 有关，即

$$E_H = R_0 H + R_1 \frac{M}{\mu_0} \quad (5-64)$$

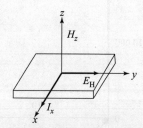

图5-45 霍尔效应中磁场、电流和霍尔电压的方向

式中：μ_0 为真空磁导率；R_0 为正常霍尔系数；R_1 为反常霍尔系数，它伴随铁磁体的自发磁化 M_s 而出现，其行为取决于铁磁体的自发磁化本质及其对温度的依赖性等。

霍尔效应是霍尔（Hall）于1879年在研究金属的导电机制时发现的。后来发现半导体、导电流体等也有这种效应，而半导体的霍尔效应比金属强得多。

铁磁体中的霍尔电阻率 ρ_H 通常表示为两项之和：

$$\rho_H = R_0 B_z + 4\pi R_1 M_z \quad (5-65)$$

式中：右边第一项描述由洛伦兹力诱导的普通或正常霍尔效应（NHE）；右边第二项描述与自旋-轨道相互作用相关的反常霍尔效应；M_z 是沿 z 轴的磁化分量，B_z 是磁感应分量，则

$$B_z = H_z + 4\pi M_z(1-N) \quad (5-66)$$

式中：N 为样品的退磁系数，$0 \leq N \leq 1$。

正、反常霍尔系数具有不同的数值，室温下的 Ni：$R_0 = -7.6 \times 10^{-17}$ $\Omega \cdot m^2/A$；$R_1 = -7.49 \times 10^{-16}$ $\Omega \cdot m^2/A$。其中，R_0 与温度呈单调递增关系，R_1 在居里点出现反常（会急剧降低）。

如果磁化强度的作用只给传导电子施加一个内部磁场 $\mu_0 M$，应该 $R_1 = R_0$；在室温下，R_1 比 R_0 大一个数量级，所以存在反常霍尔效应。

另外，Kondo 认为 4s 电子是传导电子，而且它们的轨道运动受未被淬灭的 3d 电子轨道运动的影响。他的计算能很好地解释 Ni 中 R_1 与温度的依赖关系（存在居里点突变）。他还把该理论推广到稀土金属中，并且解释了 Gd 金属的反常效应。

垂直于强磁体产生的磁场安装两个电极，等离子体流过该磁场，两个电极位于等离子体的相对两侧，将产生输出电压。在这些电极之间流过等离子体的电流称为法拉第电流。这提供了磁流体（MHD）发电机的主要电流输出。等离子体流过管道产生非常高的法拉第输出电流进入负载与施加的磁场发生反应，产生垂直于法拉第电流的霍尔效应电流（沿等离子体轴的电流），导致能量损失。产生的总电流将是横向（法拉第）和轴向（霍尔效应）电流分量的矢量和。除非能以某种方式捕获，否则霍尔效应电流将构成能量损失。为提高转换效率，设计各种电极结构以捕获电流的法拉第和霍尔效应分量。第一种方法是将电极对分成物理上并排（平行）但彼此绝缘的一系列段，将分段电极对串联连接以实现更高的电压但具

有更低的电流;第二种方法是电极并非彼此直接相对,而是垂直于等离子体流,从垂直方向倾斜一个小的角度,以与法拉第和霍尔效应电流的矢量和一致,如图 5-46 所示,可从等离子体中提取最大能量。

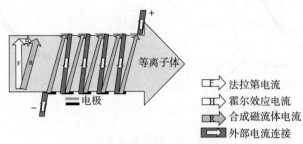

图 5-46 带分段电极的 MHD 电流

5.5.2 磁致效应

在磁性材料中,原子间的距离会随着强度和磁化方向的不同而变化,这就是磁致伸缩或直接的磁弹性效应。相反,材料的磁性状态对机械力的影响很敏感。例如,施加压力或张力(拉力),使材料的长度发生变化的话,则材料内部的磁化状态亦随之变化,磁滞回线会变形,这就是逆磁致伸缩效应,也称为压磁效应、维拉里(Villari)效应。

5.5.2.1 主要的磁致效应

1. 反常自发膨胀和强迫交换磁致伸缩

由于交换相互作用对原子间距离很敏感,有序参数 $\langle S_i \cdot S_j \rangle$ 耦合到磁性样品的维数上。这种磁弹性耦合产生交换磁致伸缩,即在有序化温度以下观察到自发变形。

图 5-47(a)显示了镍晶格参数的热变化。在 $T_c = 631$ K 以上,行为是正常的,外推法可以得到晶格参数的 a^* 值,如果镍不是磁性的,它在 0 K 下会有该值。在 T_c 周围观察到热膨胀的异常,以及晶格参数的相对减少,在低温下达到 $(a_0 - a^*)/a^* = -4 \times 10^{-4}$。这种变形不会降低材料的对称性。在各向同性和立方材料中,它可以用体积的变化来描述。在对称性较低的材料中,也会出现各向异性应变,如六方晶系或四方晶系材料的 c/a 之比的变化。

正交换磁致伸缩有时会产生与材料正常热膨胀完全相反的热变化,通过补偿使材料具有零热膨胀特性,这就是 1896 年 Guillaume(纪尧姆)在铁镍合金上发现的因瓦(Invar)效应。在有序交换状态下,磁致伸缩与磁场呈弱线性关系。这称为强迫各向同性磁致伸缩。

体积磁致伸缩是通过将相对于 $\delta V/V_0$ 的(弹性能密度)$E_{el} + E_{magn}$(磁能密度)的总和最小化得到的。当材料冷却时,相关函数 $<S_A S_B>$ 增大,而短程有序通常出现在 T_c 以上。这就是为什么图 5-47(b)所示的镍体积异常在比居里温度 $T_c = 631$ K 高出约 170 K 的 800 K 时出现。在低温下,所有的自旋都是铁磁排列的,相关函数达到饱和值 $S_A S_B$,使交换磁致伸缩和变形效应饱和。

2. 静水压力对磁性的影响

体积磁致伸缩是由于交换相互作用。反过来。静水压力将改变这些交换相互作用,从而改变居里温度和磁矩。然而,这些变化通常很小。

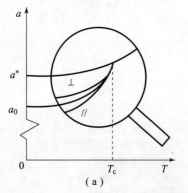
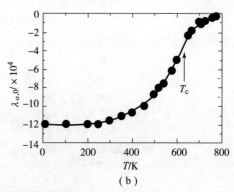

图 5-47　镍的磁致伸缩
(a) 晶格参数的热变化；(b) 交换磁致伸缩

3. 弹性常数的畸变效应

交换磁弹性耦合也会导致弹性系数热变化的一些异常（图 5-48）。GdZn 的 C_{44} 弹性常数的热变化在 $T_c = 270$ K 以下表现出正异常，这是二级磁弹性耦合效应。这些物理量（热膨胀系数和弹性常数的热系数）对温度的导数在 T_c 处也表现出明显的 Λ 型异常。

在有序化温度以下，每个弹性常数都会出现磁性贡献（形态效应）。当此贡献为负时，其热变化可以抵消弹性系数的正常热变化。结果是在一定温度范围内与温度无关：这就是艾林瓦（Elinvar）效应。

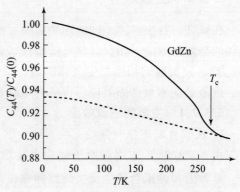

图 5-48　GdZn 的 C_{44} 弹性常数的热变化

4. 各向异性，强磁场敏感，磁致伸缩

若将纯镍的膨胀曲线放大 [图 5-47 (a)]，明显可见对施加外部磁场很敏感：外部磁场在沿着平行（//）磁场的方向上引起额外的收缩（饱和后在 300 K 时收缩 36×10^{-6}），而在垂直（⊥）于磁场的平面上出现小 1/2 的膨胀（在 300 K 时膨胀 18×10^{-6}），这就是为什么 1842 年由焦耳在铁棒上发现的该效应称为各向异性磁致伸缩的原因。

5. 单轴应力对磁性能的影响

施加在磁性材料上的单轴应力将沿应力方向 $O\zeta$ 产生各向异性，因此初始磁导率将发生变化，这是与焦耳各向异性磁致伸缩相反的效应。根据应力（拉伸或压缩）和 λ_s 的相对符号，磁矩将趋于沿 $O\zeta$ 方向或与 $O\zeta$ 垂直。该效应对磁性材料的性能起着至关重要的作用，它通常是一种麻烦，因为它通常会降低磁导率，这对软磁材料不利。

6. 其他磁弹性效应

(1) 首先提到焦耳磁致伸缩中的一个变体，当将螺旋磁场施加到铁磁棒或铁磁丝上时，观察到会导致样品扭曲。这就是维德曼（Wiedemann）效应。

(2) 相反地，如果在沿其轴线均匀磁化的杆上施加扭转扭矩，则磁化强度会偏离该轴线，这是逆维德曼效应。杆的两端之间出现电压差，这就是马特西（Matteuci）效应，许多传感器都使用该效应。

（3）对铁磁杆施加应力，当然会使其根据线性弹性变形。然而，这也通过逆磁弹性效应改变了其磁化强度，并导致了磁致伸缩。因此，弹性模量的表观值将减小，这是 ΔE 效应。

（4）形状效应是指即使在均匀磁化的情况下磁致伸缩 λ^F（M^2）也是不均匀的，并且叠加在两个主要模式（$\lambda^{\alpha,0}$ 和 λ_s）上。这种效应存在于所有的磁性样品中，即使是磁致伸缩系数为 0 的样品中，它只是反映了使静磁能和弹性能之和最小化的趋势。

（5）压磁效应在磁场中是线性的，因此是奇数，而焦耳磁致伸缩是偶数效应（磁化方向余弦的偶数函数）。仅在某些反铁磁材料中会遇到这种效应。

5.5.2.2 薄膜的磁致伸缩

磁致伸缩薄膜是许多微系统应用的核心，特别是在微电子机械系统中，作为微致动器的强大传感器，通常需要 mT 级的小驱动磁场。目前，稀土-铁合金薄膜表现出最大的磁致伸缩性，包括 Tb-Dy-Fe 薄膜，在多晶薄膜中可以产生超过 1 000 ppm 的应变（在块状单晶中，$Tb_{0.3}Dy_{0.7}Fe_2$ 具有 $3/2\lambda_{111}$ 的磁致伸缩性能，相当于 2 600 ppm）。尽管存在超磁致伸缩效应，但它们的大磁晶各向异性导致了高饱和场（$H > 0.1$ T），通常限制了它们实际应用，从而刺激了对替代新材料的研究。基于成本和可用性考虑，寻找无稀土化合物日益重要。

$Fe_{1-x}Ga_x$ 合金具有较大的磁致伸缩性能，单晶 $Fe_{0.8}Ga_{0.2}$ 合金［具有 20%（原子百分数）Ga 的铁合金］产生达 $3/2\lambda_{100} \geqslant 400 \times 10^{-6}$ 的大磁致伸缩四方应变，其中 λ_{100} 是磁场作用于样品［100］晶体学方向时的磁致伸缩系数。$Fe_{0.8}Ga_{0.2}$ 合金的显著特征是磁致伸缩增强的相动力学：无序体心立方（bcc）α-Fe（或 A2）相与 DO_3（有序 bcc）相处于亚稳平衡。$Fe_{1-x}Ga_x$ 的一种新模型表明，嵌入 A2 基体中的 DO_3 纳米团簇引起磁场诱导的旋转，从而导致大磁致伸缩。此外，在先前研究的 Fe-Al 合金系中，在 DO_3/A2 相边界处的成分中观察到磁致伸缩显著增加。新的趋势是铁基体系的磁致伸缩增强发生在结构相界附近的成分。与铁电固溶体的巨电致伸缩和弛豫的类比也指出了磁性材料中的某些结构边界可以作为性能增强的晶型相边界的可能性。Yang 等已经报道了在低于 160 K 的 $TbCo_2$-$DyCo_2$ 系统中，具有增强磁致伸缩性能的菱形/四方晶相界。块状 Co-Fe 相图表明 α-Fe-bcc 相在高温下均存在。温度低于 912 ℃ 和 Co 浓度大于 50%（原子百分数）时，bcc 相与面心立方（fcc）Co 和 bcc-Fe 相的混合相区相交。将上述情形应用于 $Fe_{0.8}Ga_{0.2}$ 合金，在（fcc + bcc）/bcc 边界处，磁致伸缩将发生增强。对块状 Co-Fe 合金进行的早期研究显示，磁致伸缩与成分曲线中有两个峰值，分别在 $Co_{0.7}Fe_{0.3}$ 和 $Co_{0.5}Fe_{0.5}$ 等原子成分附近，相应产生 90×10^{-6} 和 75 ppm 的磁致伸缩。在后来的实验中，Hall 报告了对于退火的大块单晶 $Fe_{0.5}Co_{0.5}$ 合金，$\lambda_{100} \sim 150$ ppm。在 800 ℃ 退火的均匀电弧熔炼的 $Co_{0.7}Fe_{0.3}$ 合金（块状）中观察到了 150×10^{-6} 的磁致伸缩。化学和结构的不均匀性以及由此产生的共存相的相互作用可以导致氧化物中的异常行为，正如在晶型相界和弛豫铁电体的压电材料中观察到的那样。然而，该现象在金属合金中很少见。

2011 年，Hunter 等研究表明，通过调整结构异质的存在，在约 10 mT 的低饱和磁化场下，织构的 $Co_{1-x}Fe_x$ 薄膜可获得高达 260×10^{-6} 的有效磁致伸缩常数 λ_{eff}。假设 λ_{100} 是主要成分，该数值转换成磁致伸缩的上限 $\lambda_{100} \approx 5\lambda_{eff} > 1\ 000 \times 10^{-6}$。磁致伸缩强烈依赖性于冷却过

程，$Co_{1-x}Fe_x$ 薄膜的微观结构分析表明，在接近（fcc + bcc）/bcc 相边界的温度/成分下，退火后淬火会产生显著的巨磁致伸缩（来自嵌入富铁 bcc 基体中的平衡富钴 fcc 相的析出），在 $Co_{0.66}Fe_{0.34}$ 成分下获得最大磁致伸缩为 $(260 \pm 10) \times 10^{-6}$；在成分大于82%（原子百分数）Co 时磁致伸缩变为负值。沉积状态下的 $Co_{0.73}Fe_{0.27}$ 附近磁致伸缩达到最大值：$(84 \pm 5) \times 10^{-6}$。结果表明最近提出的异质磁致伸缩机制可用于指导具有不寻常磁弹性特性化合物的探索。

5.5.3 磁致热效应

磁致热效应是铁磁体受磁场作用后在绝热情况下发生温度上升或下降的现象。

1. 强磁场下

铁磁体在温度低于居里点时，存在自发磁化强度。铁磁体在强磁场作用后的温升为

$$\Delta T = \frac{W}{2dC_m}(M^2 - M_s^2) \tag{5-67}$$

由式（5-67）可见，测出温升和磁化强度值，可以求得饱和磁化强度 M_s 的值和分子场系数 W。利用磁致热效应求居里点附近的 M_s 很有效。

当铁磁体的温度高于居里点时，温升为

$$\Delta T = \frac{T}{2T_c} \cdot \frac{W}{dC_m}M^2 \tag{5-68}$$

加恒磁场时，在居里点温升将出现极大，而在居里点左右 dT 急剧下降。镍的磁致热效应的温度依赖性如图 5-49 所示。

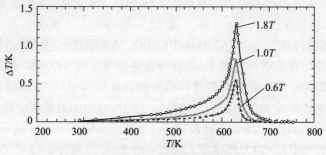

图 5-49 镍的磁热效应

2. 在弱磁场和中等磁场下

在强磁场时，自发磁化强度发生变化，即发生强制磁化，伴随有温度变化的磁致热效应。在弱磁场和中等磁场时，主要是引起与磁畴结构有关磁化过程的变化，伴随有温度变化的磁致热效应，为了与前者区别，后者称为磁热效应。

5.5.4 磁光效应

当光透过铁磁体或被磁体反射，由于铁磁体存在自发磁化强度，使光的传输特性发生变化，产生新的各种光学各向异性等现象统称为磁光效应。磁光效应一般包括磁光法拉第效应、磁光克尔效应（magneto-opto Kerr effect, MOKE）、科顿-穆顿效应、磁圆振/磁线振二向色性，此外还有塞曼效应和磁激发光散射等，其中最有用的是磁光法拉第效应和克尔效应。大磁光效应的晶体广泛用于光隔离器、模式转换波导、磁场传感器和光数据存储等。

1. 法拉第效应

法拉第效应是磁场引起介质折射率变化而产生的旋光现象。线偏振光在通过沿传播方向施加磁场的介质时会发生偏振平面的旋转,光波偏振面转过的角度 φ(磁致旋光角)与光在介质中通过的长度 l 及介质中磁感应强度在光传播方向上的分量 B 成正比,即

$$\varphi = VBl \tag{5-69}$$

式中:V 为费尔德常数,它表征物质的磁光特性。

2. 磁光克尔效应

磁光克尔效应是指当线偏振光被磁化了的铁磁体表面反射时,反射光将是椭圆偏振的,且以椭圆的长轴为标志的"偏振面"相对于入射线偏振光的偏振面旋转了一定的角度。磁光克尔效应分为极向磁光克尔效应、纵向磁光克尔效应和横向磁光克尔效应三种组态。

3. 磁圆振/磁线振二向色性

磁圆振二向色性发生在光沿平行于磁化强度 M 方向传播的情况,铁磁体对入射线偏振光的两个圆偏振光的吸收不同,一个圆偏振光的吸收大于另一个圆偏振光的吸收,其结果造成左右偏振光的吸收有差异,此现象称为磁圆振二向色性。磁线振二向色性发生在光沿着垂直于磁化强度 M 方向传播的情况,铁磁体对被分解成的两个偏振光的吸收不同,两个偏振光以不同的衰减通过铁磁体,从而出现磁线振二向色性。

4. 科顿-穆顿效应

当线偏振光垂直于磁化强度矢量方向透射时,光波的电矢量将分成两束:一束与磁化强度矢量平行,称为正常光波;另一束与磁化强度矢量垂直,称为非正常光波。两者之间有相位差 δ,此二者的折射率不同而有双折射现象,称为科顿-穆顿效应。

5.6 典型磁功能材料的性能和应用

本节介绍典型磁功能材料铁氧体、铁镍合金/铁钴合金、硅铁合金、稀土合金和氮化铁等的结构、性能、用途。

5.6.1 铁氧体

铁的氧化物与一种或几种其他金属氧化物组成的复合氧化物等称为铁氧体。$FeO \cdot Fe_2O_3$(Fe_3O_4)是最简单的、应用最早的天然铁氧体磁性材料。在铁氧体中磁性离子都被间隔较大的氧离子所隔离,因而磁性离子间不会存在直接的交换作用。然而,事实上铁氧体内部存在很强的自发磁化。显然,这种自发磁化并不是由于磁性离子间的直接交换作用,而是通过夹在磁性离子间的氧离子形成的间接交换作用,称为超交换作用。这种超交换作用使每个亚点阵内离子磁矩平行排列,每个亚点阵磁矩方向相反大小相等,因而抵消了一部分,剩余部分即表现为自发磁化。所以,铁氧体与铁磁体一样都有自发磁化强度和磁畴,因此有时也统称为铁磁性物质。但是,铁氧体一般都是多种金属的氧化物复合而成,其磁性来自两种不同方向的磁矩,这两种磁矩方向相反,大小不等,不能完全抵消,于是就产生了自发磁化现象,因此铁氧体磁性又称为亚铁磁性。

目前,从晶体结构分,已有尖晶石型、石榴石型、磁铅石型、钙钛矿型、钛铁矿型和钨青铜型六种铁氧体,较重要的铁氧体主要是前三种。

5.6.1.1 尖晶石型铁氧体

铁氧体亚铁磁性氧化物一般式表示为 $M^{2+}O \cdot Fe_2^{3+}O_3$ 或者 $M^{2+}Fe_2O_4$，其中 M 是 Fe、Co、Ni、Cu、Mg、Zn、Cd 等金属或它们的复合，如 $Mg_{1-x}Mn_xFe_2O_4$。因此，铁氧体成分和磁性能范围宽广，它们的结构属于尖晶石型，如图 5-50 所示。元晶胞由 8 个分子组成，32 个 O^{2-} 为密堆立方排列，8 个 M^{2+} 与 16 个 Fe^{3+} 处于 O^{2-} 的间隙中。通常把氧四面体位置称为 A 位，八面体空隙位置称为 B 位。如果 M^{2+} 都处于四面体 A 位，Fe^{3+} 处于 B 位，如 $Zn^{2+}[Fe^{3+}]_2O_4$ 这种离子分布的铁氧体称为正尖晶石型铁氧体；如果 M^{2+} 占有 B 位，Fe^{3+} 占有 A 位及余下的 B 位，则称为反尖晶石型铁氧体，如 $Fe^{3+}[Fe^{3+}M^{2+}]O_4$。

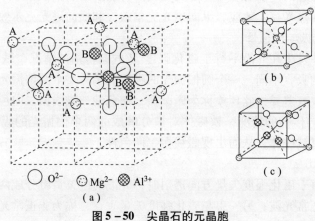

图 5-50 尖晶石的元晶胞
(a) 元晶胞；(b)，(c) 子晶胞

铁氧体内含有两种或两种以上的阳离子，这些离子具有大小不等的磁矩（有些离子可能还完全没有磁性），由此使铁氧体表现出不同的磁性。在正尖晶石型铁氧体中，由于 A 位被不具有磁矩的 Zn^{2+}、Cd^{2+} 占据，所以 A-B 间不存在超交换作用。另外，B 位的 Fe^{3+} 的磁矩反平行耦合，所以 B-B 间的磁矩完全抵消，不出现自发磁化。在反尖晶石型铁氧体中，处于 A 位的 Fe^{3+} 与 B 位的 Fe^{3+} 间有着超交换相互作用，其结果是二者的磁矩相互反平行并抵消，而仅余下 B 位的 M^{2+} 的磁矩，可用下式表示，即

$$Fe_a^{3+}\uparrow Fe_b^{3+}\downarrow M_b^{2+}\downarrow$$

因此所有的亚铁磁性尖晶石几乎都是反型的，如磁铁矿属反尖晶石结构，对于任意一个 Fe_3O_4"分子"来说，两个 Fe^{3+} 分别处于 A 位及 B 位，它们是反平行自旋的，因而这种离子的磁矩必然全部抵消，但在 B 位的 Fe^{2+} 的磁矩依然存在。Fe^{2+} 有 6 个 $3d$ 电子分别在 5 个 d 轨道上，其中只有一对电子处在同个 d 轨道上且反平行自旋，磁矩抵消。其余 4 个电子平行同向自旋，因而应当有 4 个 μ_B，即整个"分子"的玻尔磁子数为 4。实验测定的结果为 $4.2\mu_B$，与理论值相当接近。

阳离子出现反型的程度，取决于热处理条件。一般地，提高正尖晶石的温度会将离子激发至反型位置。所以，在制备类似于 $CuFe_2O_4$ 的铁氧体时，必须将反型结构高温淬火才能得到存在于低温的反型结构。锰铁氧体约 80% 正型尖晶石，这种离子分布随热处理变化不大。

在实际应用中，软质铁氧体是强磁性的反尖晶石与顺磁性的正尖晶石的固溶体。例如，将 x mol 正尖晶石 $ZnFe_2O_4$ 加入 $(1-x)$ mol 的反尖晶石 $M^{2+}Fe_2O_4$ 中烧制成固溶体（称为复

合尖晶石），A 位和 B 位的离子分布如下：

$$(1-x)Fe^{3+}[M^{2+}Fe^{3+}]O_4 + xZn^{2+}[Fe^{3+}]_2O_4 = Fe^{3+}_{(1-x)} - Zn^{2+}_x[M^{2+}_{(1-x)}, Fe^{3+}_{(1+x)}]O_4$$

由于 Zn^{2+} 容易进入 A 位，所以预先占据 A 位的 Fe^{3+} 被推到 B 位，其结果使占据 A 位和 B 位的 Fe^{3+} 之差显著了，所以随着 x 的增加，饱和磁化强度也增加。

5.6.1.2 磁铅石型铁氧体

磁铅石型铁氧体的化学式为 $AB_{12}O_{19}$，A 是二价离子 Ba、Sr、Pb；B 是三价的 Al、Ga、Cr、Fe，其结构与天然的磁铅石 $Pb(Fe_{7.5}Mn_{3.5}Al_{0.5}Ti_{0.5})O_{19}$ 相同，属六方晶系，结构比较复杂。如含钡的铁氧体，化学式为 $BaFe_{12}O_{19}$，其结构如图 5-51 所示。元晶胞包括 10 层氧离子密堆积层，每层 4 个氧离子，系由两层一组形成的六方密堆积块与四层一组形成的尖晶石堆积块交替重叠，其中六方密堆积块中的两层氧离子平行于（111）尖晶石平面，在六方密堆积块中有一个氧离子被 Ba^{2+} 所取代，并有 2 个 Fe^{3+} 填充在八面体空隙中。一个 Fe 处于 5 个氧离子围绕形成的三方双锥体中，四层组的尖晶石堆积块中共有 9 个 Fe^{3+} 分别占据 7 个 B 位和 2 个 A 位。因此，一个元晶胞中共含 O^{2-} 为 $4 \times 10 - 2 = 38$ 个，Ba^{2+} 为 2 个，Fe^{2-} 为 $2 \times (3+9) = 24$ 个，即每一元晶胞中包含了两个 $BaFe_{12}O_{19}$ "分子"。

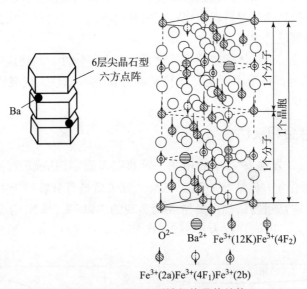

图 5-51 磁铅石型铁氧体晶体结构

磁化起因于铁离子的磁矩，每个 Fe 离子有 $5\mu_B\uparrow$ 自旋，每个单元化学式的排列如下：在尖晶石中，2 个铁离子处于四面体位置形成 $2 \times 5\mu_B\downarrow$，7 个 Fe 离子处于八面体位置形成 $7 \times 5\mu_B\uparrow$。在六方密堆积块中，一个处于氧围成的三方双锥体中的 Fe 离子给出 $1 \times 5\mu_B\uparrow$，处于八面体中的 2 个 Fe 离子给出 $2 \times 5\mu_B\downarrow$。其净磁矩为 $4 \times 5\mu_B = 20\mu_B$。

由于六角晶系铁氧体具有高的磁晶各向异性，因此适宜作永磁铁，它们具有高矫顽力。

5.6.1.3 石榴石铁氧体

稀土石榴石（RIG）属于立方晶系，但结构复杂，分子式为 $M_3Fe_5O_{12}$，式中 M 为三价的稀土离子或钇离子，如果用上标 c、a、d 表示该离子所占晶格位置的类型，则其分子式可以写成 $M_3^c Fe_2^a Fe_3^d O_{12}$ 或 $(3M_2O_3)^c(2Fe_2O_3)^a(3Fe_2O_3)^d$，其中，a 离子位于体心立方晶格结点上，c离子与d离子都位于立方体的各个面上。每个a离子占据一个八面体位置，每个c离子占据8个氧离子配位形成的十二面体位置，每个d离子处于一个四面体位置。每个晶胞包括8个化学式单元共有160个原子。

与尖晶石的磁性类似，由于超交换作用，石榴石的净磁矩起因于反平行自旋的不规则贡献：处于a位的Fe^{3+}和d位的Fe^{3+}的磁矩是反平行排列的，c位的M^{2+}和d位的Fe^{3+}的磁矩也是反平行排列的。假设每个Fe^{3+}磁矩为$5\mu_B$，则对分子式为$M_3^c Fe_2^a Fe_3^d O_{12}$的石榴石型铁氧体净磁矩为

$$\mu_{净} = 3\mu_c - (3\mu_d - 5\mu_a) = 3\mu_c - 5\mu_B \qquad (5-70)$$

选择适当的离子，可获得所需的净磁矩。

石榴石铁氧体中最重要的品种是$Y_3Fe_5O_{12}$及以其为基础发展起来的系列材料，其具有bcc立方结构，具有8个分子单元和3个亚晶格。当Fe^{3+}离子以2∶3的比例分布在八面体和四面体之间时，Y^{3+}离子（或稀土离子）进入十二面体。石榴石中的多面体都是变形和扭曲的。不同尺寸的晶体结构位点的存在，使得在YIG中用各种离子半径和价态替代成为可能，从而产生了一系列的磁性。YIG晶体具有介电损耗低、微波谐振线窄、饱和磁化强度好等优点，为广泛应用于微波无源器件的铁磁性陶瓷。软磁陶瓷与金属陶瓷相比，最大的优势在于它们是电绝缘体。这种特性是保持涡流损耗低的基本特性，也是磁性陶瓷主要应用于必须将此类损耗降至最低的领域的主要原因之一。

因亚铁磁性的石榴石铁氧体优越的磁、磁光、介电等特性，广泛应用于旋磁、微波、磁光等领域，其80%以上都用于军事上，如精密制导雷达、舰载、机载雷达等，以及炮瞄雷达等所用的相控阵天线。

5.6.2 铁镍合金和铁钴合金

在$w_{Ni}=30\%$附近，发生α到γ的相变，导致许多磁学性能改变。当镍含量大于30%时，Fe-Ni合金以面心立方相结晶（图5-52）。除了质量百分数约为30%的镍之外，这些合金具有低电阻率，这是通过添加少量铬或钼实现的。以78.5%Ni合金为例，其电阻率随钼含量x的增加而增大，近似规律为$\rho = (2 + 0.85x) \times 10^{-7} \Omega \cdot m$。图5-53显示铁镍合金

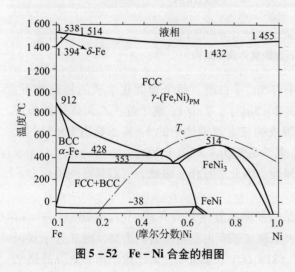

图5-52 Fe-Ni合金的相图

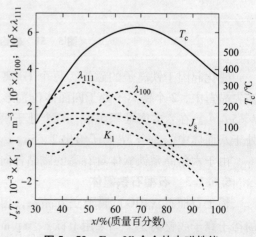

图5-53 Fe-Ni合金的电磁性能

中镍的质量百分数 x 与其主要电磁特性的关系,其中 K_1 为磁晶各向异性常数;λ_{100} 和 λ_{111} 为磁致伸缩常数。可见有如下特性:镍含量约为 30% 时,居里温度 T_c 接近室温;Ni 含量约为 50% 时,有最大饱和极化强度 J_s;Ni 含量约 80% 时,各向异性和磁致伸缩几乎同时消失。

著名的坡莫合金为大约含 80% Ni 的铁镍合金,具有弱的各向异性和磁致伸缩是其优势之一。实际上并非如此简单,因为这两个特征不会同时消失。解决的办法是添加钼、铜或铬,并在 500℃ 左右的温度下进行处理,然后产生短程有序,从而抵消了剩余的磁晶各向异性。各向异性的最终调整需要根据样品成分对工艺参数(温度,冷却速率)进行微调。表 5-9 为 50 Hz 下部分 FeNi 合金的矫顽场 H_c、初始相对磁导率 μ_i 和最大相对磁导率 μ_{max},最佳合金成分为 $Fe_{15}Ni_{80}Mo_5$ (Permimphy 商品)。此外,添加剂有利于将电阻率提高到大约 6×10^{-7} $\Omega \cdot m$,故在 50 Hz 和 0.5T 时的损耗可降至 0.01 W/kg。

由于各向异性小,上述合金的剩磁 J_r/J 降低到接近理论值 $2/\pi = 0.64$。当从 1 000 ℃ 以上缓慢冷却时,它表现出负的磁晶各向异性常数 K_1,导致沿 $\langle 111 \rangle$ 方向容易磁化,降低至理论剩磁的 0.87。因此,材料具有更矩形的磁滞回线(极简 Pulsimphy)。相反,在横向磁场下进行退火会产生倾斜的磁滞回线,剩磁的数量级仅为 0.2。当磁场变化而不改变符号时,此材料会提供强烈的磁感应变化。50 Hz 下的几种 Fe-Ni 合金的电磁性能见表 5-9。

表 5-9 50 Hz 下的几种 Fe-Ni 合金的电磁性能

Ni/%(质量百分数)	48	48	50	56	80	80
$H_c/(A \cdot m^{-1})$	8	2.5	9	1	0.4	0.7
μ_i	4 000	15 000	—	80 000	220 000	100 000
μ_{max}	35 000	75 000	100 000	150 000	360 000	130 000
特殊处理	—	S	T	R	—	C

注:特殊处理:S 二次再结晶(高磁导率),T 立方织构(方形磁滞回线),R 磁场下退火(高磁导率)、C 横向磁场下退火(斜磁滞回线)。

由薄带状绕组(厚度为 0.05~0.15 mm)制成的环形线圈围绕着为电气设备供电的导体。这些合金的另一典型用途是磁场屏蔽和吸波。屏蔽效率大致与厚度×磁导率乘积成比例,超高磁导率材料在质量和尺寸方面的优势显而易见。

含 56%(质量百分数)Ni 的合金具有各向同性的磁致伸缩,$\lambda_{100} = \lambda_{111} = 25 \times 10^{-6}$。在磁场下退火之后,该合金获得了感应各向异性,该感应各向异性实际上可以补偿磁晶各向异性。

铁钴合金的主要优点是极化强度大和居里温度高。另外,有几个缺点将它们限制在特殊的应用中:在大多数相图上在 900~1 000 ℃ 发生 α-γ 相转变,这使得许多热处理变得困难;它们的各向异性和磁致伸缩明显大于 Fe-Ni 合金,其最大磁导率不超过 20 000;它们的电阻率小于 Fe-Ni 合金;最后,钴是稀有且昂贵的金属。

通过添加铬和钒,电阻率增加到约 4×10^{-7} $\Omega \cdot m$,后者的脆性也降低了。Fe-Co 软合金的三种主要类别分别含 25%、50% 和 94% 的钴。以块状形式,它们的大极化在电磁铁极靴中体现出优势。这些合金以薄板形式用于航空中频电气工程中,其强的比功率是关键参数。另一方面,它们的居里温度高且时效较弱,因此可用于高温设备中。94%(质量百分数)Co 的合金在高达约 950 ℃ 的温度下用于熔融金属的电磁泵中。

5.6.3 硅铁合金

5.6.3.1 传统硅铁合金

纯铁或低铁合金不是用于电力电气工程的最佳材料,铁中添加硅具有决定性的优势。纯铁在 910 ℃(1183 K)下从 α 相的体心立方结构转变到 γ 相的面心立方结构,这种转变使高温处理变得非常复杂。添加少量的(从 1.8% 开始)硅可使 α 相在任何温度下稳定,并允许进行大量的冶金处理(如轧制、精炼、重结晶等)而不会发生相变。

此外,硅(有时还包括铝)的添加对主要铁的电磁特性有利(图 5-54,横坐标 x 为硅的质量含量),室温下的磁晶各向异性常数 K_1 从纯铁的 4.8×10^4 J/m³ 降低到 3.4×10^4 J/m³(对于 3.5% 的 Si 合金)。同时,磁致伸缩常数 λ_{100} 从 -20×10^{-6} 变为大约 -5×10^{-6},λ_{111} 保持近 20×10^{-6}(不同作者的磁致伸缩系数的差异为 ±20%)。饱和极化强度 J_s 和居里温度 T_c 并没有降低太多,从 2.16 T 降低到大约 2T 时它们分别从 771 ℃ 降低到 760 ℃。

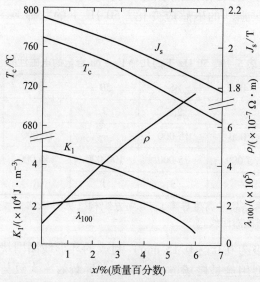

图 5-54 20 ℃ 下添加硅对铁的电磁性能影响

电阻率 ρ 随硅和铝的质量含量几乎呈线性迅速增加,x 和 y 是这两个元素的质量含量,电阻率可以近似表示为:$[1.36 + 1.10(x+y)] \times 10^{-7}$ Ω·m。3.5% Si 合金的电阻率已经是纯铁的 3~4 倍。

经典的冶金技术不允许硅的质量含量 x 超过 3.5%~4%。超过此含量,合金变得太脆而不能轧制。对于 x 的适中值,密度减小,如 $(7860-60x)$ kg/m³。在比较两种材料时,尤其是从能量损耗的角度出发,要考虑到该因素,这一点很重要。有些文献通常给出质量损耗,而重要的参数是体积损耗。

制备 Fe-Si 合金还须满足一般要求,特别是对于准金属,杂质含量必须尽可能低;晶粒必须足够大,以减少由于晶界处的静磁效应引起的布洛赫壁钉扎;通过适当的退火来抑制残余应力；为了减少交流电中的能量损失，需要将材料制成尽可能薄的片状，并且彼此电隔离。由于轧制操作难度的增加和填充系数的降低，该方法受到了限制。现代轧制技术下填充系数可达到 0.98。

根据其晶粒组织是否取向，经典的铁-硅合金可分为两大类，即无取向的和晶粒定向的 Fe-Si 片。无取向的片材有两种，分别称为"完全加工"和"半加工"，这取决于材料是否已经具有最佳的磁特性，或者只有在进行最终热处理后才可获得。

5.6.3.2 高硅合金

人们早就知道，接近 6.5% 的硅含量可以优化铁硅合金的电磁特性。这种成分对应于磁致伸缩的消失，而磁晶各向异性和电阻率也朝着正确的方向发展，分别为 $4.8 \times 10^4 \sim 2 \times 10^4 \text{ J/m}^3$ 和 $10^{-7} \sim 7 \times 10^{-7} \text{ }\Omega \cdot \text{m}$。另一个优点是通过在其他碳中钉扎间隙杂质来减少磁老化效应。另外，这些钢的脆性急剧增加，禁止使用轧制工艺。

1. 快速凝固获得的合金

快速凝固包括喷雾法、液体拉丝法及旋转液中喷丝法；旋铸急冷法用于制备条带非晶合金。最初为非晶态合金开发的熔体纺丝技术可生产出连续的 Fe-Si 结晶带。自由流动或熔体纺丝工艺包括将熔融合金通过圆形喷嘴注入距喷嘴几毫米的纺丝轮上，尽管实施起来很简单，但它有两个主要缺点：带的宽度有限，以及由于液体流动的不稳定性而缺乏形态控制。为此优先采用平面流铸工艺。薄带性能的优化是在各种铸造参数（铸锭温度、喷射压力、喷嘴-纺丝轮间隙、纺丝轮的性质和纺丝速度）之间进行复杂折中的结果。带的厚度通常为 $30 \sim 150 \text{ }\mu\text{m}$ 或 $200 \text{ }\mu\text{m}$。铸造的薄带呈近似垂直于薄带表面的柱状结构，平均粒径为 $5 \sim 10 \text{ }\mu\text{m}$。经过 1 100 ℃ 左右的再结晶热处理，磁性能得到优化。

高纯度的初始合金有利于（100）[0vw] 立方织构的扩展，而牺牲了（110）晶粒，但以（110）晶粒为代价，这些晶粒在带状平面内含有硬磁化方向。再结晶后晶粒尺寸可达到 300 μm，重要的是热处理不超过 1 100 ℃，以避免明显的硅损失（退火 1 300 ℃ 后 Si 含量降至约 5%）。但是热处理降低了力学特性。在 Fe-Si 合金中，B_2 和 DO_3 有序晶相的生长使薄带更脆。因此有必要在退火后尽快冷却（超过 1 000 ℃/min），以限制结构有序的发展。间隙杂质对导电性也有不利影响，通过阻断位错运动，根据再结晶退火的纯度等级和质量，薄带的准静态矫顽力场为 20 ~ 70 A/m。这个数量级与传统的无取向薄板相当，但在交流下淬火的薄带更好。

图 5-55 所示为 6.5% Si 微晶的带状 Fe-Si（●）的每周期损耗（P/f）与厚度为：0.05 mm（□），0.1 mm（▲），0.3 mm（◇）3.2% Si 的晶粒定向薄片的损耗对比。由此可见，在 1T 下每周期的损耗为 10 mJ/kg，随频率仅缓慢增加。此外，相对磁导率略有下降，从准静态的 15 000 kHz 下降到 10 kHz 时的 10 000，最薄的带显然损失最小。再结晶后晶粒大小为 150 ~ 200 μm，似乎是最佳的。由

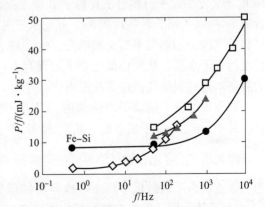

图 5-55 带状与片状 Fe-Si 合金的每周期损耗与频率的关系

于需要缠绕带以制造磁芯,因此将这些快速淬火合金的使用限制在尺寸相当小的设备上:它们在那些动态特性至关重要的技术应用中很有吸引力,如 400 Hz 以上的变压器、开关电源和高频电机。

2. 扩散富集合金

对纯铁或非脆性的传统 Fe-Si 合金进行所有的冶金处理,最后对其进行硅富集。化学气相沉积(CVD)提供了感兴趣的解决方案。此法的静态处理是在半防漏的盒子里进行,温度通常在 800~1 000 ℃。挥发性化合物由水泥,即硅、卤素化合物组成的混合物提供。该工艺的动态处理法是将硅基气态化合物(卤化物)被氢或氩稀释后在待处理零件周围循环。在这两种情况下:硅首先在表面沉积;然后通过扩散向材料内部迁移;最后动态法在 900~1 000 ℃ 进行均匀化退火。

损耗主要取决于板厚,表 5-10 列出了两种 0.2 mm 厚的晶粒无取向(NO)和晶粒定向(GO)的比损耗 P 和最大相对磁导率 μ_{max}。

表 5-10 两个厚 0.2 mm 的 NO 和 GO 试样的比损耗和最大相对磁导率

试样	f/Hz	1	50	400	1 000
NO	$P/(\text{W}\cdot\text{kg}^{-1})$	0.012	1.1	19	88
	μ_{max}	2 300	2 200	2 100	2 000
GO	$P/(\text{W}\cdot\text{kg}^{-1})$	0.006	0.55	10	40
	μ_{max}	8 500	8 000	7 000	5 000

5.6.4 稀土合金

过渡金属 M(铁磁性可达高温)和稀土金属 R(极强的磁晶各向异性)的特殊磁性与永磁性能相辅相成。R-M 组分中,M 矩和 R 矩之间的强耦合可在单一材料中产生所需的永磁性能。$SmCo_5$ 和 $Nd_2Fe_{14}B$ 成分就是这种情况,它们是两大系列高性能磁体的基本组成部分。

R-M 合金的固有性能是由于 M 离子的自旋磁矩 $3d$ 电子和 R(稀土)离子的自旋磁矩 $5d$ 电子之间的反平行耦合。在每个 R 原子上,$4f$ 电子的自旋与 $5d$ 电子的自旋铁磁耦合。耦合链 $3d$-$5d$(原子间负)和 $5d$-$4f$(原子内正)导致(M 离子的)$3d$ 自旋和(R 离子的)$4f$ 自旋之间强烈的反平行交换耦合。这种耦合使稀土原子的磁矩在高温下保持有序,有时甚至远高于室温,从而将稀土原子的固有各向异性传递给 M 原子。这是为何 R-M 体系成为制备永磁材料最佳候选者的原因。

在简单的分子场模型的框架内,与 R-M 耦合相关的能量用 $E_{RM} = -n_{RM}M_R^{spin}M_M^{spi}$ 计算,其中,n_{RM} 为分子场系数,M_R^{spin} 和 M_M^{spin} 分别为稀土和 $3d$ 金属的自旋矩。

能量项 T_{RM} 对化合物居里温度的贡献用 $T_{RM} = 2\dfrac{g_J-1}{g_J}n_{RM}\sqrt{C_RC_M}$ 计算,其中,C_R 和 C_M 为从顺磁状态下的磁化率测量中推导出的居里常数。因此,确定 T_{RM} 使评估 n_{RM} 成为可能,n_{RM} 为测量稀土所经历的交换相互作用强度的系数。

居里温度计算公式为 $T_c = \dfrac{1}{2}(T_M + \sqrt{T_M^2 + 4T_{RM}^2})$,并假设 T_M(占主导地位的 M-M 相

互作用对 T_c 的贡献）几乎是恒定的（实际上，它从镧到镥略有增加），可以推导出 T_{RM} 的值，因此从 T_c 的测量得出 n_{RM}。

例如，从 $R_2Fe_{14}B$ 化合物的居里温度（图 5-56）推导出 n_{RM}。从 Pr 化合物到 Tm 化合物，n_{RM} 降低了 3 倍。在整个 R-M 化合物系列中也观察到类似的行为。考虑到给定组成系列中能带结构的相似性，$5d-3d$ 的相互作用必须几乎是恒定的。因此 n_{RM} 的变化揭示了 $4f-5d$ 相互作用的减少，与下列有关：在从 La 到 Lu 的整个稀土系列中 $4f$ 和 $5d$ 壳之间的距离显著增加。

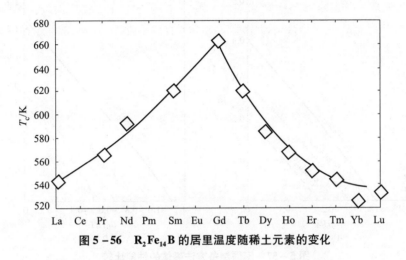

图 5-56 $R_2Fe_{14}B$ 的居里温度随稀土元素的变化

M 和 R 原子的自旋矩之间的反平行耦合与 R 位置的自旋轨道耦合相结合。S_M 通过 d 电子交换耦合到 S_R，S_R 通过自旋轨道耦合到 L_R。

对于重稀土元素（从 Tb 到 Tm），轨道总角动量 L 和总自旋 S 是平行的，M 和 R 的总力矩是反平行的。对于轻稀土元素（Pr、Nd 和 Sm），L 和 S 是反平行的，$L\mu_B > 2S\mu_B$，因此 M 和稀土的总力矩是平行的。这种铁磁耦合是以下事实的基础：在给定系列的化合物中，涉及轻稀土的化合物的磁化强度更强（如，RCo_5 或 $R_2Fe_{14}B$）。

工业铁磁体包括四个系列：铝镍钴、硬磁铁氧体、钐钴和钕铁硼，后二者为稀土合金，为永磁体。工业应用表明，磁性能指标，特别是最大磁能积不是唯一的标准。工作温度、热稳定性、小型化可能性等技术和成本限制严重影响了磁铁类型的选择。表 5-11 中列出了表征每种材料的烧结磁体和定向磁体的主要磁参数的典型值。

表 5-11 永磁材料的典型磁性参数

材料	B_r /T	$\mu_0 H_{cM}$ /T	$\mu_0 H_{cB}$ /T	$(B \cdot H)_{max}$ /(kJ·m^{-3})	$B_r^2/4\mu_0$ /(kJ·m^{-3})	T_c /(℃/K)
AlNiCo	1.3	0.06	0.06	50	336	857/1 130
铁氧体	0.4	0.4	0.37	30	31.8	447/720
SmCo$_5$	0.9	2.5	0.87	160	161	727/1 000
SmCo (2-17)	1.1	1.3	0.97	220	241	827/1 100
NdFeB	1.3	1.5	1.25	320	336	313/586

无论是层压、注入、压制还是挤压，黏结磁体都具有相当大的商业价值。为了比较相同磁体族的定向烧结磁体的特性曲线，典型的铁氧体和钕铁硼（NdFeB）磁体的定向烧结磁体、各向同性和定向黏结磁体的退磁曲线如图5-57所示（图5-57（a）和图5-57（b）分别为硬磁铁氧体和钕铁硼磁体），图中线形代表：定向烧结（—），定向黏结（……）；各向同性黏结（---）。在第一近似下，对于相同的磁性材料，定向黏结磁体的磁化强度是等效烧结磁体的2/3。

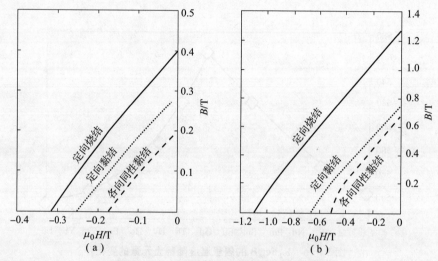

图5-57 不同制备方法磁体的性能比较

(a) 硬磁铁氧体；(b) 钕铁硼磁体

5.6.4.1 钐钴磁体

Sm（CoFeCuZn）$_{7~8}$又称$SmCo_{17}$和$SmCo_5$型，这些是高性能磁铁，但是存在一些缺点：①钐是可用于制备磁铁的稀土元素中最昂贵的元素；②居里温度高的钴可以用来改善磁体的温度性能，它也是一种昂贵的材料，其磁化强度低于铁。最重要的是其储备集中在个别国家，导致供应不稳定和价格波动。

然而，由于它们的高温性能和在潜在腐蚀性环境中的可用性，$SmCo_{17}$型磁体在性能和可靠性高于成本的应用中保持了其市场份额，如航空和军事应用以及高温环境中的磁耦合等。$SmCo_5$型磁体的应用已经转移到特殊的应用中，其中部分用Gd代替Sm会导致材料在较宽的温度范围内具有恒定的剩磁感应。

因为$SmCo_5$磁铁具有巨大的矫顽力2 000 kA/m，因此这种材料很难退磁。其磁化强度特别刚硬，且实际上对外部磁场几乎不敏感。它是在排斥力下工作的理想磁体，如磁性轴承。剩余磁感应强度约为0.9 T，$(B·H)_{max}$约为160 kJ/m³。$SmCo_5$磁体的使用温度最高可达250 ℃。剩磁感应对温度不是很敏感：$(\Delta J_r/J_r \Delta T) = -0.04\%/K$，以及$(\Delta H_{cJ}/H_{cJ}\Delta T) = -0.2\% \sim +0.5\%/K$。这些值与温度略为相关。尽管它们具有高矫顽力，但$SmCo_5$磁铁相对容易磁化，而$Sm_2Co_{17}$型磁铁却不是这样，这种差异是由于涉及的矫顽力机制不同。

Sm_2Co_{17}型磁体的磁化强度约为1.15 T（比$SmCo_5$磁体高），具有显著的矫顽力（大于1 000 kA/m）和$(B·H)_{max}$值超过200 kJ/m³。这些磁体可以在高达300 ~

350 ℃ 的温度下,且性能表现出较弱的温度依赖性:$(\Delta J_r/J_r\Delta T) = -0.03\%/K$,以及 $(\Delta H_{cJ}/H_{cJ}\Delta T) = -0.2\% \sim -0.5\%/K$。

尽管 Sm-Co 磁体的成本很高,并且已开发了 NdFeB 磁体,但 SmCo 磁体仍在使用。它们填补了不适用于钕铁硼磁体的高性能市场的空白:①高工作温度:伺服电机、磁耦合;②微型系统:传感器、微电机等。

5.6.4.2 钕铁硼磁体

四方晶化合物 $Nd_2Fe_{14}B$(图 5-58)永磁体发现于 20 世纪 80 年代初。日本的研究者发现基于各向异性、完全致密的烧结磁体,与 $Nd_2Fe_{14}B$ 的成分相比,Nd 含量略高。这产生了晶界、低熔点共晶混合物,从而导致液相烧结过程,并产生了有效抑制反向畴成核的微观结构。这种微观结构可以通过在 923 K 下最终退火 1 h 来优化。

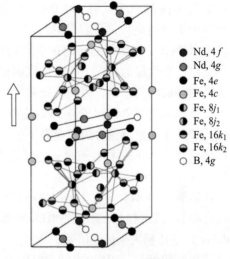

图 5-58 $Nd_2Fe_{14}B$ 的晶体结构

(为了清晰起见,扩展了 c 轴,箭头指示易磁化方向)

钕铁硼磁体可以通过各种工艺制备,成本相差很大。在烧结状态下,它们具有最高的能量密度,其剩余磁化强度与铝镍钴(AlNiCo)磁体相当。由于它们非常矩形的磁滞回线,所以在环境温度下显示出准理想的工作状态。这些材料的主要缺点是居里温度低于 300 ℃,从而限制了它们的工作温度。此外,它们暴露于空气中也容易被氧化,结果与空气直接接触的颗粒是非矫顽性的。加工后的表面必须覆盖保护层,保护层的性质取决于磁铁的工作温度。磁铁制造商提出各种有机和金属涂层。NdFeB 中添加其他元素的原因如下:提高耐腐蚀性;提高居里温度,$Nd_2Fe_{14}B$ 仅为 583 K;改善晶界润湿性以帮助烧结并抑制反向畴成核;通过增加单轴磁晶各向异性(UMCA)K_1 值来增加矫顽力。至今不可能制备矫顽的、可定向的钕铁硼粉末。图 5-59 所示为 1984 年 Sagawa 等给出的直至约 920 K 时 $Nd_2Fe_{14}B$ 的相图。高于 920 K,$Nd_2Fe_{14}B$ 和 Nd 金属之间的共晶反应可能形成 Nd-Fe-B 三元液体。

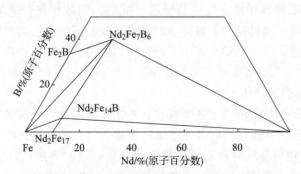

图 5-59 NdFeB 体系的相图(低于 920 K)

大多数钕铁硼磁体以烧结形式或通过快速淬火制备的晶粒形式存在,然后通过黏结或机械压实组装。黏结磁体的最高使用温度仅可达约 100 ℃，而烧结磁体的最高使用温度可达 150～200 ℃。它们的磁性能比钐钴磁体更为对温度敏感：$(\Delta J_r/J_r\Delta T) = -0.1\%/K$，以及 $(\Delta H_{cJ}/H_{cJ}\Delta T) \approx -0.5\%/K$。

烧结钕铁硼磁体具有一些独特的优势：首先它们具有较高的磁化强度，最佳等级的大于 1.4 T，而其 $(B\cdot H)_{max}$ 值可超过 400 kJ/m³。其次，它们比 SmCo 磁体便宜，因为它们几乎不含钴，而 Nd 却比 Sm 便宜，因为其含量丰富得多。因此可制备高矫顽力等级的磁铁以用于生产电机（在 20 ℃时，$H_c > 1\ 000$ kA/m），在此情况下，其低的剩磁感应强度（在高矫顽力材料中不可避免）是可容忍的。

基于 NdFeB 的永磁体的问题在于它们在高温下不利的性能，科学家们一直致力于研究在不牺牲出色磁性能的情况下提高钕铁硼磁体居里温度的方法（图 5-59）。由于硬磁性能受到分离磁畴成核的限制，因此烧结和热处理材料中晶粒的表面和界面是控制因素。因此，研究了合金添加剂对 NdFeB 合金体系相图和显微组织发展的影响。研究表明，相关系和磁畴成核困难对于通过烧结方法在高温下生产具有良好磁性能的磁体是非常不利的。然而，这样的磁体可能由 NdFeC 材料通过一些其他工艺制成，如熔融纺丝或黏结。

NdFeB 基烧结磁体生产的重要改进之一是用 HD（氢爆）工艺代替机械破碎。早期研究表明，铸造 NdFeB 型合金在 1bar 左右的压力和室温下吸收氢（或氢气与氮气等气体的非爆炸性混合物）。该过程是在形成 $NdH_{2.7}$ 的晶界处的富 Nd 材料中开始的，为放热过程，随后在 $Nd_2Fe_{14}B$ 基体相内形成氢溶液。由此产生的不均匀膨胀通过颗粒间和跨颗粒断裂的组合导致大块材料的爆裂。HD 粉末的主要优点是非常易碎，其中其平均粒径对气流粉碎机的粉末进给速度的依赖性远小于对散装粉碎材料的依赖性，意味着气流粉碎机的容量显著增加。

氢处理是完全可逆的，并且在真空烧结过程中从合金中去除所有氢。压力测量表明在脱气行为之后有三级脱气过程，反映了不同相中氢的相对结合能。脱气顺序是：首先，氢从 423 K 左右的 $Nd_2Fe_{14}B$ 基体相解吸；然后 $NdH_{2.7}$ 部分脱气至 473 K 左右的 NdH_2；最后，氢从 873 K 左右的 NdH_2 晶界组分完全损失，形成 Nd 并形成液态共晶相的主要部分。一旦形成液相，初始粉末压块将逐步烧结，并通过在 1 323 K 左右保持 1 h 实现几乎完全的密度。这并非成型工艺，烧结磁体的最终尺寸是通过无心磨削等工艺实现的，因此会产生大量的磁体废料。

采用接近 $Nd_2Fe_{14}B$ 化学计量相的合金成分可生产超高 $(B\cdot H)_{max}$（大于 400 kJ/m³，大于 50 MGOe）磁体。已知该相是通过包晶反应形成的，因此，在普通的书模铸件中，游离铁的存在是其常见特征。这可能需要对铸造材料进行长时间的高温均质处理，从而增加加工成本。该问题已经通过使用带钢铸造来生产合金得以解决。主要区别在于，铸带中完全没有任何游离的铁，并且柱状晶粒尺寸更细，富 Nd 的材料在晶界处分布非常均匀。这是后续 HD 工艺的理想前驱体微观结构。

为了实现全部 $(B\cdot H)_{max}$ 潜力，还需要提高粉末压块中颗粒的对齐度，这需要在对齐过程之前对 HD 粉末进行部分除气。这将从基体相中移除氢，从而显著提高单轴磁晶各向异性系数 K_1，这将提高应用对准时粒子的排列程度，从而增加 $(B\cdot H)_{max}$。当磁体粉末在被加热和压缩的同时在外部磁场中取向时，将过量的 Nd 和 B 扩散到晶界，从而获得高度磁性的成品。

一种生产高矫顽力 Nd-Fe-B 磁体的方法是 HDDR（hydrogenation disproportionation desorption recombination：氢化 - 歧化 - 脱氢 - 重组）工艺：首先，$Nd_2Fe_{14}B$ 是通过在无氧气氛中结合 NdFe、DyFe、FeB、Fe 粉和 ZrO_2 的合金来生产；然后，将合金在氢气中 800 ℃ 左右温度下处理 2 h；最后，将样品压碎成粉末。业已表明，添加少量的 ZrO_2 会在 $Nd_2Fe_{14}B$ 相中产生各向异性的晶粒长大，这极大地增强了材料的磁性能。选定区域电子衍射（SAED）测试表明"微晶"是随机取向的，而不是对齐晶粒。1999 年，Nakamura 等采用新型的 HDDR 工艺路线，在歧化阶段，合金在低压氢气气氛下加热，是在矫顽力没有大幅降低的情况下获得高剩磁 Nd - Fe - B 三元粉末的有效途径（之前 HDDR 处理工艺的合金是在真空下加热）；添加 0.5% Ga 的合金表现出 1.0 MA/m 的高矫顽力，剩磁没有衰减（B_r = 1.4T）。动态氢化 - 歧化解吸和复合（d - HDDR）是一种制备纹理多晶 $Nd_2Fe_{14}B$ 颗粒的工艺，其晶粒尺寸范围为 200~500 nm，小晶粒由薄的富 Nd 晶界分隔。

NdFeB 磁体的主要用途取决于磁铁的等级：①高 J_r 烧结钕铁硼：用于硬盘、扬声器的读头驱动器；②高 H_c 烧结钕铁硼：直流电机、同步电机、磁耦合传感器（ABS）；③黏结钕铁硼 NdFeB：硬盘驱动电机、步进电机。此外可用于爆炸脉冲发电、小型电动机和通信。

由于新型武器装备（如电磁炸弹、电磁发射）需要高压、大电流或高磁场，故各国学者开展了爆炸脉冲功率源研究，紧凑型爆炸脉冲种子电源可用于爆炸箔、激光起爆器等的电源。$Nd_2Fe_{14}B$ 铁磁体在冲击波作用下发生向顺磁体相变而退磁。随着相变的发生，储存在铁磁体中的能量在短时间内释放到脉冲发生电路。然而，由于在消磁铁磁体的主体中出现脉冲涡流，这种能量释放可以在时间上显著延长。决定这些涡流在非磁性材料中的密度、大小和阻尼时间的关键参数是电导率。Alantsev 等对纵向冲击压缩 $Nd_2Fe_{14}B$ 的电导率进行了测量，其电导率为 σ_{sw} = （2.83 ± 0.24）×10^2（$\Omega \cdot cm$），比正常条件下 $Nd_2Fe_{14}B$ 的电导率低 22 倍。

早期阻碍利用软磁材料的冲击波铁磁发电机（FMG）成为初始能源有两个重要原因：①在爆炸操作之前，必须通过外部电化学电池将其封闭的软磁芯磁化至饱和状态，即这些发电机需要种子源；②软铁磁体可以储存的电磁能量密度非常低。大多数软铁磁材料的最大磁能积 $(B \cdot H)_{max}$ 和软铁磁体中存储的静磁能非常低。FMG 传递给负载电路的总能量 $W(\infty)$ 为

$$W(\infty) = \int_0^{+\infty} I(t) \cdot U(t) \cdot dt \qquad (5-71)$$

式中：$I(t)$ 为负载电路中的电流；$U(t)$ 为负载两端的电势。

根据一般热力学定律，发电机传递给负载电路的总能量 $W(\infty)$ 不能超过最初储存在铁磁体中的能量 E［式 (5-22)］。爆炸去磁的软磁芯难以有效地将能量传递给负载。

20 世纪 90 年代后期采用硬铁磁材料，取得了爆炸驱动铁磁换能器研发的突破。利用储存在硬铁磁体中的能量产生脉冲功率：首先需要寻找那些可以通过冲击波压缩而转变为顺磁状态的硬铁磁性材料；其次是如何在短时间内 Δt（微秒或亚微秒）将储存在硬磁中的静磁能量 E 有效地传送到 FMG 的脉冲生成电路，以提供高输出功率，即

$$P(t) = \Delta E/\Delta t \qquad (5-72)$$

如果储存 5 J 静磁能的硬铁磁体的能量在 5.0 μs 的时间内被冲击波释放，则 FMG 的输出功率可以达到 10^6 W，而若花费数十或数百毫秒发生相同的相变，则 FMG 的输出功率对于许多应用而言将太低。

图 5-60（a）和图 5-60（b）分别为研究纵向波和横向波冲击作用下对 $Nd_2Fe_{14}B$ 铁磁体磁相状态影响的 FMG 示意图，其中均为爆炸桥箔（EBW）雷管，$Nd_2Fe_{14}B$ 铁磁体均为沿轴磁化，猛炸药为 C-4。（a）中，猛炸药爆炸后，对 $Nd_2Fe_{14}B$ 圆柱体进行纵向冲击波压缩。如果冲击波使 $Nd_2Fe_{14}B$—即铁磁圆柱体部分或完全失去其初始磁通量 Φ_0，根据法拉第定律，磁通量 $d\Phi(t)$ 的变化将在缠绕在圆柱体上的诊断线圈中产生电动势脉冲，即

$$E_g(t) = -\frac{d\Phi(t)}{dt} \tag{5-73}$$

式中：dt 是磁通量 $d\Phi(t)$ 变化所需的时间。

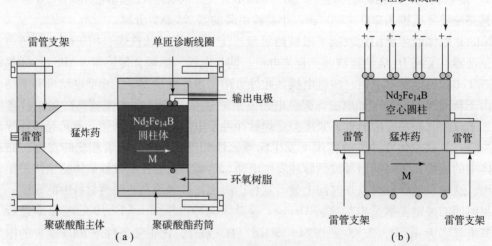

图 5-60 冲击使 $Nd_2Fe_{14}B$ 圆柱体去极化产生电动势的 FMG 示意图
（a）纵向；（b）横向

$E_g(t)$ 波形从 $0\sim t$ 的积分，可得

$$\Delta\Phi(t) = -\int_0^t E_g(t) \cdot dt \tag{5-74}$$

式中：$\Delta\Phi(t)$ 为在时间 t 中产生的磁通量损失。

积分的数值给出总磁通量损失的值，即

$$\Delta\Phi_f = -\int_0^{+\infty} E_g(t) \cdot dt \tag{5-75}$$

对于所有三个单匝诊断线圈，磁通量损耗 $\Delta\Phi_f$ 几乎等于磁通量 Φ_0 的初始值。磁通量损耗 $\Delta\Phi_f$ 实验值的分布不超过测试 $Nd_2Fe_{14}B$ 样品的主要磁参数的行业公差。这些结果直接证明 $Nd_2Fe_{14}B$ 铁磁体几乎完全冲击退磁。

2007 年，Talantsev 等为了预测超紧凑型炸药驱动冲击波铁磁发电机（FMG）产生的电流脉冲幅度而建立了一种分析模型。FMG 的初始电磁能 W_{FMG} 等于 $Nd_2Fe_{14}B$ 硬铁磁元件的初始静磁能 W_{NdFeB}，假设 FMG 负载电路中的欧姆损耗可忽略不计，则 W_{NdFeB} 转换为电流脉冲的 FMG 效率系数，即

$$\eta_{\text{电流FMG}} = (\eta_{FMG})^{1/2} = I(t)_{\text{种子max}} / \left[(V \cdot (B \cdot H)_{max}) / (L_{FMG} + L_{\text{负载}}) \right]^{1/2} \tag{5-76}$$

式中：$I(t)_{\text{种子max}}$ 为种子电流振幅的值；V 为 $Nd_2Fe_{14}B$ 型 FMG 硬铁磁元件的体积；$(B \cdot H)_{max}$ 为硬铁磁材料的最大磁能积；$L_{FMG} + L_{\text{负载}}$ 为 FMG 和负载的电感之和：$L_{FMG} + L_{\text{负载}} = L_{\text{总}}$

（体系的总电感）。

由式（5-76）可见，决定 FMG 脉冲产生的主要物理参数是 FMG 铁磁元件的磁能积（$B \cdot H$）的大小，硬磁体在爆炸性脉冲功率装置中可提供高输出。计算值与实验获得的脉冲发电之间有很好的一致性。纵、横向冲击实验中使用的 $Nd_2Fe_{14}B$（35级）$(BH)_{max}$ 均为 0.279 J/cm^3，纵向时硬磁体元件的外径 2.22 cm，长度 2.54 cm，体积为 9.8 cm^3；横向时铁磁载能元件的体积为 8.76 cm^3。基于 $Nd_2Fe_{14}B$ 硬铁磁体纵向或横向冲击波退磁效应 FMG 装置的能量效率分别为 10% 或 15%；两种情况下将硬磁元件的初始静磁能量转换为电流脉冲效率 $\eta_{电流FMG}$ 分别为 31.4% 或 39.2%。两种类型 FMG 的能量效率差异可能与 $Nd_2Fe_{14}B$ 冲击退磁过程的动力学差异有关，因为纵向冲击退磁的特征时间 τ 长于横向冲击退磁的 τ。

5.6.5 氮化铁

1951 年，Jack 从氮马氏体 α-Fe（α' 相）160 ℃ 回火时生成 Fe_4N（γ' 相）的中间体中发现了新的铁-氮相——α'' 相，并首次确定了 α'' 相晶体结构理想地是 $Fe_{16}N_2$，具有包含 8 个原始马氏体结构的扭曲和扩展的体心四方晶体结构，其原子在 I4/mmm 空间群的特殊位置上占据。由于存在氮原子，铁原子从铁氧体晶格中占据的位点被置换，氮原子以完全有序的方式占据了八面体间隙的 1/24。α'' 的每个金属原子的结构体积（12.9 Å^3）几乎恰好位于 α' 相体心立方 α-Fe（12.0 Å^3）和面心立方 Fe_4N（13.7 Å^3）之间的相应值。过渡相 α'' 是相对稳定的，但比氮马氏体稳定得多，在 160 ℃ 下放置 7 天后仍具有显著的持久性。

$Fe_{16}N_2$ 是最有前途的具有高磁能积的无稀土磁体候选物之一，其永磁体可以提供相对较高的磁能积。例如，当 $Fe_{16}N_2$ 永磁体是各向异性时，磁能积高达约 134 MGOe，约是 $Nd_2Fe_{14}B$（磁能积约为 60 MGOe）的磁能积的 2 倍；当 $Fe_{16}N_2$ 永磁体是各向同性时，磁能积可达约 33.5 MGOe。

5.6.5.1 晶体结构和 X 衍射分析

$Fe_{16}N_2$ 的结构为体心四方（BCT）结构，它是从体心立方（BCC）结构派生而来，晶格被间隙位置中的 N 原子扭曲。图 5-61 所示为 1997 年 Tanaka 等确定的 $Fe_{16}N_2$ 晶体结构，该结构共包含三个 Fe 位点：Fe I，Fe II 和 Fe III。α''-$Fe_{16}N_2$ 晶胞的 〈001〉 轴长度约为 6.31 Å，而沿 〈010〉 和 〈100〉 轴的长度约为 5.72 Å。当处于应变状态时，α''-$Fe_{16}N_2$ 晶胞称为 bct 晶胞，〈001〉 轴可以称为晶胞的 c 轴。c 轴可以是 α''-$Fe_{16}N_2$ 晶胞的易磁化轴，即 α''-$Fe_{16}N_2$ 晶体表现出磁各向异性。计算表明，α''-$Fe_{16}N$ 磁晶各向异性约为 1.6×10^7 erg/cm^3，其有相对较高的理论饱和磁矩，约为 2.3 μ_B/Fe 原子。

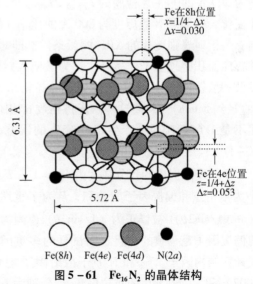

图 5-61 $Fe_{16}N_2$ 的晶体结构

大多数制备的 FeN 样品由多相组成，分析 α''-$Fe_{16}N_2$ 相的体积比/含量是评估样品的质量及其磁性的关键参数。最常用的是 X 射线衍射（XRD）技术，采用 XRD 系统中的 $\theta/2\theta$ 散射技术对相进行表征并评估其百分比，衍射图的 I (2θ) 由两组数据组成：$2\theta_i$ 位置的矢量和具有适当强度 I_i 的第二矢量，可以根据样品的晶体结构和相对强度对其进行表征。然而，除了氮的排列之外，具有相同组成的 $\alpha''-Fe_{16}N_2$ 与 $\alpha'-Fe_8N$ 结构非常相似。$\alpha''-Fe_{16}N_2$ 可以看作氮有序的马氏体，但 $\alpha'-Fe_8N$ 中的氮原子是无序的。两种化合物的结构均以体心四方为特征，其晶格被在八面体间隙中的氮原子沿 [001] 拉长。由于来自 $\alpha''-Fe_{16}N_2$ 的大部分反射与来自 $\alpha'-Fe_8N$ 的反射重叠，故除非使用所谓的 α'' 相的"指纹"，否则无法使用 XRD 轻易地区分二者。X 射线衍射图中 $\alpha''-Fe_{16}N_2$ 的两个指纹为 $Fe_{16}N_2$（002）和 $Fe_{16}N_2$（103），因为在这两个平面上均禁止 $\alpha'-Fe_8N$ 的反射。因此，在观察到两个峰中的任一条件下，可以区分 $\alpha''-Fe_{16}N_2$ 与 $\alpha'-Fe_8N$。这是所有拟生长 $Fe_{16}N_2$ 薄膜的试验都在（001）衬底上进行的主要原因。

  1996 年以前的文献是根据 $\alpha''-Fe_{16}N_2$ 粉末的 X 衍射积分强度比 $I_{\alpha''(002)}/I_{\alpha''(004)}$（约为 1/8）计算出 Fe-N 薄膜中 α'' 相的体积分数。然而，该值仅适用于具有三维随机取向的 $\alpha''-Fe_{16}N_2$ 颗粒，但不适用于具有晶体织构的薄膜。为了更准确地评估薄膜，必须通过考虑厚度、样品形状、样品表面入射 X 射线束的照射面积等来校正该比率。1996 年 Okamoto 等根据 RHEED 和 XRD 图谱，确定制备的 Fe-N 薄膜的晶体生长优选取向为 [α'（001）或 α''（001）] ∥ $\alpha-Fe$（001）和 [α'[110] 或 α''[110]] ∥ $\alpha-Fe$[110]。当试样具有外延薄膜那样的高取向晶体结构时，洛伦兹因子为 $1/\sin 2\theta$，这与随机取向的样品有很大不同。此外，如果薄膜的厚度 t 小于 X 射线的有效穿透深度（d_x），则必须将 $\theta=\theta_B$（布拉格角）处的积分衍射强度乘以 $G_t=1-\exp(-2\mu t/\sin\theta_B)$ 因子，其中 μ 表示线吸收系数。他们的试验中，Fe 的 $t=800$ Å 和 d_x 为几微米，因此该校正至关重要。通过上述两次校正的强度计算得出，厚度为 800 Å 的 Fe-N 薄膜的 $I_{\alpha''(002)}/I_{\alpha''(004)}$ 为 1/7.6。这与 α'' 粉末的相近，但是该比率随膜厚而变化，如 Fe-N 膜厚度为 800 Å 的比率比厚度为 4 000 Å 的高约 10%。此外，必须注意控制有关衍射峰强度比的 XRD 测量条件，即对于所有要研究的衍射角，由 X 射线入射角决定的辐照面积必须小于样品尺寸。为了使入射 X 射线束均匀，采用了张角为 1/6° 的非常窄的发散和散射狭缝，在 α''（002）的布拉格角下产生了 2.2 mm 的辐照宽度，远小于样品尺寸（直径约 5 mm）。忽略这种修正将导致 α'' 相体积分数的严重误导性结论，如当使用 1° 缝隙而不是 1/6° 缝隙时会产生超过 15% 的误差。通过上述修正能显著提高评估 Fe-N 薄膜中 $\alpha''-Fe_{16}N_2$ 相体积分数的精度。

  X 射线散射中的积分强度由 $I_{hkl}=A|F_{hkl}|^2L_pP$ 计算，其中 A 为常数，F_{hkl} 为结构因子，L_p 为洛伦兹和偏振因子的总和，P 为多重性因子。对于一定取向生长的薄膜，洛伦兹因子 $\cos\theta(1/\sin 2\theta)^2$ 被修正为 $(1/\sin 2\theta)^2$，因为 $\cos\theta$ 项仅包含在随机定向的样本中。单色辐射的偏振因子是一致的，且定向试样的多重因子是一致的。由 Nakajima 和 Okamoto 推导的公式计算结构因子，Fe 和 N 原子散射因子是 Cullity 报道的。计算基于理想的结构，其中 α''（002）和 α''（004）的布拉格角 θ_B 分别为 14.2° 和 29.4°。1996 年，Brewer 等计算出单晶 α'' 薄膜的理想综合强度比 $I_{\alpha''(004)}/I_{\alpha''(002)}=5.8$。此外，还获得了 α' 和 α'' 的 50/50%（质量百分数）混合物的理想积分强度比 $I_{\alpha'(002)}/I_{\alpha''(002)}=9.3$，以确定 α' 和 α'' 的体积分数。

  在（001）晶向生长的 α'/α'' 混合物薄膜的 X 射线强度 I 满足以下关系：

$$\frac{I_{\alpha''(004)}}{I_{\alpha''(002)}} + \left(\frac{1-x}{x}\right)\frac{I_{\alpha'(002)}}{I_{\alpha''(002)}} = \left(\frac{I_{\alpha'(002)} + I_{\alpha''(004)}}{I_{\alpha''(002)}}\right)_{\text{expt}} \tag{5-77}$$

式中：x 为 α'' 的质量百分数或体积百分数（如果假设 α' 和 α'' 的密度相似）。

式（5-77）的左侧包含计算出的比率，而右侧为通过 XRD 测量的比率，依此估计 α'/α'' 混合物中 α'' 为 46%（体积百分数）。

2013 年，Ogawa 等通过从还原铁氧化物开始，然后在整个过程中水分含量非常低且氧含量低于 1 ppm 的气氛中进行氮化的各种连续过程，首次以克量级、高重现性地合成了单相 α''-$Fe_{16}N_2$ 纳米颗粒，其 XRD 图谱如图 5-62 所示，带星号（*）的峰表示由于晶胞中 N 位点有序导致的超晶格峰（其中插图中的 SEM 图像显示其圆形初级颗粒直径约为 100 nm，彼此团聚），所有 XRD 峰均通过 a = 571 nm；c = 629 nm 的 bct 结构 α''-$Fe_{16}N_2$ 索引（空间组：I4/mmm），具有 c 轴方向的随机分布，化学计量的氮含量约为 11%。

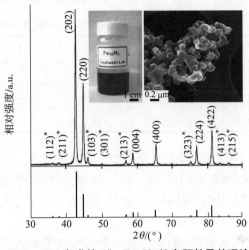

图 5-62　合成的 α''-$Fe_{16}N_2$ 纳米颗粒及其理论粉末 XRD 图谱（空间群：I4/mmm）

5.6.5.2　穆斯堡尔谱

在具有化学计量氮含量的 N 位有序的 α''-$Fe_{16}N_2$ 化合物中，由于 Fe 和 N 原子之间的距离与晶体对称性不同，对 Fe 位进行了分类。理想情况下，由晶体结构因子确定的第一个至第三个最近的铁位的位布居比分别为 4∶8∶4。使用保持在室温下的 ^{57}Co/Rh 辐射源在透射几何条件下进行 ^{57}Fe Mössbauer（穆斯堡尔谱）分析，速度校准控制和同质异能位移（isomer shift, IS）的测定参照 α-Fe。使用洛伦兹函数对收集的光谱进行计算机拟合，对超精细场（HF）分裂进行分析，以验证这些独特特征的存在。图 5-63 所示为在 300K 下从首次以克量级制备的单相 α''-$Fe_{16}N_2$ 纳米颗粒采集的典型穆斯堡尔谱。假设三种不同的 HF 分别与 Fe Ⅰ、Fe Ⅱ 和 Fe Ⅲ 位点相关，其值分别为 297.6 kOe、315.4 kOe 和 403.0 kOe（1 Oe = 79.577 A/m），相对强度比为 1∶2∶1（表 5-12），则可以很好地拟合该光谱。此结果完全符

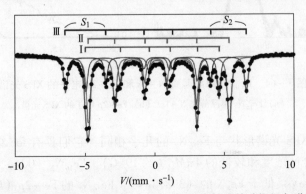

图 5-63　假设具有三组六线谱，合成的 α''-$Fe_{16}N_2$ 纳米粒子的穆斯堡尔谱和最佳拟合曲线

合 16 个铁原子分布在晶胞内三个非等效位置的晶体学特征，其相对丰度为 1∶2∶1。结果表明，合成了具有化学计量氮含量的单相 $\alpha''-Fe_{16}N_2$。即使在用相同方法测定的体积分数最高约为 82% 的准单晶溅射薄膜中，也未曾实现过单相的 $\alpha''-Fe_{16}N_2$。表 5-12 所列为 IS、HF、四极分裂 $[(S_2-S_1)/2]$、线宽和计算出的面积比的分析结果。

表 5-12　合成的 $\alpha''-Fe_{16}N_2$ 纳米颗粒的穆斯堡尔谱光谱分析结果

铁位	IS/(mm·s^{-1})	HF/kOe	$(S_2-S_1)/2/$(mm·s^{-1})	宽度/(mm·s^{-1})	面积比/%
Fe Ⅰ	0.048	297.6	-0.452	0.28	25.6
Fe Ⅱ	0.175	315.4	0.230	0.28	49.7
Fe Ⅲ	0.154	403.0	-0.158	0.28	24.7

在 5 K 和 300 K 下的饱和磁化强度 M_s 分别为 234 emu/g 和 226 emu/g，磁晶各向异性常数 K_u 为 9.6×10^6 erg/cm^3，其 M_s 值是迄今为止报道的 $Fe_{16}N_2$ 纳米颗粒的最高值，与由溅射薄膜估计的 240 emu/g 值相当。此 $\alpha''-Fe_{16}N_2$ 纳米粒子的磁性能为高 M_s 的无稀土永磁材料的候选材料开辟了一条新途径。

5.6.5.3　XPS 分析和 $Fe_{16}N_2$ 的巨磁性起源研究

Komuro 和 Sugita 等用振动样品磁强计（VSM）证实了 $In_{0.2}Ga_{0.8}As$（001）衬底上 $Fe_{16}N_2$（001）单晶薄膜在室温下的饱和磁化强度约为 29kG，在 0K 下的饱和磁化强度约为 32kG。但是，能带计算表明，$Fe_{16}N_2$ 的 Fe 原子的平均磁矩在 $2.5\mu_B$ 附近，远小于实验值（$3.5\mu_B$/Fe）。为了验证 Sakuma 利用扩展的 $3d$ 电子跃迁模型提出的 $Fe_{16}N_2$ 巨磁矩的可能机理，Takahashi 等测试了 $Fe_{16}N_2$（001）单晶薄膜的 X 射线光电子能谱（XPS），并与 Fe_4N 进行了比较。从 N 核（1s）电子的结合能出发，研究 $Fe_{16}N_2$ 中 N 原子的电子态（2000）。由图 5-64 可见 N-1s 和 Fe-2p 电子的光谱显示出单峰，峰对应的能量是 N-1s 和 Fe-2p 电子的结合能。

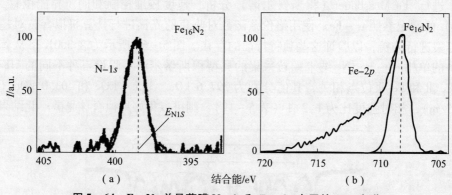

图 5-64　$Fe_{16}N_2$ 单晶薄膜 N-1s 和 Fe-2p 电子的 XPS 光谱

(a) $Fe_{16}N_2$ 单晶薄膜 N-1s；(b) Fe-2p 电子的 XPS 光谱

然而，Fe_4N 的 XPS 光谱形状与 $Fe_{16}N_2$ 的几乎相同，它们具有 fcc 结构，一般情况下比 $Fe_{16}N_2$ 有相对较高的 N 浓度和较低的 $4\pi M_s$（约 19kG）。$Fe_{16}N_2$（001）的 N-1s（E_{N1s}）电子的结合能（398.1 eV）低于 Fe_4N 的（398.8eV）。$Fe_{16}N_2$ 的 Fe-2p（E_{Fe2p}）结合能与 Fe_4N 的基本相同，分别为 708.3 eV 和 708.5eV。对于 Fe-N 马氏体，E_{Fe2p} 随 N 浓度的增加而增

加,而E_{N1s}略有下降。发现$Fe_{16}N_2$的E_{N1s}比Fe-N马氏体的E_{N1s}降低,这表明N原子的有序性对降低E_{N1s}是有效的,而由于N原子内电子-电子库仑能具有较大值,$Fe_{16}N_2$中N-1s电子的能级较高。与Fe_4N相比,$Fe_{16}N_2$中有更多的电子转移到N原子上,即$Fe_{16}N_2$中的N原子充当电子受体,这可能导致每个Fe原子由于电子跃迁而产生铁磁耦合而几乎完全自旋极化。

Liu等采用X射线吸收光谱(XAS)和磁圆二向色性(XMCD)研究$Fe_{16}N_2$和Fe_8N薄膜中Fe原子的电子态,观察到局域Fe 3d电子态。但是,$Fe_{16}N_2$和Fe_8N膜具有与铁薄膜相当的低电阻率的事实表明,它们的结构中仍然存在大量的巡游电子,意味着这些Fe 3d态不是完全局域,而是部分局域的。Fe 3d态的部分局域在Fe原子中引入了大的非猝灭轨道矩并增强了自旋矩,因此大大增加了Fe原子的平均磁矩。该发现不仅可以解释$Fe_{16}N_2$结构中超饱和磁化强度的起源,且可为寻找具有超饱和磁化强度的新型磁性材料指明方向。

由于织构可能会对衍射图样产生重大影响,为探索不受基底取向或织构的限制,Jiang等研究利用XPS表征α''-$Fe_{16}N_2$的体积比。Ji等提出了"原子(Fe) + 团簇($Fe_{16}N$)"模型,用以解释有序$Fe_{16}N_2$晶体中巨磁化的形成,X射线磁性圆二色性的测量结果为此簇图像提供了有力的证据。该模型基于3d电子局域化的思想,在α'-$Fe_{16}N_2$相中发生电子交换会影响N1s的结合能,因而可用XPS来区分。XPS测试结果如图5-65所示,FeN膜的N1s光谱的半峰宽(FWHM)约为2 eV,比氮(0.6eV)大得

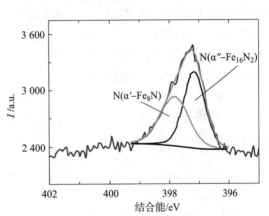

图5-65 FeN薄膜样品的XPS表征结果

多。此外,N1s核心能级的谱线形状清楚地表明,它由至少两种成分组成,具有较低的结合肩(在397.2 eV处检测到)。因此,使用两个主要成分(每个成分都是高斯和洛伦兹混合系数)并通过Shirley方法近似估计背景的贡献来进行N1s峰拟合,该峰被去卷积成两个峰,第一个和第二个峰分别在(397.2±0.1)eV和(398±0.1)eV(FWHM分别为(1.00±0.05)eV和(1.10±0.1)eV),分别对应于α''-$Fe_{16}N_2$的氮原子(其中N1s结合能)和α'-Fe_8N的氮原子(其中N1s结合能)。397.2 eV处的峰比更高的峰更加局域化。在α''-$Fe_{16}N_2$中氮的结合能低于α'-Fe_8N中的结合能,因氮作为电子受体,前者电荷比α'-Fe_8N中的负电性更大。用相应峰面积(397.2 eV)与总N1s峰面积的比值来确定α''-$Fe_{16}N_2$的体积比。

对于块状和粉末样品,由于α-Fe和γ'-Fe_4N相与α'/α''可能共存而使情况复杂化,首先需确定γ'-Fe_4N相中氮的结合能。$Fe_{16}N_2$可看作是一个扭曲的γ'-Fe_4N结构,带有一个替代的氮原子,该原子占据八面体的中心,在<110>方向上缺失。依此可以将加热后产生的γ'-Fe_4N视为氮原子扩散到这些缺失空穴中的结果。γ'-Fe_4N相可以通过热分解反应获得,即

$$\alpha''Fe16N2 \rightarrow 8(\alpha Fe) + 2(\gamma'Fe_4N)$$

式中:γ'-Fe_4N的XPS结果表明其N1s结合能降低至396.8 eV。

5.6.5.4 制备与性能

包含 α″-$Fe_{16}N_2$ 的多层硬磁材料可以替代包含稀土元素的永磁体;从薄膜 α″-$Fe_{16}N_2$ 永磁体的试验数据表明,块体 α″-$Fe_{16}N_2$ 永磁体可能具有可取的磁性特性。Wang 等开展了块状制备技术研究。在一些发明示例中,永磁体可以通过包括以下步骤的技术形成:在基本上平行于铁晶体的〈001〉晶轴的方向上对包括至少一种铁晶体的铁丝或薄片进行拉紧;氮化铁丝或薄片形成氮化的铁丝或薄片;使氮化的铁丝或薄板退火以在至少一部分的氮化的铁丝或薄板中形成 $Fe_{16}N_2$ 相结构(退火后可在惰性气氛如氩气下冷却以减少或防止氧化);压制氮化铁丝或薄板,形成块状永磁体。在各个氮化铁线材或片材的〈001〉轴基本平行于它们的长轴的示例中,〈001〉轴基本对齐后压制成永磁体可提供单轴磁各向异性。在一些实例中,永磁体在至少一个维度上分别具有至少 0.1 mm、1 mm 或 1 cm 的尺度。可以用冷压或热压来压制多根线材或板材,压制温度可以低于约 300 ℃,因为 $Fe_{16}N_2$ 可能在 300 ℃ 以上开始降解,可以将任意数量的铁丝或金属片压在一起以形成永磁体。

图 5-66 是氮化铁相图,在约 11%(原子百分数)N 的原子百分比下,α″-$Fe_{16}N_2$ 可以通过在超过约 650 ℃ 的温度骤冷 Fe-N 混合物一段合适的时间而形成。此外,在约 11%(原子分数)N 的原子百分比下,α″-$Fe_{16}N_2$ 可以通过在约低于 200 ℃ 的温度下退火 Fe-N 混合物一段合适的时间而形成。示例中有的永磁体的磁能积约大于 100 MGOe 等,有的介于 60~135 MGOe。

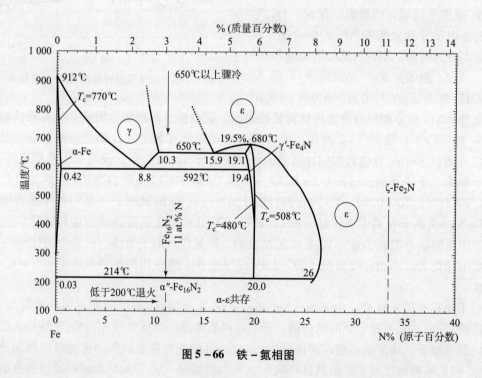

图 5-66 铁-氮相图

可以通过控制磁畴移动以提供所需的高矫顽力,方法之一是将磁畴壁钉扎位点引入铁丝或铁板和/或永磁体内。例如,通过向铁晶体晶格中注入掺杂剂元素或通过铁晶体晶格的机械应变而引入缺陷,缺陷可以在引入氮和形成 $Fe_{16}N_2$ 相结构之前引入,或在退火后已生成 $Fe_{16}N_2$ 后引入。可以是 B、Cu、C 和 Si 等的离子轰击,可用作畴壁钉扎位点的缺陷进入到铁晶格中；也可由非磁性元素或化合物（如 Cu、Ti、Zr、Ta、SiO_2 和 Al_2O_3 等）组成的粉末（尺寸为几纳米至几百纳米）与包含 $Fe_{16}N_2$ 相的铁丝或铁板压制在一起，这些非磁性粉末在压制过程之后起到 $Fe_{16}N_2$ 相的晶界作用，晶界可以增强永磁体的矫顽力。

2020 年，Wang 等发明了使用 CVD 或液相外延法（LPE）在基底上多次沉积 - 退火形成包括 $\alpha''-Fe_{16}N_2$ 的多层硬磁材料及其制备技术，可用于电动机、发电机、磁传感器、微电机、（微型）致动器、磁存储设备、磁微机电系统（MEMS）等。当软磁性材料包括 Fe 或 Fe_8N 时，硬磁 $\alpha''-Fe_{16}N_2$ 畴和 Fe 或 Fe_8N 畴的晶体织构可能是相干的。换句话说，它们之间可能存在晶格匹配，这可能有助于它们之间高效交换弹性耦合，尤其是在相界处。交换弹性耦合可以有效地硬化软磁性材料，并为块状材料提供类似于完全由 $\alpha''-Fe_{16}N_2$ 层形成的磁性能。为了在磁性材料的整个体积中实现交换弹性耦合，可以将纳米级或微米级 $\alpha''-Fe_{16}N_2$ 磁畴以一定体积比分布在各层中，其余为软磁材料，软磁材料可以包括 Fe、FeCo、Fe_8N 或其组合；一些软磁材料可以包括 $\alpha''-Fe_{16}(N_xZ_{1-x})_2$（其中 Z 包括 C、B 或 O 中的至少一个）或 α - Fe 的混合物。

一些层中还可包括掺杂剂，如铁磁性或非磁性掺杂剂和/或相稳定剂，非磁性掺杂剂可增加硬磁材料的磁矩、磁矫顽力（掺杂剂可用作畴壁钉扎位点）或热稳定性中的至少一个，包括 Ti、V、Ni、Cu、Zn 和 Mo 等；相稳定剂可用于改善 $Fe_{16}N_2$ 体积比、热稳定性、矫顽力和耐蚀性中的至少一个，可包括 C、Co、Cr、Mn、B、O、Si、P 和/或 S 等，其中前四种元素亦可同时作为掺杂剂。

由于 $Fe_{16}N_2$ 是亚稳态相，它与 Fe - N 的其他稳定相竞争，故难以形成含高体积分数 $Fe_{16}N_2$ 的块状材料。Wang 等采用包含硬磁性的 $Fe_{16}N_2$ 磁畴通过交换弹性耦合而与软磁性材料磁性耦合，有效地硬化了软磁性材料，克服了该困难。工艺流程为：织构 FeN 片（Fe 片或 Fe 工件），经退火 $Fe_{16}N_2$ + Fe_8N 成畴（Fe 片或 Fe 工件需先经 N^+ 离子注入后再退火），它们引入额外的铁或非磁性材料（而 Fe 工件经离子注入或团簇注入掺杂氮化铁）之后，分别经退火、连接或烧结成块。此外，施加力产生应变（可在 0.1% ~ 7%）的铁工件经氮化、退火氮化铁和烧结工件成块状永磁材料。

铁工件的厚度可能会影响离子注入和工件退火的参数，可限定在 500 nm ~ 1 mm。N^+ 离子注入的平均深度取决于 N^+ 离子被加速到的能量，注入能量较高可获较深的平均深度，但可能会增加对铁工件的损坏，包括损坏铁的晶胞，并由于腐蚀而烧蚀一些铁原子。因此，某些示例中注入能量被限制为低于约 180 keV。在一些示例中，入射角可大约为 0°（基本上垂直于铁工件的表面），或者调节注入的入射角以减少晶胞损伤，如注入的入射角可以从垂直方向在 3° ~ 7°。也可以控制离子注入过程中铁工件的温度，一些可以在大约室温至约 500 ℃。图 5 - 67 所示为选区 X 衍射图；图 5 - 68 所示为在退火后以 $5 \times 10^{17}/cm^2$ 通量制备的样品的磁滞回线图，矫顽力可达 1 910 Oe，最大磁能积达 20 MGOe。

一旦将 N^+ 离子注入铁工件中，可进行第一步退火（预退火）。预退火步骤可以实现多种功能，包括将铁工件牢固地附接到基板上，可使后退火步骤在铁工件中产生应力，从而促进其中至少某些晶体结构从体心立方（bcc）铁转化为体心四方（bct）氮化铁。在一些示例中，预退火步骤还可以激活注入的 N^+ 离子，修复对铁晶格的破坏，和/或去除工件中的任何氧气。有些预退火步骤可以施加 0.2 ~ 10 GPa 的外力，以辅助铁工件和基板的结合。在预退火步骤之后，可进行第二步退火（后退火），后退火温度（一些是在低于约 250 ℃ 以下）

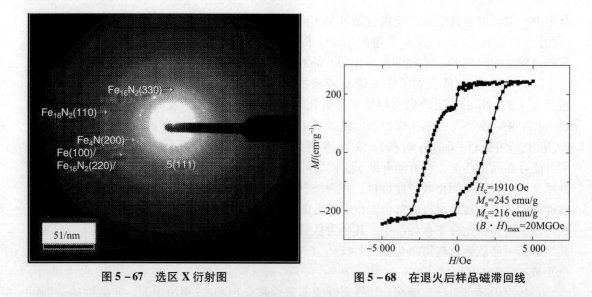

图 5-67　选区 X 衍射图　　　　图 5-68　在退火后样品磁滞回线

可使基板和铁工件由于热膨胀系数的差异而在铁工件中产生应变,从而促进了 bct 晶体结构的形成。另外,后退火步骤允许 N^+ 离子扩散入铁晶体以形成氮化铁,包括 $Fe_{16}N_2$ 相畴和 Fe_8N 相畴。如图 5-66 所示,在相对较低的温度下退火允许部分无序相 Fe_8N 转变为有序相 $Fe_{16}N_2$。退火步骤可以在氮气(N_2)或氩气(Ar)气氛中,或在真空或接近真空中进行。

示例性非磁性元素或化合物包括 Al、Cu、Ti、Mn、B、C、Ni、SiO_2、Al_2O_3 等或其组合,它们可以在压制过程之后作为畴壁钉扎位点,用于增强永磁体的矫顽力。可以选择烧结压力、温度和持续时间以机械地结合工件,同时保持其氮化铁的晶体结构。可以在相对较低的温度下进行烧结,如烧结温度可以低于约 250 ℃,可同时施加 0.2~10 GPa 的压力,工件的应变在 0.1%~7%。

Wang 等的专利公开了可以包括 $\alpha''-Fe_{16}(N_xZ_{1-x})_2$ 或 $\alpha'-Fe_8(N_xZ_{1-x})_2$(其中,$x$ 大于 0 且小于 1),或至少 $\alpha''-Fe_{16}Z_2$ 或 $\alpha'-Fe_8Z$(Z 包括 N、C、B 或 O 中的至少一个)中的一种或混合物的磁性材料,它们可用于电感器、变压器芯、天线、滤波器和 RF 能量收集电路等。具有小晶粒尺寸和低矫顽力的软磁材料一直是科研人员追求的目标。大晶粒尺寸(如 20~50 μm)具有低矫顽力,但只在低频(约小于 100 kHz)下有效地工作。小于 20 μm 的晶粒,如 $Co_{0.57}Ni_{0.13}Fe_{0.30}$ 和 FeAlN,具有大于 5 Oe 的矫顽力,这可能导致不可接受的铁芯损耗。包含 $\alpha''-Fe_{16}(N_xZ_{1-x})_2$,或 $\alpha''-Fe_{16}N_2$ 和 $\alpha''-Fe_{16}Z_2$ 混合物的磁性材料至少具有以下性能之一:单位面积较大的电感,较高的工作频率,较高的饱和磁化强度和较高的电阻率;接近 0 的磁晶各向异性。这些特性使它们有望用于变压器铁芯,用来代替现有的,预计变压器损耗最多可减少 28%。变压器损耗分为磁滞损耗、涡流损耗和空载损耗三类,与传统的磁性材料相比,期望使用这些磁性材料可以将变压器铁芯中的磁滞损耗降低约 50%(由于磁晶各向异性低);因为有较高的电阻率和纳米晶结构,涡流损耗降低约 70%;由于它们的静态(如 DC)磁性,空载损耗(可能包括松弛和谐振损耗)降低约 70%。在四种不同介质中淬火后,在约 180 ℃ 的温度下退火约 10 h,则在冰水中淬火获得的 α'' 相体积分数最高(约 60%);饱和磁化强度随着样品中 $\alpha''-Fe_{16}(N_xC_{1-x})_2$ 相磁畴的体积分数的增加而增加。

如图 5-69 所示，矫顽力相对较低，接近于 0；相对较快地达到了磁饱和，表明样品具有相对较高的磁导率，纯水、油、盐水和冰水中淬火后的饱和磁化强度 M_s 依次增大，M_s 都高于约 204 emu/g，且大多数 M_s 都高于约 220 emu/g；在冰水中淬火时间大于约 200 s 的样品的 M_s 约大于 250 emu/g。

Kazuaki 等使用水合硝酸铁（Ⅱ）（Fe(NO$_3$)$_3$·9H$_2$O，纯度 99.9%）为原料制备 Fe$_{16}$N$_2$，并研究其对微波的吸波性能。首先将 5 g 的原料粉末称入瓷坩埚中，并在加热板上于 393 K 下加热 10 min，使其熔化；

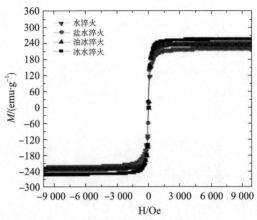

图 5-69 试品的磁化强度与施加磁场的关系

然后将该试样在电阻炉中、氢气气流中于 573~673 K 加热处理 5 h 后进行还原处理；最后，将炉内的气氛置换为 N$_2$，冷却至氮化处理温度 413~433 K，再将 N$_2$ 切换为 NH$_3$（纯度 99.999%）。在 NH$_3$ 气流中氮化 24 h，NH$_3$ 气氛中氮化 48 h，总共 72 h。将还原或氮化后的粉末试样取出放到大气中时，存在因氧化而立即着火的危险。因此，使用 N$_2$ 气氛的手套从炉内取出试样，并在氩气气氛的手套箱内回收。

在 623 K 下对硝酸铁进行氢还原得到的试样为平均粒径 140 nm 的 α-Fe 细颗粒。在 413~433 K 的条件下进行氨氮化，生成由 Fe$_{16}$N$_2$ 和 α-Fe 构成的粉末，在 423 K 进行了氮化的样品中，获得了 Fe$_{16}$N$_2$ 相的体积分数最大的试样。在 423 K 下氮化的粉末的平均粒径为 140 nm，显示出磁性能，饱和磁化强度为 207 A·m^2/kg（图 5-70），矫顽力为 52.5 kA/m。

首先，将 20 mg 粉末样品与石蜡混合后，在 0.96 MA/m 的磁场中定向；然后，将其与粒径 125 μm 以下的酚类树脂在正己烷中充分

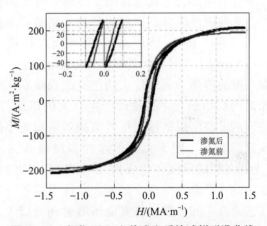

图 5-70 氮化 72 h 之前或之后的试样磁滞曲线

混合（填充率：质量分数 40%），在干燥后压制成环形，在氩气气氛中，413 K 进行热固化，然后进行微波性能测试。

图 5-71 显示了由测得的磁导率和介电常数获得的反射损耗 RL 的频率依赖性。423 K 氮化后的粉末与树脂的复合体显示了共振频率 16.9 GHz、磁损耗 0.24 Oe 的高频磁性特性。另外，该试样厚度为 1.4~1.6 mm 时，在 15~19 GHz 的频域反射损耗 RL 在 -20 dB 以下，表明 99% 以上的电磁波吸收（A）。这些结果表明，Fe$_{16}$N$_2$ 微粒可用作该频带中的电磁波吸收材料。与传统材料比较，其电磁波吸收体可制成比 M 型铁氧体更薄，但比使用（Y，Sm）$_2$Fe$_{14}$B$_{19}$ 或 Fe/FeO 核-壳粒子的吸收体要厚。为了抑制电阻率，该研究中 Fe$_{16}$N$_2$ 微粒的填充率较低，但是通过提高该填充率预计可进一步变薄。

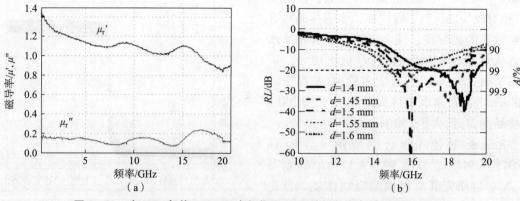

图 5-71 在 NH_3 气体、423 K 中氮化了 72 h 的样品制备的树脂复合材料
（40%（质量分数））的微波特性
(a) 复数相对磁导率的频率依赖性；(b) 反射率与频率关系

5.6.6 包覆玻璃的双磁微丝

非晶态磁性金属优异、特殊的磁性能是内在原子无序的结果，尤其适合用于传感元件或微执行器中。非晶磁性线材是通过两种技术制备：①旋转水淬火（直径 $100 \sim 150 \ \mu m$）；②淬火和拉拔（直径 $1 \sim 30 \ \mu m$）。直径更大的微丝具有磁双稳态，特征是单畴壁的传播导致了巨大的巴克豪森跳跃，以及非常高的初始磁化率，从而产生巨大的磁阻抗效应。更薄的玻璃涂层微丝利用类似的效果和更小的尺寸实现微型化。图 5-72 所示为多层微丝的示意图（显示各层的厚度和组成），多层几何结构的微丝包含由绝缘层隔开的两个磁相。直径为微米级的制造工艺需要中间步骤，将贵金属溅射到玻璃上，作为后续电镀的电极和缓冲层，以确保降低基底粗糙度。多层微丝在磁耦合方面表现出有趣的特性，而在某些技术应用中，两层金属间的电绝缘起着重要的作用。制造工艺允许选择具有磁性核和壳（软/软、软/硬或硬/硬）的定制磁特性的合金成分，其中核通常为非晶或纳米晶，壳为多晶。外壳层的存在会在内核中产生显著的机械应力（磁弹性各向异性），此外，其杂散场会使体系的磁行为产生偏差。磁性层之间的相互作用产生了定制的磁性行为，如不对称磁阻抗和多重吸收现象，或增强了对机械应力的敏感性。

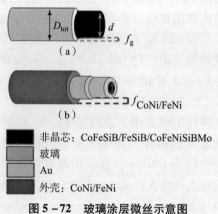

图 5-72 玻璃涂层微丝示意图
(a)（单相）微丝；(b) 多层（两相）

与铁基线材相比，钴基线材具有显著的巨磁阻抗（GMI 效应）和高灵敏度的场或应力可调微波响应。研究钴基和铁基线材的不同排列方式、固有微波特性和几何尺寸等导致的相互作用有重要科学意义。通过线-线动态相互作用可以获得额外的磁共振，这有利于扩大 DNG（double negative，双负）的工作频率和增强微波吸收。优异磁性的铁磁微丝是构建超材料的理想选择，几种基于微丝的复合超材料被引入该家族，即平行复合超材料、正交复合

超材料和杂化复合超材料。在平行复合超材料中，传输窗口和 1~7 GHz 的负介电常数色散证明了自然 DNG 特性。作为优化微波性能的措施，将铁基金属丝的正交阵列引入复合超材料中，以提高透射率，同时保持较低的金属丝贡献。此外，还设计并制备了含钴基和铁基混杂金属丝的亚复合材料。展示了与拓扑结构相关的三种主要可调 DNG 行为，即场可调传输窗口、双重 DNG 带宽和 DNG/带阻特性。这些微丝复合超材料在微波隐身和射频条形码应用中很有前景。迄今为止，报道的 SNG（single negative，单负）或 DNG 复合超材料覆盖了从千赫到吉赫的宽频率范围。对于含有纳米/微米填料的复合超材料，一般工作频率集中在千赫至兆赫范围内。这似乎与超材料理论相矛盾，超材料理论定义了红外或更高频率下纳米结构的 SNG 或 DNG 特征。应该注意到，这些传统的超结构具有紧密排列的构筑单元，使得单元周期仍在纳米范围内。等离子体频率 f_p 随间距离 b 的减小而显著增大，因此可能具有高频负介电常数，所以具有 DNG 特性。然而，含有纳米填料的复合超材料的微观结构表明，填料间的间距明显高于这些超结构的间距（通常为微米级或毫米级），因此在很大程度上使 f_p 相形见绌。为了期待更高的工作频率，因此需要更高的装填量，以减少填料之间的间距。

习 题

1. 按磁化率的大小，磁性材料分为哪五类？
2. 磁性材料的磁损耗是指什么？
3. 哪些是结构不敏感性的磁性参量？哪些是结构灵敏的磁性参量？
4. 叙述磁各向异性、磁致伸缩的概念；磁致伸缩现象有哪三种？
5. 磁各向异性包括哪几种？
6. 影响磁性的因素有哪些？
7. 永磁体有哪些？各有何特点？
8. 什么方法可以分析 $Fe_{16}N_2$ 相的纯度？

第6章
隐身材料

隐身技术又称低可探测技术（low observable technology，LO 技术），在一定探测环境中，通过控制、降低拟隐身目标的信号特征来改变其可探测性信息特征，最大程度地降低被对方探测系统发现的概率，使其难以被发现、识别和攻击。通常雷达隐身是通过改变外形、使用吸波材料等手段，降低目标的雷达散射面积（RCS），从而缩短雷达发现的距离；而伪装通常是指可见光、近红外、热红外伪装，是通过变形、遮蔽和仿造等欺骗手段，实现"隐真示假"，从而使目标不被发现的技术。拟隐身目标包括人员、飞机、舰船、潜艇和导弹等，探测则涵盖雷达、红外、激光、声呐及其他探测方法。隐身技术分为有源和无源隐身技术，有源雷达隐身技术主要包括有源对消、智能蒙皮、自适应阻抗加载和低截获概率技术等，无源隐身技术主要包括隐身外形技术、隐身结构和隐身材料技术。

电磁波在大气中传输时被大气分子组分吸收和散射，从而形成"大气窗口"——大气衰减较小的区域，图 6-1 所示为距海平面 1 n mile 路径上电磁波的大气窗口，暗色区域为透过率较大的"窗口"区，例如短（SWIR）、中（MWIR）、远红外（LWIR）波段的波长分别为 $1\sim3~\mu m$、$3\sim5~\mu m$ 和 $8\sim14~\mu m$，通常将探测系统设计在这些窗口中工作，如 95 GHz 和 35 GHz 分别为 3 mm 和 8 mm 毫米波雷达/辐射计的工作频率。针对探测技术所用频段，相应的隐身频段可分为光学隐身，如紫外、可见光、和近红外隐身；中远红外的热辐射隐身；激光、太赫兹、毫米波以及微波等隐身。随着现代科技的发展，军事探测波段逐渐扩展到整个电磁波谱（图 6-2），给隐身技术提出新的挑战。下面简单介绍部分探测技术。

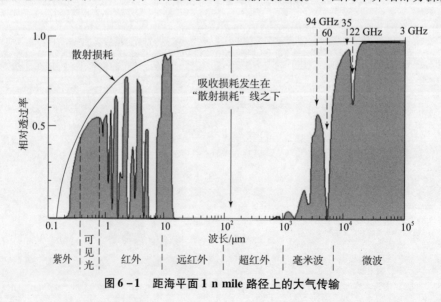

图 6-1　距海平面 1 n mile 路径上的大气传输

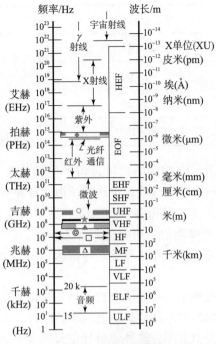

图 6-2 电磁波频谱

◆可见光；○UHF TV；★FM；▲VHF TV；◎移动无线电；□短波无线电；△AM

1. 微波雷达

微波雷达是当前军事领域使用最多，也是最主要的侦察探测装置之一。因此，雷达隐身技术相应地成为最关键的隐身技术。微波雷达的优点：①发射功率大，探测距离远；②工作波长较长，能全天候使用；③测位精度高，能自动搜索与跟踪。其主要缺点：易受电磁干扰。雷达按波段分为米波雷达（工作频率 30~300 MHz）、分米波雷达（频率 0.3~3 GHz）、厘米波雷达（3~30 GHz）、毫米波雷达（30~300 GHz）、亚毫米波雷达（工作波长在 1 mm 以下）和激光雷达。通常米波雷达担任各种警戒，分米波雷达为炮瞄雷达和警戒、引导雷达；各种火控雷达集中在厘米波雷达。微波雷达分波段代号及频率见表 6-1。雷达按使用技术分为脉冲多普勒、频率捷变、相控阵列等。

表 6-1 微波分波段代号及频率

波段代号	频率范围/GHz	波长范围/cm
L	1~2	30~15
S	2~4	15~7.5
C	4~8	7.5~3.75
X	8~12	3.75~2.5
Ku	12~18	2.5~1.67
K	18~27	1.67~1.11

续表

波段代号	频率范围/GHz	波长范围/cm
Ka	27~40	1.11~0.75
U	40~60	0.75~0.5
V	60~80	0.5~0.375
W	80~100	0.375~0.3

长度为雷达半波长的箔条（成捆的条状物）可产生强共振，当从飞机上分散时会产生可误导雷达或隐藏飞机的回波，曾用作欺骗雷达的诱饵。脉冲多普勒雷达的引入大大降低了箔条对雷达的影响能力，该种雷达利用多普勒效应（雷达回波中脉冲与脉冲之间的相位变化）来区分相对于雷达站快速移动的反射物体和静止物体。因此，可以排除地面杂波和相对于地面几乎不动的箔条，使得箔条无法有效误导雷达。

2. 被动毫米波测试系统

热力学零度以上的物体在整个电磁波谱上都会辐射出电磁能量（电磁波），该辐射称为热辐射。物质大量分子无规则的热运动是热辐射现象的原因。微波辐射和红外辐射都属于热辐射，红外热辐射属于分子光谱范围，红外辐射计记录物质热运动所产生的分子振动能量，通常所指的热辐射都是红外辐射；毫米波热辐射属于微波热辐射，能量极少，用高灵敏度的接收机（毫米波辐射计）可以接收。由于毫米波辐射计本身不发射任何电磁信号，而是被动地接收目标辐射，也称为被动毫米波系统，其具有高隐蔽性、高检测性的特点及很好的抗干扰能力，能够在晴天、阴天、雾天和沙尘环境中有效侦察地面的军事和非军事目标，已广泛应用于多种反装甲毫米波导引头、末敏弹、各种机载及星载被动毫米波成像系统，对地面作战目标的生存能力造成极大的威胁。

在毫米波波段，不同物质的辐射温度差别很大，发射率较低的物体，不论其温度如何，它自身辐射的能量都较少，而主要是反射周围环境的温度。一般来说，相对介电常数高的物质，发射率低，反射系数大，因此在同样的物理温度下，高导电材料的辐射系数小，辐射温度低，即比较冷。金属目标的发射率很低，它几乎仅仅是反射天空的温度，天空温度不仅较低，且在一定时空范围内基本不变，因而金属目标的毫米波辐射特征很稳定。毫米波辐射计利用金属目标与其他物质辐射温度的差异，进行目标探测、识别。毫米波辐射计探测目标的方式主要有两种：非成像或成像方式。

根据目标与背景的辐射温度差 ΔT_T 进行目标探测与识别，即

$$\Delta T_T = T_T - T_{BT} \tag{6-1}$$

式中：T_T 和 T_{BT} 分别为目标与背景的辐射温度，T_T 与 T_{BT} 温度对比度越大，越容易被探测到。

实战环境为路面背景和水面背景下的两栖战车静止与运动（308 K），以及隐身战车（对毫米波雷达的隐身效果最大达到 -20 dB，$\varepsilon = 0.92$）在地面（$\varepsilon = 0.9$，$T_{BT} = 281.2$ K）和水面背景（$\varepsilon = 0.6$，$T_{BT} = 222.4$ K）下的毫米波（94 GHz）辐射温度对比度见表6-2。

表6-2 94 GHz下装甲目标与背景的毫米波辐射温度和 ΔT_{Ap}

装甲目标	发射率 ε	辐射温度/K	陆地 ΔT_{AP}/K	水面 ΔT_{AP}/K
静止战车	0.1	187.1	-94.1	-35.3
运动战车	0.1	188.6	-92.6	-33.8
静止隐身战车	0.92	283.6	2.4	61.2
运动隐身战车	0.92	297.4	16.2	75.0

表6-2中"+"号或"-"号分别表示目标辐射温度高于或低于背景。由此可见,陆地背景下未隐身装甲目标由于与环境的温度对比度最大,受到被动毫米波探测的威胁最大;水面背景下的装甲目标无论是隐身、运动与否,受到的被动毫米波探测威胁都较大。运动的隐身装甲目标比静止时受到的威胁大,隐身装甲目标在水面背景下的威胁比未隐身时受到的威胁大。

3. 太赫兹

太赫兹波段为0.1~10 THz(波长1~0.1 mm),介于电磁波谱中的红外和微波之间,曾因对其缺乏了解,称其为"太赫兹空隙"。其与相邻的光谱波段部分重合,如0.03~0.3 THz(波长10~1 mm)的毫米波(MMW)、0.003~0.03 THz(0.1~1 mm)的亚毫米波(SMMW)、0.86~1.5 THz及7.5~12 THz的超远红外辐射(25~40 μm及200~350 μm),也称为亚毫米、T波和远红外。该波段处于从宏观电子学向微观光子学的过渡区,微波理论或光学理论都不完全适合。

大气中的氧气和水蒸气对太赫兹辐射吸收导致其衰减,其中尤以水蒸气的吸收最为严重,只在两个频点(140 GHz和220 GHz)附近衰减较小;由氧气造成的衰减在115 GHz附近有一峰值。太赫兹在350 μm、450 μm、620 μm、735 μm和870 μm波长附近相对透明的大气窗口,可以用于太赫兹空间通信。利用太赫兹成像还可获得更高的空间分辨力及更大的景深等,目前太赫兹显微成像的分辨力已达到几十微米。太赫兹雷达发射天线的波束窄,可探测更小的目标和实现更精确的定位,具有更高的分辨力和更强的保密性,是未来高精度雷达的发展方向;太赫兹方向性好,还可用于战场中的短距离定向保密通讯。太赫兹雷达可远程探测空气中传播的有毒生物颗粒或化学气体。利用强太赫兹辐射穿透地面,能探测地下的雷场分布,还可以进行远程炸弹探测等。美国最早提出太赫兹雷达,并先后进行了0.2 THz、1.56 THz、0.6 THz等高分辨率雷达实验,验证了其可行性。太赫兹雷达作为未来高精度、反隐身雷达的发展方向之一,应用前景广阔。

与红外和激光相比,太赫兹波在尘埃、烟雾和战场污染物等条件下的衰减较低,可以实现全天候工作,使得烟幕技术难以干扰太赫兹探测,传统半波长理论的箔条诱饵无法干扰太赫兹。无论是形状隐身、涂料隐身,还是等离子体隐身,太赫兹都能让它们"原形毕露"。2004年,Stringer测试了X波段微波吸收材料在太赫兹波段的吸收特性,在0.2~1.5 THz频段透过率为20%~30%,良好的透过率易于被太赫兹探测。太赫兹波还能够穿透等离子体,使等离子体隐身飞行体"现出原形"。根据多普勒频率的计算公式 $f_d = 2V_r/\lambda$ 可知,对于同样速度的目标,辐射波长越短,回波的多普勒频移越大,因此,太赫兹雷达对慢移动目标的检测和识别比微波雷达更具优势。

在可见光、近红外隐身技术方面,至今仍在采用涂料迷彩伪装的方法,在目标或织物表面喷涂与背景一致的颜色和迷彩伪装图案,模拟背景的色彩,破坏目视外形,从而达到隐身的目的。中红外隐身技术所运用的基本理论是红外辐射原理。激光雷达(Laser Radar)与微波雷达在工作原理上相似,通过接收被探测目标反射的探测信号回波识别目标,降低目标的雷达/激光反射截面为隐身所追求的目标。激光的波长比微波短得多,因此激光雷达比微波雷达有更高的角分辨率和更高的测距精度,且不需要大面积的雷达天线。激光雷达的另一特点是不怕电子干扰。这些都给激光隐身和激光对抗措施带来了困难。针对近年来发展的毫米波辐射计、太赫兹探测技术的隐身原理与现有技术较为不同,各国均开展了研究。

6.1 吸收衰减电磁波机理

在电磁理论中,用麦克斯韦方程组来描述电磁波的电场强度、磁场强度等场量在媒质中的传播。麦克斯韦方程组中,影响场量传播的媒质的三个宏观特征量——电导率 σ、磁导率 μ 和介电常数 ε,分别与媒质对电磁波的三种损耗有关,即导电性损耗、磁损耗、介电损耗。由于这些损耗,部分电磁能被媒质吸收,转换成焦耳热而衰减。

6.1.1 导电性损耗机理

1. 宏观解释

在交变电磁场中,电磁波的场量趋于导电媒质的表面而呈指数规律衰减,衰减到表面处值 $1/e$ 的深度称为趋肤深度 δ:

$$\delta = \frac{1}{\omega\sqrt{\frac{\varepsilon\mu}{2}\left[\sqrt{1+\left(\frac{\sigma}{\omega\varepsilon}\right)^2}-1\right]}} \tag{6-2}$$

式中:ε、σ 和 μ 分别为媒质的介电常数、电导率和磁导率;ω 为角频率,$\omega = 2\pi f$。

对于良导体,$(\sigma/\omega\varepsilon) \gg 1$,因此 $\{[1+(\sigma/\omega\varepsilon)^2]^{1/2}-1\} \to (\sigma/\omega\varepsilon)$,将其代入式(6-2)可得

$$\delta = \frac{1}{\sqrt{\pi\mu f\sigma}} \tag{6-3}$$

表面阻抗为

$$Z_s = (1+j)\sqrt{\frac{\pi\mu f}{\sigma}} = (1+j)\frac{1}{\sigma\delta} = R_s + X_s j \tag{6-4}$$

式中:R_s、X_s 分别为表面电阻、表面电抗;f 为电磁波频率;j 表示复数的虚部。

穿入单位良导体的电磁波的功率将在其内部转化成焦耳热而损耗掉,平均吸收功率为

$$Q = R_s \bar{S} = \frac{1}{2}H_{om}^2 R_s \ (W/m^2) \tag{6-5}$$

式中:$\bar{S}$ 为单位良导体的表面积;H_{om} 为磁场强度。

吸收功率与表面电阻成正比,当入射波频率为 35 GHz(8 mm 波)时,铁的趋肤深度比铜、铝的小许多,但其表面电阻比非铁磁性材料要大许多,电磁波损耗也大。若能制得亚微米量级的铁磁材料将会极大地衰减毫米波。在红外波段,各种金属的趋肤深度更浅,铜的约

为 6.1 nm，微粒表面极薄镀层即可有效衰减红外。

2. 微观解释

在外电场作用下，导体内部传导电子运动产生电流，应用牛顿定律

$$m \cdot \frac{dv}{dt} = -e\varepsilon_y - m \cdot \frac{v}{\tau} \tag{6-6}$$

可得交流电导率为

$$\tilde{\sigma} = \frac{\sigma_0}{1 - j\varpi\tau} = \frac{\sigma_0}{1 + \omega^2\tau^2} + \frac{\sigma_0 \omega\tau}{1 + \omega^2\tau^2}j = \sigma' + \sigma''j \tag{6-7}$$

式中：σ_0 为直流电导率，$\sigma_0 = Ne^2\tau/m^*$；m^*、v 和 τ 分别为电子的质量、运动速度和弛豫时间；dv/dt 为速度随时间的变化；ω 和 ε_y 分别为外电场的频率和电场强度。

交流电导率实部 σ'、虚部 σ'' 均是频率 ω 的函数，分别体现了电阻电流和电感电流。在低频区内（包括直到远红外的频段），$\omega\tau \ll 1$，$\sigma' \gg \sigma''$，电子基本上表现为电阻特性；在高频区，$\omega\tau \gg 1$，$\sigma' \ll \sigma''$，电子基本上表现为电感特性，既不从外场吸收能量，也不出现焦耳热。由此可见，在频率低于红外时，利用焦耳热来损耗电磁能是可行的，而在可见光区和紫外光区不可取，应另辟蹊径。

单位体积电子系统吸收的平均功率为

$$Q = \frac{1}{2}N|F||V_d|\cos(-\phi) = \frac{Ne^2\tau}{2m^*(1+\omega^2\tau^2)}\varepsilon(t)^2 = \frac{\sigma n}{2}\varepsilon(t)^2 \tag{6-8}$$

式中：N 为粒子数；F 为电子受到的力；V_d 为电子的漂移速度；$\varepsilon(t)$ 为随时间 t 变化的电场强度。

6.1.2 介电损耗机理

偶极子极化是产生介电损耗的原因之一，在交变电场中，偶极子随电场的变化不断反转方向，与系统中其他分子发生碰撞，从场中吸收能量，表现为热能。频率较高或过低，偶极子来不及反转或碰撞，损耗都较低。交流电场中，单位时间产生焦耳热的速率为

$$Q = \omega\varepsilon_0\varepsilon_r''(\omega)|E|^2 \tag{6-9}$$

式中：ε_0 为物质在直流电时的介电常数；ε_r'、ε_r'' 分别为物质的交流介电常数的实部和虚部；$|E|^2$ 为电场强度的复模。

损耗速率实质上正比于介电常数的虚部 $\varepsilon_r''(\omega)$，在碰撞频率 $\omega = 1/\tau$ 处，$\varepsilon_r''(\omega)$ 最大，因此在此频率附近损耗速率最大。

6.1.3 磁损耗机理

在交变场中，单位体积磁性材料在交变场中磁化一周的磁能损耗为

$$Q = \pi\mu_0\mu''H_m^2 \tag{6-10}$$

式中：μ'' 为复磁导率的虚部；μ_0 为静态下的磁导率；H_m 为磁场强度。

引起磁能损耗的机理主要有三种，即涡流、磁滞、磁后效，统称为磁损耗。在不同材料中各种损耗所占比例不同，有的三者皆有，有的只有两种。一般情况下，金属磁性材料中磁损耗主要是涡流损耗和磁滞损耗，铁氧体中则主要是剩余损耗和磁滞损耗。

6.1.4 共振损耗机理

在吸收损耗中，有一类十分特别，在导电性损耗、介电损耗、磁损耗中均存在，而且对电磁波的衰减十分大，这就是共振损耗，所以应综合进行考虑。

众所周知，分子中的原子（离子等，统称粒子）都在其平衡位置振动。振动受邻近粒子的影响，两个邻近粒子有如一对简谐振子，形成固有的振动频率。当外加电磁场的频率恰好与谐振子的固有频率相等时体系共振，从外场中吸收的能量最多。共振分为电子的回旋共振、极化子共振、铁磁共振。

1. 回旋共振

施加在金属板上的磁场 B 使电子在垂直于磁场的平面内以逆时针圆形方式运动，此回旋运动的频率称为回旋频率：$\omega_c = eB/m^*$。若用自由电子质量代入，则得回旋频率 $v_c = \omega_c/(2\pi) = 2.8B$ GHz，其中磁场强度 B 以 kGs 为单位。当 $B = 1$ kGs 时，$v_c = 2.9$ GHz，位于微波波段。

假设电磁信号以平行于 B 的方向穿过平板作用于电子，信号中的一些能量被吸收。当外场频率 ω 恰好等于回旋频率 ω_c，即 $\omega = \omega_c$ 时，则吸收率最大，每个电子的运动和电磁波同步，在整个圆周上都不断吸收能量。若 $\omega \neq \omega_c$，则电子仅在周期的一部分与波同相，吸收能量，在其余部分，因二者相位不同，电子把能量还给外场。

2. 极化子共振

材料的折射率随入射光频率的改变而改变的性质称为"色散"，光的色散分为正常色散和反常色散。随着光频率升高介质折射率增大的色散称为正常色散。由图 6-3 所示的极化率随频率的变化曲线可见，在红外、紫外波段，总极化率曲线两次突跃，这是由离子、电子的共振吸收引起的；红外/紫外光谱中的吸收峰也是由共振产生。图 6-3 所示为相对介电函数 $\varepsilon_r(\omega)$ 与频率 ω 的关系，离子晶体中的光学声子在红外区域色散，横/纵波光学支声子频率分别为 ω_T、ω_L，在 ω_T 处 $\varepsilon_r(\omega) \to \infty$；在 $\omega_T < \omega < \omega_L$ 时，介电函数为负，折射率为虚数，不能在晶体中传播，在此频率禁区入射波受到全反射。利用这种效应可以获得带宽比较窄 [ω_T，ω_L] 的红外辐射束。折射率的平方 n^2 与 ω 的关系图与图 6-3 形状相似，表示由于电子运动在紫外区的色散。当电磁波的频率分别等于体系的固有频率 ω_T、电子共振频率 ω_0 时，体系共振，强烈吸收电磁波的能量。

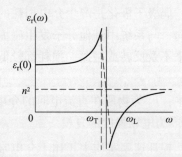

图 6-3 介电常数 ε 与频率 ω 的关系

3. 铁磁共振

一般磁谱曲线大体上与图 5-36（a）类似，可分成 5 个频率区域（同表 5-7）。在第一区和第二区 μ' 和 μ'' 的变化很小，第二区有时会出现共振型的磁谱曲线；第三区出现的曲线为弛豫型磁谱曲线（有时也可能出现共振型磁谱曲线）；第四区出现共振型磁谱曲线。

一般铁氧体材料磁谱曲线中，在高频区域（$f > 1$ MHz），μ'' 出现峰值，它是由畴壁共振和自然共振引起的；影响低频区磁谱曲线的主要是磁滞、磁后效、尺寸共振、磁力共振等。

6.2 微波吸波材料

雷达是利用电磁波的二次辐射、转发或目标固有辐射来探测目标,获取目标空间坐标、速度等特征信息的一种无线电技术。雷达的基本组成包括发射机、接收机和天线。发射机产生一定形式的高频能量,经发射天线把能量辐射到空间。当电磁波在空间传播时遇到目标,一小部分高频能量被目标反射回来,到达接收天线,进入接收机,观测人员可以通过接收机的输出来判断目标是否存在。实际使用的雷达,大多是按一定的周期重复地发射脉冲形式的高频能量,脉冲的宽度 τ 和重复周期 T_r 相比是很短的。当电磁波在均匀介质中传播时,传播速度 c 为常数,与真空中传播速度($c = 3 \times 10^8$ m/s)很相近,传播路径为直线,电磁波离开天线到达目标,被目标反射又回到天线,所用的时间为 t_R,可依此计算目标距雷达的直线距离,即

$$R = \frac{1}{2} c t_R \tag{6-11}$$

另外,雷达探测距离 R 与目标的 RCS 的 σ 值有关,则距离方程为

$$R = k \sqrt[4]{\sigma} \tag{6-12}$$

式中:k 为比例系数。

当入射波的回波功率只有 1/10 时,RCS 减少 10 dB;当入射波的回波功率只有 1/100 时,RCS 减少 20 dB;而 RCS 减少 30 dB,则表示入射波的回波功率只有 1/1 000。σ 降低至原来值的 15%,R 降低到原来的 62%;σ 只减小 1%,R 缩减约 31%。由此可见,降低 RCS 可有效缩短雷达探测距离,最终实现隐身的目的。因此,可以用 σ(RCS)来评价隐身性能的好坏,即

$$\sigma = 4\pi R^2 \frac{I_{sc}}{I_{in}} \tag{6-13}$$

式中:R 为目标至接收天线的距离;I_{sc}、I_{in} 分别为接收机处和目标处散射波的功率密度。

RCS 的大小用一个各向均匀的等效反射器的投影面积来表示,该等效反射器与目标在接收方向单位立体角内具有相同的回波功率。RCS 是度量目标在雷达波照射下所产生回波强度的物理量,RCS 定义为目标在单位立体角内向接收机处的散射功率密度与入射波在目标处的入射功率密度之比的 4π 倍,即发射功率与接收功率比值的 4π 倍。由于功率密度 $I \propto E^2$(电场强度的平方),RCS 可写为

$$\sigma = \lim_{R \to \infty} 4\pi R^2 \left| \frac{E_{sc}}{E_{in}} \right|^2 \text{ 或 } \sigma = \lim_{R \to \infty} 4\pi R^2 \left| \frac{H_{sc}}{H_{in}} \right|^2 \tag{6-14}$$

式中:E_c、H_c 分别为接收机处散射波的电场强度和磁场强度;E_{in}、H_{in} 分别为目标处入射波的电场强度和磁场强度。

RCS 的单位用平方米(m^2)表示,但由于目标 RCS 随方位变化剧烈,因此也常用平方米的分贝数(dBsm)表示,平方米和平方米的分贝数的换算关系如下:

$$\sigma_{dBsm} = 10\lg|\sigma_{m^2}| \tag{6-15}$$

方位角是从某点的指北方向线起,依顺时针到目标方向线之间的水平夹角。雷达回波的强度也是其入射角的函数,该角度是两个角度的函数:水平角 θ 和方位角 φ。λ 为雷达波束

的波长，假设该波长小于物体形状的尺寸。计算各种形状的最大后向散射 σ_{max} 结果表明，方形三面角反射器因入射波三重反射，有最强雷达回波（$\sigma_{max} = 12\pi L^4/\lambda^2$）；二面角雷达回波强度次之（$\sigma_{max} = 8\pi W^4 h^2/\lambda^2$（$h$ 为相交线长），平板的雷达回波是其一半）；随着 θ 的变化，从最大值开始缓慢减小，随着 φ 的变化，从最大值开始迅速减小；三面角反射器雷达回波为第三强（$\sigma_{max} = 4\pi L^4/(3\lambda^2)$）。由此可见，角反射器的 σ_{max} 均较大，因而常被诱饵/干扰所采用，而飞机外形设计应尽量避免构成二面角反射器的垂直面。当入射角从垂直方向改变时平板的 σ_{max} 迅速减小，球体的 $\sigma_{max} = \pi r^2$；圆柱体的雷达回波随 θ 变化，而随着 φ 的变化迅速减小，其 $\sigma_{max} = 2\pi r h^2/\lambda$，因此圆柱体箔条的 RCS 主要取决于长度 h。

影响 RCS 的因素有：①目标材料的电性能；②目标的几何外形；③目标被雷达波照射的方位；④入射波的波长；⑤接收天线的性能。吸波材料是将电磁波的能量转换为其他形式的能量（如热能、电能和机械能）而消耗掉的材料，按损耗机理分类可分成电损耗型、磁损耗型和介电损耗型；按吸波原理分可分成吸收型和干涉型，干涉型利用吸波层表面和底层两列反射波的振幅相等、相位相反进行干涉相消；按成型工艺和承载能力分成涂覆型和结构型吸波材料，结构型吸波材料具有承载和吸波的双重功能，通常将吸收剂分散在层状结构材料（如玻璃钢、芳纶纤维复合材料等），此外还有贴片、泡沫和蜂窝等；按研究时期分成传统的吸波材料，如铁氧体、金属微粉、石墨、碳化硅、导电纤维等，以及新型的吸波材料，如纳米材料、手性材料、导电高聚物、多晶纤维、频率选择表面等。

理想的吸波材料应该是反射系数小，吸收率高，有效吸波的频带宽，能在较大的入射角范围内有效地吸波，单位面积或体积的重量轻，使用寿命长，能在恶劣的环境条件下有效地工作。定量描述雷达吸波材料（RAM）性能的参数有以下几种。

(1) 反射率（也称反射损耗）：

$$R = 10\lg(P_r/P_i) \text{ (dB)} \quad (6-16)$$

式中：P_r 和 P_i 分别为 RAM 平板反射波和入射平面波的功率；P_r/P_i 表示功率反射系数。

反射率越小，吸收率越高，材料的吸波性能越好。实用 RAM 的反射率通常在 $-20 \sim -10$ dB 范围，窄带 RAM 则可达 -30 dB。

(2) 频带宽度。电磁波的反射率低于某一个给定最小值的频率范围，称为吸波材料的频带宽度（或称带宽）。显然，吸波材料的工作频率越宽，该吸波材料的性能就越好。

(3) 入射角敏感性。入射角是指电磁波入射方向与吸波材料所在平面之法线的夹角。入射角敏感性是指反射率随入射角变化的依赖关系。允许入射角范围定义为吸波材料反射率低于某一个规定的最小值时入射角可取的区域，通常用来描述吸波材料的角度特性。显然，允许入射角的范围越大，吸波材料的性能越好。一般来说，随着入射角的增加，吸波材料的反射率将增加。

(4) 重量特性。吸波材料单位面积或单位体积的重量越轻，越利于在武器装备上应用，尽量减少冗余重量，对于飞行器更是如此。

(5) 力学性能。吸波材料需要具有一定的强度和刚度，保证使用和勤务处理等过程中结构完好。避免涂敷型吸波材料脱落、黏附力下降等；结构吸波材料部分承力，需要满足一定的力学特性。

(6) 环境特性。吸波材料在恶劣环境下使用寿命的长短，能否在宽广的温度范围内使用等因素，也是吸波材料性能的一个重要方面。

展宽频带是吸波材料设计的核心。宽带吸波材料设计面临高吸收、宽频带的问题，这两个要求经常是相互矛盾的，因而必须综合考虑，对带宽、吸波性能和材料厚度进行折中。

6.2.1 涂覆型吸波材料

按吸波原理涂覆型吸波材料分为吸收型、干涉型和谐振型三大类。

6.2.1.1 吸收型

吸收材料一般由吸波剂和黏合剂组成；吸波剂是关键，决定了吸波涂层对入射电磁波的损耗能力；黏合剂是涂层的成膜物质，可使涂层牢固附着于被涂敷物体表面，形成连续膜，连续膜必须是透波材料。吸收型吸波材料的优点是在金属板表面涂覆一层均匀损耗介质层所形成的结构，厚度很薄，适合涂覆在飞行目标的表面上，降低目标的 RCS。缺点是单层结构，只能用于某些特殊频段；损耗介质的阻抗与空间波阻抗相差较大，涂层表面反射严重。

电磁波在介质中的传播常数（又称波数或复波数）为

$$k = \frac{2\pi f}{c\sqrt{\mu\varepsilon}} = k' - ik'' \tag{6-17}$$

式中：k' 为传播系数；k'' 为电磁波的衰减系数，当 $k''=0$ 时，电磁波不衰减。

吸波材料的设计原则：①电磁波传播至材料表面时能最大限度地进入材料内部，而不是简单地被材料表面反射，因此称为材料的阻抗匹配特性；②进入材料内部的电磁波能迅速地几乎全部衰减掉，该条件称为材料的衰减特性。实现第一个条件的方法是通过控制材料的电磁特性来达到。电磁波垂直入射到无限大介质平面时，其反射系数为

$$R = \frac{Z - Z_0}{Z + Z_0} = \frac{\sqrt{\mu_r/\varepsilon_r} - 1}{\sqrt{\mu_r/\varepsilon_r} + 1} \tag{6-18}$$

其中，材料的本征阻抗 $Z = Z_0\sqrt{\mu_r/\varepsilon_r}$，自由空间的本征波阻抗 $Z_0 = \sqrt{\mu_0/\varepsilon_0}$，真空下 $Z_0 \approx 120\pi \approx 377\ \Omega$，因此可以得到式 (6-18) 最右边一项。

要使 $R=0$，则应有 $\sqrt{\mu_r/\varepsilon_r}=1$，即材料的电磁参数 $\mu_r = \varepsilon_r$ 时，入射的电磁波便不会在材料表面反射而全部进入材料。电磁波进入材料后，应设法将电磁能量转化为热能。由于只有材料 μ_r 和 ε_r 的虚部 μ'' 和 ε'' 才会引起电磁能量的耗损，转化为热能，故二者必须较大，或者说材料的电磁特性应具有较大的磁损耗角 δ_m 和电损耗角 δ_E，磁损耗角正切和介电损耗角正切表征了材料在电磁场中的磁损耗和介质损耗的大小：$\tan\delta_m = \mu_r''/\mu_r'$；$\tan\delta_E = \varepsilon_r''/\varepsilon_r'$，也可表示为 $\tan\delta_E = \sigma/(\omega\varepsilon_0\varepsilon')$。

在设计和研制雷达吸波材料时，关键的工作之一就是选择和调整吸波材料的介电常数和磁导率，使材料的电磁特性既满足阻抗配匹特性要求，又满足衰减特性要求。

当电磁波进入到吸波材料中，每传播到一个界面，界面损耗有三种主要情况：一部分能量被界面吸收；另外一部分能量通过界面，传播至下一个界面；还有一部分能量则反射回来。反射回来的部分遇到上一个界面时，也会产生上述三种情况，不过此时的能量变小。以此类推下去，电磁波在吸波材料中传播的过程，实际上是振幅不同的多个波的往返传播，最终结果使入射的电磁波的能量得到衰减，达到吸波的目的。

6.2.1.2 干涉型 – Salisbury 吸收屏

Salisbury（索尔兹伯里）屏的布局、$\lambda/4$ 电磁波相位的影响和对消如图 6-4 所示，吸

波原理为进入涂层经反射的电磁波和直接由涂层表面反射的电磁波相互干涉而抵消。

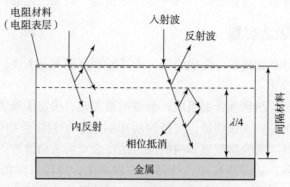

图6-4 干涉型吸波原理

在金属前方低介电常数隔离层上放置一块电阻片，介质的厚度为

$$d = (1+2n)\frac{\lambda}{4} \tag{6-19}$$

即电磁波在该介质中 $\lambda/4$ 奇数倍。

将波长 $\lambda = \dfrac{\lambda_0}{\sqrt{\varepsilon\mu}}$ 代入式（6-19），可得

$$d = \frac{\lambda_0}{4\sqrt{\varepsilon\mu}} = 常数 \tag{6-20}$$

宽的响应频带要求 ε 和 μ 随 λ_0 而变化，很难满足使用要求；仅在高频下使用，涂层可以很薄，很多薄型吸波涂层常以干涉型原理来设计。

介质中的波速为

$$v = \frac{1}{\sqrt{\mu_r \varepsilon_r}} = \frac{c}{n} \tag{6-21}$$

其中，波长 λ（m）、波速 v（m/s）与频率 f（Hz）的关系为 $\lambda = v/f$。

电磁波在介质中的速度 v（比真空中）变慢，波长 λ 变短，使得在介质的 $\lambda/4$ 处放置电阻片增大吸收成为可能。通过调整各层的电磁参数，可以改善屏的吸收性能。

为了提高 Salisbury 吸收屏的吸收效果，可以采取以下措施：①在吸收屏表面附加一层高介电常数的介电材料；②将 Salisbury 吸收屏设计成对称的三明治结构。

图 6-5 所示为多层介质的 Salisbury 吸收屏 R，上面为结构图，下面为相应的吸波曲线。图 6-5（a）中的曲线 1~3 分别对应单层、复合、复合优化，复合后有较大的损耗峰值，而复合优化的隐身频段宽。图 6-5（b）有双层 Salisbury 吸收屏，频段宽，有两个损耗峰值。

6.2.1.3 谐振型吸波涂层

谐振型吸波涂层包括多个吸波单元，调整各单元的电磁参数和尺寸大小，使其对入射电磁波产生谐振，从而产生最大程度的衰减。如果把吸波单元分别设计在不同谐振频率，则可设计成宽频段吸波涂层。图 6-6 为谐振型吸波涂层结构示意图，各谐振单元的厚度计算公式为

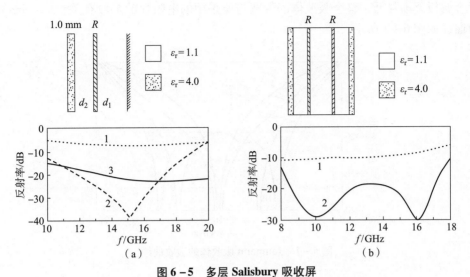

图 6-5 多层 Salisbury 吸收屏

(a) 复合型 Salisbury 吸收屏；(b) 对称型 Salisbury 吸收屏

$$d = \frac{(2n+1)\lambda_0}{4\sqrt{\mu_r \varepsilon_r}} \tag{6-22}$$

涂层结构由于各单元的高度不同，使用很不方便，可以将高低不同的部分用高分子材料进行填充。常见该型涂层的谐振单元为矩形，其长度、宽度和间隔都相等。

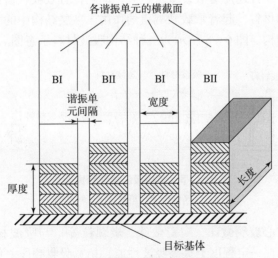

图 6-6 谐振型吸波涂层结构示意图

6.2.2 结构型吸波材料

1. 层板结构吸收体

Jaumann 吸收体是由多层电阻片和介电材料隔离层交替叠放构成的吸波结构（各层的电磁参数和厚度不同，Salisbury 屏是 Jaumann 吸收体最简单的形式），电阻片的电阻值由表面至底面金属板逐渐降低,整个吸波体的带宽与所采用的电阻片的个数有关。Jaumann 吸收体的吸收曲线如图 6-7 所示。

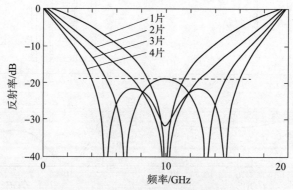

图 6-7 Jaumann 吸收体的吸收曲线

为了提高吸波性能,通常由透波层、吸波层和反射层三个不同结构层次,多达十几层材料构成。吸波性能主要由损耗层的总导纳、介质层的电磁参数、每层材料的厚度等因素决定。

2. 夹层结构吸波体

把透波层或吸波层设计成夹层结构(常见的为蜂窝结构),在其中再填充吸波材料。吸波材料可呈絮状、泡沫状、球状(空心微珠更佳)或纤维状。它不仅具有密度低、比强度高、比模量高的优点,而且还能有效衰减雷达波,即它在有效吸收雷达波使飞行器隐身的同时,本身也是一种结构材料,起着承载和减重的作用。夹层结构中的吸波层,也可以设计成波纹板结构或者角锥结构。图 6-8 所示为三种结构吸波材料示意图。

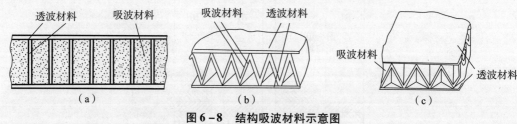

图 6-8 结构吸波材料示意图
(a) 波纹板;(b) 角锥;(c) 蜂窝形

低介电材料(如空心玻璃微珠、陶瓷微珠、炭颗粒等)与吸波材料的良好搭配,既可以提高阻抗匹配,又可在一定程度上提高吸波性能,拓宽吸收频段。作为层板型复合吸波材料常用的主要有碳-碳复合材料、玻璃钢复合材料、纤维复合材料等。高温情况下可以使用石英纤维、SiC 纤维和 Al_2O_3 纤维。目前,只有 SiC 纤维可以用于制备结构吸波材料。

美国的 B-1B 隐身轰炸机上采用的此种夹层吸波结构达 30% 左右。F-117A 隐身战斗机采用玻璃纤维、碳纤维、芳纶纤维增强复合材料也属于透波与吸波的良好搭配。B-2 隐身轰炸机机身的表面大部分由蜂窝结构构成,机翼的前后缘则由角锥夹层结构构成,几乎可以完全消除来自机翼前后缘的雷达波反射。

6.2.3 超材料

超材料是具有天然材料所不具备的超常物理性质的人工复合结构或复合材料，包括左手材料、光子晶体、超磁性材料等，光子晶体为有光子带隙特性的人造周期性电介质结构。超材料的重要特征包括：①有新奇的人工结构；②有超常的物理性质（往往是自然界的材料所不具备的）；③性质往往不主要取决于构成材料的本征性质，而取决于其中的人工结构。图 6-9 所示为部分超材料结构图。

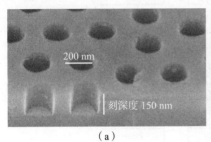  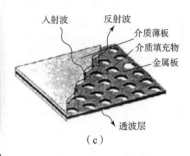

图 6-9 超材料结构示意图

(a) 光子晶体；(b) 左手材料；(c) 微波段典型超材料

左手材料（left-handed metamaterial, LHM）是指一种介电常数和磁导率同时为负值的材料。电磁波在其传播时，波矢 k、电场 E 和磁场 H 之间的关系符合左手定律，因此称之为左手材料，图 6-10 所示为光在不同 ε 和 μ 材料中的传播，其中第三象限具有介电常数 ε 和磁导率 μ 均小于 0 的材料为左手材料，它具有负相速度、负折射率、理想成像、逆多普勒频移、反常 Cerenkov 辐射等奇异的物理性质。左手材料颠倒了物理学的右手规律，右手定律描述的是电场与磁场之间的关系及其波动的方向。

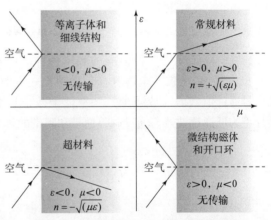

图 6-10 光在不同 ε 和 μ 材料中的传输

当光照射到具有第四象限性质（$\varepsilon>0$ 和 $\mu<0$）的材料表面，光在发生全内反射时，光波不是绝对地在界面上被全部反射回第一介质，而是进入第二介质约一个波长的深度，并沿着界面流过波长量级距离后重新返回第一介质，沿着反射光方向射出。这个沿着第二介质表面的波称为隐矢波，也称隐逝波或倏逝波。

20 世纪 50 年代，Meyer 和 Severin 开始用电路理论来表示吸收器件的过程、元件和反射率模型，因此这些器件被命名为电路模拟器件。该技术取自声学 RAM 的研究计划，实验 RAM 是基于电阻加载回路、电阻加载偶极子、电阻箔中的槽、具有不同取向的磁性条、谐振材料的磁加载、表面成型和具有不同取向的电阻条制成的。FSS 初期主要用于雷达天线，然后应用在隐身技术上。

频率选择表面由金属贴片单元或在金属屏上的孔径单元按照某种特定的分布方式周期性排列组成（典型 FSS，图 6-11），构成大量无源谐振单元。FSS 通常由三部分构成：金属衬底、吸收单元和覆盖层。FSS 的吸收单元基本类型：①在介质板上铺贴金属贴片，构成二维周期性阵列；②金属导电屏上周期性开孔填充介质，构成孔径型二维阵列。

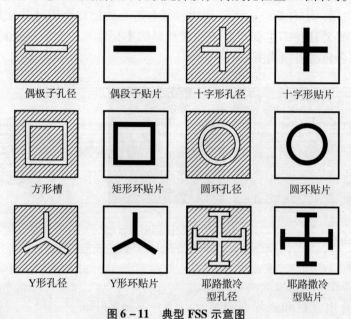

图 6-11 典型 FSS 示意图

图 6-12 所示为四种标准的频率特性。FSS 可在单元谐振频率附近呈现全反射（带阻型）或全传输/电磁波全透射（带通型）——对电磁波有良好选择性，高通滤波器是容许高频信号通过但减弱（或减少）频率低于截止频率信号通过的滤波器。孔径型为高通滤波器；贴片型为低通滤波器。通过调整通带和阻带的排列及其电磁参数，可以调整吸收性能和频段。

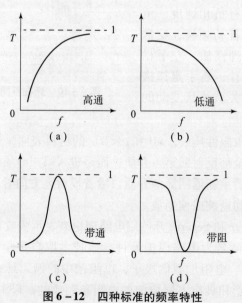

图 6-12 四种标准的频率特性
（a）高通；（b）低通；（c）带通；（d）带阻

含 FSS 的吸波材料结构，按材质通常分为金属型和电阻型，图 6-13 所示为两种 FSS 结构示意图。

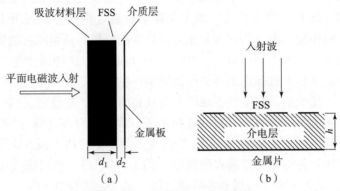

图 6-13 两种 FSS 结构示意图
(a) FSS 与吸波材料组成的双层结构；(b) 电阻型容性 FSS 吸收体

6.2.4 典型微波吸波材料

在给定的电磁波频率下，材料的吸收能力取决于其成分。吸波材料往往不能在任何频率下完美吸收电磁波，但是在某些频率下确实比其他频率具有更大的吸收能力。吸收雷达的材料可以在特定的雷达频率上显著减小目标雷达截面，但不会导致所有频率上的"隐身"。

6.2.4.1 电阻型吸波材料

电阻型吸波剂的主要特点是具有较高的介电损耗角正切，依靠介质的电子极化或界面极化衰减来吸收电磁波，常见的如石墨、导电炭黑、石墨烯、碳纳米管、金属短纤维、特种碳纤维以及高导电性高聚物等。石墨在很早以前就被用来填充在飞机蒙皮的夹层中，吸收雷达波。美国用纳米石墨作吸收剂制成的石墨-热塑性复合材料和石墨环氧树脂复合材料，称为"超黑粉"纳米吸波材料，不仅对雷达波的吸收率大于 99%，而且在低温下仍保持很好的韧性。在透波材料中掺入炭黑，可以使材料介电常数增大，增大电阻损耗，并且可以减小电磁波吸收体匹配厚度，从而减轻电磁波吸收体的重量。但是，过多地加入炭黑，并不能使 $\tan\delta$ 持续提高，反而有所下降，这与复合材料电导率的升高导致趋肤深度减小有关。炭黑的导电性能好并且价格低廉，对不同的导电要求有较大的选择余地（如聚合物/炭黑导电体系的电阻率可在 $10^{-8} \sim 10^{0}\ \Omega \cdot cm$ 调整）。

因趋肤效应的缘故，电磁波吸收剂的金属粒子不能过大（微粉粒径一般不超过 30 μm），否则对电磁波的反射会迅速增加。金属粉末的粒度应小于工作频带高端频率时的趋肤深度，材料的厚度应大于工作频带低端频率时的趋肤深度，既保证了能量的吸收，又使电磁波不致穿透材料。金属超细微粉是指粒度在 10 μm 甚至 1 μm 以下的粉末，相关文献报道了 Al、Ti、Cr、Nd、Mo、18-8 不锈钢等超细粉金属微波吸收剂。

碳纤维属于有机物转化而成的过渡态碳，电性能近似于金属但与金属的导电机理有所不同，其主要是离子导电。电磁波在碳纤维之间传播时，除了趋肤效应产生电损耗之外，碳纤维之间的部分电磁波经散射而发生类似相位相消现象，从而减少了电磁波的反射，消耗部分电磁波的能量。碳纤维是结构隐身材料最常用的增强纤维。"隐身"用的特种碳纤维与传统的碳纤维不同，特种碳纤维的截面非圆形，而是三角形、四方形或多角形截面。

6.2.4.2 电介质型吸波材料

电介质型吸波剂主要通过介电损耗和极化弛豫损耗来吸收电磁波，主要以钛酸钡铁电陶瓷、碳化硅（SiC）、氮化硅等为代表，由于陶瓷耐高温等特点主要应用于航空领域。氮化硅由于具有高温下高强度、抗热震和抗氧化等优良性能，作为新型的功能陶瓷材料而得到广泛的应用。纳米氮化硅在 $10^2 \sim 10^6$ Hz 有比较大的介电损耗，这种强介电损耗是由于界面极化引起的，界面极化是由于悬挂键而形成电偶极矩产生的。

由于碳纤维抗氧化性差，在空气中难以承受较高的温度，故使用受到一定限制。高性能陶瓷纤维的问世，拓宽了结构吸波材料的选择范围，常用的有碳化硅（SiC）纤维、石英纤维和 Al_2O_3 纤维，其中后两者为透波材料，需与吸波剂搭配使用，而 SiC 纤维不仅具有吸波效能、能减弱发动机红外信号，且具有耐高温（约 1 000 ℃）、相对密度小、强度大、电阻率高等特点。SiC 的电阻率介于金属和半导体之间，属于杂质型半导体。α – SiC 单晶的电阻率为 $10^9 \sim 10^{10}$ Ω·cm，β – SiC 单晶的电阻率大于 10^6 Ω·cm。SiC 的导电类型和电阻值可以通过掺杂 B、P、Al、Si、O 和退火及中子或电子辐射等方法在较大范围内调节。SiC 纤维掺杂的方法主要有两种：一种是在前驱体中加入良好导电性物质或磁性物质；另一种是在前驱体中加入有机金属化合物。在烧制过程中有机金属化合物分解生成金属微粒或金属碳化物，从而调节 SiC 的微波电磁性能，此法最为常用；也可采用 N 对粉体进行掺杂，得到 SiC（N）复合粉体，或者与其他超细粉体复合。纳米 Si/C/N 吸收剂的主要成分为碳化硅、氮化硅和自由碳，还可能存在 $SiC_{(4-x)/4}N_{x/4}$、$SiC_{(4-x)/4}N_{x/3}$（$x=0 \sim 4$）等物质，即在 SiC 中由 N 替代了 C 的位置，这样使 SiC 中的载流子浓度明显增大。Si/C/N 纳米吸收剂中氮化硅的含量可以调节整体电阻率，而吸收和衰减雷达波主要依靠其余成分。Si/C/N/O 纳米吸收剂的主要成分为 SiC、Si_3N_4、Si_2N_2O、SiO_2 和自由碳。Si/C/N 和 Si/C/N/O 纳米吸收剂不仅在厘米波段，而且在毫米波段也有很强的吸波性能。由于 β – SiC 吸波性能优于 α – SiC，因此吸收剂所用为 β – SiC。SiC 纤维的制备方法主要有前驱体热解法和化学气相沉积法。用有机硅单体熔融纺丝制成的 SiC_{PC} 纤维比以 W 或 C 纤维为芯线、在其上沉积 SiC 制成直径为 150 μm 左右的 SiC_{CVD} 纤维柔软性好，且具有陶瓷的耐热性，则多用作复合材料的增强纤维。2014年，Peng 等在氩气气氛下，1 450 ℃制得 β – SiC 并研究了 Li/Al 硅酸盐和 SiC 组成的双层复合结构 LAS – SiC 的电磁波吸收性能，β – SiC 的加入急剧增加了材料的介电损耗。当 SiC 含量增加到 10%（质量百分数）时，其最大吸波损耗在 –42.8 dB（10.5 GHz），8.2~12.4 GHz 最小反射率为 –24 dB。陈兆晨等利用碳纳米管制备了 CNT/SiC/环氧树脂复合材料，当 SiC 颗粒填充为 6%（质量百分数）时，复合材料在 6.32~13.36 GHz 频率范围内对电磁波反射率低于 –10 dB，有效带宽达到 7.04 GHz，最大反射率衰减为 –27.3 dB。

6.2.4.3 磁介质型吸波材料

根据铁磁理论，自然共振频率由磁晶各向异性场（H_θ 和 H_ϕ）决定，磁损耗峰值由饱和磁化强度 M_s 决定。磁介质型吸波材料主要通过磁滞损耗来吸收和衰减电磁波。磁介质型吸波剂，主要有铁氧体、超细铁磁金属粉、金属多晶须、氮化铁等。

1. 铁氧体

铁氧体既具有磁性损耗，又有一定的介电损耗，吸波性能优越。铁氧体中，W 型磁铅石型钡铁氧体在高频雷达波段（大于 10 GHz）性能较好，并且便宜易得，技术成熟，这种钡铁氧体具有透波和吸收双重功能，是降低吸波体厚度不可缺少的材料；但是，由于其密度大、稳定性低、响应频带窄的不足，导致其在低频雷达波段的应用受限。对于低频波段，主要用于厘米波的是 Li/Cd 铁氧体，毫米波为 Ni/Cd 铁氧体，加宽频带的是 Li/Zn 铁氧体。制备铁氧体磁粉的方法主要有水热合成法、玻璃体晶化法、熔盐合成法，控制制备条件可获得不同形貌的铁氧体，如针状、棒状、片状和球形等。

赵东林等用陶瓷加工方法制得了掺杂 Cu/Co 的 Ni/Zn 铁氧体（$Ni_{0.5}Zn_{0.5}$）Fe_2O_4，（$Ni_{0.4}Cu_{0.2}Zn_{0.4}$）Fe_2O_4 和（$Ni_{0.4}Co_{0.2}Zn_{0.4}$）Fe_2O_4，并对 0.5~8 GHz 电磁吸波性能进行测试，发现 Ni/Zn 铁氧体是比较好的吸波材料，在 3 mm 厚时，$Ni_{0.4}Co_{0.2}Zn_{0.4}Fe_2O_4$ 的反射率低于 -10 dB（90% 吸收）的带宽在 3.9~11.5 GHz，最小值在 6.1 GHz 处获得，为 -17.01 dB，证实了掺杂 Co-Cu 等元素对于材料性能的调节作用。Cu 的掺杂增加了饱和磁化强度，增大了材料磁导率数值和磁损耗。曹莹等研究了纳米雷达波吸收涂料，效果更好，所用到的纳米材料包括 β-Ni(OH)$_2$、β-Ni(OH)$_2$-Co 和 β-FeOOH 粉末，将它们掺入到聚氨酯涂料或环氧涂料中，能使涂料在 1~18 GHz 的宽频范围内反射率都在 -15 dB 以下，吸收峰值也达到了 -40 dB。2010 年，俄罗斯研制由掺杂有钪的六角形钡铁氧体、聚合物黏合剂和碳纳米管组成的雷达吸波材料，添加碳纳米管的量超过 0.1% 时，其吸波效果显著，而添加的质量百分数大于 2% 时，则会导致材料的黏度增加，吸波性能减弱。

为了制备不与其他粒子接触的孤立粒子，Sakai 等选用 10nm 的 Ni/Zn 铁氧体，SiO_2 作壳、核时粒径分别为 7 nm 或 200 μm，制备 Ni/Zn 铁氧体@SiO_2 或 SiO_2@Ni/Zn 铁氧体。制备时 Ni/Zn 铁氧体与 SiO_2 的摩尔比为 3:7，加入质量百分数为 3% 的 B_2O_3 作为辅助烧结材料，采用玛瑙罐、磨球进行机械球磨实现表面包覆。随后，将粉末混合物在 320 MPa 下压制后，在 1 200 ℃ 空气中烧结 2 h。当复合材料由两种材料混合后相互接触时，复合材料的平均相对复磁导率 μ_r^* 和介电常数服从利希特纳克（Lichtenecker）对数混合定律。然而，当磁性材料或介电材料在另一种介质中相互隔离时，μ_r^* 不符合 Lichtenecker 对数混合定律。为此，他们提出了隔离模型来模拟相对复杂磁导率的频率依赖性，在 SiO_2 介质中隔离的 Ni/Zn 铁氧体颗粒复合材料的 μ_r^* 频率依赖性与隔离模型计算的相似，该复合材料的回波损耗在 2 GHz 附近小于 -20 dB；两种复合材料的衰减高于 20 dB 的频宽均大于 10%。然而，在 Ni/Zn 铁氧体介质中隔离的 SiO_2 颗粒复合材料的 μ_r^* 的频率依赖性在低频范围内与由 Lichtenecker 对数混合定律计算得出的结果相似，在高频范围内与通过隔离模型计算的结果类似。

Lichtenecker 对数混合律和隔离模型计算介质隔离型复合材料磁导率的公式分别如下：

$$\lg\mu_r^*(\omega) = \delta_1 \lg\mu_{1r}^*(\omega) + \delta_2 \lg\mu_{2r}^*(\omega) \tag{6-23}$$

$$\mu_r^* = \mu_{2r}^* \left[\frac{(1-\delta)^2 + \delta^2(2-\delta) + \dfrac{\mu_{2r}^*}{\mu_{1r}^*}\delta(1-\delta)(2-\delta)}{\delta + \dfrac{\mu_{2r}^*}{\mu_{1r}^*}\delta(1-\delta)} \right] \tag{6-24}$$

$$\delta = 1 - \delta_2^{\frac{1}{3}} \tag{6-25}$$

式中：μ_{1r}^* 和 μ_{2r}^* 分别为被隔离材料及其周围材料的相对复磁导率；δ_1 和 δ_2 分别为被隔离材料及其周围材料的体积混合比。

2. 超细金属粉

由于铁磁性金属粒子的晶体结构比较简单，没有铁氧体中磁性次格子之间磁矩的相互抵消，因此其磁性一般较铁氧体强，其饱和磁化强度一般比铁氧体高4倍以上，可获得较高的磁导率和磁损耗，且磁性能具有高的热稳定性。磁性金属、合金粉末兼有自由电子吸波和磁损耗，所以其微波复数磁导率的实部和虚部相对比较大，对微波的吸收性能比铁氧体好。但是，金属吸波介质具有自身的缺点：磁导率随频率的升高而降低比较慢，对频率展宽不利，耐腐蚀性能不如铁氧体。法国研制的金属纳米微屑作填充剂的微波材料在 50 MHz~50 GHz 都有良好的吸波性能。陈利民等的专利制备了平均粒径大小为 10 nm 的 γ-（Fe/Ni）合金，在厘米波段和毫米波段均具有优异的微波吸收性能，最高吸收率可达 99.95%。

金属微粉制备方法有物理气相沉积法（又称蒸汽冷却法）、高能球磨法、化学还原法、微乳液法，磁性金属粒子通常为 Fe、Co、Ni 及其合金粉，主要有羰基铁粉或羰基合金粉等。羰基铁粉是由羰基铁化合物分解得到的铁粉，羰基铁化合物有五羰基铁 $Fe(CO)_5$、$Fe_2(CO)_9$ 及 $Fe_3(CO)_{12}$，其中有实用意义的是 $Fe(CO)_5$。室温下 $Fe(CO)_5$ 是琥珀黄色液体，沸点 102.7~104.6 ℃，15 ℃蒸汽压为 3 372.22 Pa，被加热到 70~80 ℃即开始分解成 Fe 和 CO，在 155 ℃时开始大量分解，属于吸热反应，所生成的羰基铁呈葱头状结构。

磁性金属粒子吸收剂有两个发展方向：①开发纳米量级的超细粉，利用纳米粒子的特殊效应来提高吸波性能；②开发长径比较大的针状晶须（纤维），利用粒子的各向异性来提高吸波性能。金属纳米粉对电磁波特别是高频至光波频率范围内具有优良的衰减性能。

3. 氮化铁

Fe_4N 磁性粉矫顽力低（750 Oe），比饱和磁化强度大（245 emu/g），表明了其作为低频雷达波吸波材料的潜力。21 世纪初，研究者开始采用多种方法合成氮化铁纳米颗粒，并取得较好雷达波吸波效能。2001 年，Cao 等以 $FeCl_2$ 和 NH_3 为原料，通过一步合成法合成 Fe/N 超细微粉，并由 $FeCl_2$ 和 NH_3 经两次渗氮处理后得到 $γ'-Fe_4N$，经 XRD-TEM-XPS 测试发现 $γ'-Fe_4N$ 为高纯、超细、单晶态。2002 年，杨志民等使用氢气还原氮化法，以针状 $γ-Fe_2O_3$ 为原料，在不同温度下制备了 Fe_4N 吸收剂，并对 Fe_4N 吸收剂+环氧树脂+固化剂组成的吸波材料进行了电磁参数与吸波性能的测试。2 mm 厚度时，在 3 GHz 反射率低于 -18 dB。而 $Fe_{16}N_2$ 具有更高的饱和磁化强度，其制备、吸波性能等见 5.6.5 节。

4. 覆金属的微球

通常铁磁性微波吸收材料依赖于铁磁共振来吸收微波。而微波频率下可通过含涂金属层颗粒的复合材料中产生相对于所施加电场的自由电荷运动的相位滞后产生介电损耗。与用铁磁性填料相比，这些材料可设计得密度较小、重量更轻，在吸波领域颇具优势。

测量复合材料的相对介电常数时观察到的介电弛豫与在组成相之间的界面处捕获自由电荷有关。与未填充的基材的介电常数相比，所产生的界面极化增加了复合材料的低频介电常数。在低频下，自由电荷的运动遵循外加电场的周期，几乎没有相位滞后。随着频率增加，达到本征弛豫频率 v_{rel}，在该频率下感应极化与外加电场异相 $π/4$，该频率下吸收损耗最大。随着频率进一步增加，外加电场与感应极化之间的相位滞后继续增长，直至高频区，导电相表现为无损电介质，并且不会发生界面极化。尽管在含纳米 Si/C/N 和纳米 SiC 颗粒的复合材料中观察到频率范围为 8.2~12.4 GHz 的介电弛豫，且具有铁电多晶陶瓷填料的复合材料在约 1 GHz 观察到介电弛豫，但是电导率在 1~100 S/m 范围内的材料不容易用作复合材料的填料。

假设涂覆金属颗粒的尺寸显著小于电磁波的波长,且散射损耗可忽略不计;还假设导电相中的电磁趋肤深度显著大于导电相的厚度。此外,假设在所考虑的频率范围内本征材料参数 ε' 和 σ 恒定。若粒子的体积分数足够低,以至于代表性粒子的局域场仅受到其邻近粒子的轻微扰动,则可将粒子建模为相互作用的偶极子源,得到复合材料体积介电常数为

$$\frac{\varepsilon}{\varepsilon_3} = 1 + 3[f(\varepsilon_1 + 2\varepsilon_2)(\varepsilon_2 - \varepsilon_3) + f_1(\varepsilon_1 - \varepsilon_2)(2\varepsilon_2 + \varepsilon_3)] \cdot [(\varepsilon_1 + 2\varepsilon_2)(\varepsilon_2 + 2\varepsilon_3) + 2(f_1/f)(\varepsilon_1 - \varepsilon_2)(\varepsilon_2 - \varepsilon_3) - f(\varepsilon_1 + 2\varepsilon_2)(\varepsilon_2 - \varepsilon_3) - f_1(\varepsilon_1 - \varepsilon_2)(2\varepsilon_2 + \varepsilon_3)]^{-1}$$

(6-26)

式中包覆颗粒体积分数 $f = f_1 + f_2$,f_i 为各相的体积分数,$i = 1, 2, 3$(分别对应微球的核、壳和微球之外的基质);ε_1、ε_2 和 ε_3 分别为核、壳和基质的相对介电常数。

如果填料颗粒被很好地分离,则可以假设由于邻近粒子的存在,代表性粒子的局域场的扰动可以忽略不计。数学上可将粒子视为无相互作用的偶极子源,导致式(6-26)等号右边分母中最后两项消除,得到进一步的简化式,其对于不大于 0.3% 的体积分数是准确的。对于较大的体积分数,复合微结构的影响是显著的。

改变涂层的导电性会产生与含有固体填料颗粒的复合材料类似的行为,即 $v_{\text{rel}} \propto \sigma_{\text{壳}}$。弛豫发生的频率很大程度上取决于导电壳的特性。涂层厚度、均匀性的变化,以及在较小程度上颗粒大小的变化,会导致弛豫的展宽。这种可调弛豫是由于自由电荷在体系界面处的俘获,导致界面极化。在微波和光学/红外波段观测到非导电表面涂有薄导电层颗粒的弛豫频率取决于导电壳的厚度及其导电性。对于实际上可能不连续的导电涂层,涂层有效导电性大为降低,此时弛豫发生的频率还取决于涂层的面积分数和渗流阈值。通过控制导电壳电导率、厚度与填料颗粒半径,可以将由于界面极化引起的介电弛豫调整到特定频率,或者调整最大吸收的频率,为调整复合材料的光学性能以及更精细的微波辐射吸收体应用提供了可能。

1998 年 2 月,美国供军用车辆使用的"革命性"涂料技术被指定为"关键军用技术",未经国防部批准不准出口。美国 Hickory 公司开发的该复合涂料可吸收 1~100 GHz 以上电磁波(微波雷达、毫米波),成分中含有带金属覆层的微球,微球直径为 5~75 μm,可均匀承受 280 kgf/cm² (1 kgf/cm² = 133 kPa) 的压强。微球吸收能量的频率由其直径及金属膜的类型与厚度来确定,在 100 MHz~10 GHz 的屏蔽衰减为 60 dB。微球可加进溶剂基或水基的树脂体系中(如聚氨基甲酸乙酯及其混合物、环氧化物、丙烯酸化合物及硅化物),涂料重 240 g/m²,具有价格低等优点。涂到被保护装置上之后,最终形成的涂层仅使装备厚度增加几纳米,这种微球涂料技术的另一大特点是适用于任何材料和任何结构。美国 Hickory 公司现能够提供采用不同配方的多种微球浸透涂料,而且能够针对包括电磁干扰、雷达吸收和红外吸收在内的不同用途来制作所需的微球。

尽管取得了较大进展,但是吸收剂仍存在一些问题,吸收剂存在的问题及发展方向见表 6-3。

表 6-3 吸收剂存在的问题及发展方向

吸收剂类型	介电类	铁磁类
存在问题	频率响应特点差,无法满足宽频带要求	介电常数较高,无法满足重量轻的要求
发展方向	通过微结构设计,获得良好频率响应特性的碳纳米管、碳球、螺旋;导电高分子	采用包膜、镀膜、化学反应等手段,降低介电常数。采用纳米晶、各向异性结构,提高磁导率

6.2.5 新型微波吸波材料

6.2.4.1 石墨烯微波吸波材料

将石墨烯直接用于微波吸收,由于其超高的电子迁移率(约 10 000 cm^2/(V·s))导致高反射率(降低了阻抗匹配特性),吸波性能并不理想。另外,由于 π-π 堆积的团聚作用,使得石墨烯本身分散性极差,这也严重影响了相应复合材料的整体性能。目前,对石墨烯在吸波方面的研究主要集中在通过控制石墨烯基复合材料电导率的同时增大偶极子极化和界面极化,以达到阻抗匹配,增加介电损耗。

与低介电的高分子聚合物复合以调节阻抗匹配,减少因石墨烯电导率过高、高反射、吸波性能差的不利因素。石墨烯与聚合物的协同作用可以大大促进其整体介电损耗的增加,再加上石墨烯的层状结构可以高效提高其内部多重反射,从而更加有效地提高整体吸波性能。与 CoS、CuS、MoS$_2$、ZnO 等过渡金属硫氧化合物复合,通过牺牲石墨烯部分电导来增强吸波效能,也是近几年比较常见的方法。通过同时加入介电和磁损耗材料,优化电磁特性,目前更多的工作是复合制备三元体系甚至四元体系,使吸波材料具备更宽更强的吸收能力。构建三维多孔框架石墨烯结构,可实现电磁波在材料内部的多重反射,获得轻质高性能吸波材料。Zhang 等通过水热法合成了大比表面积还原氧化石墨烯 rGO/MCNTs 多壁碳纳米管/Fe$_3$O$_4$ 三维多孔骨架的三元复合材料。如图 6-14 所示,涂层厚度 2 mm 时,在 13.44 GHz 处最大反射损耗 -36 dB,低于 -10 dB 的吸收带宽 3.6 GHz(12~15.6 GHz)。

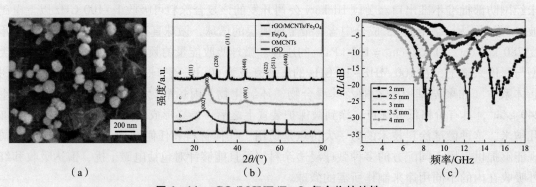

图 6-14 rGO/MCNT/Fe$_3$O$_4$ 复合物的特性
(a) SEM;(b) X 衍射图;(c) 反射损耗—频率关系

杂原子掺杂是调控石墨烯电学性质的一种有效手段,近几年,通过杂原子掺杂制备石墨烯基吸波材料的工作也渐露端倪。2016 年,Feng 等将氮掺杂石墨烯与 Co/Ni 纳米晶体复合用于吸波，低于 -10 dB 的吸收频带宽 $3.6\sim18$ GHz，最大衰减率为 -22 dB。

6.2.4.2 稀土吸波材料

对于稀土合金材料，由于稀土元素具有磁矩，掺杂适量稀土元素在一定程度上有助于提升金属材料的磁晶各向异性，在微波场中引起的磁滞损耗增强，同时稀土的掺杂对于调控介电常数也起到一定帮助，因而能够有效改善材料的吸波性能。

稀土元素掺入铁氧体后，铁氧体的自然共振频率出现向高频移动的趋势，能够显著提高铁氧体的高频弛豫特性，还能降低复介电常数，因此引入稀土元素可以有效调节铁氧体的电磁参数，有利于材料的阻抗匹配。同时，稀土离子的强自旋-轨道相互作用产生较高的各向异性场，使得 RE^{3+} 取代铁氧体的整个各向异性场增加。Wang 等研究了稀土元素（RE）掺杂对钡铁氧体微观结构和电磁性能的影响，通过化学共沉淀法分别制备了 Dy、Nd 和 Pr 掺杂的 $Ba(MnZn)_{0.3}Co_{1.4}RE_{0.01}Fe_{15.99}O_{27}$。结果表明，与没有掺杂 W 型钡铁铁氧体相比，少量 RE^{3+} 取代的铁氧体具有较低的复介电常数，自然共振频率和高频弛豫也明显增大，有利于提高阻抗匹配。但是，只有当 RE^{3+} 的磁矩高于 Fe^{3+} 时，才能获得更好的微波吸收性能。其中 Dy 掺杂的铁氧体复合材料具有更为优异的微波吸收性能，当匹配厚度为 2.1 mm 时，最大吸收峰值达到 -51.92 dB，低于 10 dB 的吸收频率从 9.9 GHz 开始，有效带宽远远超过 8.16 GHz。

经过稀土掺杂后的锰基氧化物具备特殊的电磁性质，体系出现了由反铁磁绝缘体导电行为向铁磁金属导电行为的转变，使其表现出了铁磁性，从而在交变磁场作用下也会产生磁畴转向、磁滞、畴壁位移与自然共振等磁性材料所具备的磁损耗机制；钙钛矿结构能引起较强的介电极化损耗，有利于电磁波阻抗匹配和衰减，使这类掺杂材料同时兼具了介电材料和磁性材料的特点，还有适宜的电阻率，并发现其在优化材料性质、电子和晶格结构不均一性等方面都起到重要作用，因此在电磁波吸收方面也具有较大的潜力。

在碳基材料中引入微量的稀土元素，可以将碳基材料和稀土元素的电学性能和磁学性能进行有效结合，使材料的磁损耗得到大幅提升，从而弥补了碳基材料磁损耗不足的缺陷。还能进一步增强碳基材料的介电损耗，以获得合适的电阻率（室温电阻率在半导体范围），使其更好地发挥电磁波吸收功能，具有成为轻质高效吸波材料的潜力。

该类典型的有：稀土掺杂尖晶石、M 型铁氧体和 W 型铁氧体；$LaSrMnO_3/Al_2O_3$ 陶瓷涂层；$NiCrAlY/Al_2O_3$；Sm_2O_3 填充的 MWCNT 等。

6.2.4.3 基于 MOF 的多孔碳材料

金属有机骨架（MOF）结构规整有序且多孔，可以改善阻抗匹配。但是，MOF 本身稳定性普遍较差，高温条件下其结构可能会存在一定程度坍塌，进而影响吸波性能，因此可选用热稳定性较高、键长较长、孔笼较大的 MOFs 材料作为前驱体，热解后可得到结构较规整的多孔碳（NPC）及其复合材料。NPC 仍可具有较高的比表面积、一定的孔径，而且碳化后化学稳定性良好，同时通过在 NPC 中加入其他损耗机制材料，可以进一步改进和提高 NPC 的吸波效果。基于 MOF 的多孔碳复合材料的制备使用最多的是 Co-MOF，而 Co-MOF 多用 ZIF-67，ZIF-67 由 Co^{2+} 桥连 2-甲基咪唑（2-MIm）所形成的类沸石结构，其具有较高孔隙率和功能可调性，ZIF-67 可作为唯一碳源直接煅烧制备多孔碳。衍生自金属基 MOF 材料的多孔碳多限于磁性金属 Fe、Ni 和 Co 金属，如 Liu 等利用 Ni 磁损耗性能较好，且可以改善石墨化，以 Ni(bdc)(ted)$_{0.5}$ 为前驱体，在 N_2 气氛下 500 ℃ 煅烧 2 h 合成多孔

Ni/NPC 复合材料，14.9 GHz 下实现有效频率带宽为 4.72 GHz，厚度为 1.80 mm，反射损耗 RL 值为 -51.80 dB。如图 6-15 所示。

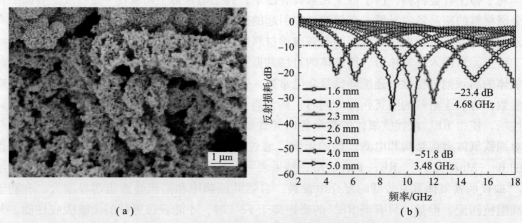

图 6-15　多孔 Ni/NPC 复合材料及其吸波性能
(a) 电镜照片；(b) 吸波性能

因为有的磁性金属/NPC 阻抗匹配较差，吸波性能并不理想，引入低介电常数的 TiO_2、CuO 或 ZnO 后能获得更好的吸波效果；通过介电常数相对较低的 TiO_2 来包覆 Co@NPC 形成包覆型核壳结构，经过一次煅烧和二次煅烧分别制备出核壳（方形）Co@NPC@TiO_2 和 C-ZIF-67@TiO_2，保留了 Co@NPC 低密度、强电磁波衰减的优点，克服了 Co@NPC 阻抗不匹配的缺点。近期也有直接利用非磁性金属基 MOF 热解获得其氧化物与多孔碳的复合材料应用于吸波方面的报道，如纳米多孔 TiO_2/NPC 复合材料。这些低介电常数的非磁性金属氧化物与多孔碳的复合材料，通过介质极化弛豫损耗将电磁波能转换为热能，获得更好的吸波性能。基于异核 MOF 的多孔碳复合材料在微波吸收方面通常优于基于单一 MOF 的 NPC 复合材料，它融合了两种及两种以上材料的优点，并赋予混合材料新的化学和物理性质，有效地调节了碳吸收剂电磁参数。基于异核 MOF 制备的多孔碳复合吸波材料，具有很高的微波吸收效率。ZIF-8 和 ZIF-67 同属于咪唑类沸石结构，其配体均为 2-甲基咪唑，因此常将二者复合形成异核 MOF。通常，Co/ZnO/NPC 复合材料为异核 MOF。

6.2.4.4　MXene 复合吸波材料

2011 年，Yury Gogotsi 首次提出 MXene 材料，它是将 Ti_3AlC_2 中的 Al 层利用氢氟酸溶解得到的 Ti_3C_2，Ti_3C_2 MXene 是一种典型的介电损耗材料。MAX 是一类具有极好延展性的密排六方层状结构陶瓷材料，通常称为 MAX 相材料，其化学成分可表示为 $M_{n+1}AX_n$，其中 n 为 1、2 或 3，"M" 代表前过渡金属元素，"A" 代表ⅢA、ⅣA 族元素，"X" 代表碳或氮。每一层 X 原子都与过渡金属元素 M 紧密结合在一起，每两层 $M_{n+1}X_n$ 之间夹着一层 A 原子。利用氢氟酸、NH_4HF_2 等刻蚀剂将 MAX 中的 A 原子层溶解，最终得到二维材料 MXene。MXene 的结构、物理和化学性质的多样性使其微波吸收性能的优化更具选择性。首先，MXene 的合成过程中会带来许多缺陷，这些缺陷会引入界面极化并增强微波吸收性能；其次，MXene 丰富的官能团使其更容易与其他损耗材料复合，从而实现对微波吸收材料的改进和控制；最后，较大的层间距会导致电磁波多次反射和散射。此外，高电导率（是纯金属钛的 2 倍，比石墨高上百倍）赋予基于 MXene 微波吸收材料强大的介电损耗和极化损耗，类似于石墨烯。为了提高 MXene 的电磁吸收性能，通常将 MXene 和其他介电、磁性和多损耗材料复合。例如，碳基、磁损耗材料、磁性金属（Fe、Co、Ni 及其合金）及其金属氧化物/铁氧体等。

在超声条件下，Feng 等用 HF 腐蚀无压烧结的 Ti_3AlC_2，获得的手风琴状 Ti_3C_2 纳米片堆叠（图 6 – 16），Ti_3C_2 纳米片之间的层间距约为 1 nm。通常，用 Cole – Cole 半圆描述的弛豫过程对吸波材料的介电性能有重要影响。在非线性拟合下，Ti_3C_2 – MXene 复合材料在 Cole – Cole 平面上的介电常数实验点倾向于分布在三个不同的圆弧截面上（图 6 – 17）。

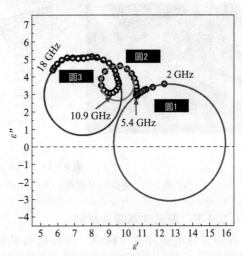

图 6 – 16　Ti_3C_2 颗粒的横截面 SEM 图像　　图 6 – 17　Ti_3C_2 复合材料的典型 Cole – Cole 图

该事实表明存在三种类型的极化和弛豫。图 6 – 18（a）所示为其电磁参数，石蜡中填充 50（重量百分比）% Ti_3C_2MXene 的复合材料的 ε' 和 ε'' 均表现出频率色散效应。图 6 – 18（b）所示为 2 ~ 18 GHz 下，三个典型厚度值的反射损耗，当吸收体厚度为 2 mm 时，反射损耗低于 – 10 dB，有效吸收带宽为 6.8 GHz（11.2 ~ 18 GHz）；此外，在 7.8 GHz 下可以达到最大反射损耗为 – 40 dB。

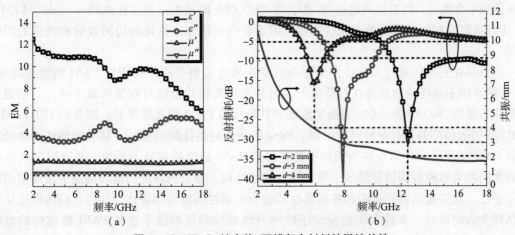

图 6 – 18　Ti_3C_2 纳米片/石蜡复合材料的微波特性

陶瓷材料具有适中的介电常数。碳化硅是典型的陶瓷材料之一。Yin 的团队引入了具有中等介电常数的一维富含缺陷的半导体 Si 纳米线（SiCnws），以平衡阻抗匹配和传导损耗。SiCnws 被二维柔性 MXene 薄片包裹，这些薄片不能相互连接并形成三维网络结构。由于 SiCnws 的引入，MXene 片材无法结块。当 MXene/SiCnws 混合泡沫的密度仅为 0.029 g/cm³ 左右时，最大反射损耗达到 -55.7 dB，厚度为 3.5~3.8 mm 时有效吸收带宽覆盖整个 X 波段，如图 6-19 所示。良好匹配的阻抗特性和分层多孔结构有利于微波吸收性能。传导损耗和极化损耗也改善了微波吸收特性。

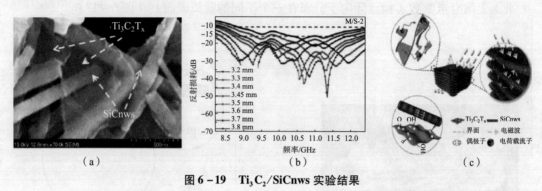

图 6-19 Ti_3C_2/SiCnws 实验结果

（a）混合层的表面 SEM 图像；（b）RL 曲线与频率的关系；（c）电磁吸收机理的示意图

6.2.4.5 聚苯胺基吸波材料

在众多导电高分子材料中，拥有特殊共轭结构的聚苯胺（PANI）最易实现广泛应用；同时，合适的掺杂剂和掺杂程度以及通过在合成期间控制其反应条件，可实现 PANI 的导电性和水溶性的调节，高度掺杂的 PANI 具有良好的导电性。通过分子结构设计，将其与其他材料复合以实现宽频带和高吸收率的愿景。

Zhou 等通过常规溶胶-凝胶法合成了 $Li_{0.35}Zn_{0.3}Fe_{2.35}O_4$（LZFO）铁氧体 [$n(Li^+):n(Zn^{2+}):n(Fe^{3+}):n$（柠檬酸）为 0.35:0.3:2.35:3]，以蒸馏水浸泡和与 γ-氨基丙基三乙氧基硅烷（APTES）反应的方式共改性 LZFO，通过原位聚合法使 PANI 纤维接枝在 LZFO 颗粒表面形成复合材料。不同掺杂剂获得的复合材料吸波性能表明：在 2.5~5 GHz 和 15~17 GHz 的频率范围内，反射损耗超过 10 dB，在 15.9 GHz 时最大反射损耗达到 -33 dB。LZFO/PANI 纤维复合材料的增强微波吸收主要归因于介电损耗和磁损耗的协同效应和改进的阻抗匹配。

以氨基化石墨烯片（AFG）作为聚合引发剂模板可制备有序高密度 PANI 纳米棒阵列，PANI 纳米棒不是简单地悬挂在石墨烯上，而是通过共轭共价键与石墨烯紧密结合。而通过在氧化石墨烯/Fe_3O_4/碳（C）表面共价和非共价接枝 PANI 纳米棒阵列，制备的 GO/Fe_3O_4/C/PANI 纳米棒阵列具有两种层次结构。Yang 等使用对映体的 r- 或 s-樟脑磺酸作为掺杂剂诱导 PANI 的手性，然后，掺杂剂的手性转移到 PANI 组件的超分子手性，并通过引入乳液液滴共同作为软模板而诱导形成三维螺旋性的超结构。掺杂剂浓度的增加提高了超结构的超分子手性。这些超结构的扭曲和各向异性随超分子手性的增强而变化，导致它们的形态从贝壳状转变为纺锤状。实验表明超分子手性和分级结构特征增强了这些 PANI 超结构的电磁（EM）特性，使它们在低填料含量下能够增强微波吸收性能。

6.2.4.6 超材料吸波体

基于超材料的完美吸波体是近期发展起来的新型人工吸波材料，主要采用亚波长金属结构/介质/金属（MIM）结构，通过合理设计谐振单元的物理尺寸及材料参数，使电磁超材料吸收器与自由空间达到良好的阻抗匹配，以降低电磁波的反射，从而能够与入射电磁波的电磁分量产生强耦合，对入射到吸波体的特定频带内的电磁波实现100%的吸收。超材料吸波体相比传统吸波材料具有吸收强、重量轻、厚度薄、频段宽等优点。超材料吸波体的典型结构是三明治结构：其顶层为周期性图案的金属结构，中间层是电介质材料，底层是厚度大于趋肤深度的金属基板，通过调整谐振单元的形状、尺寸、排列、材料等可以改变共振的强度及共振频率的位置。超材料吸波体的潜在应用主要包括电磁器件、辐射热仪、传感器、电磁波隐身、探测及调控等领域。目前，超材料吸波体的响应频段成功地突破了太赫兹"禁带"，为其在军事等领域的应用提供了广阔的前景。

1. 单频/多频超材料吸波体

2008年，波士顿大学Landy等首次提出完美超材料吸波体的单元由两个不同的金属元件组成，如图6-20所示。电耦合由电环谐振器（ERR）提供，该元件由两个标准的开口环谐振器组成，这两个谐振器通过中间的金属线连接。磁耦合需要更复杂的布置，因此为了耦合到磁场，需要垂直于传播矢量的循环电荷产生的磁通量。这通过将ERR的中心线与由基板隔开的下层金属线相结合来创建这种响应。该设计类似于所谓的"渔网"和成对的纳米棒结构，因为它们通过在导线中驱动两个反向电流而得到磁响应。这能够通过改变下层导线的几何形状以及其与电谐振器之间的间隔来调整磁响应，从而实现在不改变ERR的情况下操纵磁耦合。这样就能够独立地改变ε和μ来调整整个结构的谐振，通过CST软件仿真，利用菲涅耳方程从参数S中反演得到复数形式的介电常数和磁导率。通过调整电谐振和磁谐振的谐振频率，可以得到$\varepsilon=\mu$，使阻抗与自由空间匹配，此时反射率为0。由于加工精度的限制，最终尺寸为：$a_1=4.2$ mm，$a_2=12$ mm，$W=4$ mm，$G=0.6$ mm，$t=0.6$ mm，$L=1.7$ mm，$H=11.8$ mm，W和G与仿真参数差异很小，其他参数相同。基板为0.2 mm的FR4，铜层厚度为17 μm。通过矢量网络分析仪测量，测试结果和仿真结果吻合得较好。反射率的实验值比仿真值低8%，可能是制造误差造成的。实验最大吸收率为88%，仿真为96%，通过提高制造精度，可以使二者更接近。实验与仿真的吸收峰宽主要取决于两层金属

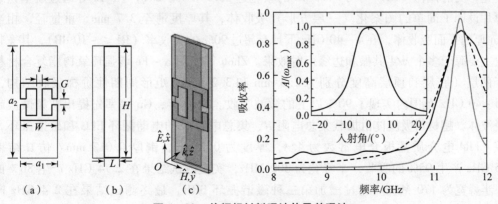

图6-20 单频超材料吸波体及其吸波

(a) 俯视图；(b) 底视图；(c) 三维结构示意图

的距离，通过仿真 20 μm 的波动，以及高斯加权平均，实验值和仿真吻合得较好。此外，通过多层吸波体叠加可以进一步提高吸收率，两层吸波体的吸收率可达 99.997 2%。通过对损耗的研究，发现介电损耗是主要的损耗来源，比欧姆损耗大一个数量级。

2014 年，Mao 等设计了五频微波超材料吸波体，如图 6-21 所示。该吸波体谐振结构类似中国古铜钱，基本单元外径为 9.4 mm，电介质基板为 1.5 mm，介电常数为 4.3，介电损耗为 0.025。仿真结果在 2.538 GHz、7.092 GHz、9.702 GHz、13.302 GHz、13.302 GHz 分别产生 99.43%、99.02%、99.97%、98.18%、99.41% 的吸收，实验测量结果与仿真结果吻合较好。其他人设计的中间开口的圆形谐振环、间隔方环、圆环等超材料获得二频至四频等结果。

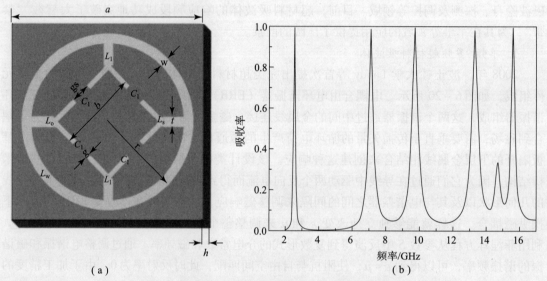

图 6-21 五频超材料吸波体及其吸波频率
(a) 结构示意图；(b) 吸波频率

2. 宽频超材料吸波体

宽带吸波材料日益受到重视。2015 年，Zhang 等报道了石墨烯泡沫的微波吸收器实现了大带宽，反射损耗（RL）小于 -10 dB 的频宽达 60.5 GHz。2014 年，Li 等通过羰基铁纳米晶薄片设计了简单的图案化（三层方形）吸收体，其厚度薄至 3.7 mm，重量轻，相当于 2 mm 厚的平面吸收体，在 4~40 GHz 下具有超过 90% 的吸收率（RL≤ -10 dB），其宽带强吸收主要源于多个 λ/4 共振和边缘衍射效果。Zhou 等使用 α-Fe 增强环氧树脂复合材料制造了两层（底层和顶层高度分别为 2.3 mm 和 3.2 mm）矩形周期性阶梯吸收结构，在 2.64~40 GHz 范围内实现了 90% 以上的微波吸收。2010 年，Gu 等率先提出宽频微波超材料吸波体。超材料吸波体由加载集总电阻 R、集总电容 C 的电谐振环 ELC 和磁谐振环 SRR 构成，FR4 电介质基板介电常数为 4.4，厚度为 0.2 mm，铜厚 0.017 mm。仿真结果在 2.65 GHz 产生 95% 的吸收，半峰宽为 300 MHz，实验测试结果在 2.74 GHz 产生 86% 的吸收，半峰宽为 170 MHz。通过增加第二种磁谐振环 SRR，最终测试结果在 2.4 GHz 产生 99.9% 的吸收，半峰宽为 700 MHz。

尽管一些吸波体可以在宽频率范围内提供 90% 以上的吸收，但在军用雷达工作范围内实现全波段吸收仍然是一项具有挑战性的工作。此外,高距离分辨率雷达的应用要求在宽频率范围内具有97%以上甚至99%（RL≤-20 dB）的强吸收率。理论上,许多高性能吸收体是通过多层电阻膜阵列设计的,但由于对单元尺寸或材料的不切实际的电磁参数的苛刻要求而难以制造。为此,Zhang等将石墨烯片自组装到聚丙烯三维骨架中,制备了柔性宽频微波吸波体（RGO/PP）。结构为两层切成小立方体（15 mm×15 mm×3 mm）的RGO/PP织物堆叠在由三片RGO/PP织物堆叠构成的基底之上,层间织物缝合或黏结,立方体之间的间隙为5 mm,如图6-22（b）中的插图所示。在军用雷达（2~40 GHz和75~110 GHz）的微波通信和探测工作范围内,所制备的吸波体具有全波段吸收（RL≤-10 dB）,表现出更大的带宽,分别如图6-22（a）和（c）所示,图（a）中的插图给出了吸收性能的测试平台。此外,在高频,其吸收率超过97%（RL≤-15 dB）的带宽高达62.73 GHz,如图6-22（b）所示。微波吸波体具有良好的吸收性能,这主要归因于它与自由空间的阻抗匹配、多重共振的耦合和边缘散射,这些特性可以通过结构吸波体（SA）的图案设计来控制。对于横向电极化和横向磁极化,宽带吸收在较宽的入射角范围内保持稳定,经压缩和折叠后可以恢复。

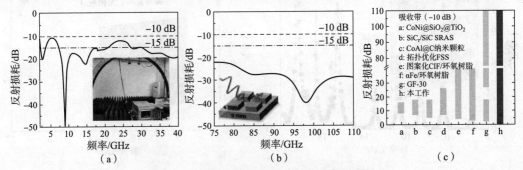

图6-22 宽频超材料吸波的RL和吸收带宽
(a) 2~40 GHz范围内的RL；(b) 75~110 GHz范围内的RL；
(c) 不同吸波体超过90%吸收（RL≤-10 dB）带宽的比较

3. 分形超材料吸波体

分形通常定义为"一个粗糙或零碎的几何形状,可以分成数个部分,且每一部分都（至少近似地）是整体缩小后的形状",即具有自相似的性质。分形具有以非整数维形式充填空间的形态特征,由于分形的特殊结构,常用于FSS结构设计。一些分形的示例如图6-23所示,矩形轮廓表示对象的一些自相似性。树形、十字形结构、Sierpinski分形曲线与Minkowski分形曲线均被应用于吸波超材料的设计中。

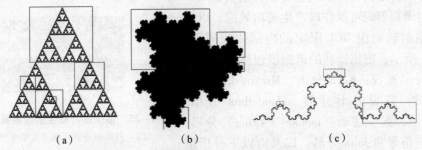

图6-23 不同分形曲线（矩形显示自相似成分）
(a) Sierpinski三角形；(b) 龙形（Dragon）曲线；(c) Koch曲线

Fan 等设计了由 Minkowski（MIK）分形环形谐振器（铜质）和 FR-4 介质衬底组成的超薄超材料，以连续电阻膜为背衬[图 6-24（b）]。

由式 $A(\omega) = 1 - R(\omega) = 1 - |S_{11}|^2$ 计算吸收，模拟结果表明，吸收体厚度小于 1 mm 时 2~20 GHz 实现了 90% 的吸收，而在 10~15 GHz 实现了约 99% 的吸收，具有偏振不敏感和宽角度特性，如图 6-24（b）所示，推测由于 MIK 分形环结构的多波段共振特性和电阻膜的欧姆损耗特性造成宽带低反射高吸收性能。同时，具有较大电共振和磁共振损耗的超材料在宽带范围内可能会产生强吸收。与传统的（电阻膜替换成铜膜）比较，由图 6-24（a）可见，在 2~22 GHz 的频率范围内有 9 个吸收峰值，其主要来自电磁耦合共振。此外，当 FR-4 衬底有、无损耗时，超材料吸波体的吸收几乎没有变化，表明宽带高吸收主要是由电阻膜的电阻引起。

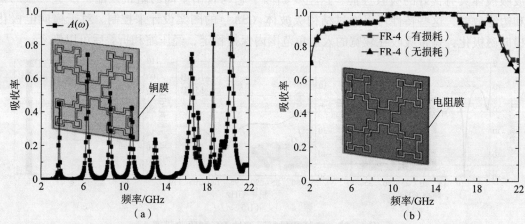

图 6-24 两种不同条件下设计微波吸波材料的模拟吸收
(a) 传统的；(b) 带电阻膜

Cohen 及其团队采用分形设计来制造宽带电磁隐身体系，其包括多个同心圆片电谐振器框架，每个框架包括具有第一和第二表面的衬底，在第一表面上形成导电材料的密集排列（包括多个具有自相似电谐振器形状），至少两个同心电谐振器框架的紧密排列在尺寸或形状上不同；其中，最里面的谐振器框架形成界定内部体积的边界条件层（BCL）；多个同心电谐振器壳可操作以产生转向效应，以将入射电磁辐射转向由 BCL 限定的内部体积周围，如图 6-25 所示。密集排列的谐振器包括二阶或更高分形，分形选择：Koch 分形、Minkowski 分形、Cantor 分形、撕裂方形分形、Mandelbrot 分形、Caley 树分形、猴子摆动（monkey's swing）分形、Sierpinski 三角形和 Julia 分形；以及由以下分形组成的群：轮廓集（contour set）分形、Sierpinski 三

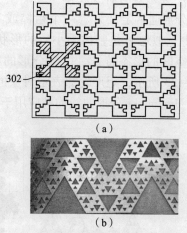

图 6-25 多个圆片框架的谐振器隐身体系
(a) 外环的分形（闵可夫斯基分形）；
(b) 边界层分形

角形分形、Menger 海绵分形、龙形分形、Koch 曲线分形、Lyapunov 分形及 Kleinian 群分形。配置多个同心电谐振器单元用于 K、Ka 或 X 波段。调整分形参数,还可获得可见光、红外波段的隐身体系。

Baliarda 发明了可干扰多普勒雷达等多波段、可降解的改进了 RCS、留空时间的干扰箔片,为分形技术在隐身领域的应用之一,如图 6-26 所示。箔片为在绝缘电介质基底上覆有金属的分形 FSS,尾部似鱼尾,两片之间呈一定角度,使箔片在下降过程中旋转,以减缓下降速度,提高留空时间。

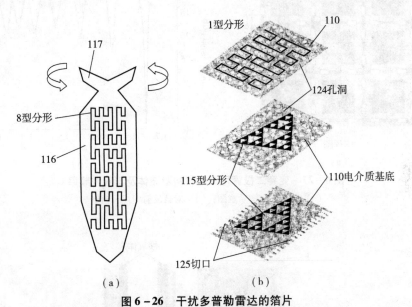

图 6-26 干扰多普勒雷达的箔片
(a) 鱼形分形 FSS 箔片;(b) 几种分形 FSS 箔片示意图

4. 可调超材料吸波体

Mias 等提出利用集总电阻,变容二极管构造高阻抗表面,通过控制偏置电压实现吸收频率的可调性。实验测试表明,改变偏置电压 18~30 V,吸收频率从 1.77 GHz 蓝移到 1.93 GHz,如图 6-27 所示。Huang 等利用在超材料吸波体中加入铁氧体,利用外加磁场的变化,实现吸收频率的可调,如图 6-28 所示。当外加磁场从 1.15 kOe 增加为 1.95 kOe,1 号试样仿真吸收频率从 10.99 GHz 蓝移到 11.29 GHz,吸收率从 97.8% 增加到 100%;然后降为 93.3%。实验吸收频率从 11.17 GHz 增加至 11.45 GHz,吸收率从 85% 增加到 100% 然后降为 80%。2 号试样仿真吸收频率从 9.52 GHz 增加到 9.66 GHz,吸收率从 99.5% 增加到 100%;然后降为 95.7%。实验吸收频率从 9.9 GHz 增加到 10.05 GHz,吸收率从 92.5% 增加到 100%;然后降为 89.9%。

Ling 等提出一种微流体通道微波超材料吸波体,将液态金属合金共晶镓铟(EGaIn)注入刻在聚甲基丙烯酸甲酯(PMMA)上的微流体通道中,以实现频率切换。吸波体使用 0.6 mm 厚的 FR-4 基板,微流体通道刻在 PMMA 基板上。FR-4 的介电常数和 $\tan\delta$ 分别为 4.3 和 0.02;PMMA 的介电常数和 $\tan\delta$ 分别为 2.55 和 0.002。当吸波体的微流体通道为空时,超材料吸波体在 10.96 GHz 处产生 99% 的吸收;当将 EGaIn 注入吸波体的微流体通道中时,超材料吸波体在 10.61 GHz 处产生 98% 的吸收。

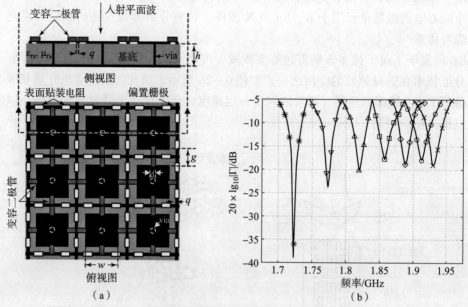

图 6-27 变容二极管可调超材料吸波体及其吸波频率
(a) 吸波体结构示意图；(b) 对数反射损耗 – 频率

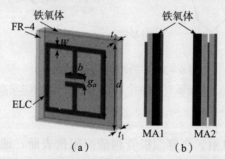

图 6-28 铁氧体可调超材料吸波体（附彩插）
(a) 三维结构示意图；(b) 两种结构的 FSS 侧剖面示意图

6.3 中/远红外隐身

红外特征中用于跟踪热体的两个主要有用波段是中波红外（3~5 μm 波段）和长波红外（8~14 μm 波段）。红外热像仪探测目标的原理是将进入物镜的目标辐射的中、远红外线转换成电子图像，并经处理放大，由相应的显示器还原成可见光图像——"热像图"，通过目镜或电视屏幕观察。其不仅能测量物体表面的温度，而且能显示物体温度的分布情况，其温差灵敏度一般为 0.2 ℃，有的灵敏度可达到 0.05 ℃。

6.3.1 红外隐身基本原理

一切高于热力学零度的物体都能发出红外辐射，红外辐射的光子能量能够使一些活泼金属产生红外光电效应。红外探测原理是通过红外光电效应把红外辐射特征信号转化为电信号。红外探测的方法有两种。

（1）点源探测。与红外探测系统能探测目标的最大距离 R 有关，即

$$R = (J\tau_a)^{1/2}[\pi/2D_0(NA)\tau_0]^{1/2}[D^*][1/(\omega\Delta f)^{1/2}(V_s/V_n)]^{1/2} \tag{6-27}$$

式中：J 为目标的红外辐射强度；τ_a 为大气透过率；D_0 为红外探测系统中光学系统的接收孔径；NA 和 τ_0 分别为光学系统的数值孔径和红外透过率；D^* 为红外探测系统的探测率；ω 为瞬时视场；Δf 为系统带宽；V_s 和 V_n 分别为信号和噪声电平。其中，J、τ_a 两项参数反映了目标的红外辐射特性和辐射的大气传输特性，其余参数反映了红外探测系统中光学系统的特性以及信号处理特性。

（2）热成像探测。利用目标与背景的红外辐射对比度 C 识别发现目标，计算公式为

$$C = (E_T - E_B)/E_B \tag{6-28}$$

式中：E_T 和 E_B 分别为目标和背景的红外辐射量。

目标要实现红外隐身之目的，可通过缩短红外探测系统可探测到的距离，或者降低目标与背景的辐射对比度来实现。由式（6-27）和式（6-28）可知，通过红外隐身材料等手段降低目标的红外辐射量 J、E_T，可以提高隐身效率。

光谱辐射出射度 M 描述了每单位时间、单位表面积上、单位波长间隔内所辐射出的能量。在绝对温度 T、波长为 λ 下物体的 M 由普朗克黑体辐射定律计算，即

$$M(\lambda, T) = \frac{C_1}{\lambda^5} \frac{1}{e^{C_2/(\lambda T)} - 1} \ (\text{W/m}^3) \tag{6-29}$$

式中：第一、第二辐射常数分别为 $C_1 = 2\pi hc^2 = 3.746\ 91 \times 10^{-16}\ \text{W} \cdot \text{m}^2$ 和 $C_2 = hc/k = 1.438\ 8 \times 10^{-2}\ \text{m} \cdot \text{K}$；光速 $c = 3 \times 10^8\ \text{m/s}$，普朗克常数 $h_B = 6.626 \times 10^{-34}\ \text{J} \cdot \text{s}$，玻耳兹曼常数 $k = 1.380\ 7 \times 10^{-23}\ \text{J/K}$。

式（6-29）表明，随着温度的升高，物体的总辐射能量增加，发射光谱的峰值向更短的波长移动；在较短波长发射的辐射能量比在较长波长发射的能量随温度增加更快。对于温度高达几百摄氏度的黑体，大部分辐射位于电磁光谱的红外辐射区。在较高的温度下，总辐射能量增加，发射光谱的强度峰值移动到较短的波长，因此相当一部分作为可见光辐射。根据频率 ν 与波长 λ 的关系 $c = \lambda\nu$，可推得 $M(\nu, T)$ 与频率的关系。

此外，可由斯忒藩-玻耳兹曼（Stefan-Boltzmann）定律计算辐射出射度 M，它又称为辐射通量密度，是指在单位时间内从单位面积上辐射出的辐射能量，即

$$M = \varepsilon\sigma T^4 \ (\text{W/m}^2) \tag{6-30}$$

式中：σ 为斯忒藩-玻耳兹曼常数 $[5.67 \times 10^{-8}\ \text{J}/(\text{s} \cdot \text{m}^2 \cdot \text{K}^4)]$；$T$ 为材料表面的热力学温度，可见 T^4 是辐射出度的主要贡献者；ε 为材料表面的发射率，其定义为在相同波长和温度下热平衡时，物体表面的辐射出射度 M_0 与黑体的辐射出射度 M_B 之比，如式（6-31）所示。该比率为 1~0 的无量纲数，完美黑体的发射率为 1。ε 为可以改变辐射出射度的唯一因素，则

$$\varepsilon(\lambda, T) = M_0(\lambda, T)/M_B(\lambda, T) \tag{6-31}$$

降低材料的发射率会通过减少辐射量来降低物体的表观温度，但是不会改变热辐射的峰值波长或其真实的物理温度。例如，在 700 K 处物体的热红外波段的光谱辐射亮度强烈地取决于表面发射率的值，如图 6-29 所示。通过降低发射率，可以改变光谱辐射亮度曲线，使

其看起来类似于较冷物体的光谱辐射,如 600 K 和 500 K 的物体。

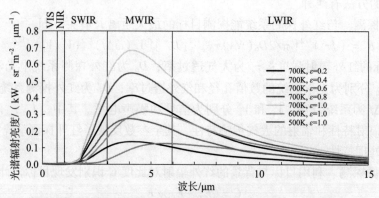

图 6-29 不同发射率、温度的光谱辐射亮度比较(附彩插)

维恩位移定律是热辐射的基本定律之一,在一定温度下,绝对黑体的温度与辐射最大值相对应的波长 λ_{max} 的乘积为一常数 b (维恩常量),即 $\lambda_{max} \cdot T = b = 0.002\,897\,\mathrm{m \cdot K}$。它表明,当绝对黑体的温度升高时,辐射的最大值向短波方向移动,一般物体的温度如图 6-30 所示,海水、天空 200 K,军舰 300 K,战斗机 500 K,火箭 1 000~2 000 K,太阳 6 000 K。调整物体的温度可以调整辐射最大值所对应的波长,当波长调至探测窗口之外时,有望实现隐身。

中、远红外隐身涂料的隐身原理之一就是降低目标与背景的辐射出射度(分别为 M_t 和 M_b)差 ΔM,以使红外成像探测系统探测不到或识别不了目标,则

$$\Delta M = M_t - M_b \quad (6-32)$$

根据斯忒藩-玻耳兹曼定律,可推得

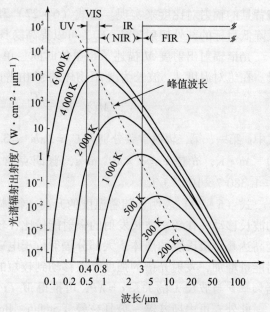

图 6-30 物体热辐射光谱示意图

$$\Delta M = \varepsilon_t \sigma T_t^4 - \varepsilon_b \sigma T_b^4 = \sigma(\varepsilon_t T_t^4 - \varepsilon_b T_b^4) \quad (6-33)$$

式中:ε_t、ε_b 分别为目标和背景的发射率;T_t、T_b 分别为目标和背景的温度(K)。

从式(6-33)可知,目标的红外辐射量与其表面的发射率及其绝对温度的 4 次方成正比,故降低目标的红外辐射的主要措施有:①控制目标表面的温度;②降低目标表面的发射率。

根据物体发射率的大小以及与辐射波长的关系,将物体分为黑体、灰体和选择性辐射体三类。黑体是在任何温度下,对任何波长的电磁波都能完全吸收的物体,吸收率和发射率均等于 1,其比辐射率与波长和方向无关。灰体的辐射特性与黑体的相近似,其比辐射率 ε < 1,也与波长无关。人体皮肤、大地、空间背景,以及喷气式飞机尾翼、气动加热表面等都可以视为灰体。选择性辐射体的辐射光谱不连续,在某些波段上辐射能量比较强,而在另一

些波段上辐射能量又比较弱。许多金属,特别是金属氧化物以及它们的化合物大多属于选择性辐射体。可利用材料的选择性辐射合理选材,控制红外诱饵燃烧产物在不同波段的辐射强度的比值,以实现对特征目标的模拟。

物体发出的红外辐射通常取决于其温度、化学成分、微观结构和形态特征,通过应用简单的涂层来调整表面的发射率,红外隐身材料的应用能够有效降低目标的红外辐射量。目前,研究和应用较为广泛的红外隐身材料有低发射率涂层材料、控温涂层材料、复合薄膜、智能隐身材料和生物仿生隐身材料5种。

6.3.2 低发射率涂料

如果无法降低物体的温度,则降低热红外信号的简单、价廉、被动的方法是在高温区域涂覆低发射率涂料,形成涂层以抑制热红外辐射。低发射率涂料主要由填料和黏合剂组成,填料主要分为金属填料、半导体填料、复合物和颜料;黏合剂分为有机黏合剂和无机黏合剂两种。制备时将填料分散到黏合剂中,以产生具有一系列发射率特性的涂层,当用常规颜料着色时,可以获得所需的视觉伪装颜色,作为可见光-红外双波段隐身涂层。

目前,已制备和开发了多种低发射率材料,包括导电材料(含有移动电子的材料),如金、铬、锌、铜、银和铝,和半导体(价带能量低),如硅或铅化合物;涂层有金属薄膜、半导体薄膜、电介质/金属/介电多层涂层、无机/有机复合涂层和壳核型镀金属微球/有机复合涂层等。使用低发射率涂层的物理优势主要是减少目标的近红外至远红外频段的热辐射,它仅适用于军事平台的热点。根据能量守恒定律,希望将未从表面发射的热红外辐射重新定向到探测概率较低的非关键方向。这是为了防止隔热效果,如果整个平台涂上低发射率材料,会提高整个平台的温度。内部配置低发射率涂料的战略优势包括提供和控制热抑制方面的自主技术能力,这使低发射率配方可以根据工作环境和任务需求快速改变所需的颜色和发射率。

填料是影响低发射率涂层性能的重要因素,对涂层的红外隐身性能起调节作用,填料的选择要求在红外波段吸收率/发射率低,反射率大。

1. 金属填料

根据基尔霍夫(Kirchhoff)定律,对于不透明的物体,反射率 R 越高,发射率就越低,金属填料的计算公式为

$$R = 1 - \sqrt{8\omega\varepsilon_0/\sigma} \qquad (6-34)$$

式中:ω 为电磁辐射的圆频率;ε_0 为真空中介电常数;σ 为电导率。

从式(6-34)可知,对于金属良导体,如 Al、Cu、Ag 等,电导率较高,具有较高的反射率和低的发射率,适合作为红外隐身涂层的填料,实际应用中多以性能优良、廉价易得的 Al 粉和 Cu 粉为主。另外,金属填料的粒径、形貌、形态等因素对降低红外隐身涂层红外发射率起重要的作用。部分金属/及其氧化物等的发射率 ε 见表 6-4,由表可见,Al 和 Cu 等金属发射率很低,被氧化后发射率增大,氧化严重时更为可观。碳材料(石墨、碳纳米管)的发射率很大。

表 6-4 发射率 ε 的比较

材料	温度/K	ε	材料	温度/K	ε
铝抛光	300~900	0.04~0.07	氧化的铝	450~900	0.07~0.09
铜抛光	300~1 200	0.03~0.05	氧化的铜	400~1 050	0.12~0.22
镍抛光	100~1 500	0.03~0.21	氧化的镍	400~1 000	0.24~0.60
锌抛光	500~600	0.04~0.05	厚氧化物的铜	400~1 000	0.80~0.92
镍镀层	298	0.36~0.80	轻度氧化的铝	473~873	0.11~0.19
铁/钢抛光	100~1 050	0.24~0.61	铁/严重氧化的钢	400~1 000	0.80~0.92
电解银	400~1 200	0.02~0.035	石墨，抛光	0~3 000	0.81~0.88

由于存在特定的官能团，如 C-H，C=C，C=O 等，因此大多数有机黏合剂在红外范围内的发射率都很高，而添加高反射率的金属颗粒作为填料的涂层发射率可能会降低。以丙烯酸树脂为黏合剂，质量百分数为 10%~40% 的 0.2~1.0 μm 银粉、0.5~5.0 μm 银片、10~20 μm 铝粉和 (28±10) nm 纳米银胶体为金属填料，用行星式混合器将它们混合制备常规涂料，采用刮刀法将常规涂料涂覆氧化铝基材（厚度 0.67~0.7 mm），将膜厚度控制在约 140 μm，在室温下过夜干燥。随金属含量增加，红外 8~14 μm 波段的平均发射率会下降，但降低的程度相当有限；质量百分数为 40% 时，银粉、银片、铝粉和纳米银胶体制成的涂层发射率依次减少；银片含量不大于 30% 时，其发射率不大于铝粉的。微米和纳米银粉的发射率分别约为 0.89 和 0.82。纳米银的效果要好于片状银，后者又要好于普通的银粉。它们的有效表面积通常也是相同的顺序，在相同的质量百分数下使用表面积较大的填料会在更大程度上降低发射率。所用纳米银胶体的制备是以聚乙烯吡咯烷酮（PVP）作为保护剂，通过在碱性环境中用甲醛还原硝酸银，分离和丙酮洗涤后，再重新分散在去离子水中待用。

以微米银颗粒作为填料样品的 SEM 横截面图显示，在干燥期间，银颗粒的沉降是不可避免的，因此表面的填料含量低于平均值。由于样品的发射率主要受顶层成分的影响，所以使用干燥时可能漂浮在顶层上的特殊填充剂是可取的。因此，研究常规涂层的替代法；首先用旋涂法在基材上涂覆无机黏合剂；然后再涂覆纳米级银胶体。无机黏合剂是由纳米级二氧化硅和水溶液中的铝溶胶组成（固体含量不小于 16.5%；比重约 1.0），并且可加热到高温。此外，银层也可以使用简单的胶体溶液喷涂技术进行涂覆，在两层涂层之后，将试样在 70~200 ℃ 的温度下干燥 30 min。使用纳米银胶体 [约 25%（质量百分数）] 浓缩悬浮液，在 150 ℃ 烘烤 30 min，获得厚度约 1 μm 的银膜。加热至 150 ℃ 足以使胶体烧结在一起，产生致密且连贯的表面，在降低发射率方面非常有效。银膜下面涂覆黏合剂层厚度为 2 μm 时，在 8~14 μm 的波长范围内可获得 0.04 的发射率 [与光滑银坯（0.02）的相当]。除了将银膜牢固地保持在基材上之外，黏合剂层还有附加功能：平滑陶瓷基板的粗糙表面，而抛光和光滑表面的发射率低于粗糙表面的发射率。Ag 膜厚度对发射率的影响存在临界厚度（约 250 nm），超过该临界厚度，发射率大致保持恒定在 0.05。在此厚度下，纳米银胶体的量足够大并且适当密集地堆积，以有效地阻挡来自基板的远红外辐射。然而，如果在银膜（厚度 1 μm）表面额外涂覆无机树脂保护层时，发射率随涂覆层的厚度线性增加，树脂涂层厚度为 900 nm 和 1 800 nm 时，发射率分别约为 0.35 和 0.6，可依此调节发射率，且还有良好的黏合强度以及耐中性盐溶液的腐蚀性。

由于试样的发射率主要受顶层组成的影响，添加一些在干燥过程中可能会浮到顶层的特殊颜料（漂浮颜料），可能会大大降低发射率。Yu 等将 5g 粗铜粉（粒径为 10~40 μm，94.5%（质量百分数））、30~70 g 球磨介质 ZrO_2、成浆剂 10~30 g 白精油（WS）和润滑剂 0.25~2 g 硬脂酸（SA）混合，在行星式研磨机上以 200 r/m 的速度研磨 10~70 h，然后洗涤、真空干燥，获得片状 Cu 颗粒，有利于增加 Cu 的表面积，提高 Cu 颗粒在介质中的漂浮性。遵循与 ASTM D 480-88 中的步骤测试填料的漂浮率（LD,%），LD 值越大，漂浮能力越好。典型的铜粉原料具有不规则的球形度，粒径范围为 10~40 μm，如图 6-31（a）所示。正交实验表明影响漂浮程度的顺序是球磨时间、球的质量、SA 的质量和 WS 的质量，最佳条件：磨粉时间为 60 h；球、WS 和 SA 的质量分别为 50 g、20 g 和 0.5 g，研磨后获得薄片状的 Cu 颗粒尺寸均匀，为（10±2）μm [图 6-31（b）]，其大小/厚度比为 40，漂浮率可达 67%。研磨初期漂浮率的增加速度很快，但超过 50 h 后增加变缓。这是因为当研磨时间短时，Cu 与 SA 或 WS 之间的反应不足，不利于 SA 和 WS 在 Cu 表面上的包封。而随着研磨时间的增加（60 h 以上），包封率几乎恒定，因此 Cu 的漂浮率基本恒定。

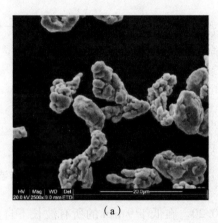
（a）

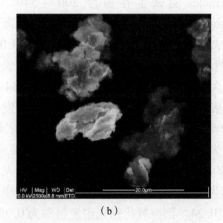
（b）

图 6-31
（a）铜颗粒原料；（b）漂浮铜颗粒的 SEM 照片

硬脂酸 $[CH_3(CH_2)_{16}COOH]$ 具有两个不同的官能团：一个是 -OH 的极性基团，可以与颜料表面的羟基反应形成牢固的化学键；另一个（脂族基团的非极性基团）通过物理缠结或化学作用与白精油（WS）同步连接，这有助于在研磨过程中桥接 Cu 和白精油，并增强白精油在颜料表面的吸附。经过一定的研磨时间后，获得了 WS-SA@Cu（由 WS 和 SA 封装的 Cu），且由于在 Cu 表面上油层的封装，WS-SA@Cu 是疏水的。当 WS-SA@Cu 与有机黏合剂（例如 EPDM）在溶剂分散液中混合时，WS-SA@Cu 颗粒会朝着涂层表面移动。随后在干燥期间，随着涂层中溶剂分子的挥发，由于 WS-SA@Cu 具有疏水性和漂浮性。因此，WS-SA@Cu 具有起泡能力，即起泡颜料。

在连续超声处理下，将固定量的三元乙丙橡胶（EPDM）和漂浮 Cu [分别为 9:1~5:5（质量比），Cu 增量为 1，共 5 种] 混合后喷涂在锡基板上（长、宽各 12 cm，厚度 0.3 mm）并固化，涂层厚度约 40 μm。随着涂料中 Cu 含量的增加，发射率显著降低。Cu 含量 50%

（质量百分数）时，当铜的漂浮率从 0 变为 67% 时，EPDM/Cu 涂层的发射率从 0.74 下降到 0.10，这意味着高漂浮率的铜具有更好的降低红外发射率的能力。

Weber 测试了典型样本 301 型不锈钢、24ST 铝（ANA13-362）和 75ST 铝薄板在 7~15 μm 波段的发射率，大多数工件表面都有一些细微的划痕，但表面的发射率似乎没有明显的变化。50 ℃ 和 100 ℃ 下 75ST 型铝的发射率低于约 0.05、0.07，110 ℃ 下发射率略微高于较低温度下的，其余结果如图 6-32 和图 6-33 所示。

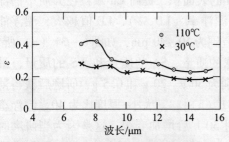 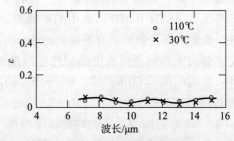

图 6-32　301 型不锈钢的发射率　　　图 6-33　24ST 铝的发射率

Reynolds 测试了在温度 200~540 ℃、1~14 μm 波长范围内工业纯铝管材（表面粗糙度为 3 μm、115 μm 和阳极氧化层厚度 0.0001 in）的光谱发射率，其随表面粗糙度和氧化变化很大，而随温度变化很小，如图 6-34 所示。使表面粗糙会增加所有波长下的光谱发射率，而氧化会增加选定波长下的光谱发射率。当波长大于 10 μm，后一种效应尤为明显。2 μm 和 8 μm 处的典型值分别为：抛光的光谱发射率为 0.09 和 0.04，粗糙的光谱发射率为 0.30 和 0.24，阳极氧化铝光谱发射率为 0.30 和 0.20。

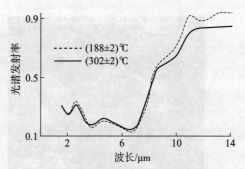

图 6-34　阳极氧化铝的光谱发射率与波长

在低于 9 μm 的所有波长下自然氧化会略微提高光谱发射率，并在波长 10~12 μm 产生显著影响。波长大于 10 μm 时，阳极氧化膜的光谱发射率大于 0.70。

清洁金属表面的热发射率非常低且稳定，但是当表面被氧化时，其热发射率会大大提高。在自然条件下，金属表面总是覆盖着几纳米厚的氧化膜。加热后形成的氧化膜厚度较薄时，辐射仍然可以从金属中漏出。温度和稀薄气氛影响具有氧化膜的金属表面的发射。耐热合金的角分布类型、方向发射率的绝对值和辐射的偏振度与氧化条件有很大关系。在这种情况下，必须考虑与"金属-天然透明氧化膜"体系有关的向外通量的形成，条件包括在金属-膜边界处发生的反射和散射及涉及氧化物自身的发射和金属穿过薄膜发射的干扰。在非透明薄膜的情况下，向外辐射仅由氧化物相决定。Zhorov 等测定了镍、铬、Cr18Ni10Ti 钢（简称铬钢）和 CrNi78Ti 合金（简称铬合金）的氧化膜厚度在 30 nm~45 μm 时，在 100~800 ℃ 温度区间的积分法向发射率 ε_n 和室温下的光谱法向反射率 $R_{\lambda n}$，部分见表 6-5，其中 800 ℃ 与 700 ℃ 的 ε_n 差异不显著；波长为 10 μm 时，四种材料氧化物的厚度对应的 $R_{\lambda n}$ 分别为：15 μm 为 0.11；2 μm 为 0.12；5 μm 为 0.06；18 μm 为 0.02，即较薄的铬钢氧化物在此波长可获得较低的反射率。在氧化之前，试样表面被赋予▽10级粗糙度；在空气中逐步加热并在温度下保持2 h。

表6-5 部分金属的积分法向发射率 ε_n 和室温下的光谱法向反射率 $R_{\lambda n}$

材料	氧化膜厚度	ε_n 所在温度/℃			$R_{\lambda n}$
		100	400	700	$\lambda = 2 \sim 24\ \mu m$
镍	≤50~160 nm	0.07~0.15	0.1~0.36	—	0.77~0.92※
	270 nm	0.21	0.405	0.55	0.33~0.84
铬	≤50~75 nm	0.05~0.10	0.095~0.22	0.34	0.76~0.98※
	3 800 Å	0.45	0.54	0.62	0.04~0.54◆
铬钢	≤40~120 nm	0.12~0.18	0.17~0.39	0.60	0.64~0.83※
	140 nm	0.33	0.54	0.70	0.06~0.78
铬合金	≤45~200 nm	0.13~0.23	0.16~0.38	0.53	0.72~0.88※
	2.5 μm	0.52	0.63	0.69	0.02~0.66

注：※氧化前；◆厚度 δ =370 nm。

具有非透明氧化膜的体系具有最大的发射功率。当产生的辐射局限于氧化层时，就形成不透明。在最大厚度下，所研究的氧化膜在某种程度上仍然是透明的，因为积分法向发射率随着膜的厚度继续增加，特别是在低温下。此外，在不同温度条件下形成的薄膜的结构特性也会影响系统的发射率。

2. 半导体填料

由于热激发效应，半导体导带上存在着一定浓度的电子，通常称为自由载流子。因此，在半导体红外光学材料中，除了电子吸收和晶格振动吸收这两种吸收机制外，还存在着自由载流子（电子）吸收机制。与载流子相关的吸收系数 β_v 可表示为

$$\beta_v = \frac{N\lambda^2 e^3}{\mu \pi n m^2 c^3} \tag{6-35}$$

式中：N 为载流子浓度（cm^{-3}）；λ 为入射光的波长 cm；e 为电子电荷（eV）；μ 为迁移率 [$cm^2/(V \cdot s)$]；n 为材料的折射率；m 为载流子的有效质量；c 为光速，$c = 3 \times 10^{10}$ cm/s。

β_v 与波长的平方及载流子密度成正比，而与迁移率成反比，可见其吸收随波长的增加而迅速增加。目前，最常用的半导体红外材料包括金刚石、硅、锗以及部分Ⅲ族、Ⅳ族化合物，如砷化镓、锑化镓、砷化铟和锑化铟，还有一些硫属化合物，如硫化镉、硒化镉等都具有典型的半导体特征。

理论上，通过掺杂改性适当调整载流子密度 N、载流子迁移率 μ 和载流子碰撞频率 ω_t 就可以使掺杂半导体具有较低的红外发射率。掺杂改性的半导体由于其在微波波段具有高吸收率，可以用于制备多波段兼容隐身材料。掺杂半导体在涂料体系中作为非着色颜料所占的比例可为10%~90%，粒子形状通常为细杆状、细弹簧状和扁平状，尺寸大小为5~100 μm。

3. 复合物

Leonid 等通过将玻璃微球在聚合物苯乙烯-丙烯酸乳液（ACRONAL 290D）中混合制备

复合材料样品，测试研究含有体积分数为 6% ~ 66% 中空玻璃微球的聚合物在 2.6 ~ 18 μm 波长范围内的红外辐射性能的结果表明，微球降低了聚合物样品的定向半球透射率，这种影响取决于微球的类型（至少对于体积分数 $f_v \geqslant 30\%$），无法像反射率那样用 f_v 的线性函数来描述。重要的是，透射辐射的镜面分量不小：大约 1/2 的透射辐射集中在前向附近。复合材料在 8.5 ~ 13.5 μm 波段的反射率主要由微球表面粗糙层决定，由于聚合物中的强吸收，因此不可用半透明介质的模型来描述；应使用薄壁微球和在该波长范围内具有低吸收系数的聚合物，以实现涂层整体发射率的最大降低。

相对光滑的表面朝向入射辐射方向取向的情况下的定向半球总反射率 R_{d-h}^t 和漫反射 R_{d-h}^d 由下式计算，由于微球对辐射的散射，定向半球反射率显著增加。反射率的增加近似与微球的 f_v 成正比：

$$R_{d-h}^t = R_0 + R_{d-h}^d, \quad R_{d-h}^d = f_v r_1 \tag{6-36}$$

式中：R_0 为没有微球的聚合物样品的镜面反射率；r_1 为反射近似中的系数。

对于在弱吸收介质中独立地散射颗粒而言，这种具有颗粒浓度的漫反射特性是典型的。r_1 的值对微球的类型不敏感。$r_1(\lambda)$ 在波长 4.5 μm 处的峰值是中空玻璃微球对辐射的强烈散射的结果。

基于折射散射介质中辐射传输的修正双通量近似和空心玻璃微球的 Mie 理论，计算的总反射率和透射率与试验数据吻合很好，证实了传统的辐射传输理论和独立散射方法即使在聚合物中微球体积分数较高的情况下也适用。

对于给定体积的铜，在电介质芯上包覆适当厚度铜的复合颗粒对近红外的消光作用比实心铜颗粒大得多。与纯铜颗粒相比，包覆铜的球形电介质颗粒显示出可加剧的表面等离子体共振，并移动到红外。Edgar 等采用基于 Bohren 和 Huffman 提出的包覆球形（壳核）颗粒理论而编制的 Mathematica 语言程序计算氟锆酸盐玻璃中镀铜电介质球形颗粒的消光系数。玻璃的折射率取为 1.519，并假设为与波长无关，铜的复数折射率取自 Lynch 和 Hunter 整理、由 Palik 编辑的《介电常数手册》，对因来自不同作者而在 1.25 μm 左右不连续的界面进行了数值平滑，以避免消光光谱中产生伪影。电介质芯的折射率取为 1.519，即 ZBLAN 本身的折射率，作为典型重金属氟化物微晶（如 $BaZrF_6$）的代表值。在 200 ~ 2 900 nm 波长范围，计算嵌入在 ZBLAN 玻璃中的半径分别为 32 nm、64 nm 和 128 nm 的包覆粒子（含实心颗粒）的消光系数，每种计算涂层厚度为 32 nm、16 nm、8 nm 和 4 nm。计算的在 ZBLAN 玻璃中的固定外半径为 128 nm 的复合球形颗粒的消光效率如图 6 - 35 所示，电介质芯具有变化厚度的铜涂层（如标记）。对于薄至 2 nm 的层，使用块状铜介电常数显然是有疑问的，但将结果包括在 32 nm 半径的粒子情况下，以表明厚度减小的趋势。随着包覆铜厚度的减小，等离子体共振峰向低频移动，此时消光效率一般会变大。涂层厚度大于约 40 nm 的计算无意义，因为此时的消光光谱与实心铜颗粒的无区别。对于半径为 32 nm 的粒子，极微小核的涂层球的计算与使用不同的程序计算的实心铜球的是一致的。主要特征是在 600 nm 附近有一个峰值，对应于表面等离子体共振峰。当满足式（6 - 37）的条件时，电介质基体中的小金属球出现该峰值，即

$$\varepsilon_m'(\lambda) + 2\varepsilon_g = 0 \tag{6-37}$$

式中：$\varepsilon_m'(\lambda)$ 为金属的介电常数实部；ε_g 为玻璃的介电常数实部。

减少涂层厚度的效果是等离子体共振向更长的波长移动，并且至少在最初时消光峰的幅

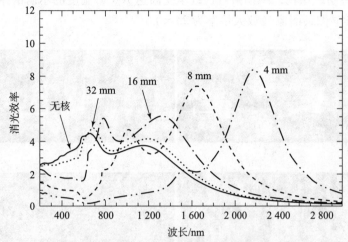

图 6-35 外半径为 128 nm 的复合球形颗粒的消光效率

度增加。这些效果意味着,给定体积的铜以表面涂层的散射光要比固态铜球体更有效。对单独的散射和吸收效率的计算表明,薄涂层的主要作用是吸收。

半径 32 nm(铜层厚 4 nm)的共振峰位置较半径 128 nm(铜层厚 16 nm)的频率低,频带较窄,但消光效率值高。有效介质理论对于比波长小的复合粒子是有用的,尽管它随着粒子尺寸相对于波长的增大而准确性降低。对于 f 中的一阶,即对于薄涂层,麦克斯韦-加内特(Maxwell-Garnett)表达式简化为

$$\varepsilon_{eff} = (1 - f/3)\varepsilon_d + (2f/3)\varepsilon_m \tag{6-38}$$

由式(6-38)可以定性地洞悉涂层粒子的等离子体共振向更长波长转移,式中的有效介电常数是铜和芯介电常数的体积加权线性组合。由于在金属的 Drude 模型中介电常数的实部 ε'_m 为负,并且在足够长的波长下幅度约为 λ^2,因此薄涂层的作用是迫使 ε_{eff} 的实部在此处为负。对于某些特定波长,等离子共振条件式(6-37)将满足 $\varepsilon_{eff} + 2\varepsilon_g = 0$。对于较厚的涂层,$\varepsilon_{eff}$ 将变得更负,因此共振将在更短的波长下发生。

多层结构纳米球可以广义地定义为包含一个结构核芯和几个外壳,而层的数量和组成通常取决于其最终应用。它们是具有层次有序结构和可控成分的高功能材料,被赋予了大的表面积、增强的稳定性和优异的分散性等独特的性质。聚乙炔是一种典型的 π 共轭聚合物,由于其掺杂形式的金属导电性而称为"合成金属"。取代聚乙炔(SPA)不仅具有聚合物的共同特性,还表现出链螺旋性、光致发光和液晶性等特性。

6.3.3 薄膜型/网状

目前,使用周期性和随机定向结构都通过控制材料的光谱吸收度或发射率实现了选择性热辐射。多种类型的金属纺织品已成功地用于屏蔽可见光和近红外波段(高达 1 100 nm)以及射频范围的电磁辐射,包括含不锈钢丝的机织物和复合织物。考虑到屏蔽热辐射,已研究了在 20~40 ℃温度范围内的某些铝涂层和导电金属纤维,以及一些多功能金属复合材料织物。

2017 年,Larciprete 等研究了使用不同类型的织物制备的一组钢质纺织品的红外特性。

中空钢线组成几种纺织结构,织物由可连续承受高达700 ℃温度的不锈钢导电纤维制成,图6-36 所示为光学显微镜图像(放大倍率为25×)。

图6-36 钢织物的光学显微镜图像
(a) 机织1;(b) 机织2;(c) 针织;(d) 无纺布

机织物的经纬纱垂直交叉,针织物由许多连续的针行组成,比其他织物结构更有弹性。非织造的无纺布(毡)是通过机械、热或化学方式缠绕纤维或长丝而结合,厚度为1.2 mm。在8~14 μm 波段,机织1、机织2、针织和无纺布的平均红外发射率分别为0.461、0.582、0.679 和0.699,计算值分别为0.461、0.583、0.675 和0.706。前三者的透气性分别为300 dm/min、500 dm/min 和1 100 dm/min,厚度为0.5 mm,根据纺织物透气度的标准试验方法ASTM d737-96 进行表征。透气率提供了织物中金属含量的间接信息:较低的透气率值对应于较高的金属含量,从而增强了隔热性能。从能量色散X射线光谱法(SEM/EDS)获得的不锈钢织物的元素分析表明:铁含量几乎相同,但其他元素仍有差异,机织1、机织2、针织和无纺布Fe 含量分别为67.50%、65.96%、74.93% 和69.95%(质量百分数);Ni 为9.71%、8.18%、3.95% 和9.82%(质量百分数);其余为Cr 和O,而机织1 不含氧。通常将铬(大于12%)和镍(约8%)添加到不锈钢中以提供耐腐蚀和抗氧化性。当在不锈钢表面上形成氧化铬层时,该钝化层能够保护下面的材料免受腐蚀。

利用商业软件(Lumerical FDTD solutions),采用时域有限差分法(FDTD)数值模拟金属织物的红外光谱吸收率,从而研究与其成正比的发射率。考虑钢织物可能会氧化,因此添加一些直径4 μm 的 FeO_2 小圆柱改进FDTD 单元的设计。给定 FeO_2 的介电常数进行数值模拟,在10 μm 时反射率会大大降低($R=53\%$),而透射率仍保持3% 的低值,从而产生约$A=44\%$ 的吸收峰。由此可见,为了增加发射率值,应考虑在织物材质内添加吸收元素。在研究的红外范围内,FeO_2 的吸收系数中存在两个共振,建议使用两个高斯振荡器,其特征在于三组不同的参数,即强度因子(幅度),共振频率(中心波长)和吸收峰的宽度(线宽)。忽略可见光项,假设在7~15 μm 红外热像仪工作范围的光谱发射率为

$$\varepsilon(\lambda) = \sum_{i=1}^{2} A_i e^{-\left(\frac{\lambda - B_i}{C_i}\right)^2} \tag{6-39}$$

所实现的最小二乘法拟合过程采用实验输入数据(发射率与温度),由式(6-39)计

算 $\lambda_{\min}$ 和 $\lambda_{\max}$。使实验数据和以下式获得的理论拟合之间的差异最小时可得光谱发射率,即

$$\varepsilon(T) = \frac{\int_{\lambda_{\min}}^{\lambda_{\max}} \left(\frac{2hc^2 \varepsilon(\lambda)}{\lambda^5 (e^{(\frac{hc}{k\lambda T})} - 1)} \right) d\lambda}{\int_{\lambda_{\min}}^{\lambda_{\max}} \left(\frac{2hc^2}{\lambda^5 (e^{(\frac{hc}{k\lambda T})} - 1)} \right) d\lambda} \tag{6-40}$$

式中:h 为普朗克常数;k 为玻耳兹曼常数;$\varepsilon(\lambda)$ 为随波长变化的发射率。

图 6-37 中为由式 (6-39) 计算的四个样品 (见图例) 光谱发射率曲线。箭头标示一些特征吸收带的位置,它们对应于金属氧化物结构的典型氧原子振动模式的显著峰。值得一提的是,那些发射率等于 1 的波长与接近于单位折射率相关,因此反射率可以忽略不计,即类似于所谓的 Christiansen 波长。基于此,氧化铁和氧化铬都可能显示出这些吸收特征,这提示金属纺织品中吸收元素的量。将光谱响应的 $\varepsilon(\lambda)$ 代入式 (6-40),可得温度依赖性 $\varepsilon(T)$。

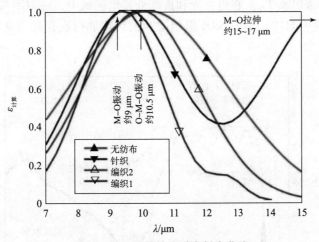

图 6-37 试样的光谱发射率曲线

通常在 IR 范围内金属显示很高的反射率值,金属含量 (就厚度或金属成分而言) 越高,IR 范围内的发射率就越低。观察到非织造和针织纺织品在所研究的波长范围内呈现出高发射率值。考虑到 EDS 数据,最低的铬含量 (无纺布样品) 和最低的镍含量 (针织样品) 使其更容易受到氧化的影响。结果是它们的吸光度相对于其他被研究的纺织品更高。另外,对于织物 1 和织物 2,除了铬和镍含量较高氧化趋势降低外,透气性低 (意味着单位金属含量更多) 增强了热屏蔽性能。

通过在玻璃上沉积保持高的可见光透射率的载流薄层形成导电片应用广泛,ITO 涂层一直是最常用的透明导电氧化物 (TCO)。近年来,基于掺杂氧化锌的功能层由于具有多种光电性能而成为技术上重要的替代品。ZnO 作为 N 型半导体的电导率可以通过热处理和适当掺杂Ⅲ族元素来控制。Rydzek 等采用溶胶-凝胶工艺结合浸涂技术在钠钙玻璃上制备了基于铝掺杂氧化锌 (AZO) 的多晶透明导电氧化物薄膜,由于使用浸涂技术,多层涂层制备在 SiO_2 阻挡层上,并对称地设置在基材的两侧。TCO 薄膜的导电性与自由载流子的数量、间隙原子电离形成的电子以及氧空位在晶格中的特定排列直接相关。首先采用优化的级间加热步骤对多层功能涂层的每层膜分别进行处理;然后对整个涂层进行退火以增加自由载流子

的数量。掺杂 TCO 功能薄膜的电阻率低于未掺杂的薄膜。在某一点上，掺杂膜的电阻率随掺杂浓度的增加而增加，这是由于掺杂剂在晶界的偏析导致电荷载流子迁移率降低所致。掺杂材料在初始掺杂浓度下作为电掺杂剂，但在较高掺杂浓度下作为杂质。结果表明，所提出的 AZO 体系，ZnO：Al 的优化掺杂比为 99.5∶0.5。直到掺杂比达到饱和，可以观察到自由电荷载流子随掺杂浓度的增加而增加。在钠钙玻璃片两侧各有多层结构、总厚度约为 700 nm（SiO_2 阻挡层加功能涂层）的最优化 AZO 涂层（11 层，厚度最大 500 nm）的可见光透射率值（T_{vis} = 0.86）几乎与未镀膜/涂覆的载玻片的（T_{vis} = 0.91）相当；在红外波段是不透明的（对于 $\lambda > 5$ μm，$T_{dh} = 0$），在波长约 3.5 μm 处（这是等离子波长的位置），功能涂层的定向半球反射率急剧上升，并且在红外波段的值超过 0.70。这导致在环境温度下总发射率为 0.45，是未涂覆玻璃的 1/2（$\varepsilon_{总}$ = 0.89），红外表面发射率从无涂层时的 0.89 降低到小于 0.45，这与其相对较低的电阻率 1.6×10^{-3} Ω·cm（等于薄层电阻 $R_{sq} = 32$ Ω/□）有关，图 6-38 给出了在 0.25~35 μm 波长范围内该涂层和未涂覆的钠钙玻璃基板的光谱定向半球反射率 R_{dh} 和透射率 T_{dh}。在可见光和近红外光谱区域中，透射率和反射率的最小值和最大值是由干涉效应引起的，是由 SiO_2 阻挡层和钠钙玻璃衬底顶部薄功能层的复折射率的差异造成的。

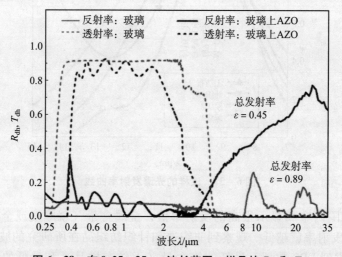

图 6-38　在 0.25~35 μm 波长范围，样品的 R_{dh} 和 T_{dh}

Tan 等在超高温陶瓷涂层体系（ZrB_2/SiC，ZBS）中加入发射率改进剂，通过提高表面发射率来提高其表面辐射换热速率。通过将 Sm_2O_3 或 Tm_2O_3 与 ZrB_2/SiC 机械混合（DOP）或将 Sm（NO_3）$_3$/乙醇溶液化学掺杂（DM）到 ZrB_2/SiC 中，将稀土元素掺入涂料中。采用带保护罩的空气等离子喷涂（APS）技术制备涂层。参照 ASTM C835-06 标准进行总半球发射率测试。外径为 6 mm 的导电钨丝用作基底，在 W 棒上涂覆约 20 μm 的 ZrB_2/SiC，然后再涂覆约 30 μm 厚的稀土改性 ZrB_2/SiC 涂层。在发射率测试之前，将两对 K 型热电偶和一对铂电极点焊到样品的中心区域，分别获得温度和电压读数。发射率随温度或 $\varepsilon(T)$ 的变化，即

$$\varepsilon(T) = I\Delta V / [PL\sigma(T^4 - T_0^4)] \qquad (6-41)$$

式中：ΔV 是电压表测得的电压降（V）；I 是电流（A）；PL 为测试棒（截面）周长和测试

段长度的乘积（m^2）；σ 为斯忒藩 – 波耳兹曼常数（$W \cdot m^{-2} \cdot K^{-4}$），$T$ 和 T_0 是样品和环境温度（K）；温度 T_0 通常忽略不计，因为它与 T 相比相对较低。

测试是在真空（小于 1.3 mPa）下进行，以确保辐射是唯一的传热机制。最后，涂层中稀土元素的存在会影响氧化过程中形成的富含硼的表面玻璃，这可以从 ZBS 和稀土改性 ZBS 涂层之间的蒸发速率差异中得到证明。

结果表明，涂层中有些区域多孔且致密，两种干混涂料 SmZBS – DM 和 TmZBS – DM 的密度为 73% ~76%，而稠密的 SmZBS – DOP 涂层的密度为 58%。大部分表现为开放孔隙率，可以强烈影响氧化行为。$Sm(NO_3)_3$ 掺杂的 ZrB_2/SiC 涂层在最高 1 200 ℃ 下比基准涂层 ZrB_2/SiC 具有更高的发射率。加入稀土改进剂的涂层与 ZrB_2/SiC 涂层相比，在氧化过程中形成的富含氧化硼的表面玻璃中稀土元素的存在提高了涂层的玻璃蒸发速率。SmZBS – DOP 涂层的发射率比 ZBS 涂层约高 10%，比 SmZBS – DM 涂层大约高 18%。多孔 ZBS 和稀土改性涂层的热导率为 2~12 W/（m·K），远低于致密 ZrB_2/SiC。

低辐射率材料对于在高温环境下使用的航空航天器（较高的蒙皮温度）也有重要应用，沉积低发射率的薄膜可以减少传热，同时仅增加少量的系统重量。金的发射率低，在 1 000 ℃ 以下可达 0.03，并且在高温下具有抗氧化性，尤其适合此应用。但是，金膜在高温下容易向基材扩散，在金和基底之间增加扩散阻挡层不失为有效方法，镍膜常用作金属的扩散阻挡材料。Huang 等选择 Ni 膜作为 Au 膜与合金基底之间的扩散阻挡层，以期解决扩散问题。将铸造 Ni 基高温合金 K424（$T_{熔化} \approx 1573$ K）用作基板，在粗糙（$Ra \approx 1$ μm）和抛光试样（$Ra \approx 0.25$ μm）表面磁控溅射沉积 200 nm 的 Ni 层，之后金覆盖层的厚度约为 500 nm。沉积后，将试样在 450 ℃、600 ℃ 和 750 ℃ 恒定高温下的空气中储存 200 h，以模拟高温环境条件。没有任何低辐射率薄膜的镍基合金 K424 的 3~14 μm 波段的平均红外辐射率值在 600 ℃ 暴露 100 h 后约为 0.7，而 Au/Ni 多层膜在 600 ℃ 以下工作 200 h 后仍保持较低的发射率（小于 0.1），表明 Ni 中间层有效地阻止了金膜和金属合金之间的扩散。Au/Ni 多层膜难以在更高的温度下工作，在 750 ℃ 时红外发射率（约为 0.55）迅速增加。从合金相图可知，在 600 ℃ 以下金和镍基合金中的主要元素（如 Al、Cr、Co）在 Ni 中的溶解度很低。因此，Ni 层可以有效地抑制 Au 与合金之间的扩散。然而，如果暴露温度达到 750 ℃，则 Au 在 Ni 中的溶解度迅速增加，促进了 Au 层与 Ni 层之间的扩散。此外，晶格扩散和晶界扩散都会随着暴露温度的升高而加剧。另外，主要由于晶界扩散而在金覆盖层上形成斑点也是长时间使用的大问题，特别是在粗糙的基底上。基底的表面粗糙度增加将不仅增加有效的表面发射面积，而且会破坏 Au 膜的完整性。如图 6 – 39 所示，即使在高温下曝光，Au/Ni 多层膜，特别是抛光基板上的膜，仍具有非常低的热发射率（0.06）。同时，单层 Au 膜的低发射率耐久性明显比 Au/Ni 多层膜的低发射率耐久性差，这再次证明在该体系中必须设置势垒中间层。

减少或消除宽带频谱反射技术对于光电探测器、杂散光屏蔽、红外成像和隐身技术非常重要。例如，激光辐照已用来使金属变暗，以大幅减少反射。利用超快脉冲激光在铜表面制备抗反射涂层，在表面形成周期性的微结构阵列用于捕获光。这些工艺通过使铜表面变黑而显著降低了镜面反射，从而导致可见光谱中的反射率约为 6%，而纯铜的反射率几乎为 100%。Crespi 等在硅底上直流磁控溅射（DCMS）铜膜［平均厚度为（200±20）nm，电阻率约 5 μΩ·cm（Cu 块的为 1.67 μΩ·cm）］基板，之后分别在 Cu 基板上沉积 α – C 或

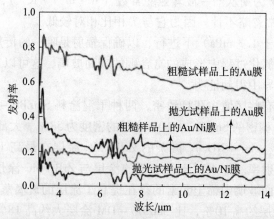

图 6-39 600 ℃暴露 200 h 后，试样的红外发射率

α-C：Fe* 薄膜，两种膜厚度有所不同，但通常约为（150±10）nm。采用不锈钢（AISI 316）/碳靶材混合溅射 α-C：Fe* 薄膜，符号 Fe* 表示由于 AISI 316 成分，薄膜可能含有微量的 Ni 和 Cr，以下称为 α-C：Fe*/Cu。将碳薄膜（平均厚度为（150±10）nm）沉积到铜膜上，称为 α-C/Cu。C/Cu 层结构的优点是，两种元素之间的相互作用仅在非常特定的温度和能量条件下发生。与在相同条件下沉积的 α-C 膜相比，膜中掺入量约为 50%（原子分数）Fe* 组合物可使电阻率降低高达 2 个数量级。两种材料体系的微观结构都可以通过改变靶基距 TSD 来改变，在靶材附近可以获得更致密、光滑的结构，从而导致较低的薄膜电阻率。

参考膜 Cu/Si 首先在 400~550 nm 的蓝绿色范围内显示 55% 的全反射率；然后在近红外光谱（约 900 nm）逐渐增加到几乎 100%。在 400~1 000 nm 的广谱中 α-C：Fe*/Cu 和 α-C/Cu 的反射率（TR）总体上都非常相似，α-C：Fe*/Cu 的反射率 30%~42.5%，均低于后者。在 400~800 nm，α-C：Fe*/Cu 或 α-C/Cu 样品的 TR 减少近（70±5）% 或约（60±5）%。两种膜在更高的波长大于 800 nm 下观察到的 TR 都有少量的 10% 的增加。在 TSD = 3 cm 沉积的两个膜都发现了相似的值。光学性质归因于薄膜的组成。α-C：Fe* 的反射率略有下降，以及其较低的电阻率证实了 Fe* 的添加改善了光吸收。图 6-40 所示为 TSD = 2 cm 时沉积的不同 α-C 膜厚度 x 与总 TR 的关系，插图显示了样品的横截面示意图，铜膜厚度恒定为 200 nm。α-C 膜的总反射率在蓝光区域（400~450 nm）随厚度（38%±5%）变化不大。在可见光范围内，薄膜厚度超过 450 nm 的 TR 变化最明显；TR 随厚度增加而逐渐减小，直至 150 nm，对于更高的膜厚度（不小于 200 nm），TR 恒定（30%±5%）。此外，在较高波长处，在接近 930 nm 的 IR 附近，对于不超过 150 nm 的 α-C 膜，TR 约为 52%；对于较厚的膜（不小于 200 nm），TR 约为 37%。

用吸收系数 α 评估非晶态半导体材料中的光吸收，它由所有电子跃迁之和确定，即

$$\alpha = 4\pi k/\lambda = 1/D \tag{6-42}$$

式中：D 为光在被吸收或反射之前可以穿透的深度。随着 α 的减小，光会更多地穿透。

两种薄膜的吸收系数都随着波长的增大而减小，α-C：Fe* 具有更高的值（在 UV 光谱中高达 0.039）。对于 α-C 薄膜，直到 700 nm 后 α 减小，之后稳定在 0.009 7 附近。α-C：Fe* 膜的光穿透深度 D 最大值在 850 nm 处约为 44 nm，比 α-C 膜（约 104 nm）约小 59%。

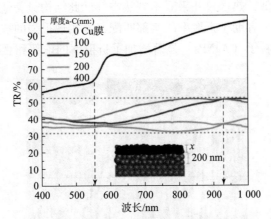

图 6-40 沉积的 a-C 厚度与总反射率的关系

在紫外光谱中，α-C：Fe* 的最小值为 25 nm，而 α-C 膜的最小值为 45 nm，两种膜可以调节光吸收。通常，在整个分析光谱（400~850 nm）中，α-C：Fe* 膜的穿透深度至少降低 40%。可以通过光学赝带隙的差异来解释此巨大变化，Fe* 的添加将比未添加的光学赝带隙降低了 57%。

垂直入射时的反射率 R 与参数 n 和 k 的关系为

$$R = [(n-1)^2 + k^2]/[(n+1)^2 + k^2] \tag{6-43}$$

根据式（6-43）可得出 α-C：Fe* 的 $R = 30\% \pm 5\%$（400~850 nm）。考虑到光到达最内层界面（α-C：Fe*/Si）的概率很低，这与测得的 TR 结果一致。对于 α-C 膜，R 约为 $(25 \pm 10)\%$。因其透明度较高导致 k 较小，从而导致 D 更大。因此，最里面的界面在反射率中起着重要的作用。

将金属-介电纳米结构和微型红外发射器集成并转移到薄的柔性基底上，在中、长红外光谱中吸收和控制物体的自发辐射，可实现红外隐身。Moghimi 等将硅纳米线（SiNWs）和银纳米颗粒（AgNPs）集成到主板中以实现介电金属隐形板。纳米结构被转移到聚酰亚胺基底上，该基底是柔性的并且可以包裹在物体周围。此外，该器件可以具有另一个带有可编址微辐射体的聚酰亚胺层，以呈现红外伪装信号。将具有嵌入式纳米结构的第一层聚酰亚胺与带有微辐射体的第二层聚酰亚胺结合在一起，以形成柔性器件。在这两个柔性层之间形成空气通道，将吸收体与辐射体隔离。空气通道在装置边缘周围是开放的，并且形成用于散热的排气管。图 6-41 所示为 SiNW 阵列的 SEM（比例尺为 2 μm），纳米线长度 11.79 μm，直径在 50~500 nm 变化；插图为具有纳米级吸收器、隔热层和微发射器的隐形片，在纳米结构 3、柱子 1 之间的空气通道 4 和发射器 2 的薄板的拓扑结构 SiNW 抑制了表面反射，并将最大比例的辐射耦合到纳米结构中。纳米线在直径、方向和密度方面是部分随机的，此随机性使得它们可以作为散射中心，并显著破坏携带热成像信息的波阵面。由于纳米线的反射相互干扰，FDTD 模拟图在沿纳米线垂直方向的电场分布中可观察到周期性波动以及入射波。电磁能量在 SiNW 之间随机分布，大部分能量被限制在 SiNW 上，振幅在锐边处增强（约 5 倍）。AgNP 的作用是由于其高吸收系数而将电磁波转换成热能。这里的吸收机理不同于可见光区域的辐射等离子体共振，后者可以在没有 SiNW 的情况下被激发。总的来说，95% 的电磁能被 SiNW 和 AgNPs 吸收并转化为热能，这些热能通过冷却空气通道从器件中传输出去。由于辐射率极低，热像仪几乎看不到热空气。此结构显著地控制了红外光谱区域的折射率。介质材料（Si）有助于折射率的实部匹配，并实现很强的抗反射能力。此外，具有高吸收系数的金属纳米粒子（AgNPs）显著增加了折射率的虚部和衰减红外波。

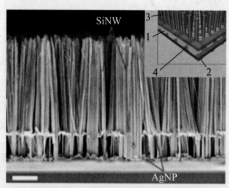

图 6-41　具有嵌入式纳米结构的 IR 隐形薄板（附彩插）
1—柱子；2—发射器；3—纳米结构；4—空气通道

光谱范围 4 000 ~ 650 cm^{-1}（2.5 ~ 15.3 μm）的测量结果表明，平均反射率从裸 Si 的 50% 降至 SiNW 的 3%。SiNW 的平均透射率从 35% 降低到 3.5%。随着 SiNW 的长度增加，透射率降低，并且光谱均匀性提高。最小透射率发生于 11.79 μm 长的 SiNW。最大反射发生于 4.64 μm 长的 SiNW，波数为 1 000 cm^{-1}（λ = 10 μm）处，反射率为 60%；当 SiNW 长度为 11.79 μm 时，该值减至 3%。大部分 IR 辐射透射通过厚度为 125 μm 的聚酰亚胺层。聚酰亚胺层（厚度大部分为 125 μm）的平均反射率为 10%，具有很高的透射率。但是，具有 11.79 μm 长的 SiNW 的最终器件会在 3 ~ 5 μm 和 8 ~ 14 μm 的透射窗口内将反射率和透射率分别降低至 5% 或 2% 以下。用前视红外辐射计相机分别检测和成像代表人（40 ℃）和车辆（37 ℃）的热辐射模型，被隐形片遮挡后无法探测到。

无论其温度如何具有输出固定热量 P 的独特特性的热发射涂层可以用作辐射器，并可在红外成像仪中隐藏物体的温度差异，其符合条件 $\partial P/\partial T = 0$ 并且在 $\varepsilon_{tot} = \gamma T^{-4}$ 时发生，其中 γ 是常数，单位为 K。在某些温度范围内符合该式的 ε_{tot} 表面称为零差热发射体（ZDTE）。使用真实材料实现 ZDTE 行为极具挑战性：发射率随温度的必要变化率远大于使用传统材料（例如，通过导带中与温度相关的电子布居，使用硅等带状半导体可实现变化率，但小于具有突变相变材料，如二氧化钒）。此外，该条件仅适用于发射率的无滞后温度依赖性；否则只能在加热或冷却期间满足 ZDTE 条件，但不能同时满足这两个条件。普朗克定律、基尔霍夫定律和斯忒藩-玻耳兹曼定律很好地描述了物体在非零温度下发射光的过程。对于大多数固体，热发射功率随温度一对一的单调增加，导致传统观点认为更热的物体会发出更多的光。2019 年，Shahsafi 等通过使用钐镍氧化物（SmNiO$_3$）证明了超薄热发射器颠覆了该对应关系，SmNiO$_3$ 是一种强关联的量子材料，经历了完全可逆的、温度驱动的固态相变。这种独特的绝缘体-金属相变的平滑和无滞后（与许多其他具有强 IMT 的材料如二氧化钒形成鲜明对比）特性使它们能够设计发射率的温度依赖性，以精确抵消斯特藩-玻耳兹曼定律描述的加热和冷却的固有黑体外观。

Shahsafi 等在蓝宝石基底上磁控溅射生长 SmNiO$_3$ 薄膜，随后将沉积的薄膜转移到自制的高压室中,并在1 400 lbs/in² (1 lbs/in² = 6.895 kPa) 的氧气中在500 ℃下退火24 h以形成钙钛矿相。比较几种厚度薄膜的积分辐射的导数随温度的变化表明,对于约150 nm或更大的$SmNiO_3$厚度可以实现ZDTE。对于厚度大于250 nm的$SmNiO_3$薄膜,结果没有太大变化,这表明基板的光学特性不会影响发射率。在整个相变范围内,在2～16 μm波长范围内进行了温度相关的可变角度光谱椭圆偏振测量,得到从室温到约140 ℃薄膜的复折射率数据,如图6-42所示。虽然对于电子和光学开关技术而言,渐变通常被认为不如突变有用。但在这里,$SmNiO_3$中IMT的渐变和无滞后特性对于实现ZDTE至关重要。由在c面蓝宝石衬底上生长约220 nm的$SmNiO_3$薄膜制作平面器件,由于$SmNiO_3$和蓝宝石中的光学损耗,得到的结构在感兴趣的波长区域是不透明的,并且在波长尺度上是平坦的。因此,由正入射反射率测量,根据基尔霍夫定律可计算法向发射率:$\varepsilon_N(\lambda, T) = 1 - R_N(\lambda, T)$。图6-43所示为该器件组成的ZDTE的发射率和波长与温度关系,图中虚线和实线分别通过直接发射和基于基尔霍夫定律使用反射测量。以约120 ℃为中心,温度范围约为30 ℃,他们的设计在8～14 μm波段的热发射功率与温度无关。第一次证明与温度无关的热辐射,对红外伪装和辐射热传递具有重要意义。

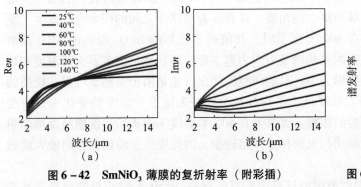

图6-42 $SmNiO_3$薄膜的复折射率(附彩插)
(a)实部;(b)虚部

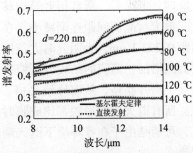

图6-43 $SmNiO_3$薄膜发射率-波长
(附彩插)

6.3.4 ITO薄膜

透明导电氧化物(TCO)薄膜通常为单层或多层金属氧化物/氮化物膜系,如单独采用ITO,或者在ITO、AZO($ZnO:Al_2O_3$)基础上辅以其他介质保护或光学控制的膜层。对于座舱玻璃的电磁隐身,通常是通过提高表面导电率来实现。但是,TOC本质上属于半导体,根据P型、N型掺杂不同而通过电子或空穴导电,目前飞行器座舱玻璃隐身主要采用N型半导体材料(如ITO、AZO)。

ITO是掺杂Sn^{4+}的In_2O_3半导体材料,ITO的本征等离子频率波长$\lambda_p^* = 1.124$ μm,本征激发吸收波长$\lambda_g = 0.34$ μm,可见光带V_ω正好与ITO膜的$\lambda_g - \lambda_p$符合。因此,ITO膜的可见光平均透过率通常可达80%以上。而在$\lambda > 3.5$ μm时,ITO膜的红外反射率才大于65%,它对近红外辐射的反射率明显低于金属膜。这与ITO膜的自由电子气密度比金属小2～3个数量级直接相关。电子密度越低,它对长波的屏蔽反射作用越小。ITO薄膜通常为非晶态或体心立方晶系晶体,作为N型半导体材料,其载流子主要来源于沉积过程中薄膜化学计量比偏离或阳离子掺杂形成的施主杂质。由于ITO膜本身合理的掺杂和严格控制的氧缺陷不但调节了可见光的透射频带，而且增加了它的电导率。由于具有低电阻率、高可见光透过率、高红外反射率等独特的物理特性而应用于飞机风挡玻璃、热反射镜、电致变色器件等光电领域。同时，对微波还具有较强的衰减作用，因而在电磁屏蔽、雷达波及红外隐身等军事领域具有巨大应用潜力。刘战合等研究铌掺杂 ITO 镀膜玻璃的方块电阻对微波频率 10 Hz 和 15 GHz 下的 RCS 增益有较大影响，方块电阻较小时（小于 40 Ω/m^2），具有较好的外形隐身效果；但方块电阻过低会带来薄膜增厚、透光率降低等缺点，应综合考虑光学和微波频段的隐身性能。

ITO 的制备除了无须外部加热下射频磁控溅射法之外，还有以下几种。

1. 射频磁控溅射之后退火

为了使 ITO 膜结晶，通常需要在膜沉积过程中进行高温加热或在 150 ℃ 附近进行额外的后退火处理。2014 年，Park 等使用 ITO 靶材［10%（质量百分数）SnO_2］通过射频磁控溅射（RFMS）在石英基板上制备 ITO 膜，在氮气流（约 420 sccm）下、管式炉中于 250 ~ 550 ℃ 的各种温度下，将 ITO 膜异位退火 30 min。薄膜厚度约 150 nm，退火膜的厚度变化小于约 7 nm（最大 4nm，最小约 7nm）。XRD 显示退火后结晶更明显，衍射峰对应于（222）、（400）、（440）和（622）晶面。最普遍的峰与（222）平面相关，表明沿该方向优先取向。退火后，所有衍射峰均移至更大的角度，这意味着晶格面之间的残余应变发生了变化。退火后晶面间距逐渐减小，在 400 ℃ 以下时，其值高于已知的 In_2O_3 粉末的 XRD 晶面间距 0.292 1 nm，表明此时大范围的结构畸变对应力起主导作用，然后随着退火后温度和热应力的增加，薄膜的结构以压缩变形为主。晶面间距的变化可能是由于某些氧可以在较高的温度下离开晶格，从而导致晶格参数降低。平均晶粒尺寸并未随退火温度的变化而显著变化。所有退火膜的形貌都比成膜时的粗糙，尤其是在 400 ℃ 温度下退火后表面粗糙度增加明显，可能是由于在氮环境下退火期间与氧的相互作用较少，因此发生了原始晶粒向较大簇的聚集。

尽管在 250 ~ 550 ℃ 的整个温度范围内迁移率都有所提高［550 ℃ 时获得的最高迁移率是 40 $cm^2/(V \cdot s)$］，但载流子浓度仅在最高 400 ℃ 时才增加，从而在较高温度下具有恒定的片电阻率和体电阻率。在 450 ℃ 时测得薄膜的最低电阻率为 2.7×10^{-4} $\Omega \cdot cm$，此前随退火温度增大，片电阻、电阻率逐渐下降。TCO 的迁移率与弛豫时间 τ 成正比，与电子有效质量 m_e^* 成反比。由经验公式计算得出 ITO 薄膜的 m_e^*，即

$$m_e^* = (0.066 \times n_e e^{1/3} + 0.3) \cdot m_e \tag{6-44}$$

式中：n_e 是电子浓度。

式（6-44）表明，m_e^* 将 n_e 从约 0.39 m_e 增加到约 0.44 m_e，表明导带可能是非抛物线形。然而，事实上，μ 随着 m_e 的增加而增大的事实表明，较高的 μ 是由于较长的 τ 所致。较长的 τ 可能是由于随着退火后温度的升高，薄膜的缺陷减少和/或薄膜的晶体质量提高，而在退火温度不低于 400 ℃ 时 m_e 的增加可能会主导电性能。

退火后 ITO 薄膜的平均可见光透过率提高到 85% 以上，透过率进一步扩展到紫外（UV）光谱区，这是由于带隙能量增加导致的。同样，在 400 ℃ 退火后，近红外（NIR）光谱区的反射率降低，这与载流子浓度的降低相关。Drude 模型可以很好地解释较高温度下的近红外光谱区的变化，在该模型中，由于自由载流子吸收和反射的减少，等离子体波长移至更长的波长，从而导致近红外光谱区域的光透射率更高。根据透射率 T 和反射率 R，可以通

过以下公式获得吸收系数 α，即

$$T \approx (1-R)^2 e^{-\alpha x} \tag{6-45}$$

式中：x 为膜厚度。

对于直接跃迁型半导体，已知 α 与光频率 v 和光学带隙 E_g 的关系，即

$$\alpha \propto (hv - E_g)^{1/2} \tag{6-46}$$

Burstein – Moss 效应是退火温度的函数，在 400 ℃时达到 4.17 eV 的最高光学带隙。退火后，ITO 膜的电学、光学性能均得到改善，同时还观察到费米能级的移动，这与薄膜的电子性质具有良好的相关性。在不同的后退火温度下，由于 SnO_2 的活化和缺氧，载流子浓度与光学带隙和电子性质的变化有关。根据该结果，可以期待优化掺杂活化并最小化高质量 TCO 的缺陷状态的可能方法。

2. 在升高的衬底温度下射频磁控溅射沉积 ITO 薄膜

Terzini 等通过射频磁控溅射 (RFMS) 沉积氧化铟锡膜，溅射功率密度从 0.36 W/cm^2 变化至 2 W/cm^2，纯氩气或 Ar/O$_2$ 混合物被用作溅射气氛。为了保持 Sn 激活条件，基材温度均保持在 250 ℃。XRD 分析表明，随着射频功率的增加，多晶结构的择优取向从 (222) 面转变为 (400) 面，晶粒尺寸随射频功率的增大而增大。EPMA 分析表明，〈111〉取向样品的 O/In 比高于〈100〉取向样品。在 400~700 nm 波长范围内的光透射率平均值 T_{vis} 和 IR 透射率随着射频功率密度的增加以及使用纯 Ar 代替 Ar/O$_2$ 混合物而不断降低。对于溅射的 Ar/O$_2$ 样品，在 0.73 W/cm^2 时测得的最高 T_{vis} 值为 85%，而在 2 W/cm^2 时降至仅 52%。在相同的功率密度下，纯 Ar 溅射样品的 T_{vis} 分别为 75% 和 50%。较大的光学带隙 E_g 值总是与较大的 XRD 峰强度比 [$I(222)/I(400)$] 相关。当取向从强〈100〉变为强〈111〉方向时，纯 Ar 和 Ar/O$_2$ 溅射膜的带隙分别为 4.15~4.32 eV 和 4.17~4.3 eV。

总之，即使在 250 ℃下，生长薄膜的氧化与射频功率密度控制的 O$_2$ 去除现象相竞争，这种竞争影响了择优取向生长从〈111〉向〈100〉方向的变化。通过化学计量氧化，可以获得〈111〉取向的薄膜，而缺氧导致〈100〉取向的薄膜生长，具有非常好的结晶结构。〈100〉取向的薄膜往往导致 Sn^{4+} 掺杂不良，透射率降低，载流子迁移率降低。〈111〉取向薄膜具有 Sn^{4+} 掺杂效率高、透过率高、能隙大、载流子迁移率高等特点。简言之，无论采用何种沉积方法，都必须注意生长特定的晶体取向以获得所需的膜性能。

3. 射频磁控溅射原位结晶（较高功率）

在没有任何退火或特意衬底加热的情况下，用原位结晶的方法制备的择优取向薄膜具有高导电性而不影响透明性，这对于其在光电中应用是非常有利的，特别是当涂层位于容易受热损坏的衬底上时。John 等在 3×10^{-2} mbar 的恒定腔室压力下持续溅射 60 min 将 ITO 薄膜沉积在玻璃基板上，靶基距恒定在 6 cm。溅射功率从 50 W（对应的功率密度为 1.9 W/cm^3）至 200 W（对应的功率密度分别为 1.9 W/cm^3 和 7.7 W/cm^3）。XRD 分析表明，以低于 125 W 的溅射功率沉积的样品本质上是非晶态的；溅射功率约为 125 W 时，结晶开始。溅射功率超过 125 W 时沉积的样品的 (400) 面强度与 (222) 面强度之比突然增加，晶粒沿 (400) 面择优生长，这被织构系数 C_{hkl} 所证实。与完全随机定向的样本相比，下式给出了来自 (hkl) 反射增强的量度 C_{hkl}：

$$C_{hkl} = \frac{N(I_{hkl}/I_{r;hkl})}{\sum_{i=1}^{N}(I_{hkl}/I_{r;hkl})} \tag{6-47}$$

式中：N 为 XRD 中的反射次数；I_{hkl} 为所讨论平面（hkl）的测量积分强度；$I_{r;hkl}$ 为具有完全随机取向（hkl）平面（取自 JCPDS 文件）的样品的积分强度。

对于随机取向的样品，织构系数为 1。对于 200 W 溅射的样品，（400）平面的织构系数为 4.48，而所有其他平面的织构系数要小得多，这表明在高溅射功率下 ITO 薄膜沿（400）平面具有明显的高择优取向。在 175 W 和 200 W 的较高溅射功率下，可以得到结晶良好的 ITO 薄膜，后者结晶度更好。随着溅射功率从 50 W 增加到 200 W，透明度略有下降，吸收边缘出现红移。在可见光区域 ITO 薄膜的最大透射率约 92%（50 W），而 200 W 薄膜则降至约 83%。对于以较高溅射功率沉积的膜，带隙能量的红移可归因于微晶尺寸的增加。此外，溅射功率从 50 W 增加至 200 W 时，电导率 σ 提高了 2 个数量级，分别约 $1.4 \times 10^2 /$（$\Omega \cdot cm$）和约 $1.3 \times 10^4 /$（$\Omega \cdot cm$）。电导率的增加与观察到的载流子迁移率 μ 和载体浓度 n 的增加很好地吻合：从 50 W 时的 $\mu \approx 1.81\ cm^2/V$，$n \approx 4.88 \times 10^{20}/cm^3$，到 200 W 时的 $\mu \approx 11.5\ cm^2/V$，$n \approx 7.1 \times 10^{21}/cm^3$。此时，ITO 薄膜的高导电性与 Tuna、Kim 和 Wei 等报道的沉积后退火的 ITO 薄膜相当。

4. 溶液法

为了定量评估具有不同厚度、电阻率和透明度的透明导电膜的性能，Haacke 提出了一种修正的品质因数（FOM），定义为

$$\Phi_H = T^{10}/R_s \tag{6-48}$$

式中：R_s 和 T 分别为薄层的电阻和透射率。

FOM 的值越高表示膜的性能越好，这需要低的薄层电阻和高的透明性。然而，为了获得高透射率，TCO 膜必须足够薄，这使得片电阻更高，需要彼此平衡，故 FOM 值不能无限高。

用 Φ_H 作为膜质量的基本测量，纳米颗粒 TCO 膜通常显示 FOM 低于 $10^{-4}/\Omega$。由于高薄层电阻和/或低透明度，大多数经溶胶凝胶处理的 ITO 膜表现出的 FOM 值与纳米颗粒 ITO 膜相同或适度更高。Seki 获取了异常高的 FOM 为 $1.17 \times 10^{-2}/\Omega$，这与通过溅射制备的多晶 ITO 膜的相当。达到的最小薄层电阻为 $7\ \Omega/sq$，可以满足高端应用。但是，大约 78% 的透射率远低于透明导体的基本要求（$T > 85\%$）。另外，ITO 膜的制造需要 30 个涂层，这使得该过程非常耗时且效率低下。2013 年，Chen 等采用溶凝胶法制备氧化铟锡（ITO）薄膜具有高透明性（$T = 90.2\%$）和导电性（$\rho = 7.2 \times 10^{-4}\ \Omega \cdot cm$），以及其时报道的所有溶液处理 ITO 薄膜中的最高优值（$1.19 \times 10^{-2}/\Omega$）。高透明度和优值 Φ_H、低表面电阻（$30\ \Omega/sq$）和表面粗糙度（1.14 nm）与直流溅射的基准性能相当。

6.3.5 智能隐身

智能隐身（电致/光致变色）采用具有感知、信息处理及自动调节自身信号的功能材料/系统，应对环境变化，自我指令做出最佳响应，调节拟隐身波段的特征信号，从而与背景电磁环境融为一体。可以采取适当分散性的材料、表面纹理化等实现选择性的热辐射，超材料也已被用来调整热辐射的方向性和频谱。除了这些静态方案，还可以使用某些可调材料来动态操纵 $\varepsilon(K)$。特别引起关注的是随温度变化而改变其光学性质的电致变色材料，可应用于可见光智能隐身材料（变色龙涂层）、智能温控涂层、航天器的热控、温度传感、激光告警和彩色服装等领域。例如氧化钨（WO_3），它在施加的电压下会发生光学和红外特性

的显著变化，因此可用于调节散热器的发射率，如通过辐射冷却控制卫星的温度。发射率的调制也可以通过使用热致变色材料来实现，该材料的光学特性取决于温度，温度变化会同时改变掺入热致变色材料的发射率 $\varepsilon(K, T)$，以及黑体对光谱辐射率的贡献 $K^3/(e^{hcK/k_B T}-1)$。基于热致变色材料进行调整的潜在好处是，它允许无源"智能"设备运行，而无须外部电源或控制。热致变色和可调发射率性能相结合，可作为可见光和红外波段的隐身材料。

英国 BAE 公司的 CV90-120T 坦克具有"自适应"宽波段红外隐身（热红外变色迷彩）系统，集主动防护、被动自适应隐身功能于一体。其外表加装有多块六角形"瓷砖"，"瓷砖"为独立的半导体，可制冷或制热，系统能够分别调节不同"瓷砖"的温度，以模拟车辆周围环境的热红外信号，达到"隐身"目的。

1. 二氧化钒

二氧化钒（VO_2）是一种典型的智能红外伪装隐身材料。VO_2 有多种晶型结构：VO_2（A）、VO_2（B）、VO_2（C）、VO_2（D）、VO_2（M）、VO_2（R），但只有 VO_2（M/R）具有接近室温的热致相变特性，该现象于 1959 年被 Morine 首次发现，相变的同时发生金属-绝缘体转变（MIT）：在约 68 ℃ 时发生由低温半导体态的单斜型结构（M）向高温金属态的四方金红石型结构（R 型）的可逆转变。

相变过程中会释放出潜热，相变热为 51.84 J/g，相变前后具有体积变化（体积增加约 1%），因而具有一级结构相变的性质，同时伴随着光学、电学、磁学等物理性能的突变，电阻率突变可达 4～5 个数量级，红外波段发生明显的透过率和反射率的变化，由高透过变为高反射，红外波段发射率突变量可达 0.6，如图 6-44（b）所示。这些优异的性质使 VO_2 广泛应用于激光致盲防护装置、热敏电阻、可变反射镜及非制冷焦平面辐射探测器等领域。

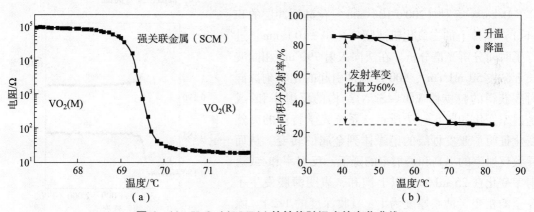

图 6-44 V_2O_5（(M/R)）的性能随温度的变化曲线

(a) 电阻；(b) 红外法向积分发射率

单斜晶相 VO_2（M）结构的晶胞参数为：$a = 5.75$ Å，$b = 4.53$ Å，$c = 5.38$ Å，$\beta = 122.60°$。这种结构的独特之处是沿 a 轴的 V^{4+}-V^{4+} 配对，V^{4+} 间距不等，按 2.65Å 和 3.12 Å 交替排列。高温金红石结构 VO_2（R）的晶胞参数为 $a = 4.55$ Å 和 $c = 2.86$ Å，V^{4+} 位于由 O^{2-} 构成的稍有变形的八面体中心及晶胞中的 8 个顶角，在 VO_2 八面体中共边链的钒距离相等，为 2.86 Å。相变中涉及的结构如图 6-45 所示，显示了两个结构，其中 M 相（上）（低温）和 R 相（下）中的实心圆或空心圆分别表示钒离子（V^{4+}）或氧离子（O^{2-}）

位置。

通过相变,单斜平面中的(100)平面平行于(001)平面偏移了0.43 Å。从能带结构来看,VO_2(M)的$d_{//}$能带和π^*能带之间存在一个禁带,带宽约为0.7 eV,费米能级恰好落在禁带之间,表现出绝缘性,而VO_2(R)的费米能级落在π^*能带与$d_{//}$能带之间的重叠部分,因此表现出金属导电性。VO_2的电子能带结构如图6-46所示。VO_2的各种光电功能均与其相变特性密切相关,VO_2的MIT相变机理尚存争议,主要存在三种观点:第一种是电子-电子关联机理,即电子关联驱动的Mott转变;第二种是电子-声子机理,即晶体结构驱动的Peierls转变;第三种是电子关联和晶体结构共同驱动VO_2相变机理。

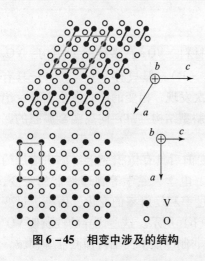

图6-45 相变中涉及的结构

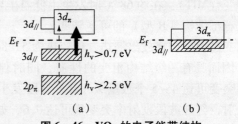

图6-46 VO_2的电子能带结构

(a)低温;(b)高温

Dekorsy等对(200±10)nm氮化硅缓冲层的Si(111)晶片上的二氧化钒薄膜[(50±10)nm]进行了时间分辨光谱分析。在法向入射790 nm相同波长下激发50 mJ/cm²、100 fs脉冲引起的化学刻蚀硅衬底获得的自支撑$VO_2-Si_3N_4$结构的反射率和/或透射率变化如图6-47所示。系统光学特性的突然变化证明了亚皮秒级的绝缘体到金属的转变,从而导致反射率的提高和透射率的降低。反射率和/或透射率变化在25 mJ/cm²以上饱和,表明薄膜发生了完全的相变(薄膜厚度为1/e吸收深度的1/2)。除了在1 ps时间延迟下折射率与高温相折射率的独特匹配之外,重要的是要指出,观察到的响应不能仅用半导体带隙中载流子的激发来解释。实际上,首先在此密度下的e-h(电子-空穴)对将导致反射率降低,与观察到的增加相反;其次反应不会出现阈值,也不会因注量而饱和。此外,观察到的弛豫不足与热载流子的行为不一致。首先所观察到的响应源自在不到1 ps的时间内向金属相的非热转变;然后系统在高温相热化;最后通过热扩散和成核作用(几十到几百纳秒)将热松弛到低温半导体中。

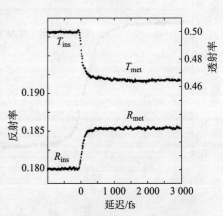

图6-47 自支撑$VO_2-Si_3N_4$结构在790 nm波长下的反射率和透射率

虽然不少其他过渡金属氧化物也同样具有这种MIT相变性质,例如Mo_9O_{26}、Fe_3O_4、

V_nO_{2n-1} 和 Ti_2O_3。但是，VO_2 的相变温度最接近室温，并且可通过掺杂进一步调整其相变温度，此外还有界面应力、控制粒径等方法可调控相变温度。掺杂主要是通过离子取代 VO_2 中 O^{2-} 或 V^{4+} 来破坏 $V^{4+}-V^{4+}$ 的同极结合。随着同极结合的减少，VO_2 的结构变得不稳定，从而降低相变温度。尽管掺杂能够使得相变温度大大降低，然而其原本所具有的光电突变特性（如红外光学特性和电阻的变化）会大大削弱，从而丧失作为红外隐身材料的用途。

哈佛大学 Kats 等开发出能够在红外热像仪前掩饰自己实际温度的负微分发射率主动伪装材料。他们在蓝宝石上溅射的二氧化钒（VO_2）薄膜（厚约 150 nm）在加热时具有反常的热发射率分布，这是由 VO_2 处于绝缘体－金属转变（IMT）的中间态（金属态和绝缘态的混合物）时薄膜与衬底之间的光学相互作用引起的。在 IMT 区域内，VO_2 薄膜包含金属和介电相的纳米级岛，产生具有可调谐的光学色散和红外损耗的自然无序超材料，这导致薄膜内的吸收共振在温度调谐时出现和消失。VO_2－蓝宝石样本的热辐射随温度升高先增加后减少，在特定温度（约 74.5 ℃）和波数（约 864 cm^{-1}）下，发射率趋于一致，表明样品显示出"完美"的类似黑体的热发射率，这是薄膜中强吸收共振临界耦合的结果。红外发射率的峰值相对较宽（约 200 cm^{-1}），且在波数 840 cm^{-1} 和 885 cm^{-1} 时发射率超过黑体。可以通过改变 VO_2 膜厚 20~400 nm，在 950~770 cm^{-1} 调谐发射峰的光谱位置。由于未掺杂 VO_2 的固有迟滞发射率在温度方面表现出滞后性，在高于 10 ℃ 的范围观察到较大的宽带负微分热发射率；加热后，VO_2－蓝宝石结构发出的热辐射较少，在红外热像仪上看起来更冷。这些异常发射率特性可用于红外伪装、热调节、红外标记等。

通过亚稳态 VO_2（B）的转变可制备热致变色 VO_2（M）薄膜，实现热辐射可调，以获得更好的热致变色响应的薄膜。Liu 等采用射频磁控溅射法以 200 W 射频功率在厚度为 0.5 mm 的石英玻璃基板（其温度保持在 500 ℃）上生长 VO_2（B）薄膜，生长压力保持在 0.8 Pa，氧气流量比为 5%。之后 VO_2（B）薄膜在 N_2 中 500 ℃ 退火。作为亚稳相，VO_2（B）在真空中经 400~450 ℃ 的热处理可以不可逆地转化为 VO_2（R），冷却后 VO_2（R）转化为 VO_2（M）。XRD 分析结果表明退火 5 h 是获得 VO_2（M）相的有效条件。为了降低发射率，在石英下面粘贴硅橡胶片以形成不透明、高发射率的新衬底。

图 6-48 所示为测试结果；图 6-48（a）为 VO_2（M）/石英的发射率随温度的变化；图 6-48（b）为由红外热像仪测量的 VO_2（M）/石英/硅橡胶的视在温度与真实温度的关系。在远红外波段，样品的发射率降低了 0.49 [在整个 MIT 范围内从 0.84 降低到 0.35，图 6-48（a）]，略高于无硅橡胶时的下降 0.47；尤其是中红外波段的发射率变化大为改善，此时的发射率变化约为 0.21，远高于无硅橡胶衬底时的 0.03。在中红外区中，视在温度 T_a 在实际温度 $T_r=70$ ℃ 时明显低于 T_r，为 60 ℃。表明 VO_2（M）/石英/硅橡胶的红外辐射强度在加热时能够自主地降低，以保持在远红外波段目标与背景之间 T_a 的最小差异，表现出类似红外变色龙的行为，为自适应红外伪装提供了新机遇。

2. 掺杂氧化锌

$La_{1-x}D_xMnO_3$（D = Ca，Ba，Sr）和 VO_2 是研究最早和最多的可调发射率和热致变色材料，$La_{1-x}Sr_xMnO_3$ 通常具有很高的太阳光吸收率（超过 0.8），但是，$La_{1-x}D_xMnO_3$ 需要精密的仪器控制制备；而 VO_2 有毒，且二者都很昂贵。因此，研究替代物势在必行。氧化锌（ZnO）作为重要的 N 型半导体材料，是可逆的热致变色材料，在可见光波段具有低吸收率和高辐射弥散性；此外，高反射率出现在近红外区域，使其非常适合于空间应用、颜料等领

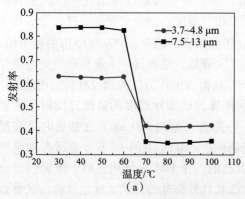 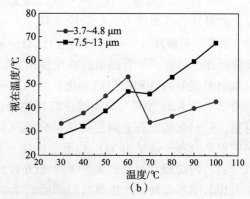

图 6-48 VO$_2$ 基红外热致变色性质
(a) 发射率随温度的变化；(b) 视在温度与真实温度的关系

域。在室温下 ZnO 具有宽能隙（3.37 eV），导致其仅在紫外辐射下响应，阻碍了其在可见光波段的应用。减小禁带宽度是提高 ZnO 光学性能的可行途径，掺杂过渡金属元素是调节氧化锌微观结构和特性最重要的方法之一。在所有过渡金属中，由于 Co 具有可变的氧化态、较大的磁性，以及与 Zn^{2+} 原子（0.074 nm）具有相似的离子半径（0.072 nm），而在 ZnO 中具有较高的溶解度极限，因此被广泛采用。Co 掺杂 ZnO 的带隙减小，光敏性能增强，通过减小带隙可以提高钴掺杂钛的可调谐发射率和热致变色性能。

Zhu 等通过不同的焙烧温度下固相反应制备了绿色的 $Zn_{1-x}Co_xO$ 纳米粉。通过 Kubelka-Munk 函数获得光子带隙，即

$$(\alpha \cdot h\nu)^2 = A(h\nu - E_g) \tag{6-49}$$

式中：α 为吸收系数；h 为普朗克常数；A 为常数；ν 为光子的频率；$h\nu$ 为光子能量；E_g 为光子带隙。

在 5 个焙烧温度下获得的 $Zn_{1-x}Co_xO$ 粉末的光子带隙分别为 3.16 eV、2.76 eV、2.64 eV、2.58 eV 和 2.44 eV，发现随着焙烧温度的升高样品 E_g 减小，吸收边缘发生红移，这主要是由于 Co^{2+} 取代 Zn^{2+} 离子的能带电子与局部 d 电子之间的 $sp-d$ 交换相互作用所致。

在 700~1 000 ℃，随焙烧温度升高，室温下压片测得 $Zn_{1-x}Co_xO$ 样品的电阻率呈现下降的趋势[图 6-49（a）]，电阻率取决于微晶尺寸和结晶度；而其在 3~5 μm 波长处（测试温度为 20 ℃）的发射率值与电阻率变化趋势相同，此外可能是由于形态不同引起的。Co^{2+} 掺杂的 ZnO 粉末由纯 ZnO 的白色变为绿色，当烧结温度从 700 ℃ 升高到 1 100 ℃ 时，绿色从苹果绿色过渡到苔绿色，颜色变深。在高温下，所有样品的颜色都可以从绿色转变为军绿色，并且随着测试温度的升高，此现象更加明显。此外，随着焙烧温度的升高，变色温度从 700 ℃ 焙烧的约 400 ℃，降至 1 100 ℃ 焙烧的约 200 ℃ 变色，变色温度的降低归因于能带隙的减小。显色和热致变色分析结果表明，$Zn_{1-x}Co_xO$ 纳米粉的变色温度与能带隙有关。

从 XPS 结果，还可以说高的氧空位浓度可以引起带隙变窄并导致可见光吸收能力增强。ZnO 带隙 E_g 随温度的变化可由下式计算：

$$E_g(T) = E_g(0) - \alpha T^2/(T+\beta) \tag{6-50}$$

式中：$E_g(T)$ 为 T K 下 ZnO 的带隙能量；$\alpha = -5.5 \times 10^{-4}$ eV/K，$\beta = -900$ K；T 为温度（K）。

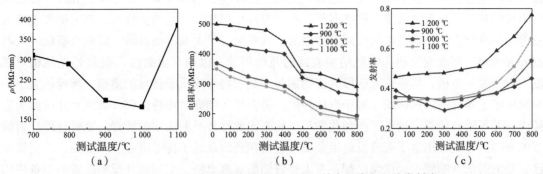

图 6-49 在不同测试温度下 $Zn_{1-x}Co_xO$ 的电阻率和红外发射率

(a) 700~1 100℃下电阻率；(b) 室温至800℃下电阻率；(c) 室温至800℃下发射率

由式（6-50）可见，E_g 随着温度的升高而降低。仅当光子能量 $h\nu$ 大于带隙 E_g 时，才会出现光吸收。在较高的测试温度下，黄色 ZnO 变深可能是另一个原因。结果证实，光学能带隙的减小对热致变色性质非常有利。

Zhang 等将 0.98 mol 纳米氧化锌（ZnO）和 0.02 mol 四氧化三钴粉末（Co_3O_4）混合、研磨后，在炉中于 900~1 200℃（间隔温度 100℃）下焙烧 18 h，冷却后获得固相法合成的 $Zn_{1-x}Co_xO$ 纳米粉体。随着焙烧温度的提高，$Zn_{1-x}Co_xO$ 纳米粉体的结晶度、氧空位含量和 Co^{2+} 取代 Zn^{2+} 的量均增加，结晶度提高可增大 500~700 nm 范围内的光吸收，使颜色随焙烧温度升高而由绿色变为深绿色。所有样品都表现出可逆的热致变色性，当测试温度从 25℃ 升高到 800℃ 时，颜色可从绿色可逆地变为黄色。电阻率与电导率 σ、载流子迁移率 μ 及其浓度 n 之间的关系为 $\rho = 1/\sigma = 1/(\mu n)$。实验温度从室温至 800℃，不同温度下焙烧的、6 MPa 压力压制样品的电阻率以及红外（3~5 μm）发射率 ε 值如图 6-49（b）和图 6-49（c）所示。红外发射率与微观结构、晶粒尺寸、电阻率 ρ 和晶格振动有关，可以用 Hagen-Rubens 关系进行分析：

$$\varepsilon(\lambda) = 36.5(\rho/\lambda)^{1/2} \qquad (6-51)$$

式中：λ 为波长，$\varepsilon(\lambda)$ 为法向发射率。

由式（6-51）可见，电阻率和发射率是正相关的。随着烧结温度从 900℃ 升高到 1 200℃，在 3~5 μm 波段室温下发射率的变化 $\Delta\varepsilon$ 为 0.159、0.20、0.321 和 0.304，在 900℃ 和 1 100℃下焙烧的样品红外发射率变化 $\Delta\varepsilon$ 分别为最小和最大。$Zn_{1-x}Co_xO$ 纳米粉体在可见光至红外波段智能隐身和航天器热控涂料中有潜在的应用前景。

3. 自适应红外反射体

介电弹性体致动器已用于可见光波段变色体系中。最基本的此类器件由夹在两个电极之间的弹性体膜组成，在电极之间施加电压会产生静电压力，从而导致膜的厚度减小，整个电极的面积增大，是将电刺激转化为机械输出的致动器。但是，介电弹性体致动器的技术可行性受到高电压和电极性能双重要求的挑战，对于红外伪装应用，电极性能要求尤其令人生畏，因为电极材料必须同时具有能直接加工独立薄膜、表面改性和图形化的能力，良好的柔韧性，高导电性（变形时不下降），在宽光谱范围内透明，在可变湿度下不降解，对反复循环的稳定性。

Xu 等借鉴头足类动物皮肤的特点，利用介电弹性体致动器的技术基础，以平行板电容器类型的配置设计由底部质子传导电极、介电弹性体膜、顶部的质子传导电极和红外反射涂层组成的装置。在激励之前,这些器件具有相对较小但尺寸可变的活性区,其表面覆盖着致密但几何可重构的反射微结构排列。激励后,这些装置扩大其活动区域,以调节吸收的入射红外光的量,并改变活动区域微结构表面的几何形状,以调节反射的入射红外光的相对强度。对于柔顺电极,用磺化五嵌段共聚物制备了具有特殊的质子传导的薄膜,薄膜的大小和形状决定了器件的活性区域。对于电活性层,将丙烯酸酯介电弹性体膜安装在尺寸可调的支架内,并等轴拉伸膜。制备了两种化学和结构不同的红外反射涂层的装置。宽带红外反射装置的制备:首先采用电子束蒸发将铝金属薄膜沉积到顶部质子传导电极上;然后将其层压在已安装的丙烯酸酯膜上,该膜已配备有未经修饰的底部电极。窄带红外反射装置的制备使用电子束蒸发将二氧化钛(TiO_2)和二氧化硅(SiO_2)的交替层直接沉积到已安装的丙烯酸酯膜的顶部电极上,该膜已配备顶部和底部电极。对于这两种装置类型,使支架机械地收缩以释放在膜的初始安装期间引入的一些张力,从而将微结构(褶皱)引入装置的活动区域的表面。

图 6-50 所示为宽带和窄带反射率的机械调制示意图和红外反射光谱。图 6-50 (a)

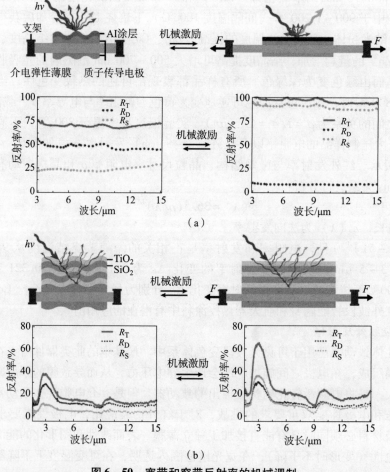

图 6-50　宽带和窄带反射率的机械调制
(a) 宽带;(b) 窄带

和图 6-50（b）的上部分别为宽带和窄带器件在可调节支架中进行机械操作之前（左）和后（右）的示意图，显示出了表面形态的变化和红外光的反射。图 6-50（a）和图 6-50（b）的下部分别为两种器件机械致动之前（左）和后（右）的红外反射光谱，显示了总反射率 R_T 以及它们的镜面反射 R_S 和散射 R_D 分量。在机械驱动（等轴应变）下，宽带红外反射率器件具有较大的活动区域和较小的厚度，皱纹被展平为不规则区域的准二维网络；红外光谱表明，平均总反射率 R_T 为 $(96\pm1)\%$，平均总透射率小于 1%，平均总吸收率为 $(3\pm1)\%$；未驱动器件的三者分别为 $(71\pm3)\%$、小于 1% 和 $(28\pm2)\%$。机械激励将镜面反射率 R_S 与漫反射率 R_D 之比（由于形态的变化）和总吸收率（因厚度的变化）动态调制了一个数量级。为了获得在电磁波谱的中红外区具有峰值波长（$\lambda_{峰值}$）的反射率，使用了由布拉格堆叠，TiO_2 和 SiO_2 厚度分别为 $\lambda_{峰值}/(4\times n_{TiO_2})$ 和 $\lambda_{峰值}/(4\times n_{SiO_2})$ 的交替层组成的红外反射涂层（其中 n_{TiO_2} 和 n_{SiO_2} 是折射率）在 $3\ \mu m$、$4\ \mu m$ 和 $5\ \mu m$ 波长处具有峰值反射强度。在机械驱动之前，代表性的微结构化（起皱的）和相对较厚的器件在 $3\ \mu m$ 红外波长下具有 $(34\pm3)\%$ 的峰值全反射强度，镜面反射分量为 $(8\pm1)\%$；但是在机械驱动之后，峰值总反射强度增加到 $(55\pm7)\%$，镜面反射分量大得多，为 $(29\pm5)\%$。通常，该器件在特定波长下的总反射率随应变的增加而增加（而相应的总吸收率可能会降低）。反射率的镜面反射分量也随着应变而增加，但漫反射分量相对不受影响。故可以直接在红外波段的特定窄波长范围内动态调制反射率。

6.4 激光隐身

与微波雷达类似，激光器通过向目标发射激光，然后接收反射信号来确定目标的距离、方位和速度，实现激光制导、激光测距、激光雷达和激光引信等目的，使用的波长主要为 $0.93\ \mu m$、$1.06\ \mu m$、$1.54\ \mu m$ 和 $10.6\ \mu m$。激光隐身的主要途径是采用外形技术和材料技术，消除或削弱目标表面反射激光的能力，从而降低敌方激光侦测系统的探测、搜索概率，缩短敌方激光测距、指示、导引系统的作用距离。

激光雷达截面（LRCS）是描述目标对照射到其上面的激光的散射能力的物理量，可以定量地评价目标的激光隐身效果。当接收机上产生的光强等于全反射的球体产生的光强，此时该球体的截面积就是 LRCS，即

$$\sigma = 4\pi\rho A/\Omega_r \tag{6-52}$$

式中：ρ 为目标反射率；A 为目标实际面积；Ω_r 为目标散射波束的立体角。

球体目标的激光雷达截面：$\sigma_d = \rho_d \pi r^2$，式中，$\rho_d$ 为球体反射率；r 为球体半径。通常情况下，目标物体越接近球体，它的 LRCS 和物体大小的关系越密切，而与方位或方位角无关。

激光隐身技术是通过降低己方目标的可探测性信号来实现的，激光雷达测距方程为

$$R = \left[\left(\frac{P_T}{P_R\Omega_T}\right)\rho A_r\left(\frac{A_c}{\Omega_R}\right)\tau^2\right]^{1/4} \tag{6-53}$$

式中：R 为激光雷达作用距离；P_T 和 P_R 分别为激光发射和接收的回波功率；ρ 为目标的反射率；A_r 为目标面积；A_c 为接收机的有效孔径面积；Ω_T 和 Ω_R 分别为发射波束和目标散射波束立体角；τ 为单向传播路径透过率。

由式（6-53）可以看出，激光雷达测距 R 方程与 ρA 相关，即与 σ 相关。当激光雷达作用距离为最大 R_{max} 时对应的 LRCS 为临界散射截面 σ_m。在这个距离上若目标的 $\sigma < \sigma_m$，则其处于隐身状态。

减小 LRCS 的理论方法有：①降低表面粗糙度，把目标外形设计成大块面结构以增大可能的激光入射角；②使表面随机起伏，具有一维取向性；③使目标散射回波不能被相干激光雷达天线光开关有效隔离。此外，控制表面微结构来隐身的方法在模拟飞机上已经试验成功。

在大气传输条件一定时，激光雷达作用距离主要与目标的漫反射率有关。若能将目标材料的漫反射率降低一个数量级，其激光雷达的最大测程将减少 1/3～1/2。因此，激光隐身的核心在于减少目标的激光反射率，其实现途径主要有外形方法和材料方法。材料方法则是通过使用对激光有强烈吸收作用的材料，以减少激光的反射信号或改变反射信号的频率来实现。激光隐身材料分为吸收材料、导光材料、透射材料。透射材料让激光透过目标表面而无反射。从原理上，透光材料后应有激光光束终止介质，否则仍有反射或散射激光存在。导光材料是使入射到目标表面的激光能够通过某些渠道传输到其他方向，以减少直接反射回波。这两种隐身功能材料作为激光隐身材料实现难度较大。目前，各国主要采用纳米材料、金属氧化物、掺杂半导体材料、稀土掺杂材料、稀土上转换材料、光子晶体、有机吸波材料等激光吸收材料实现激光隐身。美、俄、法等国利用纳米材料具有尺寸小于激光波长、比表面积大和高度光学非线性的特点，采用黏合剂和纳米微粉填料制备出宽频隐身涂层，同时对雷达和红外波段具有良好的吸收性能。

稀土上转换材料主要是掺稀土元素的固体化合物，利用稀土元素的亚稳态能级特性，可以吸收多个低能量的长波辐射，经多光子加和后发出高能的短波辐射，从而可使人眼看不见的红外光变为可见光。利用它对激光频率的转换特性来降低激光回波反射的能量，从而达到激光隐身的目的。主要有两种方法来实现频率上转换：一种是双光子吸收材料，通过虚态直接吸收两个光子而产生上转换发光；另一种是掺杂稀土离子的晶体、玻璃、光纤等材料，通过实际存在的中间态分步吸收两个或多个光子，实现离子数的反转而产生上转换发射。所涉及的机理包括激发态吸收、能量转换、光子雪崩等。激发态吸收过程（ESA）其原理是同一个离子从基态能级连续吸收多个光子到达能量较高的激发态能级的过程，是一种最为常见的上转换发光过程。能量转移（ET）是指两个能量相近的离子通过非辐射耦合，以交叉弛豫方式进行能量传递，一个返回到基态；另一个跃迁到更高的能级。光子雪崩（PA）是离子没有对泵浦光的基态吸收，但有激发态的吸收以及离子间的交叉弛豫，造成中间长寿命的亚稳态数增加，离子都被积累到 E_2 能级上，使得 E_2 能级上的粒子数像雪崩一样增加，因此称为"光子雪崩"过程，可产生有效的上转换。

稀土元素 Sm、Er 和 Ce 的一些固体化合物对近红外激光存在选择性吸收现象。考虑激光隐身对 1.06 μm 波长的激光强吸收和光谱转换效率的要求，可将在 1.06 μm 附近具有强吸收的稀土离子化合物（如 Sm^{3+}、Er^{2+}）掺杂在基质体系中，将 1.06 μm 的激光转化为其他波长的光，从而达到吸收激光能量的效果。张拴勤等采用湿化学法制备出以氧化钇为基质掺杂稀土元素的上转换材料，通过优化掺杂体系，确定出对 1.06 μm 激光具有良好吸收性能的掺杂元素种类和浓度，材料最小的反射率接近 0.1。

当热辐射投射到任何物体表面上时，一般会发生三种现象，即反射、吸收和透过。反射

率 ρ、吸收率 α 与透过率 τ 之和等于 1，即

$$\rho + \alpha + \tau = 1 \tag{6-54}$$

对于大多数的固体和液体 $\tau = 0$，有

$$\rho + \alpha = 1 \tag{6-55}$$

基尔霍夫热辐射定律描述了物体的发射率与吸收率之间的关系，对于在热力学平衡中发射和吸收热辐射的任意物体，发射率 ε 等于吸收率 α，即

$$\varepsilon = \alpha \tag{6-56}$$

因此式（6-55）也可写作为

$$\rho + \varepsilon = 1 \tag{6-57}$$

由以上分析可见，不可能同时降低 ρ 和 ε。激光隐身要求相应波长下材料具有较低的反射率，这与热红外隐身要求材料对红外波段电磁波具有高反射和低发射/低吸收的特性相互制约，较难兼顾，使得依靠单一结构材料实现红外/激光兼容隐身功能非常困难。

光子晶体是指介电常数（或折射率）空间周期性分布而具有光子带隙的特殊材料，是由介电常数不同的几种材料组成，其最显著的特性是电磁波频率处于光子晶体禁带范围内时在光子晶体中不能传播，表现出高反射的特性；而频率处于光子晶体通带范围内时则会透过光子晶体，表现出高透射的特性。如果在光子晶体中引入缺陷，光子禁带中将产生相应的缺陷能级，称为光子局域，相应频率的入射电磁波可以透过光子晶体。因此，可以通过光子晶体结构设计、缺陷的人工构造来控制电磁波传播，采用"光谱挖坑"（使材料在激光工作波长 $1.06~\mu m$ 或 $10.60~\mu m$ 等附近出现较窄的低反射率带、在其他红外光波段均呈现高反射特性，如同在红外波段光谱上挖坑）的方法实现低反射的激光隐身和高吸收（低反射）的热红外隐身，达到激光/红外兼容隐身的目的。典型的一维光子晶体通常由两种不同的材料交替组成，其折射率为 n_1 和 n_2，两种材料的厚度分别为 h_1 和 h_2，如图 6-51 所示。对于掺杂光子晶体的中间空白处为缺陷，对于一维光子晶体其光学特性可以通过传递矩阵法计算，在计算时假设入射角为 $0°$，可以忽略介质的色散和吸收。为了实现 $1.06~\mu m$ 和 $10.6~\mu m$ "挖坑"反射光谱的双波长，光子晶体必然是双掺杂的。但是，传统双掺杂方法产生的两个缺陷模之间存在相互

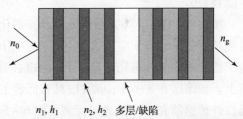

图 6-51 一维光子晶体/掺杂光子晶体示意图

作用，可能导致模式分裂、信道干扰、信道位置的独立调整和带结构的变化以及缺陷模的峰值传输等。

2011 年，Zhao 等选用碲化铅（PbTe）和冰晶石/六氟合铝酸钠（Na_3AlF_6）（二者的透明波段分别在 $3.4 \sim 30~\mu m$ 和 $0.2 \sim 14~\mu m$）分别作为高/低折射率材料，基于分布式布拉格反射器（DBR）微腔原理设计了一维双缺陷模光子晶体。设计了每层的光学厚度为 $\lambda_0/4$、中心波长 λ_0 为 $10.6~\mu m$，以及中心波长 $\lambda_0 = 1.06~\mu m$ 的对称 DBR 微腔 A 和 B，它们的结构可表示为：空气/[HL]²H [HL]²H/玻璃，其中 H 代表 PbTe，L 代表 Na_3AlF_6（下同）。当将这两个微腔叠起来，结构为：空气/[HL]²H [HL]²H [HL]²H [HL]²H/玻璃，此时反射光谱清晰地在 $1.06~\mu m$ 和 $10.6~\mu m$ 处出现两个"坑"。当在两个 DBR 微腔的中间插入一个中心波长 $\lambda_0 = 3.85~\mu m$ 的光子晶体（PC1），可扩展 $3 \sim 5~\mu m$ 的中红外带隙，其结构可表

示为：空气/[HL]²H [HL]²H [HL]² [LH]² [HL]²H/玻璃。最后，为了拓宽近红外带隙，在微腔 B 和光子晶体（PC1）之间插入另一个中心波长 $\lambda_0 = 2.5\ \mu m$ 的光子晶体（PC2），其结构可表示为：空气/[HL]²H [HL]²H [HL]² [LH]² [HL]²H [HL]²H/玻璃。该多周期双异质结光子晶体在近、中/远红外波段具有较高的光谱反射率，波长在 $1 \sim 5\ \mu m$ 和 $7.4 \sim 20\ \mu m$ 红外波段的光谱反射率高达99%；波长在 $1.06\ \mu m$ 和 $10.6\ \mu m$ 波段的光谱透过率大于96%，将满足近、中/远红外波段与激光兼容隐身。

激光隐身涂料还必须考虑与可见光、红外以及雷达波隐身涂料等的兼容问题，需要通过复合技术将不同应用功能的涂料有效地耦合在一起以实现对多种探测手段的复合隐身。

6.5 多波段兼容隐身

目前，实现雷达与红外兼容隐身的主要方法是将两种隐身材料叠加使用，但此方法有很大的局限性，而选择性调控光谱的光子晶体有望解决这一难题。2014 年，Wang 等设计了由 Ge/ZnS 交替组成的四个介质层厚度不同的异质结构的光子晶体，制备出一维双异质结构材料，实现了波长在 $3 \sim 5\ \mu m$ 和 $8 \sim 14\ \mu m$ 均大于 0.99 的高反射率（图 6-52），波长在 $3 \sim 5\ \mu m$ 和 $8 \sim 12\ \mu m$ 的红外发射率分别低至 0.073 和 0.042。而且这种材料与微波吸收材料组合时，在雷达波段存在高透射性，可以实现红外 - 雷达隐身兼容。

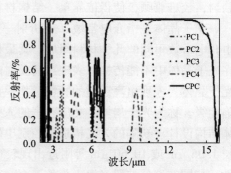

图 6-52 双异质结构的反射光谱图

2016 年，Wang 等采用锗（Ge）、硒化锌（ZnSe）、Si 三种薄膜交替生长的方法，设计并成功制备了具有缺陷模式的一维光子晶体（1DPC）涂层（图 6-53，黑色为基底），通过电子枪的辅助蒸发将光子晶体 PC 涂覆在硅片和非织造的特氟龙（聚四氟乙烯，PTFE）薄膜上。该涂层在 $8 \sim 14\ \mu m$ 波段具有低辐射率，在 $10.6\ \mu m$ 波段具有低反射率，可同时对抗远红外传感器和 CO_2 激光的探测。图 6-54 所示为波长为 $8 \sim 14\ \mu m$（垂直入射）测量（实线）和计算（虚线）的一维光子晶体的反射率光谱，吸收率 $A = 1 - T - R$。

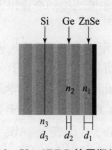

图 6-53 1DPC 的周期结构

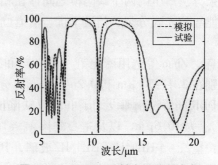

图 6-54 1DPC 反射率随波长变化

此外，基于薄膜的特征矩阵法理论研究了 1DPC 中太赫兹波的传输、反射和吸收特性。

2×2 特性矩阵可用于描述层压介质中光的传输特性，第 l 层的矩阵为

$$M_l = \begin{bmatrix} \cos\delta_l & \mathbf{j}\dfrac{\sin\delta_l}{\eta_l} \\ \mathbf{j}\eta_l\sin\delta_l & \cos\delta_l \end{bmatrix} \tag{6-58}$$

其中，

$$\delta_l = \frac{2\pi}{\lambda}n_l d_l\cos\theta_l,$$

$$\eta_l = \begin{cases} n_l/\cos\theta_l, \text{TM 波} \\ n_l\cos\theta_l, \text{TE 波} \end{cases}$$

式中：n_l、d_l 和 θ_l 分别为第 l 层的折射率、厚度和折射角度，在介质中，满足斯涅耳（Snell）折射定律：$n_l\sin\theta_l = n_{l-1}\sin\theta_{l-1} = \cdots = n_0\sin\theta_0$。

如果薄膜由 k 层组成，则特征矩阵可以表示为

$$M = \prod_{l=1}^{k} M_l \tag{6-59}$$

其中，M 可以改写为

$$M = \begin{bmatrix} m_{11} & m_{12} \\ m_{21} & m_{22} \end{bmatrix} \tag{6-60}$$

入射光的总反射率 R 和透过率 T 的计算公式为

$$R = \left|\frac{m_{11} + \eta_{k+1}m_{12} - \eta_0^{-1}(m_{21} + \eta_{k+1}m_{22})}{m_{11} + \eta_{k+1}m_{12} + \eta_0^{-1}(m_{21} + \eta_{k+1}m_{22})}\right|^2 \tag{6-61}$$

$$T = \frac{4\text{Re}(\eta_{k+1}/\eta_0)}{|m_{11} + \eta_{k+1}m_{12} + \eta_0^{-1}(m_{21} + \eta_{k+1}m_{22})|^2} \tag{6-62}$$

从理论上研究了入射角为 0°~80°时太赫兹波在 PC 涂层中的传播特性，由于太赫兹波（0.3~2 THz）不在 1DPC 的带隙中，因此具有相对较高的透过率，最大值高达 92%（理论值），全波段吸收率低于 0.5%。理论计算和试验结果表明，应用太赫兹波检测和识别基于 1DPC 的隐身涂层覆盖目标可行并有效。

除了多波段隐身兼容之外，具有自激活功能的智能化材料成为兼具激光隐身和对抗高能激光的新研发目标。当入射激光光强低于允许的最大光强时，材料自激活系统未被激活，处于"关闭"的状态，即材料在此波段具有较低的激光反射率，具有激光隐身功能；当入射激光光强高于允许的最大光强时，自激活系统被激活，此时材料的反射率升高，处于"打开"状态，入射激光能量被有效耗散，实现高能激光防护。具有自激活功能的智能化激光响应技术，将有望解决防护与隐身对反射率要求截然不同的矛盾。此类材料主要是利用一些过渡金属氧化物具有的非线性相变特性：室温下材料处于基态晶体结构，当受到激光热激励作用后，材料因温升而引起相变，晶体结构发生变化，伴随着其光电特性的显著变化。目前，研究最多的相变材料是 VO_2 薄膜，它具有优异的热致色变性能，当温度上升至 68 ℃时，它的晶体结构由单斜结构（呈半导体态）转变为正交结构（呈金属态）。如图 6-55 所示，伴随着其电学与光学性质的突变，反射率可从相变前的 10% 左右升高到相变后的 80% 左右，响应时间小于 50 ns。据报道，美国已成功研制出一种氧化钒薄膜用以保护卫星红外探测系统免受激光破坏，其开关作用可保持 25 年之久。VO_2 薄膜具有响应速度快、可重复

使用的优点，但其防护阈值极低，制备工艺复杂，主要针对致盲类软杀伤激光武器，无法适用于战场强激光防护。

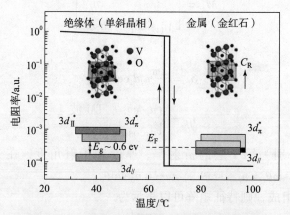

图 6-55　VO_2 相变过程的晶型及能带结构变化

有机分子存在着多种形式的官能团振动，对红外辐射能够选择性地吸收。通过改变有机分子的氧化-还原状态，调节其分子结构和电子跃迁能带，从而实现在光学、红外或雷达波段的独特响应是可能的。近年来，有大量具有高近红外吸收的有机化合物不断涌现，其主要利用含近红外吸收生色基团的有机染料，如不对称菁染料、酞菁染料、偶氮染料和蒽类染料，在 0.78~1.06 μm 波段产生较强的吸收峰。

6.6　光学隐身材料

光学隐身是指消除、减小、改变或模拟目标和背景之间在紫外（0.30~0.40 μm）、可见光（0.40~0.76 μm）、近红外波段（0.76~1.2 μm）的亮度、色度、运动的对比特征和反射特性差别，以降低这些波段探测系统发现目标的概率，从而实现隐身功能。光学波段的侦察包括目视、照相、电视侦察等，目视观察又分为直接目视观察和使用光学侦察器材的观察（如望远器材、近红外夜视器材和微光夜视器材等）。微光夜视仪不主动发射红外线，它是设法把目标反射夜间的月光、星光和大气辉光等微弱的光增强、放大并转换为可见图像，以实现夜间观察的仪器，充分利用夜天光丰富的近红外光谱能量。

目前，光学隐身技术大多针对多光谱，随着高光谱和超光谱的应用，光学隐身将不是针对个别波段，例如 1~3 μm、3~5 μm 和 8~14 μm 红外，而是面临几乎连续的波段，探测系统的光谱分辨率 $\Delta\lambda/\lambda$ 也大为提高。光谱成像技术分类及特性见表 6-6，图 6-56 所示为多光谱和高光谱成像技术的比较。高光谱成像将光谱分成窄带的光谱学和成像技术的组合，紫外、可见光或近红外皆可实现。高光谱图像包含了目标的空间、光谱和辐射强度三重信息。

表 6-6　光谱成像技术分类及特性

参数	多光谱	高光谱	超光谱
$\Delta\lambda/\lambda$ 量级	0.1	0.01	0.001
可见光和近红外波段谱段数	几个	几十至数百个	数千个

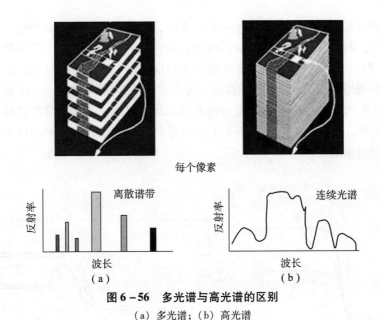

图 6-56　多光谱与高光谱的区别
(a) 多光谱；(b) 高光谱

为了全面评价迷彩伪装效果，2013 年王展等根据人眼视觉机制并考虑典型性和全面性的设计原则综合选取了亮度对比、颜色特征、纹理特征、形状特征和斑点尺寸作为评价指标。颜色的三要素为色相、饱和度和亮度值。色相是在不同波长的光照射下，人眼所感觉不同的颜色；亮度也称明度，表示色彩的明暗程度，人眼所感受到的亮度是色彩反射或透射的光亮所决定的。选用颜色-对立颜色空间，（即 L_{ab} 颜色空间），其中，L 为亮度，取值为 0～100（纯黑至纯白），a 为从红色至绿色的范围，b 为从黄色至蓝色的范围。计算亮度对比 C，以此得出图像之间的亮度差异：$C = |L_1 - L_2|/L_1$（L_1 为背景亮度；L_2 为目标亮度）。纹理是指图像中某一范围内形状很小的、半周期性或有规律地排列的图案。在图像判读中使用纹理表示图像的均匀、细致、粗糙等特征，斑点为形状不规则的图案。针对不同背景计算每个指标的影响权重；通过灰色聚类决策算法对迷彩伪装进行综合评价，且对不同迷彩设计方案进行评估实验，结果表明其评估合理有效。

近红外隐身涂层按工作原理分为单色迷彩、变形迷彩和变色迷彩三类。

6.6.1　单色迷彩

由于背景的种类很多，如沙地、土壤、树枝、树叶、雪、天空等。即使同一类背景也随地区、季节、温度而不同，因此其反射率光谱曲线也有所不同。但是按颜色分，除了少数小块红土区和城市区外，约占陆地面积 98% 的大陆背景主要为绿（植物）、白（雪）和黄褐色（沙漠和岩石）。天空和海洋的背景比较单一，基本是蓝色。单色迷彩涂层是分别模拟以上主要背景的颜色，对不同的背景，虽然涂层的配方各不相同，但原理是相同的。

绿色背景的光谱曲线基本上是由植物的叶绿素决定的，随着植物的种类、生长地点、生长程度、季节等不同而有所变化，难以逐一而论，因而隐身涂层通常采用拟使用地区各种植物的平均光谱反射曲线，即该地区的标准叶绿素曲线，又称军绿曲线作为绿色背景的光谱曲线。图 6-57 所示为不同植物的光谱反射特性曲线，由图可见，植物的绿色光谱曲线有以下特征：绿色色调的反射率范围很宽；在 650 nm 附近反射率骤降，通常称为叶绿素吸收带；

在红外区反射率骤升，在 0.76~1.20 μm 近红外区，反射率为一个高的平台。但是，由于颜料自身性能限制，调制出与背景完全接近的伪装颜色是困难的，一般对伪装色给出一定的允许偏差，图 6-58 中两斜线加宽线之间区域为 NATO（北大西洋公约组织）隐身涂层的光谱要求范围（又称通道范围）。针对不同波段，光学隐身采取不同措施：①可见光，消除和降低目标与背景之间的颜色、形状和亮度上的差别；②近红外，消除和降低目标与背景之间对近红外反射的差别，即光学隐身涂层需具有与背景同谱同色性，而针对热红外是消除和降低目标与背景之间热辐射的差别。

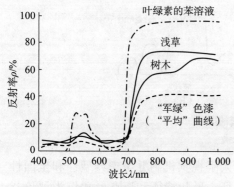

图 6-57　不同植物的光谱反射特性曲线　　图 6-58　NATO 标准对绿色涂料近红外光谱要求

在近红外波段，天然植物的光谱反射系数很高，即亮度很大，而一般绿色颜料的光谱反射系数很低，若用单一绿色颜料代替植物绿色，目标很容易被发现。配制与自然背景一致的色调和光谱反射曲线的红外隐身涂料时，往往采用多种颜料的组合来实现。各组分颜料对混合体光谱反射率影响的程度又取决于各组分颜料的特性，如着色力、细度、光散射吸收能力以及在混合体中所含的比例。几种常用颜料在近红外波段的散射性能为：波长 0.2 μm 的 TiO_2 是高反射率材料（$R_w = 100$），黑色与深褐色的 Fe_2O_3 都是全吸收材料，它们以及浅褐色 Fe_2O_3、Fe_2O_3 红和 Fe_2O_3 黄的 CR_{IR} 均为 100，这三者的 R_w（R_b）分别为 16、33 和 56，属于半反射半吸收材料；Cr_2O_3 也是半反射材料；10 μm 的 TiO_2 是半反射半透明材料；无定形硅、重晶石、滑石粉等都是透明材料，R_w 均高于 96。白背景的反射常数 R_w 为 99，黑背景的反射常数 R_b 为 1。氧化铁系颜料（氧化铁黑除外）同氧化铬类似，都是在近红外波段中等强度的吸收体。它们通常是很有价值的半透明颜料，但只有在近红外涂层中添加足够的量才会获得所要求的视觉透明。然而，大量使用这些颜料会导致热红外波段的过度吸收。酞菁蓝、酞菁绿等颜料在可见光波段吸收，但在近红外波段透明，可用来调节涂层的可见光性能而不会影响涂料的近红外性能。若将苝四酸二酰亚胺类黑色化合物与其他颜料混合，这类颜料混合物在 450~1 100 nm 范围内具有良好的反射性。

按颜料类型可将单色迷彩分为以下四种。

（1）铬酸铅系涂料。这是早期的品种，它以铬酸铅（铬黄）、碱式铬酸铅（铬橙）和铬酸钼铅（钼橙）为基本颜料，用蓝和红色颜料调色，可配得不同绿色的单色涂料。因其颜料含铅量较高，美国等国家已经限制其生产和研究。

（2）三氧化铬系涂料。三氧化铬的颜色由浅绿到深绿（密度为 5.09~5.4 g/cm³），拥有与叶绿素相似的光谱反射特性，但在绿色颜料中，氧化铬绿的遮盖力和着色力一般不如其他黄蓝复配的绿色颜料；此外，其在 670~750 nm 区间的反射率不能急剧升高，单独使用不能满足伪装要求。因此，通常在颜料体系中添加钛白粉、尖晶石等填料或将 ZnO 添加到 Cr-Co-TiO$_2$ 体系中以使颜料在 670~750 nm 区间的反射率陡然上升，并且使绿峰转向更高的波长处，以补偿隐身涂料在黑色金属和黑色木材表面上的反射率的降低。由三氧化铬、氧化铁黄、氧化铁红、二氧化钛、硅酸镁和硅烷醇酸树脂组成典型配方的涂料在 800 nm 反射率可达 42%，60°光度为 1，形成一种橄榄光褐色油质涂膜。将 Cr_2O_3、Sb_2O_3 煅烧 1 h，所制成的颜料也具有天然叶绿素特性。此外，锌酸钴绿也是很好的红外隐身颜料，采用此种颜料的涂料与叶绿素具有相当的反射曲线，在波长 1.0~1.1 μm 处具有最大的反射值。

(3) 苊四酸酐衍生物系涂料。把苊四酸酐二酐与胺类反应生成苊四酸二酰亚胺类黑色化合物，再与其他颜料（如二氧化钛、铬黄、氧化铬绿、氧化铁黄/红/黑等）复合，这类复合颜料在 450~1 100 nm 波长区间有良好的散射反射性质。

(4) 偶氮化合物系涂料。把萘酚，如 AS-SG、AS-SR 等与取代胺，如 3-(3′-氨基苯基氨基)-1 羰基-4，5，6，7-四氯代异吲哚啉等进行偶合反应，生成如黑色、微青黑色和微红黑色等的偶氮化合物颜料，可复配成与天然绿色植物具有相同红外反射性能的涂料。

6.6.2 变形迷彩

传统的变形迷彩主要对抗可见光、近红外波段，是采用各种单色迷彩涂料把涂层制成不同颜色和不同形状的斑点构成的图案。而先进的变形迷彩则兼具热红外伪装功能，不同颜色的迷彩斑点具有不同的辐射特性，从而使目标热图呈现灰度级别不同的斑点，使目标形象失真，降低显著特征而无法识别。

变形迷彩的颜色有四色迷彩和三色迷彩两种，主要用于地面目标伪装。美国于 20 世纪 70 年代初研制出可对付紫外线、可见光和近红外的四色迷彩涂料，由黄褐色、褐色、暗绿色和黑色组成。对目标实施伪装后，其可见性下降 30%。20 世纪 80 年代末期，美军又用三色迷彩代替原来的四色迷彩涂料。这种三色迷彩涂料主要考虑了涂料的近红外隐身性能问题。变形迷彩的图案有各种，如大块、碎片小斑点、阴影等。还有双重迷彩图案，远看为块状亮、暗斑点组成，近距离在光学放大情况下，图案分解成与周围背景不易分辨的彩色小斑点。我国国家军用标准对变形迷彩的要求主要有颜色选取、斑点尺寸计算、斑点形状与配置、发射率取值等。GJB 4004—2000 规定，斑点可见尺寸 $A \geqslant 0.000\ 9D$（斑点亮度对比 $K \geqslant 0.4$），地面装备变形迷彩的设计观察距离 D 为 800~3 000 m，对应的迷彩斑点尺寸应在 0.72~2.70 m。依据我国自然背景分布，该标准将变形迷彩图案分为林地南方型、林地北方型、草原型、荒漠型和雪地型五大类。

6.6.3 变色迷彩

变色迷彩又称"变色龙"迷彩，它的原理是能随环境而自动变色，以便在不同的背景上均能与背景的色调一致，可有效地防止空中和地面的彩色照相和电视侦察。变色迷彩可采用热致变色、光（可见光、红外、紫外等）致变色、电致变色、磁致变色等材料。20 世纪 80 年代，美国首先提出了智能隐身材料的概念，即能从自身的表层或内部获取关于环境条件及其变化信息，进行判断、处理和做出反应，以改变自身的一种或多种参数，使其很好地与外界协调，是一种自适应材料系统。2005 年，美国研制出能控制辐射率/反射率的涂层；

2010年，美国研制出能自动对背景和威胁做出反应的自适应涂层体系。

美国研究的异色异构色素、光变色性色素、热变色性色素和化学变色性色素最有希望制成"变色龙"式伪装材料。异色异构色素是可逆光变色性色素，是双硫腙的金属络合物，特别是二价汞的络合物。这种聚合物可使尼龙染色，染色后的尼龙随入射光的强度、环境温度和湿度而在橙色、灰色、蓝色之间变色。据称硒卡巴腙金属络合物具有更快的光变色和热变色速度，色差更加明显，对光的稳定性更好，是一种极好的变色龙涂料。

也有采用组合变色效应的，如军舰的近红外隐身要求在晴天呈浅灰色，阴天呈绿色，夜间及近红外辐射下呈黑色。可采用 A + B + C 三组分组合变色效应：A 组分在红外辐射下呈黑色，如炭黑、石墨、氧化铁黑和钛酸盐等；B 组分为淡绿色的透红外颜料，如氧化铬绿和酞菁化合物等；C 组分为紫外线照射时发出从黄到红的荧光粉，如 9，10 - 蒽二酰代苯胺（黄色）、羟基萘甲醛叠氮（浅黄色）、氰基乙酸和对苯二醛的缩合物（浅绿色）和络达明（红色）等有机荧光物等。这三组分组合后在晴天呈灰色；阴天荧光粉的颜色很弱，呈绿色；夜间红外透过 B 和 C 组分，完全被 A 组分吸收而呈黑色。

6.6.4　新型光学隐身材料

二氧化钛（TiO_2）在紫外波段具良好的吸收，但是这部分能量仅占全部太阳能的不到 5%。普通的 TiO_2 都具有 3.0~3.2 eV 的大电子带隙，这限制了它们在太阳光谱其他波段的光吸收。最近，不少研究者通过掺杂的方式提高 TiO_2 在可见光区域的吸收率，如 2008 年 Chen 等对 TiO_2 进行了掺杂 C、N、S，所有这些掺杂的 TiO_2 纳米材料均显示出黄色至浅黄色，表明它们具有吸收可见光的能力。他们还分析了掺杂主族元素（C，N，S）的 TiO_2 纳米结构吸收可见光的起源，制备的掺杂 C、N 和 S 的二氧化钛纳米材料显示出高于 TiO_2 价带的电子密度，这解释了这些掺杂二氧化钛材料的红移光吸收现象。虽然掺杂普通的元素能使二氧化钛在可见光的吸收性能得以提升，但是提升的性能还是不足。直至他们在氢气气氛下处理 TiO_2 纳米颗粒制备出黑色 TiO_2 纳米颗粒，吸收性能才得到较大改进。2013 年，Yan 等通过 H_2 等离子体处理制备氢化锐钛矿型 TiO_2 纳米颗粒（$H - TiO_2$），制备获得的黑色 TiO_2 表现出吸收可见光的优异性能，如图 6 - 59 所示。他们认为，表面有无序层和 Ti^{3+}，导致黑色 TiO_2 纳米粒子的中间能隙状态，改变了 TiO_2 的吸收性能。

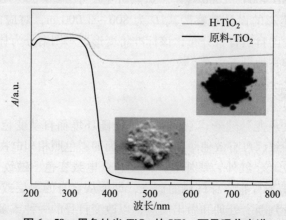

图 6 - 59　黑色纳米 TiO_2 的 UV - 可见吸收光谱

除粉末外，还可以考虑一维或准一维结构，如纳米线和纳米管阵列，因为它们可以提供光吸收与载流子分离的正交性。2014 年，Liu 等使用经典的还原处理，通过高压 H_2 处理转化为锐钛矿型"黑二氧化钛"的 TiO_2 纳米管阵列。光反射光谱（图 6-60）显示了 Ar/H_2 和 H_2 处理的纳米管层的可见光吸收很强，而 Ar/H_2 处理的样品的吸收光 A 甚至更高，基本超过了 95%。

2009 年，Mizuno 等发现垂直排列的单壁碳纳米管（SWNT）与黑体最相似，能够在非常宽的光谱范围（从紫外线至远红外波段：$0.2\sim200~\mu m$）内几乎完美吸收光，具有几乎不变且接近一致的吸收率 $0.98\sim0.99$，这种重要的黑体行为源自 SWNT 的均匀稀疏和排列。图 6-61 所示为入射光与 SWNT "森林"和单个 SWNT 之间的相互作用的示意图，SWNT 与基板垂线呈倾斜角 20°排列；RI 和 R 分别表示折射率和反射率。通过每次相互作用，光被反射、传播或吸收。因为 SWNT 在 UV 到远红外区域之间是良好的吸收剂，并且倾斜角度小，所以反射不太可能，并且随着光进一步传播到吸收体内，其被 SWNT 快速吸收。这种相互作用重复，直到衰减的光被阵列完全吸收。尽管这适用于正常入射，但是实验表明，对于非正常入射角，镜面反射率较低［图 6-61（c）］。

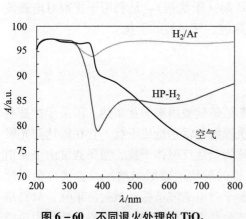

图 6-60 不同退火处理的 TiO_2 纳米管阵列的吸收率

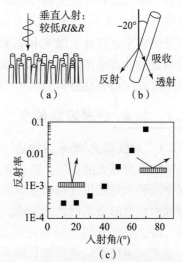

图 6-61 单壁碳纳米管阵列与光作用示意图
(a) SWNT "森林"；
(b) 单个 SWNT；(c) 镜面反射率

加拿大生物公司（Hyperstealth Biotechnology）研制的量子隐身伪装材料，通过弯曲光线达到隐身目的。研究人员并未透露是否借助了强电磁干扰光线路径，当光线照射到隐身面料的外表时，会在面料的外层形成折射投影，把周围的环境投影在其表面，从而实现与周围环境的完全融合。材料隐身效果极佳，甚至可以躲过夜视镜的观察。

6.7 烟幕材料

通常将可见光、红外、激光波段的气溶胶干扰材料称为烟幕；由铝质或者表面涂覆金属的条状、片状纤维构成的空中干扰物，以假目标或者噪声干扰等方式阻碍雷达识别真实目标的干扰物称为箔条;由以上材料构成的多种组合干扰物称为复合干扰材料,以达到多波段复合的要求。同涂层一样,烟幕材料需要对抗的波段为可见光、1~3 μm、3~5 μm 和 8~14 μm 的红外、1.06 μm、10.6 μm 激光、30~40 GHz 和 90~100 GHz 的毫米波(通常分别称 8 mm 波和 3 mm 波),以及 8~12 GHz(X 波段)和 12~18 GHz(Ku 波段)的厘米波。

烟幕一般需满足以下要求:①遮蔽能力应最大;②在空气中应有足够的稳定性和足够的持续时间,即留空时间;③成烟迅速;④燃烧型发烟剂燃烧时不应产生火焰,残渣应是疏松多孔状;⑤低毒,无刺激,无腐蚀。相应的评判烟幕性能的指标有总遮蔽力、衰减率、质量消光系数、持续时间(留空时间)、成烟时间、烟幕浓度和成烟面积等。质量消光系数剔除了质量对衰减率的影响,是比较各种烟幕剂衰减性能好坏的重要参数。烟幕需要对预警做出迅速的响应,并有效保护目标。烟幕浓度受烟剂性能的制约,质量消光系数高的烟雾剂可在较低的浓度下获得所需的衰减率,从而在相同装弹量条件下获得较大的成烟面积。可以采用爆炸或燃烧等形式获得一定面积的烟幕,一般根据欲保护目标的要求确定成烟面积,但应考虑其制约因素——烟幕剂的质量消光系数、装弹量及分散所用力的大小,若单发弹不能满足要求可采用同时使用多发来达到目的。

根据欲保护目标和作战使命,各种遮蔽型烟幕弹对各干扰波段的衰减率要求不同。常见的有可见光/红外、红外/毫米波或毫米波/厘米波烟幕剂,发展能适应现代探测手段发展的、可干扰可见光、中远红外、激光和毫米波雷达的"宽波段",甚至"全波段"的烟幕剂成为各国研究的重点。在毫米波和厘米波段的反射型烟幕剂(干扰剂),是利用干扰剂对电磁波的强反射产生较大的雷达散射截面 RCS 来实现对毫米波、厘米波的干扰。

6.7.1 微波/毫米波烟幕剂

6.7.1.1 对抗微波/毫米波雷达

早在第二次世界大战期间,微波雷达出现的初期箔条就被用来干扰雷达。箔条干扰是利用投放在空间的大量随机分布的金属散射体产生二次辐射对雷达造成干扰,它在雷达荧光屏上产生与噪声类似的杂乱回波。因此,箔条干扰也称为杂乱反射体干扰,箔条通常由金属箔切成的条、镀金属的介质(最常用的是镀铝、锌、银的玻璃丝或尼龙丝)或直接由金属丝等制成。箔条大量使用的是半波长的振子,半波长振子对电磁波谐振,散射波最强,材料最省。毫米波箔条传输衰减的实质同厘米波一样:一部分是电磁波做功,使电磁能转化为热能进行损耗;另一部分将传输方向的能量散射到其他方向。单根半波长箔条的最大散射截面计算式为:$\sigma_{max} = 0.86\lambda^2$;单根箔条平均有效散射截面为 $\sigma_{max} = 0.17\lambda^2$;箔条云衰减系数为 $\beta = 0.43 [n(0.17\lambda^2)]$。

一般把频率为 30~300 GHz、1~10 mm 波段称为毫米波。毫米波段大气传播中心频率为 35 GHz、94 GHz、140 GHz 和 220 GHz。目前,35 GHz 和 94 GHz 是毫米波雷达和制导武器工作的主要频率。毫米波精确制导兼具微波与红外的一些优点:分辨能力及探测精度高、抗杂波干扰能力强以及环境适应性好等。毫米波无源干扰技术针对毫米波精确制导,应用一定的装置投放毫米波干扰物,反射或吸收敌方毫米波雷达辐射的电磁波,扰乱或切断电磁波的传播,并改变其散射特性或形成假目标和干扰屏障,以掩护真实目标而采取的一种对抗措施。

毫米波干扰物大多为碳纤维型,碳纤维的干扰机理不同于箔条,它并非良导体,不能完全用半波长理论来解释，它对毫米波衰减是散射和吸收综合作用的结果。为了解决箔条粒径大导致包装密度不足的问题，1992 美国专利 5148173 公布了采用环氧树脂黏结的 PAN 基碳纤维粒和涂覆石墨的碳纤维粒，长度 3～5 mm，直径 3～7 μm，将其压装在干扰弹内，密度为 0.8 g/cm³，弹内装填的爆速在 6 069 m/s 以上的猛炸药将其爆炸分散，形成 4～6 m 的遮蔽云，能有效干扰毫米波探测器探测。1997 年，Rouse 将长度 3～15 mm、直径 3～7 μm 的 PAN 基碳纤维压装在干扰弹内，密度为 1 g/cm³，压实碳纤维的重量与炸药的最佳比例为 50∶1。基于聚丙烯腈的碳纤维干扰弹能有效干扰毫米波，并形成足够的留空时间，是较理想的干扰材料。2014 年 6 月，美国第七舰队和海军作战发展司令部（NWC）在关岛进行演习，测试了可吸收或扩散来自导弹寻的雷达波的碳纤维云，作为分层防御的一部分，在运动期间由船上的发烟装置产生含有碳纤维颗粒的云（称 Pandarra 雾）。

根据 Waterman – Pedersen 公式，Bruce 等计算了波长为 8.57 mm（35 GHz）时，几种电导率下每单位体积的峰值消光有效截面，如图 6 – 62（a）所示。垂直线代表所引用材料的趋肤深度值，电导率为（单位 $\times 10^7$ S/m）：Cu，5.9；铁，1.1；镍，1.4；热处理的石墨，0.06；石墨，0.007。Hart 和 Bruce 在波长 0.86 cm（35 GHz）下，测量平均直径为 8.0 μm（标准差为 0.46 μm）、包覆镍层厚度为 0.3 μm 的纤维样品的 RCS 值并与理论值比较，一致性很好，如图 6 – 62（b）所示。理论比较曲线的磁导率 μ 设为 1；镍壳电导率为 $(0.92 \pm 0.05) \times 10^7$ S/m，它是通过测量直流电阻与纤维长度的关系得到，内部石墨芯的电导率约小 3 个数量级。RCS 测试时纤维靶体的中心垂直地附着在一根垂直悬浮的细尼龙单丝上，单丝经连接至上部电机被带动旋转，底部有一沉入黏性液体（甘油）的重物，以抑制缓慢转动时的振动。1990 年，Jelinek 等在窄频率范围（22～36 GHz），循环分散、实时测量了吸收和散射纤维的质量归一化消光系数，并与理论值进行了比较。计算得到光谱的两个主要特征，即主共振频率（约在 30 GHz）和镍 – 石墨质量归一化消光系数之比（约为 4.5）。1995 年，他们测量和计算了 20～160 GHz 波段镀镍碳纤维消光光谱，如图 6 – 62（c）所示。误差条表示测量的不确定性，纤维直径 8.34 μm，长度分布峰为 4.4 mm。在 Drude 范围，电磁波与纤维的相互作用在很大程度上取决于纤维的导电性。

一般来说，如果电导率高，散射过程将占主导地位。如果电导率比良导体低几个数量级，则相互作用将主要是吸收，除非纤维与波长相比非常小。电导率在碳范围内的聚丙烯腈（PAN）石墨纤维主要是吸收性的。2021 年，Jelinek 等研究了两组纤维：①AG 型（as grown），具有 PAN 石墨的电导率（7×10^4 S/m）；②HT 型（热处理至 2 500 ℃），测得的电导率约为碳电导率的 8.5 倍。研究在 35 GHz 固定频率下具有固定长度的两种碳纤维的吸收系数随直径的变化，纤维长度是主共振长度（尺寸参数约为 1）。图 6 – 62（d）显示了应用热校正后测量值和理论值的一致性。热处理的石墨吸收较好。

Gurton 等用专门设计的装置测试标称直径 5.50 μm 的玻璃纤维表面真空镀覆 Cu 和 Ni 试样的电导率，测试时将探针轻轻地与每根被夹持的纤维接触，在不同距离纤维上施加小电流，记录各处电压降，得到电阻 – 长度曲线。将涂层厚度转换为横截面积，并结合电阻测量值，获得各金属的电导率分布，并进行拟合用于后向散射计算。对于大多数厚度铜涂层，电导率分布保持相对恒定。在 0.86 cm（35 GHz）波长下，当镀层厚度约为 $\delta/10$ 量级时（δ 为经典定义的趋肤深度），镀铜玻璃纤维的后向散射响应接近平台；当镀镍层厚大于约 0.3 μm 时样品的后向散射也接近平台，与其电导率接近平台时的厚度相近。镍和铜的趋肤深度分别

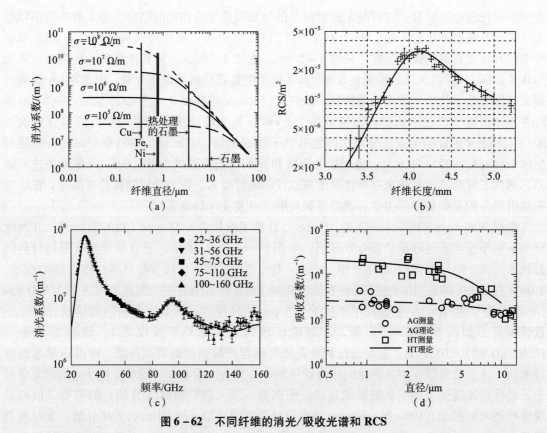

图 6-62 不同纤维的消光/吸收光谱和 RCS

为 0.70 μm 和 0.35 μm。应注意的是,Waterman 和 Pedersen 已经报告,假设此类薄膜的电导率的体积值能够保持不变,则所需的最小厚度可以低一个数量级。从镀铜/镀镍玻璃纤维的后向散射曲线可见,对于厚度大于 0.1 μm 的涂层,后向散射对电导率的适度变化相当不敏感,后向散射截面都在 1×10^{-4} m^2 量级,镍略高一点。在另一项研究中,测量了四种相同尺寸的固体纤维(Cu、Ni、Fe 和 Al)的后向散射。结果表明,当电导率变化超过 1/5 时,后向散射的影响小于 10%。相应的计算得到了类似的结果。一般来说,当考虑增强后向散射时,对于良导体(电导率大于 5.0×10^6 S/m),进一步增加电导率几乎无好处。

表 6-7 所列为 Bruce 等采用波长为 0.319 cm(94 GHz)和 0.857 cm(35 GHz)垂直极化微波测量的两种纤维状(切割长度约为 3.18 mm)石墨气溶胶归一化体积消光系数的时间平均值和均方根变化,并与使用切割长度的变分技术获得的理论值进行比较,大多数平均系数都非常一致。35 GHz 的体积消光系数高于 94 GHz;小粒径颗粒具有更高的消光系数。

表 6-7 平均测量和理论体积消光系数比较

	测量/理论/($10^{-6} \times$ m$^2 \cdot$ m^{-3})	
波长/μm	直径 6.5 μm	直径 3.8 μm
0.319	(2.65±6)%/2.46	(3.89±26)%/3.56
0.857	(2.79±7)%/3.72	(4.53±16)%/4.33

Qiao 等采用化学镀制备了不同增重比的镀镍碳纤维 Ni-CFs，当增重比达到 0.3 时，Ni-CFs 表观电阻趋于定值 4 Ω/dm，增重比大于等于 0.7 时，已经形成连续层。将镀金属粒子与石墨等混合的烟幕剂装入小型圆柱形纸制实验弹中，爆炸分散并测试其对 8 mm 波的衰减。测试结果表明：①长度为 4 mm 的 Ni-CFs 与石墨混合物（混合质量比 2∶1）的衰减随着增重比从 0.3、0.5 提高到 0.7 而增加。增重比为 0.5 或 0.7 的镀镍碳纤维对毫米波的衰减优于原始碳纤维（三者的反射率 R 分别为 -6.26 dB、-7.19 dB、-6.09 dB），增重比 0.7 的镀铜碳纤维的 R 为 -4.91 dB。② 4 mm 的 Ni-CFs 衰减优于 3~5 mm 的（分别为 -14.5 dB、-9.55 dB），分析是半波长偶极子具有较大的雷达反射截面，可导致因散射在烟幕中反复衰减，此外还有吸收衰减；长度小于 1 mm 的 Ni-CFs 样品的长径比小，衰减较低（R 为 -0.56 dB）。③镀铜薄片烟幕的反射是增大的（R 为正值：0.75 dB），类似于金属箔条诱饵，但与石墨混合后，其成为衰减烟幕材料（反射率变为负值：-1.08 dB）。④镀铜薄片和石墨混合时衰减不理想，但是它们与 4 mm 的 Ni-CFs 混合后的衰减最好，达到 14.5 dB，表现出协同效应；当该烟幕剂装入制式原理样弹中时，对 8 mm 波的衰减不小于 10 dB（超过仪器的工作阈值），是优良的 8 mm 波烟幕剂。

碳纤维团聚影响衰减性能。2015 年，刘志龙等选取 1.5 mm、4 mm 碳纤维为测试对象，制备了具有相同面密度、不同分散均匀性的短切碳纤维测试样板，并进行了 3 mm、8 mm 波的衰减率测试。结果表明，随着短切碳纤维团聚束增多、分散均匀性变差，其对毫米波衰减性能呈明显下降趋势。赵宏杰等通过电磁场仿真和实验，研究了导电短纤维的分散性对其吸波性能的影响。对于单根纤维，电磁波电场平行纤维极化时的电磁损耗明显大于垂直纤维极化时的损耗；对于多根平行纤维，随着纤维间距变小、团聚程度增加，其电磁损耗明显降低。赵慧等研究对镀金属碳纤维表面进行修饰，结果表明，用润湿剂或柔顺剂处理镀金属碳纤维均能改善其分散性，使衰减时间增加，前者优于后者。镀液中加润湿剂的方法获得的样品对 8 mm 波效果最佳，单程透射衰减最大可达 10.69 dB。

6.7.1.2 对抗毫米波辐射计

辐射传输理论中的传输方程反映了包含随机粒子的介质中辐射强度的基本特征。毫米波辐射传输方程的积分形式：

$$I(\boldsymbol{r},\hat{s}) = I_{\mathrm{ri}}(\boldsymbol{r},\hat{s}) + I_{\mathrm{d}}(\boldsymbol{r},\hat{s}) = I_{\mathrm{i}}(\boldsymbol{r}_o,\hat{s})\exp(-\tau) + \int_0^s \exp[-(\tau-\tau_1)]\left[\left(\frac{\rho\sigma_{\mathrm{t}}}{4\pi}\right)\int_{4\pi} p(s,\hat{s}')I(\boldsymbol{r},\hat{s}')\mathrm{d}\omega' + \varepsilon(\boldsymbol{r}_1,\hat{s})\right]\mathrm{d}s_1 \quad (6-63)$$

式中：I_{ri} 和 I_{d} 分别表示入射强度的衰减量和因为散射和发射导致辐射的增加量；$\tau = \int_0^s \rho\sigma_{\mathrm{t}}\mathrm{d}s$、$\tau_1 = \int_0^{s_1}\rho\sigma_{\mathrm{t}}\mathrm{d}s$；$I(\boldsymbol{r},\hat{s})$ 为辐射强度；$\boldsymbol{r}$ 为点的位置矢量；s 为辐射方向的单位矢量；ρ 为单位体积中的粒子数，称为数密度；σ_{t} 为颗粒的消光截面；$p(s,\hat{s}')$ 为相位函数；辐射强度增强也可以是由单位体积 ds 内材料粒子发射出来的；$\varepsilon(\boldsymbol{r},\hat{s})$ 是每单位立体角每单位体积材料向 $\hat{s}$ 方向上辐射的功率。

为了便于讨论，假设烟幕由相同大小的颗粒均匀地分布，且测试环境没有变化。因此式 $\int_{4\pi} p(s,\hat{s}')I(\boldsymbol{r},\hat{s}')\mathrm{d}\omega'$ 是恒定的。如果介质在温度 T 处于局部热力学平衡状态，则根据黑体的基尔霍夫定律，有

$$\varepsilon(\boldsymbol{r},\hat{\boldsymbol{s}}) = \rho\sigma_a \frac{2h\nu^3}{c^2} \frac{1}{e^{h\nu/kT}-1} \tag{6-64}$$

式中：σ_a 为材料的吸收截面；h 为普朗克常数，$h = 6.63 \times 10^{-34}$ J·S；ν 为频率；k 为玻耳兹曼常数，$k = 1.38 \times 10^{-23}$ J/K；T 为热力学温度；c 为光速，$c = 3 \times 10^8$ m/s。

将式（6-64）代入式（6-63）可得

$$\begin{aligned}
I(\boldsymbol{r},\hat{\boldsymbol{s}}) &= I_i(\boldsymbol{r}_o,\hat{\boldsymbol{s}})\exp(-\rho\sigma_t s) + \int_0^s \exp[\rho\sigma_t s_1 - \rho\sigma_t s]\left[\left(\frac{\rho\sigma_t}{4\pi}\right)A + \varepsilon(\boldsymbol{r}_1,\hat{\boldsymbol{s}})\right]\mathrm{d}s_1 \\
&= I_i(\boldsymbol{r}_o,\hat{\boldsymbol{s}})\exp(-\rho\sigma_t s) + \frac{\left(\frac{\rho\sigma_t}{4\pi}\right)A + \varepsilon(\boldsymbol{r}_1,\hat{\boldsymbol{s}})}{\rho\sigma_t}[1-\exp(-\rho\sigma_t s)] \\
&= I_i(\boldsymbol{r}_o,\hat{\boldsymbol{s}})\exp(-\rho\sigma_t s) + \left[\left(\frac{1}{4\pi}\right)A + \frac{\sigma_a}{\sigma_t}\frac{2h\nu^3}{c^2}\frac{1}{e^{h\nu/KT}-1}\right][1-\exp(-\rho\sigma_t s)]
\end{aligned}$$

$$\tag{6-65}$$

式中：$A = \int_{4\pi} p(\boldsymbol{s},\hat{\boldsymbol{s}}')I(\boldsymbol{r},\hat{\boldsymbol{s}}')\mathrm{d}\omega'$。

当金属板上有吸波材料时，可以根据式（6-62）近似计算辐射计接收到的辐射强度，则隐身前、后辐射计接收到的辐射强度差为

$$\Delta I = I(\boldsymbol{r},\hat{\boldsymbol{s}}) - I_i(\boldsymbol{r}_o,\hat{\boldsymbol{s}}) = [1 - \exp(-\rho\sigma_t s)]\left[\left(\frac{1}{4\pi}\right)A + \frac{\sigma_a}{\sigma_t}\frac{2h\nu^3}{c^2}\frac{1}{e^{h\nu/KT}-1} - I_i(\boldsymbol{r}_o,\hat{\boldsymbol{s}})\right] \tag{6-66}$$

当测试条件不变时，辐射计接收功率与辐射强度成正比，辐射强度与辐射温度成正比。因此，隐身前、后目标与背景的辐射温度差的变化量为

$$\begin{aligned}
\Delta T &= (T_背 - T_目) - (T_背 - T_隐) = T_隐 - T_目 \\
&= k_1[1 - \exp(-\rho\sigma_t s)]\left[\left(\frac{1}{4\pi}\right)A + \frac{\sigma_a}{\sigma_t}\frac{2h\nu^3}{c^2}\frac{1}{e^{h\nu/KT}-1} - I_i(\boldsymbol{r}_o,\hat{\boldsymbol{s}})\right]
\end{aligned} \tag{6-67}$$

式中：$T_目$、$T_隐$ 分别为隐身前、后目标金属板的辐射温度；$T_背$ 为背景的辐射温度。

当材料均匀分布时，每单位体积的粒子数 ρ 乘以厚度 s 等于每单位面积的粒子数 S_ρ。当材料和测试环境不变时，$I_i(\boldsymbol{r}_o,\hat{\boldsymbol{s}})$、$\sigma_a$ 和 σ_t 可以认为是恒定的。因此，式（6-67）可以进一步化简为

$$\Delta T = k_2[1 - \exp(-S_\rho\sigma_t)] \tag{6-68}$$

式中：$k_2 = k_1\{[(1/4\pi)A + 2\sigma_a h\nu^3/(c^2\sigma_t(e^{h\nu/KT}-1))] - I_i(\boldsymbol{r}_o,\hat{\boldsymbol{s}})\}$。

由式（6-68）可见，干扰性能不仅与材料的散射和吸收特性有关，而且与气溶胶每单位面积的粒子数 S_ρ 有关。当材料相同且均匀时，每单位面积的粒子质量（称为面密度 S_m，单位为 g/m²）等于每单位面积的粒子数 S_ρ 乘以单个粒子的质量，即 $S_m = S_\rho \cdot m$，则式（6-68）可改写为

$$\Delta T = k_2[1 - \exp(-\alpha_{ext} S_m)] \tag{6-69}$$

式中：α_{ext} 为质量消光系数；系数 k_2 是与材料面密度无关的，当测试环境不变，对于同种材料，k_2 可认为是常数。

根据式（6-69）可知相同材料、相同面密度的气溶胶对辐射计的隐身效果是相同的。

将 1 g 的 4 mm 短切碳纤维（CF）分散在对 8 mm 的毫米波辐射计基本无吸收的泡沫颗

粒中进行隐身性能测试（背景为混凝土）。通过增加混合泡沫的体积以调整烟幕浓度而面密度不变，浓度分别为 6.25 g/m³、2.50 g/m³、1.78 g/m³，测得与背景的温度差对应为 21.1 K、23.0 K、21.3 K，数值十分相近，佐证了式（6-66）关于同种材料在面密度不变时隐身效果相同的正确性。4 mm CF 及其与石墨的混合物的消光系数分别为 6.236 m²/g 和 4.716 m²/g，α_{ext} 越大，材料的隐身性能越好，仅片状石墨基本无效。不同面密度下的几种材料对 8 mm 辐射计的隐身性能如图 6-63 所示，4 mm CF 的拟合关系为 $\Delta T = 186.6 \times (1 - e^{-6.236 \times S_m})$。通过拟合关系可以计算所需温差下的面密度，隐身后的温度越接近背景温度，比值 $\Delta T_{\text{隐}}/\Delta T_{\text{前}}$ 越接近于 1，表明隐身效果越好。

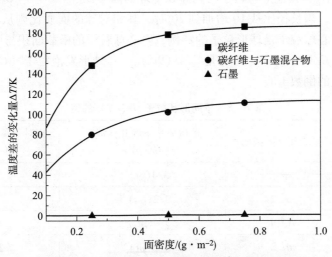

图 6-63　温度差 ΔT 与面密度关系的拟合曲线

6.7.2　红外波段烟幕剂

在光学和大气物理中，气溶胶是指一种固体颗粒或小液滴在气体中的悬浮体，颗粒或液滴的大小一般在 $10^{-3} \sim 10^{2}$ μm 范围。这些特性都是烟幕所具有的，所以烟幕属于气溶胶体系。若冷烟雾作为衰减媒质以一定方式散布于大气中，与大气中各种气体分子和气溶胶粒子组成混合体。那么当电磁波照射在其上时，根据辐射传输理论，它的衰减主要表现为对电磁波的选择吸收、无选择吸收和散射综合作用的结果，辐射功率的衰减率与辐射在媒质中传输的距离 x 成正比，即

$$P(x)/P(0) = \exp\{-[\alpha(\lambda) + \gamma(\lambda)]x\} = \exp\{-[\sigma_a(\lambda)C_n + \sigma_s(\lambda)C_r]x\}$$
$$= \exp[-\beta(\lambda)x] \tag{6-70}$$

式（6-70）为 Lambert-Beer 定律。其中，$P(0)$、$P(x)$ 分别为电磁波通过媒质前后的功率/光强；σ_a、σ_s 为粒子的吸收截面、散射截面；C_n、C_r 为吸收元、散射元数目；α、γ 分别为吸收系数、散射系数；β 为衰减系数，α、γ 和 β 均与波长有关。衰减系数 β 的大小决定了冷烟幕材料干扰效果的好坏，衰减系数 β（也称为消光系数 α）可表示为

$$\beta = Q_e \cdot G/(\rho \cdot V) \tag{6-71}$$

式中：G、ρ 和 V 分别为气溶胶粒子的几何截面、密度和体积；Q_e 为消光效率。

式（6-71）表明，增大几何截面积与质量的比值 $G/(\rho V)$ 或提高消光效率 Q_e，都可使

衰减系数 β 得到提高。对于给定质量或体积的粒子，当其粒子尺度与入射波长接近或大于入射波长时，通过改变粒子形状，使 $G/(\rho V)$ 增大，可达到增大消光系数的目的。Embury 计算了不同形状粒子的 $G/(\rho V)$，见表 6-8。表中 r、a、l、S 和 t_s 分别为半径、边长、柱长度或圆片厚、表面积和壳厚度，N、A 和 r_i 分别为多面体的侧面数、每一侧的面积和多面体内切球的半径。假设微粒发泡前后形状不变，f 为微粒在发泡前的体积；V_0 为发泡微粒中固体所占的体积分数。因为球形粒子是单位体积下有最小表面积的几何构形，其他形状的粒子的表面积与质量比就比球大。从表 6-8 可见，部分任意取向粒子的平均几何截面积是其表面积的 1/4（如空心粒子），因此截面积直接与表面积成比例。当增大粒子各向尺寸比例时（如长径比或径厚比），其他形状粒子与同体积下球的面质比 $[(G/V)/(G/V)_s]$ 会增大。例如，对于细长柱形，当长径比从 10 增加到 20 时，其相对球的面质比则从 1.3 增大到 1.64。球形发泡粒子或空心球粒子是球形粒子的特例，空心球粒子的横截面积与质量比与实心球的同类型比值的比 $(G/V)/(G/V)_s$ 恰好是 $[r^2/(9t_s^2)]^{1/3}$；球形发泡粒子 $(G/V)/(G/V)_s$ 正好是其固体体积分数的倒数 $1/f$。

表 6-8 不同形状粒子 $G/(\rho V)$ 的值

粒子形状	平均几何横截面	单位质量下的几何截面 $G/(\rho V)$	相对于实心球粒子的面质比 $(G/V)/(G/V)_s$
球体	πr^2	$3/4(\rho r)^{-1}$	1
立方体	$3a^2/2$	$3/2(\rho a)^{-1}$	$(6/\pi)^{1/3}$
正多面体	$NA/4$	$3/4(\rho r_i)^{-1}$	$NA/(4\pi r_i^2)$
细长柱形（$l \gg r$）	$\pi rl/2$	$1/2(\rho r)^{-1}$	$[2l/(9r)]^{1/3}$
薄片形（$r \gg l$）	$\pi r^2/2$	$1/2(\rho l)^{-1}$	$[2r^2/(9l^2)]^{1/3}$
空心粒子	$S/4$	$1/4(\rho t_s)^{-1}$	$[S/(36\pi t_s^2)]^{1/3}$
发泡微粒	$S/(4f^{2/3})$	$S/(4f^{2/3}\rho V_0)$	$S/[(36\pi)^{1/3}fV_0^{2/3}]$

Bruce 研究了针状或棒状粒子的消光，结果表明，当它们的直径减小 2 个数量级时，消光效率增加 6 个数量级；而若长度增加 2 个数量级，消光效率将提高 11 个数量级。Janon 比较了球形与片状、针状或棒状粒子的消光，他指出对于损耗介质，采用片状粒子能在单位体积下获得最大吸收截面，尤其当介电系数的实部或虚部较大时，其吸收截面 σ_a 大于球形的。针状或棒状粒子的消光效率仅次于片状粒子的，若粒子的尺度全部在瑞利区，最小化粒子的某一个或多个尺度可获得最大消光。

影响遮蔽物的红外消光性能的因素有很多，除了与气溶胶颗粒的尺寸、形状因子有关外，还依赖于颗粒的化学分子结构和组成成分、极化状态、浓度、初级粒度和骨料结构、周围介质及入射波的频率等因素。形态特别重要，因为它影响凝结过程以及从空气中除去微粒。Appleyard 在理论分析的基础上指出，微粒的电导率似乎是影响 IR 消光性能的最重要的因素。盐、金属氧化物和半导体通常具有良好的 IR 吸收性能，因为它们在 IR 区域具有适度强的分子振动。光学上，影响颗粒消光的诸多因素用消光截面 σ_e 来表征，消光截面 σ_e 等于散射截面 σ_s 与吸收截面 σ_a 之和，即

$$\sigma_e = \sigma_s + \sigma_a \tag{6-72}$$

当大气中粒子的直径与辐射的波长相当时发生的散射称为 Mie 氏散射,这种散射主要由大气中的微粒,如烟、尘埃、小水滴及气溶胶等引起。Mie 散射理论是对于处于均匀介质的各向同性的单个介质球在单色平行光照射下,基于麦克斯韦方程边界条件下的严格数学解。Mie 散射的散射强度与频率的二次方成正比,并且散射在光线向前方向比向后方向更强,方向性比较明显。当粒子尺度比波长 λ 小许多时,散射称瑞利散射,散射截面与波长的四次方成反比,与粒子体积的平方成正比;吸收截面则反比于波长,正比于粒子的尺度。若粒子尺寸比波长大许多,则随粒子尺度的增加,消光截面 σ_e 趋于几何截面 σ_g 的 2 倍,吸收截面则趋于一个比几何截面稍小些的常数:$\sigma_e \to 2\sigma_g$;当粒子尺度 $D \gg \lambda$ 时,消光系数:$\alpha = [3\sigma_e] / (2d\rho)$;对于小粒子,$D \ll \lambda$,$\alpha = 4\pi k / (\lambda \rho)$。

图 6-64 所示为对几何截面 σ_g 归一化后的消光截面 σ_e 和吸收截面 σ_a,其中两条曲线之间的差值,即消光截面 σ_e 与吸收截面 σ_a 之差为散射截面 σ_s。在曲线的起始部分,粒子尺度远小于入射波长时,发生瑞利散射,σ_s 十分小,散射损耗很小,可忽略不计,对 σ_e 的贡献主要是 σ_a,即电磁波主要通过吸收衰减。当消光截面 σ_e 达到最大值之后,σ_a 对 σ_e 仍有较大贡献。在红外波段,

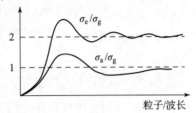

图 6-64 对 σ_g 归一化后的 σ_e 和 σ_a

微米级粒子尺度与红外波长相近,吸收和散射皆对消光有贡献;而在毫米波段,除了采用纤维状粒子作烟幕材料,其余形状烟幕材料的尺度大多较毫米波波长小许多,因此消光主要是由吸收所引起的。

当光照射在球形粒子上时,球的消光效率 Q_e、散射效率 Q_s 和吸收效率 Q_a 的计算式如下:

$$\begin{cases} Q_e = \dfrac{2}{y^2} \sum_{n=1}^{x} (2n+1) \mathrm{Re}(a_n + b_n) \\ Q_s = \dfrac{2}{y^2} \sum_{n=1}^{x} (2n+1)(|a_n|^2 + |b_n|^2) \\ Q_a = Q_e - Q_s \end{cases} \quad (6-73)$$

式中:$y = 2\pi/x$,$x = 2\pi r N/\lambda$,r、N 和 λ 分别为微球的粒径、环境的复折射率和入射波的波长;a_n 和 b_n 为散射系数幅值。

对于具有均匀厚度涂层球体的散射计算则首先由 Aden 和 Kerker 获得,称为 AK 方程,可以很容易地推广到多层球体。由于描述散射系数的 AK 方程中含有复变量三角函数的泛函,其幅值随自变量呈指数规律增长,计算时极易溢出。为此将 AK 方程进行变形调整,得到扩展了应用范围的 MAK 系列方程。对于微粒由一球形内核与外层为另一种材料的球壳包覆组成,即壳核型复合微球(或包覆微球)。其中 r、m_1、u_1、ρ_1 和 R、m_2、u_2、ρ_2 分别为内核和外壳的半径、折射率、磁导率、密度。折射率和磁导率一般为复数。MAK 系列方程在讨论壳核微球与红外波的相互作用时,作以下基本假设:内核与外壳同心并球形对称,核与壳为均质且各向同性,入射光为单色、准直平面光束,散射为弹性散射。MAK 系列方程推导如下。

Riccati-Bessl 函数 ψ_n、χ_n、ξ_n 有下列关系:$\xi_n = \psi_n - \mathrm{i}\chi_n$。以 Z_n 代表 ψ_n 或 χ_n,考虑初始值如下:$\psi_{-1}(z) = \cos z$,$\chi_{-1}(z) = -\sin z$,$\psi_0(z) = \sin z$,$\chi_0(z) = \cos z$。设变量 $z = z_r + \mathrm{i}z_i$,

有 $\chi(z) = \cos z = \dfrac{e^{z_i} + e^{-z_i}}{2}\cos z_r - i\dfrac{e^{z_i} - e^{-z_i}}{2}\sin z_r$。

类似地，对 Riccati–Bessl 函数 ψ 和 ξ 做此处理，完成重整，得 MAK 系列方程如下：

$$a_n = \frac{[\widetilde{D}_n/m_2 + n/y]u_2\psi_n(y) - \psi_{n-1}(y)}{[\widetilde{D}_n/m_2 + n/y]u_2\xi_n(y) - \xi_{n-1}(y)} \tag{6-74a}$$

$$b_n = \frac{[m_1\widetilde{G}_n + n/y]\psi_n(y) - u_2\psi_{n-1}(y)}{[m_2\widetilde{G}_n + n/y]\xi_n(y) - u_2\xi_{n-1}(y)} \tag{6-74b}$$

其中，

$$\widetilde{D}_n = \frac{D_n(m_2y) - A_n\chi'_n(m_2y)/\psi_n(m_2y)}{1 - A_n\chi_n(m_2y)/\psi_n(m_2y)},\quad \widetilde{G}_n = \frac{D_n(m_2y) - B_n\chi'_n(m_2y)/\psi_n(m_2y)}{1 - B_n\chi_n(m_2y)/\psi_n(m_2y)}$$

$$A_n = \psi_n(m_2x)\frac{(m_2/m_1)D_n(m_1x) - (u_2/u_1)D_n(m_2x)}{(m_2/m_1)D_n(m_1x)\chi_n(m_2x) - (u_2/u_1)\chi'_n(m_2x)},$$

$$B_n = \psi_n(m_2x)\frac{(m_2/m_1)D_n(m_1x) - (u_2/u_1)D_n(m_1x)}{(m_2/m_1)\chi'_n(m_2x)\chi_n(m_2x) - (u_2/u_1)D_n(m_2x)\chi_n(m_2x)},\quad D_n = \psi'_n/\psi_n$$

式中，x 和 y 分别为内核和外壳的粒径参数；ψ_n、ψ'_n、χ、χ'_n、ξ、ξ'_n 均为 Riccati–Bessel 函数及导数。

对于单分散体系，包覆微粒的质量消光系效 α 可表示为

$$\alpha = \frac{3\pi}{2\lambda}\frac{Q_e}{[\rho_2 + (\rho_1 - \rho_2)(r/R)^3]y} \tag{6-75}$$

工业微球产品通常非单分散体系。假设包覆微球粒径服从对数正态分布，其分布密度为

$$f(D) = \frac{1}{D\sqrt{2\pi}\sigma}\exp\left\{-\frac{1}{2}\left[\frac{\ln(D/D_0)}{\ln\sigma}\right]^2\right\} \tag{6-76}$$

式中：D、D_0 分别为粒径、中径；σ 为均方差，称标准偏差，发生在 $D + \mathrm{d}D$ 区间的概率为 $f(D)\mathrm{d}D$。设密度为 ρ_1 的高分子微球表面包覆金属密度为 ρ_2、厚为 h 的复合微球之折合密度为

$$\rho(D) = \{(D - 2h)^3\rho_1 + [D^3 - (D - 2h)^3]\rho_2\}/D^3 \tag{6-77}$$

则粒径为 D 的包覆微球的消光截面 $C_{\text{ext}}(D) = G \cdot Q_{\text{ext}}$。式中，$Q_{\text{ext}}$ 为消光效率，微球的几何截面 $G = \pi D^2/4$。设空气中气溶胶的质量浓度为 C，粒子总数为 N，质量消光系数为

$$\alpha_m = \frac{\alpha_v}{W} = \frac{C_{\text{ext}}}{W_i} = \frac{\sum\limits_{i=1}^{n} N_i C_{\text{ext}_i}}{C} \tag{6-78}$$

式中：α_v 为体积消光系数；W 为粒子质量；W_i 为单个粒子质量。

平均质量消光系数为

$$\alpha_m = \frac{\int \alpha(D)f(D)\mathrm{d}D}{\int f(D)\mathrm{d}D} = \frac{\int \alpha_m \mathrm{d}N}{\int \mathrm{d}N} \tag{6-79}$$

式中：$\mathrm{d}N = \dfrac{FE}{D\lg\sigma}\mathrm{d}D$；$FE = e^{-\frac{1}{2}(\lg\frac{D}{D_0}/\lg\sigma)^2}$。

镀金属高分子微球的质量消光系数计算结果表明，在波长和金属层厚度一定时，对数正态分布下微球的最大质量消光系数 $(\alpha_{0m})_{\max}$ 比单分散的最大质量消光系数 $(\alpha_m)_{\max}$ 小，相对

应的最佳粒径一般比单分散的大；当波长较短时，两种分布下的最佳粒径相同；此时有较大质量消光系数的粒径范围较窄，因此不可为了提高烟幕对红外长波段的衰减率而一味增大粒子的粒径，这有可能导致丧失对红外短波段的干扰效果。图6-65所示为在 $\lambda = 10.0\ \mu m$ 下，铜的折射率实部 n_1 和虚部 k_1 分别为 11.60 和 60.30，$h = 0.5\ \mu m$ 时质量消光系数随粒径的变化。计算的单分散微球（虚线）和正态对数分布微球（实线）的质量消光系数随粒径的变化，它们的最大质量消光系数分别为 0.116 m^2/g 和 0.161 m^2/g（粒径均为 3.6 μm），正态对数分布的微粒在较宽范围内有较大的质量消光系数。随着波长的增加，产生最大质量消光系数的最佳粒径增大，最大质量消光系数的值减小，这就是为何传统烟幕（其烟幕粒子的粒径大多在亚微米量级）难以干扰中远红外的原因之一。入射波长和镀层厚度相同的情况下，质轻的铝之 α_m 比铜的大，入射波长 10 μm 左右，金属层厚度为 1.2 μm 时，单分散下镀铝微球的最大质量消光系数为 0.333 2 m^2/g，镀铜微球的最大质量消光系数为 0.113 6 m^2/g，几乎为镀锆微球的最大质量消光系数的 1/3。镀银微球的最大质量消光系数比镀铜的小，分析是银的电导率高，导电损耗小的缘故。

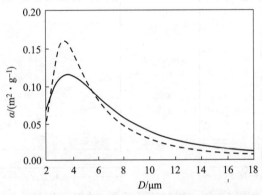

图 6-65　波长 10.0μm 下镀铜高分子微球的质量消光系数随粒径的变化

黄铜片和碳基微粒是电磁光谱的红外（IR）光谱区的有效遮蔽物。然而，它们是有毒的并且可能引起呼吸问题和环境问题，需要开发或找到无毒的红外遮蔽物。为此，2012年Susana等比较了几种微粒遮蔽物与常见的军事IR遮蔽物（如黄铜片、石墨片和炭黑）的消光性能。遮蔽物的消光系数或消光截面是指其在一定波长条件下衰减入射辐射能的能力的量度，它们可以表示为质量消光系数 σ_m 或体积消光系数 σ_V。对于军事应用，遮蔽物的 σ_V 值可能比 σ_m 值更重要，因为大多数布撒方法（如手榴弹）都是体积受限制而不是重量。测试装置示意图如图6-66所示。红外探测和接收器置于直径为 3.81 cm，长 2.54 cm 的 PVC 管中。FTIR 光谱仪的 KBr 光学窗口前设有滑动门，以保护 KBr 光学窗口，避免微粒分散时可能有微粒黏附。将两个过滤取样器放置在两个PVC管上方，以测量微粒的质量浓度。监测气溶胶微粒的空气动力学直径和数量浓度。测试时打开室内的混合风扇，通过手动按压粉末分散器的喷嘴大约小于 2 s，用压缩氮气（氮气罐压力表设定为 30 lbf/in^2）将置于粉末分散器内已知质量（约 3 g）的微粒分散到室中。之后，关闭风扇，打开滑门，使 IR 光束通过两个 KBr 窗口，采用 1.35~25 μm 的 FTIR 光谱仪测试透过率，根据 Beer 定律计算消光系数。微粒的消光系数通常表示为感兴趣光谱波段的平均值，结果如图6-67所示（每个光谱表示重复三次的平均值),MgO plus(图中记为 +MgO)、MgO、TiO_2 为三种纳米颗粒;σ_V 测试时 TiO_2、$NaHCO_3$、ISO 细粉尘、黄铜片、石墨片和炭黑的振实密度依次为 0.80 g/mL、1.39 g/mL、1.22 g/mL、1.05 g/mL、0.25 g/mL 和 0.09 g/mL。研究结果表明,石墨片具有最大的总平均质量消光系数(3.22 m^2/g),其次是炭黑(1.72 m^2/g)、黄铜片(1.57 m^2/g)和 ISO 细测试粉尘(0.74 m^2/g)。黄铜片具有最大的平均体积消光系数(1.64 m^2/mL),其次是 $NaHCO_3$(0.93 m^2/mL)、ISO 细测试粉尘(0.91 m^2/mL)和石墨片(0.80 m^2/mL),纳米 TiO_2 在 3~5 μm 波段中的 σ_m 值相对较高。在特定波段的体积消光系数的基础上,以下材料似乎是黄铜片最有希望的替代品:ISO 细测试粉尘和 $NaHCO_3$(用于 3~5 μm 和 8~12 μm 波段)和纳米 TiO_2(3~5 μm 波段)。但是,它们的消光系数随波长变化很大,而黄铜片的消光系数随波长变化不大。

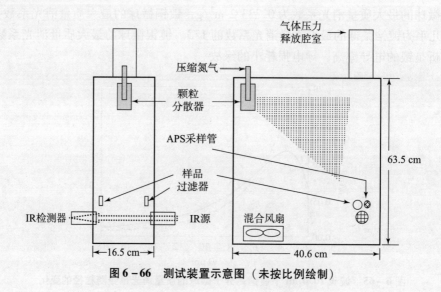

图 6-66 测试装置示意图(未按比例绘制)

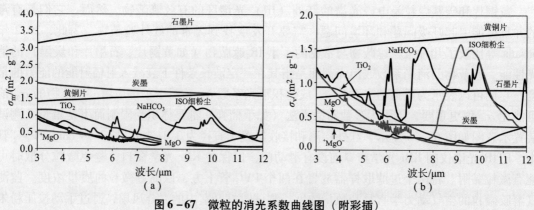

图 6-67 微粒的消光系数曲线图(附彩插)
(a)质量消光系数;(b)体积消光系数

王玄玉测试了雾油中添加少量直径 80~100 nm 超细石墨粉形成的组合烟幕对 10.6 μm 激光辐射的质量消光系数 α,实验结果表明,与雾油烟幕比较,该烟雾可显著提升烟幕体系的粒子平均直径(增大了 87.8%),对 10.6 μm 激光的 α 提高了 122%;由 Mie 散射理论计算雾油烟幕对 10.6 μm 激光的最佳消光粒径为 10.2 μm。采用傅里叶变换红外光谱仪的 KBr 压片法，根据朗伯-比尔定律可计算质量消光系数 α_m，但由于存在遮挡效应，测得的 α_m 通常小于呈气溶胶态的烟雾。当制样时 KBr：试样的混合质量比不小于 500 时，遮挡效应大为下降，结果较好。暴丽霞等以活性炭和淀粉作为炭源制备了多种纳米炭/铁磁体复合红外干扰材料，用 KBr 压片法，计算了在 2.5~25 μm 区间的 α_m。在 2.5~14 μm 波段，炭/镍铁氧体/镍铁合金和炭/钴铁磁体的最大 α_m 分别为 1.10 m²/g 和 1.27 m²/g，后者的平均 α_m 达到 0.9 m²/g，均远远超过了活性炭的 0.31 m²/g 和纳米炭球的 0.52 m²/g。在 2.5~7.5 μm 波段炭/锌铁磁体的 α_m 全部超过 0.6 m²/g，最大 α_m 达到 0.9 m²/g。与传统的乙炔黑等炭质红外衰减材料相比，纳米炭球的红外消光性能优异，在 2.5~11.95 μm 波段 α_m 均大于 0.3 m²/g。碳/铁磁体复合材料有望成为可见光至微波（X 波段）宽波段烟幕材料。李慧莹等采用 KBr 压片法测试、分析获得热化学沉积法制备的三维石墨烯粉体的平均红外质量消光系数 $\alpha_{均}$，在 3~5 μm 和 8~14 μm 波段的 $\alpha_{均}$ 分别为 1.32 m²/g 和 1.09 m²/g，复合石墨的 $\alpha_{均}$ 分别为 0.84 m²/g、0.54 m²/g，800 目碳纤维的 $\alpha_{均}$ 分别为 0.81 m²/g、0.57 m²/g，三维石墨烯粉的红外消光性能较优。

毕鹏禹等按 $n_{Mg^{2+}}/n_{Al^{3+}}=2$ 的比例称取 $Mg(NO_3)_2 \cdot 6H_2O$、$Al(NO_3)_3 \cdot 9H_2O$，配成混合盐溶液，按 $n_{六次甲基四胺}/n_{Al3+}=2.6$ 的比例配成与混合盐溶液同体积的混合溶液，将上述溶液置于超声容器中进行共沉淀反应，浆液在 0.6 MPa 和 150 ℃ 条件下水热反应 18 h。固体沉淀物经离心分离后洗涤至 pH≈7，可得到六边形片状碳酸根插层水滑石 $MgAl-CO_3-LDHs$，经硬脂酸表面疏水改性得到层状超分子烟幕材料。在波数 2700~3600 cm^{-1}（2.8~3.7 μm）和 650~1100 cm^{-1}（9.1~15.4 μm）处红外光谱出现宽的强吸收带。经工艺优化获粒径 $D_{50}=7.40$ μm，并以少量助剂复配，于 20 m³ 烟箱气动分散烟幕材料（烟幕浓度为 2.0 g/m³），红外热像仪测试 3~5 μm 和 8~14 μm 波段遮蔽率分别为 94%~95% 和 97%~98%，有较好的军事应用前景。刘志龙等爆炸分散了 1.5 mm/4 mm 短切碳纤维，形成的烟幕对 3 mm 波和 8 mm 波最大衰减在 95% 以上，单程衰减分贝数不小于 5.2 dB 的有效作用时间 $t_{有效}$ 均能达到 30 s 以上，对 3 mm 波的 $t_{有效} \geq 1$ min；对 8~14 μm 红外成像系统最大衰减接近 100%，衰减率不小于 85% 时的 $t_{有效} \geq 20$ s。烟幕对红外热成像的衰减率可通过红外视频图像的灰度值进行计算，即

$$\beta = \left(1 - \frac{h_0(t) - h_1(t)}{h_0 - h_1}\right) \times 100\% \tag{6-80}$$

式中：β 为烟幕的红外衰减率（%）；h_0、h_1 分别为施放烟幕前目标或背景的灰度值；$h_0(t)$、$h_1(t)$ 为施放烟幕后目标或背景随时间 t 变化的灰度值。

6.7.3 可见光烟幕剂

二氧化钛（TiO_2）在电磁光谱中可见光和紫外部分的吸收特性以及高体积电阻率（10^{13}~10^{18} Ω/cm）和介电强度（4.00~8.00 kV/mm）为其在军事上的应用提供了广阔的前景。目前，美国陆军使用二氧化钛（TiO_2）粉末作为 M82 和 M106 可见光烟幕弹中的遮蔽剂。由于 TiO_2 的高折射率使其在可见光波段具有散射特性，其衰减特性强烈取决于材料的粒径。基于 Mie 散射理论的理论计算预测，用于衰减 UV、可见光的 TiO_2 的最佳粒径约为 120 nm，近红外则 300 nm 较佳，如图 6-68 所示。

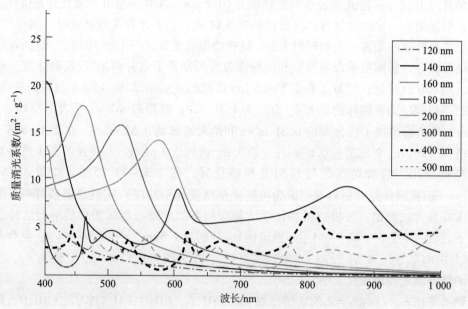

图 6-68 不同粒径 TiO_2 球（$n=2.74$）的可见光质量消光系数 MEC（附彩插）

数值模拟预测，如果制备尺寸分布较窄的 TiO_2 颗粒并以非团聚的形式分散，基于二氧化钛（TiO_2）的烟幕剂可以在可见光波段产生超过 $10\ m^2/g$ 的质量消光系数（MEC）和 $25\ m^2/cm^3$ 的 gFOM。未包覆的 TiO_2 颗粒是亲水的，包覆长链硅烷基团后可使其变得疏水，从而提高其分散性。2012 年，Oldenburg 和 Holecek 对市售 Tiona RCL-9 TiO_2 粉末进行了表面化学处理和功能化，旨在最大限度地减少表面黏附和优化扩散，研究了 TiO_2 颗粒的溶液包覆和干粉包覆技术：①TiO_2 在溶液中的表面功能化：环状氮杂硅烷、二氧化硅壳、3-（三甲氧基甲硅烷基）甲基丙烯酸丙酯、硬脂酸镁和硬脂酸、酸回流法（与溶液中的硅烷一并在 120 ℃回流 3 h）或溶液研磨；②TiO_2 干粉的表面功能化：用以对表面改性的硅烷有二苯基二甲氧基硅烷（DPDMS）、二甲二甲氧基硅烷（DMDMS）、正辛基三甲氧基硅烷（NOTMS）或六甲基二甲氧基硅烷（HMDS）。由于表面功能化，Tiona RCL-9 TiO_2 表面涂有环状氮杂硅烷溶液，经冻干去除溶剂而使纳米材料不团聚。使用斯坦福研究所（SRI）文丘里喷嘴喷射的 TiO_2 的 gFOM 为 $4.0\ m^2/cm^3$（烟剂质量流量较低 2 g/min，不实用），爆炸分散的 TiO_2 的 gFOM 为 $1.4\ m^2/cm^3$，气动分散的 TiO_2 的 gFOM 为 $0.68\ m^2/cm^3$。SRI 喷出的 TiO_2 gFOM 是目前装备的 M106 手榴弹的 6 倍。

手榴弹品质因数的计算公式为

$$gFOM = \alpha\rho FY$$

式中：α 为遮蔽材料的单位质量消光（MEC）（m^2/g）；ρ 为遮蔽材料的密度（g/m^3）；F 为填塞到手榴弹中时遮蔽材料的填充率；Y 为布撒后雾化材料的百分比（得率）；gFOM 的单位为 m^2/cm^3，它与由 $1\ cm^3$ 填充粉末产生的消光截面有关。

可见光的遮蔽成分（遮蔽剂，烟雾）在战场上和军事训练演习中用于发信号、标记目标和屏蔽部队的动向。磷基组合物可以提供最大的遮盖性能，但白磷的毒性和燃烧特性以及红磷的老化特性差，使它们的使用变得复杂。同样，基于六氯乙烷（HC）的烟火组合物是一种已知的毒素和疑似致癌物——产生浓密的吸湿性氯化锌气雾剂、烟灰和氯化有机化合物。含有这些 HC 成分的烟幕弹已造成了与吸入烟雾有关的多种伤害和死亡，由于毒性问题，美国终止了战术 HC 烟幕手榴弹的生产。基于反式肉桂酸或对苯二甲酸（CA，TA）升华的其他烟火烟幕不是特别危险，但其遮盖性能不足以用于战术用途。实际上，此类型的成分最初是为进行火灾模拟和训练目的而开发的。20 世纪 90 年代，美国陆军开始生产用于训练的含有 TA 成分的烟幕手榴弹。

自 20 世纪 50 年代以来（甚至更早），碳化硼就被称为烟火燃料。1961 年的专利中简要描述了几种含有 B_4C、$KMnO_4$ 和其他氧化剂的烟幕成分。以适当的比例，含有 KCl 作为稀释剂和硬脂酸钙作为燃烧速率调节剂的 B_4C/KNO_3 混合物在燃烧时会产生浓厚的白烟云。美国陆军公共卫生司令部进行的初步毒理学评估其并未引起任何重大的环境或人类健康问题，因此此类组合物似乎很有希望用于未来的烟幕弹药。2015 年，Shaw 等开展了该方面研究。采用富含碳的（19.0~21.7 % 质量百分数）碳化硼 B_4C 粉末为 1 200 粒度（grit），碳化硼水悬浮液的基于体积的直径分布为：D [4, 3] 6.36 μm；D [v, 0.1] 2.59 μm；D [v, 0.5] 5.88 μm；D [v, 0.9] 10.71 μm。将硝酸钾（MIL-P-156B）锤磨至约 15 μm。使氯化钾通过 50 目（300 μm）的筛。硝酸钾和氯化钾均包含 0.2% 的气相二氧化硅（Cabot CAB-O-SIL M-5）作为抗结块剂。硬脂酸钙（一水合物）粒度约为 10 μm，聚乙酸乙烯酯水性乳液含有 34.5% 固体。以 5 kg 或 6 kg 规模在有扁平搅拌器桨叶的行星碗式混合器中混至均匀并造粒（45 min）。不额外加水。装药之前在 65 ℃下烘箱中将组合物干燥过夜。手榴弹装有 M201A1 引信，含 350 g 烟幕剂和一薄层专用钛基点火药。使用液压机以 7 000 kgf（1 kgf = 9.8 N）分三步压装手榴弹。端部燃烧手榴弹烟火药柱端面积为 27.27 cm^2，而中心燃烧型药柱的中心孔直径约 1.15 cm。通过盖子上的排气孔，以及与中心孔对齐的罐式排气孔施放烟雾，依赖于 B_4C/KNO_3 燃烧产生的热量来挥发和分散反应产物和惰性稀释剂。与普通烟火燃料（例如镁和铝）的难熔氧化物不同，氧化硼在相当低的温度下易挥发。偏硼酸钾（KBO_2）是 B_4C/KNO_3 燃烧的预期含硼产物，其沸点仅为 1 402 ℃。而某些二元 B_4C/KNO_3 混合物在燃烧时有效地产生烟幕，但需要添加稀释剂以降低反应温度，以减少不良的燃烧和发光。氯化钾 KCl 在这一作用中特别有效，部分原因是 KCl 在适当的温度范围内具有挥发性 [在 1 207 ℃，蒸气压为 0.20 bar（1 bar = 0.1 MPa）；T_b = 1 406 ℃]。三元混合物 $B_4C/KNO_3/KCl$ 的固体颗粒，尤其是含有这些组分质量比为 13/62/25 的颗粒，燃烧时产生大量白烟，燃烧时火焰减弱，但燃速通常很快。

在以前的研究中，将四元混合物 $B_4C/KNO_3/KCl$/硬脂酸钙用几种不同的"湿"黏合剂造粒。发现聚醋酸乙烯酯（PVAc，普通白胶）的水乳液是可以接受的。在（聚合物固体含量）2% 的水平下，这种黏合剂减少了加工过程中的粉尘，也不会损害烟幕性能或显著影响燃烧速度。表 6-9 所列为不同类型的烟幕剂组成。遵循美国陆军其他双字母的烟雾缩写的传统，基于碳化硼的组合物被命名为"BC"。图 6-69 所示为结构为顶部或中心燃烧样品的燃烧时间对比，顶部燃烧的时间较长。研究表明，碳化硼基烟火剂的燃烧速率受燃料颗粒尺寸的影响很大，特别是细粉的数量和大小。碳化硼粒度分布的 1/10 只有 6 μm 的变化，相应的 $B_4C/NaIO_4/PTFE$ 延期药的燃烧速率变化超过 6 倍。添加蜡状材料，如硬脂酸或硬脂酸盐皂是控制燃烧速度的另一种方法。仅添加 1%~3% 质量分数的硬脂酸钙可将烟气组分的燃烧速率降低 70%~85%。因此，使用相当细的（低于 10 μm）碳化硼可实现

0.1~0.35 cm/s 范围内的缓慢至中等燃烧速率，从而提高燃烧效率。调整硬脂酸钙的含量似乎是调节和控制燃烧速度的更实际的方法，因为在生产环境中，碳化硼的粒度难免会因批次不同而不同。

表6-9 基于碳化硼的烟幕组分

组成	B_4C/% 质量百分数[a]	KNO_3/% 质量百分数[b]	KCl/% 质量百分数	硬脂酸钙/% 质量百分数[b]	PVAc/% 质量百分数[c]
1型（慢速）	13	58	25	2	2
2型（中速）	13	59	25	1	2
3型（快速）	13	60	25	—	2

注：a—平均粒径小于10 μm；b—本研究中使用的特定量；c—聚醋酸乙烯酯水乳液。

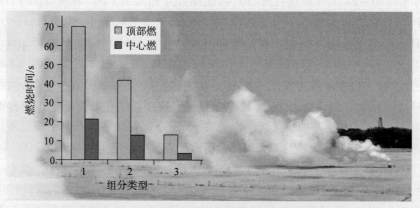

图6-69 不同结构手榴弹样品的燃烧时间对比

基于质量的消光系数 α_m 是对给定质量的气溶胶衰减光的程度的度量。由于雾化效率可能会发生变化，并且某些气雾剂具有吸湿性，因此 α_m 并不总是与烟雾成分或装置的有效性相关。烟雾成分的品质因数可通过将 α_m 乘以产量因子 Y 来获得，产量因子是气溶胶质量 m_a 与初始成分质量（m_c）的比值。基于质量的品质因数 FM_m 与质量 m_c 的关系为

$$FM_m = \alpha_m Y = \left[\frac{-V \cdot \ln(T)}{m_a L}\right]\left(\frac{m_a}{m_c}\right) = \frac{-V \cdot \ln(T)}{m_c L} \quad (6-81)$$

式中：V 为腔室容积；T 为透射率；L 为测量路径长度。

许多烟幕弹的设计更多地受到内部尺寸的限制，而不是受到烟雾组分的质量限制。因此，有必要通过将 FM_m 乘以合并的烟雾组分的密度来计算基于体积的品质因数 FM_v，即

$$FM_v = FM_m \rho_c = \frac{-V \cdot \ln(T)}{v_c L} \quad (6-82)$$

表6-10中TA和HC烟剂组分的结果说明了产量因子作为性能决定因素的重要性。如 α_m 所示，TA组合物产生的气溶胶是有效的，但由于 Y 非常低，因此 FM_m 不足。只有一小部分TA成分在燃烧时雾化并分散，并且所产生的气溶胶不吸湿。与对苯二甲酸不同，通过燃烧HC组分而分散的氯化锌具有强吸湿性。即使燃烧时只有40%~60%质量的成分挥发，

测得的 HC 成分的产量因子通常也会超过 1.2。即使 α_m 不显著，其依赖于大气湿度的高产量因子导致相应的 FM_m 值较高。

表 6-10 烟箱中测得烟雾的光学性能

组成	Y^a	$\alpha_m/(m^2 \cdot g^{-1})^b$	$FM_m/(m^2 \cdot g^{-1})^c$	$\rho_c/(g \cdot cm^{-3})^d$	FM_v $(m^2/cm^3)^e$
BC（平均）[f]	0.75 (0.03)	4.01 (0.43)	3.03 (0.42)	1.48 (0.04)	4.48 (0.62)
TA	0.30[g]	4.80[g]	1.44[g]	1.2	1.73
HC	1.26[h]	2.36[h]	2.97[h]	2.2	6.53

注：a—产量因子；b—基于质量的消光系数；c—基于质量的品质因数；d—密度为理论最大值的 72%；e—基于体积的品质因数；f—用括号中的标准偏差测试的所有 BC 手榴弹的平均值；g—典型 M83 TA 手榴弹的数据；h—在 25 ℃和 32%相对湿度下的 AN-M8 手榴弹数据。

由氯化钾和硼酸盐组成的气溶胶不是特别吸湿的。因此，较高的产量因子是出色的雾化效率的结果——通常，燃烧后残留的残渣很少。0.75 的平均产量因子与平均 4.0 m^2/g 的 α_m 相结合得出的 FM_m 约为 3.0 m^2/g，表明 BC 成分在质量上与 HC 相当。使用压制烟火药片典型理论最大密度的 72%来计算 FM_v 值，结果表明 HC 在体积上更有效。由于 HC 组合物的高密度，可以将更多的材料压入手榴弹罐中，并且这些手榴弹会产生较长时间的相应较浓的烟云。但是，根据 FM_m 和 FM_v，BC 组合物的性能明显优于 TA。这些结果与现场测试的定性观察结果一致。因此，根据功效可以对组合物进行排序：TA << BC < HC。

6.7.4 多波段烟幕剂

2003 年，Collins 发明了针对可见光、红外和毫米波的遮蔽装置，红磷/黄铜薄片，或红磷，或镁/特氟隆/氟橡胶（MTV）可作为可见光、红外的遮蔽材料。有效载荷壳体由直径为约 7 μm 的碳纤维缠绕构成，壳体的一些或全部在引爆时分解成长度 1~10 mm 的纤维，以形成毫米波段遮蔽物，壳体由导电碳纤维制成。纤维类型包括：①UTS 碳纤维，其弹性模量（YM）为 230 GPa 的 PAN（聚丙烯腈）基碳纤维；②镀镍碳纤维（Ni-C），YM 类似于 UTS 的 PAN 基碳纤维；③UD 布碳纤维（UD-C），使用 YM=230 GPa 的碳的单向非卷曲材料；④J-UTS 碳纤维，类似于上述 UTS 纤维，但具有更高的应变；⑤P100s 碳纤维，基于沥青的碳纤维，其具有比针对 PAN 基纤维观察到的更高的电导率；⑥超高模量（UMS）碳纤维，高模量 PAN 基碳纤维。直径为 66 mm、长度 160 mm 碳纤维外壳的平均质量为 159 g（99~183 g）。测试的烟幕装置平均总质量为 1 157 g（1 100~1 200 g）。结果表明，在装置爆炸之后碳纤维外壳在毫米波段产生有效的遮蔽场：K 波段的显著衰减几乎是在装置爆炸后立即实现的，前 10 s 的衰减超过 20 dB；在 M 波段中最初形成了超过 40 dB 的屏蔽，在 8s 后减小到约 15 dB。根据风况（大风到低风速），有效遮蔽时间为 8~30 s；在低风速条件下实现了毫米波段内的显著衰减。

2008 年，Phillips 在美国 AD 报告中指出：为了最小化被雷达发现的概率以保存生命和装备，必须进行非常逼真的训练以便获得此能力，增加训练会增加释放干扰物进入环境，因此开发了 M56E1。M58 Wolf 发烟装甲车装有 M56 烟幕发射装置 M259 烟幕弹发射器。无加油或补给干扰材料时，M8 能够连续生产 90 min 的可见光和 30 min 的红外线遮蔽。当时正在进行为其增加毫米波模块的概念研究。美军 M56A1 "COYOTE" 型发烟车（为 M56 发烟车的改进型）的发烟装置由三种遮蔽系统构成，能同时运行或分别操作，一次可提供90 min 可见光、30 min 红外和30 min 毫米波遮蔽，毫米波干扰剂为预切割的碳纤维，装在一次性使用的8个罐中。用于训练的M56E1发烟车则采用非镀覆碳纤维实时切割的方式布撒，以减少原来对抗9~96 GHz厘米/毫米波的干扰物对环境产生的危害。

Wulvik发明了针对阵地、机场等点目标的烟幕云团布置方式，高压喷嘴施放一个或多个扩散烟云，根据风向调整多个施放点位置。在屏蔽3~12 μm红外的金属粉末、屏蔽35~94 GHz毫米波的金属纤维/偶极子中添加稀释和改善冷流动性能的材料，如铝硅酸盐颗粒或砂材料以便高压喷嘴喷出。

石墨属六方晶系，具有特殊的层状结构，层与层之间的结合力较弱，通过适当的氧化处理，很容易将其他种类的分子或原子插入其层间，形成石墨层间化合物或可膨胀石墨。通过将可膨胀石墨经高温热处理，使层间化合物分解，同时沿c轴急速膨胀至数十倍到百倍的蠕虫状物质——膨胀石墨（EG）。蠕虫状粒子较大，具有密度小、漂浮性好、留空时间长以及独特的电磁性能。作为一种有限电阻率的介质材料，它使进入其中的电磁波产生传导电流和位移电流，从而产生热损耗被吸收。1993年，德国人Krone的专利报道了膨化石墨的新用途及膨化方法，该专利采用可膨胀石墨等组成复合烟幕剂，利用烟火药镁和高氯酸钾燃烧时释放出的热使石墨膨化并分散于空中，形成对可见光至毫米波范围内有效的干扰烟雾。为了缩短烟幕形成时间，乔小晶等研究了爆炸快速形成膨化石墨的方法，首次利用烟火药低速爆炸时产生的热量使可膨胀石墨快速地形成膨胀石墨并分散形成气溶胶干扰云团。结果表明，在密闭条件下、药剂为松散状态时，氯酸钾-镁烟火药易于由燃烧转爆炸，可膨胀石墨膨化得最好，且对8 mm波的衰减率较大；若烟火药不能由燃烧转爆炸，易将膨化石墨点燃；在高氯酸钾—镁体系中加入4%~8%的黏合剂制成烟火药，压成药柱时，可膨胀石墨能被膨化，但出现程度不同的将膨胀石墨点燃，导致毫米波衰减率下降的情况，分析是燃烧转爆炸的时间较长、空气中的氧参与了反应所至；氯酸钾-镁中加入黑火药或黑索今组成零氧平衡的烟火药体系更易引燃膨胀石墨，表明其较难由燃烧转爆炸；当高氯酸钾-镁-黑火药体系为负氧平衡，氧差小于-5.5时，可有效避免膨化石墨被点燃。研究人员还研究了提高可膨胀石墨膨胀倍率的插层化合物、无硫可膨胀石墨、可膨胀石墨表面镀覆金属以及与铁磁物质复合提高衰减性能等。研究表明，EG发烟剂构成的烟幕对3 mm和8 mm波均具有明显的衰减作用。随着粒度的不同，衰减结果也不同。粒度为300~450 mm的EG与150~200 mm的EG相比，前者产生的烟幕对毫米波的衰减效果较好。这是因为EG粒度的增大，膨胀后长度越长，对入射的毫米波吸收作用增强，衰减效果增大。

6.7.5 环保型烟幕剂

美国陆军要求提供四种暴露限制的建议：①紧急暴露指导标准（EEGL），紧急情况下，军事人员持续暴露1~24 h并完成指定任务所能接受的气体、蒸汽或烟雾的浓度；②在训练期间反复接触军事人员的允许暴露指导标准（PEGL）；③短期公众紧急指导标准（SPEGL），用于罕见的紧急情况，可能导致公众暴露于军事训练烟雾；④在军事训练设施附近居住或工作的公众重复意外暴露的允许的公共暴露指导标准（PPEGL）。几种烟雾的推荐EEGL或PEGL见表6-11（暴露周期EEGL为1 h，PEGL为8h/d，5d/wk），由表可见二氧化钛EEGL最大，而黄铜的EEGL最小，毒性最大。

表 6-11 几种烟雾的推荐 EEGL 或 PEGL

烟雾类型	暴露标准	阈值/(mg·m^{-3})
红磷丁基橡胶烟雾	EEGL	10
	PEGL	1
黄铜	EEGL	0.4
	PEGL	0.001
二氧化钛	EEGL	450
	PEGL	2
石墨	EEGL	220
	PEGL	1

Eckelbarger 在 1985 年的报告中写道，目前美国军方政策对培训涉及烟雾或其他干扰剂的军事人员提出要求，当参加包括使用干扰剂的演习时，人员需携带防护面具。人员在以下情况下需要戴防护面罩：①在暴露于由 M8 白烟榴弹，烟（HC 烟）或金属粉末干扰剂产生的任何浓度的烟雾之前；②当通过或操作浓烟（视距小于 50 m）时；③当操作或通过持续时间超过 4 h 的烟雾（视距大于 50 m）时；④暴露于烟雾时会产生呼吸困难，眼睛刺激或不适（一个人的这种反应可以作为所有类似暴露人员佩戴口罩的信号）；⑤在军事行动中在封闭空间的城市地形（MOUT）训练中使用烟雾（军方政策指出，防护面罩在氧气不足的环境中无效；建议人员不要进入氧气可能被移走的密闭空间）；⑥若烟雾发生器不能保持上风，烟雾发生器操作人员必须佩戴口罩。

虽然黄铜对红外遮蔽有效，但它是高毒性的，美国环境保护署（EPA）评级为 9 级（等级为 0~9 级），而且对环境也有害，铜粉、超细石墨或膨胀石墨等烟幕材料具有导电性，施放后易对电子装备产生影响；膨胀石墨由于多孔粒子的存在导致引发呼吸道疾病的危险增加。为此，各国开始寻找可靠的低毒性环保型烟幕材料。1993 年，Haley 和 Kurnas 发现石墨具有比黄铜低得多的毒性（EPA 的毒性等级为 4）和较少的环境影响。并且，它的填充密度也远低于黄铜。石墨对健康影响甚小，石墨片被美军方用来阻挡电磁波的探测或瞄准。人类长期暴露于石墨粉尘可能会发生石墨肺尘埃沉着病。然而，该效应被认为是由于在开采的石墨中的杂质，特别是二氧化硅导致。纯石墨在动物中的急性和亚慢性吸入研究显示，呼吸道中仅有最小的炎症反应，大多数时间下炎症是完全可逆的。即使在测试的最高浓度下也不会发生死亡。2001 年，Owrutsky 等确定了另一种像石墨一样的碳质材料——炭黑作为最好的遮蔽物之一，炭黑在 3~5 μm 和 8~12 μm 红外波段的质量消光系数为分别为 0.83 m^2/g 和 0.62 m^2/g，体积质量消光系数分别为 0.38 m^2/mL 和 0.29 m^2/mL，振实密度 0.46 g/mL。乙炔黑在 3~5 μm 和 8~12 μm 红外波段的质量消光系数分别为 0.55 m^2/g 和 0.47 m^2/g，体积质量消光系数 0.15 m^2/mL 和 0.13 m^2/mL，振实密度 0.27 g/mL。二氧化钛（TiO$_2$）粉末作为美国陆军 M82 和 M106 可见光烟幕弹中的烟幕剂，没有关于 TiO$_2$ 的急性人体毒性数据。在动物研究的基础上，单次暴露的致死率可能很小。一次 30 min 的暴露在 1 240 mg/m^3 是没有毒性作用的。因此，TiO$_2$ 的急性吸入被认为具有最小的毒性。

随着新的威胁和传感器发展，要求现有装备使用单一、低毒性和高效的材料，以同时应对红外和可见光这两类威胁,需提供非常高的导电性的碳为基础的材料,以满足这些新兴迫切需求,以及低环境影响的政策。2012 年,美国国防部招标合同 W911SR – 12 – C – 0059 拟开展新奇的石墨烯干扰材料研究。JSJ 科技公司结合国家纳米材料公司和德克萨斯州立大学的技术,提出了一种新的方法,将允许非常低成本大批量生产高导电性的石墨烯薄片材料。

美国专利发明了一种复合干扰剂,在非传导物的基底(包括细丝、纤维、微片、微球、空的纤维制品、粉末、薄片以及带状物)上镀覆一定厚度的金属(如铁、铝、铜、镍等),控制膜层厚度,使其成为特殊结构,干扰红外、毫米波,直至厘米波效果良好的复合微粒冷烟幕剂。2004 年,美国 Thompson 等利用超声波在微粒表面沉积金属,干扰可见光至 8 m 波(0.3~40 GHz 波段)。涂上一层某些金属氧化层可能导致导电率减少,在某些应用中可能是理想的。优选能在空中飘浮较长时间的形状。针对环境友好的烟幕材料的需求,Stevens 申报了 6 项与该类型烟幕剂表面镀覆金属降解相关的发明专利,在表面涂覆盐等,获得潮湿条件下降解的烟幕剂。2001 年,Warfel 发明了在潮湿环境下可降解的含硅的烷氧基材料。该材料是通过将 R_2O(R 选自 I 族碱金属)和 SiO_2 熔融形成 $R_2O:SiO_2$ 组合物而形成的,以其作为基底,采用可氧化金属对其表面包覆,并覆盐或添加助剂,形成潮湿条件下降解的干扰剂,基底形状可为片状、球形或纤维。此外,多国还提出了可降解的镀层的基底材料,如棉、麻、多元酯,聚醚酰亚胺、聚羟基乙酸等。

为了防止碳纤维增强塑料(CFRP)在燃烧期间形成可吸入粉尘,2017 年 Sebastian 发明了原位保护碳纤维,采用热稳定、不透水、不可氧化的无机玻璃保护层形成前驱体,如硅酸盐、硼酸盐、磷酸盐等,优选使用硼酸锌,它们防止碳纤维的氧化降解。该专利中提到,世界卫生组织定义可吸入粉尘纤维的临界尺寸是厚度小于 3 μm 和长度大于 5 μm,并且长度与直径的比大于 3∶1(纵横比不小于 3∶1)。尽管碳纤维通常总是比 5 μm 厚,但在空气中的高热应力下,它们的直径会持续减小。在约 600 ℃温度下,初始直径约 5 μm 的典型纤维在几分钟后会出现直径低于 3 μm。在更高的温度下,直径会更快地降至 3 μm 以下。热应力下细于 3 μm 的纤维很容易折断,并可能导致有危险的粉尘形成。因此,如果纤维直径小于 3 μm,则火灾条件对于可吸入碳纤维粉尘的形成被认为是至关重要的。对一架烧毁的军用飞机进行的实际测试表明,在发生燃料火灾时——即高外部火灾负荷,即使使用阻燃、热相对稳定的 CFRP,也会形成可进入肺部的纤维碎片。

2022 年,唐磊等通过超声活化与过硫酸钠前处理,采用 Stöber 法制备了二氧化硅包覆碳纤维。配制反应液:A 液为 6.4% 体积分数的 TEOS 与 93.6% 体积分数的无水乙醇;B 液为 28.1% 体积分数的氨水与 71.4%(体积百分数)的去离子水。A、B 液的使用量为 2∶1。将除胶碳纤维浸入 A 液中超声处理 10~20 min,然后倒入 B 液并保持超声至溶液呈白色,静置 8~12 h 后,洗净、烘干。碳纤维粉包覆 SiO_2 的制备方法与上述基本相同,只是加入 A 液后超声的同时搅拌 10~20 min,之后加入 B 液。此外,对比进行了常规前处理:丙酮除胶后的碳纤维置于 15%(质量分数)的过硫酸钠的水溶液中,80 ℃水浴保温 1~2 h。对水中不同超声时间处理和过硫酸钠处理 1 h 的碳纤维进行了 XPS 全谱元素分析表明,随着超声时间的增加,碳纤维表面的氧碳元素比例逐渐上升,即含氧基团数量增加,而这是碳纤维表面能增加的典型现象,这使得后续 SiO_2 包覆碳纤维表面成为可能。同样的现象也出现在过硫酸钠处理 1 h 后的碳纤维上,热重分析表明,在 850 ℃时 CF/SiO_2 的质量损失不超过 2%,耐热性良好。包覆层足够完整,则电阻值提高明显,增重 6.6% 时,电阻率达到 9.7 ×

10^8 Ω/cm。依据 GB/T 16428—1996《粉尘云最小着火能量测定方法》，对分散状态粉尘云下进行测试，质量浓度为 600 g/m³，点火能量最高设定在 1.5 J（趋近仪器额定最大值）。此外，采用静电火花感度仪研究粉尘层，测试电压 10 kV，点火能量约为 500 mJ。这两种实验表明，碳纤维有着较好的抗燃爆性，但在高能量刺激下，粉尘状碳纤维也有一定的被点燃的可能性；碳纤维粉尘层在高压静电火花作用下会导通放电，存在一定的导致电子设备短路的安全隐患。包覆 SiO_2 后，在高压火花放电作用下仅观察到大量样品聚集在电极附近，显示较为明显的静电吸附现象，表明碳纤维复合材料的抗燃爆性、绝缘性有了显著提升。

综上所述，国内外在无源烟幕干扰方面投入了大量人力、物力，并取得了较多成果，未来的发展趋势为遮蔽可见光、红外、毫米波、厘米波等多波段或者环境友好型烟幕剂。

习　题

1. 叙述吸收衰减电磁波机理。
2. 典型微波吸波材料有哪些？
3. 吸波材料的设计原理是什么？解释吸波材料的电性能的参数的物理意义。
4. 实现红外/激光隐身材料兼容的难度何在？
5. 采取哪些措施能够实现中、远红外隐身？
6. 针对不同波段烟幕材料通常采用哪些？

参 考 文 献

[1] Azoubel S, Magdassi S. The formation of carbon nanotube dispersions by high pressure homogenization and their rapid characterization by analytical centrifuge [J]. Carbon, 2010, 48 (12): 3346 – 3352.

[2] 安德里亚 – 卡罗·费拉里, 约翰·罗伯逊. 碳材料的拉曼光谱 – 从纳米管到金刚石 [M]. 谭平恒, 李峰, 程会明, 译. 北京: 化学工业出版社, 2007.

[3] Bao Q L, Zhang H, Wang Y, et al. Atomic – layer graphene as a saturable absorber for ultrafast pulsed lasers [J]. Adv Funct Mater, 2009, 19: 3077 – 3083.

[4] Beat B, Parameters Influencing the Pyrotechnic Reaction [J]. Propellants, Explosives, Pyrotechnics, 2005, 30 (1): 27 – 35.

[5] Beck M W, Brown M E Brown. Burning of Antimony/Potassium Permanganate Pyrotechnic Compositions in Closed Systems [J]. Combust Flame, 1986, 65, 263 – 271.

[6] Berger B. Bestimmung der Abbrandcharakteristika sowie der Sicherheitskenndaten Verschiedener Binaärer Pyrotechnischer Anzündund Verzögerungssysteme [C]//17th Int. Annual Conference of ICT, Karlsruhe, 1986, 72.

[7] Berger B, Haas B, Reinhard G. Influence of the Particle Size of the Reducing Agent on the Reaction Parameters of Pyrotechnic Redox Systems [C]//27th Int. Annual Conference of ICT, Karlsruhe, Germany, 1996, 13.

[8] 袁朝俊. 碳纳米管/铁氧体杂化薄膜制备及其吸波性研究 [D]. 沈阳: 沈阳航空航天大学, 2016.

[9] Conkling J A. Chemistry of Pyrotechnics [M]. Marcel Dekker INC. New York, 1985.

[10] 代明珠. 纳米 Fe_3O_4/碳纳米管复合材料的磁性及穆斯堡尔谱学研究 [D]. 南京: 南京航空航天大学, 2013.

[11] Dienes G J, Darnask A C. The role of point diffects in solid state reactions. In: 5th International symposium of the Reactivity of Solids [M]. Ed: Schwab G – M. Amsterdam – London – New York: Elsevier Publ Co, 1965, 227 – 237.

[12] Deng Y H, Wang C C, et al. Investigation of formation of silica – coated magnetite nanoparticles via sol – gel approach [J]. Colloids and Surfaces A: Physicochem. Eng. Aspects, 2005, 262: 87 – 93.

[13] Drennan R L, Brown M E Binary and Ternary Pyrotechnic Systems of Mn and/or Mo and

BaO$_2$ and/or SrO$_2$. Part 2,Combustion studies [J]. Thermochim Acta,1992,208: 223 - 246.

[14] Dreizin E L,Schoenitz M. Mechanochemically Prepared Reactive and Energetic Materials:A Review [J]. J. Mater. Sci. 2017,52: 11789 - 11809.

[15] Eckman A,Felten A,Mishchenko A,et al. Probing the Nature of Defects in Graphene by Raman Spectroscopy [J]. Nano Letters,2012,12 (8): 3925 - 3930.

[16] Fang G R,Li Q,Wang X B. Double - walled Carbon Nanotubes with Small Diameters Synthesized by Catalytic Chemical Vapor Deposition of Methane [J]. Nanoscience &Nanotechnology,2006 (6): 45 - 49.

[17] 封亚欧,朱晨光,谢晓. 单透向烟幕干扰材料及其干扰机理研究 [J]. 火工品,2016,(6): 40 - 43.

[18] Gusynin V P,Sharapov S G,Carbotte J P. Unusual microwave response of Dirac quasiparticles in graphene [J]. Phys Rev Letters,2006: 96.

[19] 耿焕娜,邓德琪. NiZn 铁氧体材料的穆斯堡尔谱研究 [J]. 电子测试,2019,000 (002): 67 - 68,64.

[20] Granier J J,Pantoya M L. Laser Ignition of Nanocomposite Thermites [J]. Combust. Flame 2004,138: 373 - 383.

[21] Howlett S L,May F G J. Ignition and reaction of boron fueled pyrotechnic delay compositions:Part 1. Boron - Potassium Dichromate and Boron - Silicon - Potassium Dichromate Systems [J]. Thermochim Acta,1974 (9): 213 - 216.

[22] Howe J M. Bonding,structure,and properties of metal/ceramic interface [J]. Int Mater Rev,1993,38 (2): 233 - 261.

[23] Jeong H J,An K H,Lim S C,et al. Narrow diameter distribution of single walled carbon nanotubes grown on Ni - MgO by thermal chemical vapor deposition [J]. Chemical Physics Letters,2003,380: 263 - 268.

[24] Kosanke K L,Kosanke B J,Dujay R C. Pyrotechnic Particle Morphology - Low Melting Point Oxidizers [J]. J. Pyrotech,2000 (12): 5 - 15.

[25] Kosanke K L,Kosanke B J,Pyrotechnic Ignition and Propagation:A review [J]. J. Pyrotech. 1997 (6): 17 - 29.

[26] Kwon Y S,Gromov A A,Strokova J I. Passivation of the Surface of Aluminum Nanopowders by Protective Coatings of the Different Chemical Origin [J]. Appl. Surf. Sci. ,2007,253: 5558 - 5564.

[27] Kerider K G. 金属基复合材料 [M]. 温仲元,等译. 北京:清华大学出版社,1982.

[28] Kats M A,Blanchard R,Zhang S,et al. Vanadium dioxide as a natural disordered metamaterial:perfect thermal emission and large broadband negative differential thermal emittance [J]. Physical Review X,2013,3 (4).

[29] Lee C,Wei X D,Kysar J W,et al. Measurement of the elastic properties and intrinsic strength of monolayer graphene [J]. Science,2008,321: 385 - 388.

[30] 李晓娜. 材料微结构分析原理与方法 [M]. 大连:大连理工大学出版社,2014.

[31] 刘敏蔷. 碳基材料的拉曼光谱研究 [D]. 北京：北京工业大学, 2009.

[32] 陆佩文. 无机材料科学基础 [M]. 武汉：武汉工业大学出版社, 1996.

[33] Meyer J C, Geim A K, Katsnelson M I, et al. The structure of suspended graphene sheets [J]. Nature, 2007, 446: 60-63.

[34] Mclain J H. Pyrotechnics from the Viewpoint of Solid State Chemistry [M]. Franklin Institute Press: Philadelphia, Pennsylvania, USA, 1980.

[35] Mccollum J, Pantoya M L, Iacono S T. Activating Aluminum Reactivity with Fluoropolymer Coatings for Improved Energetic Composite Combustion [J]. ACS Appl. Mater. Interfaces, 2015, 7: 18742-18749.

[36] Nair R R, Blake P, Grigorenko A N, et al. Fine structure constant defines visual transparency of graphene [J]. Science, 2008, 320: 1308-1308.

[37] Nemanich R J, Solin S A. First- and second-order Raman scattering from finite-size crystals of graphite [J]. Physical Reviews, 1979, B20: 392.

[38] Oldenburg S, Holecek J. Surface Modified TiO_2 Obscurants for Increased Safety and Performance [M]. Nanocomposix Inc, San Diego CA, 2012: 1-57.

[39] 潘功配. 固体化学 [M]. 南京：南京大学出版社, 2009.

[40] Prawer S, Hoffman A, Stuart S A, et al. Correlation between crystalline perfection and film purity for chemically vapor deposited diamond thin films grown on fused quartz substrates [J]. Journal of Applied Physics, 1991, 69 (9): 6625-6631.

[41] 潘功配. 烟花爆竹原理 [M]. 南京：南京大学出版社, 2013.

[42] Pelleg J. Reactions in the matrix and interface of the Fe-SiC metal matrix composite system [J]. Mater. Sci. Eng., 1999, 269A: 225-241.

[43] Stolyarova E, Rim K T, Ryu S, et al. High-resolution scanning tunneling microscopy imaging of mesoscopic graphene sheets on an insulating surface [P]. Natl Acad Sci USA, 2007, 104: 9209-9212.

[44] 宋可琪, 范景莲, 成会朝, 等. 反应温度与反应气氛对固相合成 $ZrSiO_4$ 的影响 [J]. 粉末冶金材料科学与工程, 2019, 24 (4): 379-384.

[45] Schneider J. One-way transparency in the infrared spectrum: US, US6484640 [P]. 2002-11-26.

[46] Tuinstra F, Koenig J L. Raman Spectrum of Graphite [J]. J. Chem. Phys., 1970, 53: 1126-1130.

[47] Tompkins F C. Influence of structure on solid-state reactions in reactivity of solid. In: 5th International symposium of the Reactivity of Solids [M]. Ed: Schwab G-M. Amsterdam-London-New York: Elsevier Publ Co, 1965, 3-8.

[48] Tribelhorn M J, Venables D S, Brown M E. Combustion of some zinc-fuelled binary pyrotechnic systems [J]. Thermochim Acta, 1995, 256: 309-324.

[49] Tribelhorn M J, Blenkinsop M G, Brown M E. Combustion of Some Iron-Fuelled Binary Pyrotechnic Systems [J]. Thermochim Acta, 1995, 256: 291-307.

[50] Tichapondwa S M, Focke W W, Fabbro O D, et al. Suppressing Hydrogen Evolution by

Aqueous Silicon Powder Dispersions through the Introduction of an Additional Cathodic Reaction [J]. Chemical Engineering Communications, 2014, 201 (4): 501-515.

[51] Tichapondwa S M, Focke W W, Fabbro O D, et al. Suppressing H_2 Evolution by Silicon Powder Dispersions [J]. J. Energ. Mater, 2011, 29: 326-343.

[52] Tichapondwa M Shepherd. Suppressing Hydrogen Evolution by Aqueous Silicon Powder Dispersions by Controlled Silicon Surface Oxidation [J]. Propellants, Explosives, Pyrotechnics, 2013, 38 (1): 48-55.

[53] 汤文明, 郑治祥, 丁厚福, 等. SiC/金属界面固相反应与控制的研究进展 [J]. 硅酸盐学报, 2003, 31 (3): 283-291.

[54] 汤文明, 郑治祥, 丁厚福, 等. SiC/Fe-Cr合金界面反应的研究 [J]. 无机材料学报, 2001, 16 (5): 922-927.

[55] Ukhtary M S, Hasdeo E H, Nugraha A R T, et al. Fermi energy – dependence of electromagnetic wave absorption in graphene [J]. Applied Physics Express, 2015, 8 (5): 0055102.

[56] Wan X, Qiao X J, Ren Q G, et al. Square ferrite nanorods/carbon composite: synthesis and electromagnetic properties [J]. Appl. Phys. A, 2015, 119: 773-781.

[57] Wang Y, Alsmeyer D C, Mccreery R L. Raman spectroscopy of carbon materials: Structural basis of observed spectra [J]. Chemistry of Materials, 2002, 2 (5): 557-563.

[58] 王育华. 固体化学 [M]. 兰州: 兰州大学出版社, 2007.

[59] 王志新, 李国新, 劳允亮, 等. 硅系延期药贮存与硅粉表面稳定性研究 [J]. 含能材料, 2005 (03): 158-161+172-134.

[60] 吴娟霞, 徐华, 张锦. 拉曼光谱在石墨烯结构表征中的应用 [J]. 化学学报, 2014, 72: 301-318.

[61] Xia T, Chen X. Revealing the structural properties of hydrogenated black TiO_2 nanocrystals [J]. Journal of Materials Chemistry A, 2013, 1: 2983.

[62] 幸佳宾. Stober法制备二氧化硅微球工艺研究 [D]. 西安: 西安电子科技大学, 2015.

[63] Xiao L, Ma H, Liu J, et al. Fast Adaptive Thermal Camouflage based on Flexible VO_2/Graphene/CNT Thin Films [J]. Nano Letters, 2015, 15 (12): 8365.

[64] Yurekli K Yurekli, Mitchell C A Mitchell, Krishnamoorti R Krishnamoorti, et al. Small – angle neutron scattering from surfactant – assisted aqueous dispersions of carbon nanotubes [J]. J. Am. Chem. Soc., 2004; 126 (32): 9902-9903.

[65] 叶瑞伦, 方永汉, 陆佩文. 无机材料物理化学 [M]. 北京: 中国建筑工业出版社, 1986.

[66] Zhang X J, Wang G S, Cao W Q, et al. Fabrication of multi – functional PVDF/RGO composites via a simple thermal reduction process and their enhanced electromagnetic wave absorption and dielectric properties [J]. RSC Advances, 2014, 4 (38): 19594-19601.

[67] Zheng Z, Huang B, Lu J, et al. Hydrogenated Titania: Synergy of Surface Modification and Morphology Improvement for Enhanced Photocatalytic Activity [J]. Chemical Communications, 2012, 48: 5733.

[68] Zhang N, Li G, Wang X, et al. The influence of annealing temperature on hyperfine magnetic field and saturation magnetization of Fe-Si-Al-Cr flake-shaped particles [J]. Journal of Alloys and Compounds, 2016, 672: 176-181.

[69] Arami H, Mazloumi M, Khalifehzadeh R, et al. Sonochemical preparation of TiO_2 nanoparticles [J]. Materials Letters, 2007, 61 (23-24): 4559-4561.

[70] Blanco-Andujar C, Ortega D, Pankhurst Q A, et al. Elucidating the morphological and structural evolution of iron oxide nanoparticles formed by sodium carbonate in aqueous medium [J]. J. Mater. Chem., 2012, 22: 12498.

[71] Biljana B, Dusan B, Ana Radosavljevic-Mihajlovic, et al. New manufacturing process for nanometric SiC [J]. Journal of The European Ceramic Society, 2012, 32 (9SI): 1901-1906.

[72] Bowden F P, Tabor D, Palmer F. The Friction and Lubrication of Solids [J]. American Journal of Physics, 1964, 19 (7): 428-429.

[73] Bryans T R, Brawner V L, Quitevis E L. Microstructure and Porosity of Silica Xerogel Monoliths Prepared by the Fast Sol-Gel Method [J]. Journal of Sol-Gel Science and Technology, 2000, 17 (3): 211-217.

[74] Butjagin P J. Kinetics and character of mechanochemical reactions [J]. Magy. Allatorv. Lapja, 1973, 28, 589.

[75] 陈荣发. 电子束蒸发与磁控溅射镀铝的性能分析研究 [J]. 真空, 2003 (2): 11-15.

[76] 崔春翔. 材料合成与制备 [M]. 上海: 华东理工大学出版社, 2010.

[77] Cai Y, Huang F, Wei Q, et al., Surface functionalization, morphology and thermal properties of polyamide6/O-MMT composite nanofibers by Fe_2O_3 sputter coating [J]. Appl. Surf. Sci, 2008, 254: 5501-5505.

[78] Chao M C, Lin H P, Mou C Y. Controlling the Morphology and Mesostructural Orderness of the Mesoporous Silica Nanoparticles [J]. Chemistry Letters, 2003, 33 (6): 672-673.

[79] Chen Y, Iroh Iroh J O. Synthesis and Characterization of Polyimide/Silica Hybrid Composites [J]. Chemistry of Materials, 1999, 11 (5): 1218-1222.

[80] Dou Y K, Jin H B. The study of the microwave absorption property of the Al and N codoped SiC Nanopowders [J]. Nanotechnology: Advanced Materials, CNTS, Particles, Films and Composites, 2012, 1: 306-309.

[81] Dekel D R. Heat Sources for Thermal Batteries [P]. WO2006046245. 2006-05-04.

[82] 董敏, 苗鸿雁, 谈国强. 溶剂热合成纳米材料技术及其进展 [J]. 材料导报, 2005, 19 (z1): 27-29, 36.

[83] Fang Y, Li H, Akhtar M N, et al. High-Efficiency Microwave Absorber Based on Carbon Fiber @ La0.7Sr0.3MnO @ NiO Composite for X-band Applications [J]. Ceramics International, 2021 (7).

[84] Filimonov I A, Kidin N I. High-Temperature Combustion Synthesis: Generation of Electromagnetic Radiation and the Effect of External Electromagnetic Fields (Review) [J]. Combustion, Explosion and Shock Waves, 2005, 41 (6): 639-656.

[85] Guo X D, Qiao X J, Ren Q G, et al. Synthesis and microwave – absorbing properties of Co3Fe7@ C core – shell nanostructure [J]. Appl. Phys. A, 2015, 120: 43 – 52.

[86] Gaffet E, Abdellaoui M, Malhouroux – Gaffet N. Formation of Nanostructural Materials Induced by Mechanical Processings (Overview) [J]. Materials Transactions JIM, 1995, 36 (2): 198 – 209.

[87] González – Reyes L, Hernández – Pérez I, Arceo L D B., et al. Temperature effects during Ostwald ripening on structural and bandgap properties of TiO_2 nanoparticles prepared by sonochemical synthesis [J]. Materials Science and Engineering: B, 2010, 175 (1): 9 – 13.

[88] Garcia Ruiz M. Combustion Synthesis of Electrical Contact Materials [J]. TNO PML, Rep. No. PML – 2004 – SV012, 2004.

[89] Graham R A. 固体的冲击波压缩：力学、物理和化学 [M]. 贺红亮, 译. 北京：科学出版社, 2010.

[90] Gao X, Chen P W, Liu J J. Enhanced visible – light absorption of nitrogen – doped titania induced by shock wave [J]. Materials Letters, 2011, 65: 685 – 687.

[91] 高嵩, 姚广春. 化学镀铜前碳纤维预处理的研究 [J]. 材料保护, 2005, 07: 43 – 45 + 71.

[92] 郭菲, 施志贵, 蒋小华, 等. 硅集成爆炸箔组件起爆 HNS – IV 试验研究 [J]. 火工品, 2009 (6): 5 – 7.

[93] 郭晓铛, 乔小晶, 李旺昌, 等. 铁磁体/碳复合材料多频干扰性能 [J]. 红外与激光工程, 2016, 45 (3): 0321001.

[94] Guidotti. Development History of Fe/$KClO_4$ Heat Powders at Sandia and Related Aging Issues for Thermal Batteries Fe/$KClO_4$ [R]. SAND2001 – 2191 Unlimited Release Printed July 2001.

[95] Huo Y S, Tan Y J, Zhao K. Enhanced electromagnetic wave absorption properties of Ni magnetic coating – functionalized SiC/C nanofibers synthesized by electrospinning and magnetron sputtering technology [J]. Chemical Physics Letters, 2021, 763: 138230.

[96] Hagenson L C, Doraiswamy L K. Comparison of the effects of ultrasound and mechanical agitation on a reacting solid – liquid system [J]. Chemical Engineering Science, 1997, 53 (1): 131 – 148.

[97] Hajji P, David L, Gerard J F, et al. Synthesis, structure, and morphology of polymer – silica hybrid nanocomposites based on hydroxyethyl methacrylate [J]. J. Polym. Sci. B Polym. Phys, 1999.

[98] He Y N, Guo X T, Long Y L, et al. Inkjet Printing of GAP/NC/DNTF Based Microscale Booster with High Strength for PyroMEMS [J]. Micromachines, 2020, 11: 415.

[99] 黄珂. TiN 涂层和 TiAlN 涂层结合强度及抗氧化性能的研究 [D]. 长沙：中南大学, 2014.

[100] Ihnen A C, Lee, W Y, Fuchs, B E, et al. Ink jet printing and patterning of explosive materials [P]. U. S. Patent 9296241B1, 29 March 2016.

[101] Ihnen A C, Petrock A M, Chou T, et al. Crystal morphology variation in inkjet – printed organic materials [J]. Appl. Surf. Sci., 2011, 258: 827 – 833.

[102] Ihnen A C, Petrock A M, Chou T, et al. Organic Nanocomposite Structure Tailored by Controlling Droplet Coalescence during Inkjet Printing [J]. ACS Appl. Mater. Interfaces, 2012 (4): 4691 – 4699.

[103] Iranmanesh P, Yazdi Sh Tabatabai, Mehran M, et al, Superior magnetic properties of Ni ferrite nanoparticles synthesized by capping agent – free one – step coprecipitation route at different pH values [J]. Journal of Magnetism and Magnetic Materials, 2018, 449: 172 – 179.

[104] 金福谦. 实验物态方程导引 [M]. 北京: 科学出版社, 2001.

[105] Koch E C. Special materials in pyrotechnics Ⅶ: Pyrotechnics used in thermal batteries [J]. Defence Technology, 2019, 15 (3): 254 – 256.

[106] Kretz F, Gácsi Z, Kovács J, et al. The electroless deposition of nickel on SiC particles for aluminum matrix composites [J]. Surface & Coatings Technology, 2004, 180 – 181: 575 – 579.

[107] Kuang J, Qin Q, Xiao T, et al. Tunable dielectric permittivity and microwave absorption properties of Pt – decorated SiC nanowires prepared by magnetic sputtering [J]. Materials Letters, 2019, 245: 90 – 93.

[108] Kim J H, Koo H Y, Hong S K, et al. Combustion characteristics of the heat pellet prepared from the Fe powders obtained by spray pyrolysis [J]. Adv. Powd. Tech., 2012, 23: 387 – 92.

[109] Kelly P J, Tinston S F. Pyrotechnic devices by unbalanced magnetron sputtering [J]. Vacuum, 1994, 45 (5): 507 – 511.

[110] Lundin D, Minea T, Gudmundsson J T. High Power Impulse Magnetron Sputtering: Fundamentals, Technologies, Challenges and Applications [M]. Elsevier, 2020.

[111] Liu S, Qiao X J, Liu W N, et al. Mechanism of ultrasonic treatment under nickel salt solution and its effect on electroless nickel plating of carbon fibers [J]. Ultrasonics Sonochemistry, 2019, 52: 493 – 504.

[112] 李凡, 吴炳尧. Fe – Ni 磁性材料机械合金化的成分及组织特征研究 [J]. 东南大学学报 (自然科学版), 2000, 30 (001): 92 – 94.

[113] 李祝, 李红, 洪旭城, 等. 化学镀法制备镀银云母 [J]. 电镀与涂饰, 2015 (9): 491 – 495.

[114] Lemine O M, Omri K, Zhang B, et al. Sol – gel synthesis of 8 nm magnetite (Fe_3O_4) nanoparticles and their magnetic properties [J]. Superlattices & Microstructures, 2012, 52 (4): 793 – 799.

[115] Li Q, An C, Han X, et al. CL – 20 based Explosive Ink of Emulsion Binder System for Direct Ink Writing [J]. Propellants Explos. Pyrotech, 2018 (43): 533 – 537.

[116] Liang K, Qiao X J, Sun Z G, et al. Preparation and microwave absorbing properties of graphene oxides/ferrite composites [J]. Applied Physics A, 2017, 123 (6): 445.

[117] Liu W N, Qiao X J, Liu S, et al. Study of hydrophobic modification of copper - coated mica and its spectrum, molecular structure and properties [J]. Journal of Molecular Structure, 2019, 1186: 440 - 447.

[118] Liu W N, Qiao X J, Liu S, et al, A new process for pre - treatment of electroless copper plating on the Surface of mica powders with ultrasonic and nano - nickel [J]. Journal of Alloys and Compounda, 2019, 791: 613 - 620.

[119] 李爱东, 等. 先进材料合成与制备技术 [M]. 北京: 科学出版社, 2014.1.

[120] 李明愉, 曾庆轩, 张慧君, 等. 溶胶 - 凝胶法制备多孔纳米金属铜膜 [J]. 材料科学与工艺, 2014, 22 (1), 82 - 87.

[121] 李妍, 乔小晶, 任庆国, 等. 镀 NiCo/NiFe 碳纤维的制备及其吸波性能 [J]. 宇航材料工艺, 2012, 3: 29 - 33.

[122] 李云峰. 水解沉淀法 $BaTiO_3$ 包覆磁性过渡金属纳米胶囊的制备及吸波性能 [D]. 沈阳: 沈阳工业大学.

[123] 廉睿超. 激光诱导自蔓延高温合成 Ti_3SiC_2 的制备与机理研究 [D]. 中北大学, 2016.

[124] 刘嘉威, 古思勇, 陈莹, 等. 水解沉淀 - 碳热还原氮化法制备碳氮化钛粉末 [J]. 粉末冶金技术, 2021, 39 (1): 89 - 94.

[125] 刘艳红, 张迎春, 葛昌纯. 金属钨涂层制备工艺的研究进展 [J]. 粉末冶金材料科学与工程, 2011, 16 (3): 315 - 322.

[126] 刘玉存, 王建华, 刘登程, 等. 磁场诱导自蔓延高温合成钡铁氧体 [J]. 功能材料与器件学报, 2009, 15 (3): 238 - 242.

[127] Mason T J, Lorimer J P. Applied Sonochemistry: The Uses of Power Ultrasound in Chemistry and Processing [M]. 2002.

[128] Merzhanov A G, Khaikin B I, Theory of Combustion Waves in Homogeneous Media [J]. Progr. Energy Combust. Sci., 1988 (14): 1 - 98.

[129] Merzhanov A G. The Theory of Stable Homogeneous Combustion of Condensed Substances [J]. Combust. Flame, 1969 (13): 143 - 156.

[130] Merzhanov A G. The Chemistry of Self - propagating High - temperature Synthesis [J]. J. Mater. Chem., 2004 (14): 1779 - 1786.

[131] Miyoshi N, Tuziuti T, Yasui K, et al. Ultrasound - induced cytolysis of cancer cells is enhanced in the presence of micron - sized alumina particles [J]. Ultrasonics Sonochemistry, 2008, 15 (5): 881 - 890.

[132] Moore J J, Feng H J. Combustion Synthesis of Advanced Materials: Reaction Parameters [J]. Progress Mater. Sci., 1995 (39): 243 - 273.

[133] Moore J J, Feng H J. Combustion Synthesis of Advanced Materials: Classification, Applications and Modeling [J]. Progress Mater. Sci., 1995, 29: 275 - 316.

[134] Moshtaghioun B M, Poyato R, Cumbrera F L, et al. Rapid carbothermic synthesis of silicon carbide nano powders by using microwave heating [J]. Journal of The European Ceramic Society, 2012, 32 (8): 1787 - 1794.

[135] Minin R V, Itin V I, Zhuravlev V A.. Effect of mechanical activation and ferritization on the phase composition of W – type hexaferrites obtained by the method of self – propagating high – temperature synthesis [J]. Journal of Physics: Conference Series, 2020, 1459: 012016.

[136] Mashimo T, Huang X S, Hirosawa, et al. Magnetic properties of fully dense Sm2Fe17Nx magnets prepared by shock compression [J]. Journal of Magnetism and Magnetic Materials, 2000, 210 (1 – 3): 109 – 120.

[137] Nerheim E, Hoff D. Integrated silicon secondary explosive detonator [P]: US 4862803A, 1989.

[138] Nkurikiyimfura I, Wang Y, Safari B, et al. Temperature – dependent magnetic properties of magnetite nanoparticles synthesized via coprecipitation method [J]. Journal of Alloys and Compounds, 2020, 846: 156344.

[139] Petrantoni M, Rossi C, Salvagnac L, et al. Multilayered Al/CuO thermite formation by reactive magnetron sputtering: Nano versus micro [J]. J. Appl. Phys, 2010, 108, 084323.

[140] Pacheco M M. Selfsustained high – temperature reactions: initiation, propagation and synthesis [J]. Mechanical Maritime & Materials Engineering, 2007.

[141] 彭翠枝. 含能材料增材制造技术 – 新兴的精密高效安全制备技术 [J]. 含能材料, 2019, 27 (6): 445 – 447.

[142] Peng C H, Chen P S, Chang C C. High – temperature microwave bilayer absorber based on lithium aluminum silicate/lithium aluminum silicate – SiC composite [J]. Ceramics International, 2014, 40 (1A): 47 – 55.

[143] Peters K. Mechanochemische Peaktionen [M]. Frankfurt, 1962.

[144] Pereira C, Pereira A, Pereira M, et al. Superparamagnetic MFe_2O_4 (M = Fe, Co, Mn) Nanoparticles: Tuning the Particle Size and Magnetic Properties through a Novel One – Step Coprecipitation Route [J]. Chem. Mater, 2012, 24: 1496 – 1504.

[145] Qi H Z, Yan B, Lu W, et al. A Non – Alkoxide Sol – Gel Method for the Preparation of Magnetite (Fe_3O_4) Nanoparticles [J]. Current Nanoscience, 2011 (7): 381 – 388.

[146] 乔小晶, 李妍, 李旺昌, 等. SiC 纳米线的合成与表征 [J]. 北京工业大学学报, 2013, 39 (4): 599 – 603.

[147] RuzNuglo F D, Groven L J. 3 – D Printing and Development of Fluoropolymer Based Reactive Inks [J]. Adv. Eng. Mater, 2018, 20, 1700390.

[148] 任庆国, 乔小晶, 孙志岗, 等. 镀铁镍碳纤维的制备与厘米波干扰性能研究 [J]. 兵工学报, 2015, 36 (S1): 378 – 384.

[149] 任庆国. 磁性纳米复合吸波材料制备与研究 [D]. 北京: 北京理工大学, 2016.

[150] Sun Z G, Qiao X J, Wan X, et al. The synthesis and microwave absorbing properties of MWCNTs and MWCNTs/ferromagnet composites [J]. Appl. Phys. A, 2016, 122: 87.

[151] Sun Z G, Wang S J, Qiao X J, et al, Synthesis and microwave absorbing properties of SiC nanowires [J]. Applied Physics A, 2018, 124: 802.

[152] Song C, Yin X, Han M, et al. Three-dimensional reduced graphene oxide foam modified with ZnO nanowires for enhanced microwave absorption properties [J]. Carbon, 2017, 116: 50-58.

[153] Salihoglu O, Uzlu H B, Yakar O, et al. Graphene-Based Adaptive Thermal Camouflage [J]. Nano Lett. 2018, 18 (7): 4541-4548.

[154] Samuel E. Energetic material additive manufacturing [R]. NSWC-IHEODTD 16-061, 2016.

[155] 施志贵, 郭菲, 席仕伟, 等. 一种金属桥冲击片雷管集成制造方法 [J]. 火工品, 2010 (3): 1-3.

[156] 施志贵, 杨芳. 硅集成冲击片雷管的研制 [J]. 中国机械工程, 2005, 16 (增刊): 469-471.

[157] Somiya S. In: Somlya s. Ed. Advanced Ceramics 3 Meeting for Advanced Ceramics [M]. Tokyo, Japan.

[158] Sproul W D. High-rate reactive DC magnetron sputtering of oxide and nitride superlattice coatings [J]. Vacuum, 1998, 51 (4): 641-646.

[159] Srivastava S K, Shukla A K, Vankar V D, et al. Structure and field emission chacteristics of patal like carbaon nanostructured thin films [J]. Thin Solid Films, 2005, 492: 124-130.

[160] Stec D, Wilson A, Fuchs B E, et al. High explosive fills for MEMS devices [P]. U. S. Patent 8636861B1, 2014.

[161] Suslick K S. The chemical effects of ultrasound [J]. Scientific American, 1989, 260 (2): 80-87.

[162] Suslick K S. Sonochemistry [J]. Cheminform, 1990, 247 (4949): 1439-1445.

[163] 施尔畏, 夏长泰, 王步国, 等. 水热法的应用与发展 [J]. 无机材料学报, 1996 (2): 193-206.

[164] 孙德恩, 黄佳木, 王焱, 等. 抗固体粒子冲蚀物理气相沉积涂层的研究进展 [J]. 功能材料信息, 2014 (6): 13-18.

[165] Wright M, Beardow T. Design advances and applications of the rotatable cylindrical magnetron [J]. Journal of Vacuum Science and Technology A, 1986, 4 (3): 388-392.

[166] Wu W, Xiao X, Zhang S, et al. Large-Scale and Controlled Synthesis of Iron Oxide Magnetic Short Nanotubes: Shape Evolution, Growth Mechanism, and Magnetic Properties [J]. Journal of Physical Chemistry C, 2010, 114 (39): 16092-16103.

[167] Wu X Y, Li M Y, Zeng Q X, et al. Dense copper azide synthesized by in-situ reaction of assembled nanoporous copper microspheres and its initiation performance [J]. Defence Technology, 2022 (18): 1065-1072.

[168] 万纯. 红外干扰材料的研制及衰减性能研究 [D]. 南京: 南京理工大学, 2002.

[169] 王福贞, 马永存. 气相沉积应用技术 [M]. 北京: 机械工业出版社, 2006.

[170] 王娟, 李晨, 徐博. 溶胶-凝胶法的基本原理、发展及应用现状 [J]. 化学工业与工程, 2009, 26 (3): 273-277.

[171] 王俊, 郝赛. 磁控溅射技术的原理与发展 [J]. 科技创新, 2015 (2): 35.

[172] 王志祥. 机械化学法制备 HMX/TATB 复合粒子及其性能研究 [D]. 2016.

[173] 吴利英, 高建军. 金属基复合材料的发展及应用 [J]. 化工新型材料, 2002, 30 (10): 32-35.

[174] 吴伟, 贺全国, 胡蓉, 等. 磁性 Fe_3O_4 纳米粉体的制备及表征 [J]. 稀有金属材料与工程, 2007, 36 (3): 238-243.

[175] 吴志远, 胡双启, 张景林, 等. 溶胶-凝胶法制备 RDX/SiO2 膜 [J]. 火炸药学报, 2009, 32 (2): 17-20.

[176] 武晓威, 冯玉杰, 刘延坤, 等. 制备工艺对锌铝氧化物 (ZAO) 粉末红外发射率的影响 [J]. 材料科学与工艺, 2010, 18 (2): 279-283.

[177] Wan X, Qiao X J, Ren Q G, et al. Square ferrite nanorods/carbon composite: synthesis and electromagnetic properties [J]. Appl. Phys. A, 2015, 119: 773-781.

[178] Wei Y, Yue J, Tang X Z, et al., Enhanced magnetic and microwave absorption properties of FeCo-SiO2 nanogranular film functionalized carbon fibers fabricated with the radio frequency magnetron method [J]. Appl. Surf. Sci., 2018, 428: 296-303.

[179] Wang Y, Sun X J, Jiang H C. Investigation of Electrically Heated Exploding Foils in Reactive Al/Ni Multilayer [J]. Propellants Explos. Pyrotech., 2018, 43, 923-928.

[180] Wu S, Sun A Z, Zhai F Q. Fe_3O_4 magnetic nanoparticles synthesis from tailings by ultrasonic chemical co-precipitation [J]. Materials Letters, 2011, 65: 1882-1884.

[181] Wang K, Zhu P, Xu C, et al. Firing Performance of Microchip Exploding Foil Initiator Triggered by Metal-Oxide-Semiconductor Controlled Thyristor [J]. Micromachines, 2020, 11: 550.

[182] Wang D, Guo C, Yang G, et al. Formulation and performance of functional sub-micro CL-20-based energetic polymer composite ink for direct-write assembly [J]. RSC Adv., 2016, 6: 112325-112331.

[183] Wang J, Xu C, An C, et al. Preparation and Properties of CL-20 based Composite by Direct Ink Writing [J]. Propellants Explos Pyrotech, 2017, 42: 1139-1142.

[184] Wu W, Wu Z H, Yu T Y, et al. Recent progress on magnetic iron oxide nanoparticles: synthesis, surface functional strategies and biomedical applications [J]. Sci. Technol. Adv. Mater., 2015, 16: 023501.

[185] Window B, Savvides, N Charged particle fluxes from planar magnetron sputtering sources [J]. Journal of Vacuum Science and Technology A, 1986a, 4 (2): 196-202.

[186] Xu C, An C, Long Y, et al, Inkjet printing of energetic composites with high density [J]. RSC Adv., 2018, 8: 35863-35869.

[187] Xu C H, An C W, Long Y L, et al. Inkjet printing of energetic composites with high density [J]. RSC Adv., 2018 (8): 35863-35869.

[188] Xu C, Zhu P, Zhang Q, et al. A Shock-Induced Pulsed Power Switch Utilizing Electro-Explosion of Exploding Bridge Wire [J]. IEEE Transactions on Power Electronics, 2020, 35 (10).

[189] Xu C, An C, He Y, et al. Direct Ink Writing of DNTF Based Composite with High Performance [J]. Propellants Explos. Pyrotech, 2018, 43：754-758.

[190] Xu C, An C, Li Q, et al. Preparation and Performance of Pentaerythrite Tetranitrate-Based Composites by Direct Ink Writing [J]. Propellants Explos. Pyrotech., 2018, 43：1149-1156.

[191] 徐滨士, 刘世参. 表面工程新技术 [M]. 北京：国防工业出版社, 2002.

[192] 徐晖, 何开元, 程力智, 等. 机械合金化FeZrB粉末的结构和磁性 [J]. 金属功能材料, 1998 (04)：170-172.

[193] 徐如人, 庞文琴. 无机合成与制备化学 [M]. 北京：高等教育出版社, 2001.

[194] 徐万劲. 磁控溅射技术进展及应用（上）[J]. 现代仪器, 2005 (5)：1-5.

[195] 徐轶. 磁控溅射和离子镀TiAlN涂层的往复式滑动摩擦学行为研究 [D]. 成都：西南交通大学, 2006.

[196] 徐志军, 初瑞清. 纳米材料与纳米技术 [M]. 北京：化学工业出版社, 2010.

[197] Yu Q X, Li M Y, Zeng Q X, et al. Copper azide fabricated by nanoporous copper precursor with proper density [J]. Applied Surface Science, 2018, 442：38-44.

[198] 尹娟娟, 袁凤英, 宋伟冬, 等. 超声助Fenton试剂处理HMX炸药废水 [J]. 火炸药学报, 2009, 32 (1)：55-58.

[199] 杨郁. 浅谈微机电系统（MEMS）技术的发展与应用 [J]. 科学技术, 2020, 13 (5)：270.

[200] 杨智, 朱朋, 徐聪, 等. 微芯片爆炸箔起爆器及其平面高压开关研究进展 [J]. 含能材料, 2019, 27 (2)：167-176.

[201] 于雁武, 刘玉存, 郑欣, 等. 爆炸冲击合成法制备氮化碳粉末的研究 [J]. 粉末冶金工业, 2010, 20 (1)：20-24.

[202] Yang H M, Zhang X C, Tang A D, et al. Cobalt Ferrite Nanoparticles Prepared by Coprecipitation/Mechanochemical Treatment. [J]. Chem. Lett., 2004, 33 (7)：826-827.

[203] Zeng Q X, Wang T, Li M Y, et al. Mechanism and characteristics on the electric explosion of Al/Ni reactive multilayer foils [J]. Appl. Phys. Lett., 2019, 115：093-102.

[204] 周建军. 超声空化加紫外光助Fenton试剂处理RDX炸药废水研究 [D]. 太原：中北大学, 2010.

[205] Zhang L, Zhang F, Wang Y, et al. Preparation and Characterization of Direct Write Explosive Ink Based on CL-20 [J]. J. Phys. Conf. Ser., 2019, 1209：012-016.

[206] Zhuravlev V A, Minin R M, Itin V I, et al. Structure parameters and magnetic properties of nanosized strontium hexaferrite prepared by the sol-gel combustion method [J]. IOP Conference Series：Materials Science and Engineering, 2017.

[207] 曾庆轩, 任杨阳, 李明愉, 等. 电爆炸等离子体开关的结构设计及性能表征 [J]. 安全与环境学报, 2021, 21 (5)：2081-2086.

[208] 张磊. 物理气相沉积法制备TiN、CrN、TiAlN及TiAlN/氮化复合涂层的性能研究 [D]. 武汉：华中科技大学, 2015.

[209] Zhou J, Zhou M, Chen Z, et al. SiC nanotubes arrays fabricated by sputtering using electrospun PVP nanofiber as templates [J]. Surf. Coat. Technol., 2009, 203: 3219 – 3223.

[210] Zhuravlev V A, Itin V I, Minin R V, et al, Magnetic Properties and Structural Characteristics of BaFe12O19 Hexaferrites Synthesized by the Zol – Gel Combustion [J]. Russian Physics Journal, 2018, 60: 1946 – 1954.

[211] 奥默尔 M. A. 固体物理学基础 [M]. 北京: 北京师范大学出版社, 1987.

[212] Anderson G W, Neilson F W. Use of the "action integral" in exploding wire studies [M]. New York: Plenum Press, 1959.

[213] Benson D A, Larsen M E, Renlund A M, Trott W M, et al. Semiconductor bridge: A plasma generator for the ignition of explosives [J]. Journal of Applied Physics, 1987, 62: 1622 – 1632.

[214] Bickes J, Robert W, Schwarz A C. Semiconductor bridge (SCB) igniter [P]. US4708060, 1987 – 11 – 24.

[215] Broom T. Lattice defects and the electrical resistivity of Metals [J]. Advances in Physics, 1954, 3 (9): 26 – 83.

[216] 陈清畴, 马毁, 李勇. 爆炸箔起爆器作用机理研究进展 [J]. 含能材料, 2019, 27 (1): 79 – 88.

[217] Chung K J, Lee K, Hwang Y S, et al. Numerical model for electrical explosion of copper wires in water [J]. Journal of Applied Physics, 2016, 120: 203 – 301.

[218] Dobrosavljević A S, Maglić K D. Measurements of Specific Heat and Electrical Resistivity of Austenitic Stainless Steel (St. 1. 4970) in the Range 300 – 1500 K by Pulse Calorimetry [J]. International Journal of Thermophysics, 1992, 13 (1): 57 – 64.

[219] 方澄秋, 孙鼎. Ni – Cr – Al – Mn – Si 精密电阻合金的研制 [J]. 功能材料, 1981 (4): 44 – 49.

[220] Girón S, Briones F, Vicent J L. Resistivity and spontaneous anisotropy of resistivity in amorphous Fe_xSi_{1-x} films [J]. Philosophical Magazine B, 1987, 56 (4): 449 – 456.

[221] 关振铎, 张中太, 焦金生. 无机材料物理性能 [M]. 北京: 清华大学出版社. 1992.

[222] Hartman J K, Carroll B. McCampbell. Zener diode for protection of integrated circuit explosive bridge [P]. US5309841. 1994 – 05 – 10.

[223] Ho C Y, Ackerman M W, Wu K Y, et al. Electrical Resistivity of Ten Selected Binary Alloy Systems [J]. Journal of Physical and Chemical Reference Data, 1983, 12: 183.

[224] Hollander J L E. SEMICONDUCTIVE EXPLOSIVE IGNER [P]. US3366055, 1968 – 1 – 30. 1966 – 11 – 15.

[225] Jackson K A, Schroter W. Handbook of Semiconductor Technology [M]. VCH Publishers, 2000.

[226] Kasap S, Koughia C, Ruda H E. Electrical Conduction in Metals and Semiconductors [M]. Springer Handbook of Electronic and Photonic Materials (2nd ed), 2017.

[227] Kye – Nam Lee, Myung – Il Park, Sung – HoChoi, et al. Characteristics of plasma

generated by polysilicon semiconductor bridge (SCB) [J]. Sensors and Actuators A: Physical, 2002, 96 (2-3): 252-257.

[228] Lee R S. An analytical model for the dynamic resistivity of electrically-exploded conductors [R]. UCRL-94649. California, USA: 1986.

[229] Levinshtein M, Kostamovaara J, Vainshtein S. Breakdown Phenomena in Semiconductors and Semiconductor Devices [M]. New Jersey; London: World Scientific, 2005.

[230] Logan J D, Lee R S, Weingart R C, et al. The calculation of heating and burst phenomena in electrically exploded foils [J]. Journal of Applied Physics, 1977, 48 (2): 621-628.

[231] Молтилова G B. 精密合金手册 [M]. 简光沂, 译. 北京: 北京科技出版社, 1989.

[232] Maglić K D, Pavičić D Z. Thermal and Electrical Properties of Titanium Between 300 and 1900K [J]. International Journal of Thermophysics, 2001, 22 (6): 1833-1841.

[233] Mal'ko, P I, Arensburger, D S, Pugin, V S, et al. Thermal and electrical properties of porous titanium [J]. Powder Metall Met Ceram, 1970, 642-644.

[234] Marshall B J, Forbes G T. Plasma gap detonator with novel initiation scheme [P]. US9581419. 2017-2-28.

[235] Marx K D, Ingersoll D, Bickes J R W. Electrical modeling of semiconductor bridge (SCB) BNCP detonators with electrochemical capacitor firing sets [R]. SAND98-0137C. 1998-11-1.

[236] Niewczasy M, Basinskiz Z S, Basinski S J, et al. Deformation of copper single crystals to large strains at 4.2 K. I. Mechanical response and electrical resistivity [J]. Philosophical Magazine A, 2001, 81 (5): 1121-1142.

[237] 镍铬锰硅精密电阻合金连淬连回新工艺 [J]. 上海有色金属, 1977 (6): 41-47.

[238] Oreshkin V I. Thermal instability during an electrical wire explosion [J]. Physics of Plasmas, 2008, 15: 092103.

[239] Peterson K J, Sinars D B, Yu E P, et al. Electrothermal instability growth in magnetically driven pulsed power liners [J]. Physics of Plasmas, 2012, 19 (9): 092-701.

[240] Sarkisov G S, Rosenthal S E, Struve K W. Thermodynamical calculation of metal heating in nanosecond exploding wire and foil experiments [J]. Review of Scientific Instruments, 2007, 78: 043-505.

[241] Sarkisov G S. State of the metal core in nanosecond exploding wires and related phenomena [J]. Journal of Applied Physics. 2004, 96 (3): 1674.

[242] Smith T F, Tainsh R J, Shelton R N, et al. Electrical resistivity of Ni-Cr alloys [J]. Journal of Physics F: Metal Physics, 1975, 5: L96.

[243] Taylor M J. Formation of plasma around wire fragments created by electrically exploded copper wire [J]. Journal of Physics D Applied Physics, 2002, 35 (7): 700-709.

[244] Thomas A B, Todd S P, Wm F, et al. Electro-explosive device with laminate bridge [P]. US6925938. 2005-08-09.

[245] Thomas E B, Jeffrey P C, Laura D. Reactive semiconductor bridge with oxide overcoat [P]. US10054406. 2018-08-21.

[246] Vanyukhin K D, Zakharchenko R V, Kargin N I, et al. Study of structure and surface morphology of two-layer contact Ti/Al metallization [J]. Modern Electronic Materials, 2016, 2 (2): 54-59.

[247] Vivian E P, Stafford A S. Detonator firing element [P]. US4819560. 1989-04-11.

[248] Volkov A Y. Improvements to the Microstructure and Physical Properties of Pd-Cu-Ag Alloys [J]. Platinum Metals Rev, 2004, 48 (1): 3-12.

[249] Zhang L, Meng L. Microstructure and properties of Cu-Ag, Cu-Ag-Cr and Cu-Ag-Cr-RE alloys, Materials Science and Technology, 2003, 19 (1): 75-79.

[250] 赵彦, 曾庆轩, 梁琦. 电爆炸桥箔电导率模型研究 [J]. 兵工学报, 2008, 29 (8): 902-906.

[251] Zhigalin1 A S, Rousskikh A G, Oreshkin V I, et al. Experimental research of the fine foil explosion dynamics [J]. Journal of Physics: Conference Series, 2014, 552: 012-027.

[252] Zvulun E, Toker G, Gurovich V Tz, et al. Krasik. Shockwave generation by a semiconductor bridge operation in water [J]. Journal of Applied Physics, 2014, 115: 203-301.

[253] Aliomar M. Elementary Solid State Physics: Principles and Applications [M]. Addison-Wesley Publishing Company, 1975.

[254] Altgilbers L L, Baird J, Freeman B, et al. Explosive Pulsed Power [M]. Imperial College Press, London, UK, 2010.

[255] Altgilbers L L, Stults A H, Shkuratov S, et al. 14th International Conference on Megagauss Magnetic Field Generation and Related Topics (MEGAGAUSS) [R]. 2012.

[256] Arlon T. Adams, Jay K Lee. Principles of Electromagnetics 2-Dielectric and Conductive Materials [M]. Momentum Press, 2015.

[257] Bauer F. Review on the properties of the ferrorelaxor polymers and some new recent developments [J]. Applied Physics A, 2012 (107): 567-573.

[258] Choi W, Hong S, Abrahamson J. et al. Chemically driven carbon-nanotube-guided thermopower waves [J]. Nature Materials. 2010 (9): 423-429.

[259] Dinker B. Sirdeshmukh, Lalitha Sirdeshmukh, K. G. Subhadra - Micro-and macro-properties of solids thermal, mechanical and dielectric properties [J]. Springer-Verlag, 2006.

[260] Dissado L A, Fothergill J C. Electrical Degradation and Breakdown in Polymers [M]. Peter Peregrinus Ltd, 1992.

[261] Furukawa T, Date M, Fukada E. Hysteresis phenomena in polyvinylidene fluoride under high electric field [J]. Journal of Applied Physics, 1980 (51): 11-35.

[262] Gennady A. Mesyats. Pulsed Power [M]. Springer Science + Business Media, 2005.

[263] Hong S, Kim W, Jeon S J, et al. Enhanced Electrical Potential of Thermoelectric Power Waves by Sb_2Te_3-Coated Multiwalled Carbon Nanotube Arrays [J]. J. Phys. Chem. C, 2013, 117 (2): 913-917.

[264] Jona F, Shirane G. Ferroelectric crystal [M]. Dover Publications Inc, 1962.

[265] Kao K C. Dielectric Phenomena In Solids With Emphasis on Physical Concepts of Electronic

Processes [M]. Elsevier Academic Press, 2004.

[266] Karo M, Hardy J R. International Conference on Lattice Dynamics, Copenhagen, 1963, as quoted by D. H. Martin, "The Study of the Vibration of Crystal Lattices by Far Infra-Red Spectroscopy" [M]. Advances in Physics, 1965.

[267] Ma W G, Fan P Y, Salamon D, et al. Fine-grained BNT-based lead-free composite ceramics with high energy-storage density [J]. Ceramics International, 2019, 45 (16): 19895-19901.

[268] Meng N, Ren X, Santagiuliana G, et al. Ultrahigh β-phase content poly (vinylidene fluoride) with relaxor-like ferroelectricity for high energy density capacitors [J]. Nature Communications 10, 2019, 4535.

[269] 聂恒昌, 王永龄, 贺红亮, 等. 多孔 PZT95/5 铁电陶瓷材料研究进展 [J]. 无机材料学报, 2018, 33 (2): 153-161.

[270] Omar M Ali. Elementary Solid State Physics: Principles and Applications [M]. Addison-Wesley, 1975.

[271] Sebastian M T, Ubic R, Jantunen H. Low-loss dielectric ceramic materials and their properties [J]. International Materials Reviews, 2015, 60 (7): 392-412.

[272] Sessler G M. Piezoelectricity in polyvinylidene Fluoride [J]. The Journal of the Acoustical Society of America, 1981, 70 (6): 1596-1608.

[273] Shkuratov S I, Baird J, Antipov V G, et al. Mechanisms of depolarization of Pb ($Zr_{0.52}$ $Ti_{0.48}$) O_3 and Pb ($Zr_{0.95}Ti_{0.05}$) O_3 ferroelectrics under transverse shock compression [J]. 2015 IEEE Pulsed Power Conference (PPC), 2015, 1-6.

[274] Smart C, Wilkinson G R, Karo A M, et al. C10-Two-Phonon Infrared Absorption of NaCl Structure Ionic Crystals [J]. Lattice Dynamics, 1965: 387-392.

[275] Strano M S, Kalantar-Zadeh K. NanoDynamite, Fuel-coated nanotubes could provide bursts of power to the smallest systems [J]. IEEE Spectrum, 2011, 48: 44-49.

[276] Suresh C. Mehrotra, Ashok Kumbharkhane, Ajay Chaudhari. Binary Polar Liquids: Structural and Dynamic Characterization Using Spectroscopic Methods [M]. Elsevier Inc, 2017.

[277] Thierry Passerat de Silans, et al. Temperature dependence of the dielectric permittivity of CaF_2, BaF_2 and Al_2O_3: application to the prediction of a temperature-dependent van der Waals surface interaction exerted onto a neighbouring Cs ($8P_{3/2}$) atom [J]. J. Phys: Condens. Matter, 2009, 21 (25): 255902.

[278] Uchino K. Ferroelectric Devices (2nd Edition) [M]. London: CRC Press Taylor & Francis Group, 2009.

[279] Walia S, Balendhran S, Yi P, et al. MnO_2-Based Thermopower Wave Sources with Exceptionally Large Output Voltages [J]. The Journal of Physical Chemistry C, 2013, 117 (18): 9137-9142.

[280] Walia S. Investigation of Thermopower Waves based Energy Sources [D]. Australia: RMIT University, Melbourne, 2013.

[281] 吴其胜. 材料物理性能 [M]. 上海: 华东理工大学出版社, 2006.

[282] Yang L Y, Li X Y, Allahyarov E, et al. Novel polymer ferroelectric behavior via crystal isomorphism and the nanoconfinement effect [J]. Polymer, 2013, 54 (7): 1709 - 1728.

[283] Zhang Q M, Bharti Vivek, Zhao X. Giant Electrostriction and Relaxor Ferroelectric Behavior in Electron - Irradiated Poly (vinylidene fluoride - trifluoroethylene) Copolymer [J]. Science, 1998, 280 (5372): 2101 - 2104.

[284] Zhang Y, Cao M, Yao Z, et al. Effects of silica coating on the microstructures and energy storage properties of $BaTiO_3$ ceramics [J]. Materials Research Bulletin, 2015, 67: 70 - 76.

[285] Zhang Z C, Chung T C M. The Structure - Property Relationship of Poly (vinylidene difluoride) Based Polymers with Energy Storage and Loss under Applied Electric Fields [J]. Macromolecules, 2007, 40 (26): 9391 - 9397.

[286] Mercier; Michael N. Vehicle defense projectile [P]. U. S. patents: 10731950. 2020 - 08 - 04.

[287] Zank Paul A, Long Daniel J. Active armor [P]. U. S. patents: 7424845B2. 2008 - 09 - 16.

[288] Altgilbers L L, Baird J, Freeman B L, et al. Explosive Pulsed Power [M]. London: Imperial College Press, 2011.

[289] Brewer M A, Krishnan K M. Epitaxial Fe16N2 film grown on Si (001) by reactive sputtering [J]. J. Appl. Phys. 1996, 79: 5321 - 5323.

[290] Buschow K H J, Boer F R. Physics of Magnetism and Magnetic Materials [M]. New York: Kluwer Academic Publishers, 2003.

[291] Cacciamani G, Dinsdale A, Palumbo M, et al. The Fe - Ni System: Thermodynamic Modelling Assisted by Atomistic Calculations [J]. Intermetallics, 2010, 18 (6): 1148 - 1162.

[292] 戴道生, 钱昆明. 铁磁学 [M]. 北京: 科学出版社, 1987.

[293] Drazic G, Kobe - Beseni S, Saje B. A TEM - EDXS Study of Zirconia doped Nd - Dy - Fe - B Magnets Fabricated from the HDDR Processed high Coercivity Powders [R]. MIDEM International Conference, Rogla 1994, Slovenia.

[294] Etienne du Tremolet de Lacheisserie, Damien Gignoux, Michel Schlenker. Magnetism: Funderment [M]. Boston: Springer Science + Business Media Inc, 2005.

[295] Gennady A Mesyats. Pulsed Power [M]. New York: Springer Science Business Media, 2005.

[296] Gutfleisch O. Controlling the properties of high energy density permanent magnetic materials by different processing routes [J]. J. Phys. D: Appl. Phys, 2000, 33: 157.

[297] Hono K, Sepehri - Amin H. Strategy for high - coercivity Nd - Fe - B magnets [J]. Scripta Materialia, 2012, 67: 530 - 535.

[298] Hunter D, Osborn W, Wang K, et al. Giant magnetostriction in annealed Co1 - xFex thin - films [J]. Nature communications, 2011, 2: 518.

[299] 基泰尔 (CHARLES KITTEL). 固体物理导论 (原著第8版) [M]. 项金钟, 吴兴惠, 译. 北京: 化学工业出版社, 2005.

[300] Kilner J, S Skinner, S Irvine, et al. Functional materials for sustainable energy applications [M]. Woodhead Publishing, 2012.

[301] du Trémolet de Lacheisserie E, Gignoux D, Schlenker M. Magnetism Fundamentals [M]. Springer Science Business Media, Inc. Boston, US. 2005.

[302] du Trémolet de Lacheisserie E, Gignoux D, Schlenker M. Magnetism: Materials and Applications [M]. Springer Science Business Media, Inc. Boston, US. 2005.

[303] 刘强, 黄新友. 材料物理性质 [M]. 北京: 化学工业出版社, 2009.

[304] 罗伯特·纽纳姆. 材料性能——各向异性对称性与结构 (影印版) [M]. 西安: 西安交通大学出版社. 2009.

[305] Magnetohydrodynamic (MHD) Power Generation [OL]. https://www.mpoweruk.com/mhd_generator.htm.

[306] Miura K, Imanaga S, Hayafuji Y. Calculation of the magnetic moment of $Fe_{16}N_2$ [J]. J. Phps.: Condens. 1993, 5: 9393-9400.

[307] Matsuura Y, Hirosawa S, Yamamoto H, et al. Japanese Journal of Applied Physics, 1985, 24 (8): L635-L637.

[308] Nakajima K, Okamoto S. Nitrogen-implantation-induced transformation of iron to crystalline $Fe_{16}N_2$ in epitaxial iron film. Appl. Phys. Lett, 1989. 54: 2536-2538.

[309] Okamoto H, Schlesinger M E, Mueller E M. ASM Handbook Volume 3 "Alloy phase diagrams" [M]. ASM International, 1992.

[310] Sagawa M, Fujimura S, Yamamoto H, et. al. Permanent magnet materials based on the rare earth-iron-boron tetragonal compounds [J]. IEEE Transactions on Magnetics, 1984, 20 (5): 1584-1589.

[311] Kazuaki Shimba, Nobuki Tezuka, Satoshi Sugimoto. Preparation of Iron Nitride $Fe_{16}N_2$ Nanoparticles by Reduction of Iron Nitrate [J]. J. Japan Inst. Metals, 2010, 74 (3): 209-213.

[312] Skomski R, Coey J M D. Giant energy product in nanostructured two-phase magnets [J]. Phys. Rev. B, 1993, 48 (21): 15812-15816.

[313] Tanaka H, Nagakura S, Nakamura Y. Electron crystallography study of tempered iron-nitrogen martensite and structure refinement of precipitated $\alpha''-Fe_{16}N_2$ [J]. Acta Mater, 1997, 45: 1401-1410.

[314] van der Zaag P J, Ruigrok J J M, Noordermeer A, et al. The initial permeability of polycrystalline MnZn ferrites: The influence of domain and microstructures [J]. Journal of Applied Physics, 1993, 74 (6): 4085-4095.

[315] van der Zaag P J, van der Valk P J, Rekveldt M Th. A domain size effect in the magnetic hysteresis of NiZn-ferrites [J]. Applied Physics Letters, 1996, 69 (19): 2927-2929.

[316] 宛德福, 马兴隆. 磁性物理 [M]. 成都: 电子科技大学出版社, 1994.

[317] Yanfeng Jiang, Xiaowei Zhang, Aminul Al Mehedi, et al. A method to evaluate $\alpha''-Fe_{16}$

　　　　　N$_2$ volume ratio in FeN bulk material [J]. Mater. Res. Express, 2015 (2): 103 – 116.

[318] Satoshi Okamoto, Osamu Kitakami, Yutaka Shimada. Characterization of epitaxially grown Fe – N films by sputter beam method [J]. Journal of Applied Physics 1996, 79 (3): 1678 – 1683.

[319] Tomoyuki Ogawa, Yasunobu Ogata, Ruwan Gallage, et al. Challenge to the Synthesis of α″ – Fe$_{16}$N$_2$ Compound Nanoparticle with High Saturation Magnetization for Rare Earth Free New Permanent Magnetic Material [J]. Applied Physics Express, 2013 (6): 073007.

[320] Takahashi H, Igarashi M, Sakuma A, et al. Chemical shift of the nitrogen electrons in Fe$_{16}$N$_2$ (001) single crystal films epitaxially [J]. IEEE Trans. Magn, 2000, 36: 2921 – 2923.

[321] Xiaoqi Liu, Yun – Hao Xu, Cecilia Sanchez – Hanke, et al. Discovery of localized states of Fe 3d electrons in Fe16N2 and Fe8N films: an evidence of the existence of giant saturation magnetization [J]. arXiv: 2009, 0909. 4478.

[322] Wang Jian – Ping, He Shihai, Jiang Yanfeng. Iron nitride permanent magnet and technique for forming iron nitride permanent magnet [P]. U. S. Patents: 10068689. 2018 – 09 – 04.

[323] Wang Jian – Ping, Jiang Yanfeng. Multilayer iron nitride hard magnetic materials [P]. U. S. Patents: 10573439. 2020 – 02 – 25.

[324] Wang Jian – Ping, Jiang Yanfeng. Iron nitride permanent magnet and technique for forming iron nitride permanent magnet [P]. US9715957. 2017 – 07 – 25.

[325] Wang JianPing, Jiang Yanfeng, Mehedi Md Aminul. Inductor including alpha " – Fe$_{16}$Z$_2$ or alpha" – Fe$_{16}$(N$_x$Z$_{1-x}$)$_2$, where Z includes at least one of C, B, or O [P]. US10002694. 2018 – 06 – 19.

[326] Arcady Zhukov. Novel Functional Magnetic Materials_Fundamentals and Applications [M]. Switzerland: Springer International Publishing, 2016.

[327] Akira S, Eric S, Philippe G, et al. Experiment and simulation of dry particle coating [R]. Granulation Conference Lausanne, Zwitzerland, 2011.

[328] Avionics Department. Electronic Warfare & Radar Systems Engineering Handbook (4th Edition) [M]. US: Naval Air Warfare Center Weapons Division. ADA617071. 2013.

[329] 暴丽霞, 乔小晶, 李旺昌, 等. 炭/铁磁体复合材料红外干扰性能 [J]. 红外与激光工程, 2011, 40 (8): 1416 – 1419.

[330] 毕鹏禹, 吴昱, 聂凤泉, 等. 层状超分子烟幕材料红外干扰性能研究 [J]. 火工品, 2015 (2): 1 – 5.

[331] Bohren C F, Huffman D R. Absorption and Scattering of Light by Small Particles [M]. Wiley, New York, 1983.

[332] Baliarda C P. Anti – radar space – filling and/or multilevel chaff dispersers [P]. US6876320. 2005 – 04 – 05.

[333] Brookner E. Metamaterial advances for radar and communications [J]. 2016 IEEE International Symposium on Phased Array Systems and Technology (PAST), 2016: 1 – 9.

[334] Charles W Bruce, Al V Jelinek, Sheng Wu, et al. Millimeter – wavelength investigation of fibrous aerosol absorption and scattering properties [J]. Applied Optics, 2004, 43 (36):

6648-6655.

[335] Bruce C W, Jelinek A V, Halonen R M, et al. Millimeter wavelength attenuation efficiencies of fibrous aerosols [J]. Journal of Applied Physics, 1993, 74 (6): 3688-3691.

[336] Bu X, Zhou Y, He M, et al. Optically active SiO_2/TiO_2/polyacetylene multilayered nanospheres: preparation, characterization, and application for low infrared emissivity [J]. Applied Surface Science, 2014, 288: 444-451.

[337] Cao M, Wang R, Fang X, et al. Preparing $\gamma'-Fe_4N$ ultrafine powder by twice-nitriding method [J]. Powder Technology, 2001, 115 (1): 96-98.

[338] Chen Z X, Li W C, Li R, et al. Fabrication of Highly Transparent and Conductive Indium-Tin Oxide Thin Films with a High Figure of Merit via Solution Processing [J]. Langmuir, 2013, 29 (45): 13836-13842.

[339] Crespi Â E, Ballage C, Marie Hugon C, et al. Low resistivity amorphous carbon-based thin films employed as anti-reflective coatings on copper [J]. Thin Solid Films, 2020, 712: 138-319.

[340] Cutler, Stuart. Chaff package assembly system and method [P]. WO: 2012013954. 2012-02-02.

[341] Edgar A. Light scattering from copper-coated dielectric particles in fluorozirconate glass [J]. Journal of Non-Crystalline Solids, 1999, 256-257: 323-327.

[342] Embury J F. In Search of Strong Infrared Extinction in Aerosols [R]. US: MD. Chemical Systems Lab. ADA090388, 1980.

[343] Dekorsy C Th, Chong H H W, Kieffer J C, et al. Schoenlein. Evidence for a structurally-driven insulator-to-metal transition in VO_2: A view from the ultrafast timescale [J]. Phys. Rev. B, 2004, 70: 161102.

[344] Espagnacq A, Sauvestre G D. Method for opaquing visible and infrared radiance and smoke-producing ammunition which implements this method [P]. US: 4697521, 1987-10-06.

[345] Espagnacq A, Sauvestre G D. Pyrotechnical composition which generates smoke that is opaque to infrared radiance and smoke ammunition as obtained [P]. US: 4724018, 1988-02-09.

[346] Fan Y N, Cheng Y Z, Nie Y, et al. An ultrathin wide-band planar metamaterial absorber based on a fractal frequency selective surface and resistive film [J]. Chinese Physics B, 2013, 22 (6): 067801.

[347] Feng J, Pu F Z, Li Z X, et al. Interfacial interactions and synergistic effect of CoNi nanocrystals and nitrogen-doped graphene in a composite microwave absorber [J]. Carbon, 2016, 104: 214-225.

[348] Feng W L, Luo H, Wang Y, et al. Ti_3C_2 MXene: a promising microwave absorbing material [J]. RSC Advances, 2018, 8: 2398-2403.

[349] Gurton K P, Bruce C W, Gillespie J B. Measured backscatter from conductive thin films deposited on fibrous substrates [J]. IEEE Transactions on Antennas and Propagation,

1998, 46 (11): 1674-1678.

[350] Hart M, Bruce C W. Backscatter Measurements of Thin Nickel-Coated Graphite Fibers [J]. IEEE Trans. Antennas Propag, 2000, 48 (5): 842-843.

[351] 胡传炘. 隐身涂层技术 [M]. 北京: 化学工业出版社, 2004.

[352] Huang T Y, He M, Zhou Y M, et al. Solvothermal fabrication of CoS nanoparticles anchored on reduced graphene oxide for high-performance microwave absorption [J]. Synthetic Metals, 2017, 224: 46-55.

[353] Huang Y J, Wen G J, Zhu W R, et al. Experimental demonstration of a magnetically tunable ferrite based metamaterial absorber [J]. Optics Express, 2014, 22 (13): 16408-16417.

[354] Huang Z B, Zhou W C, Tang X F, et al. High-temperature application of the low-emissivity Au/Ni films on alloys [J]. Applied Surface Science, 2010, 256 (22): 6893-6898.

[355] Jelinek A V, Bruce C W. Extinction spectra of high conductivity fibrous aerosols [J]. Journal of Applied Physics, 1995, 78 (4): 2675-2678.

[356] Jelinek A V, Charles W Bruce, Sharhabeel Alyones. Absorption coefficient of moderately conductive fibrous aerosols at 35 GHz [J]. Journal of Applied Physics, 2021, 130: 163102.

[357] John K A, Philip R R, Sajan P, et al. In situ crystallization of highly conducting and transparent ITO thin films deposited by RF magnetron sputtering [J]. Vacuum, 2016, 132: 91-94.

[358] Kong L, Yin X W, Zhang Y J, et al. Electromagnetic Wave Absorption Properties of Reduced Graphene Oxide Modified by Maghemite Colloidal Nanoparticle Clusters [J]. The Journal of Physical Chemistry C, 2013, 117 (38): 19701-19711.

[359] Krzysztofik W J. Fractal Geometry in Electromagnetics Applications-from Antenna to Metamaterials [J]. Microwave Review, 2013, 19 (2): 3-14.

[360] Lacroix E. Elementary emissive lure and method of operation [P]. FR: 2309828, 1987-10-6.

[361] Landy N I, Sajuyigbe S, Mock J J, et al. Perfect Metamaterial Absorber [J]. Physical Review Letters, 2008, 100 (20): 207402.

[362] Larciprete M C, Gloy Y S, Voti R. Li, et al. Temperature dependent emissivity of different stainless steel textiles in the infrared range [J]. International Journal of Thermal Sciences, 2017, 113: 130-135.

[363] 李放, 劳允亮, 陈福梅. 空心复合微粒体系的红外干扰 [N]. 兵工学报, 1993, (S1): 81-84.

[364] Li F, Lao Y L, Chen F M. Extinction of phenolic formaldehyde hollow particles in the infrared region [J]. Acta Armamentarii Sinica, 1994 (4): 67-70.

[365] Li M, Yang H L, Hou X W, et al. Perfect Metamaterial Absorber with Dual Bands [J]. Progress in Electromagnetics Research-Pier, 2010, 108: 37-49.

[366] Li X L, Yin X W, Xu H L, et al. Ultralight MXene – Coated, Interconnected SiCnws Three – Dimensional Lamellar Foams for Efficient Microwave Absorption in the X – Band. ACS Appl. Mater. Interfaces, 2018, 10 (40): 34524 – 34533.

[367] 林象平,冯献成,梁百川,等. 电子对抗原理 [M]. 北京: 国防工业出版社, 1982.

[368] Ling K, Kim H K, Yoo M, et al. Frequency – Switchable Metamaterial Absorber Injecting Eutectic Gallium – Indium (EGaIn) Liquid Metal Alloy [J]. Sensors, 2015, 15 (11): 28154 – 28165.

[369] Liu B, Li J H, Wang L F, et al. Ultralight graphene aerogel enhanced with transformed micro – structure led by polypyrrole nano – rods and its improved microwave absorption properties [J]. Composites Part A: Applied Science and Manufacturing, 2017, 97: 141 – 150.

[370] Liu D Q, Ji H N, R F Peng, et al. Infrared chameleon – like behavior from VO_2 (M) thin films prepared by transformation of metastable VO_2 (B) for adaptive camouflage in both thermal atmospheric windows [J]. Solar Energy Materials and Solar Cells, 2018, 185: 210 – 217. 2018, 185: 210 – 217.

[371] Liu N, Schneider C, Freitag D, et al. Black TiO_2 nanotubes: cocatalyst – free open – circuit hydrogen generation [J]. Nano letters, 2014, 14 (6): 3309 – 3313.

[372] Liu P B, Huang Y, Zhang X. Synthesis, characterization and excellent electromagnetic wave absorption properties of graphene/poly (3, 4 – ethylenedioxythiophene) hybrid materials with Fe_3O_4 nanoparticles [J]. Journal of Alloys and Compounds, 2014, 617: 511 – 517.

[373] 刘顺华,刘军民,董星龙. 电磁波屏蔽及吸波材料 [M]. 北京: 化学工业出版社, 2007.

[374] 刘朔. 碳纤维复合吸波材料的制备及衰减性能研究 [D]. 北京: 北京理工大学, 2021.

[375] Liu W, Shao Q W, Ji G B, et al. Metal – organic – frameworks derived porous carbon – wrapped Ni composites with optimized impedance matching as excellent lightweight electromagnetic wave absorber [J]. Chemical Engineering Journal, 2017, 313: 734 – 744.

[376] 刘志龙,王玄玉,胡睿,等. 短切碳纤维分散均匀性对毫米波衰减性能的影响 [J]. 兵器材料科学与工程, 2015, 38 (6): 98 – 101.

[377] 刘志龙,王玄玉,董文杰,等. 短切碳纤维云团对毫米波/红外复合干扰性能影响 [J]. 含能材料. 2016, 24 (12): 1219 – 1224.

[378] 罗玉文,王鹤磊,胡忠明. 太赫兹波在雷达领域的应用前景分析 [J]. 电子科技, 2014, 27 (11): 163 – 167.

[379] Lü Y Y, Wang Y T, Li H L, et al. MOF – Derived Porous Co/C Nanocomposites with Excellent Electromagnetic Wave Absorption Properties [J]. ACS Applied Materials & Interfaces, 2015, 7 (24): 13604 – 13611.

[380] Mao Z W, Liu S B, Bian B, et al. Multi – band polarization – insensitive metamaterial

absorber based on Chinese ancient coin – shaped structures [J]. Journal of Applied Physics, 2014, 115 (20): 204505.

[381] 孟子晖, 李仁玢, 邱丽莉, 等. 多波段兼容隐身用光子晶体研究进展 [J]. 兵工学报, 2019, 40 (1): 198 – 207.

[382] Moghimi M J, Lin G Y, Jiang H R. Broadband and Ultrathin Infrared Stealth Sheets [J]. Advanced Engineering Materials, 2018, 20 (11): 1800038.

[383] Nathan C, Obinna O, Philip S. Wideband electromagnetic cloaking systems [P]. US10727603, 2020 – 07 – 28.

[384] Ou Yuxiang. Proceedings of the 17th International Pyrotechnics Seminar (Volume II) [C]. Beijing Institute of Technology Press, 1991, 106 – 111.

[385] Mao Z, Yu X, Zhang L, et al. Novel infrared stealth property of cotton fabrics coated with nano ZnO: (Al, La) particles [J]. Vacuum, 2014, 104: 111 – 115.

[386] Mias C, Yap J H. A varactor – tunable. high impedance. surface with a resistive – lumped – element biasing grid [J]. IEEE Transactions on Antennas and Propagation, 2007, 55 (7): 1955 – 1962.

[387] Milstead L R, Lowe L R, Schnepfe Jr R W, et al. Method of assembly of compacted particulates and explosive charge [P]. US4704967, 1987 – 11 – 10.

[388] Mizuno K, Ishii J, Kishida H, et al. A black body absorber from vertically aligned single – walled carbon nanotubes [J]. Proceedings of the National Academy of Sciences, 2009, 106 (15): 6044 – 6047.

[389] Nakamura H, Kato K, Book D. Enhancement of coercivity in high remanence HDDR Nd – Fe – B powders [J]. IEEE Transactions on Magnetics, 1999, 35 (5): 3274 – 3276.

[390] Ning G T, Li P, Cui Y L, et al. Flowability and Infrared Interference Properties of Modified Graphite Flake with Hydrophobic Nano – silica [J]. Chinese Journal of Energetic Materials, 2015, 23 (12): 1217 – 1220.

[391] Oldenburg S, Holecek J. Surface Modified TiO_2 Obscurants for Increased Safety and Performance [R]. Nanocomposix Inc San Diego CA, ADA581972. 2012.

[392] Owrutsky T C, Steinhurst D A, Ladouceur H D, et al. Obscurants for Infrared Countermeasures III – DTIC [R]. US: Chemical Dyamics and Diagnostics Branch Chemistry Division. ADA387724. 2001.

[393] 潘家亮, 张拴勤, 卢言利, 等. 光谱选择性激光隐身材料研究现状 [J]. 光电技术应用, 2011, 26 (6): 45 – 48.

[394] Park J H, Buurma C, Sivananthan S, et al. The effect of post – annealing on Indium Tin Oxide thin films by magnetron sputtering method [J]. Applied Surface Science, 2014, 307: 388 – 392.

[395] Park J O, Lee J H, Kim J J, et al. Crystallization of indium tin oxide thin films prepared by RF – magnetron sputtering without external heating [J]. Thin Solid Films, 2005, 474 (1 – 2): 127 – 132.

[396] Peng C H, Chen P S, Chang C C. High – temperature microwave bilayer absorber based on

lithium aluminum silicate/lithium aluminum silicate – SiC composite [J]. Ceramics International, 2014, 40 (1): 47 – 55.

[397] Qiao Xiao – jing, Li Yan, Li Wang – chang, et al. Study on the Smoke Based on Metal – Coated Carbon Fibers to Camouflage 8 Millimeters Wave [C]. Theory and Practice of Energetic Materials, 2011, Vol. IX: 987 – 991.

[398] 乔小晶. 烟幕干扰红外和毫米波技术研究 [D]. 北京：北京理工大学, 2000.

[399] 乔小晶, 冯长根, 张同来. 对数正态分布下壳-核型微球对红外的消光 [J]. 兵工学报, 2004, 25 (02): 175 – 177.

[400] 乔小晶, 张同来, 任慧, 等. 爆炸法制备膨胀石墨及其干扰性能 [J]. 火炸药学报, 2003, 26 (1): 70 – 72.

[401] Reynolds P M. Spectral emissivity of 99.7% aluminium between 200 and 540℃ [J]. British J. Appl. Phys, 1961, 12: 111 – 114.

[402] Rouse W G, Fiala J P, Caudill L A, et al. Method of assembly of compacted fibers and explosive charge for effective dissemination [P]. US: 565914, 1997.

[403] Rouse W G, Kilgore C S, Rhea R E. Millimeter wave screening cloud and method [P]. US: 5148173, 1992 – 09 – 15.

[404] Rydzek M, Reidinger M, Arduini – Schuster M, et al. Low – emitting surfaces prepared by applying transparent aluminum – doped zinc oxide coatings via a sol – gel process [J]. Thin Solid Films. 2012, 520 (12): 4114 – 4118.

[405] Sebastian E (DE). Flammgeschützte Kohlenstofffaser [P]. DE102015010001. 2017 – 02 – 02.

[406] Sakai K, HirakiI K, Yoshikado S. Evaluation of Composite Electromagnetic Wave Absorber Made of Isolated Ni – Zn Ferrite or Permalloy [J]. Electronics and Communications in Japan, 2009, 92 (5): 14 – 22.

[407] Shahsafi A, Roney P, Zhou Y, et al. Temperature – independent thermal radiation [J]. Proceedings of the National Academy of Sciences, 2019, 116 (52): 26402 – 26406.

[408] Shi M, Xu C, Yang Z, et al. Achieving good infrared – radar compatible stealth property on metamaterial – based absorber by controlling the floating rate of Al type infrared coating [J]. Journal of Alloys and Compounds, 2018, 764: 314 – 322.

[409] 时翔, 娄国伟, 李兴国, 等. 装甲目标毫米波辐射温度的建模与计算 [J]. 红外与毫米波学报, 2007, 26 (1): 43 – 46.

[410] Stevens W C, Sturm E A. Metal – coated substrate articles responsive to electromagnetic radiation, and method of making and using the same [P]. US6017628. 2000 – 01 – 25.

[411] Susana C Pjesky, Ronaldo G Maghirang. Infrared Extinction Properties of Nanostructured and Conventional Particles [J]. Particulate Science & Technology, 2012, 30 (2): 103 – 118.

[412] 唐磊, 郑秋雨, 刘朔, 等. Stöber 法制备 CF/SiO_2 复合材料工艺与性能研究 [J]. 化工新型材料. 2022. 50 (8): 106 – 110.

[413] 宛德福, 罗世华. 磁性物理 [M]. 北京：电子工业出版社, 1987.

[414] Tan Winnie, Petorak C A, Trice R W. Rare-earth modified zirconium diboride high emissivity coatings for hypersonic applications [J]. Journal of the European Ceramic Society, 2014, 34 (1): 1-11.

[415] Terzini E, Thilakan P, Minarini C. Properties of ITO thin films deposited by RF magnetron sputtering at elevated substrate temperature [J]. Materials Science and Engineering: B, 2000, 77 (1): 110-114.

[416] 王皓, 杨忠泽, 刘可歆, 等. 光子晶体在红外隐身中的应用及其发展历程 [J]. 材料科学, 2019, 9 (9): 835-848.

[417] Wang J, Zhang H, Bai S X, et al. Microwave absorbing properties of rare-earth elements substituted W-type barium ferrite [J]. Journal of Magnetism and Magnetic Materials, 2007, 312 (2): 310-313.

[418] Wang Q C, Wang J C, Zhao D P, et al. Investigation of terahertz waves propagating through far infrared/CO_2 laser stealth-compatible coating based on one-dimensional photonic crystal [J]. Infrared Physics & Technology, 2016, 79: 144-150.

[419] 王玄玉. 雾油与石墨组合烟幕对 10.6 μm 激光的衰减特性 [J]. 红外与激光工程, 2011, 40 (9): 1706-1709.

[420] Wang Z X, Cheng Y Z, Nie Y. Design and realization of one-dimensional double hetero-structure photonic crystals for infrared-radar stealth-compatible materials applications [J]. Journal of Applied Physics, 2014, 116: 054905.

[421] Weber D. Spectral Emissivity of Solids in the Infrared at Low Temperatures [J]. Journal of the Optical Society of America, 1959, 49 (8): 815-820.

[422] 邢欣, 曹义, 唐耿平, 等. 隐身伪装技术基础 [M]. 长沙: 国防科技大学出版社, 2012.

[423] Xu C Y, Stiubianu G T, Gorodetsky A A. Adaptive infrared-reflecting systems inspired by cephalopods [J]. Science, 2018, 359 (6383): 1495-1500.

[424] 徐光宪, 王祥云. 物质结构 [M]. 2版. 北京: 高等教育出版社, 1987.

[425] Yan Y, Hao B, Wang D, et al. Understanding the fast lithium storage performance of hydrogenated TiO_2 nanoparticles [J]. Journal of Materials Chemistry A, 2013, 1 (46): 14507-14513.

[426] Yang Y, Zhang J Q, Zou W J, et al. Self-Assembled 3D Helical Hollow Superstructures with Enhanced Microwave Absorption Properties [J]. Macromolecular Rapid Communications, 2018, 39 (3): 1700591.

[427] Yang Z N, Luo F, Xu J S, et al. Dielectric and microwave absorption properties of $LaSrMnO_3/Al_2O_3$ ceramic coatings fabricated by atmospheric plasma spraying [J]. Journal of Alloys and Compounds, 2016, 662: 607-611.

[428] Yang Y, Zhou Y, Ge J, et al. Optically active polyurethane@ indium tin oxide nanocomposite: Preparation, characterization and study of infrared emissivity [J]. Materials research bulletin, 2012, 47 (9): 2264-2269.

[429] 杨志民, 毛昌辉, 杜军, 等. Fe_4N 电磁波吸收剂的合成及其吸波性能的研究 [J].

2002, (2): 103-108.

[430] Ye X, Zheng C, Xiao X, et al. Synthesis, characterization and infrared emissivity study of $SiO_2/Ag/TiO_2$ "sandwich" core-shell composites [J]. Materials Letters, 2015, 141: 191-193.

[431] Ye X, Zhou Y, Chen J, et al. Coating of ZnO nanorods with nanosized silver particles by electroless plating process [J]. Materials Letters, 2008, 62 (4-5): 666-669.

[432] Yu H, Xu G, Shen X, et al. Low infrared emissivity of polyurethane/Cu composite coatings [J]. Applied Surface Science, 2009, 255 (12): 6077-6081.

[433] Zhang B, Xu C, Xu G, et al. Thermochromic and infrared emissivity characteristics of cobalt doped zinc oxide for smart stealth in visible-infrared region [J]. Optical Materials, 2018, 86: 464-470.

[434] Zhang H, Hong M, Chen P, et al. 3D and ternary $rGO/MCNTs/Fe_3O_4$ composite hydrogels: Synthesis, characterization and their electromagnetic wave absorption properties [J]. Journal of Alloys and Compounds, 2016, 665: 381-387.

[435] Zhang K L, Zhang J Y, Hou Z L, et al. Multifunctional broadband microwave absorption of flexible graphene composites [J]. Carbon, 2019, 141: 608-617.

[436] Zhang L, Zhu H. Dielectric, magnetic, and microwave absorbing properties of multi-walled carbon nanotubes filled with Sm_2O_3 nanoparticles [J]. Materials Letters, 2009, 63 (2): 272-274.

[437] Zhang W, Xu G, Ding R, et al. Microstructure, optimum pigment content and low infrared emissivity of polyurethane/Ag composite coatings [J]. Physica B: Condensed Matter, 2013, 422: 36-39.

[438] 张伟. $CaCO_3/SiO_2$ 粉体化学镀铜工艺及遮蔽性能研究 [D]. 南京：南京理工大学, 2016.

[439] Zhang X M, Ji G B, Liu W, et al. A novel Co/TiO_2 nanocomposite derived from a metal-organic framework: synthesis and efficient microwave absorption [J]. Journal of Materials Chemistry C, 2016, 4 (9): 1860-1870.

[440] Zhang Z, Xu M, Ruan X, et al. Enhanced radar and infrared compatible stealth properties in hierarchical SnO_2@ZnO nanostructures [J]. Ceramics International, 2017, 43 (3): 3443-3447.

[441] Zhang Z W, Cai Z H, Zhang Y, et al. The recent progress of MXene-Based microwave absorption materials [J]. Carbon, 2021, 174: 484-499.

[442] 张振伟, 牧凯军, 张存林. 太赫兹科学技术的军事应用 [J]. 新时代国防, 2009, 8: 11-16.

[443] Zhao D L, Lv Q, Shen Z M. Fabrication and microwave absorbing properties of Ni-Zn spinel ferrites [J]. Journal of Alloys and Compounds, 2009, 480 (2): 634-638.

[444] 赵慧, 乔小晶, 郑秋雨, 等. 表面修饰镀金属碳纤维对8毫米波干扰研究 [J]. 弹箭与制导学报, 2009, 29 (6): 214-216.

[445] 郑佳艺, 马壮, 高丽红. 智能化高能激光防护材料新进展 [J]. 现代技术陶瓷,

2020, 41 (3): 121-133.

[446] Zhao X K, Zhao Q W, Wang L F. Laser and infrared compatible stealth from near to far infrared bands by doped photonic crystal [J]. Procedia Engineering, 2011, 15: 1668-1672.

[447] Zhorov G A, Yagunov K A. Effect of thickness of oxide film on the emissivity and reflectivity of heat-resistant metals and alloys [J]. Journal of Engineering Physics, 1978, 34: 20-3.

[448] Zhou J T, Yao Z J, Yao T T. Synthesis and electromagnetic property of $Li_{0.35}Zn_{0.3}Fe_{2.35}O_4$ grafted with polyaniline fibers [J]. Applied Surface Science, 2017, 420: 154-160.

[449] Zhou L, Cui S, Ma F, et al. Effect of feedstock characteristics on the dielectric and microwave absorption properties of plasma sprayed $NiCrAlY/Al_2O_3$ coatings [J]. Journal of Materials Science: Materials in Electronics, 2015, 26 (9): 6653-6658.

[450] 周遵宁. 光电对抗材料基础 [M]. 北京: 北京理工大学出版社, 2017.

[451] Zhu Y M, Xu G Y, Guo T C, et al. Preparation, infrared emissivity and thermochromic properties of Co doped ZnO by solid state reaction [J]. Journal of Alloys and Compounds. 2017, 720: 105-115.

彩 插

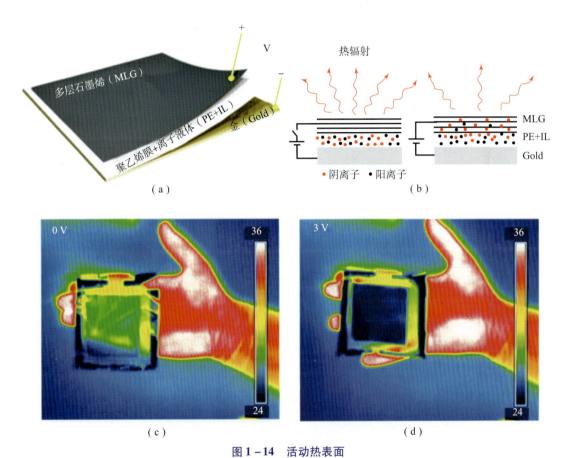

图1-14 活动热表面

(a) 由多层石墨烯电极，浸有 RTIL 的多孔聚乙烯膜和涂覆在耐热尼龙上的背面金电极组成的活性热表面的示意图；

(b) 主动热表面工作原理的示意图，通过将阴离子嵌入石墨烯层中来抑制表面的发射率；

(c), (d) 分别在 0 和 3V 的偏置电压放置在手上的器件的热像仪图像

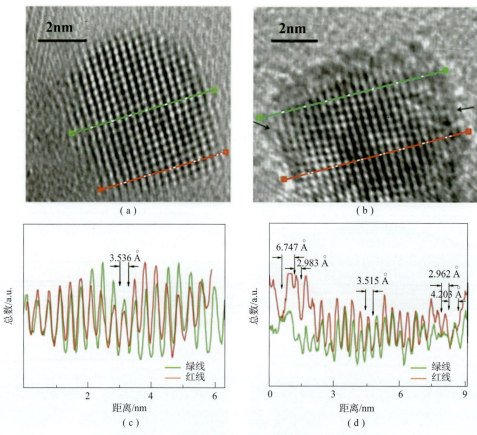

图 1-18 白色/黑色 TiO_2 的 HRTEM 和线分析

(a) 白色 TiO_2 的 HRTEM 图像; (b) 黑色 TiO_2 的 HRTEM 图像;
(c) 白色 TiO_2 的线分析; (d) 黑色 TiO_2 的线分析

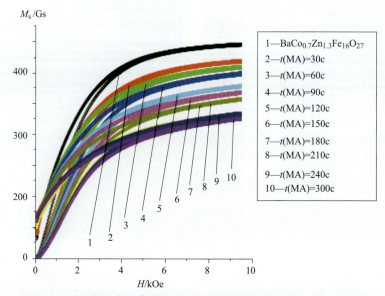

图 2-22 用 SHS 方法获得的 W 型六铁氧体 $BaCo_{0.7}Zn_{1.3}Fe_{16}O_{27}$ 的饱和磁化强度 M_s 与电场强度的函数关系

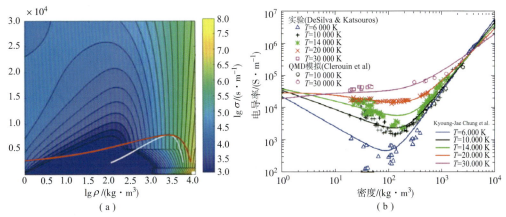

图3-33 不同情况下铜的电导率（a）铜的半经验电导率的等高线图，以及液-汽过渡的旋节线（白色）和双节线（红色）

（a）铜的半经验电导率的等高线图，以及液-汽过渡的旋节线（白色）和双节线（红色）；
（b）从半经验模型获得的电导率与DeSilva和Katsouros测得的电导率及Clerouin等计算出的电导率比较

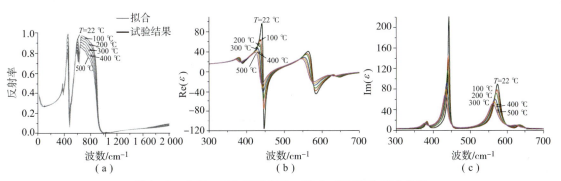

图4-7 在22～500 ℃温度下，Al_2O_3的试验和拟合结果

（a）反射光谱；（b）介电常数实部Re；（c）介电常数虚部Im

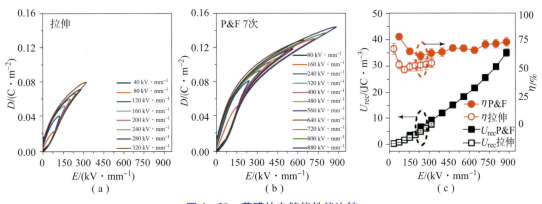

图4-30 薄膜的电储能性能比较

（a）单极性铁电滞回线；（b）可回收能量密度U_{rec}；（c）能量效率η

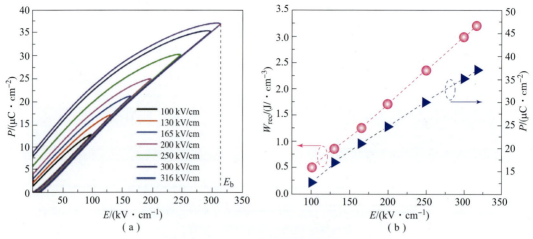

图 4-35 P-E 曲线和复合陶瓷的 W_{rec}

(a) P-E 回线;(b) 不同电场下复合陶瓷的 W_{rec}

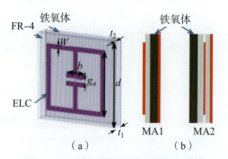

图 6-28 铁氧体可调超材料吸波体

(a) 三维结构示意图;(b) 两种结构的 FSS 侧剖面示意图

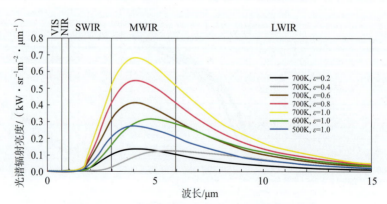

图 6-29 不同发射率、温度的光谱辐射亮度比较

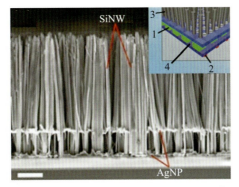

图 6-41 具有嵌入式纳米结构的 IR 隐形薄板

1—柱子；2—发射器；3—纳米结构；4—空气通道

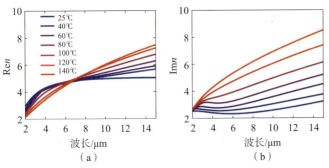

图 6-42 SmNiO$_3$ 薄膜的复折射率

（a）实部；（b）虚部

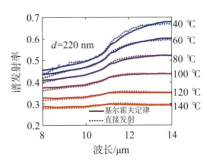

图 6-43 SmNiO$_3$ 薄膜发射率-波长

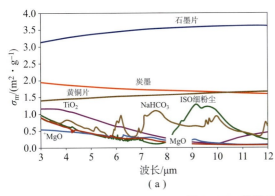

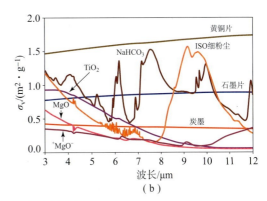

图 6-67 微粒的消光系数曲线图

（a）质量消光系数；（b）体积消光系数

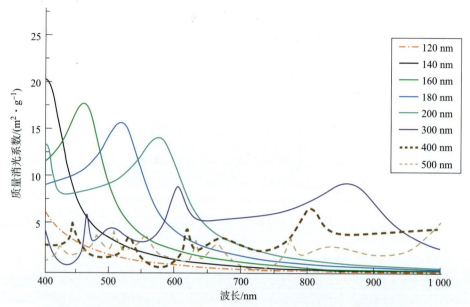

图 6-68　不同粒径 TiO_2 球（$n=2.74$）的可见光质量消光系数 MEC